U0260362

国家科学技术学术著作出版基金资助出版

国家粮食丰产科技工程

13年科技创新发展　13年连续增产增收

赵　明　李春喜　李从锋◎主编

中国农业出版社
北　京

本书编委会

主　　任　兰玉杰　贾敬敦

副 主 任　蒋丹平　郭志伟　王　喆　高旺盛　王晓方　杜占元　陈传宏　马连芳　陈良玉

委　　员　许增泰　蒋茂森　李树辉　魏勤芳　卢兵友　于双民　王学勤　董　文　葛毅强　谭本刚　陈少波　戴炳业

主　　编　赵　明　李春喜　李从锋

副 主 编　张洪程　丁艳锋　王立春

参编人员　（按姓氏笔画排序）

马　庆　马　玮　马国辉　马建辉
马峙英　王永军　王同朝　王志刚
王振林　尹　钧　任　军　任光俊
刘英基　许　珂　孙雪芳　苏　俊
李祖章　杨文钰　杨剑波　邹应斌
张卫建　张玉烛　张黛静　邵　云
周宝元　郑有良　赵奎华　姜丽娜
郭天财　黄承彦　曹　阳　曹承富
曹凑贵　曹靖生　崔彦宏　葛均筑
董树亭　谢金水　甄文超

【序】

我国是世界上第一大粮食生产与消费国，随着社会与经济发展，确保国家粮食安全与农民增收的战略地位更加突出。然而，我国粮食安全长期处于紧平衡状态，粮食生产运行效益低。特别是“十五”初期，全国粮食总产连续4年下滑，2003年跌至4.3亿t，种粮年均收益率下降8.6个百分点，粮食安全与农民增收面临严峻挑战。2004年，为了有效确保国家粮食安全和农民增收，科学技术部联合农业部、财政部、国家粮食局和13个粮食主产省份，启动了国家粮食丰产科技工程。项目历时13年，在粮食丰产高效的理论、技术与集成示范方面取得了一系列重要科技创新成就，为落实“藏粮于地，藏粮于技”的国家粮食安全战略贡献了典范，为粮食生产“转方式-调结构”和供给侧改革奠定了良好基础。

《国家粮食丰产科技工程》一书分析了国内外粮食安全背景、我国科技战略设计、工程规划、理论研究、技术创新、集成示范、实施效果及综合评价等各个方面工作。该书集中反映了多年来我国三大粮食作物丰产高效方面取得的进展，特别突出了三大粮食作物和三大平原的总体布局，核心区、示范区、辐射区“三区”建设，“三协同”定量优化理论（“四个三”），建立了我国跨区域、跨学科、跨作物的粮食科技创新平台。创立的气候-作物、土壤-作物、作物群体-个体“三协同”定量优化理论，有效指导了优化光温资源配置、培肥地力减量施肥与群体结构功能“三优”调控关键技术的创新，为技术互作融合的区域特色技术模式提供了基础，是我国三大粮食作物主产区丰产高效研究的重大科技创新；确立的“三区建设”是有效解决粮食丰产技术研究、示范、推广脱节难题的重要途径。

《国家粮食丰产科技工程》一书通过大量的研究，用真实的生产实例展示了科技进步对粮食安全和农业增收的巨大推动力，也为从事粮食生产的技术与管理人员提供了重要参考。

张洪程

【前言】

仓廪实，天下安。粮食安全与农民增收是立国之本。然而，我国粮食安全长期处于紧平衡状态，粮食生产运行效益低。特别是“十五”初期，全国粮食总产连续下滑，2003 年跌至 4.3 亿吨，粮食安全与农民增收面临严峻挑战。为破解粮食生产困局，发挥科技创新的主导作用，2004 年，国家启动了粮食丰产科技工程。粮食丰产科技工程突出三大粮食作物和三大平原，聚焦“三区”（核心区、示范区、辐射区）建设，在顶层设计与理论创建、关键技术与模式创新、技术扩散与应用等方面取得了一系列重要科技创新成就，有效促进了我国粮食综合生产能力的提高。

为系统保存粮食丰产科技工程的相关研究成果，我们特整理编写了本书。本书集中反映了粮食丰产科技工程实施以来，我国三大粮食作物丰产研究方面取得的进展，全面总结了国内外粮食安全背景、项目战略设计、理论研究、技术创新、集成示范、实施效果评价等各方面工作，建立了我国跨区域、跨作物、跨学科的粮食科技创新平台，创建了气候-作物、土壤-作物和作物群体-个体协同定量指标及其相应的调控光温配置、土壤地力和群体质量为核心的粮食丰产高效“三协同”调控理论体系和关键技术，组装集成具有区域特色的粮食作物绿色可持续发展技术模式，为实现粮食增产、保障国家粮食安全提供了强有力的技术支撑。

本书分篇章阐述了启动背景（第一篇），包括世界粮食安全、中国粮食安全、粮食丰产科技工程启动；顶层设计（第二篇），包括“十五”“十一五”“十二五”“十三五”期间粮食丰产科技工程顶层设计；实施成效（第三篇），包括“十五”“十一五”“十二五”粮食丰产科技工程成效，粮食丰产科技工程总体成效及重大意义；理论构建（第四篇），包括气候-作物协同、土壤-作物协同、作物群体-个体协同；丰产关键技术（第五篇），包括基于气候-土壤-作物的“三协同”技术，东北地区玉米、水稻，黄淮海平原区小麦-玉米，长江中下游平原区水稻的丰产新技术；区域特色模式集成示范（第六篇），包括东北春玉米、粳稻，黄淮海小麦-玉米，长江中下游多元稻作的丰产高效技术集成示范以及项目成果提炼与获奖情况；技术扩散与综合评价（第七篇），包括科技进步与粮食增产，粮食生产效率差异分析及建议，粮食生产要素投入、替代弹性与技术变动分析，粮食产量与产量差分析。本书从内容上突出引领性、系统性和新颖性，用真实的生产实例展示了科技进步对粮食安全和农业增收的巨大推动力，可为从事粮食丰产相关的科研及管理人员提供参考借鉴。

本书是研究的阶段性总结与归纳，书中难免存在许多不足之处，希望得到同行的批评与指教。

赵　明

【目 录】

第四篇　理论构建

第五篇　丰产关键技术

第一篇　启动背景

第一章

世界粮食安全

第一节 粮食危机常态化与区域化

历史告诉我们，粮食问题从来就不是一个简单的经济问题，人需要吃粮食，而粮食问题有时候也是会“吃”人的。饥饿导致战乱甚至亡国的案例在中外历史上并不少见。《战国策》记载过齐国禁止粮食外销，导致鲁国和梁国因为饥荒内乱，不战而亡；海地因粮食危机发生暴力骚乱和抗议活动。这些事例都告诉我们，一个国家的粮食战略，不仅仅是单纯的经济问题，更关乎社会稳定。

一、世界粮食波动增长

20世纪60年代以来，世界农业的发展取得了巨大进步，粮食生产发生了很大变化。从全球范围看，世界粮食产量和消费量基本保持稳中有升态势，产量持续上升，而区域结构逐渐发生变化，消费总量平缓增长，工业用粮成为新的增长点。同时世界谷物贸易缓慢增长，年度间波动较大，地区间的供需失衡导致主要谷物价格大幅波动。

（一）世界粮食总产量变化

20世纪60年代以来，世界粮食产量不断提高，生产水平稳步上升，1961—2011年，世界粮食总产量不断增加。从50年粮食产量变化的趋势看，粮食生产发展过程大致可分为快速增长—停滞徘徊—动荡不安—小幅增加四个阶段（图1-1）。年均增长率，1961—1970年，增长速度最快，为3.4%；1971—1980年，降至1.9%；1981—1990年，为2.0%；1991—2000年，为0.9%；2001—2011年，为2.0%（图1-2）。20世纪90年代，世界粮食生产很不稳定，增速减缓；进入21世纪以来，在科技进步的带动下，世界谷物产量增速明显加快。

（二）世界粮食生产情况

中国、美国、欧盟、印度和俄罗斯的谷物生产量在世界范围内排名靠前，2011年谷物产量分别为4.38亿t、4.18亿t、2.86亿t、2.26亿t和0.83亿t，共占世界谷物总产量的

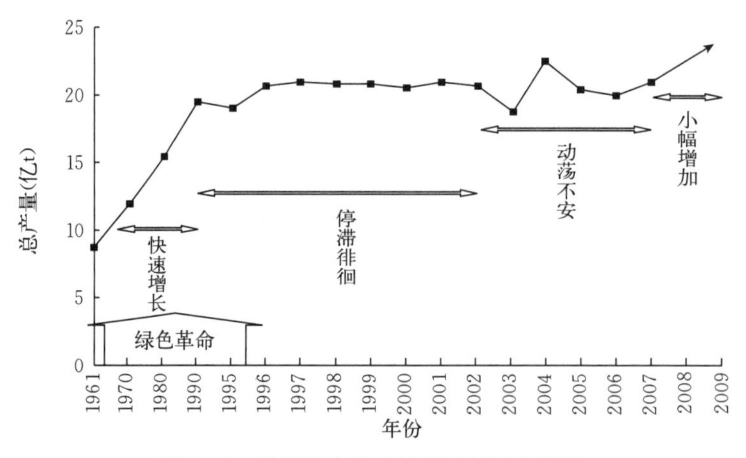

图 1-1　世界粮食生产过程经历四个阶段

（来源于 FAO 统计数据）

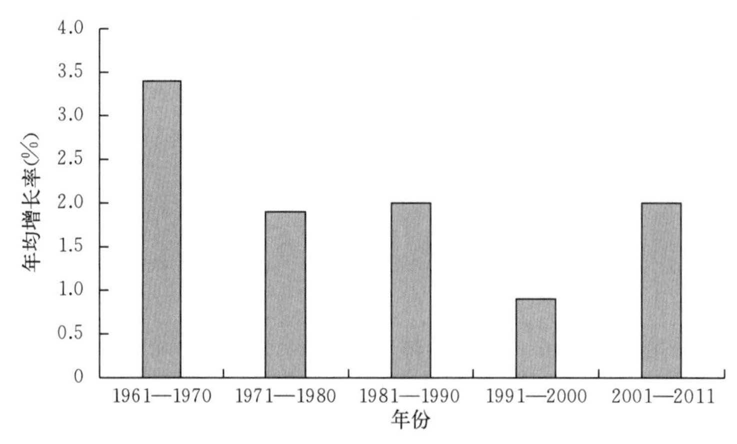

图 1-2　世界粮食产量年均增长率变化情况

（来源于 FAO 统计数据）

62.7%。受资源约束及技术进步差异影响，各地区产量增速不同，在世界谷物总产量中所占份额发生了很大变化。其中美国、加拿大等发达国家所占份额呈下降趋势，而中国、印度等发展中国家所占份额明显上升。

从作物品种来看，水稻、小麦和玉米三大作物在粮食生产中所占比例不断提高，世界粮食生产越来越集中于三大作物。2011 年，世界水稻、小麦和玉米产量分别为 7.1 亿 t、6.7 亿 t 和 8.8 亿 t，分别比 1961 年增长 2.2 倍、2.1 倍和 3.3 倍，年均增长率分别为 2.4%、2.3%和 3.0%；分别比 1991 年增长 37.5%、22.7%和 77.2%，年均增长率分别为 1.6%、1%和 2.9%。由于各种作物产量增长速度存在差异，粮食生产结构发生了明显变化，玉米的相对份额明显上升，而小麦和水稻的相对份额有所下降。1991—2011 年，玉米在三大作物中所占的比例由 30.1%上升到 38.1%，而水稻所占比例由 32.2%下降到 30.7%。

（三）世界粮食单产变化

20 世纪 60 年代以来，随着农业科技不断进步，世界粮食单产水平明显提高。单产从 1961 年的 1 388 kg/hm^2 增加到 2011 年的 3 987 kg/hm^2，平均每年增长 52 kg/hm^2，增长了 1.9 倍，年均增长 2.1%。发达国家如美国、加拿大、法国等在此期间的单产分别增长了 2.5 倍、0.8 倍和 3.5 倍；发展中国家如中国、印度在此期间的单产分别增长了 2.8 倍和 2.2 倍。粮食主产国的年均增长速度均超过世界平均水平。

从作物分品种来看，各品种单产增长存在一定差异。1961—2011 年单产平均增长最快的是小麦，从 1 120 kg/hm^2 增加到 2 996 kg/hm^2；其次是玉米，从 2 100 kg/hm^2 增加到 5 122 kg/hm^2；水稻则从1 990 kg/hm^2 增加到 4 204 kg/hm^2。

二、世界粮食危机连绵不断

（一）世界粮食危机状况

纵观历史，粮食是关系政治、经济、文化的头等大事。2 000 多年前，我国西汉史学家司马迁在《史记·郦生陆贾列传》中写道："王者以民人为天，而民人以食为天"。电视剧《天下粮仓》展示了乾隆时期政府把粮食生产和国粮储备当作"第一要紧大事"，围绕国粮储备而治漕弊、修运河、惩贪吏、破邪教、推新政的故事。可以看出，建立国家粮食储备，以丰补歉，维持粮食供求总体平衡，是巩固政权的基础，是国家长治久安的根本。但是，由于资源、技术条件的限制，粮食产量的增加往往赶不上人口的增长，历史上自然灾害和战争频发更是加剧了粮食的短缺甚至是粮食危机的产生。

粮食危机是指因粮食短缺、产量锐减、价格涨幅过快所造成的粮食恐慌与危机。不管是在中国近代还是在全球的格局下，都曾多次发生粮食危机，呈绵延不断的趋势。在中国近代史上，区域性的粮食危机时有发生，因生产能力和抵御自然灾害能力低下，导致的局部灾荒几乎没有间断。同时由于当时的政府没有能力及时调控全国粮食在各省间的分配，所以经常会发生地方性饥荒。20 世纪初到 1937 年，四川省经历了除旱涝这两种常见灾害以外的雹灾、虫灾，还有人祸、匪灾。据四川省赈济会统计，1936 年、1937 年四川省受灾，大户囤粮，米价疯涨。生活在 21 世纪的国人，估计很难想象 1942—1943 年那场遍及整个中原地区的大饥荒的惨烈状况，涉及河南全省 111 个县，上千万人受灾，造成上百万人死亡，数十万公顷的农田颗粒无收。"饿殍枕藉，哀鸿遍野"，这些只存在于古代历史书上的文字却不幸在几十年前的中国真实上演。

第二次世界大战以后，世界粮食生产得以快速发展。1950—1984 年，世界粮食总产量从 6.3 亿 t 增至 18 亿 t，增长了约 185%。同期，世界人口从 25.1 亿增至 47.7 亿，增长约 90%。由于粮食增长速度快于人口增长，所以世界人均粮食占有量呈增长趋势。然而，世界粮食的地区不均衡在不断加剧。发达国家的人口只占世界的 1/4，但粮食产量却占世界 1/2 以上；发展中国家人口占全球的 3/4，生产的粮食占世界的比例还不足 1/2。因此，人均产粮少、消费少。由于发展中国家人口增长过快，许多国家缺粮问题日益严重，同时由于全球 1972—1974 年连续天灾，造成粮食减产，需求量又在增加，供需矛盾不断加剧，在世界贸易上接连出现了争夺粮食的现象，从而产生了严重的世界性粮食危机。1970 年，发展中国家饥饿和营养不良人口约为 5 亿。据联合国粮食及农业组织 1992 年 6 月 2 日的新闻公报透露：贫穷困扰着约 10 亿人，而 5 亿多人营养不足，其中约 5 000 万人面临饥饿。

2008 年，一场席卷全球的粮食危机爆发。2008 年度世界粮食库存由 2002 年度的 30% 下降到 14.7%，为 30 年来最低；粮食储备仅为 4.05 亿 t，只够人类维持 53 d，而 2007 年初世界粮食储备可供人类维持 169 d。在这场粮食危机的同时，世界石油价格和运费也大幅提高，这使得世界各国基本食品价格急剧上涨，全球各个国家几乎都拉响了“高粮价警报”。为控制谷物价格上涨对国内粮食消费的影响，无论是谷物进口国还是出口国的政府均采取了一系列政策措施。在这场危机中，全球有 37 个国家出现了粮食总产量与供应量严重缺口，有些国家大范围获取粮食困难，有些国家则局部出现严重的粮食危机。这场粮食危机的原因是多方面的，既有不利气候因素造成主要粮食生产国减产、出口量大幅下降；也有世界石油价格不断上涨，造成农业生产所必需的肥料和柴油价格上扬以及运输成本大幅增长；还有美国、欧盟和巴西等国家和地区将大量原本出口的玉米、菜籽、棕榈油转用于生产生物燃料，降低了粮食出口量，减少了国际粮食贸易量；更有国际四大粮商加强了对世界粮食贸易的控制以及国际金融投资者进入国际农产品期货市场投机炒作导致当年国际小麦、大米出口价格成倍上涨。

在这场危机中，美国也未能幸免。美国两大零售商——沃尔玛旗下的山姆会员店和全美最大仓储式零售店好事多宣布采取特别措施，对顾客购买部分品种的大米数量加以限制。但这场危机的最大受害者却是发展中国家。长期以来，发达国家的巨额农业补贴严重扭曲了贸易，人为压低了国际农产品价格，致使许多发展中国家的粮食生产者和农民不得不放弃农业生产，转而生产其他经济作物，因此，许多发展中国家的粮食自给能力严重不足，大量依赖进口来维持国内粮食供应。同时，多年来，自由贸易比较优势理论的传播也钝化了许多发展中国家发展自身农业生产的愿望，认为世界粮食供应永远是充足的，可以完全依赖便宜的进口来替代国内生产，这也是许多国家对这次危机的爆发和持续准备不足的潜在原因。这场粮食危机为众多中小国家带来了前所未有的教训，深刻影响了其国家的发展和命运，也为我国解决粮食安全问题提供了重要的借鉴和启示：必须将饭碗牢牢端在自己手里，才能在国计民生最重要的粮食问题上不受制于人。

2014 年，联合国粮食及农业组织发布的《粮食不安全状况 2014》报告指出，世界饥饿人口已达 10.2 亿，创历史最高水平，如果包括那些正在遭受维生素缺乏、营养不足和其他形式营养不良的人口，遭遇粮食安全困扰的总人数可能接近 30 亿，这个数字约占世界总人口的 1/2。《2017 年全球粮食危机》报告指出，尽管国际社会为解决粮食不安全做出了努力，但世界各地处于严重粮食不安全状态的人数还是出现大幅攀升。2015—2016 年全球各地面临严重粮食不安全的人口从 8 000 万猛增至 1.08 亿，而且这一数字仍在持续飙升之中。2017 年 2 月 22 日，联合国粮食及农业组织发布的《粮食和农业的未来：趋势与挑战》报告显示，人类面临人口暴增、气候变迁、资源枯竭三大危机夹击，粮食短缺将不可避免。同时，全球粮食因自然保育被破坏，水资源及森林资源都在锐减，许多物种面临灭绝。不断加剧的自然资源压力、日趋严重的不平等现象及气候变化的影响等因素威胁着人类生存。报告提出警告，如果不能尽快推动粮食系统的改造，帮助因战乱或贫穷面临饥饿的人群，未来10年将有超过6亿人会面临饥饿，到2030年结束饥饿的目标将难以实现，到了2050年，全球会面临毁灭性饥荒。因此，世界农业和粮食系统能否可持续地满足全球迅速增长人口的需求是未来解决粮食危机的核心问题，这就需要在农业用地和水资源有限的条件下提高生产力和资源利用效率。然而，种种迹象表明，主要作物的产量增长仍趋于平缓。自20世纪90年代以来，全球玉米、稻米和小麦产量的平均增长率总体上仅处于1%～2%。为应对面临的多重挑战，充分实现粮食和农业安全，确保全球所有人享有一个安全和健康的未来，必须对现有农业系统、农村经济和自然资源管理实行重大转型变革，必须在粮食上推动科技创新，研发出能让作物产量倍数增长的技术并实际应用，以弥补未来粮食需求的短缺。

（二）粮食危机的特征

纵观50多年来世界历次粮食危机，其特征可归纳为需求缺口多、上涨幅度大、持续时间长、波及范围广、影响强度烈。

1. 需求缺口多 进入21世纪，粮食产不足需的年份明显增多，2002年产需缺口最大，达8 640万t，2010年产需缺口为4 150万t。联合国环境规划署等机构发布的一项研究报告表明，2050年世界人口将达到96亿，那时的粮食需求将比现在多出70%。供求关系的变化导致国际市场谷物价格波动，并且波动周期缩短，波动幅度加大。

2. 上涨幅度大 进入21世纪以来，世界粮食价格波动明显加剧，个别品种上涨幅度非常大，粮食供求关系变化是粮价波动的主要影响因素，同时与国际经济环境变化密切相关，其他因素如极端气候、原油价格变化、生物质能源政策、美元汇率走势及金融资本等因素也起到了推波助澜的作用。世界小麦价格呈明显上涨态势，从2000年的119美元/t上涨至2007年的历史最高价格361美元/t，之后开始回落，到2011年再次上涨至352美元/t的高位。世界玉米价格从2000年的88美元/t上涨至2007年的200美元/t，之后略有回落，但在2011年达到298美元/t的历史最高位。世界大米价格波动幅度更大，从2000年的207美元/t上涨至2008年的695美元/t，之后虽有回落，但仍保持500美元/t以上的价格水平。

3. 持续时间长 第二次世界大战结束以来，国际上曾发生过多次世界性粮食价格暴涨事件，2008年的全球粮食危机，其粮食涨价持续时间更具长期性。1997年亚洲金融危机以来，粮价呈现逐步上扬趋势，粮价持续升温和上涨已达10年之久。联合国粮食及农业组织认为，此次世界粮食危机正是粮价持续上涨、长期积累的结果，并且粮价上涨还会持续数年。

4. 波及范围广 2008年的粮食危机波及范围广泛。联合国粮食及农业组织于2007年12月发布公报指出，全球有37个国家因战乱或自然灾害而面临粮食危机，其中非洲有21国、亚洲有10国、拉丁美洲有5国、欧洲有1国。按照粮食供应不足、获取粮食渠道不畅或严重的局部问题等因素，联合国粮食及农业组织将粮食危机波及的国家分为两大类：一类是处于危机需要外部援助的国家，如津巴布韦等非洲国家，伊拉克、阿富汗等亚洲国家，海地等拉丁美洲国家；另一类是当季作物收成前景不佳的国家，如肯尼亚，皆因严重干旱导致作物歉收。

5. 影响强度烈 2008年的粮食危机对全球造成的影响是恶劣而深刻的，一是全球粮食储备已降到消费量的14%，为1980年以来的最低点，远低于联合国粮食及农业组织规定的18%的标准，世界粮食安全出现了严重的库存危机警报；二是粮食危机引起世界粮食恐慌，有的国家重新启用粮食配给卡，有的国家凭证发放平价大米，急速攀升的粮价已在世界各地引起人们的心理恐慌和骚乱。2008年4月，尼日尔、塞内加尔、布基纳法索和海地因食物短缺引发了骚乱，海地总理因国内粮食危机而被罢免。此次粮食危机已在全球30多个国家酿成了骚乱。

三、世界粮食危机是多种因素交织影响的结果

从世界范围看，粮食生产量与利用量之间的缺口是常态现象。尽管近几十年全球粮食产量有了较大幅度增长，多数年份的粮食产量还是难以完全满足日益增长的粮食需求，但是像2008年的粮食危机涉及范围之广、持续时间之长、粮价涨幅之大、影响之深刻在历史上极为罕见。综合分析这次危机，其原因有以下方面。

（一）世界粮食生产具有明显的区域性差异

世界三大粮食作物由于生物学特性不同，自然条件以及人民生活习惯不同，生产水平和社会发展差异形成了不同的分布特点。从世界范围分析，呈现出麦欧、玉美、稻亚的区域相对优势分布特征。即小麦以欧洲为优势分布区、玉米以美洲为优势分布区、水稻以亚洲为优势分布区。但这只是相对而言，实际上作物分布非常广泛，各洲均有不同作物的分布。

1. 小麦分布 小麦喜温凉，年均温10～18 ℃，≥10 ℃积温1 800～2 200 ℃，年降水量750 mm，受地形限制的影响小。主要分布在北纬20°～55°，其次分布在南纬25°～40°的温带地区。主要分布在欧洲西、中、东及西伯利亚平原南部，中国中部与西北，地中海沿岸、土耳其、伊朗、印度河、恒河平原，北美中部大平原，在南非则是一个不连续的小麦分布带。总产大国有中国、美国、俄罗斯、印度、澳大利亚、加拿大、阿根廷等，高产国有比利时、卢森堡、爱尔兰、法国、英国、荷兰、丹麦等，单产超过7.5 t/hm^2。

2. 水稻分布 水稻是喜温、喜光作物。双季早熟品种≥10 ℃积温为2 300～2 500 ℃，中熟品种为3 000 ℃，晚熟品种为3 500 ℃左右。种植范围南至南回归线，北至北纬53°均有种植。世界各大洲都有水稻生产，其中90%的水稻集中在亚洲，美洲次之。总产大国有中国、印度、印度尼西亚、孟加拉国、泰国等，高产国有埃及、澳大利亚、美国、日本、中国、法国等，单产在5.7 t/hm^{2}以上。

3. 玉米分布 玉米是喜温、短日照作物，适宜的土壤pH为5～8，≥10 ℃的积温在1 900 ℃以上，夏季平均气温大于18 ℃的地区均可种植。北纬58°到南纬35°～40°。北美洲种植面积最大，亚洲、非洲和拉丁美洲次之。总产大国（地区）有美国、中国、巴西、欧盟、墨西哥；高产国有以色列、卡塔尔、荷兰、希腊、美国、加拿大等，单产在8.0 t/hm^{2}以上。

以国家为单位进行比较，粮食生产优势国前十位的粮食总量约占全球的 2/3（67%左右），其中前三位（中国、美国、印度）的产量占比接近 1/2（三大国家分别约为 19%、18%、11%，三国之和超过 48%）。世界粮食生产的这种区域性差异直接导致了粮食供应的地区间和国家间的不平衡，是产生粮食供求矛盾的基础性原因。

（二）不利气候因素造成主要粮食生产国减产，出口量大幅下降

作为世界粮食主要出口国的澳大利亚连续数年遭遇干旱，小麦出口量锐减，仅 2007 年的出口量就减少 400 万 t。同年，乌克兰小麦出口也减少 300 万 t。此外，孟加拉国遭受台风袭击，造成大米减产 300 万 t。

（三）能源政策的调整加剧了粮食危机

进入 21 世纪，世界石油价格不断上涨，突破历史水平，极大提高了农业生产成本，造成农业生产所必需的肥料和柴油价格上扬以及运输成本大幅增长。由于世界石油价格居高不下，美国、欧盟和巴西等国家和地区将大量原本出口的玉米、菜籽、棕榈油转用于生产生物燃料，在很大程度上改变了这些传统农业出口大国的农业生产格局并降低了出口量。2007 年 12 月，美国众议院通过了《新能源法案》。该法案鼓励大幅增加生物燃料乙醇的使用量。2008 年 5 月 5 日，美国总统布什在华盛顿举行的国际可再生能源大会上发表讲话时说，美国将大力支持开发可再生能源，只有这样才能逐步降低对进口石油的依赖，保障国家能源安全。美国 20%的玉米已被用于生物燃料生产，欧盟 65%的油菜籽、东盟 35%的棕榈油被用于生物燃料生产。这些政策的变化不仅造成了食物供给的减少，更引起了市场上对于稳定供给的担忧和恐慌情绪，进一步加剧了粮食价格上涨。美国地球政策研究所经济学家布朗归结："世界 8 亿机动车主和 20 亿贫困人口将大规模竞争粮食，机动车主想让车动起来，贫困人口则仅仅想吃口饭活下来。"

（四）国际粮食贸易量下降，市场出现恐慌

不利的气候因素导致世界粮食减产，美国、巴西的生物能源政策更加剧了国际粮食供应紧张状况，五大主要粮食出口国的粮食库存量大幅下降，2008—2009 年度全球粮食贸易量同比下降 2.2 亿 t。在美国等国家政府的支持下，美国 ADM、美国邦吉、美国嘉吉、法国路易达孚四大国际粮商加强了粮食的控制，致使国际价格在短时间内持续上涨，导致一些传统的粮食纯进口国，如印度尼西亚、菲律宾等加速粮食进口，以确保国内粮食供给；另外，一些出口国采取的出口限制措施也进一步加剧了供给短缺和市场恐慌。

（五）国际基金借势加大粮食期货市场，加速了国际粮价上扬

2008 年粮食危机的同期，美联储不断降息、房地产市场低迷等因素都释放了大量投资资本进入大宗商品期货市场，由于市场预期国际农产品价格将维持高位，自 2007 年 11 月以来，已有 400 多亿美元进入国际农产品期货市场投机炒作。根据亚洲开发银行数据显示，2007 年，国际小麦的出口价格就增长了 130%、大米价格增长 98%、燕麦价格上扬 38%。

世界大量的粮食储备被掌握在实力雄厚的国际金融投资家手中。

（六）发达国家的巨额农业补贴加剧了中小国家粮食生产能力的衰退

长期以来，发达国家的巨额农业补贴严重扭曲了贸易，人为压低了国际农产品价格，致使发展中的中小国家的粮食生产者和农民不得不放弃农业生产，转而生产其他经济作物，因此许多中小发展中国家的粮食自给能力严重不足，大量依赖进口来维持国内粮食供应。多年来，自由贸易比较优势理论的传播也钝化了许多发展中国家发展自身农业生产的愿望，认为世界粮食供应永远是充足的，可以完全依赖低价的进口来替代国内生产，这也是许多国家对粮食危机的爆发和持续准备不足的潜在原因。根据联合国粮食及农业组织的评估，35～38个国家长期存在不同程度的粮食危机风险，处于高风险的国家粮食供给严重不足，其中阿富汗和刚果（金）、布隆迪、厄立特里亚、苏丹、埃塞俄比亚、安哥拉、利比里亚、乍得和津巴布韦 9 个国家为极度高风险国家；孟加拉国、巴基斯坦、印度、菲律宾为高风险国家；中度风险国家主要是自足有余或不足，需要少量国际进口，其中包括中国；低风险国家粮食供给充足，主要分布在北美、欧洲。

第二节 粮食安全公约与责任

一、世界粮食安全

粮食短缺几乎存在于整个人类社会的历史进程，20 世纪 70 年代初，因恶劣气候因素导致全球谷物歉收，造成了 1972—1974 年全球粮食危机之后，粮食安全问题成为国际社会和各个国家所追求的核心政策目标和全人类关注和研究的焦点。

（一）世界首脑会议战略决定

粮食安全（food security）概念第一次提出是在联合国粮食及农业组织 1974 年 11 月召开的第一次世界粮食首脑会议上。当时的定义是：所有人在任何时候都能够在物质上和经济上获得足够、安全和富有营养的粮食，来满足其积极和健康生活的膳食需要及食物喜好时，才实现了粮食安全。这个定义包括 3 个含义：一是粮食供应量要有保证，二是保证大家要有购买能力，三是买的粮食是符合食品健康要求的。要求各国政府采取措施，保证世界谷物年末最低安全系数，即当年末谷物库存量至少相当于次年谷物消费量的 17%～18%。一个国家谷物库存安全系数低于 17%则为谷物不安全，低于 14%则为紧急状态。

1983 年 4 月，联合国粮食及农业组织对粮食安全概念进行了第二次界定：确保所有人在任何时候，既能买得到又能买得起他们所需要的基本食物。1996 年 11 月，第二次世界粮食首脑会议对粮食安全概念做出了第三次表述：只有当所有人在任何时候都能够在物质上和经济上获得足够、安全和富有营养的食物来满足其积极和健康生活的膳食需要及食物喜好时，才可谓实现了粮食安全。这个定义包括3个方面的内容：要有充足的粮食（有效供给），要有充分获得粮食的能力（有效需求），以及这两者的可靠性。这三者中缺少任何一个或两个因素，都将导致粮食不安全。这其中包括个人、家庭、国家、区域和世界各级均要实现粮食安全。

（二）世界粮食安全宣言

1974年11月，联合国在罗马召开了世界粮食大会，会上通过了由联合国粮食及农业组织所主持的《世界消除饥饿和营养不良世界宣言》。宣言指出：现在贻害发展中各国人民的严重粮食危机——世界上饥饿和营养不良的人多数在发展中国家，这些国家的人口合计占世界人口的2/3，而其生产的粮食约为世界粮食产量的1/3，而且这个差距在今后十年内大有加大的可能。在此大会上，联合国粮食及农业组织制订了《世界粮食安全国际约定》，指出保证世界粮食安全是一项国际性社会责任，每个男子、妇女和儿童都有免于饥饿和营养不良的不可剥夺的权利。

（三）粮食安全概念的不断完善

随着国际粮食形势的发展，联合国粮食及农业组织在其工作中不断完善粮食安全概念，推进全球减少饥饿活动，促进了各国尤其是发展中国家的粮食安全。在1974年11月提出“生存与健康所需足够食品”，1983年4月提出“能买得到又能买得起”，1991年提出“不损害资源和生物系统”，1996年提出“安全、营养、健康食品”、“消除贫困，有效的持续经济增长”和“供给、持续稳定性、消除贫困”三条件。2006年，联合国粮食及农业组织96个成员国代表在巴西召开的土地改革和农村发展国际会议上共同发表声明，承认土地改革和农业发展在可持续发展中的作用。

二、世界粮食日

世界粮食日是世界各国政府围绕发展粮食和农业生产举行纪念活动的日子（时间为每年10月16日）。在1979年11月举行的第20届联合国粮食及农业组织大会决定，1981年10月16日为首次世界粮食日。此后每年的这个日子都要开展各种纪念活动。

（一）产生背景

“民以食为天”，粮食在整个国民经济中始终具有不可替代的基础地位。1972年，由于连续两年气候异常造成世界性粮食歉收，加上苏联大量抢购谷物，出现了世界性粮食危机。联合国粮食及农业组织于1973年和1974年相继召开了第一次和第二次粮食大会，以唤起世界，特别是发展中国家注意粮食及农业生产问题。敦促各国政府和人民采取行动，增加粮食生产，更合理地进行粮食分配，与饥饿和营养不良做斗争。但是，问题并没有得到解决，世界粮食形势更趋严重。关于“世界粮食日”的决议正是在这种背景下做出的。

目前，动植物，尤其是农作物的品种在日益减少。古代先农们种植过多达数千种农作物，现在只有大约150种被广泛种植，成为人们主要的食物来源。其中，玉米、小麦、水稻约占60%，大多数其他农作物品种已处于灭绝的边缘。随着农作物品种日趋单一和世界人口爆炸性增长，全世界粮食供应体系正变得日益脆弱。

自马尔萨斯于1798年发表《人口论》，提出人口增长将超过生活资料生产的观点之后，人们对他的预言持不同观点。1968年，保罗·爱赫利奇发表了《人口炸弹》；1972年，罗马俱乐部发表了《增长的极限》。这两部著作都进一步表示担心，无限制的人口增长将导致大规模的饥荒。对这种观点也有人持不同意见，认为人不仅仅消费，还能生产出比消费多得多的东西。20世纪70年代末，美国华盛顿世界观察研究所的莱斯特·布朗说，世界各地的农场主和农民已经用尽了能够提高产量的办法，然而水稻和小麦的产量却开始下降。在亚洲的其他地区，20多年来水稻研究人员也未能大幅度提高作物产量。

世界人口不断增长，许多人对地球提供给人们“足够”粮食的局面还能维持多久这一问题心怀忧虑。许多国家政府对于举办“世界粮食日”活动都很重视，通过发表演讲、举行纪念会或发表纪念文章、发表粮食和农业科研成果、举办科学讨论会等方式提高人们对粮食以及粮食引发的一系列问题的重视和研究。

（二）发展历史

1979年11月，第20届联合国粮食及农业组织大会决议确定，1981年10月16日（联合国粮食及农业组织FAO创建纪念日）是首届世界粮食日，此后每年的这一天都作为“世界粮食日”。其宗旨在于引起全世界各国对发展粮食和农业生产的高度重视。

选定10月16日作为世界粮食日是因为联合国粮食及农业组织创建于1945年的这一天。来自全球粮食系统不同部门的参与者利用“世界粮食日”的机会，共同反思粮食在生活中的巨大作用，并探讨如何可以做得更好。粮食从生产到摆上餐桌是一个非常复杂的过程，涉及众多环节和人员，不仅仅是农民和渔民，还包括开发和改良技术的科学家，农业投入物的供应商，从事粮食运输、储存和加工以及销售活动的人员。当然，所有人都是粮食消费者，食用、获得和加工粮食的方法，以及需求量的多少都决定了总体粮食需求的性质和规模。

（三）设立宗旨

——促进人们重视农业粮食生产，为此激励国家、双边、多边及非政府各方作出努力。

——鼓励发展中国家开展经济和技术合作。

——鼓励农村人民，尤其是妇女和弱势群体参与影响其生活条件的决定和活动。

——增强公众对于世界饥饿问题的意识。

——促进向发展中国家转让技术。

——加强国际和国家对战胜饥饿、营养不良和贫困的声援，关注粮食和农业发展方面的成就。

（四）历届主题

1. 20世纪80年代 此段时期主要注重农业、农村发展。

1981 年　粮食第一
1982 年　粮食第一
1983 年　粮食安全
1984 年　妇女参与农业
1985 年　乡村贫困
1986 年　渔民和渔业社区
1987 年　小农
1988 年　乡村青年
1989 年　粮食与环境

2. 20 世纪 90 年代　此段时期主要注重粮食生产与环境发展的关系。

1990 年　为未来备粮
1991 年　生命之树
1992 年　粮食与营养
1993 年　收获自然多样性
1994 年　生命之水
1995 年　人皆有食
1996 年　消除饥饿和营养不良
1997 年　投资粮食安全
1998 年　妇女养供世界
1999 年　青年消除饥饿

3. 2000—2022 年　此段时期注重在保护环境减少粮食产量背景下的粮食供给与食品安全。

2000 年　没有饥饿的千年
2001 年　消除饥饿，减少贫困
2002 年　水：粮食安全之源
2003 年　关注我们未来的气候
2004 年　生物多样性促进粮食安全
2005 年　农业与跨文化对话
2006 年　投资农业促进粮食安全
2007 年　食物权
2008 年　世界粮食安全：气候变化和生物能源的挑战
2009 年　应对危机，实现粮食安全
2010 年　团结起来，战胜饥饿
2011 年　粮食价格——走出危机走向稳定
2012 年　办好农业合作社，粮食安全添保障
2013 年　发展可持续粮食系统，保障粮食安全和营养
2014 年　家庭农业：供养世界，关爱地球
2015 年　社会保护与农业：打破农村贫困恶性循环

2016 年　气候在变化，粮食和农业也在变化
2017 年　改变移民未来——投资粮食安全，促进农村发展
2019 年　行动造就未来　健康饮食实现零饥饿
2020 年　齐成长、同繁荣、共持续，行动造就未来
2022 年　不让任何人掉队，更好生产、更好营养、更好环境、更好生活

（五）活动标语

爱粮节粮，建设节约型社会。
谁知盘中餐，粒粒皆辛苦。
爱惜粮食，节约粮食。
提高粮食品质，增强法治意识。
无工不富、无商不活、无农不稳、无粮则乱。
保障食物权利，爱粮节粮，共创节约型社会。
节约粮食，从我做起，从现在做起！
为耕者谋利，为食者造福。
饭菜穿肠过，节俭心中留！
手中有粮，心里不慌。
国以民为本，民以食为天，食以粮为先。
爱惜粮食，节约资源。
增强节约粮食，爱惜粮食的意识。
食物权是人人享有的一种生命权利。
崇尚节粮风气，促进可持续发展。
食用放心粮油，保障人民健康。
一米一粟当思来之不易，爱粮节粮须知人人有责。
节约粮食光荣，浪费粮食可耻。
粒米虽小君莫扔，勤俭节约留美名！
民以食为天，食以俭为先！
米饭粒粒念汗水，不惜粮食当自悔！
桌上一粒饭，农民一滴汗！

第三节　粮食安全面临多重挑战

经历了 20 世纪两次新的农业技术革命后，农业生产技术水平得到极大提高，粮食总产量得到较大幅度提升，基本满足了世界人口由 16 亿猛增到 70 亿的需要。然而，2008 年发生粮食危机，许多发展中国家粮食严重短缺，直接危及全球 8 亿多饥饿人口的生存问题。全球粮食生产分布的不均衡、发达国家与发展中国家对粮食占有的差别，以及应对油价飙升、气候变暖和生物能源的生产导致粮食需求日益增长，全球粮食安全面临诸多挑战，战胜粮食危机任务艰巨。

一、世界粮食面临多重挑战和危机

（一）世界人口持续快速增长，粮食需求不断提高

据统计，18—19 世纪，世界人口增长率在 0.6%以下，20 世纪初，世界人口为 16.5 亿，1960 年突破 30 亿，1988 年达 50 亿，20 世纪末突破 60 亿，2005 年世界人口接近 65 亿，比 1960 年增加了 1 倍多。据联合国粮食及农业组织（FAO）报道，2030 年世界人口将达到 82.7 亿，较 2005 年增加近 20 亿。2005—2030 年，新增人口将主要集中在发展中国家，其中，亚洲占 60%。由于人口增加和人民生活水平提高，给未来世界粮食安全带来严重的威胁。

目前，发展中国家食物需求仍然处于快速增长期，食物生产与需求存在较大缺口。在过去的半个世纪，人均食物年消费量一直没有突破 250 kg，肉类年消费量有较快增长，21 世纪初达到 28 kg，这是对粮食需求增加的主要原因之一。由于粮食需求的快速增加，谷物生产与需求的缺口越来越大，这个差距只有通过库存来调剂。世界谷物储备量占世界谷物利用量的比例由 1980 年的 42.3%下降到 2004 年的 20%左右。2020 年，世界粮食消费量达到 25.88 亿 t，较 2011 年增长 12.0%。与需求状况相关联，世界粮食价格相对于粮食危机时期有所下降，但高于之前平均水平，且其增长率会趋于稳定。

（二）粮食生产资源短缺，环境恶化严重

1. 人均耕地面积减少，后备耕地资源不足　从 FAO 统计资料来看，1961 年世界人均耕地面积为 0.42 hm^2，2001 年下降到 0.25 hm^2，其中，发达国家的人均耕地面积由 1961 年的 0.66 hm^2 下降到 2001 年的 0.48 hm^2，发展中国家的人均耕地面积下降更快，由 1961 年的 0.3 hm^2 下降到 2001 年的 0.19 hm^2，低收入缺粮国家由 1961 年的 0.27 hm^2 下降到 2001 年的 0.15 hm^2。同时，世界上由于水土流失、土地沙化和退化等因素的影响，可供开垦的土地资源不足，食物需求与土地资源的矛盾日益突出。随着人口不断增加，全球人均可用土地已从 1900 年的 8 hm^2 降至 2010 年的 2 hm^2。

2. 水资源短缺是世界粮食安全的重要限制因素　20 世纪 50 年代以来，世界上对水资源的需求正在以惊人的速度增长，全球淡水用量增加近 4 倍，其中，农业用水量占 60%，世界上可供消费的水资源正在急剧减少。预计到 2025 年，至少有 35 亿人或者世界 48%的人将会生活在"水需求压力"地区。发达国家农业用水量占总用水量的 45.6%，水利用系数为 0.8，而发展中国家农业用水量占总用水量的 80%，水利用系数不到 0.4。同时，水污染问题也十分严重。根据 2008 年 9 月在维也纳举行的第六届世界水大会报道，在发展中国家约有 90%的污水和 70%的工业废水未经处理就排入河道，直接威胁到饮用水安全及生活用水的供给。据估计，全世界每年有 700 多万人因饮水不净引起疾病而死亡。为此，未来水资源短缺导致的粮食安全问题将会给发展中国家乃至世界带来灾难。

3. 气候变暖对世界农业带来的影响　气候异常、极端气候事件的发生频率及强度将成为最主要的影响因素。高纬度地区升温快于低纬度地区，陆地升温快于海洋，北极的海冰消减速度快于南极。高纬度地区平均温度升高 2 ℃，几乎达到热带地区温度升高值的 2 倍。在

高纬度及赤道地区，作物产量将增加，而在中纬度地区，可能会出现严重减产。同时，会直接导致海平面上升和间接影响自然资源的可用性，主要是水资源，还有生态系统，由此产生对农产品产量和品质的影响，波及世界粮食安全。

4. 生态环境恶化 第二次世界大战结束以来，生态环境恶化已经成为全球性问题，以发达国家为先导，兴起了两次环境保护运动的浪潮。20 世纪 50～60 年代，西方发达国家出现了第一次环境保护浪潮。其直接原因是发达国家在工业现代化和丰裕社会生活的进程中，伴生着生态环境的严重破坏。20 世纪 80 年代以来，随着全球现代化趋势的进一步发展，又伴生着更大范围的环境污染和生态破坏，从而出现了第二次世界范围的环境保护浪潮。

（三）农业生产物质投入增长放缓

1. 全球化肥投入呈下降趋势 1950 年，世界化肥施用量为 1 700 万 t，1961 年为 3 118 万 t，到 2002 年增加到 1.4 亿 t，为 1961 年的 4.5 倍，是 1950 年的 8.2 倍。1961—2002 年，世界化肥消费年均增长率为 3.7%。从单位面积化肥施用量上看，发展中国家增长较快，超过了发达国家，不同国家和地区的消费量不同。2001—2002 年，世界化肥平均消费量为 99 kg/hm^2，其中，发达国家为 82 kg/hm^2，工业化国家仍维持较高的水平。值得指出的是，20 世纪 60 年代世界化肥消费量呈下降趋势。20 世纪 60 年代年均增长率为 9.3%，70 年代为 5.3%，80 年代为 2.0%，1991—2002 年则下降至 0.5%。

2. 发展灌溉受限 扩大灌溉面积是粮食生产量增长的源泉。发展中国家灌溉面积占耕地面积的 26%，生产粮食占粮食总产量的 40%。由于粮食压力，灌溉面积的年均增长率达到 1.8%，高于发达国家增长率 1.5%的水平。近些年，由于淡水资源的短缺，进一步扩大灌溉面积受到限制。但是，根据联合国粮食及农业组织预测，到 2040 年，全球粮食产量需求增加 60%，同期农业用水量将增加约 14%，年增长率为 0.6%。

3. 农业机械增长速度明显下降 据调查，用手工操作的农业生产效率与机械化程度高的农业生产效率相比，1950 年为 1∶30，2000 年则为 1∶500，这说明，机械化程度的提高可以大大提高农业生产效率。20 世纪 60 年代以来，世界农业机械化发展很快，发达国家 1961 年农用拖拉机的数量为 1 063 万台，2002 年增长到 1 941 万台，占世界总量的 73%。发展中国家虽然增长较快，1961—2002 年农用拖拉机的数量增长了 9.7 倍，但是占世界总量的比例要小于发达国家，只有 27%，发展中国家与发达国家仍存在较大的差距。近些年，在亚洲的一些国家和地区，农业机械化的水平较低，基本上还是依靠手工或畜力。在非洲的一些国家和地区，农业机械化的水平更低，有些农业生产非常原始和落后，需要经过漫长的历史阶段才能逐步实现农业机械化。

（四）粮食产量增长缓慢

受上述条件的制约，2000—2010 年，全球粮食总产量基本维持在 22～24 亿 t。小麦由 4.44 亿 t 增至 5.89 亿 t，年均增长率 1.7%；玉米由 4.22 亿 t 增至 6.34 亿 t，年均增长率为 2.1%；水稻由 2.75 亿 t 增至 4.01 亿 t，年均增长率为 2.2%。虽然自 2008 年粮食危机以来粮食紧张状况得到缓解，但人均缺乏状态没有根本改变，粮食价格仍然处于偏高位运行。

到 2030 年，全球粮食产量必须提高 50%，才能满足因人口增长等因素而不断增加的粮食需求。

（五）粮食储备仍然处于低位，粮食贸易有所增长

随着全球粮食需求量的不断增加，粮食生产量多数年份难以满足需求，在 2008 年粮食危机之后的若干年，世界粮食储备仍处于较低水平，期末库存量仅为 3.0 亿～4.0 亿 t，占年度消费量的比例为 15%～20%（粮食安全线为低于 18%），全球粮食危机风险仍然较高，世界粮食形势总体不容乐观。

受粮食生产区域不平衡和国家贫富差异较大的影响，全球粮食贸易量有所增长，由 2000 年前的 2.2 亿～2.3 亿 t 上升至 2010 年的 2.4 亿～2.6 亿 t，各品种贸易量排序为小麦>玉米>水稻，贸易类型有生产与出口大国（美国），生产量大、进口多国家（中国、印度和俄罗斯），依赖进口国（日本、韩国、埃及）。

二、依靠科技进步，积极应对挑战

为应对由于人口增长、油价飙升、气候变化和生物燃料生产导致的日益增长的粮食需求，防止和避免全球粮食危机，各国应大幅度增加粮食生产。在 2008 年 6 月 3 日意大利罗马召开的联合国粮食峰会上，潘基文秘书长呼吁各国大幅增加粮食生产。时任联合国粮食及农业组织总干事迪乌夫强调，确保粮食安全是全球共同面临的政治性挑战，也是解决人类需求最根本和最优先的问题，国际社会应努力缩小粮食供给和需求之间的差距。在过去几十年中，国际社会用于农业的援助资金已从 1984 年的 80 亿美元下降到 2004 年的 34 亿美元。农业援助所占份额也从 1980 年的 17%下降为 2006 年的 3.5%。迪乌夫呼吁各国领导人为推动农业发展每年投入 300 亿美元，并促成各国之间在粮食生产方面结成合作伙伴关系，努力避免粮食问题在未来进一步演化为地区冲突。随着气候变化的升级和世界人口的增长，将有可能达到危机状态。报告得出的结论是，现有世界粮食生产体系和粮食贸易方式，导致了极不均衡的利益分配和严重的生态影响，并正在助长气候变化。

国内外学者普遍认为，要发展科学技术、增加粮食产量、保护生态环境、促进农业的持续发展，目前主要依靠常规技术，辅以高新技术的应用。据统计，某些国家粮食最高产量相当于全国平均产量的 2.6～6.3 倍。20 世纪末至 21 世纪初，在一些国家涌现了不少粮食高产典型地区。如哥伦比亚水稻单产从 1.8 t/hm^2 增至 4.4 t/hm^2；土耳其小麦年产量从 700 万 t 增至 1 700 万 t。目前，全球粮食生产平均水平与最高产量水平相比差距很大，与粮食生产的理论产量极限相比差距更大。例如，世界玉米单产最高可达 22.3 t/hm^2，而理论上极限产量则为这个数值的 3 倍以上。这些都说明，依靠农业常规技术，辅以高新技术的应用，提高粮食产量的潜力是很大的。保障全球的粮食安全，其根本出路在于农业科技进步和创新。因此，面向 21 世纪中期，在以自然资源为基础的农业向以科学为基础的现代农业转化的粮食增产中，要更多地依靠科学技术进步和创新，切实加强农业基础研究和前沿技术研究，力争取得重要进展和新的突破，为全球粮食安全作出新的贡献。同

时，要注重对土壤、水和森林的生态保护，不断降低农业科技投资，以可持续的方式生产粮食。

第四节 世界粮食安全科技对策与多重战略

综合分析目前及未来国际粮食安全形势，可以看出引起国际粮食安全问题的主要原因有多数国家粮食库存大幅度减少、耕地面积下降、粮食生产成本提高、生产者普遍积极性不高、粮食生产波动大、粮食消耗量刚性增加与粮食消费结构升级、全球经济增长刺激粮价上涨、全球气候异常和自然灾害频繁等方面。从全球层面看，应对国际粮食安全和生产面临的挑战，应当多种战略并举：一是构建全球层面上的粮食安全生产的耕地保障机制；二是在全球视野中构筑灾害应对型农作制度；三是构建全球粮食储备及需求信息共享平台，稳定粮食供应市场；四是构建全球粮食安全科技支撑计划，提升粮食生产科技水平。综合分析各种策略，解决全球粮食安全问题，根本上还是应当从提升科技水平和各国应用优质高效丰产技术的能力与效果，从而实现全球粮食生产的有效提升、粮食市场的有效供应和粮食需求的有效满足。

一、科技发展对粮食生产的贡献

（一）科技推动粮食发展的历史贡献

世界粮食的增产主要得益于农业科技的重大突破和农业技术的创新。从世界范围看，1910 年蒸汽拖拉机的出现，改变了传统农业的耕作方式，极大地提高了粮食的生产能力和生产效率；1914 年工业合成氨技术以及尿素、复合肥的生产技术，是 20 世纪以来世界粮食成倍增长的主要因素之一；19 世纪 30 年代美国育成了杂交玉米良种并大规模推广，实现了粮食生产由靠扩大面积到提高单产的重要转变；1940 年合成农药的诞生和使用，使农作物的病虫害降低了 10%～20%；20 世纪 60～70 年代开始的绿色革命，培育出了一批高产作物品种，改善了 19 个发展中国家的粮食自给。

在第一次绿色革命发生过程中，位于墨西哥的国际玉米和小麦改良中心（CIMMYT），以诺贝尔和平奖获得者勃劳格为首的一批小麦育种家于 1953—1962 年利用日本创新的小麦矮秆材料农林 10 号矮化基因的品系，与抗锈病的墨西哥小麦进行杂交，育成了 Norman、Borlaug、Pitic62 等 30 多个矮秆、半矮秆品种，这些品种具有抗倒伏、抗锈病、高产、适应性较强的突出优点，在许多国家种植获得了成功。意大利于 1911 年利用日本赤小麦，使小麦株高降低 100～130 cm。美国 1940 年开始利用日本农林 10 号选育出一批矮秆品种（Joss Cambier 和 Ase）。设在菲律宾的国际水稻研究所，成功地将我国台湾地区的低脚乌尖品种具有的矮秆基因导入高产的印度尼西亚品种皮泰中，培养出第一个半矮秆、高产、耐肥、抗倒伏、穗大、粒多的国际稻 8 号品种。此后，又相继培养出国际稻系列良种，并在抗病害、适应性等方面有了改进，产量不断创新纪录。

在 20 世纪 70 代开始的新绿色革命探索中，日本开展了“作物高产工程”；20 世纪 80 年代以来，美国开展了“作物最高产量研究（MYR）”和高产竞赛；20 世纪 90 年代以后，国际水稻所提出了突破产量限制的新思路和亩*产吨粮的作物理想构型，并进行了超高产水稻的研究；欧洲已普遍开展了农作物高产蓝图设计与集约化栽培管理研究。目前，发达国家的农业科技对粮食增产的贡献率一般都在75%以上，德国、法国、英国等发达国家高达90%。

中国科技进步对粮食增长的贡献更是有目共睹。调研结果表明，1978—1996年的18年间，粮食增产诸因素中技术进步贡献率最大，占48%；其次为化肥贡献率，占35%，其他物质投入贡献率占14%；劳动力贡献率为5%；气候条件的贡献率为－2%（即造成2%的减产作用）。在当前我国粮食生产中，技术进步的内容是广泛的、综合的，但起作用最大的是优良品种、栽培技术、植保技术、低产土壤改良技术及种植结构调整5项。

（二）现代化技术正在装备粮食生产

20世纪中期以来，以生物技术和信息技术为标志的现代化技术已开始向农业领域渗透，其突破性进展为世界农业科技革命和农业的飞跃发展带来了契机，粮食生产也由于这些现代化技术的装备而获得长足发展。

农业生物技术作为农业科技革命的强大推动力，在其应用的几十年里显示了在提高粮食生产力、增加产量方面的巨大潜力。利用生物技术，能够开发出具备更加适合人们需要的生物特性的农产品品种。农作物可以因此增加抗旱、耐碱、抗病虫害的能力，从而增加单产，有效保证粮食的供应。在生物技术作物种植的第一个12年中，全球种植面积超过了1亿hm^2，生物技术作物在世界各地的种植因此不断扩大。国际农业生物技术应用服务组织（ISAAA）发表的报告表明，2007年全球范围内生物技术作物的种植面积达到了1.143亿hm^2，比2006年增长了12%。目前，生物技术的研究热点仍然集中在基因组学、蛋白质组学等领域。继2000年人类基因组计划完成之后，水稻全部DNA序列测定也在2002年完成，这些研究成果都直接与粮食生产有关。

世界农业信息技术的发展大致经历了3个阶段：第一阶段是20世纪50～60年代的科学计算时期；第二阶段是70～80年代的数据处理和知识处理时期；第三阶段是90年代以来，随着计算机技术、人工智能技术、网络技术和多媒体技术的迅速发展，农业信息技术进入新的发展时期。发达国家的信息产业年增长率超过过去15%。世界上一些农业发达国家如美国，其农业科学家通过网络来加速农业信息技术传播，美国农业部通过卫星数据传输系统报告有关市场发展、长短期天气预测、与农业有关的政策以及产品信息和保险服务方案。20世纪60年代，由美国和荷兰科学家开创的智能信息技术在农业应用已有40年，已研制出大量作物模拟模型、作物生产管理系统和病虫害管理系统以及其他与农业生产相关的模型、专家系统和管理系统。随着现代农业对综合配套技术应用的迫切需要，数据库、系统模拟、人工智能、农用无人机、管理信息系统、决策支持系统、计算机网络以及建立在航空航天技术基础上的“3S”（遥感、地理信息系统和全球定位）技术在农业领域的应用日趋成熟。

---

* 亩为非法定计量单位，1亩≈667 m^2。——编者注

(三) 未来粮食生产更加依赖科技创新

未来粮食生产通过科技创新可以提高有限资源要素的利用率，可以改善粮食作物生长条件而扩大种植区域，可以不断提高作物品种的生产性能而增加产量，还可以通过科技创新促进多种粮食产品的开发。可以预见，解决粮食危机的主要战略将由自然依赖向科学依赖方向发展，科学技术会对未来的粮食增长产生持久的推动力，其贡献份额将继续增加（图 1－3）。特别是在我国科技进步贡献率不高的情况下，未来粮食增长将更加依赖于科技创新。2016 年，我国科技进步贡献率达到了 56.2%；2020 年，农业科技进步贡献率达到 60%以上的水平。

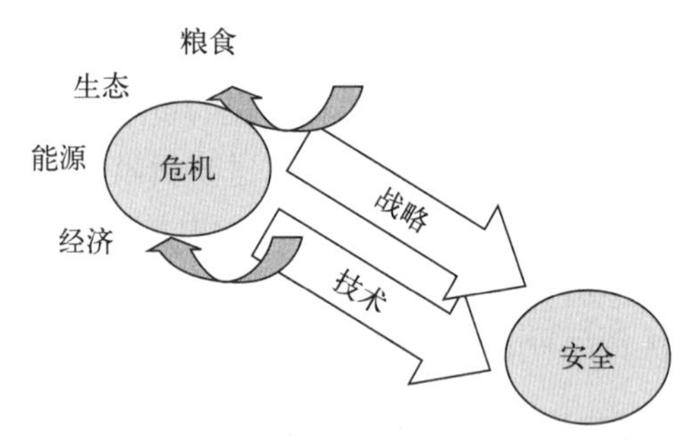

图 1－3 粮食安全将从自然依赖向科学依赖方向发展

二、世界粮食安全的科技战略

(一) 依靠科技进步确保粮食安全的目标战略

1. 作物高产战略 高产是粮食生产永恒的主题。世界粮食生产的经验，一般是通过两种增产途径来实现粮食产量提高的：一是依靠扩大耕地面积；二是依靠科技进步，提高单位面积产量。科学家分析 20 世纪 50 年代以来的作物产量发现，作物的平均产量稳步增长，但最高产量 25 年保持不变，水稻的最高产量 30 年保持不变。所以，作物生产面临着高产突破的需求和难题（图 1－4）。

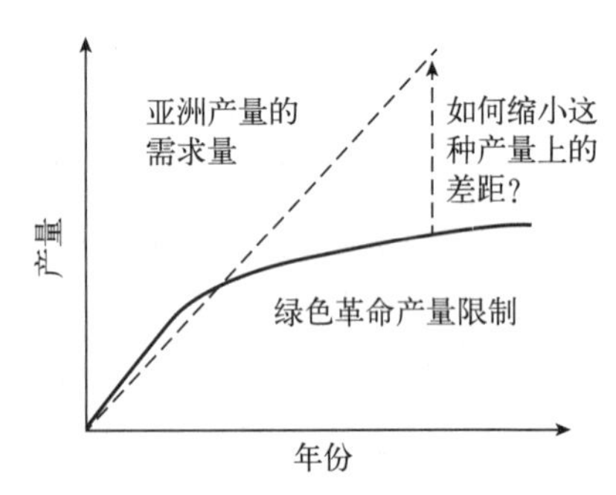

图 1－4 作物（水稻）生产面临着高产突破的需求和难题

1996 年，在罗马召开的世界粮食问题首脑会议提出，今后解决世界粮食问题及食物安全的有效途径，就是推行一次建立在可持续发展基础之上的“新的绿色革命”(new green revolution)。因此，世界各国在发展粮食生产时都不约而同地把科技重点投向高产目标，进行高产和超高产研究，优先投入高产创建，引领产量实现突破（图 1－5）。通过产量水平的不断提高，进而提高粮食生产能力，可以随时应付动荡的国际粮食市场，是粮食安全的国际重要战略。美国从 1920 年开始第一次开展玉米高产竞赛，一直保持到现在，对美国玉米的产量提高起到巨大的推动作用，至今全世界玉米的最高产量纪录仍然由美国保持。

我国的高产田约占粮食种植面积的 1/3，但产量却占粮食总产量的 80%以上，高产田对国家粮食安全的贡献效应明显。因此，加大高产田的科技投入，通过高产带动中低产田产量提高在目前我国粮食科技投入不足的情况下无疑是明智之举。

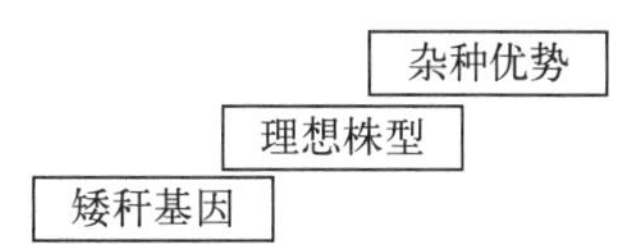

形态学改造(矮秆基因、理想株型)
特异遗传原理(杂种优势利用)
未来不明的途径(生理学原理)

顺序差异
水稻：矮化 ——→ 理想株型 —→ 杂种优势
玉米：杂种优势 —→ 理想株型 —→ 矮秆
小麦：矮化 ——→ 理想株型 —→ 杂种优势

图 1-5　产量突破的共同模式

2. 作物高效战略　高产虽然是粮食生产追求的目标，但常常伴随着大量的肥水投入。发达国家由于经济实力雄厚，可以在农业生产资料上大量投入，但广大发展中国家却不堪重负。因此，在进行高产战略的基础上，世界各国开始将科技战略的重心转向不断提高资源利用效率的高产高效并举目标，强调不断提高作物肥水资源利用效率获得高产。中国从 20 世纪 90 年代就开始部署作物高效高产研究，先后安排了作物高效利用光能、水分、氮磷养分等重大科学基础研究计划，极大促进了作物高产高效科技的进步。

3. 作物可持续发展战略　在作物高产高效科技战略不断深入的基础上，随着工业化和社会发展带来的全球气候变化，引起大气臭氧层破坏、土地沙漠化、生物多样性减少等一系列全球性环境恶化问题，世界各国开始认识到粮食生产可持续发展的重要性。强调依靠技术进步，实现农业生产的优质、高产、高效和资源与环境的可持续利用，突出以效益和效率为中心，追求更高的经济效益和高效的资源利用。1992 年，联合国环境与发展大会通过的《21 世纪议程》要求各国根据本国的实际情况，制定各自的可持续发展战略、计划和对策。中国于 1994 年通过了《21 世纪议程》，制定了农业可持续发展战略。科学技术部组织实施的粮食丰产科技工程明确提出了作物可持续高产的战略要求。

（二）不同国情决定了不同的粮食安全科技战略

20 世纪 70 年代初期的全球性粮食危机爆发之后，粮食安全问题已成为世界各国普遍关注的议题，依靠科技进步确保粮食安全已成为世界各国的共识。各国立足不同的国情因地制宜选择了适合发展的粮食安全科技战略。

发达国家由于国力强盛、社会经济发达而采取了研究和运用现代高新技术的粮食科技发展战略。以生物技术、信息技术为标志的现代高新技术应用提高粮食生产水平的做法成为发达国家粮食科技的首选。通过生物技术生产生物农药、生物肥料、生物反应器等，推动粮食生产向优质、高效、无污染方向发展。通过计算机为主的信息技术及在此基础上发展的遥感技术、地理信息系统技术、全球定位技术等在粮食生产中的应用，提高粮食生产过程的可控程度。如以色列利用计算机控制滴灌和喷灌技术，节水达 50%以上；20 世纪 80 年代，遥感技术在欧美国家已普遍用于自然资源调查、制图、环境预测、保护管理、天气预报及作物估产等方面，对粮食种植面积、土壤侵蚀和改良、病虫害防治等起到了重要作用；利用航天技术发展农业，成为当今世界农业领域最尖端科技课题之一，太空育种已从研究走向实践。

发展中国家则将重点放在以传统技术革新带动粮食生产的科技战略上，选择以主要作物的高产品种和高产技术为突破口，发展节水灌溉技术和旱作农业技术，以解决半干旱、干旱和沙漠地区的粮食生产问题，全面推进第二次绿色革命。国际农业研究磋商组织及多个国家农业研究中心加紧对“超级水稻”“超级木薯”“超级玉米”“专用小麦”等的研究与开发，并将生物技术的研究应用、农田节水灌溉技术、精量施肥施药技术与环境保护等作为第二次绿色革命的主导领域。如印度政府在粮食生产中大力推广生物技术，提高农作物的产量和抗病虫害能力，实现粮食增产和农业的可持续发展。

中国由于人口众多、地域辽阔、气候和生态环境复杂多样，因而采取了因地制宜的区域性综合技术集成研究和应用的粮食科技战略。在当前及未来粮食生产资源尤其是耕地资源不断减少的情况下，贯彻实施“科技兴粮”与“可持续发展”的战略。大力发展以大幅度提高单产和综合生产能力为主的增产技术，发展以农业生物技术、信息技术为重点的高新技术，大力支持粮食科技基础性工作，并加强支持粮食产业工业技术的发展。主要的科技战略如下。

1. 实施粮食科技创新战略 以高产、优质、高效、生态、安全为目标，大力发展大幅度提高单产和综合生产能力为主的增产技术。重点研发直接应用于农业生产，有效提高粮食综合生产能力的关键技术；创新发展以调整品种结构，提高品质、降低成本、增强市场竞争力为核心的优质高效技术。当前，以现代生物技术、信息技术和工程技术为主要特征的粮食新科技革命已在全球展开，为我国粮食科技发展带来了新的机遇。必须通过调整技术创新方向，整合创新资源，改善创新环境，不断提高粮食科技的创新水平。既要在生物功能基因组、遗传育种分子生物学、重大病虫害控制、转基因植物安全性以及信息技术与资源管理等知识创新领域实现突破，同时又要在保障粮食安全、提高农产品质量和安全以及改善生态环境等技术创新领域取得更大进展。要加快实施粮食科技创新人才战略，造就一支具有持续创新能力的高水平人才队伍，形成“开放、流动、竞争、协作”的用人机制。同时，积极实施知识产权保护战略，激励和引导自主创新，鼓励吸收和利用国外先进科技成果。

2. 实施粮食科技产业化战略 发展以农业生物技术、信息技术为重点的高新技术，培育粮食高新技术产业和产业集团。从一定意义上讲，粮食科技产业化就是粮食科技成果的商品化。首先，必须以市场需求为导向，选择科研项目，创造符合粮食生产和社会发展需要的粮食科技成果，并进行专业化、规模化、一体化的生产和网络化销售，促使粮食科技的研究、成果的中试、产品的生产和推广应用实现商业化经营。其次，开展以农机、节水灌溉设备、肥料、农药、农膜为主的支持粮食产业的工业技术研究，为粮食科技的发展提供基础性支撑条件。进一步加强单项粮食科技成果的集成和规模使用，通过项目推广、技术承包和经营服务、公司加农户等形式，扩大种子（苗）、肥料、农药、节水灌溉、生物工程、农业信息与咨询服务领域的物化技术和产品的推广应用范围，不断提升粮食产业化水平。最后，要集成生物技术、信息技术和工程技术发展的最新成果，拓展粮食产业化发展的领域，不断稳固我国粮食科技在国际上的地位。

3. 实施提高农民科技素质战略　要尽快启动农民科技教育培训的专项立法工作，推进农民科技教育培训的规范化、制度化和长效化。由科学技术部和农业农村部牵头，加快建立并完善以省（部）粮食科技教育培训中心为龙头，各级粮食科技教育培训中心为骨干，农业院校、科研院所和农业科技推广机构为依托，企业和民间科技服务组织为补充，县、乡、村农业推广服务体系和各类培训机构为基础的农民科技教育培训体系。积极推进新时代青年农民科技骨干培训、绿色证书培训、高素质农民创业培植、农村富余劳动力转移培训和农业远程培训“五大工程”的建设，塑造现代高素质农民。深化农民教育培训体制改革，坚持政府引导、社会办学的指导思想，突出实用技术的培训方向，形成科学育才和科技致富的实际效果。要采取引导和扶持的政策，加大农民科技培训的投入，调动农民主动学习科技的积极性，不断强化各级政府的职能行为。

4. 实施粮食科技体系创新战略　建立完善的竞争机制，坚持国家科技计划对全社会开放，支持和鼓励国内有条件的各类机构平等参与承担国家重大计划和项目，为全社会积极创新创造良好条件。要进一步加强粮食科技结构的创新，按照粮食生产区域特点和现代农业发展的需要，对全国农业科研机构进行布局调整，明确国家和地方两级科研的任务，合理分工，各有侧重，互为补充，形成特色。鼓励和推动部分有市场开发能力的研究所向企业转制。对主要提供公益性服务和基础性研究的科研机构，应在学科调整和人员分流的基础上，逐步建设国家粮食科技创新基地和区域创新中心。要加强科技运行机制的创新，逐步实行科研机构理事会制度。建立科学的科技项目评估方法，不断完善社会评价和业绩考核相结合的奖励制度。加强科技管理的创新，在加大公共财政投入力度的同时，不断吸纳社会、企业和境外资金对粮食科技的支持，逐步形成适度竞争的经费支持模式。

5. 实施粮食企业技术创新战略　大力支持基础条件好的龙头粮食企业技术中心升级为国家级企业技术中心，增强企业研究开发实力和水平。鼓励高等院校、科研院所的科技力量以多种形式进入企业及其技术中心，鼓励专业对口的独立技术开发机构及科技力量进入企业和企业集团，以多种形式开展技术创新工作，加强自身技术创新能力建设，把自主创新作为调整优化产业结构、转变增长方式的中心环节，以自主创新提升产业技术水平。要积极采取措施，通过科研单位转制、发展民营科技企业等方式，培育粮食科技企业，尽快使他们成为粮食科技创新的主体。要通过落实国家产业政策，维护市场秩序，合理配置基本生产要素，提高粮食科技企业的发展质量。粮食科技管理部门要认真研究社会主义市场经济的发展规律，积极转变政府职能，切实改变工作方式，向粮食科技企业提供高效率的公共服务，为粮食科技企业营造良好的创新环境。

三、世界粮食安全的科技保障战略

（一）促进粮食生产现代化是粮食安全的技术保障战略

世界上一些国家为保障粮食安全而进行粮食生产，由传统方式向现代方式转变的道路基本有两条：一是技术集约，二是劳动集约。实现工业化较早、土地资源丰裕、劳动力又相对缺乏的国家，粮食生产方式现代化的起步往往从生产工具和技术的改革上入手，走技术集约道路。如美国地多人少，采用以州为单位的区域性布局的农场或生产基地，充分利用农业机械、良种技术，形成规模化、产业化经营。以色列的国家粮食生产组织形式表现为农庄和合作社区，由于其土地资源以沙漠为主，自然环境条件恶劣，因而重点进行了节水型粮食科技的研究，形成节水技术集约型特色。人多地少的国家是以劳动集约作为粮食生产方式现代化的起步方式，首先在充分利用劳动力方面找出路，侧重于采用生物技术、精耕细作和进行集约经营，以提高单产。如荷兰注重设施农业和“温室革命”，由土地高产出型的家庭农场与完善的社会服务网络相辅相成，成为世界农业强国。日本农业的发展主要采用了全盘合作化的土地节约型模式，即由农业协会联合分散农户形成劳动集约经营，其农业协会的作用闻名世界。一些发达国家历经一个多世纪，创造了各自不同的发展方式，最终都实现了粮食生产现代化。

（二）实施粮食生产保护政策是粮食安全的政府保障战略

粮食生产保护的实质是政府对农业资源转移采取的干预措施。以保护粮食价格为核心内容，实行价格支持，调节粮食供求状况；增加对粮食生产的投入，实行财政金融支持和灾害保险；加强农业基础设施建设，保护农业资源和环境等。很多发达国家都实行了保护主义贸易政策，限制进口数量和提供出口补贴，有时甚至通过外交途径争夺国际市场。如美国经常运用政治外交手段要求日本和欧盟扩大进口美国农产品，欧盟则建立了共同农业市场和实施共同农业政策，取消成员国之间的关税和非关税障碍，支持出口和自由流通，对进口到欧盟市场的农产品，规定了“门槛价格”，外部要向欧盟各国输出农产品时，需要交纳“差价税”。有些国家在保护农业方面却走了弯路，如日本、韩国为支撑工业起飞，在很大程度上牺牲了农业的利益，导致粮食自给率仅有30%左右。后来日本、韩国工业化之后都实行了工业反哺农业政策，才使粮食生产现代化水平大幅度提高。中国历来将农业，特别是粮食生产放在国民经济的首位，不断加大对农业的保护和支持。“十五”期间，中国相继出台了“两减免三补贴”为主的扶农惠农政策，使得农民种粮积极性高涨，粮食总产量实现恢复性增长。

（三）强化粮食科技的研究和推广是粮食安全的经济保障战略

在现代粮食生产中，当粮食产量达到一定水平后，粮食增产主要依靠科学技术的进步，而粮食科技进步的最基本要求是科技与本国农业资源状况相匹配，并且能普及推广。世界上许多国家，特别是一些发达国家，为了加快农业发展的步伐，都建立了比较完善的农业科技体系，形成了实力雄厚的农业科研机构和规模庞大的科技推广队伍；其每年用于农业科研的经费支持力度，一般为本国农业GDP的0.6%，而用于农业科技推广经费的支持力度，为本国农业科研经费的3倍。如美国实行农业研究、教育、推广“三位一体”的体制，并且都有相应的法律保障，立法还规定各州要提供与联邦赠款数额相当的资金用于本州农业科技推广。荷兰、日本等国都有着发达的农业科研和推广体系，国土只相当于我国江苏省2/5的荷兰，在各地有几十个农业技术推广站，每个技术人员负责150～200个农户。具有世界领先的农业科技，加上成功的政策和周到的服务，使荷兰成为世界上仅次于美国的第二大农产品净出口国。这些国家的农业科研均针对本国国情，重点研究适用的现代化技术和设施，如美国主要研究机械化及良种化，荷兰主要研究工厂化设施农业，以色列主要研究温室和滴灌农业技术，加拿大主要研究杂交育种技术，日本主要研究生物化学、机械技术应用等，最终促进常规农业成为高效产业。我国从1949年以来就较早地建立了自上而下的农业科技推广网络体系，以各地农业推广部门为基础，通过宣传、教育、示范等手段，推广和应用新技术，取得了显著的效果。

（四）加大人力资本投入，培养高素质农民队伍是粮食安全的人才保障战略

现代粮食生产已成为知识密集和技术密集型产业。土地和其他物质技术资源必须通过农业劳动者才能转换成为各种农产品，因此高素质的农业劳动者是现代农业发展不可或缺的基础条件。教育是人力资本投资的重要形式，各发达国家对农业教育都十分重视，建立了完善的农业教育体系。2010年，荷兰各类农业院校的学生共有6万人，相当于农业劳动力的29%；丹麦农民中有85%是大学毕业生；在法国有继承权的农场主子女，在接受基础教育之后，还要再继续学习专业知识，考试合格后才能取得从事农业经营的资格。几十年来，发达国家农业就业人数大幅度减少，而农业生产量却大幅度增长，这与农民素质的提高密切相关。

四、世界主要粮食科技成就

（一）美国高度机械化规模化农业

1890年，美国的工业总产值超过农业，是美国由农业国向工业国演化的转折点。农用地多劳力少呼唤机械化，工业以农业为市场以求自身的壮大，再加上在两次世界大战期间，世界对美国粮食的需求，为美国农业的机械化提供了充分条件。早在20世纪20年代，美国就开始拖拉机耕地，30年代普及；至1959年，美国的小麦、玉米等主要农业作物的耕、播、收、脱粒、清洗已达100%的机械化。此后，应家庭农场多样化和大中型农场特大化发展的市场需求，相应推出多功能、多品种小型农机和大功率、高度自动化的大型农业机械（图1-6）。

图1-6　美国农场的大型农业机械

美国在玉米生产中，有5个重视，一是重视高产竞赛；二是重视整地，培肥地力；三是重视效率，全程实现机械化；四是重视密植，实行配套服务；五是重视秸秆综合利用技术。美国玉米生产的特点：一是精简化管理，重视播前准备、播种和收获；二是农机农艺配合，玉米行距统一为76 cm，机械通用，农艺为农机服务；三是籽粒收获，美国全为机械化收获，田间脱水使籽粒含水量降至15%～18%，直接入库。

（二）美国黑风暴引发的保护性农业

1934年，美国西部草原地区发生了一场历史上空前的黑风暴。风暴整整刮了三天三夜，形成一个东西长2 400 km，南北宽1 440 km，高3 400 m的迅速移动的巨大黑色风暴带。风暴所经之处，溪水断流，水井干涸，田地龟裂，庄稼枯萎，牲畜渴死，千万人流离失所。黑风暴的袭击给美国农牧业生产带来了严重影响，使原已遭受旱灾的小麦大片枯萎而死，引起当时美国谷物市场的波动，冲击了经济的发展。同时，黑风暴一路洗劫，将肥沃的土壤表层刮走，露出贫瘠的沙质土层，使受害之地的土壤结构发生变化，严重制约灾后农业生产的发展。继美国黑风暴之后，1960年3月和4月，苏联新开垦地区先后遭到黑风暴的侵蚀，经营多年的农庄几天之间全部被毁，颗粒无收。大自然对人类的报复是无情的，3年之后，在这些新开垦地区又一次发生了风暴，这次风暴的影响范围更为广泛。

美国和苏联的黑风暴灾难的发生，向世人揭示：要想避免大自然的报复，人类行为一定要符合客观规律。也就是说，人类在向自然界索取的同时，还要自觉地保护好生存环境，否则将会自食恶果。黑风暴事件的发生也同时引发了新的农业生产方式——保护性农业的诞生和发展，美国新泽西州大学教授M. A. Spregue等（1986）提出了少免耕系统（图1-7）。美国玉米带有玉米连作和玉米-大豆轮作两种种植制度（图1-8）。美国玉米主产区重视秸秆还田，而且强调深松。国际玉米和小麦改良中心研究认为保护性耕作应以不降低产量为前提，根据区域特点因地制宜采用保护性耕作方式，如秸秆覆盖、少耕、条耕、免耕等（图1-9）。

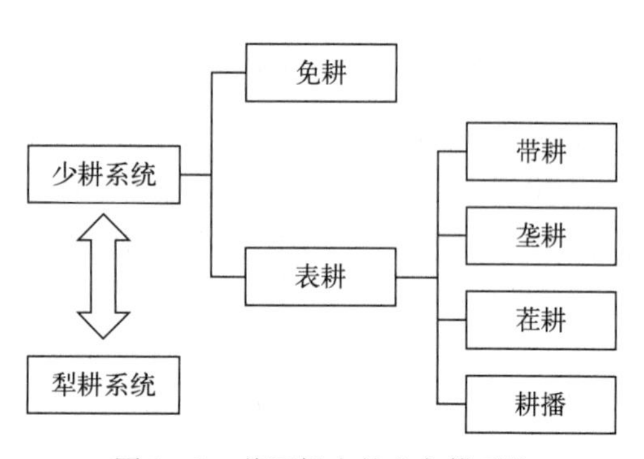

图1-7　美国提出的少免耕系统

大豆　　玉米

图1-8　美国玉米-大豆轮作制度

图 1-9 国际玉米和小麦改良中心试验站

（三）美国方兴未艾的精准农业

精准农业产生于 20 世纪 90 年代，当时欧美发达国家为了缓解农业现代化、集约化生产带来的环境污染问题以及降低生产成本，借助信息技术，陆续展开精准农业生产模式的研究与实践。进入 21 世纪之后，精准农业技术及生产模式已经逐渐成熟，在不同的国家形成了不同的发展特色，但整体而言，精准农业所体现的低投入、高产出、污染少等优点，是农业可持续性发展的方向（图 1-10）。

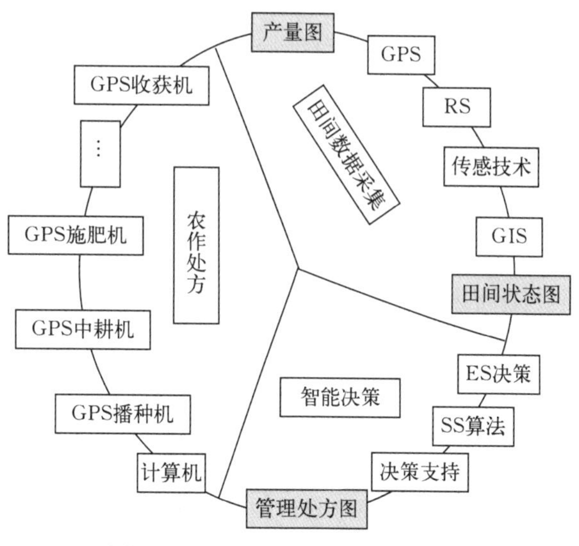

图 1-10 精准农业实施的工艺流程

美国是世界上最早研究与应用精准农业技术的国家，在 20 世纪 90 年代中期就进行了土壤结构密度传感技术、土壤传导性技术、电磁感应技术等农业工程领域的研究，这些技术现在已经陆续在农业生产中使用，对土壤元素测定、农作物产量监测、施肥变量反应等耕作技术起到实质性推动。美国精准农业发展模式的核心是技术，将现代化的信息技术、农业技术与工程技术进行了有机结合，体现了精准农业要求的时间与空间差异，在此基础上，通过农田地理信息系统提供的地理信息确定作物的最佳生产模型，决定依据不同作物的差异，采用卫星定位和智能机械，智能施肥、灌溉、喷洒农药等，最大限度地优化各项农业投入，同时也保护了农业生态环境及土地资源。美国的精准农业领先于世界，技术非常成熟，已经建成了完善的现代农业管理系统。高级的精准农业发展模式，在其技术层面上，核心的部分主要是 3S 技术（全球定位系统、遥感技术、地理信息系统)，另外，决策支持系统、专家系统与智能设备控制系统也很重要。

美国的精准农业追求的不是集约化时代下的高产，而是强调单位面积的投入与产出的最佳比例，强调效益。1993 年，美国首次进行精准农业耕种技术试验，取得了较好的成效。2013 年底，美国农业部发布的数据显示，美国年生产总值 100 万美元以上的农场精准农业技术的使用率达到了 93%，50 万～100 万美元的农场精准农业技术使用率 85%左右，一些小型农场也开始推广普及精准农业技术。美国目前最具有代表性的是约翰迪尔公司在 2012 年推出的“绿色之星”精准农业系统和凯斯公司 2013 年年初推出的新一代“先进农业”精准农业系统。“绿色之星”精准农业系统是基于全球定位系统与地理信息系统的基础，结合了物联网技术发展而成的新型精准农业系统，适合大中规模的机械化生产的农场使用，其在大农场中的市场占有率达到了 65%以上。凯斯“先进农业”精准农业系统是凯斯公司在 1996 年第一代精准农业系统基础上推出的新产品，在北美洲及澳大利亚得到了广泛的运用，比较适合种植水稻、玉米、大豆和小麦等作物。

(四) 德国农业 3S 技术

德国政府十分重视应用 3S 技术（图 1-11)。德国农业机械化程度很高，3S 技术和机器耕作的结合大大提高了农业生产效率、降低了成本。在大型农机上安装接收机，接收卫星信号，经电脑处理、分析和综合，根据土地和作物情况确定播种、施肥和用药量，可节省 10% 的肥料和 23% 的农药。3S 技术在病虫害监测和预报方面也得到了广泛应用，人们根据 3S 提供的数据建立预报模型，尽可能准确地作短期预报。利用电脑支持的智能型“决定系统”，选择和优化植保措施，以最佳的组合、最低的成本，达到最好的植物保护效果，同时保护生物资源，保护环境，保证农业生态的可持续发展，保证农产品安全、优质、高产，谋求更好的经济、环境效益。

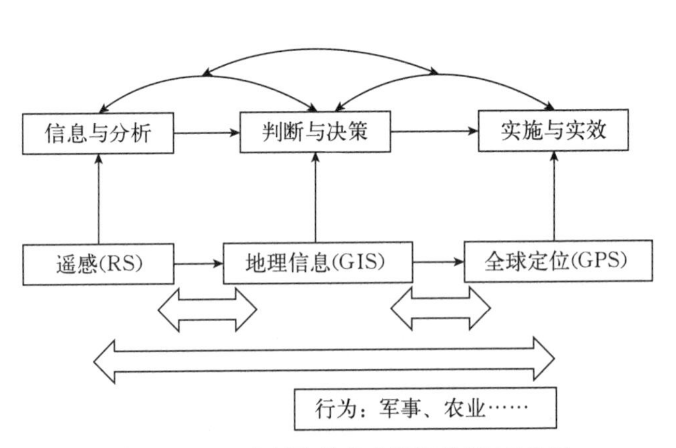

图 1-11　一个行为的基本逻辑分析 3S 关系

(五) 以色列节水农业

以色列是一个水资源十分匮乏的国家，大部分地区干旱少雨，土地贫瘠，提高水资源的利用率是以色列农业发展面临的最大问题，因此节水技术研究一直是以色列农业科学中最重要的课题。从 20 世纪 50 年代开始，以色列政府大规模进行水利建设，将北部水源引入沙漠，将地下水抽取连成全国网络，在此基础上积极发展节水灌溉技术。

农业滴灌技术源于以色列。1962 年，一位以色列农民偶然发现水管漏水处的庄稼长得格外好。水在同一点上渗入土壤是减少蒸发、高效灌溉及控制水、肥、农药最有效的办法。

这一发现立即得到了政府的大力支持，闻名世界的耐特菲姆滴灌公司于1964年应运而生。

滴灌与喷灌是以色列的节水灌溉技术的主要形式，广泛运用于温室、沙漠地带、绿化带等区域。这些节水灌溉方法都由电脑控制，能自动监测、精确可靠，节省人力，当系统显示水和肥料出现偏差时，设备会自动关闭。这些系统还配有传感器帮助测定灌溉间隔时间，如湿度传感器埋在地下，可提供土壤湿度的资料。由于其全国的地下水已经形成了网络，建立节水灌溉设施相对比较容易。以色列在节水灌溉技术发展的同时，还开发出水肥一体化技术，灌溉与施肥同时进行，这种精准技术建立在对土壤品质及作物生长过程的监测之上，实现了节水、灌溉与平衡施肥的统一化。

以色列的污水处理技术也很发达，所有污水经过过滤、杀菌处理，可用于非食用类作物的灌溉。目前，以色列节水灌溉率达到90％以上，水资源利用率达到了98％，位居世界首位。

第二章

中国粮食安全

我国有一经典的格言，叫“手中有粮，心里不慌”，它时刻提醒着人们，粮食是多么的重要。我国是世界上第一人口大国，14 亿人每天都要吃饭，粮食需求量占全球粮食的 1/4 左右。因此，我国的粮食问题就是发展问题，没有粮食的安全，就没有经济和社会的发展；没有经济和社会的发展为依托，粮食安全也无法实现。习近平总书记强调，“保障国家粮食安全是一个永恒课题”，必须“立足国内基本解决我国人民吃饭问题”，要保证“谷物基本自给、口粮绝对安全”，强调“在保障数量供给的同时，要更注重质量安全；在产出高效的同时，要更注重产地环境良好”。中华人民共和国成立以来，政府十分重视发展粮食科技，大力发展粮食生产，从根本上解决了长期困扰我国国民经济发展的粮食短缺问题，取得了举世瞩目的成就。但由于我国人多地少，粮食生产自然资源严重匮乏，加之近年来气象和生物灾害不断加剧，粮食生产成本居高不下，劳动生产率和国际竞争力不高，在有限的土地上以现有的技术水平与生产方式进行粮食生产很难满足未来我国的粮食需求。因此，必须通过科技进步，提升单位面积产量，提高资源利用效率、劳动生产率和市场竞争力，有效增强保障国家粮食安全的科技支撑能力。

第一节 中国粮食生产发展概况及保障粮食安全的重要性

一、中国粮食生产发展概况

民以食为天。中华人民共和国成立以来，政府高度重视粮食生产，粮食产量呈现出不断增长的势态，根据其增长特点可将 1949—2009 年发展动态分为以下 5 个主要阶段（图 2-1）。

1. 波动缓增阶段（1949—1978 年） 1949 年以来，粮食生产发展很快得到恢复。到改革开放前，除 5 次增长波动外，粮食产量总体增长，但增长速度相对缓慢。在改革开放前期，我国粮食年产量逼近 3 亿 t 关口。

2. 迅速增长初期（1978—1984 年） 1978—1979 年，我国改革统购统销体制，逐步提高粮食收购价格，极大地调动了农民生产的积极性，粮食生产进入了快速增长期。1978 年，我国粮食首次突破了 3 亿 t 关口，粮食产量达到 3.047 7 亿 t。而在 1980—1981 年，粮食生

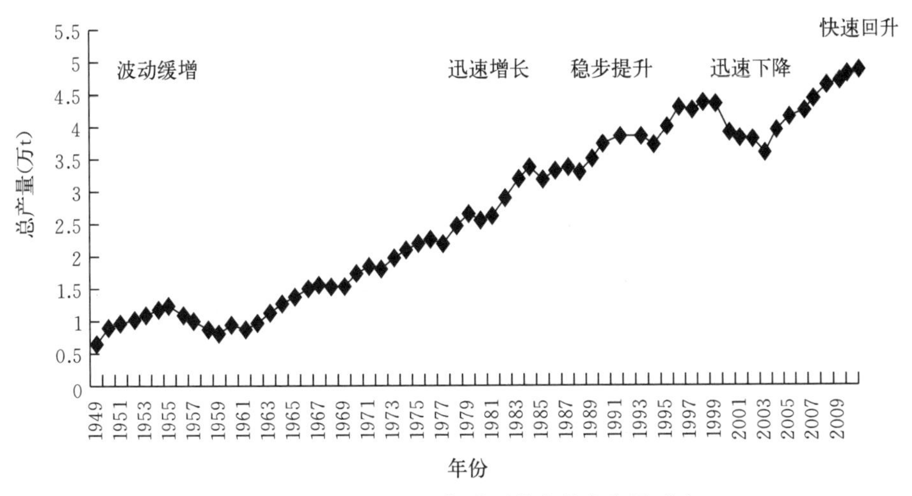

图 2-1　1949—2009 年我国粮食总产发展动态

产出现了改革开放后的第一次减产。在 1982—1984 年，我国农村逐步推行家庭联产承包责任制，赋予了农民生产及剩余产品支配的自主权，农民生产积极性极大提高，粮食生产量大幅增长，年平均增长率达到 7.83%。

3. 稳步提升阶段（1985—1998 年）　自 1985 年粮食收购实行“倒三七”例价，导致粮食实际价格跌幅近 10%。与此同时，农资价格涨幅加快，进而导致粮食生产在 1985—1988 年出现了大幅度减产。四年间，我国粮食总产量平均增长率为－0.29%。在 1989—1990 年间，粮食生产得到部分恢复，年平均增长率为 6.45%。在 1991—1994 年，粮食生产相对平稳，五年平均增长率仅为 0.04%。1995—1996 年，两年粮食生产快速发展，1996 年首次突破 5 亿 t（达 5.045 3 亿 t）大关，增长率为 8.13%。1997—1998 年，我国粮食总产增长率显著下滑，1998 年粮食总产增长率仅为 2.3%。

4. 迅速下降阶段（1999—2003 年）　由于粮食产量的逐步增加导致粮食价格下跌，严重挫伤了农民生产的积极性，粮食种植面积急速减少。1999—2003 年，粮食产量从年产 5.122 95亿 t（1998 年）的水平降低到 4.306 5 亿 t，引起了政府的高度警惕，开始着手进行粮食生产政策的重大调整。

5. 快速回升阶段（2004—2009 年）　2004 年开始，国家加大粮食补贴力度，加强农业生产基础建设，实行了农作物最低收购价格，极大地激发了农业生产潜力，产量持续增多。

粮食产量的平稳增长，离不开农业科学工作者的科技创新以及国家政策的大力支持，与此同时，粮食稳产、丰产、高产也为我国长治久安、和平发展提供了基本物质保障。

二、保障中国粮食安全的重要性

（一）中国农业资源现状

我国耕地面积仅次于美国、印度，名列世界第三。但我国人口众多，世界上其他主要国家人均耕地占有量远超我国。其中，澳大利亚人均耕地面积 3.17 hm^2，美国人均耕地面积 0.86 hm^2，加拿大人均耕地面积 1.9 hm^2，巴西人均耕地面积 0.28 hm^2，印度人均耕地面积 0.22 hm^2。我国人均耕地面积远低于世界人均耕地面积 2.25 hm^2 这一平均数，居世界 113 位。与此同时，我国耕地质量也不容乐观。我国耕地总面积的 71.28%分布在东北地区、黄淮海地区、长江中下游地区和西南地区。其中，优质耕地占 31%（一至三等地），所占比例较少，生产力提升空间不大；中等地（四至七等地）和差地（八至十等地）所占比例较大，但地力提升所需技术支撑的要求较高，提升缓慢（图 2－2）。此外，农户长期重视农业耕作生产、忽略保地养地，对耕地养分长期掠夺，水土流失和荒漠化问题严重，农业生物多样性退化等问题也对我国耕地质量、数量造成严重威胁。

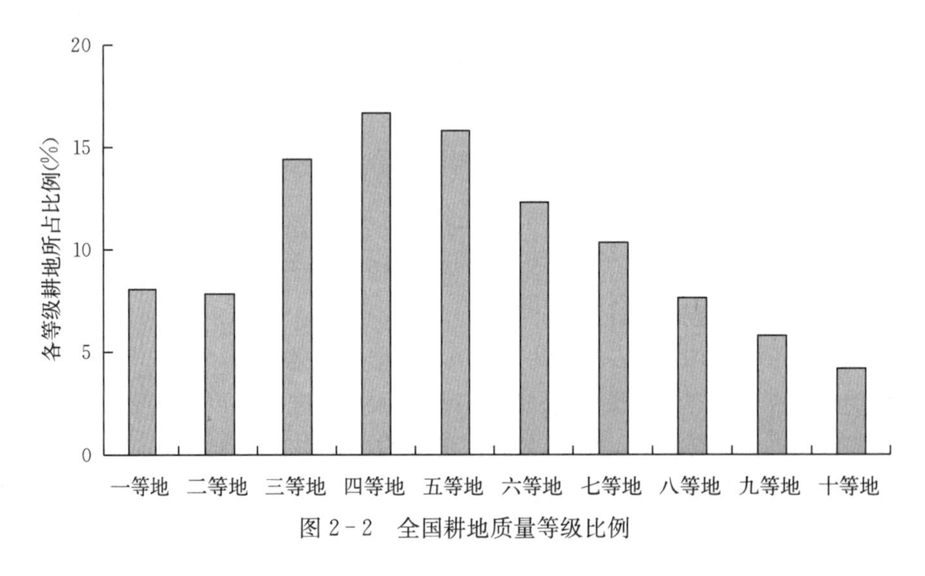

图 2－2　全国耕地质量等级比例

我国淡水资源丰富，占全球水资源的 6%，仅次于巴西、俄罗斯和加拿大，名列世界第四位。然而我国的人均水资源占有量只有 2 300 m^3，是世界平均水平的 1/4。我国还是世界上干旱半干旱地区面积较大的国家，旱地面积占全国总土地面积的 52.5%，主要分布在我国北方的东北、华北和西北的 15 个省份；农业生产条件不稳定的半干旱地区占国土面积的 21.7%。其中，我国半干旱地区的耕地面积约有 2 000 万 hm^2、干旱地区耕地面积约有 5 000 万 hm^2，约占我国耕地总面积的 58.33%。这就决定着我国是农业用水大国，每年农田灌溉用水总量近 3 660 亿 m^3，相当于全国用水总量的 66.5%。此外，我国水资源与耕地分配极其不平衡，长江以南地区水资源占全国的 80%，亩均水资源达 4 317 m^3；长江以北地区水资源占全国 20%，而耕地却占全国 70%，亩均水资源仅为470 m^3。在农业水资源极其短缺、分布不平衡的条件下，我国农业水资源的利用效率还有待提高。目前，我国 98%的灌溉面积以传统的沟灌、畦灌为主，农业灌溉水的有效利用率仅为 40%，而发达国家的农业灌溉水利用率达到 70%～80%。我国单位水粮食生产力只有 1 kg/m^3 左右，而发达国家达到 2 kg/m^3，以色列甚至达到 2.35 kg/m^3。与此同时，我国农业生产过程的化肥、化学农药过量施用，工业废物乱排乱放等问题造成了极大的水资源污染。目前，全国 80%的江河湖泊受到不同程度的污染，约 70%的淡水资源被污染而不能直接利用。因此，水资源的短缺也对我国农业生产造成了极大的威胁。

中国具有热带、亚热带和温带等多种类型的农业气候资源。东部季风地区水、热资源丰富，雨热同季，适宜多种类型的农作物生长。大于 10 ℃积温在 8 000 ℃以上的地区为热带，年降水量大多为 1 400～2 000 mm，年总辐射值为 4.6×10^5～5.86×10^5 J/cm^2，农作物可全年生长，适合橡胶树、椰子、咖啡、胡椒等典型热带作物生长。秦岭-淮河一线以南至热带北界地区为亚热带，年降水量 1 000～1 800 mm，大于 10 ℃积温在 4 500 ℃以上，年总辐射 3.56×10^5～5.23×10^5 J/cm^2，是中国水稻主要产区，适合亚热带作物生长。暖温带大于 10 ℃的积温在 3 500～4 500 ℃，年降水量为 500～1 000 mm，年总辐射值为 5.02×10^5～5.86×10^5 J/cm^2，是中国小麦、玉米为主的一年两熟（包括间套作）地区，棉花、花生、大豆、谷子也占相当比例。中温带的东北松辽平原和三江平原大于 10 ℃积温为 2 500～3 500 ℃，年降水量为 400～600 mm，年总辐射值为 4.6×10^5～5.44×10^5 J/cm^2，适合喜凉作物春小麦、马铃薯、甜菜等生长，喜温作物如水稻、玉米等也能生长，为一年一熟区域。西北干旱地区和柴达木盆地降水量虽少，但光热资源丰富，其中有灌溉条件的地区作物能获得高产，水分和热量条件较差的地方则只能发展畜牧业。

（二）保证中国粮食生产的重要性及政策保障

我国具有 5 000 年的历史文明，为人类发展作出了巨大的贡献，我国古代各个朝代思想家都强调“以农为本”的理念。早在 1934 年，毛泽东主席就曾提出“把农业生产放在根据地经济建设工作的第一位”；1949 年后，毛泽东主席从我国实际出发，提出并确立我国经济方针是优先发展重工业，但为了不使农业困于发展，1956 年毛泽东主席提出了工业和农业并举的思想。

改革开放以后，我国逐步推广农村家庭联产承包责任制，极大地调动了农民的生产积极性，促进了农业的迅速发展，粮食产量也逐年增高。邓小平同志非常重视农业问题，并提出“农业搞不好，工业就没用希望，吃、穿、用的问题也解决不了”。邓小平同志也十分关注种子问题，在四川广安县委干部谈话听取关于国有农场情况的汇报时，多次提及成立“种子公司”，建立“种子基地”的建议，为我国农业的发展指明了前进方向和努力目标。

1994 年，美国经济学家莱斯特·布朗在《世界观察》杂志上发表了一篇长达 141 页的报告《谁来养活中国》，报告指出：“中国因人口增长而导致粮食需求急剧增长的同时，粮食生产却不能同步增加，而耕地又在逐年减少，因而中国将不可避免地面临‘粮荒’问题。”根据报告内容，《纽约时报》发表评论称：“假如中国人不能养活自己，那么整个世界都将挨饿。”可见我国的粮食生产已引起全世界的关注，中国粮食生产如果出现问题也会对世界局势产生影响。1996 年，在罗马召开的第二次世界粮食首脑会议上，以大国的身份，时任国务院总理李鹏作出了确保中国粮食安全的承诺。同年，国务院发布《中国的粮食安全问题》白皮书，明确表示中国能够依靠自己的力量实现粮食基本自给，提出的立足国内资源、实现粮食基本自给的方针，成为中国至今未变的粮食战略总纲。农业“十二五”规划中，也就中国的粮食安全概念给出了具体的数字衡量标准：确保粮食基本自给，立足国内实现基本自给，确保自给率达到 95%以上，其中水稻、小麦、玉米三大粮食作物自给率达到100%。

“三农”工作逐步成为国家工作重点，特别是党的十六大以来，坚持统筹城乡发展，取消农业税，调整国家和农民的分配关系；实行农业生产补贴，强化对农业的支持保护；全面放开粮食购销，迈出农产品市场化改革的决定性步伐等一系列强农惠农富农政策。自2004年开始，中央1号文件连续聚焦“三农”，提出了《关于促进农民增加收入若干政策的意见》(2004)、《关于进一步加强农村工作提高农业综合生产能力若干政策的意见》(2005)、《关于推进社会主义新农村建设的若干意见》(2006)、《关于积极发展现代农业扎实推进社会主义新农村建设的若干意见》(2007)、《关于切实加强农业基础建设进一步促进农业发展农民增收的若干意见》(2008)、《关于促进农业稳定发展农民持续增收的若干意见》(2009)、《关于加大统筹城乡发展力度进一步夯实农业农村发展基础的若干意见》(2010)、《关于加快水利改革发展的决定》(2011)、《关于加快推进农业科技创新持续增强农产品供给保障能力的若干意见》(2012)、《关于加快发展现代农业进一步增强农村发展活力的若干意见》(2013)、《关于全面深化农村改革加快推进农业现代化的若干意见》(2014)、《关于加大改革创新力度加快农业现代化建设的若干意见》(2015)、《关于落实发展新理念加快农业现代化实现全面小康目标的若干意见》(2016)等一系列政策文件，为保证我国农业丰产、农民富裕提供了基本政策保障。

第二节 主要粮食作物生产的阶段性与区域性特点

一、小麦、玉米、水稻三大粮食作物生产发展概况

(一) 水稻生产发展

我国是世界上最大的水稻生产国和消费国，1949年以来，我国水稻生产取得了令世人瞩目的成绩。然而，我国水稻的发展历程并非一帆风顺，而是在不断探索中前行的。1949年，我国水稻种植面积仅为2 566万hm^2，总产仅为4 864.5万t。由于高产、稳产杂交种的选育和高产栽培技术的推广等一系列原因，2014年水稻种植面积达到3 031万hm^2，产量在2015年达最高，为20 823万t。总结1949—2011年水稻发展历程，大体可分为以下三个阶段(图2-3)。

1. 稳步提升阶段(1949—1979年) 1949—1961年，在水稻上重点实行了单季稻改双季稻、籼稻改粳稻等耕作制度改革；水稻育种工作重点开展矮化育种，先后培育了矮脚南特、台中在来1号、广场矮等标志性品种。到1956年水稻种植面积增加到3 326.7万hm^2，产量增加到5 202.9万t，其中因扩大复种指数而增产占到55.9%，而单产增加缓慢。随后进入三年困难期，水稻种植面积和单产均受到严重影响。进入60年代后(1962—1979年)，我国继续开展矮秆优良品种的选育，加强配套优化栽培技术的推广及双季稻生产，水稻种植面积从1962年开始回升，到1975年达到历史最高的3 650万hm^2，此时期种植面积扩大对产量的提升比例较小，单产迅速上升。到1979年，水稻单产达到4 250 kg/hm^2，较1961年提高了104%，年平均增产120 kg/hm^2。

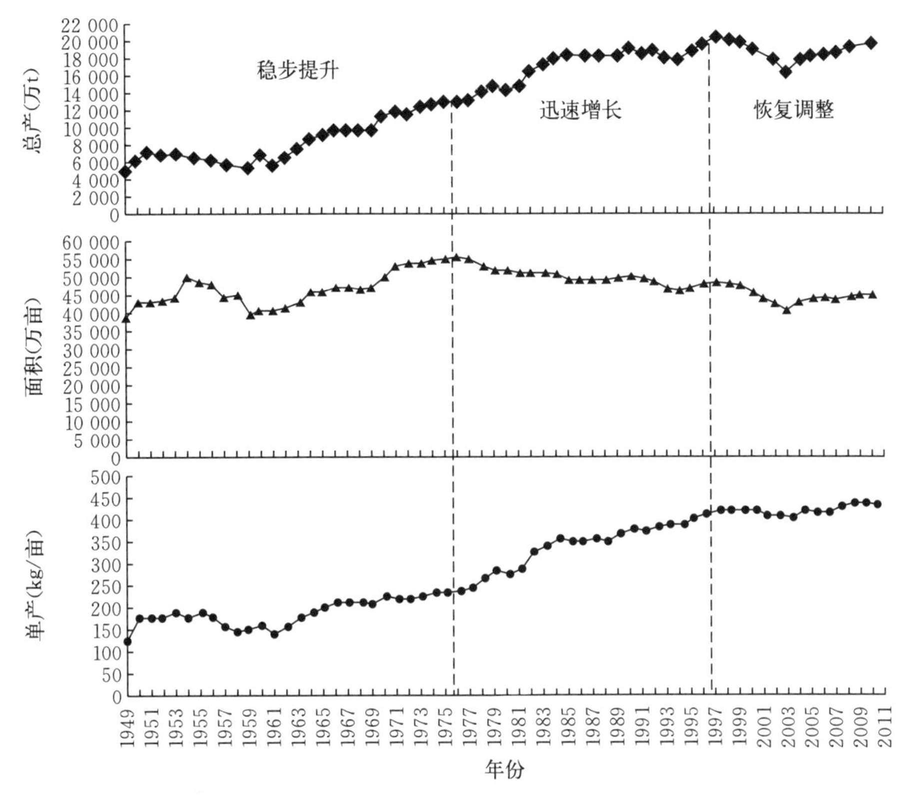

图 2-3　1949—2011 年我国水稻生产的变化趋势

2. 迅速增长阶段（1980—1997 年）　改革开放以后，我国实行家庭联产承包责任制，进一步解放了农业生产力；杂交水稻优势组合选育成功及配套高产栽培技术的推广应用，大大提高了我国水稻的单产水平。1997 年，我国水稻种植面积为 3 177 万 hm^2，较 1978 年少 265 万hm^2，但其总产为 20 073.6 万 t，比 1978 年多 6 380.5 万 t。1997 年水稻产量占粮食产量的 40.62%，人均占有水稻 162.4 kg。

3. 调整恢复阶段（1998—2011 年）　水稻生产水平的快速提升，导致水稻生产相对过剩，从而导致粮食价格下跌，农业生产效益下降等一系列问题。1998—2003 年，水稻种植面积、总产持续下跌，到 2003 年水稻种植面积减少到 2 650.79 万 hm^2，水稻总产缩减到 16 065.5 万t。2004 年之后，国家一系列惠农政策的提出及良好粮食市场表现的刺激，农民种稻积极性再次被激发，水稻生产呈现逐年增加的趋势。

（二）小麦生产发展

1949 年以后，小麦种植面积从 2 152 万 hm^2 上升到 1991 年 3 095 万 hm^2，到 2004 年我国小麦种植面积经过连续七年下滑，种植面积降到 2 078 万 hm^2，低于新中国成立初期水平。2005 年开始，受到国家一系列惠农政策的支持，小麦种植面积开始回升。到 2009 年，小麦种植面积增长到 2 429 万 hm^2，并在此后一直保持比较稳定的状态，种植面积在

2 407 万～2 429 万 hm^2 徘徊。虽然小麦播种面积波动较大，但我国小麦单产、总产取得了迅猛发展。综合分析 1950—2010 年小麦生产的发展动态，大体可分为 5 个主要阶段（图 2－4）。

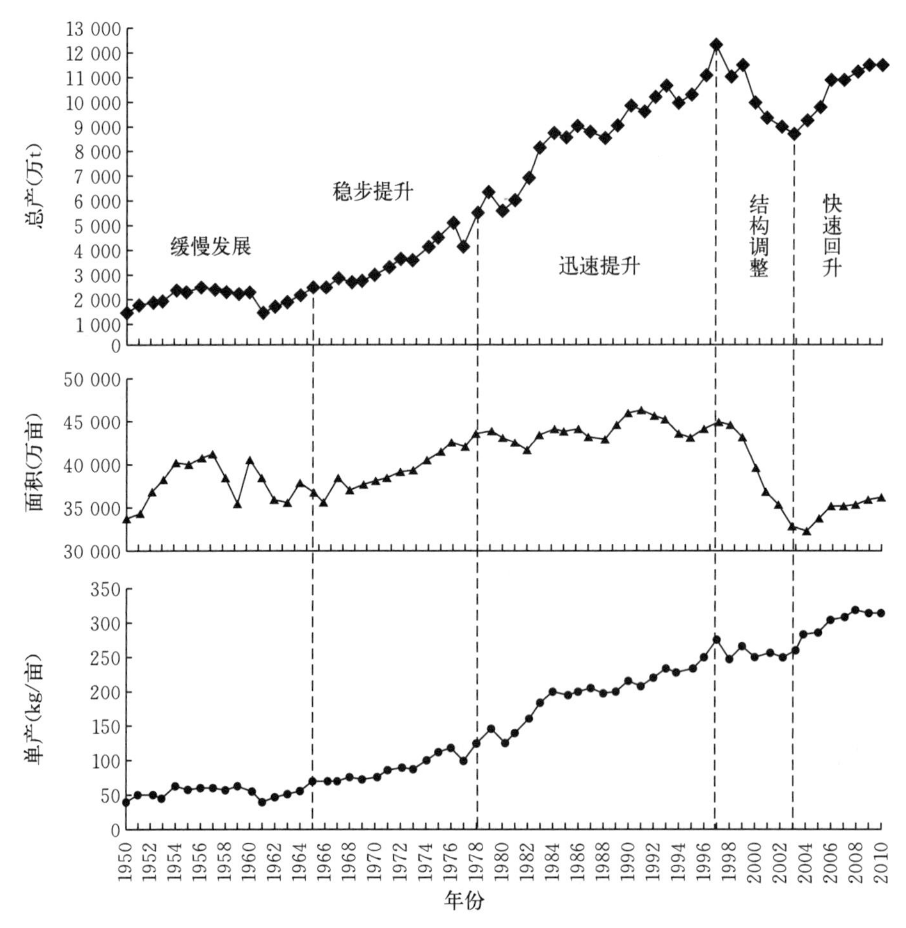

图 2－4　1950—2010 年我国小麦生产的变化趋势

1. 1949 年至 20 世纪 70 年代中期　新中国成立之初小麦品种杂乱，主要以地方品种为主，为提高小麦生产能力，国家开始积极组织小麦育种工作。到 20 世纪 70 年代中后期，国家自主新培育品种比例占到 91%，针对小麦条锈病培养了碧蚂 1 号、南大 2419 和甘肃 96 等优良品种，其中碧蚂 1 号年最高种植面积达到 600 万 hm^2；针对矮化与高产育种，培育了泰山 1 号、丰产 3 号、济南 9 号、徐州 14、郑州 1 号等矮秆、抗倒、丰产的优良品种，并迅速推广。至 1974 年，全国小麦单产突破了 1 500 kg/hm^2。

2. 20 世纪 70 年代中期至 80 年代中期　此阶段育成了一批兼抗白粉病、丰产、稳产的品种，其中年最大种植面积在 66.7 万 hm^2 以上的品种就有百农 3217、济南 13 等 20 个以上。在栽培管理上加大了水肥、农药等农业生产资料和劳动力的投入，与之配套的栽培技术也进行大范围示范推广，如山东的精播栽培技术，河南的高、稳、优、低协作技术，使得我国小麦单产在 1986 年达到 3 000 kg/hm² 以上，较 1974 年提高一倍，年平均增长率达到 5.9%。

3. 20 世纪 80 年代中期至 90 年代末期　随着人们生活水平的提高，小麦育种提出产量与品质并进发展的理念。与此同时，小麦育种及栽培学家针对小麦超高产提出了产量构成因素促进增产原则。研究得出：在保证一定穗粒数的基础上，提高穗粒重是高产育种的关键所在。栽培上使小麦生育技术向指标化、规模化方向发展，提高生产管理水平，全国小麦平均单产从 1986 年的 3 000 kg/hm² 增长到 1997 年 4 000 kg/hm²，单产年均增长率为 2.1%。

4. 1999—2003 年　由于小麦连年丰收，粮食价格下跌，打击了农民的种粮积极性，从 1999 年起小麦种植面积开始大幅下滑，到 2004 年减至 2 078 万 hm²，4 年间的小麦总产、单产也呈连续下降态势。

5. 2004—2010 年　2004 年后，国家出台了财政补贴、最低小麦收购价格、良种补贴、农机具购置补贴，并加快了科技推广力度，推进良种良法配套措施推广，加大灾害的统筹防治，以一系列惠农措施促进小麦生产。国家进一步加大优质小麦推广力度的做法，基本结束了目前我国优质小麦依赖进口的历史，也促进了小麦产品的多样性利用。2009 年，小麦种植面积回升至 2 429 万 hm²。

（三）玉米生产发展

1949 年以后，玉米种植面积逐步增加，1949 年全国玉米种植面积为 1 292 万 hm²，总产 1 242 万 t；2015 年，玉米种植面积增长到历史最高，为 3 812 万 hm²，相应产量也达到历史最高，为 2.246 3 亿 t。但由于种植结构调整，2016 年玉米种植面积、产量均有所下滑。目前，玉米仍为我国种植面积最大、总产最高的作物。综合分析 1949 年以后玉米生产的发展，大体可分为三个主要阶段（图 2-5）。

1. 1949 年至 20 世纪 70 年代中期　1949—1961 年，我国整体生产水平不高，玉米生产主要依靠农民总结的丰产经验，种植品种也主要以农家品种为主，土地培肥主要依靠有机肥，并且病虫草害防治措施不健全，玉米单产处于徘徊不前的状态。全国玉米种植面积由 1.66 亿亩增加到 2.04 亿亩，增长 22.89%，年产量由 1 175 万 t 增加到 1 548 万 t，此时期总产的增加，种植面积贡献率占 74.5%，单产贡献率占 25.5%。进入 20 世纪 60 年代（1961—1971 年），双交种大规模推广，整地、灌溉等农田管理条件迅速提升，以密植为中心的丰产栽培技术在全国范围推广，化肥也开始大面积应用，土地生产率明显提高，玉米产量迅速提升，其中种植面积贡献率仅占 7.2%，单产贡献率占到 92.8%。进入 70 年代，由于玉米杂交种快速推广，氮素化肥大量应用，病虫草害得以控制以及农田基础建设大幅度提升等一系列原因，玉米单产增加明显，其中种植面积贡献率为 28.9%，单产贡献率为 71.1%。

2. 迅速增长阶段（1979—1998 年）　改革开放以后，我国采取了一系列有利于玉米生产发展的政策，实行了家庭联产承包责任制并提高粮食收购价，激发了农民生产积极性；确立了玉米在饲料中的主导地位，饲料需求的增加极大地拉动了玉米生产；农业科技得到长足的发展，在培育抗病高产杂交种、增施肥料和科学施肥、提高玉米种植密度、扩大覆膜栽培面

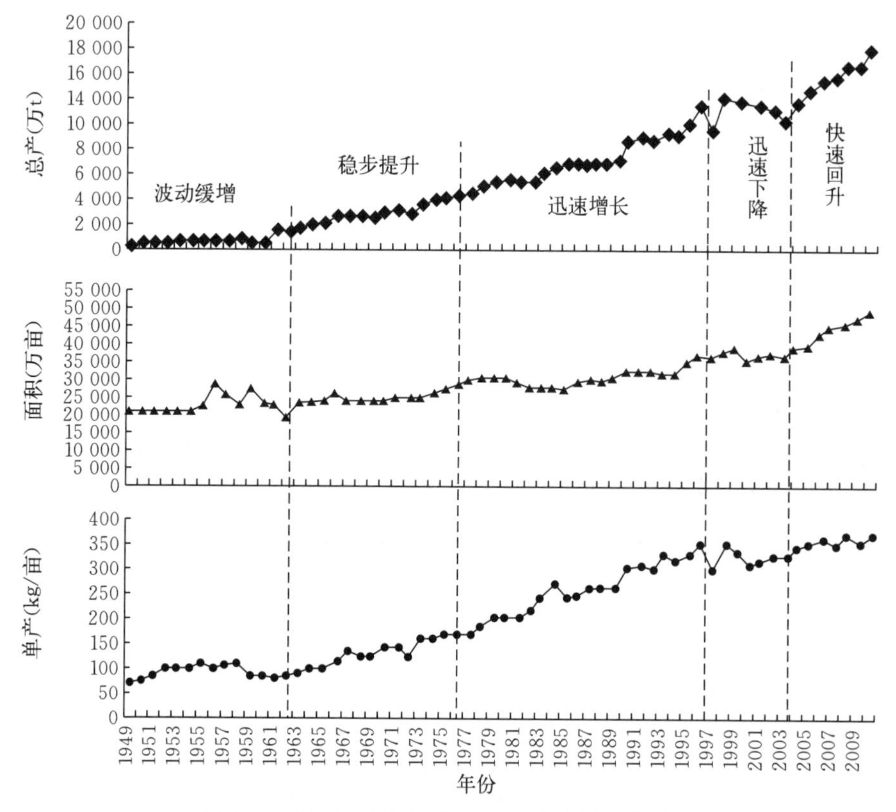

图 2-5　1949—2009 年我国玉米生产的变化趋势

积、加强病虫害防治、推广节水灌溉技术和玉米规范化栽培技术等方面都取得了显著突破，其中面积贡献率为 28.5%，单产贡献率为 71.5%。

3. 调整恢复阶段（1999—2009 年）　由于粮食持续增产，使得玉米生产相对过剩，玉米价格降低，从而导致种粮比较效益降低，农民种粮积极性明显不足；农村劳动力大量转移，务农主力由青壮年转为老、妇、幼，农业管理水平显著下降。玉米生产受到明显冲击，到 2003 年，玉米种植面积、单产、总产较 1998 年分别下滑了 4.8%、8.7%和 12.9%。2004 年之后，我国相继出台了种粮补贴、良种补贴、免征农业税等一系列惠农政策，并加大农业科技的投入力度，在玉米品种选育（郑单 958、农大 108、浚单 20）、耐密高产栽培技术、科学施肥、秸秆还田培养地力、周年光热水肥资源高效配置等方面取得巨大突破，玉米生产得到极大的提升。到 2015 年，玉米种植面积和产量分别达到 3 812 万 hm^2 和 2.246 3 亿 t，达历史最高。随着玉米产量的提升，玉米出现阶段性供大于求，而大豆缺口逐年扩大。国家提出种植结构调整方针，调减玉米种植面积。2016 年玉米种植面积和产量分别缩减到了 3 676 万 hm^2 和 2.195 5 亿 t。

二、我国三大粮食作物主要种植制度

我国幅员辽阔，包括寒温带、中温度、暖温带、亚热带、热带和高原气候带等几个不同气候区，根据光热资源特点以及作物生长特性可将我国大体分为一年一熟、一年两熟和一年三熟三个主要种植区域。一年一熟区主要包括东北平原、内蒙古高原、准噶尔盆地等区域，该区域≥0 ℃积温＜4 000 ℃，极端最低气温小于－20 ℃，主要以种植春玉米为主，一般4月底或5月初开始播种，9月底或10月初收获。一年两熟区主要包括华北平原、黄土高原、河西走廊、塔里木盆地，以及秦岭-淮河以南、青藏高原以东部分区域，该区域≥0 ℃积温4 000～5 900 ℃，极端最低气温大于－20 ℃，主要以冬小麦-夏玉米、早春玉米-晚夏玉米和冬小麦-中稻等几种周年两熟的种植方式为主。冬小麦-夏玉米周年两熟一般种植方式为冬小麦10月初播种，6月初收获，夏玉米6月中旬直播，10月中旬收获；早春玉米-晚夏玉米周年两熟一般种植方式为早春玉米3月底覆膜播种，晚夏玉米7月底直播；冬小麦-中稻周年两熟一般种植方式为冬小麦10月下旬播种，5月下旬收获，中稻6月上旬播种，10月上旬收获。一年三熟区主要包括云南、广东、台湾的南部和海南省等区域，≥0 ℃积温＞5 900 ℃，极端最低气温大于－20 ℃，主要以冬小麦（油菜、冬绿肥）-早稻-晚稻周年三熟的种植方式为主，正常情况下冬小麦10月下旬至11月中旬播种、3月初至4月中旬收获，早稻4月上旬播种、7月初收获，晚稻6月底7月初播种、11月上中旬收获（表2-1）。

表2-1 我国三大粮食作物种植区主要类型及特点

项目	一年一熟	一年两熟	一年三熟
≥0 ℃积温（℃）	＜4 000	4 000～5 900	＞5 900
极端最低气温（℃）	＜－20	＞－20	＞－20
20 ℃终止日	8月上旬至9月上旬	9月上旬至9月下旬初	9月下旬初至11月上旬
代表性种植模式	春玉米	冬小麦-夏玉米 早春玉米-晚夏玉米 冬小麦-中稻	冬小麦（油菜、冬绿肥）-早稻-晚稻
主要技术说明	4月底至5月初播种 9月底至10月初收获	冬小麦10月初播种，6月初收获；夏玉米6月中旬直播，10月中旬收获； 早春玉米3月底覆膜播种，晚夏玉米7月底直播； 冬小麦10月下旬播种，5月下旬收获；中稻6月上旬播种，10月上旬收获	冬小麦10月下旬至11月中旬播种，3月初至4月中旬收获；早稻4月上旬播种，7月初收获；晚稻6月底7月初播种，11月上中旬收获

(一) 我国水稻主要产区及主要种植制度

我国水稻播种区域主要分为长江中下游双季稻区、南方再生稻区、南方单季中稻区、东北早熟单季稻区。其中，长江中下游双季稻区主要分布在江苏、浙江、上海、安徽、江西北部、湖南北部、湖北东部等区域。该区域≥10 ℃积温为4 500～6 500 ℃，年降水量为800～1 400 mm，种植制度主要包括双季稻、水稻-小麦、水稻-玉米、再生稻等不同类型。主推的早稻品种主要有陵两优268、陆两优996、中嘉早17、鄂早18、金优458，主推的晚稻品种主要有金优299、天优华占、C两优396、中九优288、天优998等。生产栽培以旱地安全直播、双季抛秧技术、宽窄行栽插、半旱式灌溉、间歇灌溉、精量施肥等技术为主。南方再生稻区主要分布在北纬32°以南的低山丘陵、平原区和长江中下游以南的低山丘陵、平原及湖区。该区域≥10 ℃积温>5 000 ℃，年降水量为900～1 500 mm，主要种植双季稻、单季稻以及再生稻。主推的水稻品种主要有汕优63、威优63、特优63、d优63、d297优63、协优72、汕优72、汕优64、威优64、汕优桂32等。生产栽培以畦栽沟灌、再生稻促头季茎生腋芽成穗技术、再生稻化控技术等为主。南方单季中稻区主要分布在长江上游地区，该区域≥10 ℃积温为4 500～6 000 ℃，年降水量>1 000 mm，主要种植单季稻。主推的水稻品种主要有陆两优996、扬两优6号、川香优2、准两优527、两优2186、云光17等。生产栽培以宽窄行栽插、半旱式灌溉、间歇灌溉、精确灌溉技术、精确施肥技术等为主。东北早熟单季稻区位于辽东半岛和长城以北，大兴安岭以东，包括黑龙江、吉林全部和辽宁大部及内蒙古东北部区域。该区域≥10 ℃积温为1 650～3 850 ℃，年降水量400～1 000 mm，主要种植单季稻。主推的水稻品种主要有龙粳21、龙粳26、绥粳9号、通禾836、沈农9816等。生产栽培以机械化育秧及插秧技术、钵苗机插及摆栽技术、旱育稀植技术等为主（表2-2）。

表2-2 我国水稻主要种植区域及特点

项目	长江中下游双季稻区	南方再生稻区	南方单季中稻区	东北早熟单季稻区
≥10 ℃积温（℃）	4 500～6 500	>5 000	4 500～6 000	1 650～3 850
年降水量（mm）	800～1 400	900～1 500	>1 000	400～1 000
主要种植制度	双季稻、水稻-小麦、水稻-玉米、再生稻	双季稻、单季稻、再生稻	单季稻	单季稻
主推品种	早稻：陵两优268、陆两优996、中嘉早17、鄂早18、金优458；晚稻：金优299、天优华占、C两优396、中九优288、天优998	汕优63、威优63、特优63、d优63、d297优63、协优72、汕优72、汕优64、威优64、汕优桂32	陆两优996、扬两优6号、川香优2、准两优527、两优2186、云光17	龙粳21、龙粳26、绥粳9号、通禾836、沈农9816
主推技术	旱地安全直播、双季抛秧技术、宽窄行栽插、半旱式灌溉、间歇灌溉、精量施肥	畦栽沟灌，再生稻促头季茎生腋芽成穗技术，再生稻化控技术等	宽窄行栽插、半旱式灌溉、间歇灌溉、精确灌溉技术、精确施肥技术	机械化育秧及插秧技术、钵苗机插及摆栽技术、旱育稀植技术

（二）我国小麦主要产区及主要种植制度

我国小麦播种区域主要分为北方冬（秋播）麦区、南方冬（秋播）麦区、春（播）麦区、冬春兼播麦区。其中北方冬麦区主要分布在秦岭-淮河以北、长城以南。该地区冬小麦产量约占全国小麦总产量的56%左右，主要分布于河南、河北、山东、陕西、山西等地。该区域≥10 ℃积温为2 750～4 900 ℃，年降水量为440～980 mm，种植制度主要包括一年两熟、两年三熟、一年一熟等不同类型。品种选育主要以抗旱、耐寒品种为主，生产栽培以秸秆还田、改良土壤、配方施肥、节水灌溉、适时晚播等栽培技术为主。南方冬（秋播）麦区主要分布在秦岭-淮河以南，主产区集中在江苏、四川、安徽、湖北各省。该区域≥10 ℃积温为3 150～9 300 ℃，年降水量>1 000 mm，种植制度以水稻-小麦两熟、水稻-水稻-小麦三熟为主。品种选育主要以抗病品种为主，生产栽培以排水降渍、适时晚播、配方施肥、培肥地力等技术为主。春（播）麦区主要分布在长城以北，主产区有黑龙江、新疆、甘肃和内蒙古。该区域≥10 ℃积温为1 650～3 620 ℃，年降水量为200～600 mm，种植制度以一年一熟为主。品种选育主要以早熟品种为主，生产栽培以秸秆覆盖、保护性耕作技术、增施有机肥、培肥地力等为主。冬春兼播麦区主要包括新疆冬春兼播麦区和青藏春冬兼播麦区两个亚区。该区域≥10 ℃积温为84～4 610 ℃，年降水量为15～500 mm，种植制度包括一年一熟、一年两熟、两年三熟等不同种植方式。品种选育主要以早熟、抗旱、抗寒、抗病品种为主，生产栽培以秸秆还田、秸秆覆盖、节水灌溉、增施有机肥、培肥地力等技术为主（表2-3）。

表2-3　我国小麦主要种植区域及特点

项目	北方冬（秋播）麦区	南方冬（秋播）麦区	春（播）麦区	冬春兼播麦区
≥10 ℃积温（℃）	2 750～4 900	3 150～9 300	1 650～3 620	84～4 610
年降水量（mm）	440～980	>1 000	200～600	15～500
主要种植制度	一年两熟、两年三熟、一年一熟	水稻-小麦两熟、水稻-水稻-小麦三熟	一年一熟，间有两年三熟	一年一熟、一年两熟、两年三熟
生产中主要障碍因素	春旱为主	湿涝灾害及后期赤霉病	播种时干旱，后期赤霉病	气温偏低、热量不足、气候干旱、降水量少
主推品种	济麦22、百农AK58、西农979、周麦22	扬麦13、扬麦16、郑麦9023、襄麦25、川麦42	垦九10、龙麦33、新春6号	新冬20
主推技术	选用抗旱、耐寒品种，秸秆还田、改良土壤、配方施肥、节水灌溉、适时晚播	选用抗病品种，排水降渍、适时晚播、配方施肥、培肥地力	选用早熟品种，秸秆覆盖、保护性耕作技术、增施有机肥、培肥地力	选用早熟、抗旱、抗寒、抗病品种，秸秆还田、秸秆覆盖、节水灌溉、增施有机肥、培肥地力

（三）我国玉米主要产区及主要种植制度

我国玉米播种区域主要分为北方春播玉米区、黄淮海夏播玉米区、西南山地丘陵玉米区、南方丘陵玉米区、西北灌溉玉米区、青藏高原玉米区六大区域。其中北方春播玉米区年播种面积约1 286.7万hm^2，占玉米总播种面积的44.45%。该区域≥10 ℃积温为2 000～3 600 ℃，年降水量为400～800 mm，主要以玉米单种或间作为主，一年一熟。品种选育主要选择生育期适中、耐旱、耐密品种，目前主推的玉米品种主要有辽单565、吉单27、龙单38、绥玉10号、兴垦3号、京单28等，种植方式以深松改土、培肥地力为主。由于该区域玉米生长周期较长、土壤肥力较好，单产相对较高达 5 932.3 kg/hm²。黄淮海夏播玉米区也是我国玉米主产区，年播种面积约 1 011.8 万 hm²，占玉米总播种面积的 34.96%。该区域≥10 ℃积温为 3 600～4 700 ℃，年降水量为 400～800 mm，主要以小麦-玉米周年两熟为主。品种选育主要选择中熟或中早熟、抗倒伏、耐密植、抗病性强品种，主推品种以郑单 958、浚单 20、鲁单 981、金海 5 号、中科 11、中单 909 等为主，种植技术以深松改土、适时晚收为主。由于该区域光热资源充分、土地肥沃，玉米产量表现良好，单产约为 5 715.2 kg/hm²。西南山地丘陵玉米区、南方丘陵玉米区、西北灌溉玉米区、青藏高原玉米区玉米种植面积较少，总共约占我国玉米种植面积的 20.86%（表 2－4）。

表 2－4　我国玉米主要种植区域及特点

项目	北方春播玉米区	黄淮海夏播玉米区	西南山地丘陵玉米区	南方丘陵玉米区	西北灌溉玉米区	青藏高原玉米区
面积（万 hm²）	1 286.7	1 011.8	413.6	128.1	61.7	0.5
单产（kg/hm²）	5 932.3	5 715.2	4 509.8	4 473.7	7 824.3	6 312.5
≥10 ℃积温（℃）	2 000～3 600	3 600～4 700	4 500～5 500	4 500～9 000	2 500～3 600	<2 500
日照（h）	2 600～2 900	2 100～2 700	1 200～2 400	1 600～2 500	2 600～3 300	2 500～3 200
年降水量（mm）	400～800	400～800	800～1 400	1 000～2 500	200～400	300～650
主要种植制度	玉米单种或间作，一年一熟	小麦-玉米周年两熟	小麦、玉米、薯类、豆类复种、间作、套种、多熟	双季玉米或多熟制复种，套种玉米，多熟	春玉米单种或间套种，一熟为主，部分复种	春玉米单种为主，一熟
主推品种	辽单 565、吉单 27、龙单 38、绥玉 10 号、兴垦 3 号、京单 28	郑单 958、浚单 20、鲁单 981、金海 5 号、中科 11、中单 909	川单 418、雅玉 889、东单 80、贵单 8 号	新美夏珍	农科大 1 号、沈单 16、新玉 13、新玉 31	—
主推技术	选择生育期适中、耐旱、耐密品种，深松改土、培肥地力	选择中熟或中早熟、抗倒伏、耐密植、抗病性强品种，深松改土、适时晚收	选择耐瘠、耐旱、耐密植品种	选择耐贫瘠品种，地膜覆盖	选择耐密植品种，地膜覆盖	育苗移栽，全膜覆盖双垄沟播

第三节　中国粮食安全面临的挑战与机遇

粮食问题始终是关系我国国民经济发展和全面建设小康社会的重大战略问题。确保粮食安全是我国农业可持续发展的永恒主题，是我国农业科技工作的重大基础性战略任务。党中央、国务院对此高度重视，国务院专门召开了农业和粮食安全工作会议，明确提出“要集中人力、物力、财力，抓紧进行农业重大科研项目攻关，增强农业科技储备能力”。

一、中国粮食安全发展情况

（一）粮食安全重要性及国家政策保障

在历史长河中，饱受饥荒蹂躏的中国人民对粮食安全有着深刻的体会。我国许多古典著作中有很多对粮食重要性的描述，如“耕三余一”“富国必以本业”“夫积贮者，天下之大命也”等。1949年后，“以粮为纲”“决不放松粮食生产”成为指导农业生产的基本方针，以保障粮食自给、丰富粮食储备为基本目标。同时在经济快速发展的当今社会，粮食安全也具有重要意义：为政之要，首在足食，粮食是关系国计民生的重要物质，其他一切物质都替代不了；农业的健康发展是国民经济健康发展的基础，其中粮食安全又是农业健康发展的基础。

作为一个全球性话题，粮食安全受到国际社会的广泛关注。1976年，联合国粮食及农业组织（FAO）在第一次世界粮食首脑会议上首次提出了“食物安全”问题；1983年4月，联合国粮食及农业组织粮食安全委员会通过了“粮食安全”概念，并得到FAO、世界粮食理事会、联合国经济和社会理事会等国际组织和国际社会的广泛赞同和支持。粮食安全主要是指能确保所有人在任何时候既买得到又买得起所需的基本食品，其中含义包括了确保生产足够数量的粮食，最大限度地稳定粮食供应，确保所有需要粮食的人都能获得粮食3个方面内容。

中国十几亿人的粮食问题始终是头等大事。《中国粮食问题》一文明确表示中国能够依靠自己的力量实现粮食基本自给。我国高度重视保护和提高粮食综合生产能力，建立稳定的商品粮生产基地，建立符合中国国情和社会主义市场经济要求的粮食安全体系，确保粮食供求基本平衡，这既是政府解决粮食安全问题的基本方针，也是实现粮食安全的总体目标。

2015年，国务院办公厅印发的《粮食安全省长责任制考核办法》规定，国务院对各省（自治区、直辖市）人民政府粮食安全省长责任制落实情况进行考核，考核的主要内容：一是确保耕地面积基本稳定、质量不下降，粮食生产稳定发展，粮食可持续生产能力不断增强；二是保护种粮积极性，财政对扶持粮食生产和流通的投入合理增长，提高种粮比较收益，落实粮食收购政策，不出现卖粮难问题；三是落实地方粮食储备，增强粮食仓储能力，加强监督管理，确保地方储备粮数量真实、质量安全；四是完善粮食调控和监管体系，保障粮食市场供应和价格基本稳定，不出现脱销断档情况，维护粮食市场秩序，完善粮食应急保障体系，及时处置突发事件，确保粮食应急供应；五是加强耕地污染防治，提高粮食质量安全检验监测能力和超标粮食处置能力，禁止不符合食品安全标准的粮食流入口粮市场；六是按照保障粮食安全的要求，落实农业、粮食等相关行政主管部门的职责任务，确保责任落实、人员落实。在未来农业发展中，国家也会把粮食安全放在首位，在“十三五”规划中提到，到2020年把确保谷物综合生产能力达到5.5亿t，以及小麦、水稻自给率达到100%作为约束性指标。

（二）我国不同发展阶段粮食安全特点

综合我国国情，并参照联合国粮食及农业组织在不同时期对粮食安全的不同定义，可将中国粮食安全设为3个阶段的框架，并依照框架提出3个阶段的衡量尺度以及3个阶段粮食安全问题的重点。衡量这3个阶段的天然尺度有两个，一个是粮食的商品量比例，另一个是城镇人口与乡村人口比例。

1. 第一阶段（低水平满足） 此阶段是国民经济发展水平较低时期，主要表现在改革开放以前。这一时期的特征是粮食还没有满足消费需求，需要整个社会不遗余力地将粮食生产放在突出位置。一般这一时期粮食商品量占产量的比例为30%左右，城镇人口比例未达到总人口的50%。这一阶段粮食安全的具体表述为：随时向民众供应足够的基本食品，简言之，就是人人有饭吃，整个社会仅是刚进入温饱时期。这一阶段粮食安全的重点是总量保障。

2. 第二阶段（中水平满足） 此阶段是国民经济发展到中等水平时期，这一时期的基本特征是粮食生产已经可以在总量上满足需求，社会已经摆脱了粮食短缺的困扰，其他食品种类如水果、蔬菜、肉、禽、蛋、鱼等丰富起来，人们的选择性明显加强，小康社会的种种特征日益明显。这一时期粮食商品量占产量的比例为50%以上，城镇人口比例高于总人口的50%。粮食安全的具体表述为：所有人在任何时候都能买得到并买得起粮食，整个社会已进入小康。这一时期粮食安全的重点转变为流通保证。

3. 第三阶段（结构性变化） 此阶段是国民经济发展到工业化水平时期，二元经济结构得到根本改变，粮食生产已经基本实现了机械化、电气化和规模化。这一时期的特征是粮食生产的潜能得到充分发挥，人口总量趋于平稳或下降，因而对粮食的消费也趋于平稳。在粮食消费中，人们更多的关注点已不在于总量和品种问题。这一时期粮食商品量占产量的比例为80%以上，城镇人口比例高于总人口的80%。粮食安全的具体表述为：所有人在任何时候都能够在物质上和经济上获得足够、安全和富有营养的食品，以满足其积极和健康生活的膳食需求及食物喜好。在这一阶段，粮食的消费在人们日常消费食物中的比例开始显著下降，其他食物的重要性将逐渐重于粮食的重要性，粮食安全将逐渐让位于食品安全或食物安全。粮食安全的重点转变为食品的营养和卫生保障以及随生活水平提高而产生的食物偏好。

自2004年以来，在科技快速转化并被大力推广以及国家政策保障的前提下，我国粮食生产出现了十二连增，2013年产量突破6.0亿t的大关，并连续4年（截至2016年）粮食产量保持在6亿t以上，国家粮食安全基本得到保障。其中我国13个粮食生产大省辽宁、河北、山东、吉林、内蒙古、江西、湖南、四川、河南、湖北、江苏、安徽、黑龙江的粮食产量占全国总产量的比例达75.4%，黑龙江、吉林、河南、内蒙古、安徽、山东为粮食净输出省，这些省份的粮食生产为保障我国粮食安全作出了重大的贡献。但国家粮食安全基本保障的同时也面临着诸多问题，需要农业科技工作者继续深入攻关研究。

二、国家粮食安全压力重重

我国的粮食安全仍然面临严峻而复杂的形势，前景不容乐观。主要影响因素归纳为五个方面。

（一）耕地面积减少

未来城市化和工业化将使耕地资源逐步减少，若按全国耕地面积1985—1999年平均每年减少34.9万 hm^2 计算，到2003年人均耕地降至0.075 hm^2，接近联合国粮食及农业组织确定的0.05 hm^2 的警戒线。2007年，我国耕地面积约为18.26亿亩，比1997年的19.49亿亩减少1.23亿亩，保护耕地的压力不断增大。

（二）生态环境恶化

农业水资源短缺直接威胁7亿亩灌溉粮田的生产稳定，全国常年缺水量约3 000亿 m^3，受旱面积达0.13亿～0.20亿 hm^2。耕地土壤肥力普遍下降，面源污染加重土地沙化、盐碱化、土壤侵蚀以及废气、废水、废渣的污染扩散，均给粮食生产带来了极大隐患。

（三）气候变化异常

我国气候形势将出现较长周期的异常，灾害波动加重。由于受全球气候变暖趋势的影响，我国北方，尤其华北地区持续旱情尚未缓解，冬季气温偏高，南方气候也变化异常。北方、南方几乎都受到旱涝等灾害影响，受灾面积每年达到粮食播种面积的40％左右。

（四）国内政策影响粮食稳定

一是从2000年起，北方春小麦、南方早稻、南方玉米等取消保护价，估计影响种植面积约0.26亿 hm^2，占粮食播种面积的25％，潜在影响粮食年产量约850亿kg；二是2001年起，西部以及其他地区的生态环境建设，西部退耕还林（草）以及退耕还湖和其他的粮田减少因素（如城市建设、工程建设等），估计影响种植面积133万 hm^2 左右，每年减少粮食生产60亿～80亿kg。此两项合计影响粮食产量约1 000亿kg，占总产量的20％。

（五）国际粮食生产与贸易

1961—2003年，世界粮食生产总体呈增长趋势，但产量增长越来越缓慢，1998年以后，粮食生产出现停滞和下滑的趋势。粮食库存持续大幅下降，粮食贸易继续萎缩。粮食价格高位运行，粮食进口成本较高，全球粮食安全形势有所恶化。我国加入世界贸易组织（WTO），由于国内采取了降低关税的开放政策并大幅度增加了粮食进口配额，而我国由于粮食价格远远高于国际市场，基本丧失了比较优势，对国内粮食生产、粮食市场将形成前所未有的压力。

因此，无论是从维持国内粮食市场供求平衡，还是稳定国际市场，我国必须毫不动摇地立足于国内基本自给的粮食安全战略，这是重要的国策。

三、农业科技面临的保障粮食安全挑战

（一）粮食需求量不断增加

在人口增长，饮食结构变化，农产品加工、生物、医药、能源产业发展等共同影响下，我国包括口粮消费、饲料消费、工业消费在内的粮食需求持续增长。据统计，2012年工业用粮消费量达10 130万t，较2003年增长123.8％，年均增长9.4％；饲料用粮紧随其后，2012年消费量达14 722万t，较2003年增长23.1％，年均增长2.3％；口粮消费量虽仍最多，为25 389万t，但较2003年仅增长6.9％，年均增长0.7％。

（二）粮食生产资源性紧缺状况更加严峻

土地为农业生产之本，1997 年我国耕地面积为 19.49 亿亩，而到 2007 年耕地面积减少到 18.26 亿亩，比 1997 年减少 1.23 亿亩（图 2-6）。现有耕地中，中低产田占耕地总面积的 70%，耕地退化面积占耕地总面积的 40%以上，耕地土壤质量也不容乐观。

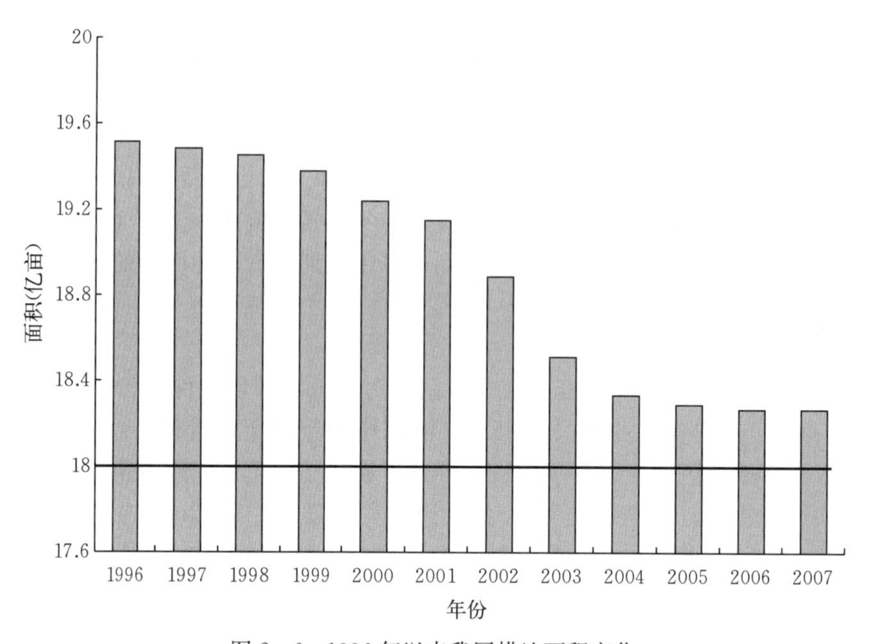

图 2-6　1996 年以来我国耕地面积变化

我国耕地后备资源情况也不容乐观，据统计，2002 年我国可开垦的耕地后备资源共有 701.66 万 hm^2，2000—2012 年全国共开发补充耕地 187.09 万 hm^2，占全部数量的 26.66%。此外部分地区耕地后备面积急剧下降，区位条件好、开发成本低、生态影响小的耕地后备资源大都已开发完毕；相当一部分后备耕地资源已植树造林，致使可开发部分更少。因此，保住 18 亿亩耕地红线仍是一个严峻的考验。

中国耕地亩均水资源占有量约 1 400 m^3，仅为世界平均水平的 50%左右，水资源匮乏已经是大部分地区的常态。2014 年，我国北方地区耕地面积和粮食产量均占全国的 60%以上，但其水资源总量仅占全国的 19%；13 个粮食主产省份的耕地面积和粮食产量分别占全国的 64%和 76%，其水资源总量仅占全国的 40%。西北地区有地无水，西南地区田高水低，华北地区水资源短缺严重，长江下游、珠江下游等东部平原地区已基本无灌溉农田开发潜力。因此，农业水资源短缺也成为限制我国农业发展的关键问题。

此外，我国化肥使用量约占世界的 1/3，化肥利用率仅为 33%，农药利用率为 35%左右，水资源利用率仅为 40%左右，造成了严重的浪费；长期的单一种植模式，使得农田生态系统退化，物种多样性降低，对病虫害的抵抗能力降低；近年来自然灾害趋于频发、严重的特点，对农业生产也造成极大的威胁。这一系列因素将会使我国粮食生产资源性紧缺状况更加严峻。

（三）我国粮食受不利因素限制的形势更加严峻

自2005年以来，我国粮食虽然实现了“十二连增”，但受到国际粮食市场连续丰收、美元汇率走强以及国内逐年提高粮食托市收购价格等因素影响，我国粮食国际竞争力愈显不足。2013年4月以来，国内小麦、水稻、玉米、大豆等主要粮食进口价格就开始高于配额外进口缴税后的价格，并且价格差持续增大；到2015年，我国小麦、大米、玉米等主要粮食均已大幅超过国外粮食进口到岸完税价格，其中小麦高33.3%、大米高37%、玉米高51.3%。

我国农业发展取得巨大进步的同时，也对土壤资源及土壤生态造成严重的破坏。据调查，我国每年化肥使用量是世界第一，然而我国化肥利用率仅为33%左右。美国粮食作物氮肥利用率大体在50%，欧洲主要国家粮食作物氮肥利用率大体在65%，远远超过我国现有情况；同样我国农药平均利用率仅为35%，欧美发达国家的这一指标则是50%～60%。我国农业发展走过了一条高投入、高资源环境代价的道路，资源投入持续增加、产量徘徊、效率下降、环境问题凸现，粮食生产靠大量消耗资源来支撑，化肥与农药的大量浪费也造成土壤酸化、面源污染加剧等一系列问题。此外，我国耕地污染也不容乐观，2005—2013年国务院全国土壤污染状况初步调查的结果表明，我国耕地土壤点位超标率是19.4%，轻微、轻度、中度和重度污染点位比例分别是13.7%、2.8%、1.8%和1.1%。

我国目前粮食生产、运输、储存的现代化、规模化程度不高，农业生产的机械化、规模化程度也较低。大部分地区依赖个体农户进行农业生产，因而农业生产投入过高、农产品效益却很低，此外粮食储存技术也不够先进。据统计，2013年全国粮食总产量达6亿t，农户储存粮食占全国粮食总产量的近1/2，由于储存设施条件简陋、烘干能力不足、缺乏技术指导服务等因素，每年因虫霉鼠雀造成的损失比例在8%左右，达到200亿kg以上。全国粮食企业有近1 200亿kg仓库属危仓老库，储粮条件差、损失大，损耗逾75亿kg；我国的粮食运输方式也较为落后，大多数粮食运输采用麻袋、塑料编织袋包装，在储存环节拆包散储，到中转和运输环节又转为包装形态，多次搬倒转运造成损失率高达5%以上。同时由于农业生产效益相对较低，我国农村青年人口大量涌入城市及进行工业产业的劳动，粮食生产劳动力不足，农业科技推广受到影响，也在很大程度上影响着我国的农业生产。

（四）农业生产平均产量与高产纪录、理论产量差异大

据统计，2016年全国粮食单位面积产量为5 452.1 kg/hm^2，与我国现有的高产纪录以及理论产量还相差甚远（图2-7）。2015年，南京农业大学水稻精确定量栽培技术种植的杂交水稻“超优千号”百亩示范田，经专家实产验收，百亩平均产量达1 067.5 kg/亩；2017年，新疆的玉米密植高产全程机械化示范田，经专家测产验收，玉米最高亩产达到1 517.11 kg；2017年，邯郸市永年区河北硅谷农科院培育的超级小麦硅谷829，经专家实产验收，单产达到974.0 kg/亩，这些高产纪录远远高于我国现有粮食生产的平均产量。单就玉米而言，据推算我国不同省份玉米光温生产潜力在27 349 kg/hm^{2}以上，最高达41 853 kg/hm^2（表2-5），远远超过现有玉米实际单产水平。因此，我国作物生产还有很大的提升空间。

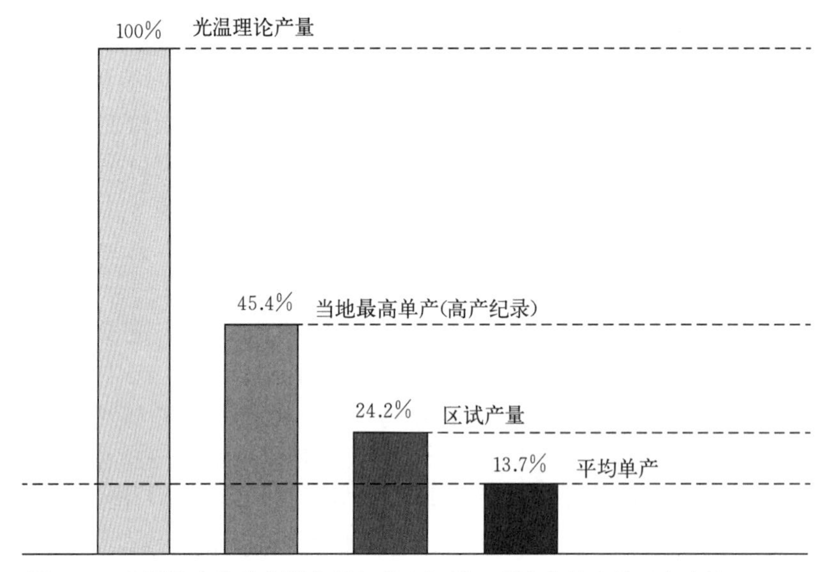

图 2－7　我国粮食作物实际产量与高产纪录、理论产量比较（李少昆，2008）

表 2－5　我国玉米主产省份单产潜力（kg/hm²）

主要省份	光温生产值	主要省份	光温生产值
黑龙江	29 307.2	河南	39 885.0
吉林	34 338.3	陕西	41 438.4
辽宁	40 112.3	四川	34 406.7
内蒙古	45 808.4	云南	35 040.9
河北	38 406.5	贵州	32 388.8
山西	41 853.5	广州	27 349.2
山东	36 068.3	平均	36 646.4

（五）农业生产进一步增产面临的技术难度大

中国农业科技进步贡献率在 2015 年超过 56%，标志着我国农业发展已从过去主要依靠增加资源要素投入转入主要依靠科技进步的新时期，但我国与发达国家 60%以上的科技进步贡献率相比还相对不够。我国作物产量通过种质的更新换代、精耕细作栽培技术的推广示范得到很大提升，但与高产国家还相距甚远。据统计我国水稻平均单产为 413.8 kg/亩，仅为高产国家的 64.9%；小麦平均单产为 267.3 kg/亩，仅为高产国家的 47.7%；玉米平均单产为 328.3 kg/亩，仅为高产国家的 53.4%。在现有水平下，生产实际产量仅为良种产量潜力的 50%，栽培技术增产空间很大。因此，如何进一步提升作物单产水平，也逐渐成为育种、栽培学者们需要进一步深入探索的关键任务。

（六）粮食生产劳动力后劲不足

在经济快速发展的今天，农民越来越注重经济效益，然而农业比较效益低的矛盾则越来越突出。农业农村部原部长韩长赋指出“农业比较效益低与国内外农产品价格倒挂的矛盾日益突出，一方面，国内农业生产成本持续上涨，农产品价格却弱势运行，导致农业比较效益持续走低；另一方面，国际市场大宗农产品价格下降，已不同程度低于我国国内同类产品价格，导致进口持续增加，成本‘地板’与价格‘天花板’给我国农业持续发展带来双重挤压。”从而引起大量劳动力向城市转移，在此情况下后继劳动力不能得到稳定持续的补充，已有劳动力年龄越来越大，使得农村农业生产劳动力发展形势不容乐观。

目前，我国农业生产多数属于农户单独经营，据统计，经营耕地规模10亩以下的农户仍然超过2.29亿，加之农业兼业化和休闲化现象的存在，农户小规模分散经营仍是农业生产的主要形式，而且可能在相当长时期内还难以根本改变。因此，大规模、规范化的农业生产目前还很难实现，进一步推进将造成农业投入加大、比较效益低的恶性循环。因此，如何通过土地流转等不同形式促进农业生产产业化发展，值得进一步探索。

第四节 粮食生产科技发展趋势

一、我国农业生产方式应加快由传统农业向现代农业的转变

自20世纪80年代初期的农村改革后，农户家庭逐渐成为我国农业生产活动的主体。但由于我国人多地少，人均农业资源占有量低，农户家庭的土地经营规模很小，户均只有0.5 hm^2，而且农田结构零散，长期传统农业种植方式使得农业生产比较效益较低。随着我国农业人口城镇化速度的加快，农业生产方式也发生了根本性改变，由传统农业向现代农业进行转变。据统计，2013年，我国农作物耕种收综合机械化水平达到59.5%，较2003年提高近27个百分点。但距离我国实现农业生产的现代化，还需要很长的一段过程。

美国农业发展经济学家约翰·梅勒把传统农业向现代农业发展过程分为3个阶段：第一阶段为传统农业阶段，此阶段农业技术处于停滞状态；第二阶段为传统农业向现代农业过渡阶段，这一阶段劳动力节约型的农业机械的使用受到限制，农业发展主要依赖以提高土地产出率为重点的劳动实用性的生物化学技术创新；第三阶段是农业现代化阶段，这一阶段人地比例下降，使平均农场规模趋于扩大，劳动力成本越来越高，用机械代替劳动力具有经济和现实可行性，劳动力节约型的大型机械和其他资本密集性技术被发明并运用到农业生产之中。结合我国农业现行的生产方式可得，我国农业正处于由传统农业向现代农业过渡的关键时期，部分地区农业生产大体实现了农业生产现代化。在此阶段，更应该注意工业化、城镇化与农业现代化的协调发展，加强农业科技研发投入、推广力度，高度重视和切实保障粮食安全，提高食品安全水平，完善农业社会化服务体系等，从多方面入手顺利推进我国由传统农业到现代农业过渡的进程。

二、我国农业生产规模应由家庭分散生产转向规模化生产

1949年以后，特别是改革开放以来，我国农业生产经营组织主要有3种：一是分散的小规模农户。据统计，截至2016年底，我国经营规模在50亩以下的农户有近2.6亿，占农户总数的97%左右，经营的耕地面积占全国耕地总面积的82%左右，户均耕地面积5亩左右。二是适度规模经营户。截至2016年底，经营规模在50亩以上的新型农业经营主体约有350万个，经营耕地总面积约3.5亿亩，平均经营规模达到100亩。三是农垦和兵团企业。目前，我国农垦企业经营耕地面积9 300多万亩，占全国耕地总面积的4.6%。由以上可以看出，我国农业生产经营组织的规模总体还不大，仍然以小规模农户为主。

在我国现行的小规模农户的农业生产模式中，由于其生产规模化不强、农业生产专业知识不足、农业生产组织管理不便等一系列原因，使得农业生产成本较规模化生产高，水、肥、农药的农业资源利用率不高，不仅造成了资源浪费，也造成了严重的环境污染。因此，如何在符合我国国情的条件下进行农业规模化生产极为重要。

2013年，时任农业部部长韩长赋介绍："适度规模经营可以是多种形式的，如种田大户、家庭农场、农民合作社以及土地入股、土地托管、土地互换等。采取何种形式，要从当地实际出发，最终让农民选择。"以上建议为我国农业规模化发展指明了方向。据统计，截至2016年6月底，全国承包耕地流转面积达到4.6亿亩，超过承包耕地总面积的30%。因此，以后随城镇化的快速发展以及劳动力转移的增加，相信多种形式的规模化农业生产必将在我国遍地开花。

三、我国农业生产应由追求高产向高产高效协同发展

2004—2016年，由于国家惠农政策的支持、农业科技的快速转化等一系列因素，我国粮食产量得到大幅度提升，2004—2015年，我国粮食实现历史性的"十二连增"，并且在2013年以后我国粮食总产量均在6亿t以上。我国用7%的土地，养活了占世界22%的人口，可以说创造了农业生产的奇迹。但是在奇迹创造的同时，一味地追求高产，大量投入农业资源。据统计，我国每年化肥使用量为5 800多万t、农药使用量为180万t，但化肥、农药的利用率仅为35%左右，低于发达国家15个百分点以上，这些资源的浪费对我国农业环境造成了严重的污染，使得农田生态系统物种多样性降低，对灾害的抵抗能力下降。与此同时，农业高产使土壤超负荷运行，大量掠夺土壤养分，也对土壤资源造成了严重的破坏。因此，在以后的农业发展中，我国应更注重高产、高效协同发展，注重农业生态的保护，以实现我国农业生产的可持续性发展。

粮食丰产科技工程启动

为有效保障我国的粮食安全，全面提升粮食生产科技支撑能力，科学技术部、农业农村部、财政部、国家粮食和物资储备局自2004年起联合全国13个粮食主产省份政府认真贯彻中共中央、国务院关于“要集中人力、物力、财力，抓紧进行农业重大科研项目攻关，增强农业科技储备能力”的批示，全面分析了国内外粮食生产形势和科技发展现状，提出了贯彻落实国务院农业和粮食工作会议有关政策措施的意见，在东北、华北、长江中下游三大平原13个粮食主产省份实施了国家粮食丰产科技工程，显著提升我国粮食丰产科技水平和保障国家粮食安全的能力。

第一节 “十五”“十一五”粮食丰产科技工程启动

从“九五”和“十五”初，我国粮食生产上曾出现了耕地面积、播种面积、总产量和人均占有量“四个连年减少”，粮食生产能力连年滑坡，2003年粮食播种面积比1999年减少1 000万 hm^2、粮食总产减少5 132万t、人均占有量减少48 kg。同时，由于人口增加和工业及饲料用粮增加，我国粮食消费需求持续增长，粮食供求矛盾逐渐加剧。另外，我国粮食生产还面临生态环境恶化、气候变化异常、国际贸易影响等不利因素，保障粮食安全面临严峻挑战。为此，2004年，科学技术部联合农业部、财政部、国家粮食和物资储备局认真贯彻国务院农业和粮食工作会议精神，确立了“依靠科技进步，充分发挥科技是粮食综合生产力”的理念，以统筹粮食安全、资源生态安全与农民增收三者协调发展为目标，突出水稻、小麦和玉米三大粮食作物，突出东北、华北和长江中下游三大平原，突出粮食丰产技术创新、技术集成和示范应用，以技术创新带动我国粮食产业科技全面升级，启动实施了粮食丰产科技工程。

第二节 “十二五”粮食丰产科技工程启动

一、“十二五”粮食丰产科技工程各期项目

（一）“十二五”粮食丰产科技工程第一期项目

1. 项目论证 2010年11月12日，科学技术部组织有关专家对“十二五”粮食丰产科技工程进行了项目和课题论证。论证专家组认为，该项目符合《中华人民共和国国民经济和社会发展第十二个五年规划纲要》要求，是落实党中央、国务院关于提高我国粮

食综合生产能力、增强粮食科技创新水平指示精神的重大战略举措。项目的主要任务目标是以提高粮食主产区综合生产能力为重点，围绕水稻、小麦、玉米三大作物，重点突破超高产技术、资源节约型高产技术、产后减损关键技术，并在东北、华北、长江中下游三大平原的13个主产省份组织进行粮食丰产技术集成与示范，与优质粮食产业工程、商品粮生产基地建设密切结合，与国家相关粮食科技计划进行有效衔接，为粮食大面积持续丰产提供技术支撑，在我国粮食生产与科技中发挥重要作用。该项目实施期为5年（2011—2015年）。

2. 举行仪式 2011年7月12日，科学技术部、农业部、财政部、国家粮食局召开“十二五”国家粮食丰产科技工程启动会。会议认真总结了工程在“十一五”实施过程中所取得的成效与经验，结合农业科技工作发展的要求，对“十二五”全国粮食丰产科技工程进行了总体布局和重点任务安排；科学技术部、农业部和国家粮食局主管领导分别与各粮食主产省份的政府主管领导签署了各课题实施协议。“十二五”期间，科学技术部、农业部、财政部、国家粮食局将在湖南、湖北、江苏、江西、四川、安徽、河南、河北、山东、吉林、黑龙江、辽宁、内蒙古13个粮食主产省份继续组织实施国家粮食丰产科技工程，全面系统地部署粮食科技工作。会议提出，要在四个方面深化粮食科技工作：一是要强化粮食丰产关键技术创新，形成有标志性的成果；二是要强化科技资源整合，系统部署粮食科技工作；三是要强化新型粮食科技多元化服务体系建设，促进成果尽快转化为生产力；四是要强化粮食科技平台基地建设，着力培养丰产科技人才队伍，用“一机两翼”模式，即以科技为机芯、加上创新运行模式的发动机，以及政府行政力量和科技特派员创新创业机制的两翼，共同推动国家粮食丰产科技工程深入发展。

3. 召开现场会 为进一步落实“十二五”国家粮食丰产科技工程启动大会精神，2011年9月8日，在吉林省长春市组织召开了国家粮食丰产科技工程东北区现场观摩会。科学技术部农村科技司领导、国家粮食丰产科技工程专家组有关专家以及黑龙江、吉林、辽宁和内蒙古四省（自治区）科技厅主管领导和技术负责人参加了会议。与会代表现场考察了国家粮食丰产科技工程吉林省桦甸市和公主岭市核心区和示范区。吉林、黑龙江、辽宁和内蒙古的技术负责人汇报了本省（自治区）实施国家粮食丰产科技工程的设计思路、进展情况及下一步工作打算。专家组专家分别从技术研究重点与方向、示范辐射方式方法、宣传工作等方面提出了意见和建议。

（二）“十二五”粮食丰产科技工程第二期项目

1. 项目论证 为进一步加强“十二五”国家粮食丰产科技工程的支持力度，在一期项目重点开展水稻、小麦、玉米三大粮食作物持续丰产技术创新研究与示范的基础上，科学技术部农村科技司又部署了“粮食大面积均衡增产技术集成研究与示范”项目（二期）。2011年11月9日，该项目通过专家论证和课题评审，项目重点在13个粮食主产省份开展三大作物持续增产稳产技术集成与示范，执行期为2012—2015年。

2. 现场观摩 为强力推进国家粮食丰产科技工程，增强粮食科技创新水平，提升科技支撑粮食生产的有效度，科学技术部农村科技司分别于2012年5月16日在河南省焦作市、9月12—13日在黑龙江省绥化市、9月18—19日在湖北省襄阳市召开了黄淮海片区、东北片区和南方片区现场观摩会，考察了河南省温县小麦超高产攻关田和核心区万亩示范田，黑龙江省绥化市北林区水稻高产攻关田与核心区、玉米示范区和水稻浸种催芽基地，湖北省襄阳市襄州区东津镇粳稻核心区和示范区。各项目实施省份代表在现场观摩之后，汇报了各省工程实施总体进展、取得的成果及成效、工程组织管理经验、存在问题和建议等。科学技术部相关负责人对国家实施粮食丰产科技工程对保证国家粮食安全的重大作用、工程的整体设计思想进行了深刻解读，对推进工程实施进行了系统部署和具体要求。项目专家组专家从国家粮食丰产科技工程“十二五”研究重点、研究内容如何与“十一五”有效衔接，以及存在的问题等方面提出了相关建议。

（三）“十二五”粮食丰产科技工程第三期项目

为进一步加强“十二五”国家粮食丰产科技工程的支持力度，在一期、二期项目基础上，2012年启动了粮食丰产科技工程第三期项目，2012年10月17日，“粮食主产区作物丰产节水节肥技术集成与示范”项目（三期）通过专家论证和课题评审，项目重点开展三大作物肥水、农田地力提升等关键技术研究与示范。三期下设14个课题，其中区域示范课题13个，共性课题1个，执行期为2013—2017年。

二、联合推进重大战略

（一）制定实施意见

2012年9月，为进一步加强粮食科技创新，保证“十二五”国家粮食丰产科技工程的顺利实施，确保圆满完成工程目标和任务，科学技术部办公厅下发了《关于进一步加强“十二五”国家粮食丰产科技工程组织实施的意见》，提出了六项具体要求：一是要强化粮食丰产科技工程的系统设计和规范管理；二是进一步突出区域特色，明确技术研发和示范的重点；三是加强科技特派员在粮食丰产科技工程中的作用；四是结合农村科技管理改革，做好粮食丰产科技工程绩效管理试点；五是积极鼓励和引导企业参与国家粮食丰产科技工程；六是加强资源整合，积极开展交流与宣传工作。实施意见的出台，为进一步推进国家粮食丰产科技工程提供了有力的政策支持。

（二）举行推进会

为推动“十二五”农业领域各专题任务的落实，推进项目、课题顺利实施，确保专题目标任务圆满完成，2012年8月31日至9月1日，科学技术部农村科技司、农村中心在北京组织召开了“十二五”粮食丰产等专题培训推进会。会议邀请相关司局对项目组织单位管理人员、项目组专家、课题负责人和课题承担单位财务人员等就科技计划管理、科技计划绩效管理、经费管理进行了培训。此外，专题、项目及课题负责人汇报了专题设计框架和项目、课题研究进展，相关专家对课题实施提出了好的建议。通过培训推进会，实现了工作推进与管理培训的紧密结合、专题整体推进和项目课题具体实施的紧密结合、项目课题实施与地方科技工作推动的紧密结合，对各专题项目和课题下一步的实施与管理起到了良好的推进作用。

（三）区域首席专家制

国家粮食丰产科技工程采取了矩阵式、组合式设计，先后启动了工程一期、二期、三期项目。2012 年以来，为整体推进、有效组织实施粮食丰产科技工程，科学技术部要求统筹三期项目的实施，13 个项目实施省份以省份为单位建立粮食丰产科技工程项目区，对其承担的三期项目进行统一设计、统一实施和统一管理，制订分省份项目区“十二五”粮食丰产科技工程实施方案，明确项目区方案设计思路、任务分解、“三区”布局、研究团队组成、工程组织管理机制等。各省份项目区都成立了统筹三期项目的领导小组和技术指导专家组，提出了项目区首席专家名单，组建了项目区执行组或核心组，建立了协调三期课题实施的协同创新机制，初步完成了项目区实施方案。

三、重大管理创新

（一）全面开展粮食丰产科技特派员选派工作

2011 年以来，为全面贯彻落实粮食丰产科技工程“百千万科技特派员”专项行动，结合粮食科技工作实际，13 省份陆续启动了粮食丰产科技特派员工作，选派了粮食丰产科技特派员，建立了粮食丰产科技特派员工作站，初步形成了“省、县、乡、村”四级粮食科技培训网络，充分发挥科技特派员在粮食科技中的作用，加强粮食科技创新、成果转化、传播和服务。据初步统计，13 个省份为粮食丰产科技工程实施项目区选派了各级科技特派员 3 000余人，结合项目核心区、示范区和辐射区建设建立了 280 多个科技特派员工作站，覆盖了项目区粮食主产县（市），其中 2012 年建设 166 个。各课题在 13 个示范省份通过开展科技特派员粮食丰产科技转化与示范工作，加大了技术培训与技术普及的力度，共举办各种技术培训班、培训会 2 200 多场次，培训技术员 10 818 人，培训农民群众 107.5 万人次，发放技术资料 182.68 万份，将一大批粮食丰产技术迅速推广应用于生产实际中，有力地促进了丰产技术的普及与应用，保证了技术措施真正落实到位，提高了丰产技术在三大作物生产中的贡献率，为促进粮食生产提供强有力的科技支撑和示范样板。

（二）涉农企业深度参与粮食丰产科技工程的实施

2011 年以来，各课题积极引进粮食种业公司、农机公司、肥料公司、粮食加工集团等龙头企业作为技术示范主体进入项目，积极探索“项目＋基地＋企业”的粮食丰产技术集成与转化推广模式。各省份针对不同企业需求特点，进行专业化生产基地建设。采取“企业＋课题＋基地＋农户”“科研院所＋生产单位（农户）＋龙头企业”“市场引导＋企业带动＋合作组织＋广大农户”“专业市场带动”“企业基地一体化”等运行模式，按照利益共享、风险共担的原则，共建基地、签订合同，对项目科技成果进行产业化开发，使粮食丰产科技工程向产前和产后延伸，不断拓展粮食丰产高效的内涵，实现了互惠双赢。

（三）加强媒体对粮食丰产科技工程实施成效的宣传报道

2011 年以来，《人民日报》《经济日报》《科技日报》等多家媒体陆续报道了国家粮食丰产科技工程取得的成就，为进一步推进工程的实施发挥了重要的宣传作用。2012年9月26日，《人民日报》以《亮点・十年——粮食丰产工程 农民增产又增收》；2012年8月2日，《经济日报》以《国家粮食丰产科技工程推进纪实》；2011年7月14日，《科技日报》以《新“一机两翼”推动粮食丰产科技工程》为题，从工程设计、项目推动、课题实施、技术突破、示范成效、人物采访、社会反映、未来发展等各方面进行报道，提升了工程的社会影响力，激发了科技人员、农民群众和管理工作者实施好工程的积极性，对进一步强化全国粮食丰产科技支撑能力具有重要作用。

第三节 “十三五”粮食丰产科技工程启动

一、面临新转折与新调整

“十三五”粮食丰产增效科技创新这一重点专项认真贯彻“藏粮于地”“藏粮于技”，紧密围绕保障国家粮食安全和增产增收目标，突出粮食丰产、增效与环境友好的绿色农业发展新要求，立足我国东北、华北、长江中下游三大平原13个粮食主产省份，针对水稻、小麦、玉米三大粮食生产技术需求，从粮食生产基础研究、关键技术创新与区域技术集成示范三大板块提出了15项任务，分三批共部署实施了39个项目，组织中央、地方高校、科研单位、相关企业共500余个创新主体进行协同攻关。

“粮食丰产增效科技创新”重点专项着重开展三大作物生长发育规律研究，加强优良品种筛选、高产群体构建、水肥高效利用、地力培育提升、病虫绿色防控、气象灾害防御、农机农艺配套等关键技术创新与配套技术集成，在三大作物产量层次差和效率差及缩差途径、作物生产资源高效利用及评价体系、三大作物气候响应机制、水旱田土壤地力演变规律、生物及气象灾害变化规律、三大作物品种鉴定指标体系等前沿理论探索上取得新进展，在三大作物光热资源高效与品种筛选、合理耕层增肥与地力提升、高质量群体构建、肥水一体化高效利用、病虫草害绿色防控、气象灾害预警与防控、全程机械化生产与智能管理服务系统、抗逆稳产、信息化精准栽培、产后减损、新型耕作等关键技术创新上获得新突破，筛选、研制了一批适应当地生态特点和农业新型经营主体规模化生产的三大作物新品种（系）、缓释高效肥料、节水新产品、智能节能高效农机与装置、信息化监测与诊断仪器设备。

二、升级版的新成效

据初步统计，“十二五”末期，“粮食丰产增效科技创新”重点专项已建立了三大作物超高产攻关田、高产核心试验区和示范区、辐射区，获得了东北春玉米1 264.9 kg/亩、东北粳稻847 kg/亩、华北小麦-玉米周年1 680.27 kg/亩、江淮粳稻908.4 kg/亩、南方双季稻1 286.1 kg/亩的超高产纪录，共建设核心区、示范区、辐射区16 046.98万亩，增产粮食624.60万t，增加直接经济效益132.28亿元，化肥与农业灌溉水利用率有明显提升，共培育新型粮食生产经营主体948个，有效促进了粮食丰产增效目标的协同发展，粮食区域技术集成示范与生产组织能力显著提升，初步建立了适应转型发展要求的良种良法配套、农机农艺融合、高产高效协同、生产生态兼顾粮食作物生产规模机械化、信息标准化、精准轻简化水平技术体系，为保障我国粮食有效供给和质量效益提升提供了有力的科技保障，为提高粮食生产可持续发展和增强国际竞争能力提供了新动能。

三、科技创新助力现代化粮食生产新飞跃

（一）未来面临更加严峻挑战

虽然我国在粮食科技上取得了一系列的新成就，但未来我国仍面临严峻的三大压力。

1. 粮食供给面临人口与社会发展刚性需求的双重压力 随着工业化进程加快，粮食的工业用途不断拓展，医药、化工、生物能源等产业对粮食的需求大幅增加。中国城镇化率在2020年超过60%，这意味着有1亿多人口从农村转移到城镇，由农产品的生产者变成纯粹的消费者，粮食消费量的增长不可避免。随着人们生活水平的提高和饮食结构的改善，饲料用粮与加工食品用粮同样将呈刚性增长，粮食的间接消耗也将不断加快。

2. 粮食生产能力面临资源与环境约束的双重压力 以资源要素扩张为支撑的农业发展带来资源破坏、环境污染、水土流失、土地沙漠化等一系列问题，“白色污染”已经成为农村的一大灾难，水污染和土地沙漠化日益严重，制约着粮食生产的可持续发展。气候变化对粮食生产的影响日益突出，根据气象局估计，全国气候变暖带来的干旱和洪水威胁到中国粮食产量的稳定，极端天气可能造成中国粮食10%～20%的损失；全球气候变暖导致干旱、洪水和病虫害加剧，中国粮食产量波动幅度可能扩大至30%～50%。

3. 粮食市场面临国内与国际竞争的双重压力 当今世界粮食生产与销售大国强化全球的物流、加工、销售“全产业链”布局，正在向中国市场扩大。随着我国工业化城镇化加快推进，对粮食生产需求和耕地占有量不断增加，唯一出路是科技创新提高单产、品质和生产效率，未来的竞争是科技竞争，最现实的是粮食生产科技综合能力的提升。总之，继续推进粮食丰产增效科技创新才能助力现代化粮食生产新飞跃。

（二）新时期粮食生产与科技新对策

新时期粮食生产面临一系列挑战，生产与科技新对策要做好以下4个转变。

1. 从局部性的粮食安全向全局性的国家安全转变 粮食在经济全球化的博弈中已经超出食物的范畴，不再是分割市场的单纯贸易品，而是国际经济博弈中的筹码、世界经济大战中的武器。从战略的高度来说，持续的粮食生产力就是世界经济战争中的“核武器”，拥有了世界粮食市场的主导地位，就拥有了世界经济体系的主导权。

2. 从被动性粮食安全向主动性粮食安全转变 长期以来，我国农业成了“口粮农业”。作为世界粮食生产大国，不仅要紧紧地抓住“粮袋子”的主动权，使国家的粮食安全始终处于主动地位，同时还必须提高在世界粮食市场的竞争力来强化国内的粮食安全。只有形成强大的粮食生产能力、低成本的生产优势、高技术与信息化的支撑能力和完善的市场调控机制，提高市场驾驭力，才能保证在风云变幻的国际粮食市场上始终处于主动地位。

3. 从单纯的粮食安全向提升国家综合竞争力转变 中国正处于经济转型的关键时期，

要将农业上升为整个国家的战略性产业，将提高粮食竞争力纳入提升国家全球竞争力的战略之中，从农业基础建设、农业科技进步、农业信息化、农业体制机制、农业服务、农业法律政策、农业生态环保、农业产业发展、农业经营主体和农业的可持续发展机制等方面，构建一系列强农惠农的政策体系，通过物质投入、技术进步、制度创新和完善市场体系来全面加强农业基础地位，增强粮食综合生产能力和市场竞争力，确保国家粮食安全。

4. 从强调粮食增产向同时促进农民增收转变　现今的农民已经不是传统意义上的农村劳动力，而是在市场经济中进行公平竞争的市场主体。要确保粮食安全，前提是要保证农民能够从粮食生产中得到比较效益。在实行有效财政补贴政策的同时，更多地使用市场手段激活农民从事粮食生产的原动力，发挥价格信号的诱导作用，推动资源要素向农村配置，加快农业现代化进程，形成调动粮食生产积极性的长效机制。

第二篇　顶层设计

第四章

“十五”粮食丰产科技工程顶层设计

第一节　实施背景

一、必要性分析

随着人口增长及人民生活水平日益提高，我国粮棉油大宗农产品的短缺现象将会长期存在，依靠作物栽培技术进步促进增产的潜力巨大。由于农产品的国内外价格已经基本接轨，石油化学品进入高价位，依靠科技进步，在实现增产的基础上，促进增收的潜力也很大。同时，还要不断提高和改善农产品品质，以适应千变万化的市场需要。为此，加强农作物优质高产高效栽培技术创性研究是跨越式发展的基础，关键技术的突破是提高栽培技术水平和效率的关键。创新一批能够改变作物生产方式的单项技术，形成一批能够大幅度提升农业生产现代化水平的综合技术，对提高作物生产的整体水平和实现技术升级换代，提高农产品的国际竞争力、保障国家粮棉油大宗农产品的安全和促进农业可持续发展具有重要意义。

二、发展趋势分析

近年来，世界作物栽培科技领域发生的变化主要表现如下。

1. 重视粮食安全的单产突破新技术　第一次绿色革命后，世界主要农作物产量增长潜力长期徘徊不前，单产水平长期未见突破，如何突破单产瓶颈，大幅度提高作物总产，满足人口增加、耕地减少带来的日益尖锐的巨大粮食供给缺口成为全球性的热点研究领域。发达国家和国际研究机构在注重品种改良的同时，将作物单产突破技术的研究列为重大规划，投入大量人力物力进行攻关研究。

2. 注重作物优质高产同步协调提高的综合技术　作物的品质和产量是决定农产品国际竞争力的重要因素。发达国家都注重农作物的遗传品质、生产品质、营养品质和加工品质的同步协调与提高，以优质专用农产品的标准化生产技术为核心，辅以其他手段，全方位提升了农产品的市场竞争力。随着我国人民生活水平的不断提高，市场需求的多样化、优质化和特色化趋势日益明显，发展专用优质水稻、小麦、玉米、棉花、油菜生产技术已成为必然。

3. 着力提高作物生产技术的现代化水平 生物技术、信息技术等高新技术正日益渗透到作物生产管理的全过程中，悄然改变着传统作物生产模式。发达国家已从以机械化为主要特征的现代化作物生产转向信息化和分子化为主要特征的后现代化作物生产，作物生产水平、效率和效益大幅提升。作物生产如何跨越或缩短机械化进程，早日进入后现代化，是我国作物生产必须尽快解决的重要课题。

4. 尽力实现作物生产的可持续发展 发达国家作物生产实行区域化布局、规模化生产和机械化作业管理，免耕、少耕与轮作休闲等耕作制度被广泛采用，不仅使生产成本降低、劳动生产率提高，而且使资源利用率提高、农田生态环境得到很好保护，保证了农业可持续发展，充分发挥了农业生产的生产、生态和社会功能。

国内外作物生产技术研究的发展趋势总体表现为由资源集约型高产向资源高效型高产转变，由单一高产目标向优质高产协同提高转变，由单一作物高产向作物组合的周年综合高产转变，由局部、不确定性高产向平衡、稳定高产转变，由传统作物管理向定量化设计与信息化管理转变。

第二节 主要目标与任务部署

一、总体思路与主要目标

（一）总体思路

以可持续发展理论为指导，统筹粮食安全与资源生态安全协调发展，统筹粮食安全与增加农民收入协调发展，以粮食综合生产能力的恢复、提高和可持续发展为宗旨，树立“储粮于技、储粮于土、集成创新、协调发展”的指导思想，确立“三三三”总体思路［即立足三大平原（东北、华北、长江中下游）、主攻三大作物（水稻、小麦、玉米）、集成三条路线（科技攻关、成果转化、示范推广）］，为确保国家粮食安全提供科技支撑。

在项目总体设计和管理上，突出体现三大集成原则。

1. 在项目设置上 坚持重点作物、重点区域、重点技术一体化部署的集成设计思路。

2. 在技术内容上 坚持优质高产品种选育示范与栽培技术、水土资源利用技术、防灾减灾技术的集成技术模式。

3. 在项目组织管理上 采取项目统一部署、地方组织实施、人力集中攻关、资源集中配置的集成化工作机制。

（二）主要目标

以保障国家粮食安全和增加农民收入为根本目标，以粮食安全科技创新保障全面建成小康社会，以粮食生产能力保障农业结构调整，以粮食产业高效化和现代化带动农民增加收入，以技术集成带动技术创新，以转化示范带动粮食生产能力提高，以高新技术提升我国粮食产业现代化，显著增强国家粮食安全的科技创新能力和技术储备能力，为保障国家粮食安全提供持久性的科技支撑。

“十五”期间，以技术的集成组装为主，加快重大成果转化，以技术集成带动技术创新，以转化示范带动大面积持续增产，推动粮食生产能力恢复到5亿t水平；加大农业高新技术创新研究，为粮食安全提供技术储备，为未来的不同阶段发展提供良好基础。

二、主要任务与重点部署

1. 水稻 选择湖南、江苏、湖北、江西四省为实施区域，四省水稻种植面积、产量位居全国前五位，常年种植总面积为1 100万hm^2，种植总面积和总产量分别占全国总量的35%和40%。

2. 小麦 选择河南、山东、河北三省为实施区域，三省小麦种植面积居我国前三位，常年种植总面积1 200万hm^2，种植总面积、总产量分别占全国总量的40%和50%。

3. 玉米 选择吉林、黑龙江、辽宁为春玉米实施区域，常年种植总面积650万hm^2，占全国的26%，产量占全国总量的29%。选择山东、河南、河北为夏玉米实施区域，常年种植总面积758万hm^2，占全国的31%，产量占全国29%。

第三节 实施路径

一、资金保障

本课题按5年实施，课题总经费预算为2 000万元（包括人员费、设备费、相关业务费、课题管理费及其他费用），由国家拨款。

二、必要的支撑条件

国家重点院校长期以来承担了国家“十五”科技攻关项目、国家“973”计划、粮食丰产计划、国家自然科学基金项目、“948”项目等有关作物优质、高产、高效、抗逆、育种、栽培技术、农产品加工及其基础和应用基础的研究，取得了一批重要科技成果，使我国农作物生产技术和创新能力有了很大提升。国家级科研机构和重点院校相继建立了国家作物改良中心、重大科学工程中心、国家级和省级重点实验室和各类农产品品质检测中心，为本课题的实施提供了良好的试验研究条件。

课题由国家重点农业院校共同主持承担，各单位的负责人均为农作物生产研究一线的专家，与国际学术界有着广泛的合作关系，在国内外作物科学的学术活动、合作研究、人才培养、科普活动等方面起着重要的带头作用。

三、组织管理措施

1. 实行主持人负责制，加强项目的宏观管理 项目实行主持人负责制，项目主持人负责项目总体设计和日常管理；对技术人员实行任务指标责任制，任务层层包干，目标到位，责任到人；实行优胜劣汰、滚动发展的原则，对执行情况良好的项目单位适当增加研发经费，对执行不佳的项目单位减拨或停拨经费。

2. 健全管理体系，目标任务层层负责 课题设立管理办公室，负责组织管理、指导、协调和监督工作；成立课题专家组和领导小组，分别负责课题内各研究方案制订、审查、指导、落实和检查；各专题、子专题研究层层落实，各负其责。

3. 组建优势攻关队伍，提高科研水平 根据课题研究内容广、目标任务重、涉及作物多的特点，进行联合攻关，突显国家攻关的前瞻性、创新性与实用性，提升研究的层次、深度及广度。

4. 及时组织有关会议，确定阶段目标 定时召开各专题、子专题负责人会议，交流各自的研究进展、研究计划，并经过认真讨论，确定阶段性研究任务和目标。

5. 课题研究和人才培养结合 在课题研究的同时，通过不同学科、不同年龄的科研人员组建课题攻关组，利用联合攻关的优势，在提升整个科研水平的同时突出培养中青年技术骨干，为作物生产的后续研究储备技术力量。

6. 组织实施的方案 本课题由科学技术部组织，由全国各重点院校主持，实行课题主持人负责制，成立由主管领导和有关专家组成的领导小组和技术专家组，负责本课题各项研究内容的招标、检查评估、技术咨询、学术交流等工作。课题主持人一是组建攻关队伍、落实各研究内容的主持单位和承担单位；二是确定子课题的研究内容、具体实施计划，签订子课题实施任务书，将任务落实到具体实施人员；三是设立专家组，定期进行过程考核与检查、组织学术交流与讨论，并解决项目实施过程中出现的问题；四是组织有关专家进行课题验收、成果鉴定及专利申报工作。

按照公开、公平、公正原则，确定各研究内容的承担单位，承担单位应由有关科研单位、大专院校及示范区所在县（市）和具有优势的相关企业共同组成。

实行课题制和专家负责制，强化课题和专题的目标管理。建立完善的组织管理办法，实行激励竞争和滚动管理运行机制，实行课题年度检查评估，加强对课题实施的检查监督和目标考核，实行奖罚兑现，确保各项技术、人员、资金及时落实到位。

强调市场机制调节和引导，鼓励企业参与。将科技攻关与经济发展紧密结合起来，强化产学研结合，形成技术创新-集成示范-规模化推广、产业化开发的一条龙整体运行，推动和加快技术成果的产业化进程。

第五章

“十一五”粮食丰产科技工程顶层设计

第一节 主要目标及技术路线

一、总体目标与实施考核

（一）总体目标

该项目以保障国家粮食安全、增加农民收入和保护生态环境为根本目标，在“十五”期间区域技术集成、“三区”粮食增产、高产理论创新取得重大进展的基础上，“十一五”期间重点突出粮食丰产技术创新研究，进一步强化丰产技术集成与大面积示范应用，完善和提高我国水稻、小麦、玉米三大作物科技创新体系，明显提升粮食生产的整体科技水平和技术储备能力，以技术创新带动粮食产业科技全面升级，以技术集成与示范带动大面积均衡增产，实现粮食单产年增长率达到2%左右，在国家粮食恢复性增长向跨越式发展中发挥技术主导作用，为保证2010年粮食综合生产能力迈上5.4亿t新台阶提供强有力的科技支撑。

（二）实施计划

1. 实施年限 2006—2010年。

2. 年度计划与阶段目标 2006年6—8月：广泛调研，完成项目可行性研究报告；项目立项论证；完成课题实施方案编制；确定课题承担单位和攻关研究队伍。

2006年9月至2007年12月：在三大粮食产区全面部署核心试验区、示范区、辐射区和各项研究示范任务，开展三大作物丰产共性与产后减损理论与技术研究，完成总体任务指标的30%以上。

2008年1月至2010年11月：继续开展“三区”建设、示范开发和各课题的攻关研究与示范，扩大示范推广规模，完成总体任务。

2010年11—12月：进行项目阶段性总结验收。

（三）具体考核指标

1. 生产效益 在东北、华北、长江中下游三大平原粮食主产省建立核心试验区21万亩，技术示范区2 000万亩，技术辐射区2亿亩，项目区5年累计落实面积10亿亩以上，新增粮食 5 000 万 t，增加经济效益 600 亿元；优化集成水稻、小麦、玉米三大粮食作物区域性丰产技术新模式 30～35 套，比项目实施前 3 年平均亩产增加 10%～15%。每亩节本增效 10%以上。

2. 技术效益 在三大作物丰产共性关键技术研究方面取得新的突破，形成新技术 15～20 项，提高超高产的稳定性，使超高产记录在现有基础上提高 5%～10%。化肥和灌溉水利用率分别提高 10%以上，农药用量减少 20%以上，自然和生物灾害损失率降低 20%以上，农户粮食储藏损失减少 20%以上。

3. 科技水平 获得省部级以上科技成果 25～30 项，获得国家专利 25 项，制定技术标准和规程 30 项，发表高水平论文 150 篇以上；在超高产突破、中低产生产能力提升、资源可持续高效利用、新型农作制度创建、重大灾害防控、产后减损等共性理论与技术上有新突破，并达到国际先进与领先水平，形成中国特色的现代粮食生产技术体系和粮食安全科技战略体系。

4. 学科发展 培养学术带头人 30 名，学术骨干 120～150 名，培养研究生 750 名，培训基层农业技术骨干 10 000 名，扶持粮食生产大户 1 000 户。在粮食生产相关的学科中建立国家与地方相结合的技术创新平台，形成应用基础理论与技术实践密切结合的研究体系、技术集成与大面积增产增收相结合的科技生产体系，培养一批高水平学科带头人，形成高水平论文与专利，促进粮食生产相关学科全面深入发展。

二、技术路线

1. 突出主产区和主要作物，确保国家粮食安全有效生产 本项目选择三大平原主攻三大作物，带动大面积粮食丰收，对我国粮食安全生产可发挥主导作用。

2. 突出“一田三区”建设，确保粮食生产水平的提高 通过攻关田培创超高产典型样板，通过核心区建设孵化关键集成技术，通过示范区建设促进新技术的熟化，通过辐射区建设扩大技术的应用，为粮食高产高效提供技术支撑。

3. 突出技术集成创新，主攻关键技术突破 充分发挥项目实施省的区域优势和地方技术力量，集成一批区域特色的高产高效技术。充分发挥国家科研单位为主、地方技术力量配合的优势，针对三大作物共性关键理论与技术进行联合攻关研究，突破粮食生产重大科技难题，实现超高产新突破。

4. 突出多学科交叉和多方法结合，确保研究水平不断提高 以作物栽培学为主体，协同土壤学、植物营养学、植物病理学、昆虫学、生态学、作物生理生化、系统科学与数理科学等进行联合攻关，采取常规与高新技术相结合、室内与大田相结合、关键技术突破与综合技术集成配套相结合、定位试验与示范推广相结合，以确保创新技术的不断发展。

5. 突出管理联合机制，推动项目高效科学运转 科学技术部统一规划设计，并与农业农村部、财政部和国家粮食和物资储备局联合相关省人民政府共同实施管理，采取国家单位与地方单位联合、产学研结合、研究部门与推广部门配合的多部门联合联动的组织机制，有效调动各方面的积极性。

第二节 重点研究课题

针对“十一五”我国粮食产量新增5 000万t的艰巨任务，以及“十五”粮食生产恢复性增长后的粮食产量再上新台阶所面临的科技攻关难度加大的现实，按照突出“三个重点”、加强“两个创新”的总体设计思路，全面部署国家粮食丰产科技工程。“三个重点”与“两个创新”即突出重点作物（水稻、小麦、玉米三大粮食作物）、重点区域（粮食主产区东北、华北、长江中下游三大平原）、重点建设（攻关田、核心区、示范区、辐射区“一田三区”建设），加强技术集成创新研究与示范，加强共性关键技术创新与突破。以下为已经部署的研究内容。

一、三大作物丰产高效技术集成研究与示范

以现有技术成果组装和示范为基础，以突破区域产量限制的关键因素为重点，充分考虑粮食生产能力进一步提高的需要，通过攻关田建设培创超高产典型样板，通过核心区建设孵化集成创新技术，通过示范区建设组装、熟化技术体系，通过辐射区建设带动大面积丰产。按照三大平原三大作物生产的不同区域特点和关键问题，设置相关丰产技术与示范课题12个（课题1～12）。

（一）长江中下游平原水稻丰产高效技术集成研究与示范（课题1～6）

课题1　长江中游南部（湖南）**双季稻丰产高效技术集成研究与示范**　通过超级稻超高产栽培技术、软盘湿润育秧减苗稀植技术、秸秆还田免耕覆盖技术等核心技术创新和关键技术集成以及常规技术配套，在湘中双季稻高产区、湘北易涝病虫害多发区和湘南易旱区分别构建双季稻丰产高效技术体系，在核心试验区实现双季稻亩产1 125 kg的目标，并在示范区和辐射区大面积示范应用，项目区5年累计增产265万t，增加直接经济效益29.8亿元。

课题2　长江中游北部（湖北）**双单季稻丰产高效技术集成研究与示范**　通过壮秧大苗移栽稀植高产技术、旱育免耕抛栽或直播简化高产技术、高寒山区地膜覆盖增产技术等技术创新和关键技术集成以及常规技术配套，在鄂中地区、江汉平原区、鄂西北和西南山区构建长江中游北部双单季稻丰产高效的技术体系。在核心试验区实现双季稻亩产975 kg、单季稻亩产720 kg的目标，并在示范区和辐射区大面积示范应用，项目区5年累计增产206万t，增加直接经济效益23.2亿元。

课题3　南方（江苏）**粳稻丰产高效技术集成研究与示范**　通过安全抗倒群体质量塑造、机械精确栽插、肥水定量化等核心技术创新和关键技术集成以及常规技术的配套，在苏北、苏中和苏南建立南方不同生态区粳稻丰产高效技术体系。在核心试验区实现稳定亩产720 kg的目标，并在示范区和辐射区大面积示范应用，项目区5年累计增产188万t，增加直接经济效益25.3亿元。

课题4　长江中游南部（江西）**双季稻丰产高效技术集成研究与示范**　通过标准化栽培、机插秧壮苗防早衰等技术创新和关键技术集成以及常规技术配套，在鄱阳湖平原、吉泰

盆地建立长江中游南部不同生态类型区双季稻丰产高效的技术模式，在核心区实现双季稻亩产1 075 kg，并在示范区和辐射区大面积示范应用，项目区5年累计增产313万t，增加直接经济效益35.2亿元。

课题5　四川盆地单季籼稻丰产高效技术集成研究与示范　通过固定厢沟双免耕稀植强化栽培、抗逆增穗促结实、再生稻促芽增穗等核心技术创新和关键技术集成及常规技术配套，在成都平原中稻区、川中丘陵区、川东南区构建四川盆地不同生态区单季籼稻丰产高效技术体系，在核心区实现亩产680 kg以上的目标，项目区5年累计增产270万t，增加直接经济效益30.4亿元。

课题6　江淮中部（安徽）**稻麦丰产高效技术集成研究与示范**　通过抗逆减灾安全栽培、防倒延衰与优质高产群体调控等核心技术创新和关键技术集成及常规技术配套，在沿淮、皖东、皖西和江淮丘陵构建稻麦丰产高效技术体系，在核心区实现水稻亩产670 kg、小麦亩产550 kg的目标，项目区5年累计增产248万t，增加直接经济效益27.2亿元。

（二）华北平原小麦-玉米两熟丰产高效技术集成研究与示范（课题7～9）

课题7　黄淮南部（河南）**小麦-玉米两熟丰产高效技术集成研究与示范**　通过塑造高质量群体、防倒延衰、小麦-玉米资源高效优化等核心技术创新和关键技术集成以及常规技术配套，在豫北灌溉区、豫中补灌区、豫南雨养区分别构建小麦-玉米高产高效技术体系，核心区实现小麦-玉米两季亩产稳定达到1 300 kg的目标，并通过示范区和辐射区的推广应用，项目区5年累计增产398万t，增加直接经济效益37.8亿元。

课题8　黄淮海中北部（河北）**小麦-玉米两熟丰产高效技术集成研究与示范**　通过“减次保灌”节水技术、两熟节水丰产技术、秸秆全程还田增产增效技术等核心技术创新和关键技术集成以及常规技术配套，在山前平原区、黑龙港区、冀东平原区分别构建小麦-玉米高产高效技术体系，核心区实现小麦-玉米两季亩产稳定达到1 200 kg的目标，并通过示范区和辐射区的推广应用，项目区5年累计增产398万t，增加直接经济效益37.8亿元。

课题9　黄淮东部（山东）**小麦-玉米两熟丰产高效技术集成研究与示范**　通过小麦-玉米健壮群体质量控制、垄作免耕直播等核心技术创新和关键技术集成以及常规技术配套，在鲁中半干旱区、鲁西沿黄区、鲁东丘陵区分别构建小麦玉米高产高效技术集成示范，在核心区实现小麦-玉米两季亩产稳定达到1 300 kg的目标，并通过示范区和辐射区的示范应用，项目区5年累计增产398万t，增加直接经济效益37.8亿元。

（三）东北平原玉米丰产高效技术集成研究与示范（课题10～12）

课题10　东北平原中部（吉林）**玉米丰产高效技术集成研究与示范**　通过宽窄行交互、抗旱保苗与增温促早熟等核心技术创新和关键技术集成以及常规技术配套，在半湿润区、半干旱区、湿润区分别构建春玉米丰产高效技术体系，核心区实现亩产650～700 kg的目标，并通过示范区和辐射区的示范应用，项目区5年累计增产275万t，增加直接经济效益20.6亿元。

课题11　东北平原北部（黑龙江）**玉米丰产高效技术集成研究与示范**　通过缩垄增行、抗旱节水和抗低温冷害等核心技术创新和关键技术集成以及常规技术配套，在松嫩平原中南部、松嫩平原中西部、三江平原分别构建春玉米丰产高效技术体系，核心区实现亩产580 kg的目标，并通过示范区和辐射区的推广应用，项目区5年累计增产225万t，增加直接经济效益16.9亿元。

课题12 东北平原南部（辽宁）玉米丰产高效技术集成研究与示范 通过双行双株定向、深松抗旱节水与缩距增密防倒等核心技术的创新研究和关键技术集成以及常规技术配套，在辽南晚熟区、辽西干旱区、辽北中晚熟区分别建立玉米丰产高效的技术模式，在核心区实现玉米亩产740 kg以上的目标，通过示范区和辐射区大面积示范应用，项目区5年累计增产275万t，增加直接经济效益20.6亿元。

二、粮食丰产共性关键技术研究

针对我国水稻、小麦、玉米三大作物粮食生产过程中面临的高产突破难且重现性差，资源消耗大且效率低，土壤地力下降且生产力不高，病虫害频繁且危害严重等一系列技术难题，重点开展三大作物超高产、肥水资源高效利用、土壤保育、重大病虫害防治等共性理论与关键技术创新的研究，为三大作物高产技术集成与示范提供理论指导和共性关键技术，并为粮食安全长效保障提供技术储备。根据共性关键技术特点，设置相关课题4个（课题13～16）。

课题13 三大作物可持续超高产共性理论与技术模式研究 通过作物产量形成的“三合结构”模式分析、结构与功能的挖潜途径、优化与定量化的技术集成等共性理论与关键技术创新，提出具有指导意义的三大作物可持续超高产理论，并根据东北春玉米、华北小麦-玉米、长江中下游两季稻作的区域特点建立以关键技术创新为核心的高效可持续的超高产技术模式，实现同地多年超高产典型的重现并创造超高产纪录。

课题14 粮食主产区农田肥水资源可持续高效利用技术研究 以显著提高农田肥料和水分利用效率保障，粮食持续稳定增产为目标，通过精准施肥技术、农田水资源高效利用技术、土壤生态修复技术、化肥减少流失技术、污染控制与清洁生产技术的创新和关键技术集成，研究建立我国农田高强度开发情况下高效养分管理技术，建立一套适合我国国情的农田土壤养分管理方法，提出具体的农田节水保水和清洁生产技术。

课题15 粮食主产区农田生态健康管理关键技术研究与示范 以农田生态系统健康理论为指导，基于不同区域粮食作物-土壤生态系统研究，重点解决粮食作物高产过程中的农田土壤结构、土壤肥力、土壤理化环境以及作物健康生长控制等关键问题为目标，通过粮食主产区高产农田生态健康标准及其调控关键技术、高产农田土壤及三大作物健康调控关键技术集成，研究提出粮食主产区不同作物高产目标下的农田生态健康诊断指标以及关键调控技术，为增强粮食高产区生态可持续发展能力提供技术支撑。

课题16 粮食主产区三大作物重大病虫害防控技术研究 研究新的栽培条件下粮食作物重大病虫害发生特点、危害规律、监测预警体系及农药安全精准使用技术，构建切断病虫周年繁衍的遗传和生态屏障，并根据区域特点建立以关键技术创新为核心，操作简便，控害减灾效果显著，符合生态安全、农产品质量安全和农业可持续发展要求的病虫害防治技术体系。

三、三大作物产后减损增效关键技术研究与开发

针对我国粮食产后数量和质量损失明显的重大技术问题，围绕我国农户安全储粮技术体系与质量控制关键技术创新，重点在长江中下游、华北和东北平原的水稻、小麦、玉米三大作物主产区进行产后减损增效技术集成应用和示范，为我国农村安全储粮、提高粮食综合效益提供技术支撑。根据粮食产后减损关键技术特点，设置相关课题 3 个（课题 17～19）。

课题 17　三大平原农户储粮减损技术集成与示范　通过农户储粮装具层叠相套技术、农户气密储粮技术、农村储粮粮仓新材质等关键技术创新，研究适合不同区域、不同粮种使用的农户储粮新装具和新仓型，集成创新不同区域、不同粮种安全储藏技术模式并进行应用示范，在粮食主产区构建农户储粮减损技术保障体系。2006—2007 年在 108 个乡（镇）建立核心示范户、技术示范户 9 450 户，2008—2010 年辐射到千村万户。5 年累计减损 12 万 t，增加直接经济效益 1.3 亿元。

课题 18　农村储粮防虫、防鼠关键技术研究与示范　我国农户储粮因虫、鼠、霉造成的损失为 8%～10%，其中，鼠害造成的损失最为严重，约为 4%，而虫害和霉变造成的损失分别为 2%左右。本课题开发农村储粮专用防护药剂和防驱鼠技术，显著降低虫、鼠对农村储粮造成的损失，提高农村科学储粮整体水平。

课题 19　粮食干燥防霉技术和质量控制关键技术创新研究　研发适合不同区域农户储粮的低成本、低能耗、无污染的小型高效保质干燥技术与设备以及就仓干燥技术，提出三大平原农村粮食安全储藏期限。

四、国家粮食安全评价及科技支撑体系研究

当前，我国粮食生产能力的提高不但面临严峻的市场挑战，也面临着资源紧缺等多重因素的限制，粮食安全问题已经成为制约我国国民经济发展、构建和谐社会和新农村建设的重大问题，依靠科技创新，全面提高粮食综合生产能力已成为当前非常紧迫的任务。因此，必须从未来我国粮食供需平衡等方面对国家粮食安全进行综合评价，研究提出保障国家粮食安全的科技支撑体系。设置相关课题 1 个（课题 20）。

课题 20　国家粮食安全评价及科技支撑体系研究　基于我国粮食综合生产能力要素变化分析粮食产量的影响机制，建立三大粮食作物的综合生产能力预测模型，并对 2010—2020 年国家粮食综合生产能力进行预测；以国家粮食丰产科技工程实施省为主要研究对象，从粮食生产、经济社会发展、人口、工业化发展、城镇化发展、生态资源等方面对我国粮食主产区未来粮食可持续发展能力做出评估和基本判断，并提出国家 2010—2020 年粮食安全的区域支持方案和相应的粮食作物区域优势布局以及实现途径。从提高粮食单位面积产量的技术途径、资源高效利用、环境友好、紧缺资源（耕地资源、水资源）替代、粮食安全可持续能力建设、提高抗灾减灾和产后减损能力等技术角度，提出我国粮食安全的科技支撑体系。

第六章

“十二五”粮食丰产科技工程顶层设计

第一节 设计思路和实施原则

一、总体设计思路

“十二五”粮食科技发展要以落实科学发展观为指导，认真贯彻《中共中央推进农村改革发展若干重大问题的决定》精神，紧密围绕国家新增500亿kg粮食生产能力的总体任务，以及“扩内需、保增长、调结构、促民生”的基本要求，以大力提高我国粮食科技自主创新能力为目标，显著提高粮食产业现代化技术水平，促进粮食作物持续、稳定、均衡增产，不断增强粮食的综合生产能力、抵御风险能力、国际竞争能力和可持续发展能力。

“十二五”国家粮食丰产科技工程要坚持“围绕粮食丰产、立足高效生产、突出科技创新、强化集成示范”的思路。

1. 围绕粮食丰产 以确保我国粮食安全为总体目标，以提高作物生产能力与科技水平为核心，全面部署粮食与重要农产品有效供给的科技战略，在基础研究与高新技术、技术创新与集成上取得重要进展。

2. 立足高效生产 以高产、优势、高效、生态、安全生产为科技目标，以突出重点粮食作物与重点区域为核心，确保粮棉油大田作物和果蔬等经济高效作物等在相应的主产区进行专项实施。

3. 突出科技创新 大力强化具有自主产权的粮食高产优质高效的新理论和高新技术突破，开展粮食产业高效、精准、节能高新技术等核心技术与设备研发，重点突破制约粮食持续增产的重大关键技术，显著提高我国粮食科技的现代化水平。

4. 强化集成示范 在已有粮食科技成果的基础上，加快单项新技术与配套技术的集成，实行良种、良法、良制配套，采用粮食企业、粮食科研机构与农民种植大户或农民粮食协会的联合集成转化新机制，加快成熟技术的系统化、规范化应用，加大示范区建设力度，带动粮食大面积增产。

二、实施原则

“十二五”粮食丰产要遵循粮食科技发展的基本特点，从国情出发，坚持以下“五个结合”原则。

1. 作物高产、优质、高效、生态、安全生产的多目标结合 在优先考虑粮食高产、超高产技术研究的同时，还要重视依靠技术降低粮食生产成本和生态环境代价，显著提高粮食生产的经济效益与生态效益。

2. 作物基础理论、高新技术、关键技术与集成研究的多层次结合 既要部署基础研究、高新技术和重大关键技术等全局性、带动性的研究，又要重视粮食科技集成示范以及基础设施、重点平台基地、人才队伍建设。既要重点发展粮食主产区粮食科技能力，又要兼顾提高不同区域粮食生产技术水平及其区域粮食自给能力，促进不同区域之间粮食技术水平的同步提高。

3. 粮食、纤维、油料、蔬菜和果树等类别的多作物结合 粮食安全科技重点专项的重点是水稻、小麦、玉米三大作物持续高产，同时要兼顾粮食作物与经济作物、园艺作物等作物的多元协调发展，协调推进粮食产区高效益种植制度建设，提高区域粮田整体效益。

4. 政府、科研单位、大学、企业和生产者协作的多部门结合 粮食安全科技战略是一项复杂的工程，涉及的相关部门较多，必须进行高度的协调与协作。特别是产学研的结合，要平衡我国粮食安全与种植业增效和农民增收的关系。

5. 国家、地方、企业和市场各方的多元投入结合 在满足国家战略需求，强调国家优先加大粮食科技支持力度的前提下，要积极发挥市场作用，鼓励支持企业加大对粮食产业技术研发的投入。

第二节 重点项目

按照粮食科技发展的战略需求和发展目标，“十二五”粮食丰产科技重点专项主要从加强粮食产业的高新技术与基础研究、强化重大关键技术创新与示范、加快成果转化推广、提升科技发展能力建设、推进区域粮食技术集成示范等方面进行整体部署，在粮食科技领域重点部署一批重大项目，全面推进粮食科技工作，为保障国家粮食安全提供更加有力的科技支撑。

一、重点任务

1. 加强粮食作物高新技术与基础研究 面向保障粮食安全和增强国际技术竞争力的重大需求，瞄准国际科技前沿，加强粮食作物高新技术领域前沿技术与重大基础研究。

（1）加强作物信息与自动化生产高新技术研究，促进现代作物生产的发展 重点开展作物生长信息快速获取与智能化处理、定向数字化设计与管理、粮田精准作业导航与变量作业控制、知识网格等数字农业技术研究。研发以作物生产为主的农业基础共性软件平台、实现作物监测与决策的科学管理，同时要重点突破作物生产装备精准作业。

（2）加强作物重大基础研究，提高科技源头创新水平 重点开展主要作物重要农艺性状功能基因组、作物高产优质品种分子设计、作物高产优质的生理生态、有害生物控制与粮食质量安全、作物生产中土肥水资源高效利用理论基础、农田生态系统调控、粮食生产气象灾害演变规律、生态储粮基础以及土壤-植物-机器系统理论等研究。

2. 强化粮食产业重大关键技术创新与示范 围绕粮食生产“高产、优质、高效、生态、安全”目标，重点开展作物生产的良种良法的配套，高产高效优质生产与抗逆栽培减灾相结合。开展粮食优良品种选育及产业化、粮食高产高效技术集成示范、粮食中低产田综合改良、粮食生产重大生物灾害防控、粮食应对气候变化与防灾减灾技术、粮食生产机械化装备与技术、粮食生产环境质量控制、粮食产后流通减损增效等研究，加强示范转化应用，显著提升我国作物生产能力与科技水平。

（1）粮食优良品种选育及产业化 围绕我国粮食生产对高产、优质、多抗、养分高效利用新品种的重大需求，以抢占种子产业发展制高点为目标，加强粮食作物种质资源研究，强化粮食作物育种技术创新，以提高产量、改善品质、增加抗性为重点，加快水稻、小麦、玉米等主要粮食突破性新品种的选育，培植战略性种子产业。建立我国粮食作物高效育种技术体系，大幅度提高育种效率。实现粮食作物品种的一次更新换代，使粮食作物新品种覆盖率保持在95%以上。培育一批从事粮食作物种子产业的企业，促进我国粮食作物种子产业快速发展。

（2）粮食高产高效技术集成示范 在国家粮食丰产科技工程已经取得重大成效的基础上，进一步加强重点粮食作物（水稻、小麦、玉米）、重点区域（东北、华北、长江中下游）的高产高效技术集成示范研究，加强重点作物高产高效共性关键技术突破，进一步提升我国粮食主产区栽培技术创新能力，在三大区域的13个粮食主产省份（湖南、湖北、江苏、江西、四川、安徽、河南、河北、山东、吉林、黑龙江、辽宁、内蒙古）建设核心试验区、示范区和辐射区，粮食单产年增长率达到0.8%以上。同时加强粮食大面积均衡增产集成与示范，通过优良品种推广与示范，高产简化、抗逆稳产的技术保障与组织管理创新，推动我国主要粮食产区大面积均衡增产，全面提高我国粮食综合生产能力。

（3）粮食中低产田综合改良 围绕我国现有近10亿亩中低产田面临的重大科技问题，以突破中低产田高效、快速、优化改良关键技术为核心，在东北平原、黄淮海平原、四川盆地、长江中下游地区、陕西关中平原、西北内陆绿洲、黄土高原及西南丘陵等区域，分类规划，重点攻克中低产田粮食高效用水、农田地力培育、土壤快速改良、农田保护性耕作等关键技术，创建一批中低产田综合改良技术模式，建立技术集成示范区1亿亩以上，农田基础地力提高1个等级，粮食单产提高20%以上。

（4）粮食生产重大生物灾害防控 针对水稻、小麦、玉米重大病虫害防治的技术需求，重点加强重大病虫害发生规律、监测预警及综合防控技术研究，明确重大病虫害发生规律和区域性重大病虫害暴发成灾的机理，形成适合不同生态区、不同病虫草害发生特点的高效安全防控技术体系，使重大病虫害预报准确率达到90%以上。将重大生物灾害的暴发频率和致灾强度降低50%、危害损失降低60%，降低化学农药使用量30%以上，显著提高粮食作物的生物灾害防控技术水平。

（5）粮食应对气候变化与防灾减灾技术 针对全球气候变化大背景影响下，我国气象灾害发生频率加快、面积增大、危害加剧的趋势，加强对粮食生产中干旱、洪涝、低温等重大气象灾害的防控、预警，建立安全有效的气候灾害监测、预警、防控、评估技术体系。深入研究气候变化对作物生长、土壤演化、粮食生产的影响程度，建立粮食生产适应气候变化技术体系，加强粮食生产温室气体排放及减排技术研究，增强粮食生产适应气候变化的能力，提高气象灾害的综合防控技术水平，使我国粮食主产区气象灾害损失率降低到8%以下，并储备一批适应气候变化需要的粮食作物新品种、新技术，为有效应对气候变化做好技术储备。

（6）粮食生产机械化装备与技术　围绕全面提高我国粮食生产机械化水平，大力提高粮食劳动生产率，适应粮食规模化生产趋势的科技需求，重点加强水稻、小麦、玉米三大作物生产全程机械化技术与装备研发，为粮食生产管理提供简便适用、节本节能、大面积应用的机械化作业新机具及其配套技术。加强现代化精准智能机械装备制造技术研究，重点突破农业装备数字化、智能化以及绿色制造等核心技术，研发并应用环境友好型的精准变量作业智能装备，创新一批具有自主知识产权的粮食机械装备与核心技术，到2015年粮食作物的耕种收综合机械化率达到55%以上。

（7）粮食生产环境质量控制　针对我国粮食持续高产过程中化肥、农药等农用化学品过量施用所引起的农业面源污染日益突出问题，以及农业废弃物排放、农药残留及其环境污染等环境隐患，从粮食生产过程入手，以源头控制为主导，研究新型化肥与农药及其高效利用、肥药减量增效技术、无害化防控技术、污染物阻控技术等，以实现资源的高效利用和环境友好协调统一，集成我国不同生态区农田粮食作物施肥、农药和重金属污染防控技术体系及技术应用规程，确保粮食作物产品质量安全。

（8）粮食产后流通减损增效　针对国家储备粮储藏时间长保质难、有害物污染风险较大，以及粮食运输效率低、成本高、流通速度慢、专用设备少等粮食物流方面的技术问题，以水稻、小麦、玉米产后储藏减损保质和运输减损增效技术与设备研发为重点，加强生态储粮关键技术、高效粮食物流和减损关键技术、粮食产后流通减损增效技术等储粮减损、保质、保鲜关键技术，研制出相关技术的检测设备，加强产后减损技术示范与应用，使粮食流通损失率由8%降到6%以下。

3. 加快粮食科技成果转化推广　粮食科技成果转化推广是依靠科技增加粮食产量、提高农民收入的关键途径。要切实加强粮食重大科技成果转化，进一步加快科技成果中试熟化和示范应用，并形成一批粮食科技成果转化中心。要深化农村科技服务体制和机制改革，促进农业科技工作重心下移，强化先进适用技术的普及推广，进一步促进科技与经济紧密结合。

（1）加强粮食重大科技成果转化　以“国家农业科技成果转化资金”专项为依托，以国家“863”计划、科技支撑计划等所取得的重大成果转化为主体，加大粮食科技成果的熟化和示范应用力度，到2015年，科技成果的转化率提高到50%以上。依托重大科技成果转化项目的实施，与地方、企业紧密结合，带动国家农业科技园区、农业科技成果转化促进中心建设，逐步建立粮食科技成果转化体系。加强现代粮食新品种的推广应用与粮食绿色储运技术、粮食生产资源高效利用与生态环境保护技术、粮食生产防灾减灾技术、粮食作物全程机械化装备等技术成果转化，提高粮食生产技术水平，提高水肥资源利用效率，提高农业劳动生产率。

（2）推进粮食技术进村入户应用示范　建立“以户带户、以户带村、以村带乡”的科技成果推广新模式。加强对广大农民的技术培训，在粮食主产区积极培育科技示范户，建立大力推广农民急需的农作物主导品种和简化、高效、先进适用的粮食丰产技术。

(3) 加强粮食科技推广服务体系建设　进一步加强和发挥农技推广公共服务机构作用，完善责任机制、考核机制及绩效机制，不断增强农技推广活力，充分调动各级农技推广部门的积极性，提升基层农技推广机构的公共服务能力。与此同时，积极推广农村科技特派员、农业专家大院、农技12396以及科技服务协会等农村科技服务模式，构建和完善多元化、社会化、网络化的新型农村科技服务体系，形成粮食科技推广服务的强大合力。

4. 提升粮食安全科技发展能力建设　进一步加大对粮食科技发展能力建设的投入力度，重点加强粮食科技平台基地、产业技术体系和优秀人才培养，全面提升粮食科技发展能力，为促进粮食科技进步奠定更加坚实的基础。

(1) 加强粮食科技平台基地建设　加强已有与粮食科技有关的重点实验室、工程技术中心、野外基地（台、站）的经费投入，进一步改善基础条件，完善运行机制，切实发挥功能。在此基础上，重点围绕粮食作物遗传育种、农作物生长发育与调控机理、农田生态系统、粮食生产资源高效利用、重大灾害监防控等领域新建一批国家重点实验室及省部级重点实验室；在新品种、新装备、新肥料、新农药、粮食储藏与流通等方面，新建一批国家工程技术研究中心及企业国家创新中心；围绕粮食高产、农田水肥监测、农田生态系统变化、农田污染物质监测、农业气候变化等，建设一批国家粮食科技长期定位野外基地（台、站）。

(2) 加快现代农业产业技术体系建设　加快推进水稻、玉米、小麦等主要粮食作物产业技术体系建设，注重多部门联动，强化多学科集成，加快产业技术体系实施进程，促进现代农业产业的发展。

(3) 强化粮食科技创新型人才培养　在加大国家各类人才计划对粮食科技创新人才支持力度的基础上，进一步加强人才队伍建设，创新人才培养机制，组织实施国家“粮食科技创新人才专项计划”，培养造就一批具有世界水平的领军人物和一大批中青年高级专家与学科带头人，占领国际粮食技术研究创新的人才高地，推动我国粮食科技人才队伍建设。

5. 推进区域粮食丰产综合技术集成示范　以打造国家粮食核心区、增强区域粮食生产能力为目标，以黑龙江、吉林、内蒙古、河南、江西、安徽等粮食净调出省份为重点，大力加强区域粮食综合技术集成示范，带动重点区域粮食生产现代化、高效化与持续化发展。

(1) 重点区域主要粮食作物丰产稳产技术集成示范　开展重点区域粮食作物新品种与优质丰产技术集成示范，形成不同类型主产区水稻、小麦、玉米三大作物的高产稳产技术模式，实现重点区域大面积均衡增产。

(2) 区域中低产田综合改良技术集成示范　重点开展粮食主产区干旱瘠薄型、渍涝型、冷浸型、水土流失型、盐渍型等中低产田综合改良技术示范推广，加强秸秆直接还田、测土配方施肥、耕层调控、保护性耕作、旱作节水等先进技术的组装集成与示范，提高不同区域中低产田的生产力水平。

(3) 区域旱涝灾害及病虫草害防控技术集成示范　重点集成主要粮食产区旱、涝、低温、冷害等灾害监测、预测预警和防控技术，以及高效避灾减灾种植制度，逐步形成配套的防灾减灾技术模式。加强粮食主产区粮食作物病虫草害预警技术示范，大幅度减少粮食主产区生物灾害损失。

(4) 区域粮食储运流通技术集成示范　重点开展粮食保质干燥技术及储粮防虫、防霉变技术，绿色储运技术与配套设备的开发转化，提高主产区的粮食储备与流通技术水平。

二、任务分解

围绕以上粮食安全科技重点任务，以保障国家粮食安全、新增500亿kg粮食、2015年粮食总量稳定达到5.3亿t为生产目标，按照“增加单产保总产，依靠科技增加单产”的基本思路和“良种、良法、良田结合”的基本原则，在继续实施国家科技支撑计划重大项目国家粮食丰产科技工程的基础上，依托国家“863”计划、“973”计划、科技支撑计划等重大科技计划，系统部署一批粮食科技领域重点项目，对主要杂粮作物育种与高效生产、主要经济作物高效生产、作物高效施肥、果蔬优质高效生产、粮食生产重大生物灾害与气象灾害防控、产后流通减损及中低产田改良等方面的关键技术创新与配套技术集成示范进行支持，提高作物高效生产技术支撑水平，形成全面推进粮食安全科技工作，保障国家粮食安全的组织实施模式和机制。

1. 通过“973”计划支持的项目任务

（1）主要粮油作物超高产形成的生理生态机理研究　重点开展主要粮油作物高产挖潜研究、作物超高产“群体性能”及其定量优化控制指标体系研究、逆境条件下作物提高抗逆性的生理生态及其调控机理研究。

（2）基于基因沉默的农作物病虫害控制基础研究　重点开展重要农业有害生物和生防微生物组学研究、重要农业害虫致害机制及其控制策略的基础研究、农作物有害生物抗药性预测与治理的分子生物学基础研究。

（3）主要作物抗逆的分子生物学机制研究　主要研究主要农作物抵抗中低产田障碍因子（干旱、盐碱、瘠薄等）的分子调控机理和提高其水分、养分利用效率及盐碱胁迫的分子生物学机制。

（4）中低产田土壤障碍因子消减与土壤过程调控机制研究　重点研究中低产田土壤物理、化学和生物障碍的形成过程、障碍效应和调控机制，以及多重障碍叠加效应及调控机制。

（5）长期保护性耕作的生态效应及耕层调控　基于我国目前各主要农区保护性耕作的长期定位试验，研究不同耕作措施（免耕、少耕、松耕、翻耕等）的生态技术效应，揭示不同耕法的长期技术效应，搞清楚长期保护性耕作条件下土壤物理、化学及生物学性状的变化规律，揭示长期保护性耕作条件下耕层结构效应，为各区域配置保护性耕作技术模式及耕层调控提供理论依据。

（6）主要经济作物品质形成机理与营养生理基础研究　主要开展节水保水模式下马铃薯田水肥协同共效作用机理研究，马铃薯采后病害侵染机理、病原物与寄主的互作机制及其调控模式研究，花生品质形成的分子机理、环境条件对花生品质相关基因表达的影响、花生开花机理及后期无效花控制研究，大豆产量形成与营养代谢的生理基础研究。

（7）设施园艺作物特殊性状生理机制与数字化模拟调控研究　主要研究园艺作物成花、休眠的生理与分子机制，设施条件下园艺作物特殊性状的生理机制与分子机理，设施环境与园艺作物互作机理、数字化模拟及调控机制。

2. 通过“863”计划支持的项目任务

（1）作物定向调控与精准管理关键技术研究及产品研发　以作物生长发育的定向控制和信息化精准管理的高产高效为目标，重点开展作物生长发育和抗逆性定向调控关键技术，创新应用植物生长调节剂为主的作物化学控制技术；建立作物生长监测和精准管理技术体系，开发作物精准栽培信息系统及其产品。

（2）中低产田改良新型材料与制剂研发　针对我国中低产田存在的酸、黏、板、盐、旱等障碍限制因子导致的水肥资源利用效率下降等问题，利用新型材料及相关技术，研制中低产田土壤改良相关的调理剂和改良剂等。

（3）智能数字化植物工厂高技术研究　研究植物工厂蔬菜对环境（温度、光照、湿度、CO_2浓度、气流等）和矿质营养需求的定量指标体系；研究基于光照-CO_2耦合控制的植物光合调控技术，提高光合效率；研究植物工厂太阳能光伏与LED光源结合的节能补光技术，减少能耗与运行成本；研究基于营养液与光环境调节的蔬菜硝酸盐减量与品质调控关键技术；研究植物工厂数字化采集与智能调控技术。

（4）设施园艺产品品质发育特性及其智能调控技术　研究设施条件下光照、温度、湿度、CO_2浓度等环境要素对园艺作物品质发育、根系生长、水分及矿质营养吸收分配的动态规律，探讨设施园艺作物品质调控的环境、营养与栽培管理的量化指标体系，研制出作物品质调控的精准化管理技术软硬件产品。

（5）作物病虫害重要功能基因及病虫害分子调控技术研究　主要开展作物病虫重要功能基因的鉴定和基因网络解析，作物病虫害灾变监测与预警新技术研究，作物病原生物高通量快速检测技术研究，作物病虫抗药性的早期诊断技术以及农作物病虫害分子调控技术研究。

3. 通过科技支撑计划支持的项目任务

（1）粮食丰产科技工程　围绕持续提高粮食单产，增加粮食生产能力的重大关键技术需求，以水稻、小麦、玉米等主要粮食作物为重点，以东北平原、华北平原、长江中下游平原等13个粮食主产省份为主体，重点加强可持续超高产、大面积均衡丰产、全程机械化作业、农田土壤结构调控、节水节肥节地高产技术、重大灾害防控等关键技术集成研究与区域规模化示范，建立粮食丰产集成技术核心区、示范区与辐射区。同时要通过良种良法配套、抗逆减灾和轻简机械化三大技术集成，并进行大面积生产推广，应用示范面积5.7亿亩，平均增产10%以上，实现我国主要粮食作物大面积均衡稳定增产。

（2）粮食大面积均衡增产技术集成与示范　在13个粮食主产省份建立东北春玉米，北方粳稻，黄淮海冬小麦夏玉米，长江中下游的双季稻、稻麦、中稻六大种植模式，重点集成良种配套、机械化轻简栽培、土壤地力提升、抗逆稳产四大技术，建立实施区2亿亩，开展均衡增产技术示范与转化，实现大面积均衡增产，年增产500万t，年新增效益50亿元以上。

（3）粮食主产区丰产节水节肥技术集成与示范　在13省份的东北半干旱雨养区、东北半湿润雨养区、东北平原灌区、海河井灌区、黄淮雨养补灌区、江淮雨养补灌、长江中游雨养灌溉区、四川盆地灌溉雨养区等九大水分条件生产区，重点集成节水覆盖、耕作保墒、节水灌溉、高效施肥等核心技术，形成具有区域特点的丰产节水节肥技术新模式，建立实施区1.4亿亩，亩产增加10%以上，灌溉水利用率提高20%以上，化肥利用率提高10%以上，实现粮食生产的节水节肥丰产同步提高。

“十三五”粮食丰产科技工程顶层设计

第一节 设计思路与目标

一、总体思路

“十二五”国家粮食丰产科技工程等在超高产突破、均衡增产、节水节肥等关键技术创新与成果应用上已取得重大进展，在此基础上，“十三五”国家粮食丰产科技工程要围绕确保国家粮食安全总体要求，聚焦三大粮食作物（水稻、小麦、玉米），突出三大主产平原（东北、黄淮海、长江中下游的13个粮食主产省份），注重三大目标（丰产、增效与环境友好），强化三大功能区（核心区、示范区与辐射区）建设，衔接三大层次（基础理论、共性关键技术、区域集成示范），全力推进科技创新，全面部署粮食丰产增效科技创新重点专项。

二、目标

1. 总体目标 以水稻、小麦、玉米协同丰产增效与环境友好为核心，通过重点专项的实施，在重大科学问题上取得重大理论新进展，在关键技术上取得新突破，在集成示范上产生新效果，在推进现代化进程上做出新贡献。有效地促进良种良法配套、农机农艺融合、生产与生态兼顾、丰产增效同步的规模机械化和精简标准化的新型生产方式实行。各实施省份的粮食作物在“十二五”同等生产条件下，单产新增5%，肥水效率新增10%，光热资源效率新增15%，生产效率新增20%。专项实施期间累积增加粮食2 000万t以上，产生经济效益300亿元以上，为我国粮食安全和可持续发展提供科技支撑。即概括为“四新”，5+10+15+20的总目标。

2. 具体目标 围绕粮食丰产增效和环境友好的总体目标，具体目标为协同两大目标、促进“三区”建设、提升“四个能力”，实现粮食生产数量、质量和效益的协同提高。即概括为“234”的指标体系。

（1）实现丰产增效目标协同 通过理论研究明确主攻的技术途径，通过共性关键技术研究创新核心技术，通过集成形成技术模式，在各省项目区万亩以上的连片面积实现丰产增效目标同步实现。具体指标为在“十二五”同等生产条件下或相近条件下提高各指标新增率。

丰产目标：①产量增加。通过优良品种选用、群体优化、精简化栽培等关键技术创新与集成，三大作物平均单产新增5%，其中水稻、小麦为4%以上，玉米为6%以上。②产量减损。通过气象灾害与病虫害有效控制，降低产量损失5%以上，并且带动相近条件的10万亩以上的大面积丰产。

增效目标：①增肥水效率。通过肥水高效利用，节肥节水、耕层优化等技术创新与集成，三大作物均实现肥水效率提升10%以上。②增资源效率。通过两熟作物资源季节间优化配置和季节内高效利用，两熟周年光温资源提高15%。③增生产效率。通过规模机械化和精简标准化的区域特色的新型种植技术体系的应用，三大粮食生产效率与经济效益平均提高20%，其中小麦与水稻为15%，玉米为25%以上。并且带动相近条件的50万亩以上的大面积增效。

（2）推进粮食主产省的“三区”建设　为了确保丰产增效目标协同实现，每个主产区的专项实施省份进行“三区”建设。①核心区建设。万亩以上1～2个（共计25个，其中包括50亩高产攻关田25个），主要用于技术研发与试验性研究。②示范区建设。50万亩以上（部分省为75万～150万亩，共计1 700万亩），主要用于典型集成示范，包括家庭农场、合作社及种植企业。③辐射区建设。500万亩以上（部分省为750万～1 500万亩，共计1.7亿亩），主要用于粮食丰产增效的整县（市）推进。④“三区”总效益。累积增产2 300万t以上，增加效益320亿元以上。

（3）提升粮食科技“四个能力”　为了确保粮食丰产增效全链条科技创新，应显著提升粮食丰产增效的科技创新“四个能力”。①理论创新能力。在粮食丰产增效前沿性的理论方面，产量与资源效率层次差异、资源优化配置和气候变化的作物响应与灾变等研究上取得一批重大理论突破，并发表国内外有较大影响力的高水平论文200篇以上，专著5部以上，构建系统模型和诊断方法3～5套，提出丰产增效技术途径10项，提交评估报告5～8份。②关键技术创新能力。在粮食丰产增效共性关键技术方面，如良种良法配套、生长监测与精确栽培、土壤培肥与耕作、抗逆丰产、均衡增产和节本环保等方面取得一批具有突破性知识产权的技术，构建生态适应性评价模型/指标体系10个（套）以上，研发重要设备4套以上，创新关键技术50套以上，授权专利50件以上，创新丰产增效物化产品40个以上。③集成示范能力。通过关键技术创新与集成，形成区域特色技术模式，特别在东北玉米与粳稻，黄淮海小麦-玉米轮作，长江中下游的水稻-小麦、双季稻、中稻和再生稻等主产区，获得技术发明专利50件以上、研发区域关键技术20项以上，制定技术规程20个以上，集成技术体系/模式25套以上。④现代化生产能力。为了充分发挥现代技术的丰产增效的作用，每种模式的技术集成示范强化规模化生产与全程机械化作业，强化农机农艺的融合，三大作物基于“十二五”的机械化水平上，优先应用现代高性能、多功能和智能的装备进行现代化粮食生产，信息化、标准化、轻简化水平得到显著提升。

第二节 重点任务

围绕总体目标，衔接基础研究、关键技术创新与区域技术集成与示范3个层次的研究。三者之间的定位：①基础研究。主要从产量与资源效率层次差异性、资源优化配置和气候变化响应机制三方面前沿性科学问题上探索粮食丰产增效可挖掘的潜力、关键调控机制和技术途径，为关键技术提供理论指导。②关键技术创新。主要完善和创新与丰产增效协同密切相关的良种良法配套、信息化精准栽培、土壤培肥耕作、灾变控制、抗低温干旱、均衡增产和节本减排等技术，为技术集成提供核心技术。③区域技术集成与示范。采用基础理论研究与关键技术创新的研究成果，重点在三大平原粮食主产区 13 省份（其粮食总产占全国的 75% 左右），依托“三区”建设进行集成与示范，实现三大粮食作物在 1.87 亿亩面积上的丰产与增效的协同。拟实施的重点任务包括基础研究 3 项，关键技术研究 4 项，区域技术集成示范 5 项，共计 12 项。具体重点任务如下。

一、基础研究

围绕粮食丰产增效的理论创新，重点部署产量和效率差异、资源优化配置、气候变化响应 3 个任务。具体任务为任务 1～任务 3。

1. 任务 1：粮食作物产量与效率层次差异及其丰产增效机理

（1）重点内容　为了探索粮食作物丰产增效的潜力与技术途径，以光温生产潜力、高产纪录、大面积高产和平均产量四个层次产量及其水肥利用两个效率差异的理论研究为核心，在东北春玉米与粳稻，黄淮海小麦-玉米，长江中下游稻麦、双季稻、中稻和再生稻的种植模式中，重点研究：①差异规律。不同作物生产尺度与区域间四层次两效率差异的幅度与变化特征。②形成机制。不同作物四层次两效率生产、生态、生理差异形成的因素构成及其调节机制。③障碍控制。导致作物产量与效率层次差的主控因子的制约过程及其关键技术调节机制。④技术途径。提出实现作物缩小产量及效率差异的大面积丰产增效的技术途径。

（2）具体目标　在粮食作物产量与水肥效率差异尺度与区域特征、形成机制、障碍因子限制、缩差途径等前沿性研究上取得重大进展，并发表国内外有较大影响力的高水平论文 70 篇以上，出版专著 2 部以上，创立评估主要作物（小麦、水稻、玉米）产量和效率差异的系统模型和诊断方法 3～5 套，提出不同区域不同作物消减产量和效率差的技术调控途径 6～8 套。

2. 任务 2：粮食作物丰产增效协同的资源优化配置原理与调控技术途径

（1）重点内容　以探索不同种植模式的季节间资源优化配置与季节内高效利用为核心，在黄淮海冬小麦-夏玉米，长江中下游稻-麦、双季稻、稻-油、再生稻、稻-玉和双季玉米等周年两季，以及东北一熟区轮作体系中开展丰产增效和低环境代价理论研究。重点研究：①空间分异。东北、黄淮海、长江中下游不同区域粮食产能、资源潜力和生产要素的空间分异、资源匹配与要素驱动机制。②协调过程。不同熟制模式下光、热、水、肥等资源要素在季节间优化配置和在季节内与作物群体结构、功能的动态适应协调过程与机制，作物“间、混、套、轮”复合种植的互补竞争机制及作物连作障碍形成机理。③响应机制。研究作物对水肥光热气等生境因子的响应过程，阐明高效利用的生理生态协同机理。④模式创新。以资源优化配置为目标，以“突出调结构、转方式，重点模式创新，重点开展种养结合、合理轮作、机械化间作套种等技术模式集成和示范推广”为指导，创新三大粮食作物不同熟制地区用养结合的丰产高效种植模式。⑤技术途径。通过优化肥水管理、土壤耕作、机械化配套等技术创新与集成，提出不同尺度不同区域提高光能利用效率（RUE）、水分利用效率（WUE）和养分利用效率（NUE）的技术途径与综合体系。⑥综合评估。针对各区域不同生产主体需求，进行丰产高效种植模式的选型与优化以及生态经济效益评估研究。

（2）具体目标　阐明东北、黄淮海、长江中下游主要产粮区水稻、小麦、玉米生育过程中要素的季节间资源优化配置特征、季节内高效利用机制及其周年均衡丰产增效原理，在作物生长发育过程中水、肥、光、热多因素动态调控过程与作物响应机制等方面研究取得重要理论突破，提出构建不同区域丰产增效新型种植模式与技术途径10项以上；发表论文70篇以上，出版专著2部以上，申请专利3～4项；光能利用效率、水分利用效率和养分利用效率均提高10%以上，丰产增效15%以上。

3. 任务3：气候变化的作物响应机制及其环境代价

（1）重点内容　为了探明气候变化与水稻、小麦、玉米等粮食作物在丰产增效过程的相互作用关系，明确丰产、低碳的技术途径，以作物对气候变化的响应机制及其环境代价理论研究为核心，在东北、黄淮海和长江中下游三大区域，重点研究：①影响程度。气候变化对粮食作物产量、品质、资源利用效率的影响及其环境代价。②调控过程。消减气候变化对作物生产有不利影响的农田管理和生物学调控过程与关键调控机理。③适应机制。不同区域粮食作物适应气候变化的生理生态调控机理。④技术途径。可持续丰产增效、低排放环境友好的新型耕作与栽培途径。

（2）具体目标　在气候变化对粮食作物产量、品质、资源利用效率、土壤地力的影响及其机制，评估气候变化条件下粮食生产的环境代价，品种、管理等对消减气候变化的补偿作用等前沿性研究上取得重大理论突破；发表国内外有较大影响力的高水平论文70篇以上，出版专著2部；提出气候变化对粮食作物产量、品质、土壤地力和资源利用效率的影响评估报告5～8份；提出不同区域和作物类型适应气候变化的新型耕作制度和栽培技术方案5～8份；农田排放降低20%以上。

二、共性关键技术研究

围绕三大平原三大粮食作物丰产增效全局性和区域性共性关键技术进行创新研究，重点开展良种良法配套、信息化精准栽培、土壤培肥耕作、灾变控制等共性关键技术创新研究（任务4～任务7）。

1. 任务4：主要粮食作物优质高产品种筛选及其配套栽培技术

（1）重点内容　以良种良法配套关键技术创新为核心，对已育成品种的特性进行研究，进一步挖掘良种良法配套在粮食生产中的增产增效作用，在东北、黄淮海和长江中下游平原对水稻、小麦、玉米三大粮食作物进行重点研究：①适应性。根据筛选品种的机械化作业、区域光温水资源条件、种植制度和种植方式适应性及其品种类型特点，建立品种生态适应性评价标准与区域布局。②丰产性。通过品种筛选确立增产与资源利用的潜力及其挖掘技术途径。③互作机理。阐明产量、品质与效率的品种-环境-栽培措施间的互作关系，确立高产优质高效配套技术体系。④专用性。筛选适用优质稻米、饲用水稻、专用小麦、饲用玉米的专用品种，完善其质量标准和品种适应范围。⑤配套技术。在典型生态区对筛选出的新品种开展配套栽培技术试验，集成不同生态区主要粮食作物新品种配套栽培技术体系，制定标准化生产技术规程。

（2）具体目标　建立粮食主产区品种生态适应性评价模型与指标体系各 10 个（套），筛选一批水稻、小麦和玉米适应机械化优质高产高效新品种；在不同区域实现良种良法配套技术和生产技术规程各 5 套以上，相关专利 10 项以上，技术应用 10 000 亩以上，产量增加 10%以上、节约氮肥和水分 10%以上、玉米全程机械化水平提高 15%以上。

2. 任务 5：粮食作物生长监测与精确栽培技术

（1）重点内容　针对粮食作物现代生产技术中的信息化和精准高效的发展趋势与丰产增效的需求，以作物生长监测与精确栽培为核心，在水稻、小麦和玉米三大粮食作物中，重点研究：①生长动态。基于产量目标的作物适宜生长指标时序动态模型，结合快速监测的作物实际长势，建立多途径的作物生长诊断与水肥调控模型。②形成过程。定量分析作物光谱-碳氮积累转运-产量品质形成之间的定量关系，构建基于遥感影像的粮食作物产量和品质预测模型。③技术平台。进一步结合硬件工程方法，研制开发便携式作物生长监测仪、基于传感网的作物生长感知设备、基于无人机的作物生长监测诊断平台，结合 GIS 等技术，构建农田感知与智慧管理综合系统。④精确栽培。通过多年多点联网试验，建立基于便携式监测仪、无人机、传感网等多平台的作物生长实时监测诊断技术体系和对应的作物精确栽培技术体系，实现田块、园区、区域等不同尺度粮食生产的无损化监测、智能化诊断、定量化调控和规模化预测。

（2）具体目标　建立粮食作物生长指标的监测诊断技术 3 套以上，研制便携式作物生长监测仪 2 套，开发农田物联网感知设备 2 套，构建基于无人机平台的作物生长监测技术 2 套，提出基于遥感影像的作物产量品质预测技术 3 套；集成适用于我国不同粮食主产区的实时感知与智慧管理技术体系 5 套以上；在粮食主产区设立 6 个以上的核心示范区，推广面积 1 000 万亩以上，产量增加 8%以上，节约氮肥和水分 15%以上。

3. 任务 6：粮食作物灾变过程及其减损增效调控机制

（1）重点内容　为了有效地控制灾害对粮食作物丰产增效的不利影响，确保抗灾稳产，以气象灾害与病虫害防控关键技术创新为核心，在水稻、小麦、玉米三大粮食作物生产中，重点研究：①气象灾害。研究粮食作物生产全过程高低温、极端干旱和涝渍、霜冻与冰雹等气象灾害发生过程及其灾变机制，建立不同气象灾害监测预警评估信息平台和气象灾害调控机制与技术体系。②病虫害。研究三大平原三大粮食作物病虫害发生演变规律和灾变机制，建立主要病虫害监测预警评估信息化平台及绿色环保与统防统治调控机制。③技术途径。建立新型绿色气象与病虫害防灾减损丰产增效技术途径，减少农药残留。

（2）具体目标　在揭示三大平原新生产与生态条件下的三大粮食作物气象灾害、病虫灾害发生规律及其减损增效技术上取得突破性进展，建立有效的评估预警信息化服务平台 3 个以上、新型粮食丰产绿色防控技术 8 项以上，获得专利 12 项以上、减损增效技术模式 10 个以上，示范应用 1 000 万亩以上，使气象灾害和病虫害损失率在现有基础上再降低 20%，有效地实现稳产丰收。

4. 任务 7：粮食主产区土壤培肥与耕作技术

（1）重点内容　针对我国粮食主产区高产农田面临着土壤质量下降，耕层浅薄，犁底层紧实等问题，以土壤培肥与耕作关键技术创新为核心，在东北、黄淮海和长江中下游针对水稻、小麦、玉米生产的土壤增肥和耕作技术需求，重点研究：①变化特征。不同区域与土壤类型耕层的物理、化学与生物学变化特征，土壤生产能力的变化趋势，并提出高产高效农田理想特征。②培肥技术。创新理想耕层构建和全耕层培肥技术，多功能一次性机械作业、分层深施、秸秆还田、生物炭和有机肥增施等节肥关键技术。③耕作技术。开展三大区域不同熟制新型种植模式研究，探索可持续发展要求下的作物周年高产高效合理轮作（休耕）技术。④产品研制。研发秸秆快速分解制剂、缓释肥、有机肥、绿肥、生物肥、机械配套施用肥料、高效螯合肥料等绿色替代产品与技术。⑤配合技术。开发有机无机结合、大量元素与中微量元素结合、土壤微生物与养分结合的养分高效技术和根区微环境改善技术。⑥改良途径。通过关键技术的筛选与优化，结合关键的土壤耕作技术创新，形成具有区域特色的粮食作物土壤培肥与技术体系和粮食生产可持续的稳定高产高效耕作制度。

（2）具体目标　提出我国不同区域的粮食作物土壤培肥与耕作技术新途径和模式 5～7 套，创新深松、秸秆还田、肥田增产的新型肥料等关键技术 15～20 项，获得专利 10～15 项；示范应用 1 000 万亩以上，项目示范区土壤质量主要指标提升 5%、肥料利用效率提高 10%、粮食单产提高 5%、节本增效 50 元/亩以上。

三、区域技术集成示范

针对不同区域作物特点与粮食生产主要问题，以基础理论研究为指导，以关键技术创新成果为基础，以“一田三区”（超高产攻关田、核心区、示范区和辐射区）建设为依托，重点部署东北区域的春玉米和粳稻，黄淮海区域的冬小麦夏玉米轮作，长江中下游稻麦和单双季稻技术集成示范 5 个任务。具体任务为任务 8～任务 12。

1. 任务 8：东北春玉米丰产增效技术集成与示范

（1）重点内容　针对东北春玉米生产条件和问题以及地位优势，以黑龙江、吉林、辽宁和内蒙古为重点，重点选用丰产抗逆适应机收的品种，完善与改良早熟密植高产抗逆栽培、农田深松改土和提升地力、密植高产机械化、病虫害绿色联合防控、水肥协同智能精准高效等关键技术；重点集成不同生态类型区玉米规模机械化、轻简标准化、减灾稳产的丰产增效技术体系，进行大面积应用示范，显著提升东北春玉米的产量、资源效率和生产效率。

（2）具体目标　在每个实施省份建设 50 亩超高产攻关田，核心区 1 万亩、示范区 50 万亩（内蒙古 100 万亩）、辐射区 500 万亩（内蒙古 1 000 万亩）；创新春玉米丰产增效的物化产品 15 项以上，集成技术体系水肥利用效率提高 10%以上，耕地质量逐步提升，光热资源利用效率提高 15%，单产提高 5%，粮食品质得到改善，气象灾害与病虫害损失降低 2%～5%，农业机械化与信息化水平显著提升，生产效率提升 20%，节本增效 100 元/亩，项目区技术应用累计 12 500 万亩，增产 310 万 t，增加经济效益 43 亿元；实现区域粮食生产对水资源过度利用的有效控制，保证区域粮食生产的可持续发展。

2. 任务 9：东北粳稻丰产增效技术集成与示范

（1）重点内容　围绕进一步提高黑龙江、吉林、辽宁三省粳稻产量、资源与生产效率，重点选用优质高产和资源高效的新品种，改良与完善密植高产、生物灾病绿色防控、水田健康耕层培育、侧深施肥等关键技术，重点集成不同生态类型区水稻规模化、机械化和轻简化丰产增效技术体系，进行大面积应用示范。

（2）具体目标　每个实施省建设50亩超高产攻关田，核心区1万亩、示范区50万亩、辐射区500万亩；筛选出高抗稻瘟病和抗冷品种10个以上，筛选3～5种防治稻瘟病的生物药剂，研发物化产品10项以上，创新节水省肥一体化技术5～7项，获得专利7～10件；集成粳稻全程机械化丰产增效技术体系5～7套，制定技术规程5～7项，模式应用区域实现肥水利用效率提高10%以上、光热资源利用效率提高15%、单产提高5%，粳稻品质得到显著改善，气象灾害与病虫害损失降低2%～5%，农业机械化、信息化水平显著提高，生产效率（节省人工）提升20%，节本增效100元/亩；技术应用累计7 500万亩，增产188万t，增加经济效益26亿元。

3. 任务10：黄淮海小麦-玉米周年丰产增效技术集成与示范

（1）重点内容　围绕进一步提高河南、山东、河北和安徽北部的冬小麦与夏玉米轮作区的周年资源配置和利用效率，重点选用节水型冬小麦和优质夏玉米品种，进一步改良肥水一体化高产、轻简化机械化栽培、限水丰产栽培、减量替代节肥、全程机械化秸秆还田、“一喷综防”减量绿色植保、智能中型农机具等关键技术，集成小麦-玉米周年光热资源优化配置和周年节水省肥一体化高产轻简化机械化栽培技术模式，并进行示范、推广，显著提升黄淮海小麦-玉米周年产量、资源效率和生产效率。

（2）具体目标　每省各建设小麦、玉米50亩超高产攻关田1个，建设小麦-玉米核心区1万亩，各建设小麦示范区100万亩、玉米示范区50万亩（安徽为小麦50万亩、玉米25万亩），各建设小麦辐射区1 000万亩、玉米辐射区500万亩（安徽为小麦500万亩、玉米250万亩）；筛选出优质高效冬小麦和夏玉米品种8～10个，研发物化产品21项以上，创新节水省肥一体化技术7～10项，获得专利10～15件，制定丰产增效技术规程8～10项；集成小麦-玉米周年丰产提质增效技术体系10～12套，实现水肥利用效率提高10%以上、光热资源利用效率提高15%、单产提高5%，粮食品质显著改善，气象灾害与病虫害损失降低2%～5%，产后储存损失率降低4%～6%，农业机械化与信息化水平显著提高，生产效率（节省人工）提升15%以上，节本增效100元/亩；技术应用累计28 875万亩，增产720万t，增加经济效益100亿元，并实现节水压采、节肥增效、丰产提质目标，有效控制水资源过度利用，耕地质量逐步提升，保证区域粮食生产可持续发展。

4. 任务11：江淮水稻-小麦周年丰产增效技术集成与示范

（1）重点内容　围绕进一步提高江苏、安徽、湖北典型稻麦周年两熟种植区的产量、资源效率与生产效率，重点进行麦茬水稻（大）苗机插和机摆栽、机械直播与机械施肥一体化技术融合，麦抢茬耕整精量机播、少免耕精量半精量机匀播、机条播撒播套播、机械施肥一体化技术融合，开展无损监测技术、稻麦生物灾害病绿色防控、单季中籼稻改粳稻等关键技术改良与创新研究；开展稻茬麦技术研究，构建稻茬麦全程机械化丰产增效技术体系开展稻麦作物播（栽）期、密度与肥水耦合技术，以及生育中期植株生长指标研究，构建稻麦水肥高效利用与机械化精确化管理丰产增效技术体系，进行大面积应用示范。

（2）具体目标　每省各建设小麦、水稻50亩超高产攻关田1个，各建设小麦、水稻核心区1万亩，江苏建设小麦示范区75万亩、水稻示范区75万亩，安徽、湖北各建设稻麦周年类型小麦示范区25万亩、水稻示范区50万亩，江苏建设小麦辐射区750万亩、水稻辐射区750万亩，安徽、湖北各建设稻麦周年类型小麦辐射区250万亩、水稻辐射区500万亩；选出稻麦周年丰产增效优质小麦、水稻品种6～8个，创新水稻-小麦周年光热资源优化配置和周年节肥节药一体化丰产关键技术5～7项，获得专利8～10件，形成物化产品12项以上，集成稻麦周年丰产增效技术模式7套以上，制定技术规程6～8项；模式应用区域实现肥水利用效率提高10%以上、光热资源利用效率提高15%、单产提高5%，粮食品质得到改善，气象灾害与病虫害损失降低2%～5%，机械化、信息化、标准化、轻简化水平显著提升，生产效率提升（节省人工）20%，节本增效100元/亩；技术应用累计15 000万亩，增产375万t，增加经济效益65亿元，实现区域粮食生产对水资源过度利用的有效控制，耕地质量逐步提升，显著提升江淮水稻-小麦周年产量、资源效率和生产效率，保证区域粮食生产的可持续发展。

5. 任务12：南方单双季稻周年丰产增效技术集成与示范

（1）重点内容　围绕进一步提高湖南、江西、湖北典型中季稻、双季稻、再生稻混合及四川玉米和水稻多元化种植的产量、资源效率与生产效率，重点开展早稻机播和小苗机插、晚稻大（中）苗机摆栽和机抛栽、机械施肥和收割一体化、灾害绿色防控、双季稻抗高（低）温和干旱逆境、冷浸田水稻丰产稳产、水稻—玉米水旱轮作等关键技术研究，构建稻作系统机械化丰产增效技术体系，进行大面积应用示范。

（2）具体目标　每省各建设双季稻50亩超高产攻关田1个，各建设双季稻核心区1万亩，各建设双季稻示范区150万亩（湖北75万亩、四川100万亩），各建设双季稻辐射区1 500万亩（湖北750万亩、四川1 000万亩）；研发完善双季稻增产增效关键技术及物化产品21项以上，获得专利10～15件；集成稻作系统丰产增效技术模式8套以上；模式应用区域实现肥料和农药利用效率提高10%以上、光热资源利用效率提高15%、单产提高5%，粮食品质显著改善，气象灾害与病虫害损失降低2%～5%，机械化与信息化、标准化、轻简化水平显著提升，生产效率（节省人工）提高15%以上，节本增效100元/亩；技术应用累计23 750万亩，增产590万t，增加经济效益82亿元，有效控制粮食生产肥水资源过度利用，逐步提升耕地质量，保证区域粮食生产的可持续发展。

第三篇　实施成效

第八章

“十五”粮食丰产科技工程成效

第一节 总体完成情况

一、“三区”建设成效显著

根据国家粮食丰产科技工程技术创新、集成与示范应用并举的核心、示范和辐射的原则要求，各省份项目区积极开展项目“三区”建设。各技术攻关组与项目区技术部门密切配合，以核心区为中心，通过示范区、辐射区配套技术的示范与应用，充分发挥了示范辐射带动作用。全国共建设核心区 53 个、示范区 108 个、辐射区 277 个。2004—2005 两年累计“三区”落实面积分别为 281.6 万亩、3 137.7 万亩、22 197.6 万亩。核心区平均增产 25%左右，有的区域可达 35%以上，示范区一般增产 15%左右，有的可高达 25%，辐射区平均增产 10%左右，有的高达 15%以上。2004—2005 两年累计“三区”增产粮食 1 200 多万 t，自项目启动以来产生经济效益高达 150 亿元，在全国大面积粮食增产增收中起到了重要的推动作用。

通过项目的“三区”建设大大促进了我国粮食恢复性增长，使我国项目启动前连续 3 年的粮食生产下滑状态得到根本性好转。项目启动后，全国粮食总产由 2003 年的 4.3 亿t 上升到 2004 年的 4.7 亿 t，其中项目实施省份的科技和管理技术增产发挥了重要作用。

二、科技创新成效显著

根据我国主要粮食作物生产中存在的突出技术问题，国家粮食科技丰产工程在项目实施过程中积极发挥国家与省级科研单位、高等学校优势科研力量，组建区域作物联合攻关队伍，围绕“优质、高产、高效、生态、安全”的问题进行协同攻关，取得了一系列新型技术成果。形成了百余项创新和集成技术，其中具有共性特点和区域特色的创新技术 50 余项，集成技术 60 余套，具有自主知识产权的专利技术 20 项。这些新技术在我国粮食安全保障中已经起到了重要的支撑作用，也为未来的粮食安全提供了战略性的储备技术。

三、通过验收

“十五”国家科技攻关计划“粮食丰产科技工程”项目验收专家组评审意见与专家名单见图8-1。

“十五”国家科技攻关计划“粮食丰产科技工程”项目
验收专家组评审意见

2006年8月28日科学技术部农村科技司会同农业部科教司组织财政部农业司和国家粮食局流通与科技司组织有关专家在长沙对“十五”国家科技攻关计划项目“粮食丰产科技工程”（项目编号：2004BA520A00）进行了验收。验收专家组认真听取了项目汇报，审阅了有关资料，经过质疑和充分讨论，形成如下验收意见：

1. 项目实施省份积极开展核心区、示范区和辐射区的“三区”建设。共建设核心区53个、示范区108个和辐射区277个，项目实施以来，共落实“三区”面积分别为281.6万亩、3 137.7万亩和22 197.6万亩，合计25 616.9万亩，“三区”平均增产分别为25%、15%和10%左右。累积增产粮食120多亿kg，经济效益高达150亿元，在全国大面积粮食增产增收中起到了重要的推动作用。

2. 项目实施过程中，通过整合国家与省级科研单位、高等院校优势科研力量，围绕“优质、高产、高效、生态、安全”目标进行协同攻关，研制出了创新技术53项，集成技术62套，获得专利和成果71项。这些新技术为提高粮食生产能力提供了科技支撑。

3. 形成了管理与研究有效协同组织机制，经费使用合理，加强了人才队伍的培养，为保障作物科技发展奠定了良好基础。

验收专家组认为，项目组织管理规范，经费使用合理，完成了项目任务书规定的计划任务。

专家组同意通过验收。

	姓名	职称	工作单位	专业
组长	刘更另	院　士	中国农科院	土壤肥料
副组长	袁隆平	院　士	国家杂交水稻工程技术研究中心	水稻育种
副组长	黎懋明	研究员	国家科技评估中心	科技管理
	戴景瑞	院　士	中国农业大学	玉米育种
	凌启鸿	教　授	江苏省原副省长、扬州大学	水稻栽培
	郭予元	院　士	中国农科院植保所	植物保护
	魏义章	研究员	河北省农业厅	作物栽培
	李达模	研究员	中科院亚热带农业生态所	水稻栽培
	李维岳	研究员	吉林省农科院	玉米栽培
	靳祖训	教　授	中国粮油学会	农产品储藏
	李春喜	教　授	河南师范大学	小麦栽培
	陈宝峰	教　授	中国农业大学	经济管理
	孔志峰	高级经济师	财政部科研所	财务管理

图 8-1　评审意见和课题验收专家组名单

第二节 “三区”建设的关键推动作用

一、东北区

我国主要玉米生产地吉林、辽宁、黑龙江、内蒙古围绕玉米高产攻关和大面积丰产示范共建立核心区 18 个，落实面积 4.2 万亩；建立示范区 32 个，落实面积 339 万亩；建立辐射区 34 个，落实面积 3 042 万亩。将已取得的单项技术进行优化集成、熟化提高，并在项目区进行示范和推广，极大地促进了项目区玉米产量的提高。

二、黄淮海区

在黄淮海平原河南、山东、河北三省项目区建设小麦和玉米核心区、示范区、辐射区共 120 个，通过小麦、玉米一体化丰产技术在“三区”的大面积应用，获得了较好的增产增收效果。小麦、玉米项目区分别落实面积为 3 479 万亩和 1 934.9 万亩。2004—2005 年，三省项目区两季小麦、一季玉米共计增产粮食 45.32 亿 kg，增加经济效益 53.91 亿元。同时，通过项目区的带动，三省的小麦、玉米综合生产能力得到了较大水平的提升。

三、长江中下游区

湖南、湖北、江西、江苏、四川、安徽六省积极开展项目区建设，共建立水稻高产核心区 19 个，落实面积 6.997 万亩；建立示范区 66 个，落实面积 691.8 万亩；建立辐射区 148 个，落实 5 887 万亩。项目区将已有水稻丰产技术进行集成、熟化与配套，加大示范和推广力度，显著促进了项目区水稻产量的提高。2004 年，项目区共计增产水稻 13.48 亿 kg，增加直接经济效益 23.01 亿元；2005 年，项目区进一步强化了水稻丰产技术的大面积应用。

第三节 技术创新与集成

粮食安全是关系我国长治久安的重大问题。我国长期耕地面积下降，人口增加，粮食需求量增大的局面不会发生根本转变，粮食安全必须走提高单产的科技增产道路，从科技创新上挖掘粮食生产能力。以下技术的提出与应用，有力促进了超高产攻关田及项目“三区”产量的提高，确保了工程的顺利实施。也充分证实了作物生产的技术创新与集成在我国粮食安全持续发展中正在发挥重要的支撑作用。

一、东北春玉米

为保证春玉米生产，东北三省根据当地玉米高产要求将已有的单项技术进行优化集成，组装出一批高产配套栽培技术体系，在玉米增产中发挥了巨大作用。辽宁建立了辽南晚熟区高产高效技术集成与示范、辽西半干旱节水保苗高产技术集成与示范、辽中北晚熟区增密度促早熟技术集成与示范 3 个技术模式，研制创新出了玉米双株定向栽培技术体系，研制出双粒种子播种机和双粒种子脱粒机。吉林根据半湿润产区、半干旱产区、湿润产区的生态特点，通过多点品种筛选试验，确定了各生态区的适宜品种群，从品种、密度、土壤条件、施肥、深耕深松、气候条件等方面确定了亩产 1 000 kg 的春玉米超高产关键技术，2004 年小面积试验达到了亩产 950 kg，提出了玉米宽窄行交替休闲种植保护性耕作、均匀垄平作高留茬行间种植保护性耕作、不同区域玉米养分平衡调控等技术体系。黑龙江根据不同玉米生态型建立了松嫩平原中南部高产高效技术、松嫩平原中西部抗旱保苗高产技术、三江平原玉米高产技术 3 种模式，强化了新品种选用、保墒与节水灌溉、土壤增温、配方施肥等关键技术的落实，围绕超高产攻关目标研究提出了优良玉米新品种筛选与合理布局、黑土带玉米农田地力恢复技术、半湿润区玉米高密度超高产综合技术。

二、黄淮海小麦-玉米

黄淮海平原共集成创新出 11 套适于华北平原不同类型的小麦、玉米一体化高产稳产节本增效技术模式，并创造出一批超高产典型。河南省集成配套了高产灌区小麦-玉米一年两熟丰产高效技术、中产灌区小麦-玉米高产节本增效技术、旱作区水资源高效利用技术 3 套模式，超高产攻关田小麦 15 亩连片平均亩产达 683.4 kg，夏玉米平均亩产达 830.6 kg。河北省集成了山前平原区节水型小麦-玉米两熟高产优质一体化技术、黑龙港地区小麦-玉米两熟节水丰产一体化技术、冀东平原地区小麦玉米两熟资源高效利用一体化技术，在小麦节水型品种潜力发掘与抗旱节水栽培技术方面取得重要进展，藁城 15 亩小麦超高产攻关田平均亩产达到 637.9 kg。山东省总结配套出了胶东半岛小麦玉米超高产节本增效技术、鲁中半干旱区小麦玉米高产稳产节本增效技术、鲁西沿黄平原小麦玉米中产变高产综合技术和以增加小麦粒数、增加玉米粒重为重点的产量突破技术模式，兖州小麦超高产攻关田亩产达到 735.66 kg，莱州夏玉米超高产攻关田亩产达到 1 148.3 kg。并且通过高产水平的品种筛选，鉴定了一批高产、优质、多抗、广适的小麦、玉米新品种，如济麦 21、郑麦 9023、石麦 14、鲁单 9002、鲁单 9006 等。

三、长江中下游水稻

根据水稻生产中存在的突出技术问题，长江中下游六省根据当地生态类型特点，加强技术集成与创新配套，共形成优质、高产、高效、生态、安全的配套技术模式 46 套。湖南省集成了优质食用稻丰产无公害技术、专用稻标准化生产技术和改良型强化栽培技术等三大技术体系共 6 套技术模式，组装了以免耕、抛栽、再生为特色的节本增效技术模式共 5 类 11 套，研制提出了杂交稻节氮降污栽培技术等 4 项新技术。湖北省根据四大水稻主产区的特点，集成了鄂东南双季稻“三杂三高”丰产栽培、鄂中北“稀、控、重”中稻高产栽培、江汉平原免耕轻型丰产栽培、鄂西北全程地膜覆盖湿润栽培等 4 套技术模式，根据超高产攻关目标开展了水稻群体结构调控、节水栽培生理生态、精量施肥、全程覆膜简化栽培等技术研究。江西省集成了鄱阳湖高产区持续丰产技术、吉泰盆地中低产区“五双一水”平衡增产技术和绿色稻米区标准化生产技术，重点针对水稻早衰问题开展了系统研究。江苏省根据苏北、苏中、苏南的稻作制度、生态生产特点，以高产、优质、高效、生态、安全为目标，确定以叶龄模式与群体质量栽培结合升华成的水稻精确定量化栽培作为集成技术的主体内容，同时包括机械化栽培、条纹叶枯病综合防治、无公害（绿色）优质栽培在内的 13 套综合技术。四川省根据不同稻作生态区气候特点和生产水平，以选用优质高产品种、应用旱育秧技术，进行群体优化为主体技术内容，集成配套了成都平原中稻优质高产栽培技术，麦（油）茬稻高产稳产、轻简高效生产技术，川中丘陵节水高效栽培技术，川东南中稻＋再生稻两季高产高效技术等技术模式。安徽省针对沿淮麦茬单季稻、皖东麦（油）茬稻、江淮西部油（麦）茬稻、沿江江南双季稻、沿江江北双季稻的生态生产特点，集成了 5 套丰产高效技术。

第九章

“十一五”粮食丰产科技工程成效

第一节 总体完成情况

一、总体进展

国家“十一五”科技支撑计划重大项目国家粮食丰产科技工程是由科学技术部牵头，农业部、财政部、国家粮食和物资储备局与东北、华北、长江中下游三大平原多个粮食主产省人民政府共同推动，于2006—2010年实施的。项目经过5年的实施，各级承担单位认真组织，围绕水稻、小麦、玉米三大作物增产增效目标，集成了一批丰产技术，创新了一批超高产、资源高效和产后粮食储藏减损新技术，建立了多部门联合、中央与地方有机结合的联动管理机制，攻关田及核心区、示范区、辐射区“三区”累计落实面积8.35亿亩，累计增产（减损）5 079.11万t，增产及减损共计增加直接经济效益852.92亿元，实现了项目设计初衷，圆满实现了预定目标，在促进全国粮食大面积增产增收、保障国家粮食安全方面发挥了重要示范与带动作用，为进一步确保国家粮食持续增产提供了坚实的技术支撑。

二、投入技术力量

本项目自2006年实施五年来，共签订课题任务书19个，参加项目科研任务的单位有289个，其中，事业型研究单位67个，其他事业单位81个，大专院校26个，企业24个，转制为企业的科研院所4个，农业技术推广及其他单位87个。参加2006—2010年项目各课题攻关与示范开发的总人数为5 156人，其中具有高级职称的技术人员1 480人，占28.70%；中级职称1 520人，占29.48%；初级职称1 033人，占20.04%；其他技术人员1 123，占21.78%。在项目执行过程中，项目共培养博士研究生292人，硕士研究生1 156人。项目各课题共举办各种技术培训班、培训会18 775期次，培训技术员和农民群众308.4万人次，发放技术资料821.04万份。

三、通过验收

“十一五”国家科技支撑计划项目验收专家组意见书与验收专家名单见图9-1。

国家科技支撑计划项目验收专家组意见书

2010年10月10日科学技术部组织有关专家在南昌对“十一五”国家科技支撑计划项目“粮食丰产科技工程”（项目编号：2006BAD02A00）进行了验收。专家组认真听取了项目汇报，审阅了有关资料，经过质疑和讨论，形成如下意见：

1. 项目创新研究出了水稻、小麦、玉米三大作物新型超高产栽培技术模式52项，建立攻关田7 100亩，创造出了一批超高产纪录典型。长江中下游水稻-小麦两熟制单季稻亩产超过900 kg、双季稻高产攻关亩产达到1 325.2 kg；黄淮海地区创造出了小麦亩产751.90 kg、小麦-玉米一年两熟亩产超过1 700 kg的纪录；东北地区创新15亩春玉米连片亩产1 183.49 kg的纪录。项目优化集成具有地方区域特色的水稻、小麦、玉米高产优质高效生态安全栽培技术模式和技术体系180套，项目区化肥利用率提高了12%～15%，灌溉水利用率提高10%～16%，自然与生物灾害损失率降低了15%，农药用量减少25%～35%，农户粮食储藏损失减少20%以上。每亩单产比项目实施前三年平均增产58.24 kg，单产增长率为11.76%，每亩节本增效达110元左右。

2. 项目在三大平原12省的251个县（市）累计建立水稻、小麦、玉米核心试验区218.41万亩、技术示范区8 881.93万亩、技术辐射区74 432.60万亩，项目三区合计8.35亿亩，共计增产粮食4 866.48万t，增加经济效益802.19亿元。共性课题增产169.59万t，增加经济效益28.22亿元；产后减损粮食43.04万t，增加经济效益22.51亿元。三项总计增产（减损）5 079.11万t，增加经济效益852.92亿元。

3. 项目共获得国家科技奖励17项，获得其他省部级科技奖励108项，获得授权国家专利124项，完成国家技术标准和行业标准67项，发表科技论文2 971篇（其中SCI 182篇），出版科技著作110部。项目共有5 153人参加攻关与示范开发，其中具有高级职称的技术人员1 480人，一大批已成为课题的学术带头人和学术骨干。项目共培养博士研究生292人，硕士研究生1 156人。举办各种技术培训班、培训会18 775期次，培训技术员和农民群众308.4万人次，发放技术资料821.04万份。

验收专家组认为，该项目实施方案合理，技术路线正确，组织管理措施得力，经费使用合理，完成了合同规定和各项计划任务和考核指标。

专家组一致同意通过项目验收。

	姓名	职称	工作单位	专业领域
组长	戴景瑞	院　士	中国农业大学	玉米育种
副组长	罗振峰	研究员	吉林省农科院	玉米栽培
副组长	汤　珮	高级会计师	中国农机院	财务
成员	谢华安	院　士	福建省农科院	水稻育种
	武志杰	研究员	中国科学院沈阳应用生态所	农业生态
	刘凤权	教　授	南京农业大学	植物保护
	曾希柏	研究员	中国农业科学院环发所	农业环境
	王绍中	研究员	河南农业科学院	小麦栽培
	章秀福	研究员	中国水稻所	水稻栽培
	曹　阳	研究员	国家粮食局科学院	产后减损
	王义明	高级会计师	中国农科院科技文献中心	财务

图 9－1　意见书和课题验收专家名单

第二节　“三区”建设增产增收情况

一、面积落实 8 亿多亩

国家粮食丰产科技工程项目实施五年来，在湖南、湖北、江苏、江西、四川、安徽、河南、河北、山东、吉林、黑龙江和辽宁等省的 251 个县（市）累计建立水稻、小麦、玉米核心试验区 189.03 万亩、技术示范区 8 881.93 万亩、技术辐射区 74 432.60 万亩，项目“三区”合计 83 503.56 万亩（表 9－1）。

表 9－1　粮食丰产科技工程“三区”建设面积（万亩）

区域	核心试验区	技术示范区	技术辐射区	合计
长江中下游平原	100.38	4 328.54	33 464.86	37 893.78
华北平原	61.53	2 886.01	25 235.40	28 182.94
东北平原	27.12	1 667.38	15 732.34	17 426.84
合计	189.03	8 881.93	74 432.60	83 503.56

二、增产增收成果

五年“三区”共计增产粮食 4 866.48 万 t，每亩单产比项目实施前三年平均增产 58.26 kg，单产增长率为 11.58%，增加经济效益 802.19 亿元。共性课题增产 169.59 万 t，单产增长率为 13.92%，增加经济效益 28.22 亿元；产后减损粮食 43.04 万 t，增加经济效益 22.51 亿元。五年三项总计增产（减损）5 079.11 万 t，增加经济效益 852.92 亿元（表 9－2）。

表 9－2 国家粮食丰产科技工程“三区”增产增效

年份	增产粮食（万 t）	单产增产率（%）	增加效益（亿元）
2006	951.85	11.50	107.82
2007	772.49	9.80	109.31
2008	1 035.07	12.45	163.18
2009	1 009.14	12.60	166.75
2010	1 097.93	11.69	255.13
合计	4 866.48	11.58	802.19
共性课题	169.59	13.92	28.22
产后课题	43.04	（减损）	22.51
总计	5 079.11		852.92

1. 超高产攻关田

（1）长江中下游平原　在江西、江苏、湖南、湖北、四川、安徽六省的南昌、兴化、湘乡、武穴、泸县、凤台等 21 个县（市）核心区各建立了 15 亩以上的水稻超高产攻关田。单季稻最高亩产 937.2 kg（江苏兴化，2009）；双季稻最高亩产 1 355.20 kg（江西，2009）。

（2）华北平原　在河南、河北和山东三省的浚县、藁城、莱州等县（市）共建立了 10 个超高产攻关田。滕州市级索镇千佛阁村高产攻关田中的 3.46 亩济麦 22 创造了 789.9 kg/亩的高产，打破了山东省保持 10 年之久的小麦单产最高纪录，把单产最高纪录提高了 16.04 kg，同时也创造了我国黄淮海麦区的单产新纪录；河南浚县在同一块土地上小麦平均亩产达到 751.94 kg，夏玉米 1 018.69 kg，创新了一年两熟平均亩产 1 770.5 kg 的超高产记录（2009）。

（3）东北平原　在辽宁、吉林和黑龙江三省的建平、东辽、公主岭等县（市）共建立了 12 个春玉米超高产试验田，最高产量达 1 183.49 kg（吉林，2007）。

2. 核心试验区

（1）长江中下游平原　湖南、湖北、江苏、江西、四川、安徽六省共建立 21 个水稻核心区，共计 100.38 万亩，比前三年增产粮食 16.64 万 t，增加经济效益 3.05 亿元，亩增产 27.69%。

（2）华北平原　河南、河北、山东三省 12 个小麦-夏玉米核心区，共计 61.53 万亩，比前三年增产粮食 6.43 万 t，增加经济效益 1.31 亿元。其中小麦面积 44.74 万亩，共计增产粮食 3.90 万 t，增加经济效益 0.67 亿元，亩增产 18.80%；玉米面积 16.79 万亩，共计增产粮食 2.53 万 t，增加经济效益 0.64 亿元，亩增产 25.83%。

（3）东北平原　吉林、黑龙江、辽宁三省 21 个玉米核心区，共计 27.12 万亩，比前三年增产春玉米 2.82 万 t，增加经济效益 0.68 亿元，亩增产 14.97%。

3. 技术示范区

（1）长江中下游平原　湖南、湖北、江苏、江西、四川、安徽六省共建立 67 个水稻示范区，共计 4 328.54 万亩，增产粮食 299.48 万 t，增加经济效益 56.23 亿元，亩增产 13.42%。

（2）华北平原　河南、河北、山东三省共建立 29 个小麦/夏玉米示范区，共计 2 886.01 万亩，共计增产粮食 222.98 万 t，增加经济效益 35.39 亿元。其中小麦面积 1 980.31 万亩，共计增产粮食 130.96 万 t，增加经济效益 21.31 亿元，亩增产 18.51%；玉米面积 905.70 万亩，共计增产粮食 92.02 万 t，增加经济效益 14.08 亿元，亩增产 20.17%。

（3）东北平原　吉林、黑龙江、辽宁三省 32 个玉米示范区，共计 1 667.38 万亩，比前三年增产春玉米 127.28 万 t，增加经济效益 17.47 亿元，亩增产 14.54%。

4. 技术辐射区

（1）长江中下游平原　湖南、湖北、江苏、江西、四川、安徽六省共建立 113 个水稻辐射区，共计 33 464.86 万亩，增产粮食 1 519.41 万 t，增加经济效益 273.13 亿元，平均亩产增产 47.70 kg，亩增产 7.89%。

（2）华北平原　河南、河北、山东三省共建立 95 个小麦-夏玉米辐射区，共计 25 235.40万亩，共计增产粮食 1 701.06 万 t，增加经济效益 271.00 亿元。其中小麦面积 16 583.80万亩，共计增产粮食 958.96 万 t，增加经济效益 160.20 亿元，亩增产 14.60%；玉米面积 8 651.60 万亩，共计增产粮食 742.10 万 t，增加经济效益 110.80 亿元，亩增产 19.06%。

（3）东北平原　吉林、黑龙江、辽宁三省 35 个玉米辐射区，共计 15 732.34 万亩，比前三年增产春玉米 829.61 万 t，增加经济效益 112.32 亿元，亩增产 11.58%。

5. 共性课题　粮食丰产四个共性课题各项目区共计增产粮食 169.59 万 t，单产增长率为 13.92%，增加经济效益 28.22 亿元。

项目在“三区”建设和丰产技术示范开发中，坚持突出重点，扶强扶优，充分发挥三大作物主产区的优势，在核心试验区、技术示范区和技术辐射区建立了技术工作组，制定了管理办法，做到了任务落实到人、技术落实到田，保证了“三区”建设顺利进行。五年中，“三区”以提高三大作物综合生产能力为主要目标，结合各课题实施省的具体情况，探索成果转化新途径，主要采取了以下措施：一是与国家优质粮基地建设、种子基地县、星火基地建设等项目相结合，整合技术资源，发挥整体优势，加速了“三区”建设速度，提高了建设质量；二是将优质高产品种筛选示范与栽培技术、水土资源利用技术、防灾减灾技术有机组合，集成创新，实现高产与高效相结合；三是各示范区建立技术指导组，制定责权利明确的管理制度，技术人员直接入户到田，通过多种途径开展培训和宣传，提高农民科技素质，提高三大作物增产增效技术的普及率；四是与加工企业结合，根据不同企业需求特点，进行专业化生产基地建设，采取“企业＋课题＋基地＋农户”的运行模式，通过订单的形式进行定向种植，实现优质优价，提高农民种粮的直接经济效益。

第三节 技术体系集成成果

在三大平原的三大作物已有的单项技术进行优化集成，组装出一批具有地方区域特色的三大作物高产优质高效生态安全栽培技术体系，共集成配套技术180套，其中长江中下游平原六省集成水稻配套技术79套，华北平原三省集成小麦、玉米及其一体化配套技术14套，东北平原三省集成春玉米配套技术35套，共性课题集成配套技术52套。经大面积应用，显著提高了三大作物综合生产能力，化肥利用率提高了12%～15%，灌溉水利用率提高10%～16%，自然与生物灾害损失率降低了15%，农药用量减少25%～35%，每亩节本增效达110元左右，有效促进了肥水资源的高效利用，减少了环境污染，在粮食生产中发挥了巨大作用，大大推动了农业增效、农民增收。

一、长江中下游平原

湖南、湖北、江苏、江西、四川、安徽六省根据不同地区的生态特点研究提出了79套水稻优化集成模式。

湖南省以足种早播、抗寒育苗、依苗定肥和综合防倒为核心，配套耐寒抗倒优良品种和条点播机械，抗寒丸化种衣剂处理、“封、杀、补”杂草控制、抗倒高产肥水管理等，有效克服了传统分厢直播成熟迟和产量低的难题。在湘北平湖区示范，较分厢撒播提早成熟5～7 d，增产8%～21%，平均每亩增产48 kg。

湖北省研究形成了壮秧、足穗、大穗饱粒为核心的中稻高产高效栽培理论与技术；提出了适氮和氮肥后移栽培技术，显著提高了氮肥吸收利用效率；创建了水稻超高产栽培的间歇灌溉模式，形成了中稻“壮、足、大”超高产栽培模式，整体达到同类研究的国际先进水平。

江苏省针对稻作生产发展的新要求与生产中出现的新问题，对集成研究与示范过程中的核心技术做进一步的提升。通过重点突出精确栽培、机械化栽培、清洁化优质栽培、秸秆全量还田、重大灾害（条纹叶枯病、飞虱、黑条矮缩病/白叶枯病、纵卷叶螟等）综合防治等关键技术的攻关与深化突破，通过技术集成创新，建立了适合淮北、里下河、沿江太湖稻区的不同种植方式不同水稻品种类型丰产精确定量栽培技术9套。以上集成技术在大面积应用后表现高产高效，平均增产10%以上，增效15%以上。

江西省针对其水稻生产上的成穗率低、结实率低及充实度差等特点，通过有针对性地对制约水稻高产的因素进行重点突破，从水稻栽培前期的培育壮秧技术、生长中期控制无效分蘖技术和优化施肥技术及后期防早衰技术等方面，将各点上的突破技术进行组装集成应用，形成了高结实率、高充实度和保持稻米品质不降低的“三高一保”栽培技术模式，较常规栽培的水稻产量增加了78 kg/亩，增产率达到17.53%。

四川省针对成都平原蔬菜-水稻、油菜-水稻和小麦-水稻3种稻田主导种植制度和一季中稻“前期低温，后期阴雨寡照”的生态特点，通过筛选优质、高产、抗倒、抗病的杂交稻品种，育秧、栽植、肥水调控、群体优化、综合防治等关键技术的组装配套，以丰产、优质、节本、高效四大目标的协调耦合程度作为筛选依据，研究并集成适合成都平原主要茬口的杂交中稻优质高产生产技术模式，以充分挖掘水稻优质高产潜力和提高光能利用效率，提升种田效益和优质化水平。连续多年百亩以上示范片平均亩增产 200 kg 左右，增产幅度达 35.1%～46.8%，千亩以上示范片平均亩增产 150 kg 左右，增产幅度达 22.2%～32.4%；万亩以上示范区平均亩增产 70 kg 左右，增产幅度达 9.0%～15.5%。

安徽省针对江淮稻区单季水稻早中期多阴雨寡照、中期常有高温干旱胁迫、后期昼夜温差偏小，全生育期总体光照不强、田间湿度偏大的生态特点，及其对高产群体形成的不利影响，通过对周年两熟耕种制度下的单季水稻高产群体结构及质量指标体系、高产形成机理、产量构成及技术策略和调控途径等的研究，提出了以选用高产潜力品种、稀播同伸壮秧、合理基本苗、调节肥料运筹增施穗粒肥等为核心技术的超高产栽培技术体系。

二、华北平原

河南、河北、山东三省针对大陆性季风气候为主的特点，以高产、优质、节水、抗病和可持续发展为目标，研究提出了 14 套小麦、夏玉米及小麦-玉米一体化的技术集成模式。

河南省以小麦品种、播期“双改技术”、智能化节水灌溉技术与降氮增钾施肥为核心的前控后促增穗重高产栽培技术体系，夏玉米以深耕起垄与后期控水增钾为核心的调土强根延缓衰老增穗重高产栽培技术体系，配合采用合理的土壤耕作、高质量播种、病虫草害综合防治、田间指标化管理、定向调控等配套栽培管理技术，集成组装出了两熟亩产吨半粮的优化栽培技术体系，实现了小麦-玉米一年两熟亩产超吨半粮。五年 50 亩平均两熟亩产均超过吨半粮，其中，2009 年小麦、玉米平均亩产分别达到 751.9 kg、1 018.6 kg，创造了在同一块田中小麦-玉米一年两熟亩产达到 1 770.5 kg 的超高产纪录。

河北省针对河北平原区“重夏轻秋”和玉米光合生产潜力高而产量偏低的问题，确定了小麦-玉米品种搭配模式、小麦早熟防衰调控技术、小麦适收适播和玉米前抢后延的接茬技术，以及夏玉米增穗增粒扩库、防倒防衰保源、调水调肥促流高产技术途径，集成创建了以挖掘夏玉米增产潜力为重点的小麦玉米均衡增产技术体系，创造了亩产 743.59 kg 的河北省夏玉米高产纪录和亩产 1 300 kg 以上的小麦-玉米两熟高产纪录，在“三区”应用获得了显著的增产效果。

山东省针对其不同地区生态特点及小麦玉米生产中的主要问题，研究集成了鲁中半干旱区小麦-玉米丰产高效安全生产技术模式、鲁西沿黄平原小麦玉米节本增效均衡增产技术模式、鲁东丘陵区小麦玉米节水丰产技术模式，形成了适合山东不同生态类型小麦玉米高产技术体系，在“三区”小麦-玉米增产中发挥了重要作用。

三、东北平原

吉林、黑龙江、辽宁三省针对阶段性干旱、土壤肥力下降、种植技术粗放、玉米商品品质差等问题，以高产、优质、节水、抗病、机械化和可持续发展为目标，研究提出了35套春玉米优化集成模式。

吉林省通过优化品种组合、培肥与高效施肥、增密精量播种、促粒抗早衰、保墒补水灌溉及提温扩库增苗保肥促早熟等技术集成，分别形成了吉林省东部湿润区、中部半湿润区和西部半干旱产区三个生态区的高产高效稳产模式，小面积超高产攻关田达到了亩产1 183 kg，节水、节肥、增产、增效显著。

黑龙江省在原有技术的基础上，通过强化玉米新品种筛选、玉米农田土壤培肥与施肥调控、玉米耐密植超高产综合技术以及“原垄铁茬播种＋苗期垄沟深松”玉米机械化抗旱少耕技术、“玉米Ⅱ1465栽培法”、生物拌种剂的研制等攻关，与原有先进技术集成完善了松嫩平原中南部玉米高产高效技术、松嫩平原中西部玉米抗旱保苗高产技术、三江平原玉米抗低温冷害高产技术3种模式，促进了项目“三区”产量的提高。

辽宁省针对3个生态区域玉米种植的不同生态条件、适宜品种、种植习惯、生产水平等差异和玉米生产中存在的主要技术问题，建立了辽南晚熟区高产高效技术，辽西半干旱、辽中北中熟区玉米高效栽培技术集成模式3套，在项目“三区”应用获得了较好的增产效果。

四、粮食丰产共性课题

围绕三大作物超高产、保护性耕作、病虫防控、肥水高效利用和环境友好等领域共集成配套技术体系52套，其中超高产组合技术模式29套、适用于三大平原9个省的健康管理技术模式10套、三大作物重大病虫害综合防治技术体系9套、三大平原农田肥水资源可持续高效利用技术体系4套。

第四节 项目综合效益

本项目遵循农业科技攻关任务来源于生产、成果服务于生产、发展依赖于生产的方针，以粮食丰产为根本目标，在项目实施过程中，本着边集成研究边示范推广的原则，大力开展科技成果的转化和示范推广，创造了显著的经济、社会和生态效益。

一、巨大的经济效益

项目实施期间，水稻、小麦、玉米三大粮食作物在湖南、湖北、江苏、江西、四川、安徽、河南、河北、山东、吉林、黑龙江和辽宁等省的251个县（市）累计建立攻关田2.386万亩、核心试验区218.41万亩、技术示范区8 881.93万亩、技术辐射区74 432.60万亩，项目“三区”合计约8.35亿亩。通过选用良种、集成和组装各类先进实用技术和模式并示范推广，取得了明显的成效，共计增产粮食4 866.48万t（不包括因面积扩大所增产量），平均亩产增加58.26 kg，增加经济效益802.19亿元。共性课题增产169.59万t，增加经济效益28.22亿元；产后减损粮食43.04万t，增加经济效益22.51

亿元。三项总计增产（减损）5 079.11 万 t，增加经济效益 852.92 亿元。

1. 水稻 在湖南、湖北、江苏、江西、四川、安徽 6 个水稻主产省建立攻关田、核心试验区、技术示范区和技术辐射区累计达约 3.6 亿亩，合计增产水稻 1 835.53 万 t，亩增产 50.98 kg，增幅为 8.52%，共计增加经济效益 332.42 亿元。其中核心区 100.38 万亩，增加总产 16.65 万 t，亩增产 165.83 kg；示范区 4 053.50 万亩，增加总产 299.48 万 t，亩增产 73.88 kg；辐射区 31 853.56 万亩，增加总产 1 519.41 万 t，亩增产 47.70 kg。

2. 小麦 在河南、河北、山东、安徽四省建立核心试验区、技术示范区和技术辐射区累计达约 2.3 亿亩，累计增产小麦 1 234.60 万 t，亩增产 60.15 kg，增幅为 15.33%，共计增加经济效益 213.79 亿元。其中核心区 74.12 万亩，增加总产 7.60 万 t，亩增产 102.51 kg；示范区 2 255.35 万亩，增加总产 156.75 万 t，亩增产 69.50 kg；辐射区20 524.57万亩，增加总产 1 070.24 万 t，亩增产 58.52 kg。

3. 玉米 在河南、河北、山东、吉林、黑龙江和辽宁六省建立攻关田、核心试验区、技术示范区和技术辐射区累计达约 2.70 亿亩，累计增产玉米 1 796.35 万 t，亩增产 66.52 kg，增幅为 14.47%，共计增加经济效益 255.98 亿元。其中核心区 43.91 万亩，增加总产 5.35 万 t，亩增产 121.90 kg；示范区 2 573.08 万亩，增加总产 219.30 万 t，亩增产 85.23 kg；辐射区 24 383.94 万亩，增加总产 1 571.71 万 t，亩增产 64.46 kg。

二、良好的社会效益

粮食安全是中国乃至世界的永恒主题。粮食丰产科技工程的实施，通过大幅度增加粮食产量和提升粮食品质，实现增收增效，促进了社会稳定、人民安居乐业，为全面建设小康社会、和谐社会和社会主义新农村奠定了良好基础。通过项目实施，显著提高了水稻、小麦和玉米三大粮食作物的栽培技术水平和储藏减损技术水平，为增加粮食产量、提高品质、减少损耗、降低成本提供了强大的技术支撑。培养和造就了一大批水稻、小麦和玉米方面的科技人才及农民技术骨干。同时带动了粮食主产省乃至全国粮食生产水平的提高，为我国粮食安全和提高粮食产品的国际竞争力提供了技术储备。

三、显著的生态效益

在课题实施过程中，把农艺措施与生物技术有机地结合起来，不仅取得了巨大的经济效益和社会效益，还取得了显著的生态效益。精确施肥、稻田生态种养、秸秆还田、生物农药、农田重点污染土壤修复技术，减药控害、防病微生物菌剂、环境友好型化学信息调控等无公害生产技术以及土壤-作物营养时空有效性控制、高产条件下农田养分平衡调控、农田土壤有机定向培育、土壤养分流失控制、肥水高效协同共效、高效节水、土壤-作物营养高效实时监测等资源高效利用技术的推广应用，有利于减少农用化学品使用量、节约资源，为减轻农业生产对环境的约束起到了重要作用，为食物安全、人类营养和健康提供了良好保障。

第十章

“十二五”粮食丰产科技工程成效

第一节 总体完成情况

2016年7月21日，科学技术部组织有关专家在北京对“十二五”国家科技支撑计划项目“粮食丰产科技工程（2011BAD16B00）”进行了验收。验收专家组认真听取了项目组的汇报，审阅了相关验收资料，经过质疑和充分讨论，形成如下验收意见。

一是项目验收材料齐全，符合验收要求。

二是项目在主要粮食作物光热资源配置、个体群体均衡、强弱势粒协调、肥水高效利用等研究方面取得重要进展，形成了作物可持续超高产共性理论与关键技术，创新提出了三大作物不同生态区域的19套超高产技术模式及其栽培技术规程，在不同生态区创造了多点、较大面积、稳定达到超高产的攻关田创造多项超高产记录；组装了68套（批）具有地方区域特点的集成配套技术，化肥利用率与灌溉水利用率提高了10%以上，农药用量减少25%左右，每亩节本增效110元左右；开发了4种农户储粮新仓型和无公害杀鼠药剂，创新和示范应用粮食主产区农户储粮减损关键技术，示范农户储粮损失率减少70.6%，农户储粮减损20%以上，有效提高了三大粮食作物综合生产能力。

三是在13个粮食主产省累计建立核心试验区131万亩、技术示范区6 809万亩、技术辐射区68 905万亩，“三区”合计75 845万亩，累计增产粮食4 432万t，增加效益890亿元，比项目实施前三年增产10.27%。

四是获得国家专利授权199件，其中国家发明专利72件；完成企业标准4项，地方技术标准121项；研制新产品9个，作物新品种15个，计算机软件8项；建立试验基地194个，中试线12条，生产线19条；发表论文1 219篇，其中SCI、EI收录153篇；出版著作56部，共计1 636.8万字；获得各项奖励91项，其中，国家科技进步二等奖5项，省部级奖励88项；建设省（部）级粮食科技创新平台和科技团队17个，培养博士生216名、硕士生713名，学术带头人30多名。

五是共建立各级粮食丰产科技特派员工作站380多个，选派科技特派员11 000余名，实现了项目“三区”的全面覆盖。建立“企业+科研单位+推广单位+基地”“企业+基地”的产业一体化模式，促进粮食丰产科技成果的示范推广。在项目区各课题共举办各种技术培训班、培训会8 000余期次，培训技术员和农民群众75万余人次，发放技术资料300多万份。

第二节 “三区”建设与技术创新取得显著成效

一、“三区”建设成效显著

（一）“三区”面积稳步增长

项目实施五年来，水稻、小麦、玉米三大粮食作物在湖南、湖北、江苏、江西、四川、安徽、河南、河北、山东、吉林、黑龙江、辽宁、内蒙古13省份的204个县（市）累计建立核心试验区131.22万亩、技术示范区6 808.98万亩、技术辐射区68 904.88万亩，“三区”合计75 845.08万亩（表10－1）。

表10－1 2011—2015年国家粮食丰产科技工程“三区”建设面积（万亩）

年份	核心区	示范区	辐射区	合计
2011	18.01	1 307.52	13 485.22	14 810.75
2012	25.86	1 317.75	12 826.84	14 170.45
2013	29.92	1 367.81	13 373.08	14 770.81
2014	29.01	1 402.34	14 476.26	15 907.61
2015	28.42	1 413.56	14 743.48	16 185.46
合计	131.22	6 808.98	68 904.88	75 845.08

（二）“三区”增产增收效果明显提高

五年来，总增产达4 633.07万t，增收930.92亿元。其中2011年，“三区”增产粮食814.84万t，单产比前三年平均值增加9.28%，增加效益163.69亿元，共性课题增产22.58万t、增加经济效益4.52亿元，两项总计增产837.42万t，增加经济效益168.21亿元；2012年，“三区”合计14 170.45万亩，增产粮食694.70万t，单产比前三年平均值增加8.61%，增加效益139.55亿元，共性课题增产15.16万t、增加经济效益3.07亿元，两项总计增产709.86万t，增加经济效益142.62亿元；2013年，“三区”增产粮食876.46万t，单产比前三年平均值增加9.17%，增加效益176.06亿元，共性课题增产35.01万t、增加经济效益4.43亿元，两项总计增产911.47万t，增加经济效益180.49亿元；2014年，“三区”增产粮食1 076.13万t，单产比前三年平均值增加11.13%，增加效益216.18亿元，共性课题增产14.90万t、增加经济效益3.49亿元，两项总计增产1 091.03万t，增加经济效益219.67亿元；2015年，“三区”增产粮食969.76万t，单产比前三年平均值增加9.78%，增加效益194.81亿元，共性课题增产110.53万t、增加经济效益25.12亿元，两项总计增产1 080.29万t，增加经济效益219.93亿元（表10－2）。

表 10-2 2011—2015 年粮食丰产科技工程项目区增产增效统计表

年份	项目区	增产粮食（万 t）	单产比前三年平均值增产率（%）	增加效益（亿元）
2011	“三区”	814.84	9.28	163.69
	共性课题	22.58		4.52
2012	“三区”	694.70	8.61	139.55
	共性课题	15.16		3.07
2013	“三区”	876.46	9.17	176.06
	共性课题	35.01		4.43
2014	“三区”	1 076.13	11.13	216.18
	共性课题	14.90		3.49
2015	“三区”	969.76	9.78	194.81
	共性课题	110.53		25.12

全国同期粮食生产相比，2011 年全国粮食面积 16.58 亿亩、粮食总量 5.71 亿 t；2012 年全国粮食面积 16.69 亿亩、粮食总量 5.89 亿 t；2013 年全国粮食面积 16.68 亿亩、粮食总量 6.04 亿 t；2014 年全国粮食面积 16.91 亿亩、粮食总量 6.07 亿 t；2015 年全国粮食面积 17.00 亿亩、粮食总量 6.21 亿 t。2008—2010 年全国亩产平均为 328.8 kg。“十二五”国家粮食丰产科技工程项目实施以来（2011 年、2012 年、2013 年、2014 年、2015 年），“三区”面积占全国粮食面积的 9.04%，增产粮食占全国（2008—2010 年三年平均）增产粮食的 18.41%，亩增产量是全国（2008—2010 年三年平均亩产）平均亩增产量 28.7 kg 的 2.04 倍（表 10-3）。

表 10-3 2011—2015 年国家粮食丰产科技工程“三区”粮食增产与全国比较

区域	粮食面积（亿亩）	增产量（万 t）	每亩增产（kg）
“三区”	7.58	4 431.90	58.43
全国	83.86	24 067.82	28.7

注：增产量均为与前三年（2008—2010 年）平均值相比的增产数量。全国数据采自农业农村部种植业信息网。

二、共性关键技术与集成示范取得新突破

（一）超高产理论及超高产攻关田建设取得突破性进展

1. 主要粮食作物可持续超高产共性理论与关键技术新突破 在三大作物可持续超高产共性理论上取得重要进展，形成了以作物光热资源配置、个体群体均衡和强弱势粒协调为核心的超高产共性理论；阐明了主要粮食作物对区域水热变化的响应与适应机制，提出了作物高产与水肥高效协同的耕作栽培调控途径；明确了主要粮食作物增密减氮、窄行匀播等群体优化、扩库增源的个体群体均衡调控途径；揭示了作物强弱势粒灌浆差异的机理，提出了促

进弱势粒灌浆的调控途径；在作物超高产形成和高产与优质协同调控的酶学机制、激素机理等生理生态研究取得了突破，丰富和发展了超高产理论，为超高产技术创新集成和应用提供了理论依据。运用可持续超高产的共性理论与关键技术，集成创新了三大作物不同生态区域的 19 套超高产技术模式及其栽培技术规程。其中，东北一熟区春玉米可持续超高产模式及其栽培技术体系 5 套；东北平原一熟区水稻可持续超高产模式及其栽培技术体系 2 套；华北平原小麦-玉米周年可持续超高产模式及其栽培技术体系 5 套；水稻-小麦周年可持续超高产模式及其栽培技术体系 5 套；双季稻周年可持续超高产模式及其栽培技术体系 2 套。应用集成的技术模式及其栽培技术体系，在定位攻关试验基地的 18 块攻关田（面积1 282亩）实施，创造出一批可持续超高产纪录典型，攻关田和示范田产量达到考核指标。

2. 小面积试验攻关田超高产　春玉米在内蒙古自治区巴彦淖尔超高产攻关田连续5 年超过 1 100 kg/亩，最高产量为 1 254.1 kg/亩，超过预期指标；华北麦玉一年两熟在山东汶口和河南浚县超高产攻关田周年产量连续 5 年超过 1 450 kg/亩，最高产量分别为2 010.8 kg/亩和 1 613.0 kg/亩，超过预期指标；稻麦两熟在江苏连云港东海农场超高产攻关田周年产量连续 4 年超过 1 400 kg/亩，最高产量为 1 547.3 kg/亩，超过预期指标；单季稻在辽宁沈阳超高产攻关田周年产量连续 3 年超过 850 kg/亩，最高产量分别为 866.2 kg/亩，达到预期指标。

3. 三大作物区域百亩方超高产　春玉米在内蒙古高产优势区赤峰百亩方连续 3 年超过 1 000 kg/亩，最高产量为 1 158.8 kg/亩，达到春玉米 1 000 kg/亩的产量指标；华北地区在山东汶口百亩示范田小麦-玉米周年产量连续 5 年超过 1 350 kg/亩，最高产量为1 545.2 kg/亩，其中小麦产量 684.5 kg/亩，玉米产量 860.7 kg/亩，达到小麦-玉米周年产量 1 350～1 400 kg/亩的产量指标；稻麦两熟在江苏连云港东海农场百亩示范田小麦水稻周年产量连续 4 年超过 1 300 kg/亩，最高产量为 1 469.3 kg/亩，其中小麦产量 651.8 kg/亩，水稻产量 817.5 kg/亩，达到稻麦周年产量 1 300 kg/亩的产量指标；双季稻两熟在浙江江山百亩示范田双季稻周年最高产量为 1 403.2 kg/亩，其中早稻产量 672.6 kg/亩，晚稻产量 730.6 kg/亩，超过双季稻周年产量 1 350 kg/亩的产量指标；东北中稻在辽宁沈阳百亩示范田单季稻产量连续 3 年超过 800 kg/亩，最高产量为 842.7 kg/亩，达到中稻产量 800 kg/亩的产量指标。

（1）长江中下游平原　湖南、湖北、江西、江苏、四川、安徽六省在兴化、湘乡、南昌、武穴、泸县、凤台等县（市）各布置了 50 亩以上连片的水稻、小麦（安徽）超高产攻关田。2015 年，湖南省 300 亩超高产攻关田平均亩产达到 1 258.3 kg，核心区平均亩产 1 133.4 kg，比前三年平均增产 11.0%～11.4%。2015 年，湖北省在襄州、武穴、监利双季稻超高产攻关田产量达 1 273 kg/亩、中稻超高产攻关田产量达 832 kg/亩，核心试验区平均亩产 716 kg，比前三年平均亩产增幅 8.75%。安徽省针对沿淮江淮稻麦连作地区气候特点，以水稻高产栽培技术和小麦高产栽培技术为基础，将各种高产技术进行集成、组装，形成适合江淮地区稻麦连作的超高产栽培技术，2014—2015 连续两年实现稻麦连作亩产 1 300 kg 的产量目标；针对以“旱、涝、渍、瘦、僵”为主要特点的砂姜黑土开展研究，研究建立了砂姜黑土地区小麦持续丰产综合技术体系，在国家粮食丰产工程项目区蒙城、涡阳、太和三县的100亩超高产攻关田连续多年均超过亩产650 kg指标，创造了万亩平均亩产641.4 kg，高产田块亩产达到771.8 kg的超高产典型；加强推广机插平衡栽培技术的运用，并以该技术创造了稻麦复种下杂交中籼水稻机插亩产800.5 kg高产纪录。江西省集成了双季稻全程机械化生产栽培技术，应用该技术2014年和2015年在鄱阳县鸦鹊湖乡连续创造了双季稻亩产1 297.4 kg和1 335.2 kg的高产纪录，江西日报对此进行了头版报道。江苏省深入开展水稻超高产理论创新与实用栽培模式攻关研究，不仅兴化、高邮、海安、如东、江苏农垦、丹阳等地百亩连片毯状小苗机插创造了亩产超800 kg的实绩，还在兴化核心试验基地上以钵苗机插栽培创造了百亩方平均亩产987.8 kg的高产实绩；加强与其他省份之间的合作交流，探索开展“籼改粳”技术，在江西上高基地获得百亩连片双季晚粳亩产超750 kg，安徽白湖农场等地单季粳稻亩产超1 000 kg的实绩；同时在水稻钵苗机插超高产栽培攻关获得新突破，该技术的应用在2015年6—7月多种灾害叠加情况下，兴化基地稻麦两熟制条件下百亩攻关平均亩产达987.8 kg，最高田块亩产达1 017.7 kg，创造了同一方土地上连续4年亩产超900 kg的纪录。四川省在泸县140亩核心区超高产攻关田，通过以三角形强化栽培为核心，强化病虫统防统治的杂交中稻-再生稻的高产栽培技术，中稻＋再生稻两季平均产量为1 105.30 kg/亩，超过目标产量的22.81%。

（2）黄淮海平原 河南、河北和山东三省在浚县、藁城、莱州等县（市）共建立玉米、小麦超高产田40个。河南通过不断开展小麦-玉米一体化高产高效技术集成研究与创新，2015年小麦-玉米两熟亩产达到1 585.8 kg，连续五年实现一年两熟亩产超吨半粮。2015年，鹤壁核心区百亩攻关田实打小麦亩产773.0 kg，万亩核心区亩产655.2 kg；西平示范县百亩攻关田实打小麦亩产769.4 kg，千亩核心区亩产686.9 kg，这是继2009年50亩连片小麦亩产751.9 kg以来的又一高产纪录，标志着河南项目区小麦超高产攻关研究整体迈上新台阶。2015年河北省大名和新乐两地的百亩高产攻关田冬小麦亩产超过680 kg；地处黑龙港区的深州市亩产达到676.18 kg，实现了河北省旱薄区冬小麦单产水平的新突破；6块百亩高产攻关田夏玉米亩产达到700 kg以上产量水平，新乐和深州2个示范县的2块百亩方平均亩产均达到或突破850 kg，其中深州亩产达到880.96 kg，再次创河北省夏玉米大面积单产新纪录；2015年山东省烟农1212也创造出809 kg/亩的高产典型。

（3）东北平原 辽宁、吉林、黑龙江和内蒙古四省份在建平、东辽、乾安、农安、公主岭、通辽等17个县（市）共建立了15个春玉米超高产攻关田、11个水稻超高产攻关田和内蒙古小麦超高产攻关田。黑龙江省在五常、绥化北林区建设水稻高产攻关田1 100亩，2015年亩产达到754.2 kg；辽宁省建设玉米超高产田295亩，2015年最高产量达到1 130.6 kg/亩，水稻超高产田100亩，2015年最高产量达到863.1 kg/亩；内蒙古开展了玉米全程机械化模式示范，提高了整地、播种、植保和肥料管理质量，有效提高了群体整齐度，增产优势明显，平均产量为857.7 kg/亩，较普通模式（793.5 kg/亩）亩增收64.2 kg。

（二）“三节”高产调控技术取得突破，推广示范成效突出

通过技术研制，集成河北小麦-玉米周年高效用水农艺补偿高产技术体系、河北春玉米一熟节水高产技术、河南小麦-玉米轮作区高产农田耕层调控技术、河北及河南小麦-玉米节

肥高效综合施肥技术、吉林玉米主产区三节高产技术、山东小麦-玉米两熟区三节高产技术、湖南双季稻区三节高产技术 7 套，并进行示范推广，在东北增产 1.2 万 t，增产率 6.8%；河北增产 2.5 万 t，增产率 10.1%；河南增产 11.4 万 t，增产率 7.4%；山东增产 1.2 万 t，增产率 6.8%；湖南增产 1.5 万 t，增产率 5.3%，均达到考核指标要求（表 10-4）。

表 10-4 “三节”高产调控技术集成与示范

地区	面积（万亩）	总产（万 t）	增产（%）	增产量（万 t）
东北	29.0	18.4	6.8	1.2
河北	29.0	26.0	10.1	2.5
河南	139.4	172.7	7.4	11.4
山东	28.4	17.9	6.8	1.2
湖南	22.6	23.0	5.3	1.5

通过“三节”集成技术的示范推广，总体提升了农民节约资源的意识，大幅度减少水分和肥料消耗，保护和节约地下水资源；大幅度提高自然降水利用率，改善土壤耕层结构，培肥地力，实现耕地资源的使用与保护相结合；促进低碳、低能耗、可持续农业的发展，实现粮食高产与农业节能减排的密切耦合，项目区化肥和灌溉水利用率分别提高 10%以上、农药用量减少 20%以上（表 10-5），达到考核指标要求。

表 10-5 项目实施 5 年间的生态效益

地区	项目实施效果
东北	示范区土壤有机质呈上升趋势；土壤含水率平均提高 1.84 个百分点，水分利用效率提高 10.2%；化肥利用率提高 12.7%；土壤风蚀量降低 13.3%，水蚀量降低 21.74%；秸秆还田率达到 30%
河北	通过“高产作物农艺补偿节水技术”的推广示范，小麦-玉米周年单产提高了 10%左右，水分利用效率提高 10%～15%，并通过推广施用有机肥，秸秆还田和深松技术，大幅改善土壤结构和减少环境污染；通过“华北春玉米节水高产综合调控技术”的推广示范，在项目实施 5 年间，相对于当地小麦-玉米模式，节约地下水 1.62 万 t
河南	5 年间，项目区小麦玉米周年产量平均提高了 7.4%，水分利用效率提高了 12%、肥料利用效率提高 8.2%、秸秆资源的综合利用率达 95%以上，土壤有机质含量提高到 1.4%以上，亩收益提高 10%以上
山东	在项目区通过小麦-玉米节水省肥高产高效技术的示范实施，5 年间，小麦-玉米周年产量平均增产 7.5%以上，肥料和水分利用效率分别提高 8%～12%
湖南	项目示范区经测算覆盖作物还田每年能替代约 11.4%的双季稻田氮肥用量；秸秆还田平均每亩可节约氮肥 1.2 kg，相对于当地习惯施肥，施用量减少了 5.3%

（三）农户储粮减损技术取得创新，推广示范效果显著

粮食主产区农户储粮减损关键技术创新与研究开发了 4 种农户储粮新仓型，包括与农村粮食物流相衔接的“蜂窝板折叠箱式物流仓”（装粮约 0.5 t），适用于大农户安全水分水稻、小麦储藏的小型钢板仓（50 t 级），适用于大农户高水分玉米穗储藏的“大型组合式自然通

风玉米果穗储粮仓”和“钢骨架中空六棱柱仓”（70 t 级），可满足 20 亩土地左右大农户储粮需求；完善了 2 种前期开发仓型彩钢板组合仓和钢骨架矩形仓，解决了目前农村储粮装具原始简陋、储粮损失大的迫切问题。

研制了 2 种农户用无公害杀鼠药剂。胆钙化醇杀鼠剂可作为现有杀鼠剂的轮换产品，具有低毒、环保、安全、无二次中毒的特点，符合农村储粮鼠害绿色防治要求。完成了原药与制剂的临时登记，是我国首个批准登记的以胆钙化醇为有效成分的杀鼠剂，填补无公害环保储粮及有机产品加工储藏运输过程中鼠害治理需求的国内空白，具有重大的创新性。新贝奥生物灭鼠剂，是目前国内唯一取得的在农田、农舍、住宅等获得全面注册登记的生物灭鼠剂，其适口性强、起效快、投放方便、价格低廉，对生态环境及人畜等安全，可有效抑制鼠类子代出生，抗生育能力强。

通过技术的开发与示范推广，使示范户农户储粮损失率减少 70.6%。其中，示范农户储粮害虫造成的损失率降低 74.3%；鼠害造成的粮食损失降低 69.9%；粮食霉变损失率降低 53.8%；降低了农户用袋式干燥设备干燥后水稻、玉米的爆腰率增加值和惊纹率；降低了农户用袋式干燥设备干燥能耗成本，水稻 5.0 元/t，小麦 5.0 元/t，玉米 6.5 元/t，电费按照 1 元/kWh 计算，同时实现了不同品种、不同水分粮食的同时干燥，达到了农户储粮减损 20%以上的考核指标。

三、区域特色技术进一步提升

（一）总体进展良好

在三大平原，13 个示范课题已组装了具有地方区域特色的集成配套技术 68 套，将三大作物已有单项技术进行优化集成，组装出一批具有地方区域特色的三大作物高产优质高效生态安全栽培技术体系，并在项目区大面积推广示范，起到极好的引领示范效果。其中长江中下游平原六省集成水稻（安徽小麦）配套技术 42 套，华北平原三省集成冬小麦、夏玉米及其一体化配套技术 10 套，东北平原四省集成春玉米、水稻、小麦配套技术 16 套。项目实施结果表明，国家粮食丰产科技集成配套技术在生产中的应用，显著提高了三大作物综合生产能力，化肥利用率与灌溉水利用率提高了 10%以上，农药用量减少 25%左右，每亩节本增效 110 元左右，有效促进了肥水资源的高效利用，减少了环境污染，达到考核指标要求。

（二）区域技术创新与集成有了新提高

各区域关键技术集成见表 10－6。

1. 长江中下游平原 湖南、湖北、江苏、江西、四川、安徽六省根据不同地区的生态特点，研究提出了 42 套水稻、小麦（安徽）优化集成模式。例如，各省份围绕机械化生产集成了水稻“三双两大”全程机械化生产技术体系（湖南），双季稻“双大”机插栽培技术体系（湖南），双季稻“大苗壮秧”机插栽培技术（湖南），双季稻全程机械化关键技术（湖南），鄂中北稻麦全程机械化周年高产技术集成与示范（湖北），苏北地区中粳机插高效栽培技术体系（江苏），苏北地区中粳抛秧丰产高效栽培技术体系（江苏），苏中地区中粳机插与抛秧丰产高效栽培技术体系（江苏），苏中地区晚粳机插与抛秧丰产高效栽培技术体系（江苏），工厂化育秧机插稻丰产优质高效精确农艺技术体系（江苏），机直播稻丰产优质高效栽培技术体系（江苏），双季稻机械化生产技术模式（江西），杂交稻机械化育插秧栽培技术（四川），直播稻高产栽培技术（四川），以机插为核心的安徽江淮水稻轻简高效技术体系集成研究与示范（安徽）15 套技术体系；围绕中低产田改良集成了湖区中低产田水稻平衡增产栽培集成技术和稻田固定厢沟免耕术集成技术（湖北），高产高资源利用低污染生产（两高一低）技术（江西），中低产田高产栽培技术（江西）3 套技术体系；围绕小麦增产、高产集成了淮北旱茬小麦丰产高效技术体系集成研究与示范（安徽），江淮稻茬小麦丰产高效技术体系集成研究与示范（安徽）2 套技术体系；围绕水稻增产高产集成了早直晚抛早熟安全配套技术体系（湖南），稻田固定厢沟免耕关键技术创新与集成示范（湖北），免耕稻田氮肥深施节肥高效栽培技术研究与示范（湖北），“早直晚抛”高产栽培技术研究与大面积示范（湖北），双季稻“两高一低”（高产高资源利用低污染）综合栽培技术（江西），双季稻超级稻光能高效利用栽培技术模式（江西），超级稻高产栽培关键技术（四川），杂交中稻超高产强化栽培技术（四川），杂交稻根蘖优化及定抛栽培技术（四川），再生稻高产高效栽培技术（四川），杂交稻水肥耦合机理及其丰产节水节肥技术研究与应用（四川），丘陵区杂交稻抗逆减损稳产高效栽培技术（四川），沿淮优质粳稻丰产高效技术体系集成研究与示范（安徽），江淮杂交中稻丰产高效技术体系集成研究与示范（安徽）14 套技术体系；以合理利用光热资源为核心集成了长沙地区烟后晚稻高产高效安全生产栽培技术体系（湖南），马铃薯双季稻水旱轮作高产关键技术（湖南）2 套技术体系；以及稻田生态种养无公害优质稻米生产模式示范（湖北）技术体系。

2. 黄淮海平原 河南、河北、山东三省针对小麦、玉米平衡增产与光、热、水等资源紧张的矛盾，研究提出了 10 套小麦、夏玉米及小麦-玉米一体化的技术集成模式。例如，华北平原黄淮南部（河南省）根据不同地域特点集成了豫北灌溉区小麦玉米两熟高产高效集成技术体系、豫中补充灌区小麦玉米丰产高效技术体系、豫南雨养区小麦玉米两熟丰产高效一体化技术模式及小麦玉米两熟持续高产关键共性技术体系，为课题小麦-玉米两熟节本增效、抗逆高产提供了支撑。海河平原（河北省）根据当地水资源紧张的突出特点，提出太行山山前平原区小麦玉米两熟高产节水节肥技术体系、低平原中南部小麦玉米两熟丰产节水节肥技术体系和低平原东北部小麦玉米两熟节水丰产高效技术示范等技术模式，达到节水节肥丰产的良好应用效果。黄淮东部（山东）根据区域特点集成鲁中半干旱区小麦玉米丰产高效生产技术模式，鲁西沿黄平原区小麦、玉米持续高产增效生产技术模式和鲁东丘陵区小麦玉米稳产增效生产技术体系，为小麦、玉米持续高产提高技术依据。

3. 东北平原 吉林、黑龙江、辽宁、内蒙古四省份针对阶段性干旱、土壤肥力下降、种植技术粗放、玉米商品品质差等问题，以高产、优质、节水、抗病、机械化和可持续发展为目标，研究提出了 16 套玉米、水稻优化集成模式。围绕水稻持续高产、丰产集成了黑龙江省第一积温区水稻优质高产栽培技术集成与示范、黑龙江省第二积温区水稻优质高产栽培技术集成与示范、东北平原中部（吉林）水稻丰产优质高效技术等 4 套技术体系；围绕玉米持续丰产高产集成了东北平原中部（吉林）春玉米丰产高效技术、三江平原玉米抗低温高产标准化技术、辽南湿润区玉米持续高产技术集成创新与示范、玉米覆膜节水增效技术示范等 11 套技术体系。

表 10-6 区域关键技术

地区	作物类型	数量（套）	地区	作物类型	数量（套）
湖南	水稻	9	河北	小麦-玉米两熟	3
湖北	水稻	9	山东	小麦-玉米两熟	3
江苏	水稻	6	辽宁	水稻	1
				玉米	3
江西	水稻	5	吉林	水稻	1
				玉米	3
四川	水稻	8	黑龙江	水稻	2
				玉米	3
安徽	水稻	3	内蒙古	小麦	1
	水稻-小麦两熟	2		玉米	2
河南	小麦-玉米两熟	4			

第三节 项目综合效益

一、项目产生的直接效益

（一）总体经济效益

国家粮食丰产科技工程项目始终遵循农业科技攻关任务来源于生产、成果服务于生产、发展依赖于生产的原则，以提高粮食综合生产能力为根本目标，在项目实施过程中，本着边技术攻关、边集成研究、边示范推广“三步并作一步走”的原则，大力开展最新科技成果的转化和示范推广，建立了三大作物持续高产高效技术成果转化推广模式，创造了显著的经济效益，13 个粮食项目省“三区”累计建设面积达到了 75 845 万亩，共计增产粮食 4 432 万 t，平均每亩比项目实施前三年平均增产 58.43 kg，单产比前三年增加 10.27%，达到项目指标要求。

粮食丰产科技工程项目五年的实施，在湖南、湖北、江苏、江西、四川、安徽、河南、河北、山东、吉林、黑龙江、辽宁、内蒙古十三省份合计建立水稻、小麦、玉米三大粮食作物核心试验区 131.22 万亩、技术示范区 6 808.98 万亩、技术辐射区 68 904.88 万亩。通过选用良种、集成和组装各类先进实用技术和模式并示范推广，取得了明显的成效，共计增加经济效益 890 亿元。2011—2015 五年的粮食丰产科技工程项目“三区”与全国同期粮食生产相比，亩增产量是全国（2008—2010 三年平均）平均亩增产的 2.04 倍以上，比项目前三年增产 10.27%，有效地带动了粮食主产省乃至全国粮食生产水平的提高，为保障我国粮食安全、提高粮食产品的国际竞争力提供了技术储备。

（二）各作物直接经济效益

三大作物增效分析见表 10-7。

1. 水稻 项目在湖南、湖北、江苏、江西、安徽、四川、吉林、黑龙江、辽宁九省建立水稻核心试验区、技术示范区和技术辐射区合计达 36 609.75 万亩，共计生产水稻 25 262.02万 t，增产水稻 2 042.26 万 t，平均亩增产 55.78 kg，增幅为 8.80%，增加经济效益 410.83 亿元。

2. 小麦 项目在河南、河北、山东、安徽、内蒙古五省份建立核心试验区、技术示范区和技术辐射区合计达 14 970.97 万亩，增产小麦 884.44 万 t，平均亩增产 59.08 kg，增幅为 13.57%，增加经济效益 187.15 亿元。

3. 玉米 项目在河南、河北、山东、吉林、黑龙江、辽宁、内蒙古七省份建立核心试验区、技术示范区和技术辐射区，达 24 264.37 万亩，增产玉米 1 505.21 万 t，平均亩增产 62.03 kg，增幅为 11.22%，共计增加经济效益 292.31 亿元。

表 10-7 三大作物增效分析

作物类型	水稻	小麦	玉米
"三区"面积（万亩）	36 609.75	14 970.97	24 264.37
增产量（万 t）	2 042.26	884.44	1 505.21
增幅（%）	8.80	13.57	11.22
增效（亿元）	410.83	187.15	292.31
核心区面积（万亩）	73.93	17.04	40.26
核心区增产（万 t）	7.77	1.69	9.58
核心区亩增产（kg）	105.11	98.95	237.89
示范区面积（万亩）	3 269.93	1 388.15	2 150.90
示范区增产（万 t）	271.85	102.18	172.74
示范区亩增产（kg）	83.14	73.61	80.31
辐射区面积（万亩）	33 265.89	13 565.78	22 073.21
辐射区增产（万 t）	1 762.63	780.57	1 322.90
辐射区亩增产（kg）	52.99	57.54	59.93

二、项目产生的间接效益

在本项目实施过程中，通过筛选和推广优良品种，集成、组装各类先进技术和模式，显著提高了粮食作物的栽培技术水平和储藏减损技术水平，为增加粮食产量、提高品质、减少损耗、降低成本提供了强大的技术支撑。本项目建立的核心区、示范区和辐射区农田生产生态条件已得到明显改善，项目区三大作物生产的科技含量和农民种田的科技水平都获得了明显提高，打造了一批重要的粮食生产核心产区，必将为这些区域粮食持续增产，并为我国粮食产量稳定增长提供可借鉴和可复制的示范样板。

（一）粮食丰产科技工程的实施引领各省份粮食丰产科技的进步

粮食丰产科技工程在三大平原项目区践行“科技助推粮食丰产”的理念和宗旨，在项目实施过程中注重稻麦生产关键技术攻关与综合技术集成创新和技术推广模式创新，着力推进科技成果的转化和示范推广，为我国粮食生产“十二连丰”作出了突出贡献。

湖南、湖北、安徽、江苏、江西、四川以机械化生产、中低产田改良、小麦增产高产、水稻增产高产、合理利用光热资源为核心集成了42套关键技术；河南、河北、山东针对小麦、玉米平衡增产与光、热、水等资源紧张的矛盾，研究提出了10套小麦、夏玉米及小麦-玉米的技术集成；吉林、黑龙江、辽宁、内蒙古针对阶段性干旱、土壤肥力下降、种植技术粗放、玉米商品品质差等问题，以高产、优质、节水、抗病、机械化为目标，并通过科技特派员与企业参与的模式进行示范推广，提高我国粮食产量的同时促进相关科学技术的快速发展。

（二）国家粮食丰产科技工程的实施促进各省份农业生态的改良

在国家粮食丰产科技工程实施过程中，湖南利用蜂、蛙、灯等病虫害防治模式种植水稻，有效预防并控制水稻田间二化螟、稻纵卷叶螟、稻螟蛉、稻飞虱、稻苞虫、黏虫等虫害，有利于农田生态环境的良性循环，同时降低稻米中农药残留，生产出的稻米品质好、口感佳，提升了我国稻米加工原粮的品质，对于提高稻米加工企业乃至我国水稻产业的国际竞争力具有重要的推动作用。通过轻简高效栽培、秸秆还田和无公害土肥植保等技术的研究和应用，显著改善了四川农田生态环境，有利于水土资源利用、减少水土流失、培肥地力。河北“三区”采用的节水高产技术体系中的施肥量比常规种植基本相同或略降低，而每亩灌水量减少50～60 m^3，用种量和用工量也比常规技术体系有所减少，对缓解河北省的缺水状况，延缓因缺水而造成的一系列生态问题的发展，具有重要的生态意义和社会意义。辽宁省通过利用高产、优质、多抗的玉米和水稻新品种，在病虫害防治上以生物防治和化学防治相结合，减少农药使用量，减少农药对生态环境的污染和在粮食中的残留；采用高效平衡施肥技术，增施有机肥，实施秸秆还田，减少化肥的使用量，减少环境污染；采用综合节水技术，提高水资源利用效率，对保持农业的可持续发展具有重要意义。

项目实施期间东北示范区土壤有机质呈上升趋势；土壤含水率平均提高1.84个百分点，水分利用效率提高10.2%；化肥利用率提高12.7%；土壤风蚀量降低13.3%，水蚀量降低21.74%；秸秆还田率达到30%。河北省通过高产作物农艺补偿节水技术的推广示范，小麦-玉米周年单产提高了10%左右，水分利用效率提高10%～15%，并通过推广施用有机肥、秸秆还田和深松技术，大幅改善土壤结构并减少环境污染；通过华北春玉米节水高产综合调控技术的推广示范，在项目实施5年间，相对于当地小麦-玉米模式，节约地下水1.62万t。5年间，河南省项目区小麦-玉米周年产量平均提高了7.4%，水分利用效率提高了12%、肥料利用效率提高8.2%、秸秆资源的综合利用率达95%以上，土壤有机质含量提高到1.4%以上，亩收益提高10%以上。山东省项目区通过小麦-玉米节水省肥高产高效技术的示范实施，小麦-玉米周年产量平均增产7.5%以上，肥料和水分利用效率分别提高8%～12%。湖南省项目示范区经测算覆盖作物还田每年能替代约11.4%的双季稻田氮肥用量；

秸秆还田平均每亩可节约氮肥 1.2 kg，相对于当地习惯施肥，施用量减少了 5.3%，生态效益显著。

（三）国家粮食丰产科技工程推进储粮设施的改进，减少农民损失

研制完善的农户粮仓被国家农户科学储粮专项采用，解决了目前农村储粮装具原始简陋、储粮损失大的现实问题，为《农户科学储粮专项建设规划》的实施提供了重要的技术支撑。其彩钢板组合仓具有经济、美观、实用的优点，结合农户科学储粮专项，从 2011—2015 年，共在全国 26 个省份推广应用了新型彩钢板组合仓 498.7 万套，可储存粮食 497.9 万 t，合计为农户减少粮食损失 104.9 万 t，增加直接经济效益 27.3 亿元。JSWG 系列仓型已在东北地区农户科学储粮专项工程中推广应用，2011—2015 年推广 87.5 万套，可储存粮食 450.6 万 t，共减少玉米损失 84.3 万 t，合计直接增加农民收入 18.9 亿元；斗式玉米穗装粮机已推广应用 2 000 多台；JSWZ 系列大农户储粮仓已应用推广了 10 多套，能够满足规模化玉米种植户的储粮需求。

袋式干燥系统已投入生产应用，已推广 15 t 规格袋式干燥系统 2 套，2013—2014 年干燥水稻种子 60 t，干燥水稻 300 t；2014 年，开发的 5P 高效热源推广应用于就仓干燥，推广 10 台，干燥水稻 1 000 t，节约干燥成本 6 万元，2015 推广 21 台，应用于 2015 年度秋季收获干燥水稻，深受种粮大户欢迎。同时建立了无公害防鼠药剂生产线 2 套，年生产能力超过 4 000 t。

第四节 建设与实施管理新发展

一、基地建设不断加强

依托粮食丰产科技工程 13 个示范课题和 3 个共性课题，在三大平原共建立 194 个试验基地、12 条中试线及 19 条生产线。其攻关田面积 5 年累积达 4.67 万亩、核心区 5 年累积达 131.22 万亩、示范区 5 年累积达 6 808.98 万亩、辐射区累积达 68 904.88 万亩，共计增产 4 433.08 t，增效 890.49 亿元，为我国粮食增产作出突出贡献，并达到考核指标要求。

二、平台建设有新增长

加强示范推广的同时注重试验平台、创新团队的建设，以及高水平人才的培养，依托粮食丰产科技工程建立了国家“2011 计划”南方作物多熟制协同创新中心、水稻技术创新产业联盟、四川省水稻产业技术创新联盟、农业部西南作物生理生态与耕作重点实验室、安徽省小麦产业创新联盟、农业部小麦区域创新中心、长江中下游稻作技术创新中心（安徽）、安徽省小麦产业工程技术研究中心、安徽养分循环与资源环境省级实验室、农业部蒙城砂姜黑土土壤生态环境重点野外科学观测试验站等多个省级科技创新平台；组建成省级粮食丰产科技创新团队（7 个）、安徽省重点人才工程“115”产业创新团队等多个团队，其中尹钧教

授领衔的小麦研究团队被确定为教育部创新团队；项目实施5年中共培养了研究生929名，其中博士研究生216名、硕士研究生713名，为项目区各省培养了大量年轻粮食科技人才，继而为持续支撑国家粮食安全生产储备了丰富的智力资源，同时培养了30多名学术带头人，其中郭天财、尹钧教授先后入选中原学者，为我国粮食丰产科技发展作出巨大贡献。

三、科技特派员队伍建设成效显著

根据粮食丰产科技工程的总体要求，结合粮食科技工作实际，13个省份进一步加强了粮食丰产科技特派员工作，加强了粮食丰产科技特派员工作站建设和科技特派员的选派，“省、县、乡、村”四级粮食科技培训网络持续发挥作用，加强粮食科技创新、成果转化、传播和服务。截至2015年，13个省份共建立“省、市、县、乡”各级科技特派员工作站380多个，选派省、市级粮食科技特派员1 000余名，县（区）、乡级科技特派员10 000余名，实现了项目“三区”的全面覆盖。通过实施粮食丰产科技特派员行动计划，在项目区各课题共举办各种技术培训班、培训会8 000余期次，培训技术员和农民群众75万余人次，发放技术资料300多万份，将一大批粮食丰产技术迅速推广应用于生产实际中，有力地促进了丰产技术的普及与应用，保证了技术措施真正落实到位，提高了丰产技术在三大作物生产中的显示度和贡献率，为促进粮食生产提供强有力的科技支撑和示范样板。

四、企业参与，促进成果转化

粮食丰产科技工程项目实施以来，一直积极吸纳国内众多涉农企业广泛参与，按照粮食产业链发展要求，在产前、产中和产后服务上，大力加强了与种业公司、农业资料生产企业、农产品加工企业和农业机械制造企业的联系，建立了“企业＋科研单位＋推广单位＋基地”“企业＋基地”产业一体化开发模式，不仅促进当地及周边粮食科技进步与生产发展，而且使粮食丰产科技工程向产前和产后延伸，粮食丰产高效的内涵得到丰富和拓展。有效探索了企业参与农业推广服务及支农服务的形式与途径，实现了农业生产由“政府主导”向“市场主导”的转变，促进了农民增产增收。粮食丰产科技工程与涉农企业联合，促进了科技成果与农业生产资料的结合和物化，在企业将新产品推向市场的同时，工程研制的配套集成栽培技术体系随新型农机具和农资产品的销售实现了转化推广，不但显著提升了粮食丰产科技工程的实施水平，而且也提升了企业品牌价值和经济效益，实现了农民、政府、企业和科研部门的互利多赢。

粮食丰产科技工程（2004—2017年）总体成效

第一节　粮食丰产科技工程项目区粮食增产情况

一、粮食丰产科技工程项目区连续增产增效情况

（一）总体概括

1. 增产效应　实施粮食丰产科技工程以来，粮食主产区对我国的粮食安全保障作出了卓越贡献，2015年中国粮食产量实现了“十二连增”，我国粮食生产实现了十多年连续增产，粮食总产量由从2003年的4 307万t增加到了2015年的62 143.5万t。其中，河北、内蒙古、辽宁、吉林、黑龙江、河南、山东、安徽、江苏、江西、湖北、湖南、四川13个粮食主产省份的粮食种植总面积为8 108万hm^2，粮食总产量高达46 021.3万t。粮食主产区已经成为保障我国粮食安全的中流砥柱。

2. 技术变革　在粮食丰产科技工程实施过程中，通过筛选和推广优良品种，集成、组装各类先进技术和模式，显著提高了粮食作物的栽培技术水平和储藏减损技术水平，为增加粮食产量、提高品质、减少损耗、降低成本提供了强大的技术支撑。本项目建立的核心区、示范区和辐射区农田生产生态条件已得到明显改善，项目区三大作物生产的科技含量和农民种田的科技水平都得到了明显提高，打造了一批重要的粮食生产核心区，必将为这些区域粮食持续增产，以及带动我国粮食产量稳定增长提供可借鉴的示范样板。

（二）主产区三大粮食作物单产增产增效分析

1. 粮食主产区小麦单产水平　实施粮食丰产科技工程以来，一是粮食主产区和全国小麦平均单产水平都呈现平稳、快速增长趋势；二是粮食主产区河南、河北、山东、安徽、内蒙古五省份的小麦单产水平高于其他主产省份和全国平均亩产水平；三是2009年以来，河北、山东、河南、安徽等小麦主产区的平均单产水平上升快速，均超过全国小麦单产水平的上升速度（图11-1）。

2. 粮食主产区玉米单产水平　国家粮食丰产科技工程实施以来，一是全国玉米平均单产呈现稳定、缓慢增长趋势，而粮食主产区玉米平均单产水平呈现波动变化趋势；二是辽

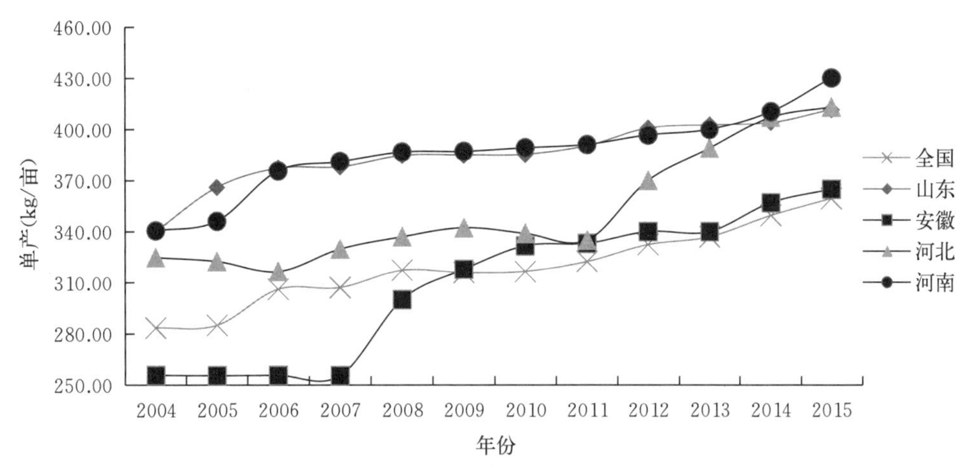

图 11 - 1　不同区域小麦平均单产变化

宁、山东、吉林三省玉米平均单产水平显著高于全国平均亩产水平，且呈现高位波动特征；三是 2013 年以来黑龙江玉米平均单产水平呈快速上升趋势；四是河南等省份的玉米平均单产水平增长缓慢（图 11 - 2）。

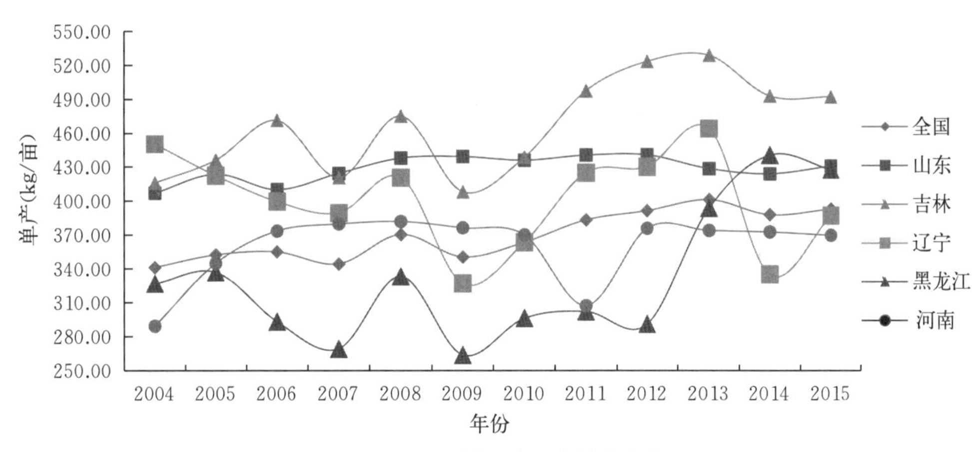

图 11 - 2　不同区域玉米单产变化

3. 水稻平均单产水平变化　水稻是我国的主要粮食作物，水稻种植面积和总产量分别占粮食作物面积和总产的 27.4%和 36.1%。我国是全球主要的水稻生产国，近年水稻面积占全球 18.5%，仅次于印度，水稻总产量占全球 27.7%，居全球首位，水稻单产高于全球平均单产 50%。实施粮食丰产科技工程以来，粮食主产区水稻主产省份和非主产省份的单产总体上均显著提高。从主产省份看，辽宁、江苏、四川、河南、吉林和湖北的水稻单产一直位于前列，且明显高于其他主产省份，黑龙江、湖北、吉林、江西和广西的水稻单产年均增长率位于前列。江苏、四川、安徽、江西、湖北、湖南等主产省份的水稻产量处于平稳上升趋势（图 11 - 3）。

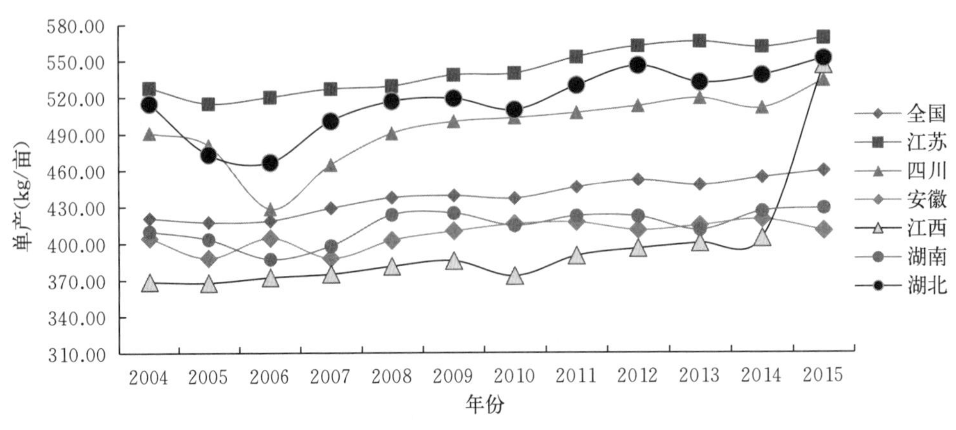

图 11-3 不同区域水稻平均单产变化

二、“一田三区”粮食单产的变化分析

（一）水稻平均单产水平变化

对粮食主产省份“一田三区”的作物单产水平均采用加权平均法进行计算得出湖南、湖北、四川三省水稻“一田三区”的平均单产变化（图 11-4、图 11-5、图 11-6）。显示出

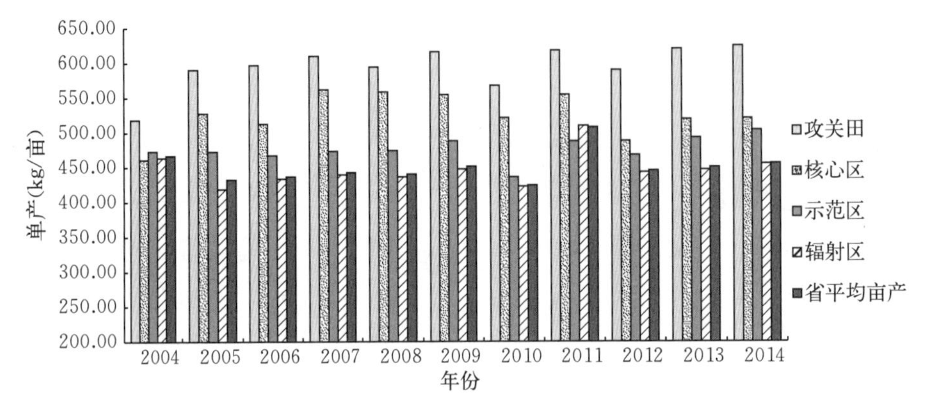

图 11-4 湖南“一田三区”水稻单产变化

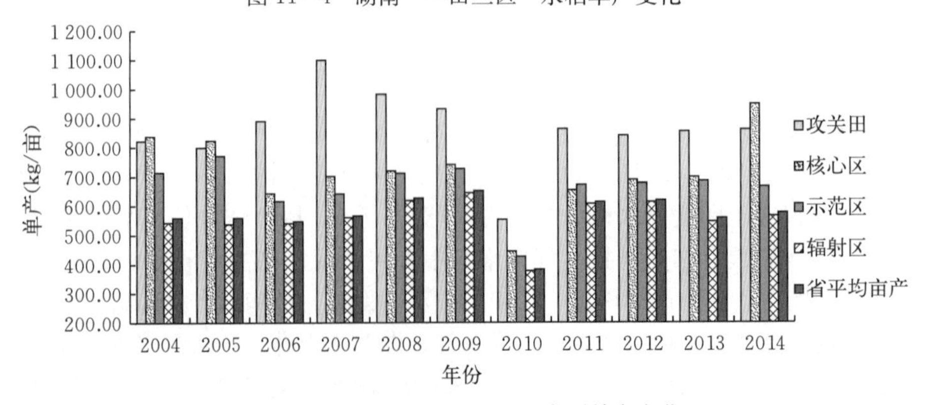

图 11-5 湖北“一田三区”水稻单产变化

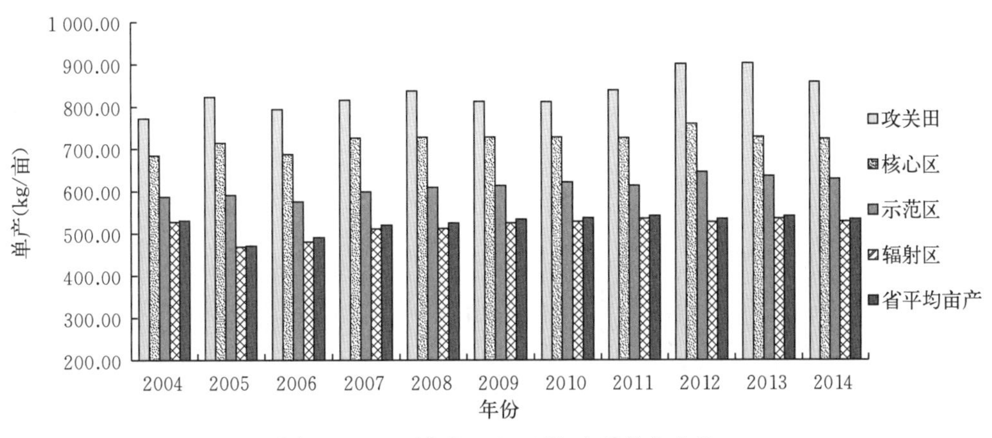

图11-6　四川“一田三区”水稻单产变化

如下特征：一是水稻单产水平在“一田三区”呈现显著的阶梯分布特征，这说明通过国家粮食丰产科技工程的实施粮食生产技术进步及成果应用效果显著；二是“一田三区”中的辐射区单产水平与该省份的平均单产水平相比未呈现显著优势，这说明粮食丰产科技工程实现的水稻生产进步技术应用效率不高，粮食丰产技术扩散及应用程度相对滞后。

（二）粮食主产区小麦单产水平

图11-7、图11-8分别是河北、山东两省小麦“一田三区”的平均单产变化，显示出如下特征：一是小麦单产水平在“一田三区”呈现显著的阶梯分布特征，这说明通过国家粮食丰产科技工程的实施粮食生产技术进步及应用成果显著；二是“一田三区”中的攻关田、核心区单产水平显著高于示范区、辐射区，这也说明国家粮食丰产科技工程实现的小麦生产进步技术应用效率不高，粮食丰产技术扩散及应用程度相对滞后。

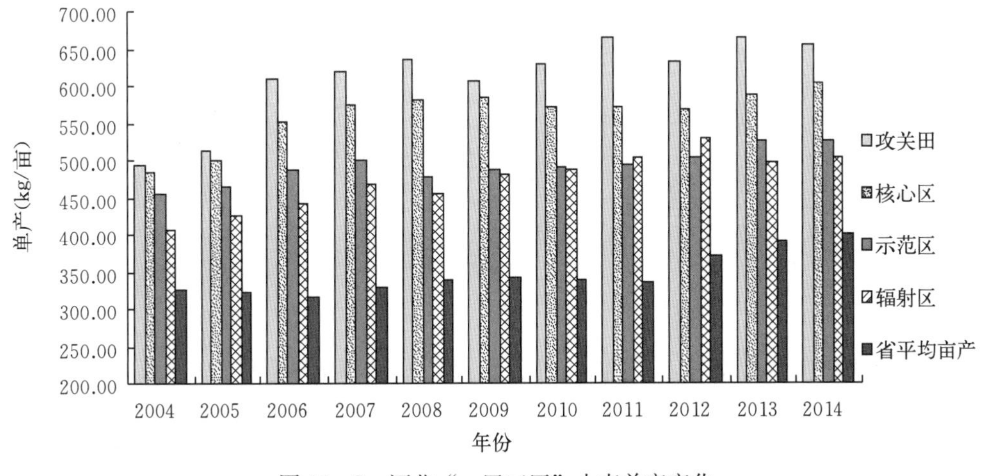

图11-7　河北“一田三区”小麦单产变化

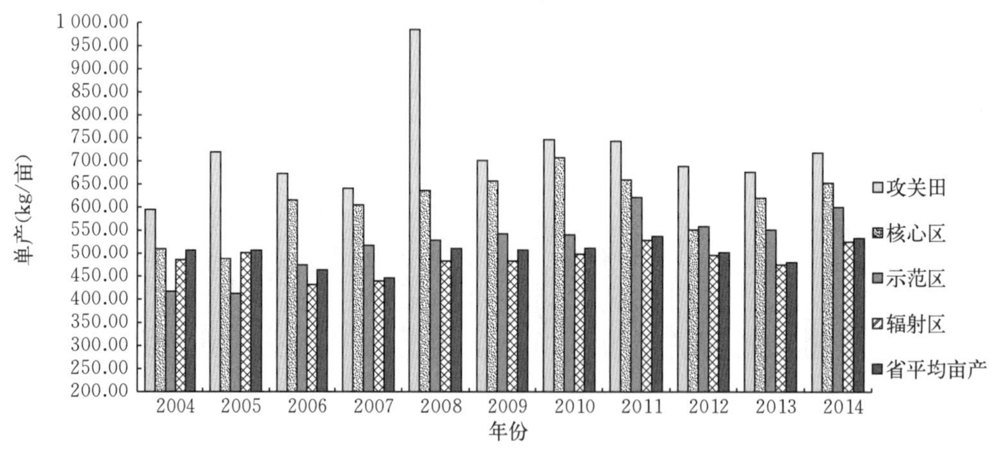

图 11-8 山东“一田三区”小麦单产变化

（三）粮食主产区玉米单产水平

图 11-9、图 11-10 分别是辽宁、山东两省玉米“一田三区”的平均单产变化，显示出如下特征：一是玉米单产水平在“一田三区”呈现显著的阶梯分布特征，这说明通过国家粮食丰产科技工程的实施粮食生产技术进步及应用成果显著；二是“一田三区”中的攻关田单产水平显著高于核心区、示范区、辐射区，这也说明国家粮食丰产科技工程实现的玉米生产进步技术应用效率不高，粮食丰产技术扩散及应用程度相对滞后。

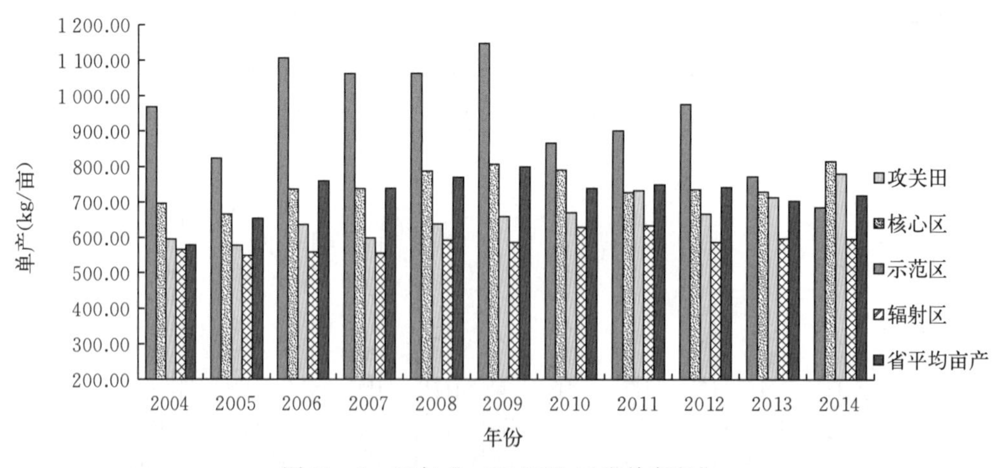

图 11-9 辽宁“一田三区”玉米单产变化

与全国同期粮食生产相比，项目“三区”三年平均亩增产量是全国（2008—2010 年三年平均亩产）平均亩增产 27.60 kg 的 1.69 倍，其中 2015 年是全国平均亩增产的 1.68 倍。项目的实施有效地带动了粮食主产省份乃至全国粮食生产水平的提高，为保障我国粮食安全、提高粮食产品的国际竞争力提供了技术储备。

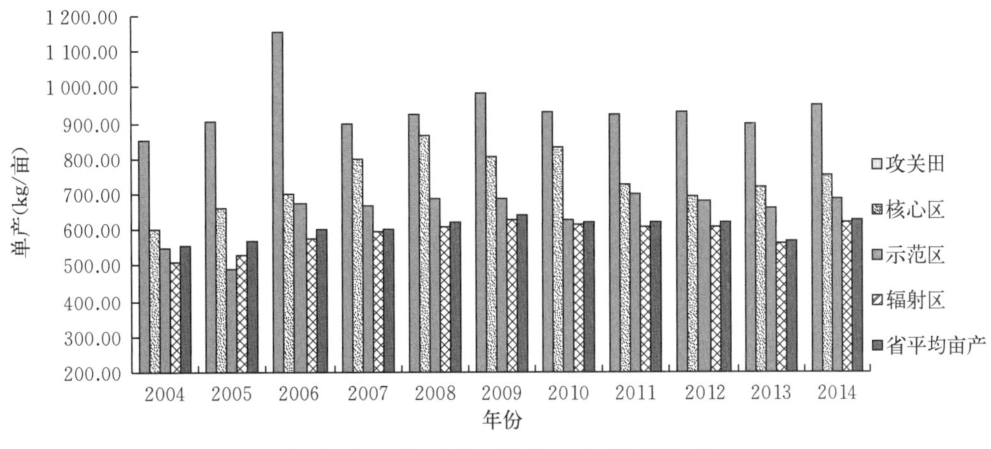

图 11 - 10　山东“一田三区”玉米单产变化

第二节　主产区粮食增产情况及变化趋势综合分析

一、全国粮食生产情况变化

（一）全国粮食总产量变化

实施粮食丰产科技工程以来，粮食主产区对我国的粮食安全保障作出了卓越贡献，我国粮食产量实现了“十二连增”。2015 年，全国粮食总产量 62 144 万 t，比 2014 年增加1 440.8万 t，增长 2.4%。然而，据国家统计局公布的全国粮食生产数据显示，2016 年全国粮食总产量 61 623.9 万t，比 2015 年减少 520.1 万 t，减少 0.8%。图 11 - 11 显示了我国 2011—2015 年的粮食总产量的变化。

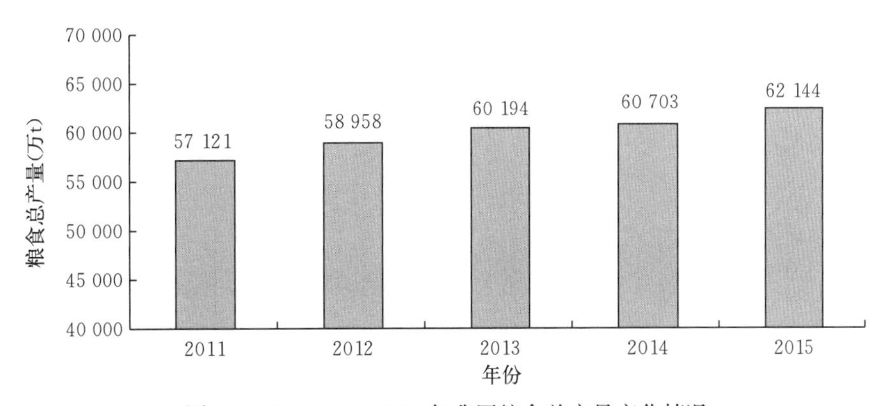

图 11 - 11　2011—2015 年我国粮食总产量变化情况

2003—2015 年全国粮食总产量增加 40.97%，年均增幅为 3.72%，其中粮食主产区的粮食产量增加了 53.34%，年均增幅为 4.85%。特别是 2004—2015 年，我国粮食总产量实现连续十二年增加，自 2007 年的粮食总产量达到 5 亿 t 以上，到 2014 年的连续 8 年，我国粮食总产量一直保持在 5 亿 t 以上，其中 13 个粮食主产区的粮食总产量占全国的比例始终保持在 70%以上，最高年份是 2013 年，总产量达到了 4.576 亿 t，占全国粮食总产量的 76.0%，粮食主产区在全国粮食总产的占比较高，是不可代替的（图 11 - 12）。

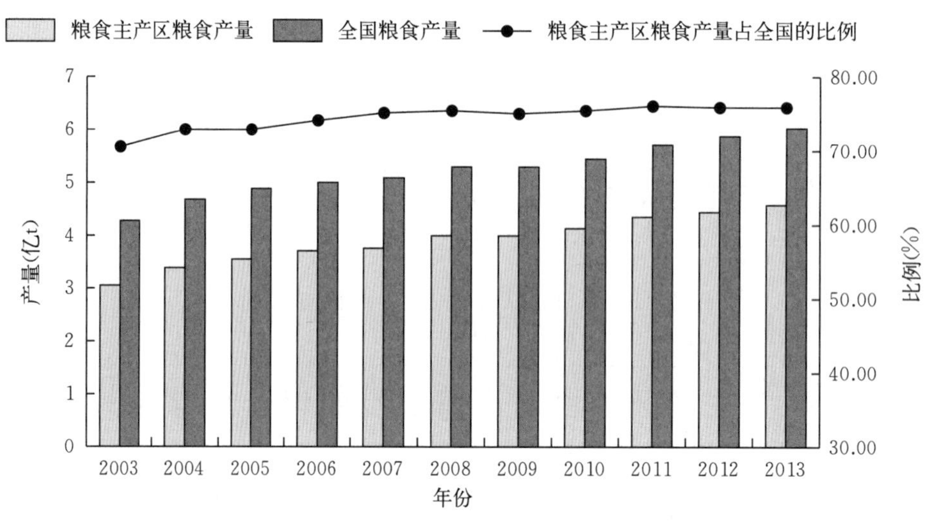

图 11 - 12　粮食主产区及全国粮食总产量的变化

（二）粮食种植面积变化

2003 年以来，我国粮食种植面积呈缓慢较快增长的趋势，从 2003 年的 9 904 万 hm^2，增加到 2012 年的 11 127 万 hm^2。粮食主产区的粮食种植面积从 2003 年的 6 805 万 hm^2 增加到 2013 年的 8 023 万 hm^2，11 年间增加了 17%。2015 年全国粮食种植面积 11 334.29 万 hm^2（图 11 - 13）。全国粮食作物平均单产 5 452.1 kg/hm^2，比 2015 年减产 30.7 kg/hm^2，减少 0.6%。

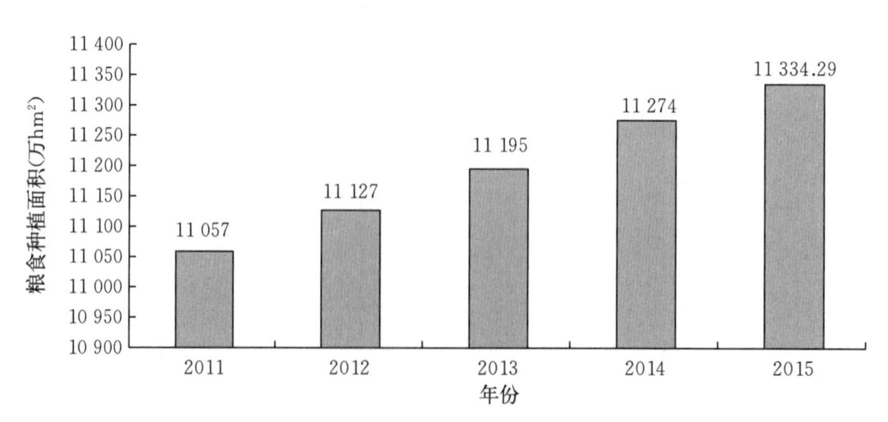

图 11 - 13　2011—2015 年我国粮食种植面积变化

2015 年的粮食生产中，河北、内蒙古、辽宁、吉林、黑龙江、河南、山东、安徽、江苏、江西、湖北、湖南、四川 13 个粮食主产省份的粮食种植总面积为 8 108 万 hm^2，占全国种植总面积的71.8%。2007年至2015年，粮食主产区粮食种植面积占全国的比例一直在70%以上，最高为2007年的72.1%（图11-14）。

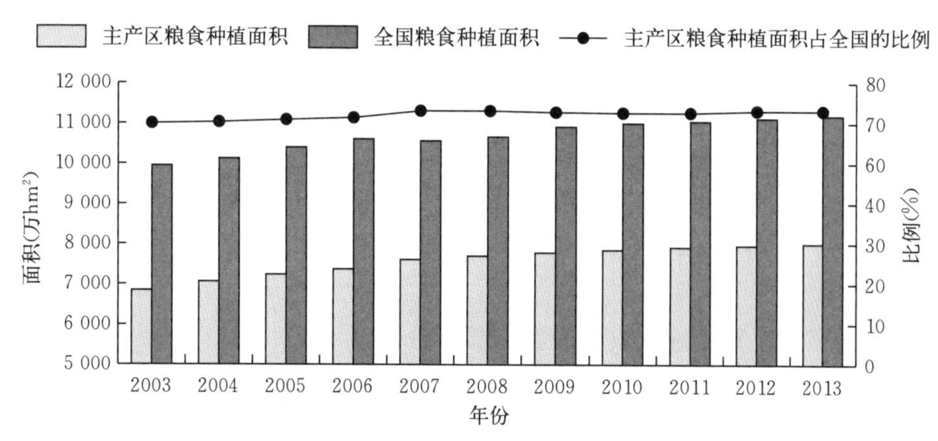

图11-14　2003—2013年粮食主产区及全国粮食种植面积

在耕地和淡水资源有限的情况下，全国及粮食主产区粮食增产的来源主要是粮食单产水平提高。比较种植面积扩大和单产水平提高两个粮食增产来源，中国粮食单产水平提高对粮食增产的贡献连续多年相对较多。如2015年全国粮食种植面积11 334.05万hm^2，比2014年增加61.79万hm^2，增长0.5%。其中水稻种植面积9 564.89万hm^2，比2014年增加104.54万hm^2，增长1.1%。2015年全国粮食单位面积产量5 482.9 kg/hm^2，比2014年增加97.8 kg/hm^2，提高1.8%。其中谷物单位面积产量5 982.9 kg/hm^2，比2014年增加90.8 kg/hm^2，增长1.5%。实施国家粮食丰产科技工程以来，我国粮食主产区、非主产区的粮食平均单产都呈现出平稳的增长趋势。粮食主产区的平均单产显著高于全国和非主产区的平均单产水平；另外增产速度也呈快速提升趋势，粮食主产区水稻平均单产水平总体上高于全国平均亩产水平；2013年以来，江苏、江西、湖南、湖北、四川等水稻主产区的水稻平均单产水平均超过全国平均水平。实施国家粮食丰产科技工程以来，我国粮食主产区、非主产区的粮食平均单产都呈现出平稳的增长趋势。

二、粮食产量变化的结构分析

2003—2015年我国粮食总产量历史性地实现了“十二连增”，从2003年的43 070万t增加到了2015年的62 144万t，增加了19 074万t，12年连续增长的过程，在中国历史上从来没有过，世界上也是罕见的。粮食的供求主要在品种结构上出现了一种失衡的局面，因此导致国内市场价格有所波动，而且出现了产量、进口量和粮食存量这3个量都增长的复杂局面。陈锡文指出，在农业经营方式上进行创新，开展大规模农田水利等基本建设，依靠科技创新提高农业效率。“十二五”期间，为实现新增千亿斤*粮食的目标，科学技术部继续

* 斤为非法定计量单位，1斤=0.5 kg。——编者注

在黑龙江、吉林、辽宁、内蒙古、河南、河北、山东、湖南、湖北、江苏、江西、四川、安徽13个粮食主产省份组织实施粮食丰产科技工程，突出强调要为保障国家粮食安全提供有效的科技支撑。本书采用的全国及各产省份水稻、小麦和玉米的单产数据（单位：t/hm^2）是根据全国及各产区水稻、小麦和玉米的产量与种植面积数据计算得到的；其中，水稻包括早稻、中稻和晚稻，小麦包括冬小麦和春小麦。全国三大主粮单产总体上均在波动变化中显著提升。伴随着全国三大主粮单产的进一步提升，各时期全国三大主粮单产平均值总体上也在不断增长。从粮食主产区不同时期三大作物单产变化情况来看，水稻单产变化幅度和小麦单产变化幅度总体上持续波动变化。玉米单产变化幅度总体上呈现近似M形的变化特征。水稻、玉米和小麦是中国的三大粮食作物，其中水稻是单产最高的作物，统计表明全国水稻平均单产较玉米和小麦分别提高39%和19%。

（一）粮食主产区对全国粮食总产量的贡献分析

“十二连增”标志着我国粮食生产迈上了一个新的台阶，也意味着我国亿吨粮食生产能力已呈稳态化趋势。我国粮食生产能力不断提高，与国家加大农业投入、实施国家粮食丰产科技工程、最低收购价和收储政策以及近年来自然灾害对粮食生产的负面影响相对较轻等因素密切相关。根据国家粮食局统计数据显示：2015年粮食主产省份粮食总产量高达47 341.2万t，占全国粮食总产量的比例为76.18%。约91.5%的全国增产粮食来自13个粮食主产省份。粮食主产区已经成为我国粮食安全的中流砥柱。

由表11－1可见，自2004年实施粮食丰产科技工程以来，13个粮食主产省份及其带动的全国粮食总产量处于持续增长之中。主产区的粮食总产量由2003年的30 578.5万t增长到2015年的47 341.2万t，保持了连续“十二连增”的记录。13个粮食主产省份的连续增产带动了全国粮食的连续丰产，全国粮食总产量也由2003年的43 070万t增加到了2015年62 144万t的水平，2004—2015年，粮食主产省份粮食平均总产量占全国粮食平均总产量的75.06%。13个粮食主产省份自2003—2015年平均粮食增产率为3.75%，全国粮食产量平均增长率为3.13%，2004—2015年粮食主产省份粮食增产对全国粮食增产的平均贡献率高达90.29%。

表11－1　主产区粮食产量对全国粮食丰产的贡献分析

年份	13个主产省份粮食总产量（万t）	主产省份粮食增产率（%）	全国粮食总产量（万t）	全国粮食增产率（%）	主产省份粮食增产对全国粮食增产的贡献率（%）	主产省份总产量占全国总产量比例（%）
2003	30 578.50		43 070.00			70.80
2004	34 115.00	11.57	46 947.00	9.00	91.22	72.67
2005	35 443.20	3.89	48 402.00	3.10	91.29	73.23
2006	36 824.20	3.90	49 804.00	2.90	98.50	73.94
2007	37 640.20	2.22	50 160.00	0.71	229.21	75.04
2008	39 917.50	6.05	52 871.00	5.40	84.00	75.50

（续）

年份	13个主产省份粮食总产量（万t）	主产省份粮食增产率（%）	全国粮食总产量（万t）	全国粮食增产率（%）	主产省份粮食增产对全国粮食增产的贡献率（%）	主产省份总产量占全国总产量比例（%）
2009	39 960.20	0.11	53 082.00	0.40	20.24	75.28
2010	41 184.10	3.06	54 648.00	2.95	78.15	75.36
2011	43 421.60	5.43	57 121.00	4.53	90.48	76.02
2012	44 609.80	2.74	58 958.00	3.22	64.68	75.66
2013	45 763.40	2.59	60 194.00	2.10	93.33	76.03
2014	46 022.20	0.57	60 703.00	0.85	50.84	75.82
2015	47 341.20	2.87	62 144.00	2.37	91.53	76.18
均值	40 217.01	3.75	53 700.31	3.13	90.29	74.89

资料来源：历年《中国农村统计年鉴》，国家统计局，中国统计出版社。

（二）三大作物产量变化对粮食增产的影响

近年来，我国粮食增产的一个重要原因在于粮食生产结构调整，主要表现为水稻和玉米两种单产水平较高的粮食作物生产比例的扩大。水稻、小麦和玉米三大作物在粮食总产量中的比例持续增加，中国水稻、小麦和玉米三大主粮产量由2006年的18 172万t、10 847万t、15 160万t分别增加到2016年的20 824.5万t、13 018.7万t、22 458.0万t。三大粮食作物总产量占粮食总产量的比例由88.7%上升到90.6%。三大粮食作物增产对全国粮食增产的贡献率达到了98.2%。

其中，在三大粮食作物中，玉米增产对全国粮食2006—2016年增产的贡献最大，自2012年以来，玉米产量连续五年在全国粮食总产量中稳居首位，由2006年的15 160万t增长到2016年的22 458万t，占粮食总产量的比例也由2006年的30.4%上升到36.1%。2006—2016年，玉米增产对全国粮食增产的贡献率为59.1%。玉米对全国粮食增产的贡献率高，其原因在于：一是玉米耕作方式、优良品种推广以及水肥一体化等生产条件改善，玉米增产潜力持续被挖掘，使玉米单产水平持续提高，玉米单产由2006年的5 326.3 kg/hm^{2}增加到2016年的5 972.7 kg/hm^2，年均增长1.3%。二是玉米的市场需求持续增加，随着科学技术的发展，玉米的用途更加广泛，玉米在食物消费结构变化中重要性持续提高，种植效益提高，农民对玉米的种植意愿也随之提高，中国玉米种植面积由2006年的2 846.3万hm^{2}增加到了2016年的3 811.7万hm^2，十年间增加了965.4万hm^2。另外，近十年来，水稻对全国粮食增产的贡献率也较高，水稻产量由2006年的18 172万t增长到了2016年的20 824.5万t，水稻单产水平也由2006年的6 280 kg/hm^{2}增加到了2016年的6 892.5 kg/hm^2，新增产量对粮食新增总产量的贡献率达到21.5%。由表11－2可见，2006—2016年，水稻和玉米增产对粮食增产的贡献率合计达到80.6%。由上述分析可见，水稻与玉米对粮食增长的贡献具有主导作用。

表 11-2　三大作物产量变化对全国粮食总产量的贡献率

年份	比较项目	水稻	小麦	玉米	三大作物合计	粮食总产
2006	产量（万 t）	18 172.0	10 847.0	15 160.0	44 179.0	49 804.0
	占总产量的比例（%）	36.5	21.8	30.4	88.7	—
2013	产量（万 t）	20 329.0	12 172.0	21 173.0	54 274.0	60 194.0
	占总产量的比例（%）	33.8	20.2	36.2	90.2	—
2015	产量（万 t）	20 693.4	12 885.0	21 955.4	55 533.8	61 623.9
	占总产量的比例（%）	33.6	20.9	35.6	90.1	—
2016	产量（万 t）	20 824.5	13 018.7	22 458.0	56 301.2	62 143.5
	占总产量的比例（%）	33.5	20.9	36.1	90.6	—
2016 年与 2006 年相比	新增产量（万 t）	2 652.5	2 171.7	7 298.0	12 122.2	12 339.5
	贡献率（%）	21.5	17.6	59.1	98.2	—

资料来源：1.《中国统计年鉴 2007—2016》，国家统计局，中国统计出版社；2. 历年《国民经济和社会发展统计公报》，国家统计局，国家统计局网站。

随着科技进步推动的粮食消费功能拓展，粮食消费结构会进一步变化，进而使中国粮食生产结构进一步调整。粮食种子、栽培、种植等技术进步将会带来粮食单产水平的进一步提高。尽管中国粮食种植面积进一步增加的空间不大，但随着粮食生产技术进步，主产区粮食生产技术从高产攻关田、核心试验区、技术示范区和技术辐射区的扩散，高标准农田建设和水利工程的推进，粮食平均单产水平依然具有提高的潜力。另外，根据课题组对粮食主产区的数据调研与农户调研发现，黑龙江、吉林和山东等地区的粮食种植大户的单产水平明显高于一般农户（超过 10%），这说明粮食生产的规模化、专业化对粮食单产水平提高具有重要的贡献。随着耕地保护力度的进一步加强和对农民种粮积极性的激励与维护，在中国农村土地流转规模持续扩大的情况下，规模化、专业化粮食生产经营主体会越来越多，粮食平均单产水平也会趋于进一步提高，因此，中国粮食增产依然存在潜力空间。

第三节 国家粮食丰产科技工程对粮食增产作用的基本分析

根据合理分布、相对集中的原则设置“一田三区”，将攻关研究、集成示范和技术推广落实在高产攻关田、核心试验区、技术示范区与技术辐射区 4 个层次的项目区中，实现共性关键技术研究与集成示范应用多层次的有效衔接，并通过有效的组织体系和措施手段进行技术梯度转移，扩散转化。项目区通过地方政府和农业技术推广机构共同推进，发挥高标准样板展示和引领作用，大规模提高了先进技术的普及率和到位率，使粮食丰产科技工程项目区三大粮食生产的整体技术水平和标准化程度得到提升。

粮食安全依然是中国社会经济发展的基础性、重要性课题。尽管项目实施过程中全国粮食总产量呈现出平稳上升趋势，但由于人口增长、社会经济发展对粮食需求的持续增加和城镇化进程加快使耕地资源更为紧张，粮食安全的重要性、紧迫性依然突出，如何通过粮食丰产高效技术开发推动粮食生产技术进步、技术效率提升，实现粮食单产水平持续提高对保障我国社会经济实现可持续发展显得更加重要。

粮食产量持续增加的压力增大。粮食主产区的粮食生产能力逐年增强，粮食产量逐年增加，随着农民种粮比较效益的下降，在现有单产水平、播种面积以及劳动人口结构等资源条件下，多数粮食主产区的粮食增产能力接近极限，继续增加粮食产量的压力巨大，进一步增产，面临严峻考验。

“一田三区”粮食单产水平呈显著阶梯状分布。粮食丰产科技工程实施推动了粮食生产技术进步，对粮食进一步增产提供了技术支持。技术辐射区与粮食主产区平均单产水平接近，都显著低于高产攻关田、试验核心区、技术示范区。这说明尽管粮食丰产高效技术能够增产，但技术应用效率较低，粮食丰产高效技术扩散滞后，推广力度亟待加强。

第十二章

粮食丰产科技工程对学科技术进步的推动

“十二五”以来，在三大平原，13个示范课题和3个共性课题已组装了一大批具有地方区域特色的集成配套技术，将三大作物已有单项技术进行优化集成，组装出一批具有地方区域特色的三大作物高产优质高效生态安全栽培技术体系，并在项目区大面积推广示范，起到了极好的引领示范效果。项目实施表明，国家粮食丰产科技集成配套技术在生产中的应用显著提高了三大作物综合生产能力，化肥利用率与灌溉水利用率提高了10%以上，农药用量减少25%左右，每亩节本增效110元左右，有效促进了肥水资源的高效利用，减少了环境污染，在粮食生产中发挥了巨大作用，大大推动了农业增效、农民增收和粮食主产区新农村建设。

第一节 集成配套的三大作物丰产技术体系，有力支撑粮食主产区持续增产

一、长江中下游平原

湖南、湖北、江苏、江西、四川、安徽六省根据不同地区的生态特点，研究提出了水稻、小麦（安徽）优化集成模式。例如，各省份围绕机械化生产集成了“三双两大”全程机械化生产技术体系（湖南），鄂中北稻麦全程机械化周年高产集成技术（湖北），苏北地区中粳机插、抛秧丰产高效轻简化精确栽培技术（江苏），苏南地区晚粳机插、机播丰产高效轻简化精确栽培技术（江苏），双季稻全程机械化生产技术（江西），四川盆地水稻机械化直播技术（四川），高效技术、机插长秧龄杂交稻避旱稳产高效本田栽培管理技术（四川）7项技术体系；围绕中低产田改良集成了湖区中低产田水稻平衡增产栽培集成技术和稻田固定厢沟免耕集成技术（湖北），高产高资源利用低污染生产（两高一低）技术（江西），中低产田高产栽培技术（江西）3套技术体系；围绕小麦增产、高产集成了旱茬小麦“一增二改三防”超高产精确定量栽培技术，沿淮江淮地区麦稻两熟一体化高产栽培技术，沿淮淮北冬小麦干旱监测预警及应变管理系统，安徽小麦高产高效养分资源运筹4套技术体系；围绕水稻增产高产集成了江淮中籼水稻高产补偿栽培技术，中稻“壮、足、大”高产模式，早稻直播及其与晚稻抛秧搭配持续增产技术，中稻“壮、足、大”高产模式等25套技术体系。

二、华北平原

河南、河北、山东三省针对小麦、玉米平衡增产与光、热、水等资源紧张的矛盾，研究提出了9套小麦、夏玉米及小麦-玉米一体化的技术集成模式。例如，华北平原黄淮南部（河南）根据不同地域特点集成了豫北灌溉区小麦-玉米两熟高产高效集成技术体系、豫中补充灌区小麦-玉米丰产高效技术体系、豫南雨养区小麦-玉米两熟丰产高效一体化技术模式，为课题小麦-玉米两熟节本增效、抗逆高产提供了依据。海河平原（河北）根据当地水资源紧张的突出特点，提出太行山山前平原区小麦-玉米两熟高产节水节肥技术体系、低平原中南部小麦-玉米两熟丰产节水节肥技术体系和低平原东北部小麦-玉米两熟节水丰产高效技术示范等技术模式，达到节水节肥丰产的良好应用效果。黄淮东部（山东）根据区域特点集成鲁中半干旱区小麦-玉米丰产高效生产技术模式、鲁西沿黄平原区小麦-玉米持续高产增效生产技术模式和鲁东丘陵区小麦-玉米稳产增效生产技术体系，为小麦-玉米持续高产提高技术依据。

三、东北平原

吉林、黑龙江、辽宁、内蒙古四省份针对阶段性干旱、土壤肥力下降、种植技术粗放、玉米商品品质差等问题，以高产、优质、节水、抗病、机械化和可持续发展为目标，研究提出了15套玉米、水稻优化集成模式。围绕水稻持续高产、丰产集成了黑龙江第一积温区水稻优质高产栽培技术集成与示范，黑龙江第二积温区水稻优质高产栽培技术集成与示范2套技术体系；围绕玉米持续丰产高产集成了吉林半湿润区玉米丰产高效技术创新与集成研究，吉林半干旱区玉米丰产高效技术创新与集成研究，吉林湿润区玉米丰产高效技术创新，三江平原玉米抗低温高产标准化技术，辽南湿润区玉米持续高产技术集成创新与示范，玉米覆膜节水增效技术示范等13套技术体系。

四、粮食丰产共性课题

围绕三大粮食作物可持续超高产、粮食作物资源节约型高产技术等领域共集成配套技术体系9套，其中包括河北冬小麦-夏玉米周年高效用水农艺补偿高产技术体系，河北农田土壤耕层的耕法和培肥措施综合改良技术集成，华北地区春玉米高产、节水种植制度创建及技术体系，河南小麦-玉米轮作区高产农田耕层调控关键技术集成，玉米冠层耕层优化高产技术体系研究与应用等，经大面积田间应用，取得了良好效果，实现了高产与高效的同步，促进了小麦、水稻、玉米产量和效益的整体提升。其中“玉米冠层耕层优化高产技术体系研究与应用”于2015年获得国家科学技术进步奖二等奖。

第二节　水稻、小麦、玉米攻关屡创新的超高产纪录

随着单项技术的集成和成熟度增加，各课题超高产攻关稳步由小面积的典型创建和机理

探讨的研究，向技术完善和生产应用的方向发展，在不同生态区创造了多点、较大面积（50 亩以上连片）、稳定达到超高产的攻关田，经过专家田间实产验收，均达到了预期产量指标，并有多地创造新的超高产纪录。

一、长江中下游平原

湖南、湖北、江西、江苏、四川、安徽六省在兴化、湘乡、南昌、武穴、泸县、凤台等县（市）各布置了 50 亩以上连片的水稻、小麦（安徽）超高产攻关田。2015 年，湖南省 300 亩超高产攻关田平均亩产达到 1 258.3 kg，核心区平均亩产 1 133.4 kg，比前三年平均增产 11.0%～11.4%。2015 年，湖北省在襄州、武穴、监利双季稻超高产攻关田产量达 1 273 kg/亩、中稻超高产攻关田产量达 832 kg/亩，核心试验区平均亩产 716 kg，比前三年平均亩产增幅 8.75%。安徽省针对沿淮江淮稻麦连作地区气候特点，以水稻高产栽培技术和小麦高产栽培技术为基础，将各种高产技术进行集成、组装，形成适合江淮地区稻麦连作的超高产栽培技术，2014—2015 连续两年实现稻麦连作亩产 1 300 kg 的产量目标；针对以“旱、涝、渍、瘦、僵”为主要特点的砂姜黑土开展研究，研究建立了砂姜黑土地区小麦持续丰产综合技术体系，在蒙城、涡阳、太和三县的 100 亩超高产攻关田连续多年亩产均超过 650 kg 指标，创造了万亩平均亩产 641.4 kg、高产田块亩产达到 771.8 kg 的超高产典型；加强推广机插平衡栽培技术的运用，并应用该技术创造了稻麦复种下杂交中籼水稻机插亩产 800.5 kg 高产纪录。江西省集成了双季稻全程机械化生产栽培技术，应用该技术 2014 年和 2015 年在鄱阳县鸦鹊湖乡连续创造了双季亩产 1 297.4 kg 和 1 335.2 kg 的高产纪录，《江西日报》对此进行了头版报道。江苏省深入开展水稻超高产理论创新与实用栽培模式攻关研究，从超高产品种生产力形成机理、超高产群体形成动态及其生态生理机制到机械化栽培方式、品种选用、壮秧培育、栽插模式、肥水运筹及诊断调控、抗倒对策等方面，进行超高产攻关与机理的深化研究，不仅兴化、高邮、海安、如东、江苏农垦、丹阳等地百亩连片毯状小苗机插创造了亩产超 800 kg 的实绩，还在兴化核心试验基地上以钵苗机插栽培创造了百亩方平均亩产 987.8 kg 的高产实绩；加强与其他省份之间的合作交流，探索开展“籼改粳”技术，在江西上高基地获得百亩连片双季晚粳亩产超 750 kg，安徽白湖农场等地单季粳稻亩产超 1 000 kg 的实绩；同时在水稻钵苗机插超高产栽培攻关获得新突破，该技术的应用在 2015 年 6—7 月多种灾害叠加情况下，兴化基地稻麦两熟制条件下百亩攻关平均亩产达 987.8 kg，最高田块亩产达 1 017.7 kg，创造了同一方土地上连续 4 年亩产超 900 kg 的纪录。四川省在泸县 140 亩核心区超高产攻关田，强化病虫统防统治的杂交中稻-再生稻的高产栽培技术，中稻＋再生稻两季平均产量为 1 105.30 kg/亩，超过目标产量的 22.81%。

二、华北平原

河南、河北和山东三省在浚县、藁城、莱州等县（市）共建立小麦-玉米超高产田 40 个。河南通过不断开展小麦-玉米一体化高产高效技术集成研究与创新，2015 年小麦-玉米两熟亩产达到 1 585.8 kg，连续 5 年实现一年两熟亩产超吨半粮。2015 年，鹤壁核心区百亩攻关田实打小麦亩产773.0 kg，万亩核心区亩产655.2 kg；西平示范县百亩攻关田实打小麦亩产769.4 kg，千亩核心区亩产686.9 kg，这是继2009年50亩连片小麦亩产751.9 kg以来的又一高产纪录，标志着河南项目区小麦超高产攻关研究整体迈上新台阶。2015年，河北大名和新乐两块百亩高产攻关田冬小麦亩产超过680 kg；地处黑龙港区的深州市亩产达到676.18 kg，实现了河北旱薄区冬小麦单产水平的新突破；6块百亩高产攻关田夏玉米亩产达到700 kg以上产量水平，新乐和深州2个示范县的2块百亩方平均亩产均达到或突破850 kg，其中深州亩产达到880.96 kg，再次创河北夏玉米大面积单产新纪录；2015年，山东烟农1212也创造出亩产809 kg的高产典型。

三、东北平原

辽宁、吉林、黑龙江和内蒙古四省份在建平、东辽、乾安、农安、公主岭、通辽等17个县（市）共建立了15个春玉米超高产攻关田、11个水稻超高产攻关田和内蒙古小麦超高产攻关田。黑龙江在五常、绥化北林区建设水稻高产攻关田1 100亩，2015年亩产达到754.2 kg；辽宁建设玉米超高产攻关田295亩，2015年最高产量达到1 130.6 kg/亩；水稻超高产攻关田100亩，2015年最高产量达到863.1 kg/亩；内蒙古开展了玉米全程机械化模式示范，提高了整地、播种、植保和肥料管理质量，有效提高了群体整齐度，增产优势明显，平均产量为857.7 kg/亩，较普通模式（793.5 kg/亩）亩增收64.2 kg。

第三节　三大作物综合配套技术及资源利用技术应用

粮食丰产科技工程是一个整体的科技工程，鼓励开展农业、水利、科技、教学、企业的大协作，依托各部门、各行业优势促进技术扩大应用，并将示范县正在实行的粮食高产创建、测土配方施肥、新品种展示、超级稻示范、田园化建设、植保、农机、农田水利等项目进行整合，发挥各自的资源优势，协同做好粮食丰产科研项目。开展大面积示范超级稻良种，开展集中育秧、病虫害统防统治等服务，汇集各方资金来源，有效地促进了粮食增产、农民增收，切实提高了项目实施的水平。

一、基于主产区粮食作物生产资源节约特征，提出了粮田耕层改良与节水节肥的关键技术

针对我国粮食主产区水稻、小麦、玉米三大作物生产中存在的高投入、高消耗、高产出和耕地保育难度加大、水资源消耗严重、肥料资源浪费严重等重大问题，继续开展华北麦玉两熟农艺补偿节水技术、华北春玉米一熟高效节水技术体系、高产作物节肥高效技术、高产农田耕层改良关键技术等关键技术定位试验研究与集成示范，在示范和适应性推广基础上，着重扩大成熟技术和技术集成的示范和推广。

在华北小麦-玉米两熟农艺补偿节水技术研究方面，基于前三年的田间定位试验及后两年田间验证，筛选出的兼顾产量及节水的夏玉米品种3个、冬小麦品种5个；通过4年的田

间试验研究表明，周年水分利用效率从小到大依次为施用无机肥、深松、施用有机肥和秸秆还田；综合运用多种农艺措施调节冬小麦和夏玉米冠根关系并减少蒸腾蒸发量，构建农艺措施综合调控补偿高效体系发现，高密度下缩行增株有助于改善根群结构，连续施用有机肥有助于在低密度条件下提高夏玉米产量，具有一定的产量补偿效应，苗期深松下玉米的耗水量显著低于免耕直播，且水分利用率显著高于其他处理，而免耕直播的水分利用率最低。

在华北春玉米一熟高效节水技术体系研究方面，2015 年在总结前四年经验的基础上，通过“金海 5 号＋5 月 25 日播种＋分次施肥＋适水处理”的技术集成，经专家田间现场测产验收，每亩产量达到 910 kg，为该地区见诸报道的最高产量纪录。

在高产作物节肥高效技术研究方面，开展小麦-玉米轮作体系化肥与有机肥组配技术研究，表明与纯施化肥相比，“70％化肥＋小麦秸秆还田＋牛粪”处理增产效果最好，全年增产幅度为 17.8％，并且该处理化肥施用量减少了 30％，作物产量明显增加，增加产值达 336.3 元/亩，同时达到节肥效果，年增加效益 370.1 元，很好地达到了节肥增产的效果。

在高产农田耕层改良关键技术研究方面，六年的结果表明，从耕法方面，小麦产量五年年均表现免耕最低，而玉米产量前三年均表现为翻耕最低，第四年旋耕最低，第五年则表现为免耕最低；前三年从培肥措施来看，有机肥和秸秆均比化肥有优势，有机肥结果表现最好。综合来看，小麦季深松、玉米季免耕，结合有机肥或秸秆还田，是该区合理的土壤耕法与培肥的优化组合措施，可以实现增产节肥的效果，同时可有效提升土壤质量。

二、完善了农户储粮减损技术体系，加大示范推广力度

在三大作物产后储粮减损研究方面，以减少农户储粮损失、保证农户储粮品质安全、增加农民收入为根本目标，研制了斗式玉米穗装粮机，推广应用 2 000 台；研制开发的 JSWZ 系列大农户储粮仓已进行示范验证 10 套，可满足一般农户家庭储粮的需要。开发的大型粮仓，能够适应规模化玉米种植户的储粮需求，并且解决了农户粮仓的运输和安装问题；开发的高效热源设备已在四川和重庆部分农户中推广应用，已推广 15 t 规格袋式干燥系统 2 套，开发的 5P 高效热源推广应用 21 台，应用于 2015 年度秋季收获水稻农户就仓干燥，解决了种粮大户长期以来粮食干燥的难题，深受种粮大户欢迎。

三、加强灾害预防，提升粮食丰产科技抗灾能力

针对近年来安徽省灾害性天气频发的特点，粮食丰产科技工程课题组多年研究提出的选用抗逆耐热品种，优化种植时序规避花穗期高温逆境，高温预警发生或突发高温危害时采取水肥调节、喷施叶面肥（生长调节物质），以及“籼改粳”等主动防御措施对抵御高温热害起到了较好的效果，示范区水稻生长健壮，技术到位率高，示范效果好。在近年来安徽自然灾害多发重发的情况下，项目区的产量依然持续稳定增加，充分体现了科技抗灾增产的巨大作用。

2015年10月3—9日，来自中国科学院、河北省农林科学院等单位的多名专家，对河北农业大学主持的国家科技支撑计划粮食丰产科技工程河北省项目区玉米高产攻关田进行实收测产，项目区示范县多点产量突破了亩产850 kg，最高达到874.37 kg，多点刷新了该课题组2012年创造的小面积亩产805.49 kg、大面积亩产795.11 kg的河北省夏玉米高产纪录，粮食丰产科技工程的实施，保证了河北项目区夏玉米在大旱之年的持续增产和超高产。

第四节　各项目区粮食丰产高效技术应用及高产情况

各项目区针对制约主要粮食作物"优质、高产、高效、安全、生态"一系列关键性、全局性、战略性的重大技术难题，开展大协作、强攻关，在关键技术研究上取得了突破，提升了集成技术的整体水平，提供了持续增产的技术储备。

一、长江中游南部（湖南）双季稻持续丰产高效技术集成创新与示范

集成了早稻直播及其与晚稻抛秧搭配持续增产技术集成与示范、早晚稻双季抛秧均衡增产技术示范、双季稻绿色栽培均衡增产技术集成、双季稻大苗机插栽培丰产技术集成示范、双季稻早蓄晚灌抗旱稳产栽培技术模式、长沙地区烟后晚稻高产高效安全生产栽培技术体系、水稻"三双两大"全程机械化生产技术体系7套技术体系。重点开展了湘南晚稻节水高效栽培技术、烟稻复种条件下水稻养分累积规律与高效施肥技术、不同产量水平超级杂交稻生产力及氮素利用效率差异及其机制3项技术研究。2015年，"三区"增产增效显著，300亩超高产攻关田平均亩产1 258.3 kg，完成年度任务目标；三个核心试验区平均亩产1 126.6～1 140.5 kg，总平均1 133.4 kg，比前三年平均增产11.0%～11.4%；8个技术示范区平均亩产993.7～1 028.3 kg，总平均1 015.0 kg，比前三年平均增产2.4%～8.7%，平均增幅6.8%；技术辐射区平均亩产895.4～940.3 kg，总平均915.6 kg，平均亩增34.1 kg，增幅为2.3%～5.2%，平均增幅3.9%。"三区"合计增产水稻40.60万t，增产增效、节本增效和优质增效的总效益达10.96亿元。

二、长江中游北部（湖北）单双季稻持续丰产高效技术创新与示范

主要进行了高产田超高产及资源高效利用关键技术、中低产田改良及大面积平衡增产技术、稻虾连作无公害栽培技术、稻田免耕氮肥深施技术、低产及灾害田抗逆稳产栽培技术5项关键技术研究。核心试验区、技术示范区和技术辐射区"三区"累计增加产量43.085 5万t，增加效益9.478 8亿元。其中核心试验区7.22万亩，平均亩产716 kg，比前三年平均亩产增幅8.75%，增加效益0.091 58亿元；技术示范区107.6万亩，平均单产702 kg，比前三年平均单产增加5.12%，增加效益0.808 97亿元；技术辐射区1 261万亩，辐射区平均单产572 kg，比前三年平均单产增加5.71%。

三、江淮下游（江苏）粳稻持续丰产高效技术集成创新与示范

集成了苏北地区中粳机插、抛秧丰产高效轻简化精确栽培技术，苏中地区中晚粳机插、抛秧丰产高效轻简化精确栽培技术，苏南地区晚粳机插、机播丰产高效轻简化精确栽培技术，优质粳稻基地清洁生产标准化4项关键技术，开展产业化示范，具有巨大的经济效益。2015年，"三区一田"共实施面积1 159.6万亩，平均亩产654.4 kg，平均产量增加11.768%，新增水稻79.82万t，新增效益19.157亿元。

四、长江中游南部（江西）双季稻持续丰产技术集成创新与示范

围绕双季稻全程机械化生产技术、高产高资源利用低污染生产（两高一低）技术、超级稻高光效群体结构调控技术及中低产田高产栽培技术4项攻关研究成果，进行技术模式提练、熟化、示范，形成4项技术模式，技术集成6套。建立的1万亩核心试验区、100.6万亩技术示范区、1 134.6万亩技术辐射区及50亩超高产试验田，其中50亩超高产攻关田测产双季产量为1 295.2 kg，超过1 250 kg目标任务；鄱阳湖生态经济区的核心试验区和技术示范区测产双季产量分别为1 130.8 kg和1 015.25 kg，分别较课题目标产量要求及实施前增产2.8%、8.1%；赣中南丘陵山区的核心试验区和技术示范区测产双季产量为1 144.9 kg和1 012 kg，分别较课题目标产量要求及实施前增产14.5%、18.4%。

五、四川盆地（成都）杂交中稻持续丰产高效技术集成创新与示范

在技术集成方面：集成了成都平原水稻规模化高产高效安全生产技术，四川盆地水稻机械化直播技术，冬水田杂交中稻（再生稻）免耕、密、肥、水配套高产高效技术，机插长秧龄杂交稻避旱稳产高效本田栽培管理技术，形成了丘陵旱区油（麦）茬杂交稻超稀播旱育秧避旱栽培技术规程，提出了不同高产养分高效利用品种的产量和肥料利用效率的同步提高技术。2015年，通过本课题的实施，建成核心试验区1.524万亩、技术示范区104.55万亩、技术辐射区1 219.7万亩，项目区总计增产粮食41.52万t，新增产值10.37亿元，节支1.38亿元，累计新增社会经济效益12.29亿元。

六、江淮中部（安徽）水稻-小麦持续丰产高效技术集成创新与示范

研究集成江淮中籼水稻高产补偿栽培技术体系、沿淮单季粳稻超高产精确定量栽培技术体系、杂交水稻钵苗机插"平衡"高产稳产栽培技术体系、旱茬小麦"一增二改三防"超高产精确定量栽培技术体系、沿淮江淮地区水稻-小麦两熟一体化高产栽培技术、沿淮淮北冬小麦干旱监测预警及应变管理系统、安徽小麦高产高效养分资源运筹技术体系，在"三区一田"示范中成效显著，有力促进全省稻麦生产技术水平的全面提升。2015年，课题"三区一田"实施面积1 289.93万亩，其中水稻727.62万亩，平均亩产576.54 kg，比前三年平

均增产 9.93%；小麦 562.31 万亩，平均亩产 518.47 kg，比前三年平均增产 16.05%。“三区”合计，与项目实施前三年增产相比增产粮食 78.21 万 t，增收 20.34 亿元。

七、黄淮南部（河南）小麦-玉米两熟持续丰产高效技术集成创新与示范

河南课题组以小麦、玉米两熟丰产高效为重点，共性技术团队进一步深化了河南小麦-玉米基本生长发育规律、水肥需求规律研究，确定了群体变化动态、生理特性、养分需求、水分需求与产量品质技术指标；在品种利用、节水灌溉、水肥耦合、高质量群体等方面实现技术突破，初步形成小麦-玉米超高产栽培技术体系。集成的豫北灌区、豫中补灌区与豫南雨养区各生态区小麦-玉米一体化高产高效技术，2015 年共计示范应用面积 104 万亩，小麦、夏玉米平均亩产分别达到 583.7 kg 和 580.3 kg，比前三年平均产量分别增产 24%和 21%。2015 年，“一田三区”共增产粮食 84.8 万 t，其中小麦 60.1 万 t、玉米 24.7 万 t，获得经济效益 16.95 亿元。

八、海河平原（河北）小麦-玉米两熟持续丰产高效技术集成创新与示范

集成了山前平原区小麦-玉米两熟节水高产高效、低平原中南部小麦-玉米两熟节水丰产高效、低平原东北部小麦-玉米两熟节水丰产高效 3 项关键技术，并进行示范推广。2015 年，项目区实际执行小麦面积 1 070.7 万亩，增收产量 85.42 万 t、增收产值 19.01 万元；执行玉米面积 367.3 万亩，增收产量 47.71 万 t、增收产值 7.09 亿元；合计增收粮食 133.13 万 t，收产值 26.10 亿元。

九、黄淮东部（山东）小麦-玉米两熟持续丰产高效技术集成研究与示范

集成了适应于不同生态类型区的小麦玉米两熟持续丰产高效技术模式，推动了项目区及全省小麦玉米生产水平的稳步提升。2015 年，高产攻关田小麦、玉米平均亩产分别为 710.59 kg 和 936.12 kg，分别较前三年平均增产 9.64%和 11.77%；核心试验区小麦、玉米平均亩产分别为 637.13 kg 和 760.96 kg，分别较前三年平均增产 3.40%和 9.43%；技术示范区小麦、玉米平均亩产分别为 567.7 kg 和 675.3 kg，分别较前三年平均增产 8.12%和 3.67%；技术辐射区小麦、玉米平均亩产分别为 506.67 kg 和 611.9 kg，分别较前三年平均增产 7.42%和 7.19%。项目实施区累计增产粮食 24.01 万 t。其中，小麦增产 43.61 万 t，玉米增产 24 万 t。累计增产增收 13.91 亿元，其中，小麦 9.59 亿元，玉米 4.32 亿元。

十、东北平原中部（吉林）春玉米水稻持续丰产高效技术集成研究与示范

在水稻丰产高效技术创新方面，开展了盐碱区水稻丰产高效技术创新与集成、水稻超高

产栽培技术、稻田增碳肥田关键技术、水稻超高产高效施肥技术 4 项研究。集成了玉米丰产高效技术创新技术 3 项，包括半湿润区玉米丰产高效技术创新与集成、半干旱区玉米丰产高效技术创新与集成、湿润区玉米丰产高效技术创新与集成，有力地推动了吉林粮食作物的丰产稳产。2015 年，本项目建设玉米高产攻关田 0.08 万亩，累计增产 41.8 t，增加效益 0.000 8 亿元；建设玉米核心试验区 2.10 万亩，累计增产 972.0 t，增加效益 0.017 5 亿元；建设玉米技术示范区 109 万亩，累计增产 10 613.3 t，增加效益 0.191 0 亿元；玉米技术辐射区面积 1 054 万亩，增产 45 566.7 t，增加效益 0.820 2 亿元。水稻方面，建设高产攻关田 0.03 万亩，累计增产 14.9 t，增加效益 0.000 3 亿元；建设核心试验区 1.10 万亩，累计增产 161.3 t，增加效益 0.003 2 亿元；建设技术示范区 55 万亩，累计增产 6 736.7 t，增加效益 0.134 7 亿元；技术辐射区面积 511 万亩，累计增产 24 326.7 t，增加效益 0.608 2 亿元。2015 年度整个项目区玉米、水稻“一田三区”总面积 1 732.31 万亩，增产量 88 433.4 t，增加效益 1.78 亿元。

十一、东北平原南部（辽宁）春玉米丰产高效技术集成研究与示范

优质高产栽培技术集成与示范 2 套水稻丰产技术体系，并重点开展了玉米、水稻丰产高效技术创新研究，取得了显著的效果。2015 年，项目区玉米、水稻共计增加粮食 107.25 万 t，经济效益 22.43 亿元。东北平原南部（辽宁）春玉米水稻持续丰产高效技术集成创新与示范，取得了显著的经济和社会效益。进行的 3 项技术集成示范为辽南湿润区玉米持续高产技术集成创新与示范、辽西半干旱区玉米持续高产技术集成创新与示范、辽北半湿润区玉米高产高效技术集成。2015 年，建设玉米超高产攻关田 155 亩，最高产量达到 1 130.6 kg/亩；水稻超高产攻关田 100 亩，最高产量达到 863.1 kg/亩。建设玉米核心试验区 3.2 万亩，平均亩产 798.75 kg，产量 2.49 万 t，比前三年增产 5.9%，增产 1 376.8 t；水稻核心试验区 0.2 万亩，平均亩产 705.4 kg，产量 1 413.35 万 t，比前三年增产 8.2%，增产 119.35 t。建设玉米技术示范区 88 万亩，平均亩产 667.9 kg，产量 60.4 万 t，比前三年增产 4.6%，增产 3.56 万 t；水稻技术示范区 20 万亩，平均亩产 670.6 kg，产量 13.38 万 t，比前三年增产 8.53%，增产 1.17 万 t。建设玉米技术辐射区 810 万亩，平均亩产 599.26 kg，产量 503.65 万t，比前三年增产 6.05%，增产 31.99 万 t；水稻技术辐射区 200 万亩，平均亩产 632.23 kg，产量 125.8 万 t，比前三年增产 7.2%，增产 9.21 万 t。

十二、东北平原北部（黑龙江）春玉米丰产高效技术集成研究与示范

2015 年，课题集成了松嫩平原中南部玉米高产高效标准化技术集成与示范、松嫩平原中西部抗旱高产高效标准化技术集成与示范、三江平原玉米抗低温高产标准化技术集成与示范 3 套玉米丰产技术体系和黑龙江省第一积温区水稻优质高产栽培技术集成与示范、黑龙江省第二积温区水稻优质高产栽培技术集成与示范 2 套水稻丰产技术体系。并重点开展了玉米、水稻丰产高效技术创新研究，取得了显著的效果。2015 年，项目区玉米、水稻共计增

加粮食 107.25 万 t，经济效益 22.43 亿元。

十三、东北平原西部（内蒙古）春玉米小麦持续丰产高效技术集成创新与示范

2015 年，课题继续在技术集成、技术创新和示范推广等方面开展工作，取得了较好的成效。重点开展了玉米耐密高产品种推介、深松改土丰产增效技术示范、玉米覆膜节水增效技术示范、玉米新型肥料简化管理示范 4 项关键技术研究。2015 年以内蒙古东部赤峰、通辽、兴安盟、呼伦贝尔 4 市（盟）玉米主产区为主，以内蒙古西部土默川和河套灌区为辅，开展“三区”建设和技术示范。累计落实小麦、玉米核心试验区 2.15 万亩，技术示范区 120.97 万亩，技术辐射区 1 164.5 万亩，小麦-玉米增产增效；项目区累计增产粮食 109.02 万 t，新增产值 19.84 亿元，节约生产成本 2.90 亿元，新增经济效益 22.74 亿元。

十四、粮食作物可持续超高产共性理论与关键技术研究

课题在关键技术攻关上，开展了三大作物可持续超高产共性理论和关键技术研究，研究了玉米、水稻、小麦三大作物超高产形成的关键过程与调控途径。三大作物超高产小面积试验攻关田：春玉米在内蒙古超高产攻关田最高产量为 1 242.8 kg/亩；华北小麦-玉米一年两熟在山东东平和河南浚县周年产量分别为 1 607.9 kg/亩和 1 613.0 kg/亩；水稻-小麦两熟在江苏连云港东海农场周年产量为 1 518.9 kg/亩，均超过预期指标。

十五、三大作物超高产百亩方示范区的建设

春玉米在内蒙古高产优势区通辽市百亩方产量达到 1 158.8 kg/亩。华北地区小麦-玉米两熟在山东东平百亩示范田小麦产量 650.8 kg/亩，玉米产量 791.1 kg/亩，周年产量达到 1 448.9 kg/亩。水稻-小麦两熟在江苏连云港东海农场百亩示范田小麦产量 615.5 kg/亩，水稻产量 803.5 kg/亩，周年产量达到 1 419.0 kg/亩。

第四篇 理论构建

气候-作物协同定量化体系

第一节 气候-土壤-作物“三协同”理论体系构建

一、产生背景

（一）目标要求

1. 粮食生产高产目标 高产是作物生产最重要的目标，也是作物科学主题，特别是随着世界耕地的不断开发，可进一步开发的面积不断减少，必然走高产之路，依靠提高单产满足人类发展的粮食需求。此外一些中低产田随着生产条件的改善、科技水平的提高也将发展为高产田，如何实现可持续高产、不断提升高产水平是作物科学一直追求的目标。

2. 粮食生产优质目标 随着广大居民群众消费结构和食物结构的改善，粮食和其他食物的消费趋向多样化、优质化和保健化；粮食加工业也需要更多的专用品种。所谓优质粮，是指既具备适宜理化指标，又适合市场需求的粮食产品。优质粮的标准是相对的，不同的使用目的所需粮食的标准不同。一个粮食品种优质与否，最终要得到市场的认可。

3. 粮食生产高效目标 作物生产核心是其高效性，具有很广泛的意义，最主要的内容是资源高效，即对生态条件利用的程度（如光能利用、热量资源利用、水资源利用等），生产投入品的利用（肥料利用、水分利用、劳动力生产效率、农药使用效率）和经济效益（投入产出比）高效。提高作物的高效性就是科学实现作物的资源高效、肥水高效和简化低成本高效并同时保证作物生产可持续的发展。

4. 粮食生产生态安全目标 当今环境保护和可持续发展是全球重视的发展战略。无污染的农产品生产已受到全世界高度关注。作物生产要以保护环境为基本条件，减少土壤的风化侵蚀、盐碱化、化肥农药污染、重金属毒害已成为环境友好的主要内容，也是未来作物生产的重要内容。

（二）高产-高效平衡成为生产与科学难题

1. 生产问题 粮食作物生产中长期存在着光热肥水资源与作物需求不协调，土壤条件与支撑高产群体能力不协调，作物体内源库器官不协调等导致的作物高产不稳产、高产不高效的问题。

2. 科学难题 持续增产是否只能依赖于水肥资源投入的增加，作物高产与资源高效是否能够同时实现（Matson et al.，1997；Lal，2004；Powlson，2005；Lehmann，2007；Cassman，1999）。

二、粮食生产多目标协同途径

1. 多层次协调 粮食生产多目标协同根本在于生产系统整体与层次上的协同。从作物生产系统的整体性角度出发，将作物生产系统分为多个子系统，定量描述子系统与整体之间、各子系统之间的关系，包括生育过程的作物-环境-措施、物质生产的群体-个体、形态过程的营养器官-生殖器官、生理过程的多途径代谢等多层次的协调关系（图 13－1）。

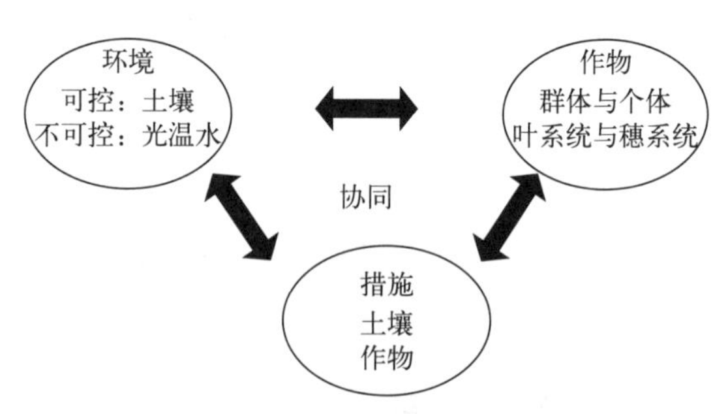

图 13－1 作物、环境、措施关系

2. 多目标兼顾 根据作物生产系统高产-高效-低环境代价的生产目标，选择不同栽培技术，特别要注意高产高效兼顾，将绿色环境友好以及机械化作业进行技术创新与组装。

三、从作物生产系统定量优化探索多目标协同

（一）作物生产系统“三协同”的形成

作物生产系统由作物与其生长的土壤及气候环境组成。作物生产系统“三协同”高产高效理论体系在整体认识作物生产系统组成（气候-土壤-作物）的基础上，提出了“气候-作物”“土壤-作物”“群体-个体”三个层次的分析框架，并建立了以调控光温资源配置与利用为核心的气候-作物协同、以平衡土壤供给力与冠层生产力为核心的土壤-作物协同、以协调物质生产与分配为核心的群体-个体协同三个层次的定量分析子系统。三者协调统一，构成作物生产系统“三协同”高产高效定量分析体系。

（二）作物生产系统“三协同”高产高效理论体系特点

1. 用系统的观点认识作物生产 从作物生产系统的整体性角度出发，将作物生产系统分为“气候-作物”“土壤-作物”“群体-个体”三个子系统。三个子系统根据逻辑关系分为三个层次，“气候-作物”系统为第一层次，“土壤-作物”系统为第二层次，“群体-个体”系统为第三层次。

2. 确定协调各子系统的关键因素 气候-作物协同以调控光温资源分配率与利用效率的“两率”为核心，土壤-作物协同以优化土壤供给力与冠层生产力的“两力”为核心，群体-个体协同以协调作物群体与个体器官间结构功能“两体”为核心。

3. 确定协调各子系统的关键栽培措施 气候-作物协同主要通过调节作物生长季光热资源的配置与利用以实现光温高效利用；土壤-作物协同通过改良土壤结构和肥水控制实现高

产高效同步；群体-个体协同通过良种良法配套确保群体与个体及个体器官间协同，实现产量潜力挖掘。

4. 确定作物生产系统整体协同的评价指标　以作物产量、光温水肥资源利用效率、经济效益及环境代价作为作物生产系统协同性的综合评价指标。

（三）作物生产系统“三协同”子系统的内在关系

光温水等生态条件是作物生长过程中不可缺少的条件，其与作物间的关系协调与否直接影响作物生长发育、物质生产与运输、生育期、产量与品质形成，作物产量水平越高对生态条件与作物间的协调性要求越高，即作物生长发育与生长季光温水匹配度越高，作物产量和资源效率越高。光温水等生态条件是不可人为控制的条件，但可通过调节作物播/收期、品种等措施调控其在生长季的分配，协调光温水与作物生长发育的关系。

土壤是作物生产的重要物质载体，为作物生长发育提供养分和水分，作物产量高低与土壤供应能力大小密切相关。土壤条件是易调控的因素，土壤环境（物理、化学和生物学特征）可通过耕作、施肥等方式改善，协调土壤供应能力与作物生产能力的关系。

群体结构是作物产量形成的关键，个体与群体、叶源系统与库容系统，以及地上部与地下部之间的协调是构建合理群体结构的关键。合理的群体结构可使作物高效利用光温等不可控气候资源及土壤肥水等可控资源。“气候-作物”“土壤-作物”“群体-个体”三个子系统协调统一，促进作物生产系统整体协同，同时以作物产量、光温水肥资源利用效率、经济效益及环境代价等指标综合评价其整体协同性。

（四）资源匹配-改土密植-定向调控“三位一体”的关键技术创新与集成指导原则

基于作物“三协同”理论指导，创新选品种调播期（资源匹配）的气候-作物协同、培地力增密度（改土密植）的土壤-作物协同、防衰老促灌浆（定向调控）的群体-个体协同的三类共性关键技术。根据区域生产问题与特征，确定共性关键技术具体内涵，构建资源匹配-改土密植-定向调控“三位一体”的技术体系。

第二节　气候-作物协同定量化原则与指标构建

一、气候-作物协同资源优化配置与利用原则

作物对环境具有特定适应性，区域生态资源具有一定的规律性，当季节间资源变化与作物生育需求相吻合，而且实现作物对周年资源浪费最少、利用率最大时，则表现出生态资源的最优利用。主要取决于季节间资源有效分配和季节内作物高效利用。基于不同生产系统气候资源分配的差异，以系统周年产出最大为目标，构建了作物生产系统周年资源优化配置定量化分析模式（图 13－2），提出了周年资源季节间有效分配与季节内高效利用协同的资源最优利用原则。

在周年作物生产系统中，两个作物资源分配在不严重影响季节性生态环境变化与作物需求

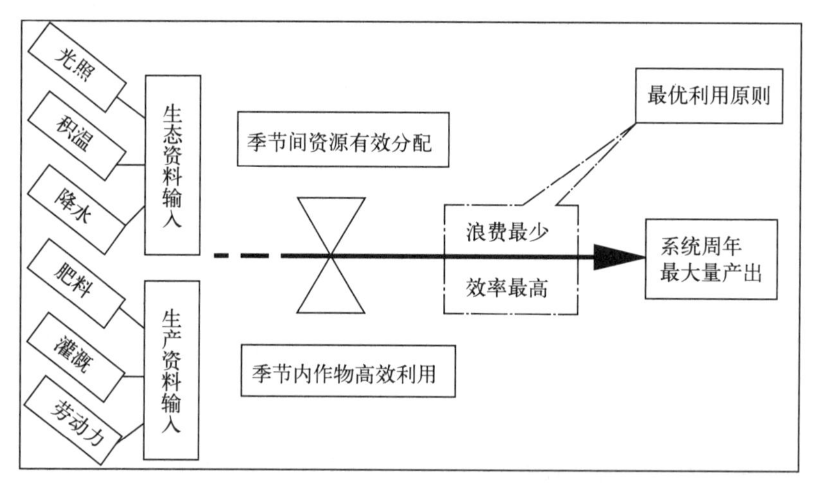

图 13-2 周年资源优化配置定量化分析模式

相适应与吻合的前提下，有效资源更多分配给更加高效的作物季节中，发挥高效作物潜能。

二、气候-作物协同资源优化配置及高效利用定量指标体系

创建了以作物光温资源配置与利用为核心的气候-作物协同定量分析系统。通过对粮食丰产工程 13 年不同作物不同种植制度大田试验分析，建立了以积温分配率和积温比值为核心的季节间资源分配定量指标体系，提出表征季节内资源利用效率的光温生产潜力当量（TPPE=Y/TPPy，TPPE 为光温生产潜力当量，Y 为作物实际产量，TPPy 为光温生产潜力）定量指标。并基于项目实施的大数据分析，首次明确了我国主要两熟高产高效种植模式积温分配和不同作物不同产量水平光温生产潜力当量。

（一）季节间资源优化配置定量指标

对资源优化配置理论模式进行定量化分析，在分析黄淮海区、长江中下游区九省区 55 个两熟高产站点 2004—2010 年大样本数据（N=1 155）的基础上，确定了以热量资源分配为主的季节间气候资源分配的定量化指标。

$TDR=\sum(t_1, t_2)/\sum T$；

$RDR=\sum(r_1, r_2)/\sum R$；

$PDR=\sum(p_1, p_2)/\sum P$；

$TR=\sum t_1/\sum t_2$；

$RR=\sum r_1/\sum r_2$；

$PR=\sum p_1/\sum p_2$。

TDR 为有效积温分配率，RDR 为辐射分配率，PDR 为降水分配率；TR 为有效积温分配比值，RR 为辐射分配比值，PR 为降水分配比值；t 为单季有效积温总量，r 为单季辐射

总量，p 为单季降水总量；T 为周年积温总量，R 为周年辐射总量，P 为周年降水总量。

（二）季节内资源高效利用定量评价指标

根据年际间、地区间生态条件的差异及其对产量的影响，提出了表征季节内资源利用效率高低的光温生产潜力当量（TPPE）的概念，以光温潜力产量为标准较以光温资源为标准更加客观，更具实际意义。

三、气候-作物协同周年高产高效配置

（一）不同模式的季节间气候配置

通过10年国家粮食丰产科技工程全国不同区域不同模式的播期调控试验和产量差分析（N=293），明确了不同高产高效两熟模式季节间有效积温、辐射分配指标（表13-1），为制订两熟模式季节间资源分配方案提供依据。不同模式两季积温分配比值变幅从36∶64到71∶29，辐射分配比例变幅从53∶47到72∶28，降水分配比例变幅从28∶72到89∶11。

表13-1　不同种植模式积温、辐射、降水、生育期分配

模式	积温		辐射		降水		生育期	
	总量（℃）	比例	总量（MJ/m²）	比例	总量（mm）	比例	总量（d）	比例
传统小麦-玉米	5 330.3±79.3	46∶54	4 169.5±145.9	60∶40	491.6±91.2	28∶72	348.3±3.5	70∶30
小麦-玉米“双晚”	5 275.1±139.8	43∶57	4 336.6±300.9	58∶42	657.2±97.0	28∶72	356.5±3.5	67∶33
小麦-水稻	5 237.7±100.1	36∶64	4 490.1±116.9	53∶47	1 045.1±218.5	21∶79	361.1±5.1	60∶40
双季玉米	4 974.3±151.9	50∶50	3 428.7±103.5	58∶42	449.2±107.5	40∶60	228.8±2.6	50∶50
玉米-水稻	5 439.7±53.0	54∶46	3 381.3±197.2	55∶45	1 069.6±353.3	71∶29	226.0±4.2	57∶43
双季稻	5 645.3±272.5	48∶52	3 455.3±272.5	54∶46	920.8±127.0	78∶22	200.8±1.5	53∶47
再生稻	5 250.0±156.1	71∶29	3 420.2±160.5	72∶28	1 399.2±415.2	89∶11	222.3±4.2	72∶28

利用以上建立的指标体系可对不同生产系统周年资源分配效率及其与产量的关系进行定量化分析。以高产高效农田资源分配比值作为该地区资源最佳分配标准，根据当地常年气候资源状况，计算出各季所需的有效积温，进而得到辐射与降水分配，制订出合理的生育期分配方案（表13-2）。

表13-2　不同种植模式作物生育期最佳分配方案

种植系统	有效积温比值（TR）	作物生长季（月）											
		1	2	3	4	5	6	7	8	9	10	11	12
冬小麦-夏玉米	0.62±0.02												
早春小麦-晚夏玉米	1.09±0.06												
冬小麦-水稻	0.57±0.05												
双季稻	0.75±0.04												

（续）

种植系统	有效积温比值（*TR*）	作物生长季（月）											
		1	2	3	4	5	6	7	8	9	10	11	12
再生稻	2.48±0.13												
春玉米-晚稻	0.81±0.07												

（二）不同作物气候资源效率

1. 不同模式资源效率 通过10年国家粮食丰产科技工程全国不同区域不同模式的播期调控试验和产量差分析，提出了季节内资源最优利用的目标，即提高光温资源与作物需求的匹配度。通过分析大量两熟作物产量与资源的定量关系，挖掘了 C_4 高光效（玉米光能利用效率比小麦增加45%以上），C_3 生态适应潜力的特征。提出了可通过强化两季作物中 C_4 作物高效能的发挥为单季内光温资源潜力挖掘的途径，实现周年资源利用最大化（表13-3）。

表13-3 不同种植模式光合（光温）生产潜力与高产当量值

种植模式	作物类型	RPP（kg/hm²）	TPP（kg/hm²）	产量（kg/hm²）	RPPE	TPPE
小麦-玉米	冬小麦	72 647.8	39 303.7	9 943.5	0.297 2	0.548 2
	夏玉米	41 343.3	37 693.2	15 310.6	0.723 7	0.789 9
小麦-水稻	冬小麦	66 525.3	31 012.1	9 930	0.311	0.667 1
	水稻	60 795.2	54 149.8	12 975	0.410 4	0.469 8
双季稻	早稻	46 787.05	36 039.6	10 605	0.432 3	0.561 8
	晚稻	50 291	48 021.7	10 324.5	0.400 1	0.418 4
玉米-水稻	春玉米	41 812.3	33 667.4	10 512.4	0.502 8	0.624 5
	水稻	49 265.4	47 640.3	9 416.7	0.374 8	0.387 6
再生稻	头季稻	53 648.2	47 344.7	14 334	0.523 9	0.593 6
	再生稻	14 926.2	14 640.6	8 572.5	0.957 2	0.975 9

注：RPP为光合生产潜力，TPP为光温生产潜力，RPPE为光合生产潜力当量，TPPE为光温生产潜力当量。

2. 不同作物气候资源效率 揭示两熟区作物产量差的幅度与地域差异、形成原因以及缩小产量差的措施，通过栽培技术的改进，充分挖掘单季作物潜能，提高光温生产潜力当量，缩小产量差。明确了我国主产区三大作物不同产量水平光温生产潜力当量值，可对进一步提高产量水平的可行性及技术途径做出客观的评价。

以光温生产潜力为最高，小面积超高产、区试高产和农户产量形成了三级产量差，不同产量水平季节内生态条件有不同特点，依据光温生产潜力当量值比较，水稻、玉米和小麦超高产当量值分别为73%、66%和65%，试验田产量当量值均为50%左右，农户产量当量值均为35%左右。根据两熟制不同种植模式产量目标，通过灌水、肥料、劳动力等生产资料的合理投入及栽培技术的改进，充分挖掘单季作物潜能，提高资源生产效率，缩小实际产量与目标产量的差距（图13-3）。

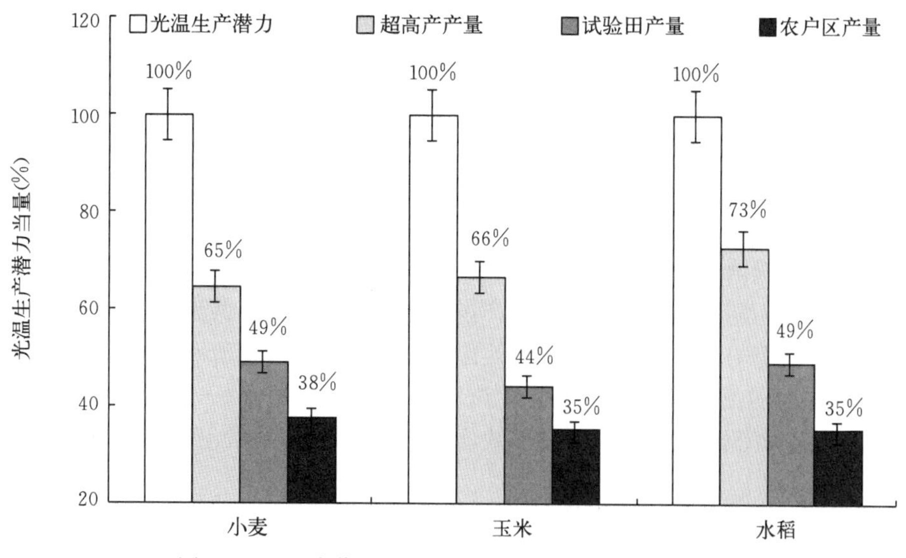

图 13-3　三大作物不同产量水平光温生产潜力当量值

四、两熟制资源优化配置定量分析及其管理决策系统

基于两季资源优化配置定量分析理论，利用自主研发的农田生态环境自动监测仪与作物生长动态分析的系统软件，建立资源指标-作物生长动态指标相匹配的系统，形成了基于远程通信的两熟区域生态环境因子数字化监测网络，对作物生长过程中的生态指标（光辐射、温度、湿度、降水等）时空动态变化特征信息进行监测。通过自动传输和计算机处理实现生育时期、物质生产、资源效率等多性能的实时模拟与分析，构建资源-作物生长实时动态模型，形成了两熟制资源优化配置定量与作物产量形成的管理决策系统（图 13-4）。

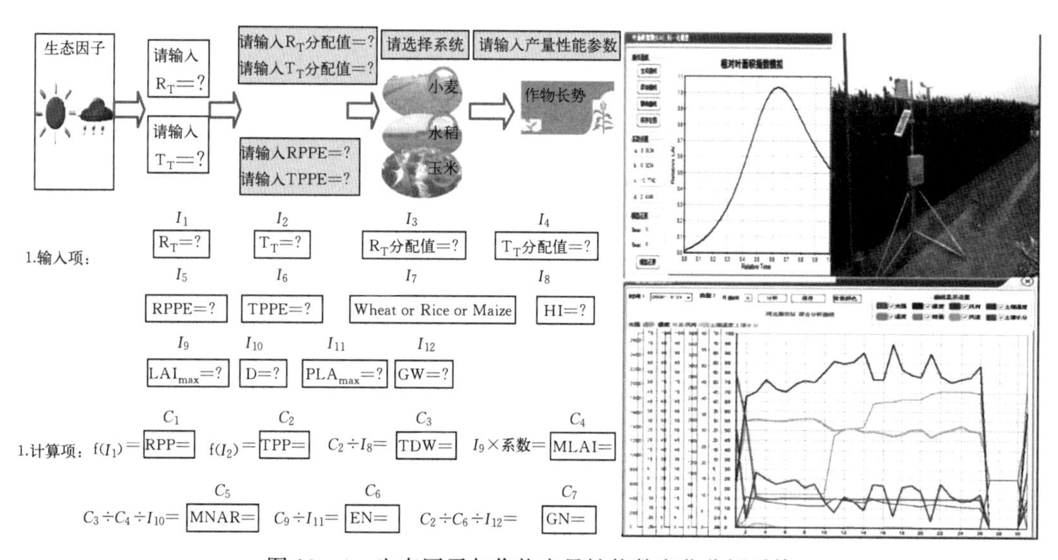

图 13-4　生态因子与作物产量性能数字化分析系统

第三节 不同区域周年气候资源利用

一、黄淮海两熟高产高效模式周年资源分配特征

黄淮海平原是我国典型的两熟制区域，包括多种两熟种植模式，不同种植模式季节间资源分配与利用特征不同。受气候变化和生产条件变化影响，传统两熟种植模式作物品种、播期、密度、生育期等与光、温、水资源不匹配，限制其产量及资源利用效率进一步提升。基于气候-作物资源优化配置理论指导，优化该区主要种植模式小麦-玉米、小麦-大豆以及新型双季玉米季节间资源配置，得到不同模式实现高产高效的资源配置定量指标。

（一）不同模式季节间积温分配

各模式积温在年际间波动较小。小麦-玉米模式第一季积温为 2 349.6 ℃，占全年积温的 45.6%；第二季积温为 2 801.7 ℃，占全年积温的 54.4%，两季积温之和为 5 151.3 ℃，两季间比值为 0.8。小麦-大豆模式第一季积温为 2 367.7 ℃，占全年积温的 46.9%；第二季积温为 2 684.9 ℃，占全年积温的 53.1%，两季积温之和为5 052.6 ℃，两季间比值为 0.88。双季玉米第一季积温为 2 611.3 ℃，占全年积温的 51.4%；第二季积温为 2 467.0 ℃，占全年积温的 48.6%，两季积温之和为 5 078.3 ℃，两季之间积温基本均等分配，比值为 1.06（表 13 - 4）。

表 13 - 4　不同模式季节间积温分配

年份	处理	第一季		第二季		周年	
		积温（℃）	分配率（%）	积温（℃）	分配率（%）	积温（℃）	两季比
2012	W - M	2 348.5	45.4	2 828.7	54.6	5 177.2	0.83
	W - S	2 348.5	46.6	2 692.0	53.4	5 040.5	0.87
	M - M	2 681.1	52.3	2 442.4	47.7	5 123.5	1.10
2013	W - M	2 255.0	43.7	2 908.2	56.3	5 163.2	0.78
	W - S	2 296.0	46.1	2 687.5	53.9	4 983.5	0.85
	M - M	2 562.0	50.0	2 558.8	50.0	5 120.8	1.00
2014	W - M	2 267.3	45.3	2 736.5	54.7	5 003.8	0.83
	W - S	2 358.6	47.1	2 644.2	52.9	5 002.8	0.89
	M - M	2 631.7	52.2	2 406.5	47.8	5 038.2	1.09
2015	W - M	2 527.4	48.0	2 733.4	52.0	5 260.8	0.92
	W - S	2 467.7	47.6	2 716.0	52.4	5 183.7	0.91
	M - M	2 570.3	51.1	2 460.4	48.9	5 030.7	1.04
平均值	W - M	2 349.6	45.6	2 801.7	54.4	5 151.3	0.84
	W - S	2 367.7	46.9	2 684.9	53.1	5 052.6	0.88
	M - M	2 611.3	51.4	2 467.0	48.6	5 078.3	1.06

注：W - M 为小麦-玉米模式，W - S 为小麦-大豆模式，M - M 为双季玉米模式。

（二）不同模式季节间辐射分配

小麦-玉米模式第一季分配辐射量为 2 156.7 MJ/m²，占全年辐射总量的 57.0%；第二季分配辐射量为 1 630.2 MJ/m²，占全年辐射总量的 43.0%，两季积温之和为 3 787.0 MJ/m²，两季间比值为 1.32。小麦-大豆模式第一季辐射量为2 169.5 MJ/m²，占全年辐射量的 58.2%；第二季辐射量为 1 557.8 MJ/m²，占全年辐射量的 41.8%，两季辐射量之和为 3 727.3 MJ/m²，两季间比值为 1.39。双季玉米第一季辐射量为 1 917.7 MJ/m²，占全年辐射量的 55.8%；第二季辐射量为 1 518.3 MJ/m²，占全年辐射量的 44.2%，两季辐射量之和为 3 436.0 MJ/m²，两季之间比值为 1.26（表 13-5）。

表 13-5 不同模式季节间辐射分配

年份	处理	第一季		第二季		周年	
		辐射量（MJ/m²）	分配率（%）	辐射量（MJ/m²）	分配率（%）	辐射量（MJ/m²）	两季比
2012	W-M	2 184.2	55.7	1 738.2	44.3	3 922.4	1.26
	W-S	2 184.2	57.5	1 614.0	42.5	3 798.1	1.35
	M-M	2 062.2	56.8	1 570.7	43.2	3 632.9	1.31
2013	W-M	2 131.2	56.5	1 638.1	43.5	3 769.2	1.30
	W-S	2 160.5	58.9	1 510.3	41.1	3 670.9	1.43
	M-M	1 761.0	52.6	1 585.2	47.4	3 346.2	1.11
2014	W-M	2 103.4	58.5	1 493.2	41.5	3 596.6	1.41
	W-S	2 173.5	59.8	1 462.3	40.2	3 635.8	1.49
	M-M	1 873.4	58.7	1 316.3	41.3	3 189.7	1.42
2015	W-M	2 208.2	57.2	1 651.4	42.8	3 859.6	1.34
	W-S	2 159.6	56.8	1 644.8	43.2	3 804.4	1.31
	M-M	1 974.3	55.2	1 600.8	44.8	3 575.1	1.23
平均值	W-M	2 156.7	57.0	1 630.2	43.0	3 787.0	1.32
	W-S	2 169.5	58.2	1 557.8	41.8	3 727.3	1.39
	M-M	1 917.7	55.8	1 518.3	44.2	3 436.0	1.26

注：W-M 为小麦-玉米模式，W-S 为小麦-大豆模式，M-M 为双季玉米模式。

（三）不同模式季节间降水分配

小麦-玉米模式周年总降水量为 482.1 mm，第一季内降水量为 136.8 mm，占周年总降水量的 28.4%，第二季降水量为 345.3 mm，占周年总降水量的 71.6%。小麦-大豆模式周年总降水量为 474.4 mm，第一季内降水量为 136.8 mm，占周年总降水量的 28.8%，第二季降水量为 337.6 mm，占周年总降水量的 71.2%。双季玉米模式周年总降水量为 446.9 mm，第一季内降水量为 203.9 mm，占周年总降水量的 45.6%，第二季降水量为 243.0 mm，占周年总降水量的 54.4%（表 13-6）。

表 13-6 不同模式季节间降水量分配

年份	处理	第一季		第二季		周年	
		降水量（mm）	分配率（%）	降水量（mm）	分配率（%）	降水量（mm）	两季比
2012	W-M	158.5	34.5	301.2	65.5	459.7	0.53
	W-S	158.5	34.5	301.2	65.5	459.7	0.53
	M-M	151.6	48.1	163.7	51.9	315.3	0.93
	M	—	—	—	—	243.2	—
2013	W-M	101.5	24.3	315.5	75.7	417.0	0.32
	W-S	101.5	24.6	311.9	75.4	413.4	0.33
	M-M	198.2	44.8	244.7	55.2	442.9	0.81
	M	—	—	—	—	380.9	—
2014	W-M	126.4	22.0	447.5	78.0	573.9	0.28
	W-S	126.4	23.2	417.9	76.8	544.3	0.30
	M-M	222.8	42.2	304.6	57.8	527.4	0.73
	M	—	—	—	—	341.5	—
2015	W-M	160.6	33.6	317.0	66.4	477.6	0.51
	W-S	160.6	33.5	319.5	66.5	480.1	0.50
	M-M	243.0	48.4	258.8	51.6	501.8	0.94
	M	—	—	—	—	318.2	—
平均值	W-M	136.8	28.4	345.3	71.6	482.1	0.40
	W-S	136.8	28.8	337.6	71.2	474.4	0.41
	M-M	203.9	45.6	243.0	54.4	446.9	0.84
	M	—	—	—	—	321.0	—

注：W-M为小麦-玉米模式，W-S为小麦-大豆模式，M-M为双季玉米模式，M为一季春玉米模式。

二、不同种植模式作物生长发育及产量

（一）不同模式产量及日产量

4个模式中，小麦-玉米和双季玉米模式周年产量均最高，两者差异不显著，而显著高于小麦-大豆模式。双季玉米早春季产量明显高于小麦-玉米和小麦-大豆模式的冬小麦季产量，增幅分别为15.1%和17.8%，而晚夏季产量显著低于小麦-玉米模式的夏玉米产量，降幅为11.6%。这是因为晚夏季生育后期温度较低，加之其生育期偏短，植株前期干物质积累过快，后期干物质运转与分配滞后导致的。因此，如何解决晚夏季玉米后期低温问题成为提高双季玉米产量的关键。一季春玉米模式产量最低（图13-5）。

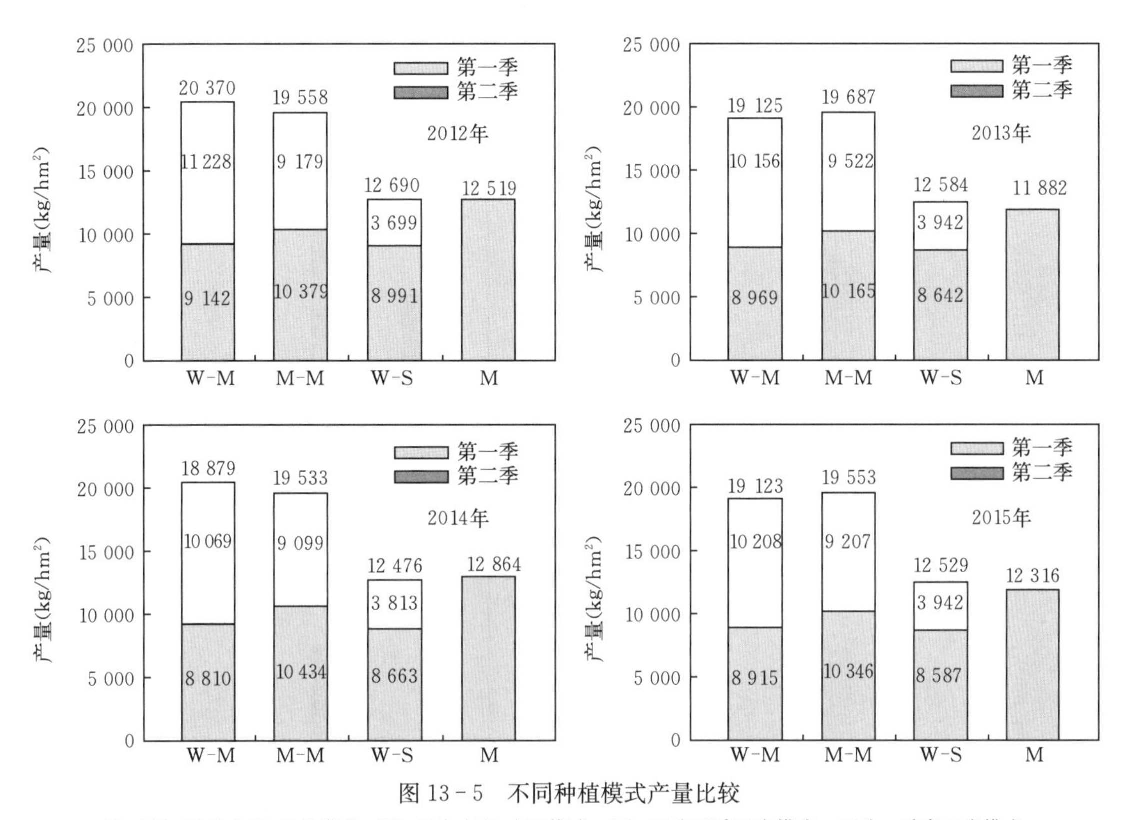

图 13－5 不同种植模式产量比较

注：W－M为小麦-玉米模式，W－S为小麦-大豆模式，M－M为双季玉米模式，M为一季春玉米模式。

双季玉米模式第一季日产量显著高于其他模式，第二季日产量低于小麦-玉米模式的夏玉米模式，而高于小麦-大豆模式的夏大豆模式。周年平均日产量以一季春玉米模式最高，其次为双季玉米模式，显著高于小麦-玉米和小麦-大豆模式。以上结果表明，玉米作为 C_4 作物具有较高的物质生产效率，而双季玉米是一种高生产效率的两熟模式（图 13－6）。

（二）不同种植模式生物量及干物质产能

4个模式中，小麦-玉米和双季玉米模式周年生物量均最高，四年均值分别为 39 649.3 kg/hm^2 和 39 013.9 kg/hm^2，二者差异不显著，而显著高于小麦-大豆模式。双季玉米早春季生物量明显高于小麦-玉米和小麦-大豆模式的冬小麦季生物量，而晚夏季生物量显著低于小麦-玉米的夏玉米季生物量。这是因为晚夏季生育后期温度较低，加之其生育期偏短，植株前期干物质积累过快，后期干物质运转与分配滞后导致其干物质积累量较低。因此，解决晚夏季玉米后期低温问题成为提高双季玉米产量的关键。小麦-大豆模式周年生物量为28 783.1 kg/hm^2，一季春玉米模式产量最低。4 个模式中，小麦-玉米和双季玉米模式周年干物质产能均最高，四年均值分别为 70.5 MJ/m^2 和 71.4 MJ/m^2，二者差异不显著，而显著高于小麦-大豆模式。对于单季作物来说，玉米的干物质产能最高，尤其是春玉米最高，显著高于小麦和大豆（表 13－7）。

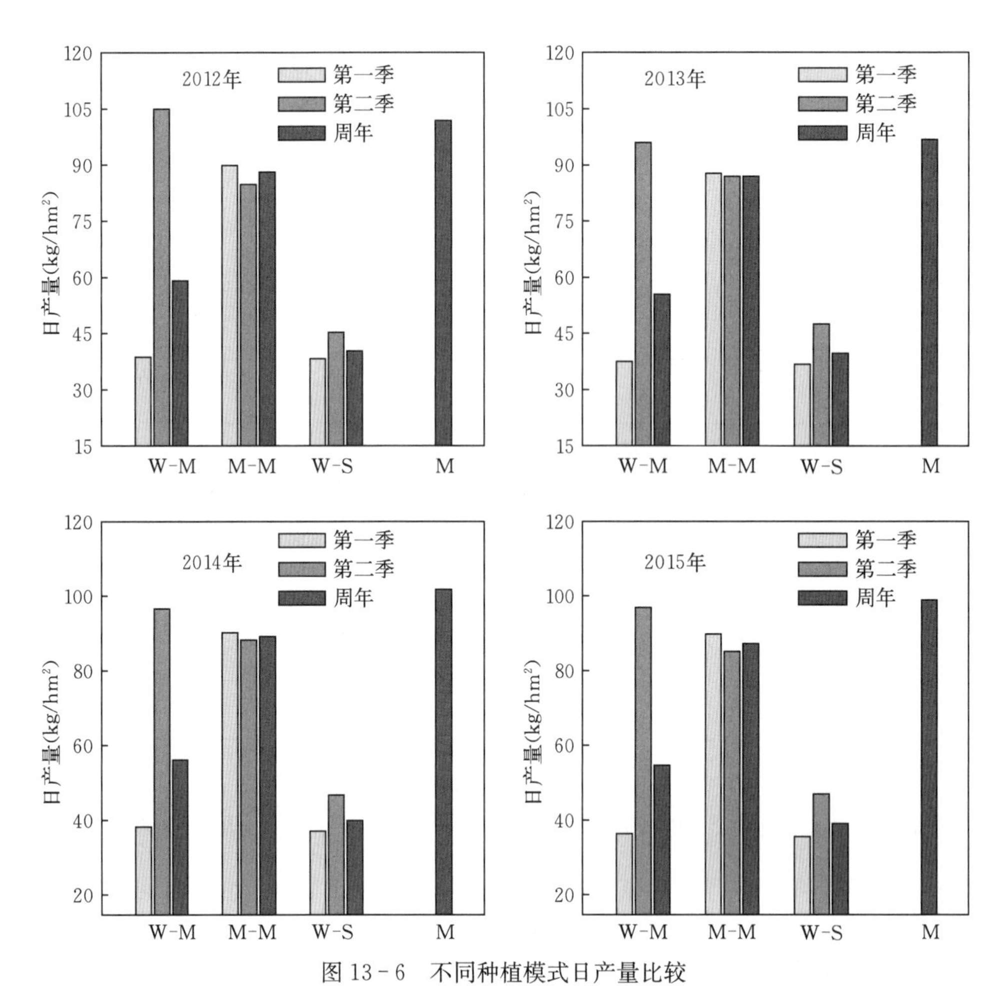

图 13-6 不同种植模式日产量比较

注：W-M为小麦-玉米模式，W-S为小麦-大豆模式，M-M为双季玉米模式，M为一季春玉米模式。

表 13-7 不同种植模式生物量及干物质产能比较

年份	处理	生物量（kg/hm^2）			干物质产能（MJ/m^2）		
		第一季	第二季	周年	第一季	第二季	周年
2012	W-M	19 914.0	21 224.7	41 138.7	34.8	38.4	73.2
	W-S	20 262.0	9 655.3	29 917.3	35.4	18.3	53.7
	M-M	21 266.7	19 357.3	40 624.0	38.4	35.0	73.4
	M	—	—	23 027.3	—	—	41.6
2013	W-M	19 551.7	19 698.1	39 249.8	34.2	35.6	69.8
	W-S	18 827.6	9 787.0	28 614.6	32.9	18.6	51.5
	M-M	20 429.5	19 811.5	40 240.9	36.9	35.8	72.7
	M	—	—	21 464.5	—	—	38.8

（续）

年份	处理	生物量（kg/hm²）			干物质产能（MJ/m²）		
		第一季	第二季	周年	第一季	第二季	周年
2014	W-M	19 068.9	19 346.5	38 415.4	33.3	35.0	68.3
	W-S	18 530.8	9 430.1	27 960.9	32.4	18.0	50.4
	M-M	19 872.3	19 051.8	38 924.1	35.9	34.4	70.3
	M	—	—	24 984.0	—	—	45.1
2015	W-M	20 396.3	19 397.0	39 793.3	35.6	35.1	70.7
	W-S	18 859.5	9 780.0	28 639.5	32.9	18.1	51.0
	M-M	19 967.5	16 298.9	38 266.4	36.1	33.1	69.2
	M	—	—	23 134.5	—	—	41.8
平均	W-M	19 732.7	19 916.6	39 649.3	34.5	36.0	70.5
	W-S	19 120.0	9 663.1	28 783.1	33.4	18.2	51.6
	M-M	20 384.0	18 629.9	39 013.9	36.8	34.6	71.4
	M	—	—	23 152.6	—	—	41.8

注：W-M为小麦-玉米模式，W-S为小麦-大豆模式，M-M为双季玉米模式，M为一季春玉米模式。

三、不同种植模式光温水资源利用效率

小麦-玉米和小麦-大豆模式的小麦季与双季玉米模式第一季玉米的积温生产效率没有显著差异，而小麦-玉米和双季玉米模式的第二季积温生产效率显著高于小麦-大豆模式的夏大豆季，小麦-玉米、双季玉米和一季春玉米模式周年积温生产效率差异不显著，而显著高于小麦-大豆模式。

小麦-玉米和小麦-大豆模式小麦季籽粒光能生产效率差异不明显，而显著低于双季玉米模式第一季玉米；小麦-玉米和双季玉米模式第二季玉米季光能生产效率差异不显著，而显著高于小麦-大豆模式夏大豆季；周年光能生产效率以一季春玉米模式最高，其次为双季玉米模式，小麦-大豆模式最低。

对不同模式降水生产效率进行分析可以看出，小麦-玉米和小麦-大豆模式小麦季降水生产效率差异不明显，而显著高于双季玉米模式第一季玉米；双季玉米模式第二季玉米季降水生产效率显著高于其他模式第二季，周年降水生产效率也以双季玉米模式最高（表13-8）。

表13-8　不同种植模式积温、光能和降水生产效率

年份	处理	积温生产效率[kg/(hm²·℃)]			光能生产效率（g/MJ）			降水生产效率[kg/(hm²·mm)]		
		第一季	第二季	周年	第一季	第二季	周年	第一季	第二季	周年
2012	W-M	3.9	4.0	3.9	0.42	0.65	0.52	48.5	41.4	44.3
	W-S	3.8	1.7	2.7	0.41	0.29	0.36	47.7	17.3	29.8
	M-M	3.9	3.8	3.8	0.50	0.58	0.54	68.5	56.1	62.0
	M	—	—	3.8	—	—	0.59	—	—	51.5

（续）

年份	处理	积温生产效率[kg/(hm²·℃)]			光能生产效率（g/MJ）			降水生产效率[kg/(hm²·mm)]		
		第一季	第二季	周年	第一季	第二季	周年	第一季	第二季	周年
2013	W-M	4.0	3.5	3.7	0.42	0.62	0.51	88.4	32.2	45.9
	W-S	3.8	1.8	2.7	0.40	0.33	0.37	85.1	15.8	32.9
	M-M	4.0	3.7	3.8	0.58	0.60	0.59	35.3	61.5	44.4
	M	—	—	3.6	—	—	0.60	—	—	31.2
2014	W-M	3.9	3.7	3.8	0.42	0.67	0.52	69.7	22.5	32.9
	W-S	3.7	1.8	2.7	0.40	0.33	0.37	68.5	11.5	24.8
	M-M	4.0	3.8	3.9	0.56	0.69	0.61	60.4	25.7	37.0
	M	—	—	3.9	—	—	0.65	—	—	37.7
2015	W-M	3.5	3.7	3.6	0.40	0.62	0.50	55.5	32.2	40.0
	W-S	3.5	1.4	2.4	0.40	0.24	0.33	53.5	12.3	26.1
	M-M	4.0	3.7	3.9	0.52	0.58	0.55	42.6	35.6	39.0
	M	—	—	3.8	—	—	0.58	—	—	38.7
平均值	W-M	3.8	3.7	3.8	0.42	0.64	0.51	65.5	30.2	40.2
	W-S	3.7	1.7	2.6	0.40	0.30	0.36	63.8	13.6	28.1
	M-M	4.0	3.8	3.9	0.54	0.61	0.57	50.7	38.1	43.8
	M	—	—	3.8	—	—	0.60	—	—	38.6

注：W-M为小麦-玉米模式，W-S为小麦-大豆模式，M-M为双季玉米模式，M为一季春玉米模式。

双季玉米模式第一季玉米的籽粒和总生物量光能利用效率均显著高于小麦-玉米和小麦-大豆模式的小麦季，第二季籽粒和总生物量光能利用效率与小麦-玉米模式的夏玉米季差异不显著，而显著高于小麦-大豆模式的夏大豆季；周年籽粒和总生物量光能利用效率以双季玉米模式和一季春玉米模式最高，显著高于其他模式。与 C_3 作物比，玉米具有较高的光能利用效率，双季玉米模式是一种高效率的两熟制模式（表13-9）。

表13-9　不同模式光能利用效率

年份	处理	籽粒光能利用效率（%）			总生物量光能利用效率（%）		
		第一季	第二季	周年	第一季	第二季	周年
2012	W-M	0.73	1.17	0.92	1.59	2.21	1.86
	W-S	0.72	0.62	0.68	1.62	1.13	1.41
	M-M	0.91	1.06	0.97	1.86	2.23	2.02
	M	—	—	1.07	—	—	1.97
2013	W-M	0.74	1.12	0.90	1.60	2.17	1.85
	W-S	0.70	0.70	0.70	1.52	1.23	1.40
	M-M	1.04	1.09	1.06	2.10	2.26	2.17
	M	—	—	1.08	—	—	1.94

（续）

年份	处理	籽粒光能利用效率（%）			总生物量光能利用效率（%）		
		第一季	第二季	周年	第一季	第二季	周年
2014	W-M	0.73	1.22	0.93	1.58	2.34	1.90
	W-S	0.72	0.71	0.70	1.49	1.23	1.38
	M-M	1.01	1.25	1.11	1.92	2.62	2.21
	M	—	—	1.17	—	—	2.28
2015	W-M	0.71	1.12	0.88	1.61	2.12	1.83
	W-S	0.72	0.51	0.62	1.53	1.10	1.34
	M-M	0.95	1.04	0.99	1.83	2.07	1.93
	M	—	—	1.05			1.96
平均值	W-M	0.73	1.15	0.91	1.60	2.21	1.86
	W-S	0.70	0.63	0.67	1.54	1.17	1.39
	M-M	0.97	1.10	1.03	1.92	2.28	2.08
	M	—	—	1.09	—	—	2.04

注：W-M为小麦-玉米模式，W-S为小麦-大豆模式，M-M为双季玉米模式，M为一季春玉米模式。

第四节　不同区域作物光温生产潜力当量与产量层次差

根据年际间、地区间生态条件的差异及其对产量的影响，提出了表征季节内资源利用效率高低的光温生产潜力当量的概念，以光温潜力产量为标准，较以光温资源为标准更加客观，更具实际意义。以光温生产潜力为最高，小面积超高产、区试高产和农户产量形成了三级产量差，不同产量水平季节内生态条件有不同特点。根据两熟制不同种植模式产量目标，通过灌水、肥料、劳动力等生产资料的合理投入及栽培技术的改进，充分挖掘单季作物潜能，提高资源生产效率，缩小实际产量与目标产量的差距。

一、东北一熟区春玉米产量潜力当量

以吉林省东部、中部和西部地区4个县市的气象资料及产量数据为依据，对高产出现年份的光合生产潜力（RPP）和光温生产潜力（TPP）进行了统计分析（表13-10）。

表13-10　一熟区各高产地区的光合生产潜力、光温生产潜力

地点	年份	全年		春玉米生长季				
		RPP (kg/hm²)	TPP (kg/hm²)	RPP (kg/hm²)	TPP (kg/hm²)	产量 (kg/hm²)	RPPE (%)	TPPE (%)
桦甸	1997	102 522.3	36 923.0	59 693.5	35 871.1	15 086.0	50.54	84.11
	2004	104 689.1	36 346.9	59 991.1	35 254.5	13 350.0	44.51	75.73
	2005	91 561.8	25 912.6	50 125.3	25 607.7	12 682.5	50.60	99.05
	2006	105 867.9	34 758.9	63 329.4	34 571.3	16 816.5	53.11	97.29

（续）

地点	年份	全年		春玉米生长季				
		RPP (kg/hm^2)	TPP (kg/hm^2)	RPP (kg/hm^2)	TPP (kg/hm^2)	产量 (kg/hm^2)	RPPE (%)	TPPE (%)
平均值		101 160.28	33 485.4	58 284.8	32 826.2	14 483.8	49.69	89.05
标准差		3 273.63	2 565.4	2 842.0	2 420.8	928.0	1.83	5.55
四平	1996	120 712.4	48 824.7	70 344.6	45 041.1	12 856.5	36.55	57.09
	1999	110 133.6	40 477.5	63 999.9	39 900.0	16 443.0	51.38	82.42
	2004	120 712.4	50 778.3	71 743.5	48 849.7	13 725.0	38.26	56.19
	2005	100 786.0	34 228.0	55 283.3	33 505.8	13 214.0	47.80	78.88
平均值		113 086.1	43 577.1	65 342.8	41 824.2	14 059.6	43.50	68.65
标准差		4 798.7	3 834.1	3 752.6	3 324.2	814.2	3.61	6.97
长春	1996	111 163.6	39 906.0	63 824.2	41 016.1	12 856.5	40.29	62.69
	1999	121 020.5	46 559.6	74 281.6	45 907.3	16 443.0	44.27	71.64
	2004	114 087.0	47 006.2	68 977.2	45 609.3	13 725.0	39.80	60.19
	2005	101 658.7	35 961.3	59 893.6	35 464.5	13 214.0	44.12	74.52
平均值		111 982.5	42 358.3	66 744.2	41 999.3	14 059.6	42.12	67.26
标准差		4 014.2	2 680.0	3 125.9	2 449.1	814.2	1.20	3.45
乾安	2004	116 461.1	48 784.3	68 977.2	45 609.3	12 795.0	37.10	56.11

不同高产地区的光热资源不同，尽管乾安纬度较长春和四平更高，但是三地光热资源相当；位于吉林东部的桦甸市的光热资源相对最低，然而，各地的光合生产潜力当量（RPPE）和光温生产潜力当量（TPPE）却以桦甸最高，长春、四平次之，乾安最低。四地的 RPPE 分别为 46.69%、42.12%、43.50%和 37.10%，TPPE 分别为 89.05%、67.26%、68.65%和 56.11%。桦甸光热资源虽相对较少，但其利用率却最高。表明该地区光热水等生态资源配置较好或其栽培技术水平较高，使春玉米得以良好生长。

TPP 与 RPP 的大小及其比值（TPP/RPP）可反映温度对作物产量的影响程度。研究表明，上述地区的年光温生产潜力最大仅为年光合生产潜力的 0.418 9（乾安），桦甸最低，仅为 0.329 7；而作物生育期间的 TPP 仅为 RPP 的 56.14%～66.12%。春玉米生育期间的 RPP 占全年 RPP 的 57.52%～63.50%，而生育期间的 TPP 已经达到全年 TPP 的 93.49%～98.13%。说明春玉米生育期受限于当地温度条件，温度是该区春玉米生产的一个主要限制性因素。

二、黄淮海两熟区冬小麦、夏玉米产量潜力当量

根据山东莱州和兖州、河南新乡和浚县、河北吴桥等地的气象资料及产量数据得到两熟区各高产地区冬小麦、夏玉米的光合生产潜力、光温生产潜力（表 13 - 11）。

表 13-11　两熟区各高产地区冬小麦、夏玉米的光合生产潜力、光温生产潜力

地点	年份	冬小麦 RPP (kg/hm²)	冬小麦 TPP (kg/hm²)	冬小麦 产量 (kg/hm²)	冬小麦 RPPE (%)	冬小麦 TPPE (%)	夏玉米 RPP (kg/hm²)	夏玉米 TPP (kg/hm²)	夏玉米 产量 (kg/hm²)	夏玉米 RPPE (%)	夏玉米 TPPE (%)
莱州	1996	86 033.5	35 538.6	9 535.4	24.05	58.22	—	—	—	—	—
	1997	85 049.6	37 976.3	9 555.1	23.57	52.79	—	—	—	—	—
	1998	76 874.6	34 764.5	9 172.2	25.89	57.26	—	—	—	—	—
	2004	80 310.1	38 801.4	8 322.0	21.59	44.68	48 445.6	41 543.1	13 627.5	54.10	63.08
	2005	81 798.5	40 045.8	10 539.0	26.84	54.83	50 098.0	44 128.9	15 351.3	58.93	66.90
	2006	79 762.2	36 463.1	9 046.5	23.63	51.69	46 306.6	40 704.6	15 000.0	62.29	70.87
平均值		81 638.1	37 265.0	9 361.7	24.26	53.25	48 283.4	42 125.5	14 659.6	58.44	66.95
标准差		1 401.9	826.1	298.3	0.76	1.99	1 097.5	1 030.5	525.9	2.38	2.25
新乡	2005	53 775.4	36 361.6	8 340.0	32.31	47.78	44 367.9	39 936.4	12 000.0	54.09	60.10
浚县	2004	50 822.4	33 474.0	8 277.0	33.93	51.51	42 975.2	35 708.8	12 964.5	60.33	72.61
	2005	47 972.4	32 079.2	9 165.0	39.80	59.52	44 279.2	38 980.6	13 875.8	62.67	71.19
平均值		49 397.4	32 776.6	8 721.0	36.87	55.52	43 627.2	37 344.7	13 420.1	61.50	71.90
吴桥	2004	54 535.5	38 190.1	9 723.0	37.14	53.04	—	—	—	—	—
	2005	58 264.8	40 469.2	8 311.5	29.72	42.79	41 746.5	38 199.5	11 604.8	55.60	60.76
	2006	58 954.7	36 179.2	8 386.4	29.64	48.29	39 551.4	35 701.2	8 314.4	42.04	46.58
平均值		57 251.7	38 279.5	8 807.0	32.17	48.04	40 648.9	36 950.4	9 959.6	48.82	53.67
标准差		1 372.6	1 239.2	458.5	2.49	2.96	—	—	—	—	—
兖州	2005	58 255.3	39 791.6	11 034.0	39.46	57.77	39 004.4	34 193.6	10 950.0	56.15	64.05

两熟区各高产地区间的光热资源也各不相同。周年光合（光温）生产潜力大小依次是莱州、新乡、吴桥、兖州和浚县。同时，还可以看出，不同地区在冬小麦和夏玉米间的资源配置上也有差异：兖州和吴桥冬小麦季的光热资源大于夏玉米季，而莱州和浚县则是夏玉米季的光热资源大于小麦季，新乡两季光热资源分配相当。冬小麦季，以兖州的 RPPE 和 TPPE 最高（39.46%和 57.77%），新乡最低（32.31%和 47.78%）；夏玉米季，以浚县最高（61.50%和 71.90%），吴桥最低（48.82%和 53.67%）。玉米资源利用率比冬小麦高，小麦季莱州 TPP/RPP 仅为 0.456 9，其他地区在 0.67 左右。而莱州较高的冬小麦产量表明，温度与日照之间存在一定的互作补偿效应。各地夏玉米季的 TPP/RPP 均在 0.85 以上，说明夏玉米生长季温度可能不是产量的主要限制性因素，而日照时数在产量形成中显得更为重要。

三、长江中下游稻、麦产量潜力当量

根据三熟区不同的气候生态条件，选择浙江江山、湖南浏阳和洪江、湖北武穴双季稻区，江苏连云港冬小麦-水稻区，福建尤溪的再生稻生产区进行研究，分别得到各地的 RPP

和 TPP 以及作物生产潜力当量值（表 13－12）。

江山、浏阳和洪江晚稻生长季的光热资源优于早稻生长季，武穴两季资源分配相当；从光温资源的利用率来看，各双季稻高产区均以早稻生长季高于晚稻生长季，晚稻光热资源利用率偏低，尤其是浙江江山，晚稻的 TPPE 不到 40%。这表明，晚稻生长季内除受光照和温度影响外，还有其他限制因素制约产量的提高；但较低的 TPPE 同时也说明双季稻高产区晚稻产量的提高仍有较大的余地。

表 13－12　三熟区各高产地区的光合生产潜力、光温生产潜力

地点	年份	早稻					晚稻				
		RPP (kg/hm²)	TPP (kg/hm²)	产量 (kg/hm²)	RPPE (%)	TPPE (%)	RPP (kg/hm²)	TPP (kg/hm²)	产量 (kg/hm²)	RPPE (%)	TPPE (%)
江山	2005	52 744.7	39 567.7	10 405.5	38.68	51.56	58 914.0	56 262.8	9 423.0	31.36	32.84
	2006	46 602.3	36 798.3	10 477.5	44.08	55.83	55 916.3	52 452.5	10 656.0	37.37	39.83
平均值		49 673.5	38 183.0	10 441.5	41.38	53.70	57 415.2	54 357.6	10 039.5	34.36	36.34
浏阳	2005	36 637.3	31 613.3	9 294.0	49.74	57.65	48 439.4	46 228.4	9 864.0	39.93	41.84
洪江	2004	35 586.4	29 310.5	8 670.0	47.77	58.00	45 177.3	40 674.0	10 900.5	47.31	52.55
	2005	37 988.2	33 050.4	8 670.0	44.75	51.44	47 864.4	45 567.8	10 605.0	43.44	45.63
平均值		36 787.3	31 180.4	8 670.0	46.26	54.72	46 520.9	43 120.9	10 752.8	45.38	49.09
武穴	2005	43 586.0	35 428.0	9 631.5	43.33	53.31	46 206.1	43 991.2	9 993.0	42.41	44.54
	2006	46 357.9	36 845.1	10 192.5	43.11	54.24	—	—	—	—	—
平均值		44 971.9	36 136.6	9 912.0	43.22	53.77	—	—	—	—	—

连云港地区的光热资源较两熟区和三熟区的江山、浏阳、洪江及武穴都高。冬小麦的 TPPE 接近 50%，比两熟区冬小麦季略低；水稻季的 TPPE 较双季稻高产区略低。表明连云港地区的冬小麦和水稻仍有较大的增产空间（表 13－13）。

表 13－13　连云港市冬小麦、水稻光合生产潜力和光温生产潜力

地点	年份	冬小麦					水稻				
		RPP (kg/hm²)	TPP (kg/hm²)	产量 (kg/hm²)	RPPE (%)	TPPE (%)	RPP (kg/hm²)	TPP (kg/hm²)	产量 (kg/hm²)	RPPE (%)	TPPE (%)
连云港	2004	65 137.9	40 004.7	9 867.0	30.30	49.33	64 254.0	55 057.9	12 954.0	39.53	46.13
	2005	61 275.9	40 554.9	9 787.5	31.95	48.27	56 481.1	49 551.4	11 241.0	39.02	44.48
	2006	57 632.7	38 659.4	9 792.0	33.98	50.66	64 881.4	57 806.7	11 241.0	33.97	38.13
平均值		61 348.8	39 739.7	9 815.5	32.08	49.42	61 872.2	54 138.7	11 812.0	37.51	42.91
标准差		2 166.9	563.0	25.8	1.06	0.69	2 701.6	2 427.0	571.0	1.77	2.44

尤溪再生稻头季 RPPE 达到 45.54%（最高为 49.51%），TPPE 达到 52.20%（最高 60.06%），与三熟区早季光热资源利用率相当；再生季的 RPPE 和 TPPE 均在 60%以上，分别为达到 61.39%和 63.52%，TPP/RPP 为 0.967 5。主攻头季生产潜力，进一步深入研究再生季高产措施是该地区再生稻研究的重点。再生季较高的光温生产潜力说明其光温资源配合较好，这与其再生季的生长发育特性可能有很大关系（表 13-14）。

表 13-14　福建尤溪再生稻光合生产潜力、光温生产潜力

地点	年份	头季					再生季				
		RPP (kg/hm²)	TPP (kg/hm²)	产量 (kg/hm²)	RPPE (%)	TPPE (%)	RPP (kg/hm²)	TPP (kg/hm²)	产量 (kg/hm²)	RPPE (%)	TPPE (%)
尤溪	1998	60 985.1	56 088.4	12 189.0	39.19	42.61	24 361.2	23 864.6	8 457.0	57.86	59.06
	1999	52 408.7	45 178.7	12 498.0	46.76	54.24	22 195.5	21 576.9	7 440.0	55.87	57.47
	2000	57 956.8	50 723.6	13 830.0	46.79	53.46	21 398.6	20 831.9	7 737.0	60.26	61.90
	2001	55 057.8	46 833.2	12 854.0	45.78	53.82	21 442.2	21 035.6	8 727.0	67.83	69.14
	2002	56 598.4	51 209.3	13 805.0	47.83	52.86	23 023.6	21 602.9	8 453.0	61.19	65.21
	2003	63 445.5	56 452.1	13 565.0	41.92	47.12	24 720.5	24 594.5	8 742.0	58.94	59.24
	2004	64 279.9	56 635.7	14 517.0	44.28	50.26	22 130.4	20 314.5	8 284.5	62.39	67.97
	2005	57 319.5	49 463.4	13 966.8	47.78	55.37	22 130.4	22 060.9	8 796.0	66.24	66.45
	2006	52 323.1	43 135.4	13 212.0	49.51	60.06	21 027.2	19 977.7	7 818.0	61.97	65.22
平均值		57 819.4	50 635.5	13 381.9	45.54	52.20	22 492.2	21 762.2	8 272.7	61.39	63.52
标准差		1 454.3	1 674.0	251.5	1.08	1.68	433.6	517.3	164.7	1.27	1.41

不同地区、不同作物的光热资源利用率存在明显差异，总的趋势为玉米＞水稻＞冬小麦。对于同一作物的 RPPE，表现为夏玉米＞春玉米，早稻的 RPPE 和 TPPE 均高于晚稻。桦甸、莱州和浚县较其他地区的 RPPE 和 TPPE 较高，两季作物的 RPPE 均在 34%以上，而 TPPE 均超过 56%。在春玉米生长期间，尽管桦甸的 TPPE 较高，但是 RPPE 相对偏低，表明该地区作物产量的主要限制因素是温度条件，而其他生态因素配置则较理想，适宜春玉米生长。莱州和浚县的冬小麦和玉米在各自的生长季中，均具有较高的 RPPE 和 TPPE，这也从一个侧面说明莱州和浚县在春玉米生长季内，土壤、光照、温度等生态因素搭配比较合理，有利于作物产量潜力的发挥。

四、特殊高产区生产潜力当量分析

为了解作物的最大生产潜力，笔者又对我国几个特殊高产区的光温生产潜力及其资源利用效率进行了初步研究（表 13-15）。

表 13-15　作物特殊高产区的产量、RPP、TPP、RPPE 和 TPPE

地点	作物	年份	产量（kg/hm²）	RPP（kg/hm²）	TPP（kg/hm²）	RPPE（%）	TPPE（%）
云南涛源	水稻	1987	17 011.2	84 583.7	76 596.4	39.43	43.55
		1990	16 570.4	72 073.2	60 458.7	45.08	53.74
		1994	17 349.2	82 160.5	74 223.5	41.40	45.83
		1995	14 330.0	82 219.9	74 916.7	34.17	37.51
		1996	15 270.0	84 259.7	74 740.6	35.53	40.06
		1997	17 070.0	77 071.5	67 057.6	43.43	49.91
		1998	16 439.1	75 795.5	66 395.8	42.53	48.55
		1999	17 080.5	76 717.4	69 968.9	43.66	47.87
		2000	16 164.0	76 260.5	65 345.5	41.56	48.50
		2001	17 947.5	75 941.4	66 721.3	46.34	52.74
		2003	18 467.6	78 600.0	71 722.2	46.07	50.49
		2004	18 298.5	67 933.8	60 872.0	52.82	58.94
		2005	18 449.6	78 814.1	70 886.1	45.90	51.03
		2006	19 305.0	78 940.4	68 811.5	47.95	55.01
青海香日德	春小麦	1978	15 195.8	81 564.0	48 035.0	37.26	63.27
青海诺木洪	春小麦	1979	14 385.0	80 287.7	42 918.7	35.83	67.03
西藏江孜	冬小麦	1977	12 547.5	135 165.6	98 035.4	18.57	25.60
新疆伊宁	春玉米	2006	16 124.7	78 881.0	58 933.7	40.88	54.72

对上述作物高产地区的光热资源及作物对资源的利用效率进行分析，这些地区光热资源丰富，有利于高产的形成；但是从各地区作物的 RPPE 和 TPPE 数值来看，其资源利用效率并不比作物主产区高。说明上述特殊高产区仍有增产的可能，但该地区的栽培技术不宜直接为其他高产地区借鉴、推广，而应进一步研究这些地区高产形成过程中作物与生态作用的内在机制，为高产技术调控提供理论依据。

五、不同作物产量层次差异分析

以光温生产潜力为最高（100%），小面积超高产（50%～70%）、区试高产（15%～30%）和农户产量（15%～20%）形成了三级产量差，不同产量水平季节内生态条件有不同特点，依据光温生产潜力当量值比较，提出两熟制不同种植模式产量目标，通过灌水、肥料、劳动力等生产资料的合理投入及栽培技术的改进，充分挖掘单季作物潜能，提高资源生产效率，缩小实际产量与目标产量的差距。

土壤-作物协同定量化系统

第一节 土壤-作物协同定量分析原则

一、“两力协同”构成

（一）耕层供给力

耕层供给力是土壤生产作物的能力，是由土壤本身的肥力属性（基础、内因）和发挥肥力作用的外界条件及人为因素（外因）所决定的生产植物收获物的能力。耕层供给力有三层概念，其构成有物理生产力、化学生产力、生物生产力。物理生产力包括土壤母质、土壤厚度、土壤质地、土壤孔隙、土壤容重、土壤通气性、土壤水分、土壤温度等特性。化学生产力主要研究土壤固液相的化学组成、化学变化以及固液相之间的反应，土壤化学特性包括土壤有机质、土壤酸碱性、土壤对离子的交换及保肥供肥能力、土壤养分；化学生产力内容包括土壤固体颗粒的表面化学性质及阳离子交换，土壤溶液及土壤的酸碱性、氧化还原性等。生物生产力主要指栖居于土壤中的有机体（主要是微生物）的活动及其与土壤中物质转化和循环的关系；生物生产力包括土壤中微生物的数量、组成及分布规律，碳、氮、磷、硫等元素的生物循环，生物固氮作用以及有机质的分解和腐殖质的形成及其对土壤肥力的影响等。

（二）冠层生产力

冠层生产力是指作物群体生产有机物的能力，转化日光能和组合营养物质成为作物群体的总重量。

二、“两力协同”平衡原则

作物产量取决于耕层供给力与冠层生产力“两力协同”的平衡，耕层、冠层的同步优化是密植高产的主要途径。“两力协同”构成的原则是构建耕层-冠层、土壤-作物协调优化的体系，使耕层供给力与作物冠层生产力匹配。以提高耕层供给力为核心，挖掘冠层作物生产力，从而最终提高产量实现高产高效。

通过合理灌溉与施肥改善耕层营养特性、优化耕层结构特性，提高根系统吸收运转特性从而提升与优化耕层供给力。作物冠层生产力的提高和产量潜力挖掘要依靠作物叶、穗、茎系统协同，促进群体-个体器官间高效协调，发挥叶系统物质生产能力，提高穗系统物质容纳特性，增强茎系统支撑运输特性。通过合理种植布局与播期调控有效连接耕层与地上部冠层，为作物生产力发挥提供生态保障。通过合理密植与高效种植方式保障群体-个体器官间协同，最大程度挖掘作物生产力（图 14 - 1）。

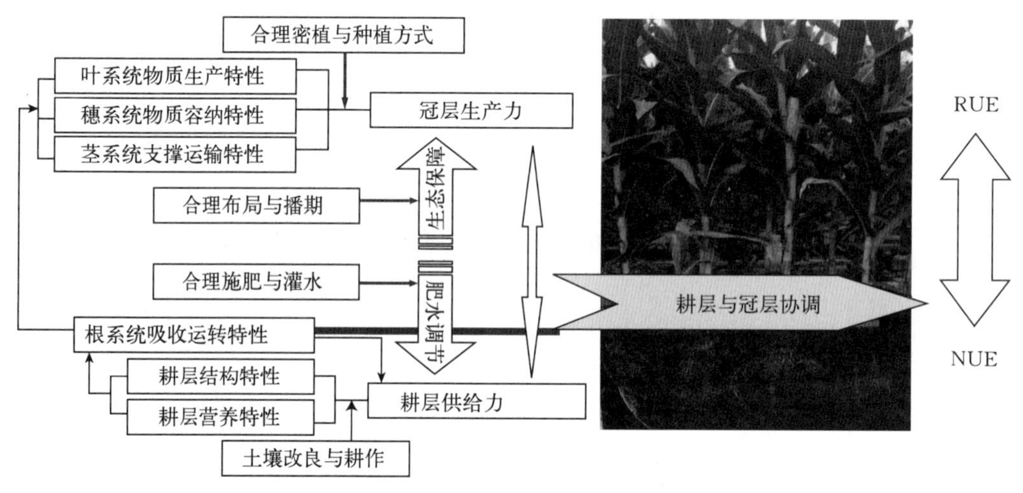

图 14 - 1　“两力协同”平衡原则

第二节　土壤-作物协同定量分析体系

一、耕层供给力定量指标体系

通过对三大区域不同生产系统农民田块和高产高效田块调研及长期定位试验分析，明确了三大作物主产区高产高效田比障碍农田土壤耕层厚度增加 40%左右，容重降低 20%左右，有机质含量提高 40%左右，氮、磷、钾含量平均提高 30%～50%，提出以容重、贯穿阻力为核心的土壤结构生产力指标，以及氮、磷、钾与有机质含量空间分布为核心的养分生产力指标来确定土壤供给力，并利用自主研发的根-土空间分布取样方法与分析体系（ZL 201320884725.2），明确了高产高效理想耕层与植株深层根系分布特征（表 14 - 1）。

表 14 - 1　不同区域不同田块土壤特征

土壤特征		东北春玉米区		黄淮海小麦-玉米区		长江中下游稻区	
		障碍农田	高产高效田	障碍农田	高产高效田	障碍农田	高产高效田
结构指标	耕层深（cm）	15.1	26.5	17.2	2.3	14.5	25
	容重（g/cm^3）	1.43	1.21	1.37	1.16	1.54	1.28
	耕层有效土量（$\times 10^6$ kg/hm^2）	1.97	3.15	2.21	3.07	2.01	3.18

（续）

土壤特征		东北春玉米区		黄淮海小麦-玉米区		长江中下游稻区	
		障碍农田	高产高效田	障碍农田	高产高效田	障碍农田	高产高效田
营养指标	有机质（%）	1.81～4.61	2.63～6.67	0.8～1.26	1.12～1.68	0.95～2.45	2.01～3.81
	全氮（%）	0.08～0.32	0.21～0.52	0.03～0.09	0.08～0.15	0.06～0.13	0.12～0.1
	有效磷（mg/kg）	4～10	8～15	2.8～7.8	6.7～13.2	2.8～6.7	5.5～8.5
	速效钾（mg/kg）	92～136	116～251	91～136	141～215	53～102	76～142

二、冠层生产力定量指标体系

采用行距固定，株距顺势由大至小“渐密”种植方式的定量化密度设置方法，创新了育种耐密性鉴定手段。分析大量样本产量与密度的关系，建立了产量-密度模型，确定品种最适密度，筛选耐密品种并确定目标产量，确定冠层生产力（图 14－2）。

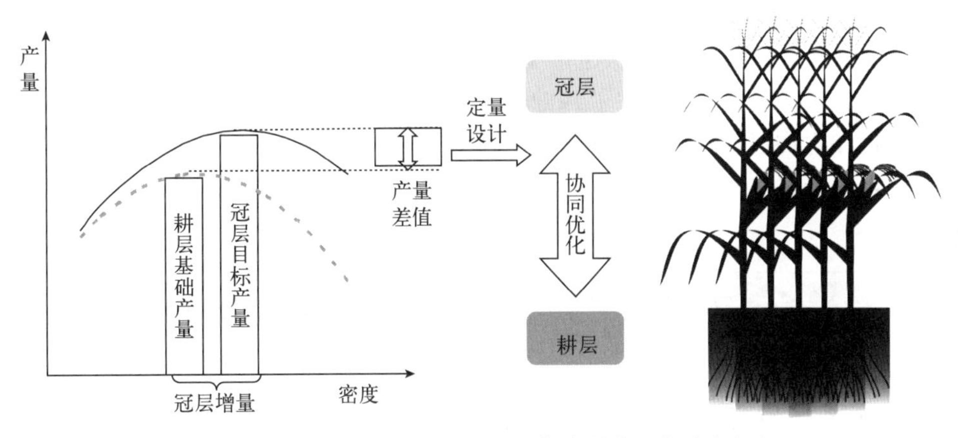

图 14－2　耕层基础产量与冠层目标产量的差值确定方法

三、耕层供给力与冠层生产力的差值定量方法

（一）耕层供给力与冠层生产力的差值确定

通过耕层基础产量与目标产量的差值确定最适密度及冠层定量指标，根据建立的产量-密度模型，建立了定量化调控方法，确定缩小产量差异相应的密度增量及定量化栽培措施。通过多年多点定位试验研究了基础地力田、一般农田和高产高效田的产量差异，明确了三大粮食作物土壤供给力（土壤基础产量）与高产高效田冠层生产力（作物目标产量）差值（图 14－3）。

（二）以平衡耕层供给力与冠层生产力为核心的土壤-作物协同定量分析体系

土壤是作物赖以生存的物质基础。作物与土壤间的相互关系非常复杂，凡是影响作物水

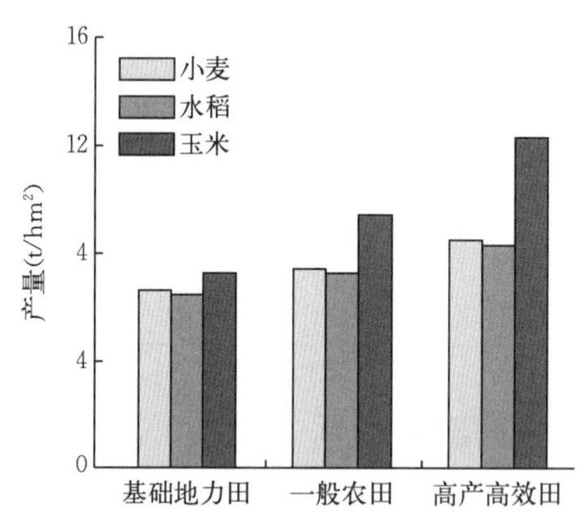

图 14-3　三大作物不同田块产量水平的差异比较

肥吸收和根系生长代谢的因素都会影响作物的生长发育以及产量的形成。影响土壤肥力的指标主要有土壤营养（化学）指标、土壤物理性状指标、土壤生物学指标和土壤环境指标。相对于地上环境，土壤环境是最易被调节控制的生态因素。土壤-作物协同定量化分析体系的核心为优化耕层供给力与冠层生产力的“两力平衡”。

通过多年多点定位试验，研究了基础地力、一般农田和高产高效农田的产量差异，明确了三大粮食作物耕层供给力（土壤基础产量）与高产高效田块冠层生产力（作物目标产量）差值，根据建立的产量-密度模型，确定缩小产量差异相应的密度增量及定量化栽培措施。

第三节　不同技术对土壤-作物协同的调节效应

一、耕作方式对土壤-根系的调节效应

（一）耕作方式对不同土层土壤容重的影响

不同耕作方式处理下土壤容重的差异见图 14-4。比较不同耕作方式之间的差异显示，深松（SS）显著降低 0～30 cm 土层处的土壤容重，打破 20～30 cm 土层处的犁底层；浅旋耕（RT）显著降低 0～20 cm 土层处的土壤容重。相对于免耕（NT），深松能降低 0～10 cm、10～20 cm 与 20～30 cm 土层处的土壤容重（分别降低 0.06 g/cm^3、0.05 g/cm^3 及 0.16 g/cm^3），对 30～50 cm 土层处的土壤容重无显著影响；浅旋耕对 0～10 cm 与 10～20 cm土层处的土壤容重降低值分别为 0.09 g/cm^3 及 0.05 g/cm^3，对 20～50 cm 土层处的土壤容重无显著影响。由分析可知，深松耕打破坚硬的土壤犁底层，显著降低表层土壤的容重。

（二）耕作方式对土壤水分空间分布的影响

1. 深松对土壤含水量空间分布的影响　不同耕作方式处理下玉米不同生育时期内土壤

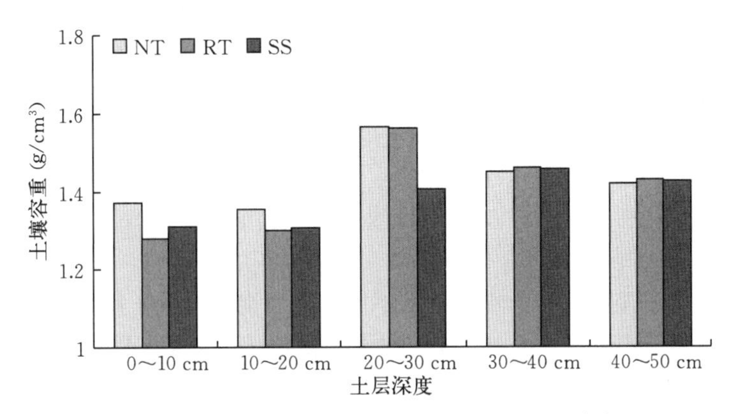

图 14－4　不同耕作方式下 0～50 cm 土层的土壤容重

含水量的差异见图 14－5。图中每一个点的高低代表同一土层中不同点土壤含水量。从图中可见，不同耕作方式处理下不同土层中的土壤平均含水量存在显著差异，但在每一土层中土壤含水量都呈现相同的分布形态，即植株中心的含水量最低，植株四周的含水量较高。

深松与浅旋对土壤含水量的影响在玉米不同生育时期及不同土层之间表现出差异性。

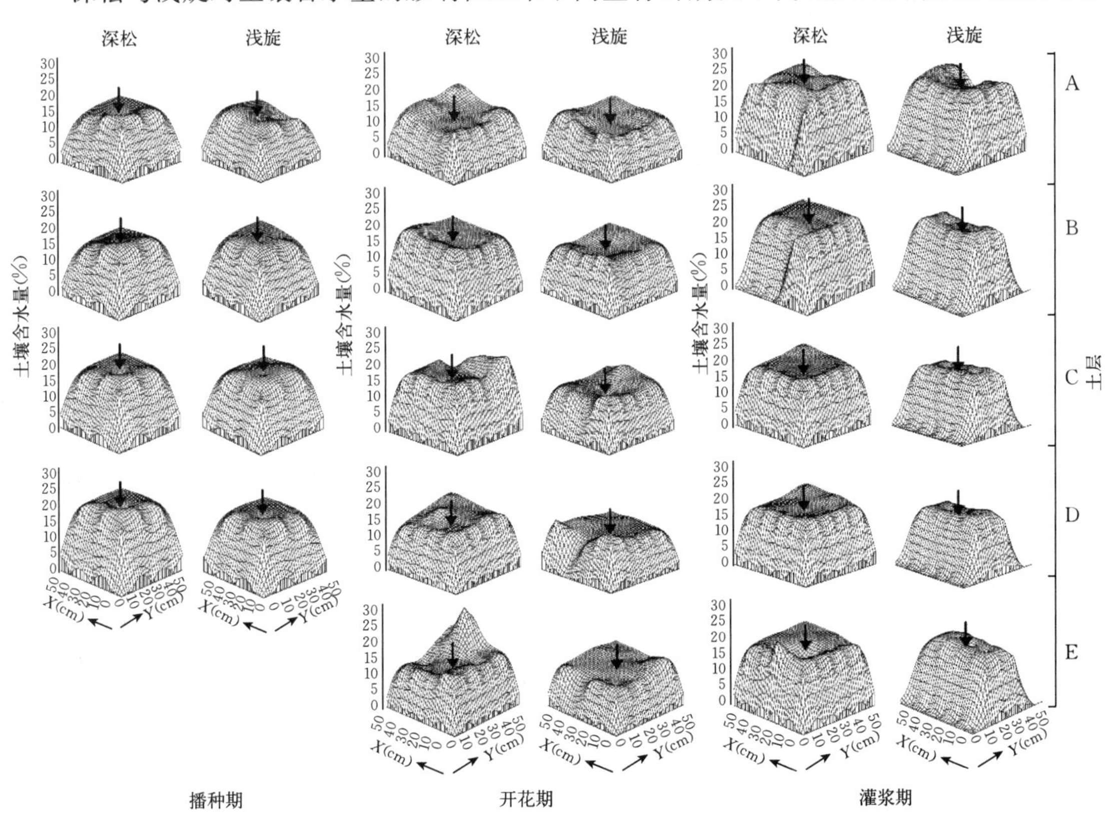

图 14－5　不同耕作方式处理下土壤含水量空间分布

注：A 为 0～10 cm 土层，B 为 10～20 cm 土层，C 为 20～30 cm 土层，D 为 30～40 cm 土层，E 为 40～50 cm 土层，X 为距植株中心水平距离，Y 为深度。

在玉米开花期，0～50 cm 土层中深松的土壤含水量均高于浅旋的土壤含水量，差值分别为0.91%和1.84%，并且在开花期达到显著水平（$P<0.05$）；而在玉米灌浆期的0～50 cm 土层中，深松与浅旋的土壤含水量没有显著差异，这是由于在此时期有一次较大的降水。在玉米开花期，相对于浅旋，深松对每层土壤含水量均有显著提高作用，对0～10 cm、10～20 cm、20～30 cm、30～40 cm 及40～50 cm 土层含水量的增加值分别为0.99%、1.96%、2.40%、2.71%及1.13%，其中，对20～40 cm 土层含水量的增加值影响最为显著。

深松与免耕对土壤含水量的影响在玉米不同生育时期及不同土层之间表现出差异性。在玉米拔节期、开花期与灌浆期，0～50 cm 土层中深松的土壤含水量均高于免耕的土壤含水量，差值分别为1.51%、1.55%和1.51%，并且均达到显著水平（$P<0.05$）。在开花期，相对于免耕，深松显著增加20～50 cm 土层的含水量，在20～30 cm、30～40 cm 及40～50 cm土层含水量的增加值分别为1.85%、2.04%及0.77%；而在0～20 cm 土层处，深松的土壤含水量均低于免耕的土壤含水量，这是由于免耕土壤表面有秸秆覆盖的缘故。

由分析可知，深松促进表层土壤水的入渗，显著提高深层土壤水分的含量；浅旋由于增加了表层土壤水分的蒸发，使表层土壤含水量显著降低；免耕能够降低表层土壤水的蒸发，对表层土壤水分具有显著储存作用。

2. 深松对根系空间分布的影响

（1）深松对根长密度空间分布的影响　不同土壤耕作处理下玉米不同生育时期内根长密度差异见图14-6、图14-7。图中的一个立方体代表一个土层中根长密度的分布特征。在

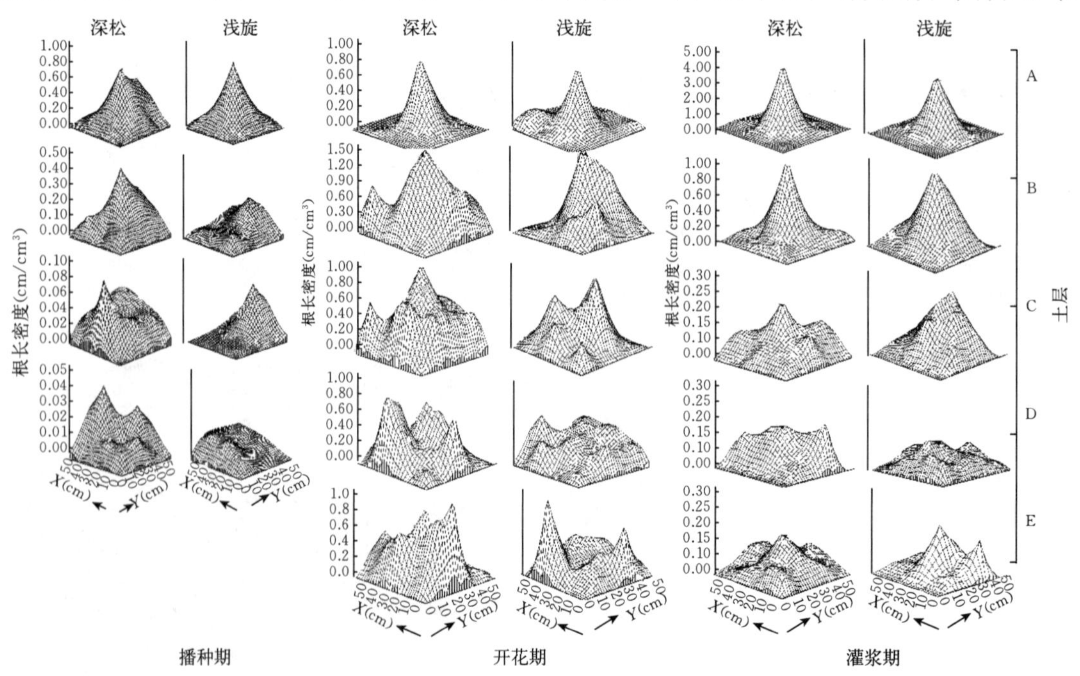

图14-6　不同耕作方式处理下根长密度空间分布

注：A为0～10 cm土层，B为10～20 cm土层，C为20～30 cm土层，D为30～40 cm土层，E为40～50 cm土层
X为距植株中心水平距离，Y为深度。

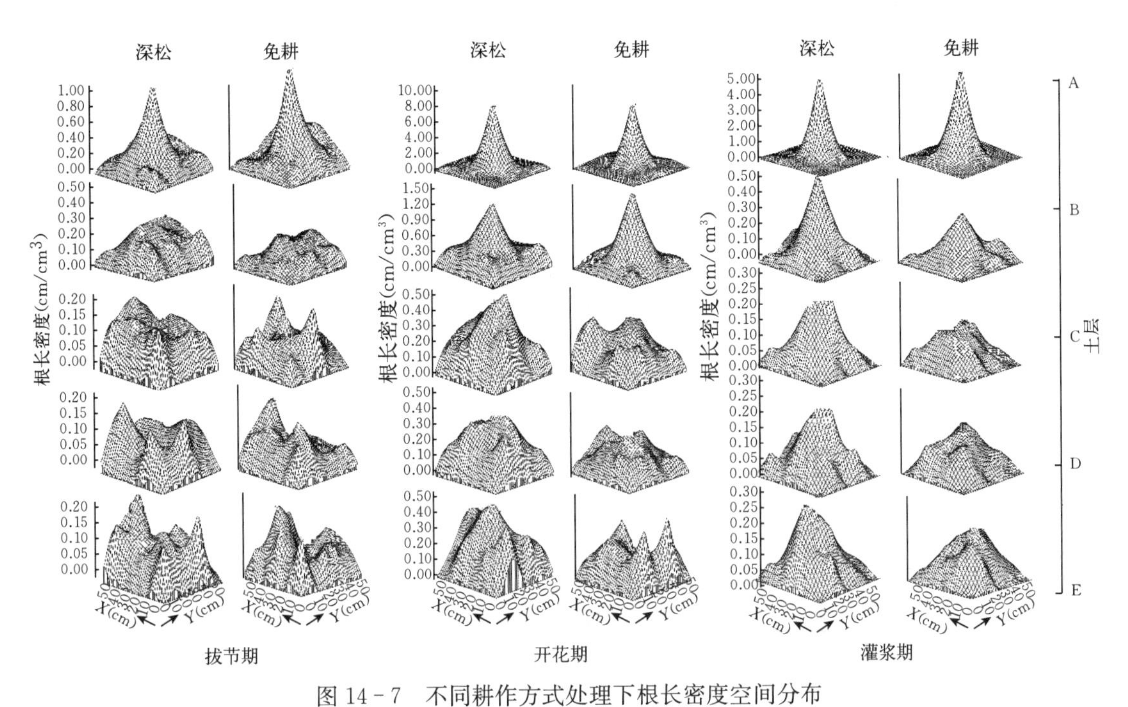

图 14－7　不同耕作方式处理下根长密度空间分布

注：A 为 0～10 cm 土层，B 为 10～20 cm 土层，C 为 20～30 cm 土层，D 为 30～40 cm 土层，E 为 40～50 cm 土层
X 为距植株中心水平距离，*Y* 为深度。

每一个立方体中，上表面内每一个点的高低代表同一土层中不同点根长密度的大小。从图中可见，不同土壤耕作方式下及不同土层中的根长密度的分布及形态存在显著差异，在 0～20 cm 土层，根长密度呈现单峰值，在 20～50 cm 土层，根长密度呈现多峰值。相对于浅旋与免耕处理，深松后的根系在水平方向更加紧凑集中。

深松与浅旋对根系长度的影响在玉米不同生育时期及不同土层之间表现出差异性。在玉米苗期、开花期与灌浆期，0～50 cm 土层中深松的根系总长度均高于浅旋的根系总长度，增加幅度分别为 6.55%、9.50%和 16.01%，并且均达到显著水平（$P<0.05$）。在玉米开花期，相对于浅旋，深松只对 10～50 cm 土体中的根系长度有显著提高作用，对 10～20 cm、20～30 cm、30～40 cm 及 40～50 cm 土层含水量的增加值分别为 21.57%、21.68%、16.04%及 53.42%，而对 0～10 cm 土层根系长度的降低幅度为 11.48%。

深松与免耕对根系长度的影响在玉米不同生育时期及不同土层之间也表现出差异性。在玉米拔节期与开花期，0～50 cm 土层中深松的根系总长度均大于免耕的根系总长度，差值分别为 9.63%和 12.79%，并且均达到显著水平（$P<0.05$）；在玉米灌浆期，0～50 cm土层中深松与免耕的根系总长度无显著差异。深松促进表层土壤水的入渗，显著提高深层土壤水分的含量；浅旋由于增加了表层土壤水的蒸发，使表层土壤含水量显著降低；免耕能够降低表层土壤水的蒸发，对表层土壤水分具有显著储存作用。土壤深松不仅显著促进玉米根系绝对量的增加，还促进根系向下层土壤的生长，提高下层土壤中的根系比例，缓解上层土壤根系拥挤的状况。

（2）深松对根系水平分布的影响　开花期不同土壤耕作处理下不同土层根长密度的水平变化趋势及差异见图 14－8。在每种土壤耕作方式下，根长密度随着与植株距离的增加而呈

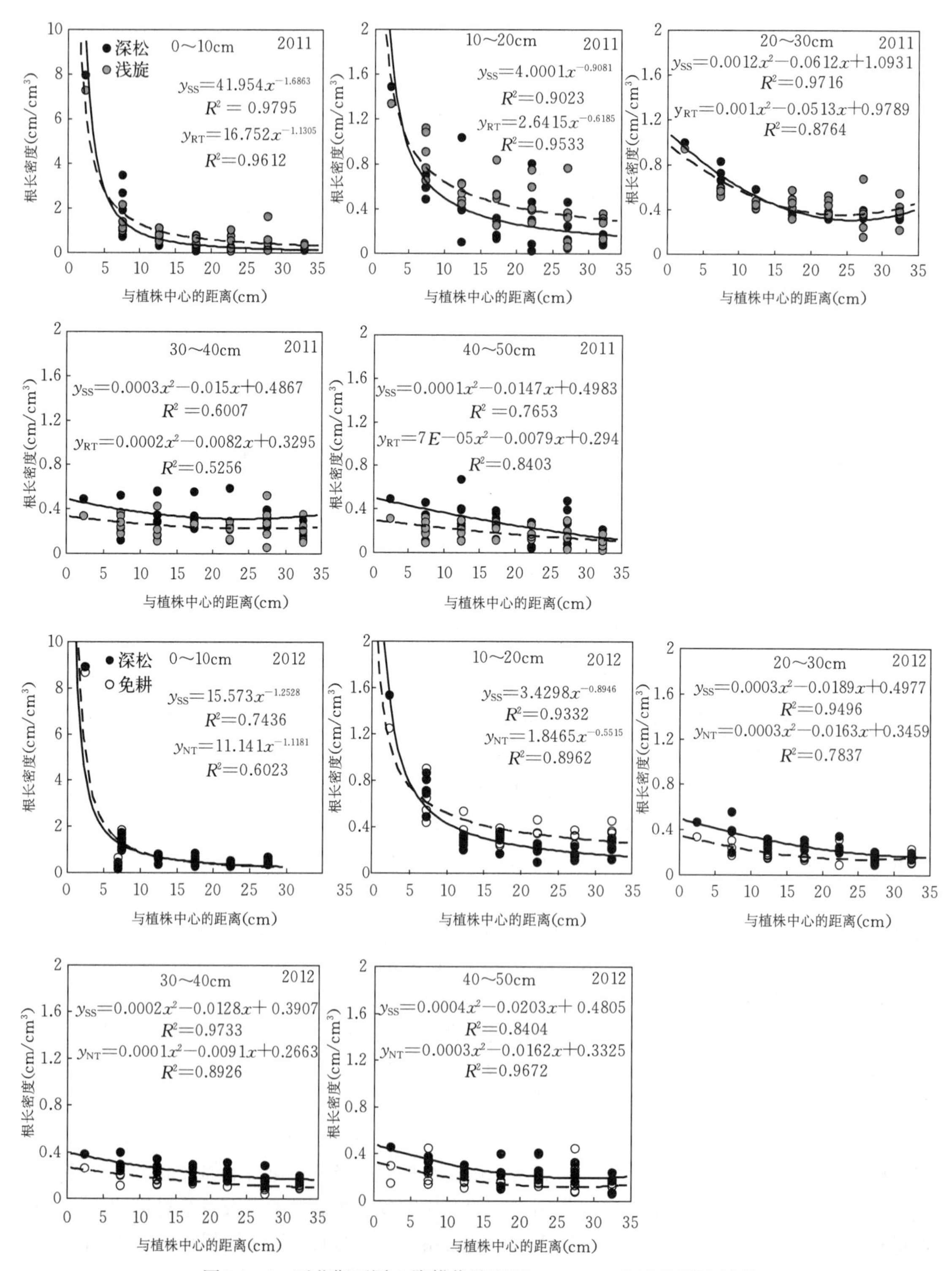

图 14-8 开花期不同土壤耕作处理下 0～50 cm 土层的根长密度

现减小的趋势，但减小的幅度不同，在0～20 cm土层中，呈幂函数下降，在20～50 cm土层中，呈二次曲线下降。在深松处理下，0～20 cm土层中，植株中心0～5 cm范围内的根长密度大于浅旋处理，而距植株中心大于5 cm的根长密度小于浅旋处理；20～30 cm土层中，植株中心0～15 cm范围内的根长密度大于浅旋处理，而距植株中心大于15 cm的根长密度小于浅旋处理；30～50 cm土层中，植株中心0～35 cm范围内的根长密度都大于浅旋处理，且随距离的增大，根长密度的差异减小。

在深松处理下，0～10 cm土层中，植株中心0～35 cm范围内的根长密度皆小于免耕处理；10～20 cm土层中，距植株中心大于5 cm的根长密度小于免耕处理；20～30 cm土层中，植株中心0～15 cm范围内的根长密度大于免耕处理，而与植株中心距离大于15 cm范围的根长密度小于免耕处理；30～50 cm土层中，植株中心0～35 cm范围内的根长密度都大于免耕处理，且随距离的增大，根长密度的差异减小。

由分析可知，土壤深松耕显著提高下层土壤中玉米根系绝对量，增加上层土壤中根系在水平方向的变化幅度，促进上层土壤根系的集中分布。

（三）耕作方式对土壤水分、土壤全氮及根系空间分布的协调

1. 土壤水分、土壤全氮及根长密度的垂直分布　开花期土壤水分、土壤全氮及根长密度在土壤垂直剖面分布的协调性见图14-9。在0～20 cm土层处，深松处理的土壤水分为

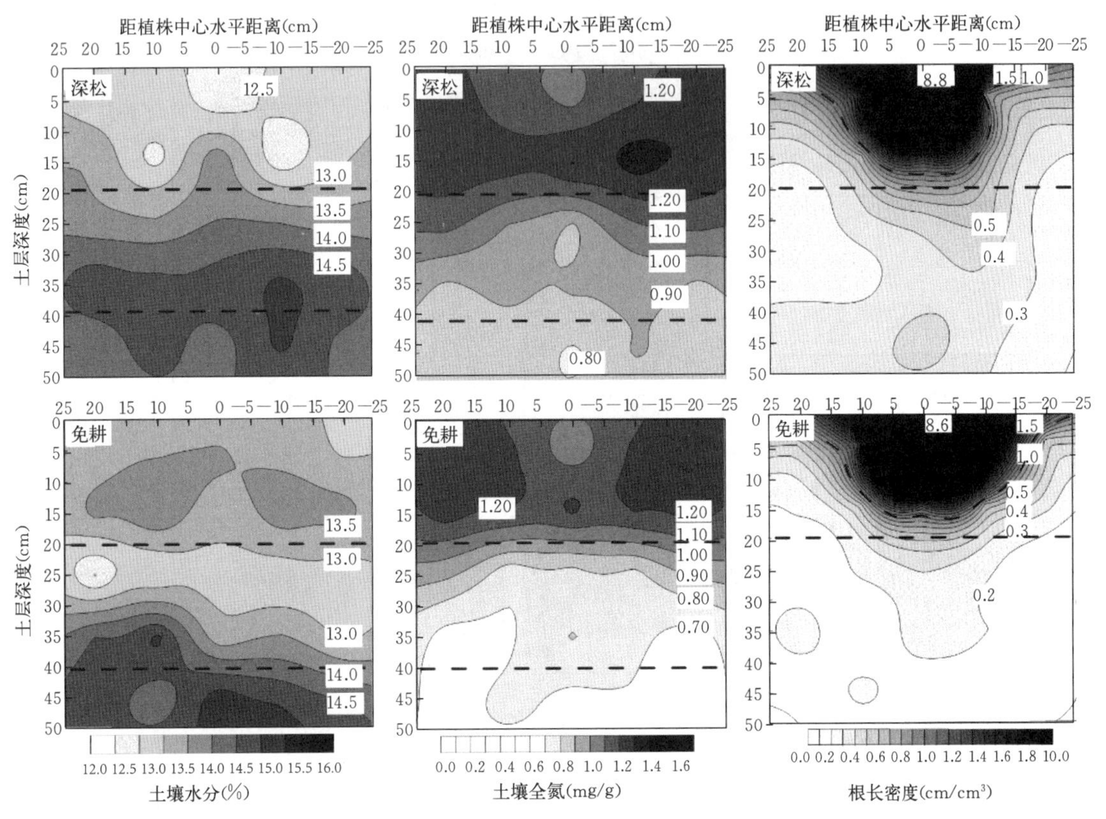

图14-9　玉米开花期土壤水分、土壤全氮及根长密度在土壤垂直剖面的分布

12.0%～13.0%，土壤全氮为 1.1～1.3 mg/g，根长密度为 1 cm/cm^3 的分布线较窄较深；免耕处理的土壤水分为13.0%～14.0%，土壤全氮为1.0～1.3 mg/g，根长密度为1 cm/cm^3 的分布线较宽较浅。在 20～50 cm 土层处，深松处理的土壤水分为 13.0%～15.0%，土壤全氮为 0.8～1.2 mg/g，根长密度为 0.2～0.7 cm/cm^3；免耕处理的土壤水分为 13.0%～15.0%（20～30 cm 土层的土壤水分分布线均为 13.0%），土壤全氮为 0.6～1.0 mg/g，根长密度为 0.1～0.5 cm/cm^3。由分析可知，土壤深松处理下，下层土壤水分、土壤全氮及根长密度的增加呈现同步性，其协调性的空间分布满足根系生长对土壤水和氮的吸收与利用。

2. 土壤水分、土壤全氮及根长密度的水平分布　开花期土壤水分、土壤全氮及根长密度在土壤水平剖面分布的协调性见图 14－10。土壤水分、土壤全氮及根长密度的分布在不同土层及不同耕作方式之间存在显著差异。但同一土层内却表现出相同的变化，即在根长密度大的区域，土壤水分与土壤全氮的值较小。

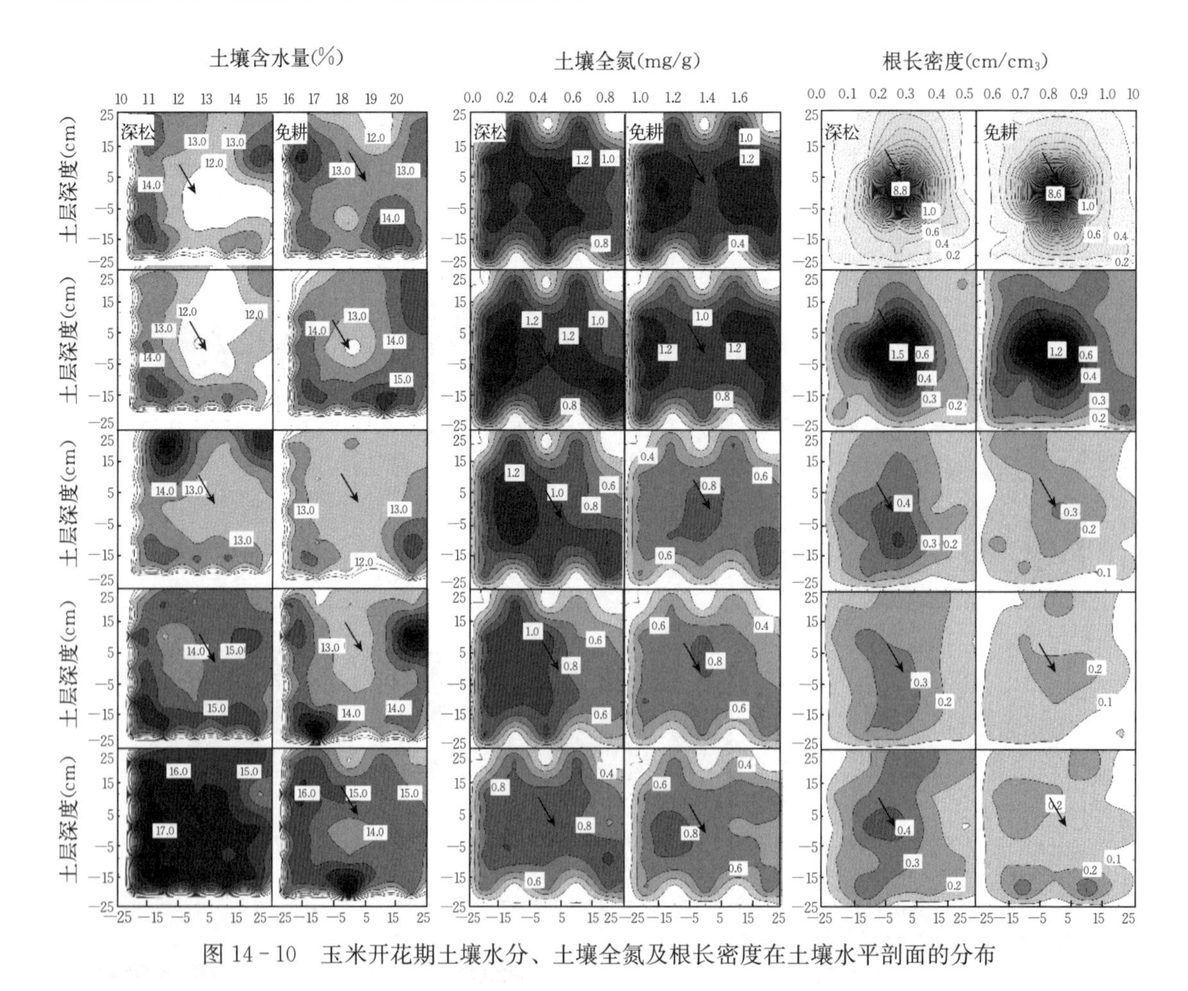

图 14－10　玉米开花期土壤水分、土壤全氮及根长密度在土壤水平剖面的分布

在 0～20 cm 土层中，深松处理的土壤水分的低值范围较大；在 20～50 cm 土层中，免耕处理的土壤水分与土壤全氮的低值范围较大。由分析可知，在同一土层中，由于根系的吸

收作用，土壤水分与土壤全氮出现显著的降低。在深松处理下，虽然显著增加了根长密度，但减小了土壤水分与土壤全氮增加值的耗竭区域。

二、耕作对土壤-作物协同优化调控

（一）耕作对土壤-作物协同优化调控机制

深松优化了土壤耕层结构，打破了犁底层，显著降低了土壤容重。深松能疏松限制根系生长的紧实的犁底层，使0～35 cm土层处于比较疏松的状态，进而为作物生长与产量形成创造一个适宜的土壤环境。深松是一种适合旱地作业的保护性耕作方法，通过深松可打破犁底层，显著改善耕层土壤结构，可为根系纵向扩充生长空间，增加深层土壤中的根量，以满足对地上部分营养物质和水分的供应，有利于根系-冠层（根冠）协调，促进作物地上部干物质合成与积累，从而达到提高产量的目的。深松改土实现增产的原理见图14－11。

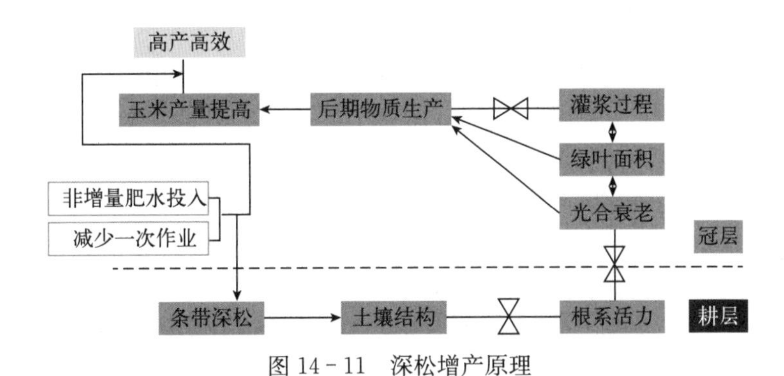

图14－11　深松增产原理

（二）深松对根冠干物质与产量的影响

相对于浅旋处理，深松处理能提高根系干重9.65%，提高地上部干重18.21%，降低根冠比7.19%，提高产量6.89%。相对于免耕处理，深松提高根系干重12.82%，提高地上部干重20.89%，降低根冠比6.40%，提高产量12.46%。2011年，由于玉米灌浆期的强降水，导致其产量显著低于2012年的产量。由分析可知，深松显著增加了地下部根系的伸长与生长，促进了根系对土壤水分与养分的吸收，进而显著促进地上部的生长，从而提高玉米产量（表14－2）。

表14－2　开花期不同耕作处理的根系与地上部干重

年份	耕作方式	根系干重（g）	地上部干重（g）	根冠比	产量（t/hm^2）
2011	深松	16.82a	130.57a	0.129b	9.77a
	旋耕	15.34b	110.46b	0.139a	9.14b
2012	深松	16.19a	138.89a	0.117b	11.46a
	旋耕	14.35b	114.89b	0.125a	10.19b

注：不同小写字母表示在0.05水平上差异显著。

三、密植对土壤-作物系统协同优化调控

随着种植密度增加，植株根系对于生长空间及对水分、养分的竞争加剧，导致单株生长受到抑制。研究结果表明，为减小植株之间对土壤空间和水分、养分的竞争，玉米根系形成了“横向紧缩，纵向延伸”的空间分布特征。植株在根系生长空间受到限制的条件下，能够主动调节其生理代谢及形态分布过程，增强对水分和养分的吸收能力。在高密度（HD）条件下，植株根系的各性状指标在土层中的分布表现出整体下移的趋势，各层次根长密度显著大于中密度（MD）、低密度（LD）条件下的根长密度。试验针对玉米单株根系长度与群体根长密度对种植密度响应的差异性，分析不同种植密度下单株根系长度的变化、群体根长密度的变化及其在土壤中的空间分布，以期揭示深松对密植玉米根系生长与空间分布的调节作用，为构建合理的群体根系空间分布及适宜的种植密度提供理论依据。

（一）根系干重随种植密度的变化

不同种植密度下，两种耕作方式的玉米单株根干重随土壤深度的增加，呈显著降低趋势。随着种植密度的增加，免耕玉米的单株根干重均呈显著减少趋势，中密度显著减少25.71%，高密度显著减少52.14%。但不同土层中单株根干重的减少幅度差异显著，从0～50 cm的每一土层中（10 cm为一土层），中密度的单株根干重分别减少28.96%、6.78%、13.37%、6.19%、11.71%，其中在0～10 cm土层中的减少达到显著水平。高密度的玉米单株根干重在每一土层中均显著减少，分别显著减少53.26%、47.00%、47.72%、43.29%、60.16%。从土壤耕作方式对单株根干重的影响可看出，不同种植密度下深松均减少0～10 cm土层中的单株根干重。在低密度处理下，减少幅度为6.33%；在中密度处理下，减少幅度为7.79%；在高密度处理下，减少幅度为9.99%。

不同种植密度下，两种耕作方式的玉米群体根干重密度随土壤深度的增加，呈显著降低趋势。在0～50 cm的每一土层中，随着种植密度的增加，两种耕作方式下玉米的群体总根干重密度无显著变化，但在不同土层之间（10 cm为一土层）却表现出差异性变化：在免耕处理的0～10 cm、20～50 cm土层中及深松处理的0～10 cm、30～50 cm土层中，不同种植密度之间的群体根干重密度无显著性差异；但在免耕处理的10～20 cm土层中及深松处理的10～20 cm、20～30 cm土层中，中密度的群体根干重密度显著高于低密度与高密度的玉米群体根干重密度。分析耕作方式对群体总根干重密度的影响可知，深松的群体根干重密度的变化趋势与单株根干重的变化趋势一致，深松降低0～10 cm土层中的群体根干重密度，却显著增加10～50 cm每一土层中的群体根干重密度（图14-12）。

（二）根系长度随种植密度的变化

不同种植密度下，两种耕作方式的玉米单株根长随土壤深度的增加呈显著降低趋势。随着种植密度的增加，免耕的玉米单株根长均呈显著降低趋势，中密度显著降低21.57%，高密度显著降低49.79%。但不同土层中根长的降低幅度差异显著，从0～50 cm的每一土层中（10 cm为一土层），中密度的单株根长分别降低24.51%、24.33%、8.94%、7.82%、21.19%，其中

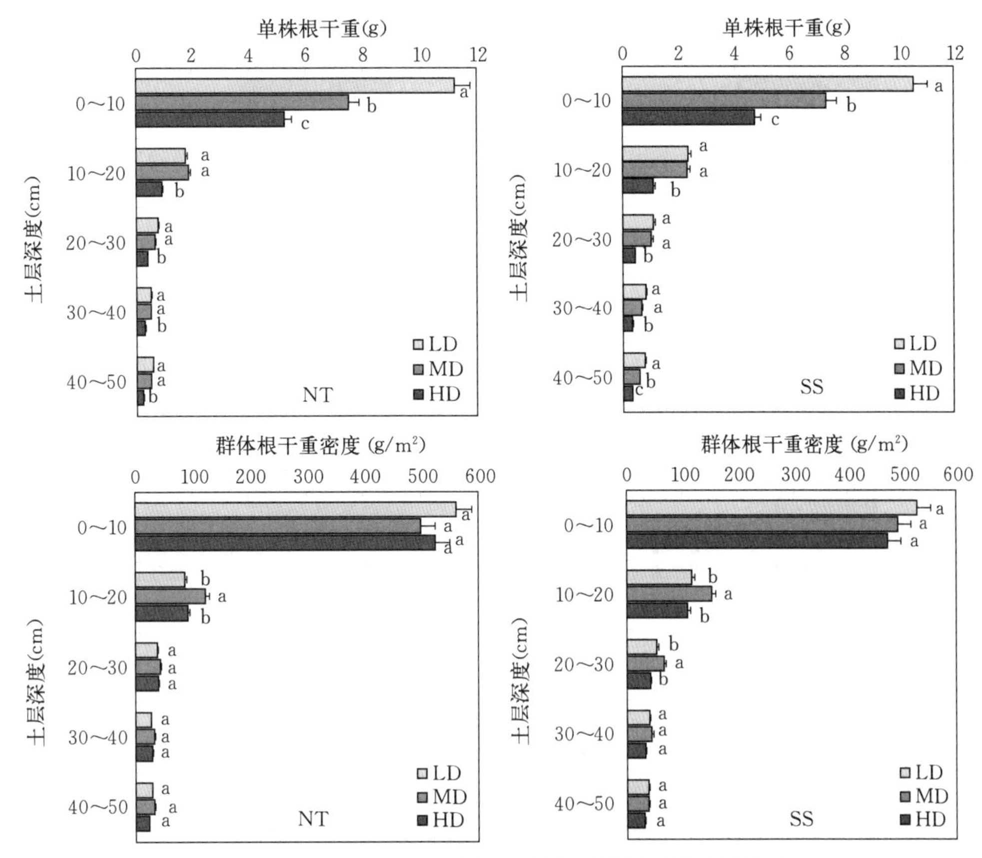

图 14-12 0～50 cm 土层中个体与群体根系干重的差异

注：不同小写字母表示在 0.05 水平上差异显著。

在 20～40 cm 土层中差异不显著；而高密度的玉米单株根长均显著减少 49.92%、55.47%、44.77%、35.39%、53.91%。由此可知，高密种植的单株根长在每一土层中均显著降低。进一步比较分析可以看出，相对于免耕，深松降低 0～10 cm 土层中的单株根长：在低密度处理下，降低幅度为 4.97%；在中密度处理下，降低幅度为 5.61%；在高密度处理下，降低幅度为 6.61%。却显著增加 10～50 cm 每一土层中的单株根长：在低密度处理下，增加幅度分别为 15.54%、49.34%、52.50%、51.40%；在中密度处理下，增加幅度分别为 27.83%、45.38%、41.33%、76.40%；在高密度处理下，增加幅度分别为 8.75%、13.32%、19.80%、47.20%。由此可知，深松处理通过减少 0～10 cm 土层中的单株根长，减弱表层根系的拥挤现象；通过显著增加 10～50 cm 土层中的单株根长，增加高密度种植条件下的单株根长。

不同种植密度下，两种耕作方式的玉米群体根长密度随土壤深度的增加，呈显著降低趋势。随种植密度的增加，在 0～50 cm 的每一土层中（10 cm 为一土层），玉米群体根长密度之间均无显著差异，即 0～50 cm 土层中玉米植株总群体根长密度不受种植密度的影响。分析不同耕作方式对群体总根长密度的影响可知，相对于免耕处理，深松处理下的群体总根长密度的变化趋势与单株根长的变化趋势一致，深松处理减少 0～10 cm 土层中的群体根长密度，显著增加 10～50 cm 土层中的群体根长密度（图 14-13）。

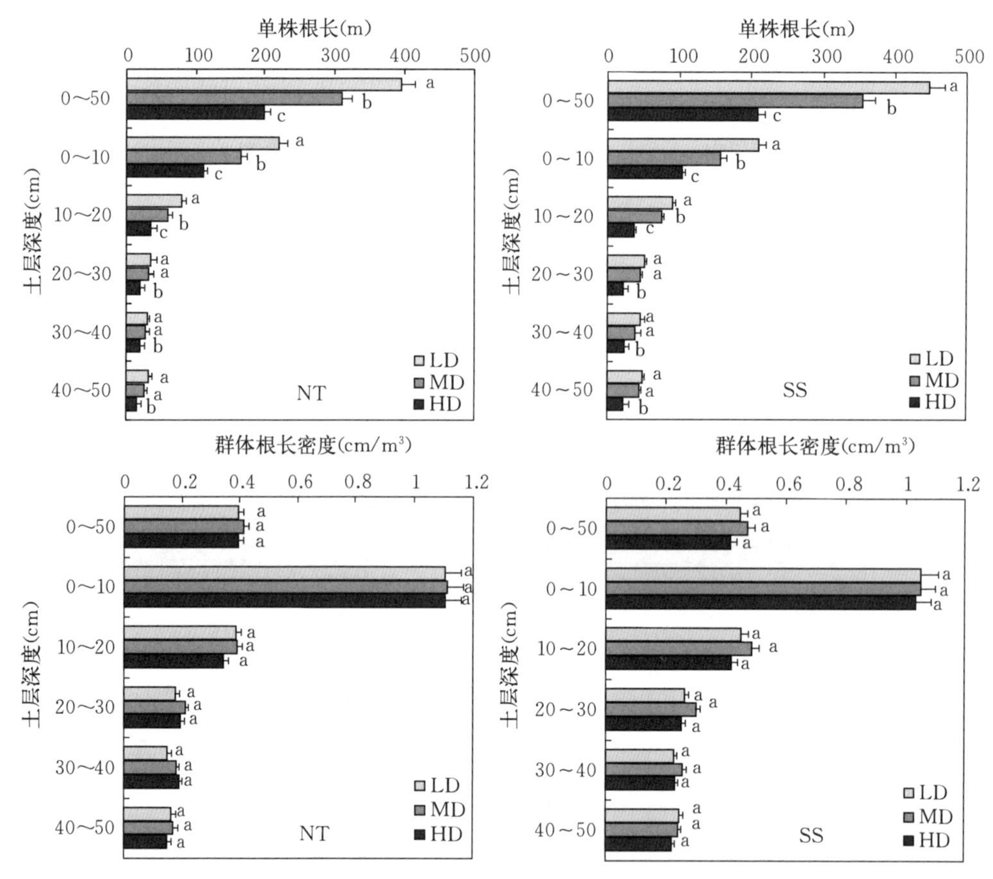

图 14－13　不同种植密度下 0～50 cm 土层中的群体根长密度

注：不同小写字母表示在 0.05 水平上差异显著。

（三）不同种植密度群体根系在土壤中的垂直分布

不同种植密度下植株根长密度在土壤中的垂直分布表现出显著的差异。在低密度处理下，两种耕作方式的植株之间的平均根长密度在 0～50 cm 土层中（每 10 cm 为一层）分别为 0.59 cm/cm^3、0.34 cm/cm^3、0.20 cm/cm^3、0.21 cm/cm^3 和 0.19 cm/cm^3；在中密度处理下，两种耕作方式的植株之间的平均根长密度在 0～50 cm 土层中（每 10 cm 为一层）分别为 1.56 cm/cm^3、0.56 cm/cm^3、0.33 cm/cm^3、0.27 cm/cm^3 和 0.23 cm/cm^3；在高密度处理下，两种耕作方式的植株之间的平均根长密度在 0～50 cm 土层中（每 10 cm 为一层）分别为 1.67 cm/cm^3、0.49 cm/cm^3、0.28 cm/cm^3、0.30 cm/cm^3 和 0.23 cm/cm^3。相对于低密度处理，在中密度处理下两种耕作方式的植株之间的平均根长密度（0～50 cm）分别增加 163.53%、63.19%、66.43%、28.84%和 19.58%；在高密度处理下两种耕作方式的植株之间的平均根长密度分别增加 180.58%、41.62%、40.36%、40.24%和 23.56%；中密度处理与高密度处理下两种耕作方式的植株之间的平均根长密度没有显著差异。

在低密度处理下，相对于免耕处理，深松处理使两种耕作方式的植株之间的平均根长密度（0～50 cm）提高 33.23%；0～50 cm 各个土层两种耕作方式的植株之间的平均根长密度分别提高 17.09%、5.72%、61.25%、105.95%和 57.83%。在中密度处理下，相对于免耕处理，深松处理使两种耕作方式的植株之间的平均根长密度（0～50 cm）提高 36.91%；0～50 cm 各个土层两种耕作方式的植株之间的平均根长密度分别提高 39.53%、16.63%、53.74%、24.56%和 70.27%。在高密度处理下，相对于免耕处理，深松处理使两种耕作方式的植株之间的平均根长密度（0～50 cm）提高 11.39%；0～50 cm 各个土层两种耕作方式的植株之间的平均根长密度分别提高－3.11%、23.25%、16.25%、74.99%和 32.79%。

随着种植密度的增加，两种耕作方式的植株之间的平均根长密度呈显著的增加趋势，并且在上层土壤中呈极显著的增加；土壤深松也增加植株之间的根长密度，在下层土壤中呈显著的增加趋势，对中密度处理下的两种耕作方式的植株之间的平均根长密度的增加幅度最大（图 14－14）。

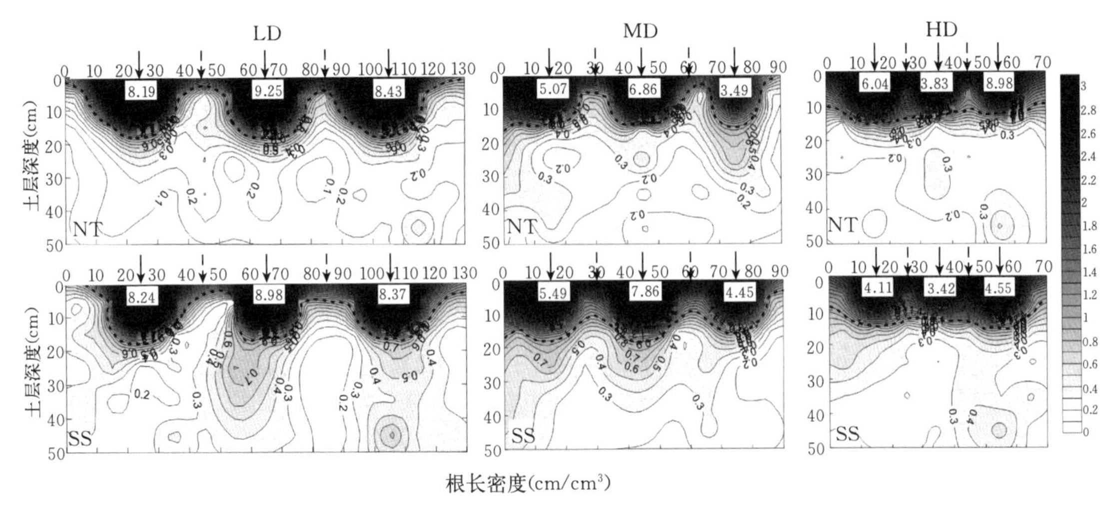

图 14－14　不同试验处理下 0～50 cm 土层中群体根长密度的垂直分布

注：图中数字代表根长密度，图中实箭头表示植株中心的根长密度，图中虚箭头表示植株之间的根长密度。

(四) 不同种植密度群体根系在土壤中的空间分布

不同种植密度下植株根长密度在土壤中的水平分布表现出显著的差异。随着种植密度的增加，每一土层中的最大根长密度（以 10 cm×10 cm×10 cm 为一土块）呈显著降低的趋势。相对于低密度处理，在中密度处理下最大根长密度分别降低 19.25%、22.74%、－36.36%、5.05%和 34.13%；在高密度处理下最大根长密度分别降低 41.91%、40.50%、11.82%、14.14%和 13.49%。

深松显著增加每一土层的最大根长密度。在低密度处理下，相对于免耕处理，深松处理使最大根长密度（0～50 cm）提高 3.20%；0～50 cm 各个土层最大根长密度分别提高－2.92%、－7.78%、50.00%、91.18%和 52.00%。在中密度处理下，相对于免耕处理，深松处理使最大根长密度（0～50 cm）提高 14.35%；0～50 cm 各个土层最大根长密度分别提高 14.58%、50.51%、8.33%、－25.93%和－11.36%。在高密度处理下，相对于免耕处理，深松处理使最大根长密度（0～50 cm）提高－14.56%；0～50 cm 各个土层最大根长密度分别提高－24.67％、9.89％、42.5％、－2.33％和5.66％。

随着种植密度的增加，最大根长密度呈显著的降低趋势，并且在上层土壤中呈极显著的降低趋势；但土壤深松增加最大根长密度，使中密度处理下的最大根长密度的增加幅度最大（图14－15）。

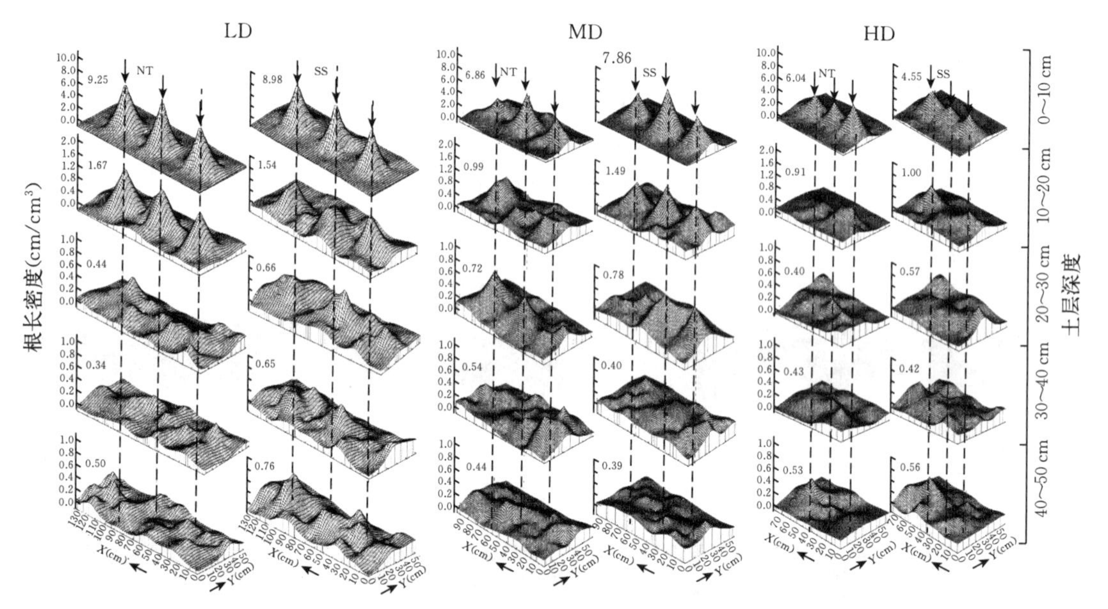

图14－15　不同密度处理下0～50 cm土层中群体根长密度的空间分布

注：左上角数字代表最大根长密度，*X*为距植株中心水平距离，*Y*为深度。

（五）不同种植密度群体根冠协调性

1. 不同种植密度下叶面积与根系表面积的变化　单株叶面积在不同种植密度下差异不显著，但在不同耕作方式下表现出显著差异。相对于对照处理，在深松处理下，低密度、中密度及高密度的单株叶面积分别增加10.34％、13.41％和14.15％。群体叶面积指数在不同耕作方式及不同种植密度均表现出显著差异。随着种植密度的增加，群体叶面积指数显著增加，相对于低密度处理，中密度与高密度的群体叶面积指数分别增加43.44％和86.07％。深松处理也显著增加植株的群体叶面积指数，相对于对照处理，在深松处理下，低密度、中密度及高密度的群体叶面积指数均明显增加。

单株根系表面积在不同耕作方式及不同种植密度下均表现出显著差异。随着种植密度的增加，单株根系表面积显著降低，相对于低密度处理，中密度与高密度的单株根系表面积分别降低4.05％和40.31％。深松处理显著增加单株根系表面积，相对于对照处理，在深松处理下，低密度、中密度及高密度的单株根系表面积分别增加11.05％、6.26％和2.94％。群体根系表面积指数在不同耕作方式及不同种植密度下也表现出显著差异。相对于低密度处理，中密度与高密度的群体根系表面积指数分别增加43.93％和19.39％。深松处理显著增加群体根系表面积指数，相对于对照处理，在深松处理下，低密度、中密度及高密度的群体根系表面积指数均明显增加（图14－16）。

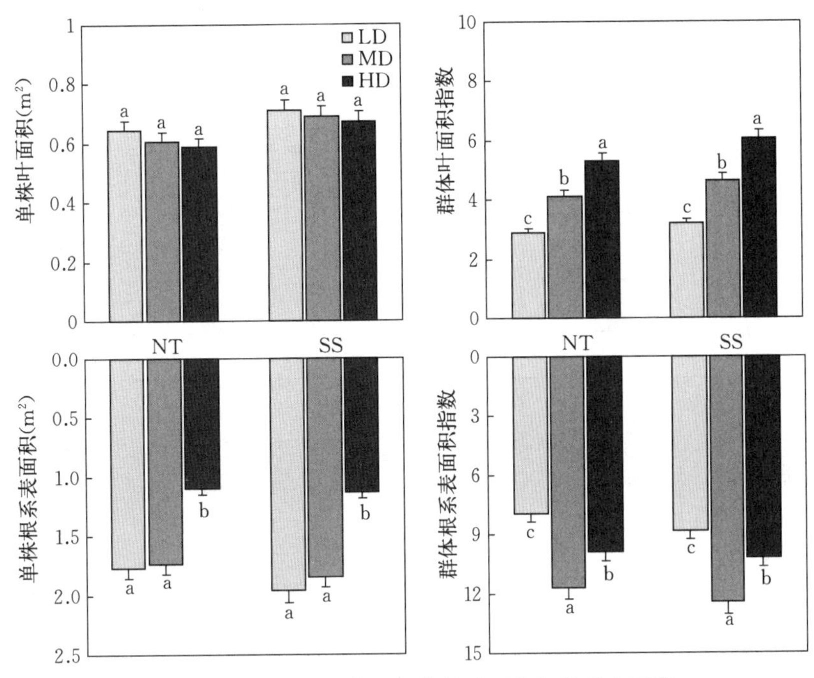

图 14-16 玉米个体与群体的叶面积与根系表面积

注：不同小写字母表示在 0.05 水平上差异显著。

2. 不同种植密度下地上部、地下部干重的变化 单株地上部干重在不同耕作方式及不同种植密度下均表现出显著差异。随着种植密度增加，单株地上部干重显著降低，相对于低密度处理，中密度与高密度的单株地上部干重分别降低 16.61%和 26.84%。深松处理显著增加单株地上部干重，相对于对照处理，在深松处理下，低密度、中密度及高密度的单株地上部干重分别增加 6.26%、9.08%和 2.43%。群体地上部干重在不同耕作方式及不同种植密度下也均表现出显著差异。相对于低密度处理，中密度与高密度的群体地上部干重分别增加 25.08%和 46.32%。深松处理显著增加群体地上部干重，相对于对照处理，在深松处理下，低密度、中密度及高密度的群体地上部干重均明显增加。

单株地下部干重在不同耕作方式及不同种植密度下均表现出显著差异。随着种植密度的增加，单株地下部干重显著降低，相对于低密度处理，中密度与高密度的单株地下部干重分别降低 24.51%和 53.93%。深松处理显著增加单株地下部干重，相对于对照处理，在深松处理下，低密度、中密度及高密度的单株地下部干重分别增加 5.06%、8.34%和−2.63%。群体地下部干重在不同耕作方式及不同种植密度下也均表现出显著差异。相对于低密度处理，中密度与高密度的群体地下部干重分别增加 13.23%和 7.86%。深松处理显著增加群体地下部干重，相对于对照处理，在深松处理下，低密度、中密度及高密度的群体地下部干重均明显增加（图 14-17）。

总之，随着玉米种植密度的增加，玉米植株之间的生长空间受到限制，根系之间对于土壤空间及水分、养分的竞争加剧，使得玉米单株根系长度显著降低。低密度的根系只在 0～20 cm 土层中产生拥挤现象，单株根长的降低达到显著水平，而高密度的根系在 0～50 cm 土层中均呈现拥挤现象，0～50 cm 每一土层中单株根长的降低均达到显著水平。在表层土

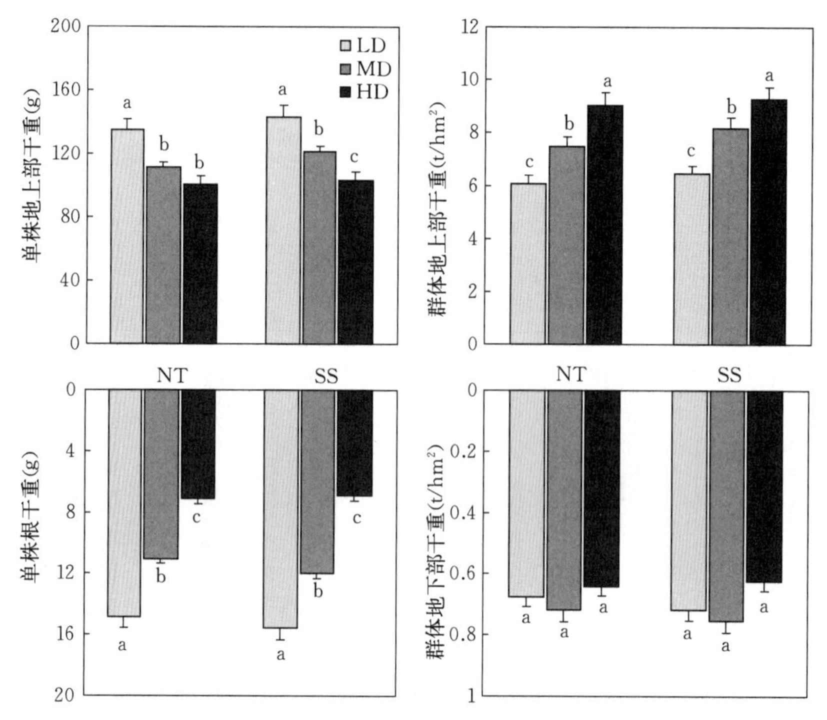

图 14-17　玉米单株与群体的地上部、地下部干重

注：不同小写字母表示在 0.05 水平上差异显著。

壤中单株根系长度和最大根长密度降低幅度达到极显著水平。然而，随种植密度的增加，每一土层中根长密度均没有发生显著变化，表现稳定。对土壤进行深松，土壤容重的降低与土壤水分的增加促进根系的伸长与生长，对单株根系长度及群体根长密度均具有增加作用，能显著缓解由于密度的增加而对根系长度产生的降低作用。在高密种植条件下进行深松，能够显著增加群体根系的容纳量。

随着玉米种植密度的增加，群体根系的空间分布产生显著变化：植株中心的根长密度显著降低，而植株之间的根长密度显著增加，即分布于植株中心的根系显著减少，分布于植株之间的根系显著增加，根系在土壤空间中的分布趋于均匀，显著增加了土壤中水分、养分的空间有效性，提高了玉米根系对土壤水分、养分的吸收。在高密种植条件下对土壤进行深松，由于显著促进了根系向下层土壤生长，提高了下层土壤中的群体根长密度。因此，通过种植密度与土壤深松提高了土壤中群体根系的空间有效性分布与容纳量，通过种植密度的增加显著增加了穗数，通过土壤深松显著提高了穗粒数与千粒重，从而提高了作物的产量。

四、滴灌水肥一体化对土壤-作物系统协同优化调控

氮是作物生长所必需的营养元素之一，也是作物产量形成最重要的限制因子。增施氮肥是农业生产中最重要的增产措施之一。但氮肥施用不当，不仅导致氮肥利用率降低、资源浪费，还会引发一系列的环境问题。在华北平原，农民采用的传统施肥方式常将大部分的氮肥

（60%）于玉米播种期或生育前期施用，常常使玉米生长后期发生脱肥早衰，导致不同程度的减产。同时，由于该区玉米生长季雨热同期，易引起氮素的淋失，污染环境。因此，如何通过改善氮肥施肥技术，既充分发挥氮肥的增产作用，又获得较高的氮肥利用率，也实现对环境友好，成为当前研究重点。

近年来，我国在提高化肥利用率方面取得了一些成果，如氮肥深施、以水带肥、平衡施肥等技术。滴灌水肥一体化施肥技术是一项与节水灌溉相结合的农业新技术，其主要特点是能够精确地控制灌水量和施肥量，可以把水分和养分按照作物生长需求，定量、定时直接供给作物，显著提高作物产量和水肥利用率。滴灌分期施氮也是实现氮肥后移的一种有效方式。显然，滴灌分期施氮能够在提高作物产量的同时提高肥料利用率，并实现环境友好。但是，关于滴灌分期施氮对不同种植密度的玉米作用效果是否相同，其影响产量形成的生理过程是否相同，尚未见报道。为此，在不同种植密度条件下分别设置滴灌分期施氮与传统施氮处理，研究不同处理下玉米生长发育、氮肥吸收与利用、产量及氮素效率，以阐明不同种植密度下滴灌分期施氮产量及氮素效率增加的生理过程，为华北平原夏玉米高产高效生产提供理论依据。

（一）滴灌水肥一体化对氮素吸收的调控效应

1. 滴灌分期施氮对夏玉米氮素积累与分配的影响　氮素积累的多少反映了玉米整个生育期对氮素营养的吸收情况。由图 14－18 可以看出，玉米群体氮素积累量随播种后天数呈

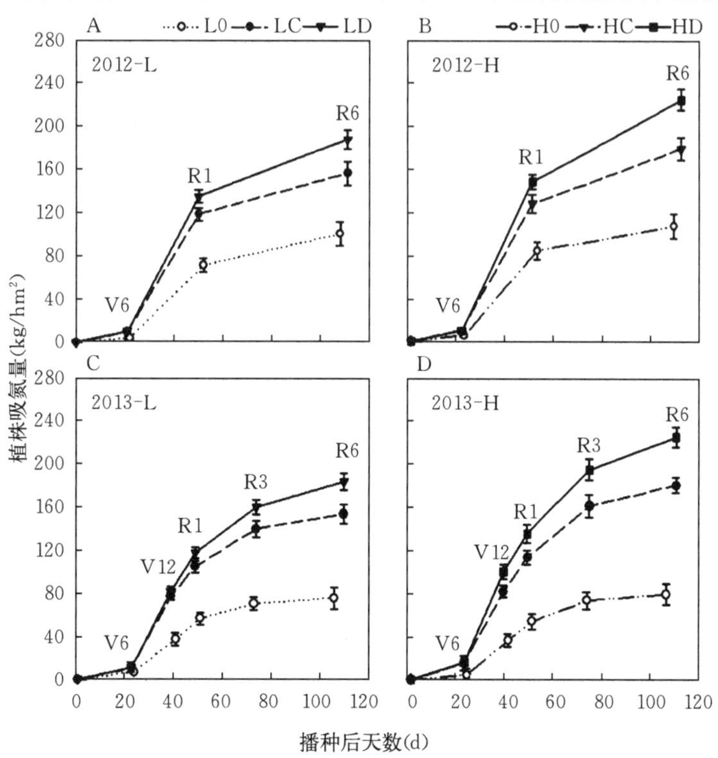

图 14－18　不同处理灌溉施肥方式下氮素积累动态

注：V6 为拔节期，V12 为大喇叭口期，R1 为开花期，R3 为乳熟期，R6 为成熟期；L 为低密度，H 为高密度，0 为不施氮对照；C 为传统施氮处理，D 为滴灌分期施氮处理。

S形曲线变化，各施氮处理（C、D）各时期氮素积累量均显著高于不施氮对照（0），而不同种植密度下，滴灌分期施氮处理（D）与传统施氮处理（C）之间存在差异。低密度条件下，LD处理与LC处理之间花前各时期氮素积累量均无显著差异，而在R1、R3和R6，LD处理氮素积累量显著高于LC处理。在R1，LD处理氮素积累量两年分别为135.2 kg/hm^{2}和117.5 kg/hm^2，分别高于LC处理13.8%和12.3%；在R3，LD处理氮素积累量为159.4 kg/hm^2，高于LC处理14.5%（2013年）；在R6，LD处理氮素积累量两年分别为188.6 kg/hm^{2}和183.1 kg/hm^2，分别高于LC处理20.4%和19.6%。高密度条件下，HD处理在V12、R1、R3和R6的氮素积累量均显著高于HC处理。在V12，HD处理氮素积累量为99.5 kg/hm^2，高于HC处理22.2%（2013年）；在R1，HD处理氮素积累量两年分别为158.2 kg/hm^{2}和135.2 kg/hm^2，分别高于HC处理15.7%和19.3%；在R3，HD处理氮素积累量为194.3 kg/hm^2，高于HC处理20.8%（2013年）；在R6，HD处理氮素积累量两年分别为239.9 kg/hm^{2}和224.8 kg/hm^2，分别高于HC处理25.4%和24.8%。

另外，低密度条件下，LD处理花后氮素积累量占总氮素积累量的比例两年分别为28.3%和35.8%，分别高于LC处理17.1%和13.1%；高密度条件下，HD处理花后氮素占总氮素的比例两年分别为34.1%和39.9%，分别高于HC处理19.1%和13.2%。

2. 滴灌分期施氮对夏玉米植株氮浓度的影响 不同密度条件下，各施氮处理（C、D）各时期的植株氮浓度均显著高于不施氮对照（0），而滴灌分期施氮处理（D）与传统施氮处理（C）之间差异较大。在低密度条件下，LD与LC处理花前各时期植株氮浓度没有显著差异，而LD处理在R1、R3和R6的植株氮浓度显著高于LC处理。在R1，LD处理植株氮浓度两年分别高于LC处理10.3%和8.0%；在R3，LD处理植株氮浓度高于LC处理4.4%（2013年）；在R6，LD处理植株氮浓度两年分别高于LC处理6.2%和11.0%。高密度条件下，HD处理在V12、R1、R3和R6的植株氮浓度均显著高于HC处理。在V12，HD处理植株氮浓度较LC处理提高16.8%（2013年）；在R1，HD处理植株氮浓度较LC处理两年分别提高13.7%和0.7%；在R3，HD处理植株氮浓度较LC处理提高1.8%；在R6，HD处理植株氮浓度较LC处理两年分别提高12.4%16%。以上结果表明，高密度条件下滴灌分期施氮对植株氮浓度的影响时期早于低密度条件下（表14-3）。

表14-3 不同灌溉施肥处理夏玉米植株氮浓度

处理	2012年					2013年				
	V6	V12	R1	R3	R6	V6	V12	R1	R3	R6
L0	17.6b	—	12.9c	—	10.6c	25.1b	13.6b	11.8c	9.3c	8.7c
LC	21.1a	—	14.6b	—	11.3b	27.1a	16.1a	15.0b	11.4b	10.0b
LD	23.4a	—	16.1a	—	12.0a	26.7a	15.9a	16.2a	11.9a	11.1a
H0	18.7b	—	12.2c	—	10.8c	24.7b	11.8c	11.7c	8.5c	8.5c
HC	22.6a	—	15.6b	—	11.9b	31.6a	16.5b	13.9b	11.0b	10.6b
HD	21.2a	—	16.6a	—	12.7a	30.8a	18.8a	15.1a	11.6a	11.6a

注：V6为拔节期，V12为大喇叭口期，R1为开花期，R3为乳熟期，R6为成熟期；L为低密度，H为高密度，0为不施氮对照；C为传统施氮处理，D为滴灌分期施氮处理；同列不同小写字母表示处理间差异达5%显著水平，后同。

（二）滴灌水肥一体化对玉米氮素、水分利用的调控效应

为进一步了解滴灌分期施氮对植株氮素吸收的影响，对氮偏生产力（PFP_N）、氮农学效率（AE_N）、氮表观利用率（RE_N）和氮生理利用率（PE_N）等指标进行了分析。由表 14 - 4 可以看出，两种种植密度式下，滴灌分期施氮处理（D）均显著提高了玉米氮素利用效率（PE_N 除外）。在 2012 年低密度条件下，LD 处理 PFP_N、AE_N 和 RE_N 分别为 37.8 kg/kg、11.4 kg/kg 和 0.4 kg/kg，分别高于 LC 处理 13.2%、62.86%和 53.85%；在高密度条件下，HD 处理 PFP_N、AE_N 和 RE_N 分别为 26.8 kg/kg、9.6 kg/kg 和 0.35 kg/kg，分别高于 HC 处理 15.5%、62.7%和 59.1%。2013 年结果与 2012 年表现一致，在低密度条件下，LD 处理 PFP_N、AE_N 和 RE_N 分别高于 LC 处理 13.3%、43.3%和 41.2%；在高密度条件下，HD 处理 PFP_N、AE_N 和 RE_N 分别高于 HC 处理 15.2%、44.2%和 46.4%。各氮素利用效率指标中，HD 处理 PFP_N 和 RE_N 的增幅显著高于 LD 处理的增幅，而二者 AE_N 指标没有显著差异。

另外，对不同密度条件下滴灌分期施氮处理（D）与传统施氮处理（C）的灌溉水利用率进行了比较。由表 14 - 4 可知，C 处理总灌溉量两年均为 225 mm，而 D 处理生育期总灌溉量两年分别为 100 mm 和 110 mm，两年节约灌溉水量分别为 125 mm 和 115 mm。因此，D 处理灌溉水利用率（WUE_{irri}）显著高于 C 处理和 0 处理。2012 年，LD 处理的 WUE_{irri} 值为 81.3 kg/(hm^2 · mm)，分别高于 LC 处理和 L0 处理 143.4%和 208.0%；HD 处理的 WUE_{irri} 值为 96.6 kg/(hm^2 · mm)，分别高于 HC 处理和 H0 处理 159.0%和 250.0%。2013 年，LD 处理的 WUE_{irri} 值为 80.6 kg/(hm^2 · mm)，分别高于 LC 处理和 L0 处理 126.4%和 226.3%；HD 处理的 WUE_{irri} 值为 92.4 kg/(hm^2 · mm)，分别高于 HC 处理和 H0 处理 130.4%和 254.0%。以上结果可以看出，高密度条件下滴灌分期施氮处理灌溉水利用率的增幅显著高于低密度条件下的增幅，说明在夏玉米高种植密度下应用滴灌分期施氮节水效果更为明显。

表 14 - 4　不同处理氮肥及灌溉水利用率

年份	处理	氮偏生产力 (kg/kg)	氮农学效率 (kg/kg)	氮表观利用率 (kg/kg)	氮生理利用率 (kg/kg)	灌溉水利用率 kg/(hm^2 · mm)
2012	L0	—	—	—	—	26.4c
	LC	33.4b	7.0b	0.26b	27.0a	33.4b
	LD	37.8a	11.4a	0.40a	28.6a	81.3a
	H0	—	—	—	—	27.6c
	HC	23.2b	5.9b	0.22b	27.8a	37.3b
	HD	26.8a	9.6a	0.35a	27.5a	96.6a
2013	L0	—	—	—	—	24.7c
	LC	31.6b	9.7b	0.34b	29.0a	35.6b
	LD	35.8a	13.9a	0.48a	28.0a	80.6a
	H0	—	—	—	—	26.1c
	HC	22.3b	7.7b	0.28b	27.7a	40.1b
	HD	25.7a	11.1a	0.41a	27.5a	92.4a

总之，氮肥和密度是影响玉米生长发育、资源利用率及产量的重要栽培条件。研究表明，在一定范围内，玉米产量随着密度的增加显著提高。高密度条件下各处理产量均显著高于低密度条件下产量，平均增幅为10%。另外，合理的氮肥运筹可同时提高作物产量及氮素利用效率。传统施肥方式在作物生育前期施用大量肥料，导致后期脱肥早衰，养分施用与作物需求不同步。水肥一体化滴灌施肥技术的发展与应用为作物生育中后期施肥提供了便利的技术手段，是实现氮肥后移的一种有效方式。前人研究表明，滴灌分期施肥能显著提高蔬菜产量和氮素利用效率。笔者研究发现，与传统施肥方式比，不同密度条件下滴灌分期施氮处理（D）的夏玉米产量均显著增加，两年平均增幅分别为13.4%和15.5%。从产量构成因素看，低密度条件下（L），LD处理产量的增加主要来自千粒重的增加，而高密度条件下，HD处理产量的增加是穗粒数和千粒重共同提高的结果。

干物质积累量的增加是作物产量进一步提高的前提。目前，普遍认为禾谷类作物经济产量的60%以上来自开花后到成熟期的光合代谢产物，开花后的光合功能直接影响籽粒产量。研究发现，低密度条件下，LD处理与LC处理花前干物质积累量没有明显差异，开花后两者之间的差异逐渐增加，LD显著高于LC处理，且LD处理花后干物质占总干物质的比例也显著高于LC处理；而高密度条件下，HD处理花前、花后干物质积累量均显著高于HC处理。另外，低密度条件下，LD处理花后叶面积指数显著高于LC，而高密度条件下，HD处理花前、花后叶面积指数均高于LC处理。说明在低密度条件下，滴灌分期施氮显著提高了玉米花后物质生产能力，延缓了后期衰老，从而提高了产量；而在高密度条件下，滴灌分期施氮促进了花前植株生长发育，同时延缓了花后植株衰老，因此整个生育期物质生产能力均显著提高，产量增幅显著高于低密度条件下滴灌分期施氮处理的产量增幅。

第四节 综合栽培措施对土壤结构及根系的调控效应

一、不同栽培模式耕层土壤中根系分布

2014年，不同栽培模式下灌浆期玉米根系主要分布在0～20 cm的土层，这与前人的研究一致。首先0～10 cm土层，不同的栽培模式土壤中根长密度差异不显著；10～20 cm土层，等行距种植相较于宽窄行种植，根水平分布较为集中，同时深松宽窄行种植化控处理及措施间的组合相较于传统栽培模式均显著提高了该层土壤中的根系分布且宽窄行种植化控处理根长密度最高；20～30 cm土层，旋耕处理根系的水平分布更为分散，而深松处理则较为集中。在30～40 cm土层中，根系分布急剧下降，植株位点根系分布最低，主要以侧根为主，且深松处理显著高于旋耕处理；在40～50 cm土层中，根量最低，各处理间没有明显的差异，但深松处理略高于旋耕处理。深松较旋耕能更好地改善耕层环境，加深耕层10 cm以上，使根系水平方向上分布更为紧凑，更有利于对深层土壤中水分和养分的吸收。

二、不同栽培模式根干重、根长、根表面积及根体积

通过对灌浆期不同栽培模式下0～50 cm土层中根系分布的分析（图14－19），根系主要分布在0～20 cm土层，随着土壤深度的逐渐加深而急剧减少，但不同栽培模式间存在显著的差异。深松等行距种植、宽窄行种植化控处理和深松宽窄行种植化控处理较传统栽培模式均显著增加了20～50 cm土层根干重，其中以20～30 cm土层增量最多，其增幅超过100%，深松又显著高于旋耕处理；同时根长、根表面积和根体积也表现出同样的变化趋势，其中只有0～10 cm土层中宽窄行种植化控处理下根体积显著高于CK，0～20 cm土层各根系参数处理间均无显著差异，其差异主要表现在20～50 cm土层，优化栽培措施较传统栽培模式均能显著改善深层土壤中的根量，提高根系与深层土壤中水分、养分的接触概率。同时深松处理根系指标也优于旋耕，主要表现在20～40 cm，而深松宽窄行种植化控处理各指标均在处理中表现最优。由于根长与根体积的差异相对大于根干重和根表面积，可知深松处理的根系更趋于细长，根量增加主要来自根长和分支数增加。

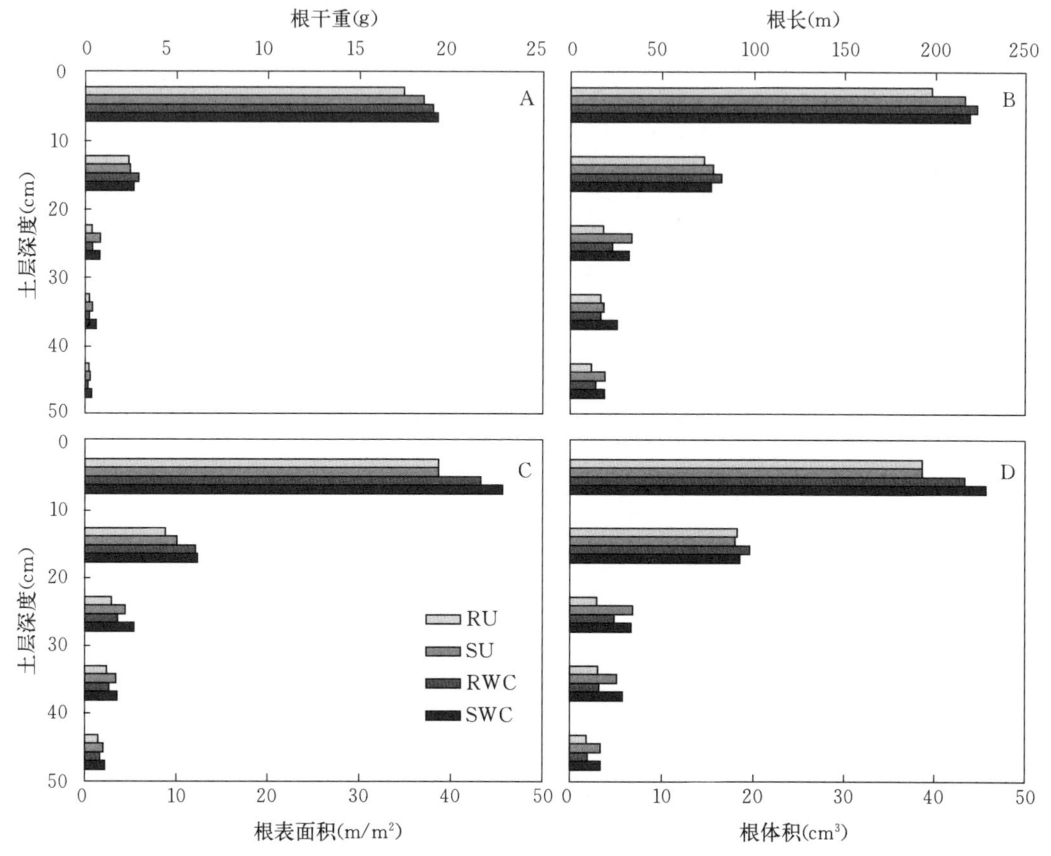

图14－19　灌浆期不同栽培模式0～50 cm土层根干重（A）、根长（B）、根表面积（C）及根体积（D）的分布

不同栽培模式下 0～50 cm 土层中根长密度的垂直剖面分布见图 14 - 20。0～10 cm 土层

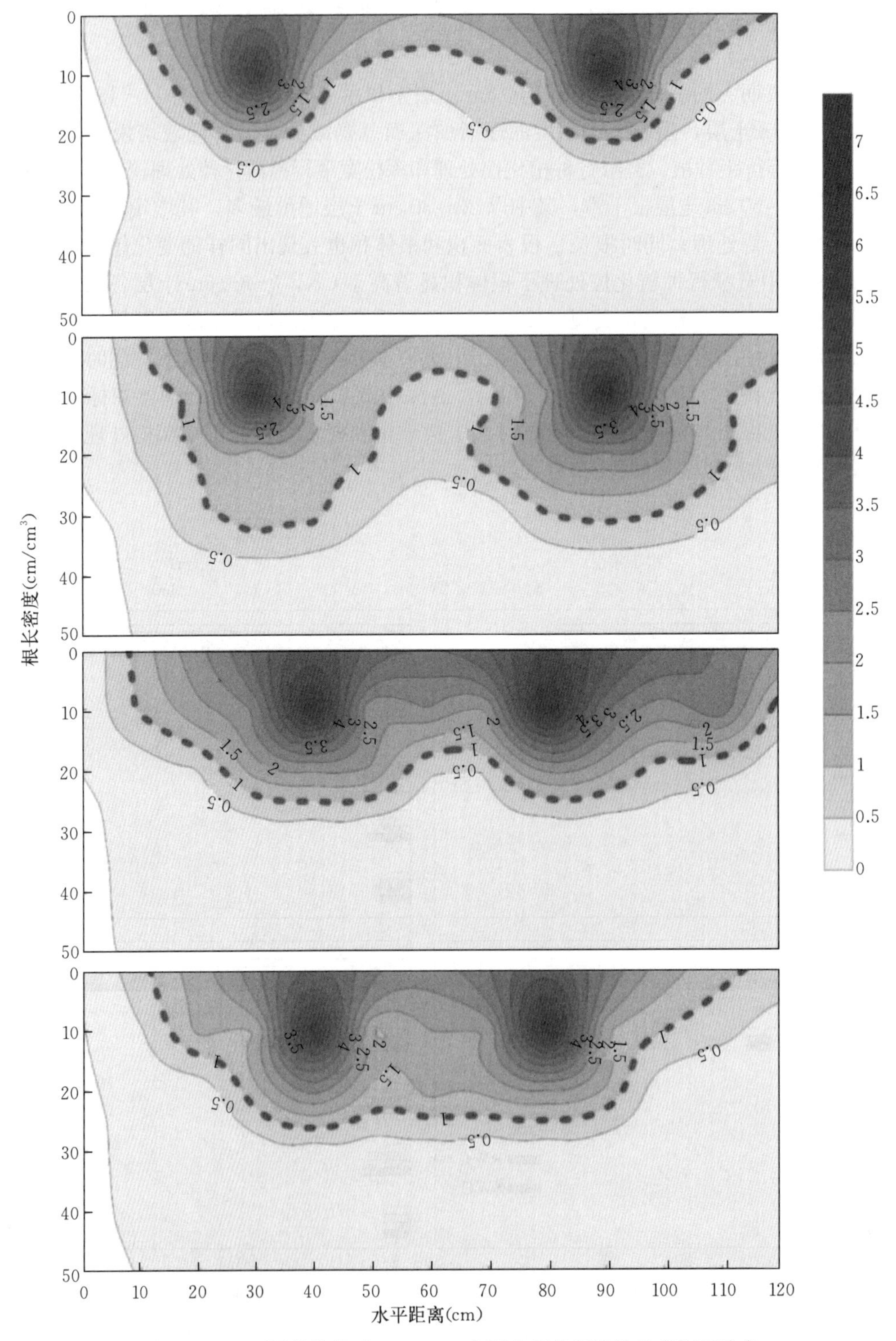

图 14 - 20　不同栽培模式 0～50 cm 土层中根长密度的垂直剖面分布

处理间根长密度差异不显著，根长密度由植株向左右两侧水平方向逐渐递减，深松处理下，10～20 cm 土层中，在植株中心 0～10 cm 范围内的根长密度大于传统栽培和旋耕宽窄行种植处理，而在距植株中心距离大于 10 cm 的根长密度小于传统栽培和旋耕宽窄行种植处理；20～30 cm 土层中，在植株中心 0～20 cm 范围内的根长密度大于传统栽培和旋耕宽窄行种植处理，而在距植株中心大于 20 cm 的根长密度小于传统栽培和旋耕宽窄行种植处理；30～50 cm 土层中，在植株中心 0～30 cm 范围内的根长密度都大于传统栽培和旋耕宽窄行种植处理，并随距离的增大，根长密度的差异减小。

其中宽窄行种植模式的窄行侧，由于株间距较小，根系重叠，0～30 cm 土层根长密度显著高于均匀种植，同时由于根系间的规避作用，宽窄行种植模式的宽行侧根长密度略大于均匀种植模式，但差异并不显著。深松处理根系多分布在 0～30 cm 土层基本呈“横向紧缩，纵向延伸”构型，而旋耕处理根系主要分布在 0～20 cm 表层土壤且构型较为平展，旋耕宽窄行种植模式根系则主要分布在 0～25 cm土层。宽窄行种植模式其窄行 0～30 cm 土层根系密度显著高于均匀行距种植，而宽行略高于均匀行距种植且差异不显著。

栽培措施显著改善了根系的发育，10～20 cm 土层根量差异显著，深松处理 30～50 cm 土层中的根量显著高于旋耕处理，加深耕层 10 cm 可促进根系的生长发育。组合栽培模式可显著地增加 20～50 cm 的根干重、根长、根表面积及根体积，其增量主要集中在 20～30 cm 土层，深松处理根长和根体积的增益较大，可能是由于通过增加根系的分支数提高了根量。

等行距种植土壤剖面上植株间根系的界限分明，宽窄行则表现出明显的交叉，且植株根系间存在一定的“逃离效应”，同时深松根系更趋于向深层伸展，剖面构型更为细长，旋耕处理则由于土层的障碍则更趋于平展。化控组合深松和宽窄行种植可显著提高密植群体的根冠比，增加群体的生产能力，其地上部分的绿叶面积与根表面积的比值趋近于 1，较传统栽培模式提高 19%，群体的根冠结构更为协调可能是这个栽培模式产量提高的原因。

作物群体-个体协同定量化系统

作物群体产量取决于光合系统的大小和效率，提高光能利用率、缩小光能利用率实际值和理论值之间的差距是提高产量的重要途径。高产条件下通过研究作物冠层群体结构与个体功能特征，优化高产群体叶穗系统，为作物高产高效协同提供重要理论依据。

第一节 作物高产高效群体结构特征及其与个体的关系

水稻、小麦和玉米三大粮食作物群体与个体的协调主要是通过对产量提升过程中的群体结构和功能等指标进行分析，明确高产高效群体的结构特征及光、氮利用特性，揭示个体光合物质生产、积累与分配的规律，提出与产量目标相适应的群体与个体协调的定量控制指标，为作物高产高效协同提升提供理论依据与技术支撑。

一、作物群体的多元化与多层次特点

（一）作物群体的多元化特点

不同的学科角度对作物群体有不同的理解，概括起来包括以下两个方面。

1. 生态学方面 群体就是种群。指在一定时间内占据一定空间的同种生物的所有个体，种群的研究内容主要是其数量变化与种内关系。

2. 栽培学方面 群体结构就是指同一块田地上所种作物的个体群组成情况。研究个体所占空间、表现型的组成状况、个体间动态的协调关系，指导作物高产栽培。作物群体结构包括生产结构和几何结构。

（1）生产结构 研究作物群体同化系统生产量和非同化系统生产量随高度的分布结构。即光合系统和根、茎之类的非光合系统所形成的群体生产结构。在光合作用中，首先研究叶片的排列状况，其次研究光合产物的分配和消耗，还有光合系统与非光合系统的数量比例以及非光合系统的形成比例等。

（2）几何结构 研究群体中的叶、茎、穗等器官的数量及其在空间分布的几何状况。用植物群体高度、叶面积指数、叶面积密度（分布）函数与标准化叶面积密度（分布）函数，定量地反映群体的几何结构特征，有利于解决群体小气候和物质生产相关的一些理论与实际问题。

（二）作物群体的多层次特点

1. 作物群体的复杂性　随着作物产量水平的不断提升，作物产量突破的难度越来越大。多数学者认为高产存在突破的空间，但不能确定发展的方向。在当前的产量水平下获得实质性的单产突破，需要多学科联合起来在共同的平台上分工协作，认识作物产量形成这一复杂过程，并且针对其中的关键问题逐一解决。要揭示整个作物产量形成的复杂过程，除了研究数量关系以外，还要研究同化物质的积累与运转过程。作物生产是群体物质生产与分配的过程，支撑这一过程的是多层次的衔接，各层次之间有着必然的依存与依赖的复杂关系。

2. 作物群体研究层次性　作物群体系统是由不同层次相互作用的，直接与产量形成相关的是群体结构与功能，将群体作为一个整体进行产量分析称为群体的第一层次。作物群体特征是相关集群的个体构成、个体与个体之间的关系、群体条件下的个体反应是群体总体性能的根本，从个体认识与研究群体，称为群体的第二层次。个体的反应实质上是构成个体的不同功能器官，根据器官不同功能可分为根、茎、叶、穗粒等群体亚系统，从不同器官功能特征认识作物群体，称为群体的第三层次。从不同器官及其组织形态与功能认识群体与产量称为第四层次，在功能研究中解析关键生理与分子调控称为第五层次研究。作物高产高效与生态友好为目标的研究，要基于以上内容从多层次上进行相互关联性研究，可较为全面和深入地认识作物群体-个体协同的机制。

（三）群体结构与功能的研究方法

群体结构即作物生物量（包括根、茎、叶、穗等）的空间分布。1953 年，日本学者从物质生产的角度，给作物群体结构以定量的描述——大田切片法。日本的角田（1960）用研究物质生产的方法，进一步发展了同化系统的想法，把个体或群体的叶层称为叶系统：分析叶的角度，即每片叶是平展的还是直立的；分析叶片面积的重量比例（比叶面积），即叶厚还是薄；分析叶片的面积大小；分析叶的配置状态（分为疏散型和密集型等）。在定量研究上跨进了一步，甚至从物质生产的研究来看，有较多可取之处，但尚未涉及同环境之间的关系。后来苏联学者于 1966 年提出了作物茎、叶、穗等器官在空间分布的几何特征。在正常发育的作物群体中，作物器官在水平方向上是随机排列的，因而对作物各器官的分布，只需考虑垂直方向的变化，即只要求求出茎、叶、穗等器官的表面积密度函数（叶的表面积，茎和穗等则取其截面积）及其空间配置函数。

二、作物群体-个体的协调特征

个体调节作用随群体状态产生相应反应，表现出群体的稳定性和个体的变异性。这种现象在生物界中普遍存在，其调节能力是有限性的（作物与环境），其过程存在顺序性、不可逆性、时间性。人为对群体-个体的调节原则是群体最终达到结构合理与功能高效以及群体与个体协调发展，从而经济有效地利用光能与地力，实现持续高产、高效、优质的效果。

三、作物群体系统四大功能亚系统

作物产量的形成是作物群体系统的物质生产过程的最终结果，取决于作物高产高效协同。按群体的功能构成，可将作物群体划分为相互联系的4个不同生理功能亚系统。一是以光合物质生产为主要功能的叶系统，二是物质运输与支撑为主的茎系统，三是以物质存储形成经济产量为主的穗粒系统，四是以水分和养分吸收与固定作用为主的根系统。这些系统由作物个体器官所构成，但在群体条件下，不是简单的个体集合，而具有新的特征。作物高产高效基于合理的群体，而群体合理实际上是4个系统高度协调的结果。在实际生产中，合理的群体中最重要的是叶与穗粒系统的协调。

四、作物高产高效的群体特征

（一）作物光能高效截获与利用

1. 光能高比例截获特征 以玉米的研究为例，设3个施氮水平（N1为100 kg/hm^2、N2为200 kg/hm^2、N3为300 kg/hm^2），随着施氮量增加，群体冠层的光合有效辐射总截获率增加，光合有效辐射截获总量增加，但差异不显著；不同层次间比较发现，N2和N3处理时中上层光合有效辐射截获量显著高于低氮处理，下层光合有效辐射截获量降低。先玉335的中上层叶片光合有效辐射截获率显著高于郑单958，2014年和2015年分别平均提高5.84%和5.98%，而郑单958中下部叶片具有相对较高的光截获率。光合有效辐射转化率和利用率受氮肥影响显著，增加施氮量光合有效辐射转化率升高，先玉335在N2时达到最高值，平均为1.14 g/MJ，光能利用率为1.08 g/MJ，N3处理光合有效辐射转化率下降，但不显著。郑单958在N3时达最高值，为1.13 g/MJ，光能利用率为1.05 g/MJ。先玉335对氮肥施用反应更加敏感，氮肥施用量不足（N1）和过高（N3）均造成光合有效辐射转化率和利用率降低。

2. 光能高效转化特征 作物产量90%以上来自叶片的光合作用。作物最大产量能力是以光合生产潜力来表示的。群体光合作用对提高作物产量有巨大潜力。作物群体光合生产能力实际上是光合物质生产过程光能吸收与转化及其时间效应的问题。提高光合生产能力和产物向籽粒有效分配是提高产量的根本。高产的实现实质上是光合物质生产与分配的高效生理层次的挖掘。为显著提高产量，作物学家进行了矮秆基因和理想株型的改造，并通过特异遗传原理进行了杂种优势利用。进一步大幅提高作物产量，实现产量的新突破，是作物科学界必须面临的重大挑战。不同科学家在探讨新的高产突破方面具有不同的观点。有的认为，1960年以来，提高谷物产量的途径已发挥了很大效力，生物技术将成为进一步增产的希望。有的科学家认为传统的作物育种仍然有挖掘潜力，但要重新设计，如中国的超级稻育种，IRRI的新株型（NPT）。还有的科学家明确指出随着农业发展，作物持续期和收获指数的增加可能引起产量的进一步提高（Evans，1993）。与此同时，有的科学家认为所有明显提高产量的方法都已经采用，只剩下光合作用可以考虑（Austin，1999）。赵明（2005）认为高产突破难度更大，必须在抗倒、理想株型和杂种优势的基础上，高光效分配相配合，以期高产突破，还应重视作物花后物质生产，特别要强化作物体内的 C_4 途径高产高效与抗逆的机制效应，从光合与分配的角度进行生理育种与栽培研究（图 15-1）。

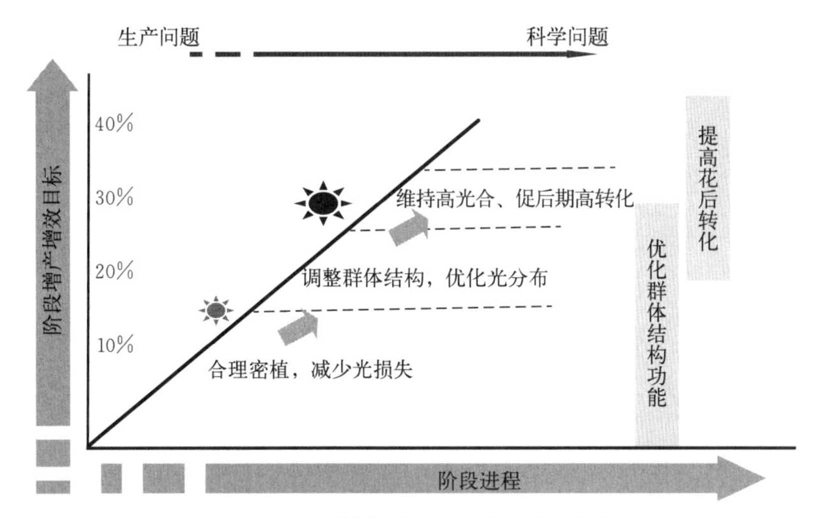

图 15-1　提高群体物质生产的高光效高转化途径

（二）花后物质分配特征

现有研究证明，具有高产高效的群体在物质生产上的阶段性特征是花后物质生产比例升高。特别是在产量形成的关键时期维持后期的物质生产能力，确保籽粒结实与生长发育十分重要。如图 15-2 所示，要充分发挥生育后期群体结构与功能，应该有一定量的有效物质生产和花前物质调运能力，确保高活跃的库容。

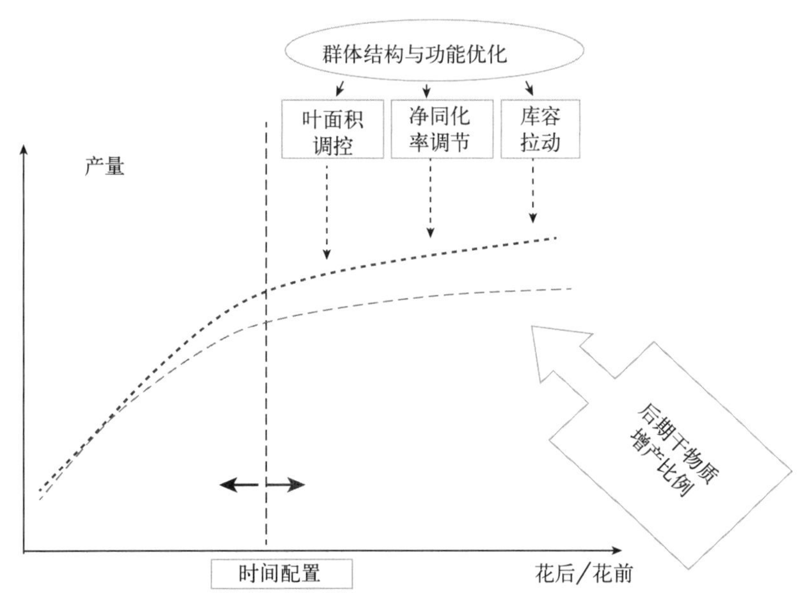

图 15-2　作物高产花前花后物质分配与技术模式

（三）氮素的高效利用特征

1. 产量对氮肥水平的响应 玉米产量与施氮量的关系符合线性加平台模型（$P<0.05$）。在不施氮肥条件下，两密度处理先玉 335 产量均低于郑单 958（$P<0.05$），在施氮条件下，两密度处理先玉 335 最高产量均高于郑单 958。低密度处理平均增产 2.6%～4.4%，最优施肥量降低 4.8%～5.0%（$P<0.05$）；高密度处理平均增产 4.0%～6.7%（$P<0.05$），最优施肥量降低 6.6%～10.6%（图 15－3）。

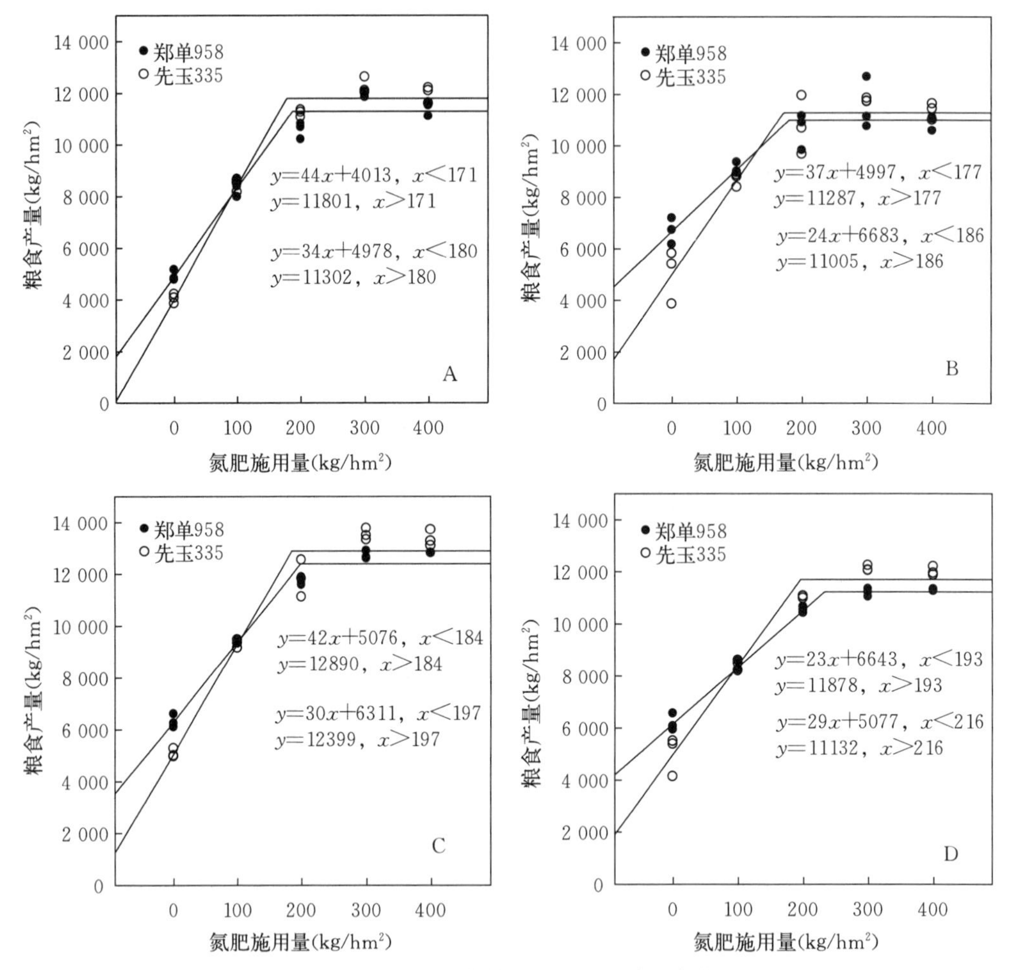

图 15－3　2014 年和 2015 年不同优势玉米杂交种产量与氮肥施用量的关系

注：2014 年，A 和 C 密度分别为 67 500 株/hm^2 和 90 000 株/hm^2；2015 年，B 和 D 密度分别为 67 500 株/hm^2 和 90 000 株/hm^2。

2. 氮素分布和运转 以玉米研究为例，随着氮肥施用量增加，在吐丝期和成熟期两品种的叶片含氮总量显著提高，各层叶片氮素含量相应增加。先玉 335 的叶片含氮量受氮肥施用量影响较大，且在吐丝期氮素含量较高，成熟期氮素含量较低；郑单 958 的氮素含量受氮肥施用量的影响较小，生育期内变化幅度较低；在吐丝期先玉 335 中上层叶片的含氮量较郑单958高，下层叶片含氮量则相反。随着氮肥施用量增加，吐丝期至成熟期叶片的氮素转移量逐渐升高，硝酸还原酶含量变化不显著。品种间表现明显差异，先玉335的中上层叶片氮素转移量和硝酸还原酶含量显著高于郑单958，而下层叶片的氮素转移量和硝酸还原酶含量则低于郑单958；两品种在低氮处理条件下，灌浆期的中上层叶片的氮素转移率较高。

第二节　作物群体-个体协同的茎系统结构与功能特点

一、作物茎秆抗倒力学强度

（一）作物不同发育阶段茎秆强度的变化

茎秆基部节间的穿刺强度与节间直径呈显著或极显著正相关（表15-1），在玉米抽雄期表现最为突出；在大喇叭口期至开花吐丝期，与节间长度相关性不密切。开花吐丝期，茎秆节间的压碎强度与节间直径呈显著正相关，随着生育时期的推进相关性有所降低；在大喇叭口期至抽雄期，与节间长度呈极显著负相关，至开花吐丝期相关性不显著。在抽雄期至开花吐丝期，节间的弯曲强度与节间直径呈密切正相关，且随着生育时期的推移相关性提高；与节间长度相关性不密切。由此表明，玉米茎秆节间长度对穿刺强度、弯曲强度的形成均起负向作用，但影响不显著；在大喇叭口期至抽雄期，对节间压碎强度的形成起极显著的负向影响。基部节间直径对节间的穿刺强度、压碎强度和弯曲强度的形成均有极显著正向促进作用，而且在抽雄期对穿刺强度、弯曲强度影响大，在开花吐丝期对茎秆弯曲强度影响大。

表15-1　茎秆的外部形态与茎秆强度的关系

时期	性状	穿刺强度（RPS）	压碎强度（SCS）	弯曲强度（BS）
大喇叭口期	节间长度	−0.6171	−0.8874**	—
	节间直径	0.9079**	0.9348**	—
抽雄期	节间长度	−0.6440	−0.9804**	−0.5208
	节间直径	0.9119**	0.5937	0.9838**
开花吐丝期	节间长度	−0.7098	−0.5749	−0.4239
	节间直径	0.8616*	0.9269**	0.9920**

注：*表示在 $P<0.05$ 相关显著，**表示在 $P<0.01$ 相关极显著。

（二）茎秆内部结构对茎秆强度的影响

茎秆节间穿刺强度、压碎强度、弯曲强度的形成均与茎秆内部结构密切相关，呈显著或极显著正相关关系（表15-2）。其中对形成节间穿刺强度贡献的大小排序为皮层厚度>机械组织厚度>皮层/半径>机械细胞层数，并且随着生育期推移呈逐渐递增的作用；对形成节间压碎强度贡献的大小顺序为皮层厚度≈机械组织厚度>机械细胞层数>皮层/半径，并且皮层厚度和机械组织厚度在生育中期贡献大，机械细胞层数在抽雄期对压碎强度的形成贡献较大；对形成节间弯曲强度贡献的大小顺序为皮层厚度>机械组织厚度>皮层/半径>机械细胞层数。可见，茎秆内部结构尤其皮层厚度、机械组织厚度对茎秆强度的形成直接影响较大，说明皮层厚度、机械组织厚度越大，机械细胞层数越多，茎秆抗倒力学强度就越大。

表 15-2　茎秆的内部结构与茎秆强度的关系

时期	指标	皮层厚度	机械组织厚度	机械细胞层数	皮层/半径
大喇叭口期	RPS	0.937 7**	0.826 3*	0.698 8	0.790 2*
	SCS	0.971 6**	0.951 7**	0.918 1**	0.930 9**
抽雄期	RPS	0.945 8**	0.877 7**	0.766 5*	0.887 6**
	SCS	0.875 7**	0.897 1**	0.998 1**	0.942 3**
	BS	0.930 2**	0.887 6**	0.663 7	0.795 7*
开花吐丝期	RPS	0.975 8**	0.961 5**	0.922 6**	0.933 6**
	SCS	0.963 0**	0.956 5**	0.845 3*	0.837 7*
	BS	0.948 5**	0.956 9**	0.790 6*	0.743 9

注：*、**表示相关性显著、极显著。

二、群体光分布对茎秆强度与倒伏的影响

（一）群体光分布对茎秆强度的影响

以玉米为例，茎秆强度形成的关键时期——大喇叭口期至开花吐丝期，群体冠层底部透光率对茎秆各节间抗倒伏强度指标的影响不完全相同。对玉米茎秆基部第三节间穿刺强度（RPS）与第四节间压碎强度（SCS）与群体透光率的关系进行拟合，符合二次函数关系（图 15-4）。玉米茎秆强度随群体透光率的提高而增强。当群体透光率达到一定值时，茎秆强度可达到最大。但群体密度过大、透光率过小，不利于植株中、下部叶片进行光合作用，影响整个植株干物质积累，会导致玉米单株弱小、茎秆质地脆弱、抗倒强度低、容易发生倒伏；而透光率过大，群体叶面积指数过小或下降过快，群体物质生产的“源”不足，不能保证足够的干物质生产量，单株茎秆强度虽然较高，但最终群体产量水平较低。由图 15-4 可见，茎秆强度形成的关键时期，不同类型品种对群体光分布响应并不相同。在群体透光率较低的条件下，耐密型品种节间的穿刺强度（RPS）和压碎强度（SCS）均比非耐密型品种高，而且茎秆压碎强度（SCS）随群体光分布响应的变幅较大，对群体光环境较穿刺强度（RPS）更为敏感。综上所述，耐密型品种群体结构合理，茎秆强度形成过程中光能利用率较高，抗倒伏能力较强。

（二）群体光分布对田间倒伏率的影响

田间倒伏率与群体透光率呈极显著负相关，与茎秆强度呈极显著负相关（表 15-3）而且群体底部透光条件对田间倒伏率影响大于冠层中部。玉米基部节间强度与群体透光率密切相关，并且群体底部透光率作用更大一些。这说明改善群体冠层透光条件，尤其冠层中下部透光，有利于增强茎秆强度，降低田间倒伏率。

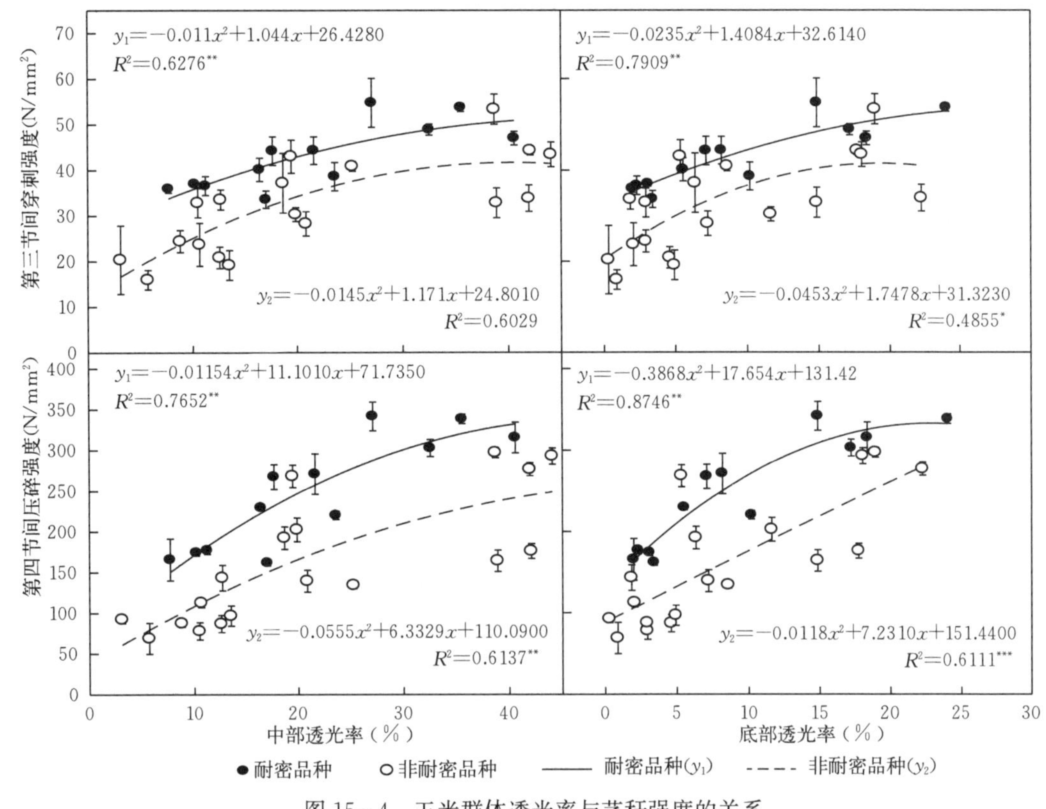

图 15-4　玉米群体透光率与茎秆强度的关系

表 15-3　春玉米群体光分布与茎秆强度及田间倒伏率的相关性

性状	中部 LTR	底部 LTR	第三节间 RPS	第四节间 SCS
第三节间 RPS	0.742**	0.743**		
第四节间 SCS	0.765**	0.822**	0.852**	
LP	−0.827**	−0.845**	−0.829**	−0.919**

注：LTR 为透光率，RPS 为穿刺强度，SCS 为压碎强度，LP 为倒伏率。**表示在相关性极显著。

第三节　作物群体-个体协同的叶系统结构与功能特点

一、作物叶系统时空变化基本特征

（一）个体叶片的交替过程

叶面积动态变化实际上是叶片在作物生长发育过程中的交替过程。植物单株的叶面积是群体叶面积形成的基础，因此研究群体叶面积的动态首先要对植物单株叶面积形成进行分析，研究发现每片叶的叶面积因叶位不同而不同，如玉米棒三叶的叶面积大于下部和上部叶片的叶面积，稻麦类随着叶位的升高，叶面积增大，上部叶片的叶面积大于下部叶片（图 15-5）。

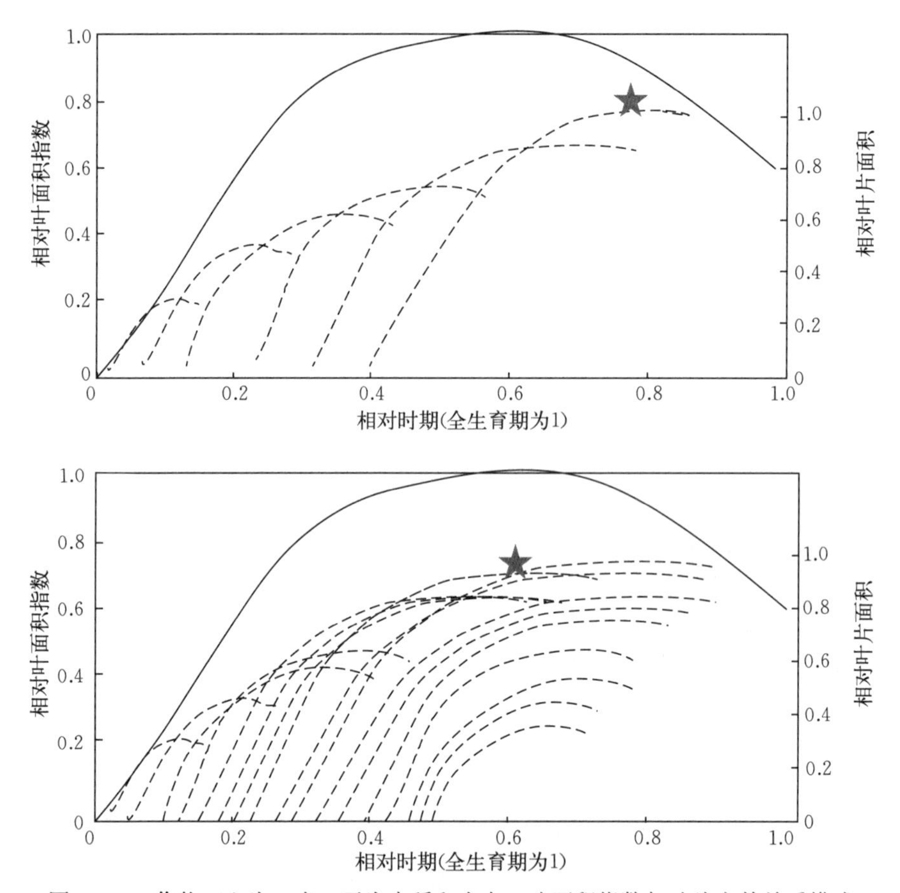

图 15-5　作物（上为玉米，下为水稻和小麦）叶面积指数与叶片交替关系模式

每种作物的叶片发育趋势有明显的不同，每个植株生长的叶片数因种植条件和品种的不同而不同，同时每一个节上叶片的叶面积也不是完全相同的。例如，不同气候区的玉米品种，生长在相同的环境条件下，每株的叶片数在 16～30 片，每个节上叶片的叶面积达到 100%的不同，但是当叶面积归一化后（最大叶片不论生长在哪个节点，其叶面积设为单位 1），玉米的叶面积发育趋势一致，即各叶片叶面积从下向上由小变大，棒三叶最大，再往上又逐叶变小，也就是在叶片大小达到最大值后，随后的叶片大小开始下降。从出苗开始每个节位的叶片随着生育期的推进不断增大，中部的叶片由于光合时间长、生长速度快，叶面积比下部大，随后上部叶片的叶面积又开始下降，整个过程可以用一个近似对称钟形的曲线来描述。小麦和水稻的叶片个体发育趋势相似，植株的整个生育期中叶片的大小逐渐增大，最后 2～3 片叶叶面积达到最大。

对于一个特定的作物品种，植株上叶片的数量决定着每个节点上叶片大小的上限，但也受环境因素影响，叶片实际大小受展叶速率和持续时间的影响。玉米叶片生长的速度因叶位不同而不同，整株下部或上部叶片生长速度快，中部叶片较大，生长速度较慢。如玉米叶片伸出植株顶部后，随即逐渐展开，展开的速度因叶位不同而不同。春播玉米和夏播玉米叶片的展开速度也不一样，春播玉米生长期气温低，展开较慢，夏播玉米生长期气温高，降水多，展开较快。此外，水分、养分充足，出叶速度也快，因此在生产上可以通过控制水肥调节叶片生长。研究表明，叶面积指数（LAI）随生育进程呈抛物线单峰变化，出苗后55 d左右时各氮肥处理的LAI差异最显著；平均叶簇倾斜角（MLIA）在抽雄期达到最大且随施氮量的增加而变小；散射辐射透过系数（TCDP）和直接辐射透过系数（TCRP）随生育进程和施氮量增加均呈递减的趋势，直接辐射透过系数随天顶角增加呈先增后减的趋势；消光系数在抽雄期最小，且随天顶角增大而增大，随施氮量的变化因生长期而异，叶片分布（LD）值随生育期推进和施氮量增加呈增加趋势，随方位角增大呈先增后减的趋势。

（二）叶面积动态特征

叶面积的动态变化是反映作物群体动态变化的内容之一，而叶面积指数则是衡量其动态变化的重要指标，群体叶面积影响作物产量形成。作物叶片的光能捕获量与其扩展面积有关，二氧化碳的吸收也是通过叶片的表面进行的，因此，作物群体的光合规模往往用叶片的面积来表示，而不用重量来表示。关于小麦、玉米和水稻等作物群体在不同地区、不同产量水平下的最适叶面积指数动态已有许多报道，并且认为品种、密度、施肥、灌水等栽培措施对LAI具有调控作用。LAI在整个玉米生育期内呈单峰曲线变化。苗期至拔节期上升最快，灌浆期达到最大值。这是因为玉米拔节后新叶迅速长出，抽雄开花期后，叶片全部展出，田间覆盖率达最大值。此后，随玉米植株的衰老，下部叶片相继死亡脱落，LAI下降。群体叶面积的发展，出苗—小口称指数增长期，小口—抽雄称直线增长期；抽雄—乳熟末称为稳定期；乳熟末至完熟称衰亡期。高产的叶面积发展过程应是：缓慢生长期较短，稳定期的维持时间长、波动较小，衰退时间短，叶面积降低的较缓慢，即“前快、中慢、后衰慢”。为准确预测LAI动态变化，并根据预测采取相应的调控措施来获取适宜的LAI，LAI动态模拟模型的运用成为重点。

（三）不同叶位光合速率

对抽雄期至散粉期出苗后植株不同叶位叶片光合速率的研究表明表光合速率总的变化趋势是中位叶＞上位叶＞下位叶。随营养均衡程度提高，光合速率普遍增大，其中氮处理对下位叶、氮磷处理对中位叶、氮磷钾处理对上位叶的光合速率提高更明显。中位叶的结构复杂，叶肉维管束鞘特别发达，多环叶肉细胞比例大，叶绿素含量高，同时，抽雄散粉期，中位叶片处于适龄期，生长代谢旺盛，因而光合速率最高。而下位叶片处于老龄期，组织老化，光合能力降低，上位叶居中。使各层叶片光合速率保持较高水平高光照度下，作物不同叶位的最大光合速率是不同的，玉米类作物中部叶片（尤其是棒三叶）光合速率较高，稻麦类的光合速率随叶位的升高而增大。可见最适宜的LAI能够维持较高光合速率，且持续期长；冠层内光分布具有适宜的层次性，有利于群体截获较多的光合有效辐射（图15-6）。

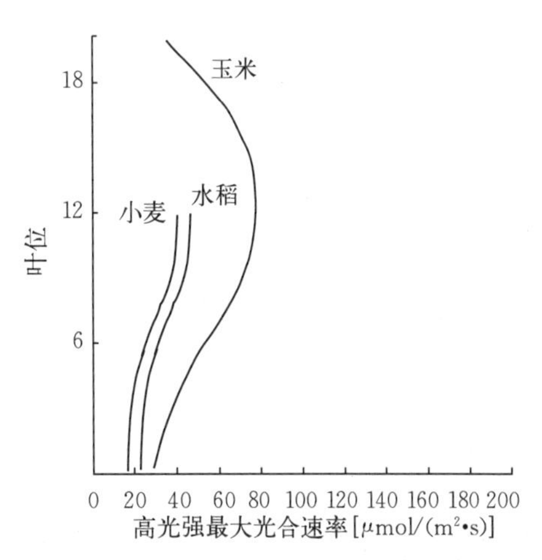

图15-6 作物不同叶位光合速率

二、作物叶片主要生理功能

（一）功能叶片叶绿素及光合速率

群体内不同叶层叶片 SPAD 值（叶绿体含量），表现出上层（穗位上第二叶）高于中层（穗位）高于下层（穗下第二叶）且群体上层和穗位层 SPAD 值（叶绿体含量）处理间没有表现出显著差异，但是大小行种植化控处理［宽窄行种植化控处理、深松宽窄行种植化控处理模式］群体下层叶片的 SPAD 值，显著高于深松和传统种植处理，并且 SU 处理同时略高于 RU 但并没有达到显著水平。

改传统的等行距种植为宽窄行种植可显著提高穗位叶净光合速率；同时显著改善高密度群体灌浆期群体内郁闭问题。比较不同栽培模式下玉米高密度群体内上层（穗上第二叶）、穗位、下层（穗下第二叶）净光合速率；不同栽培模式下上层叶片净光合速率均最大且差异不显著；其穗位、下层叶片净光合速率存在显著差异；宽窄行种植化控处理群体穗位和下层叶片的净光合速率显著高于等行距处理群体。由此可知传统的栽培模式玉米灌浆期群体内郁闭严重，下层叶片光合速率较低，改变种植模式可有效缓解群体内郁闭造成的下层叶片生产障碍，提高群体的耐密性。

（二）叶片碳代谢关键酶活性

蔗糖磷酸合成酶（SPS）作为蔗糖合成的关键酶，其含量可作为衡量叶片蔗糖合成的指标，因此，本研究 2013—2014 年分别于灌浆前中后期测定了穗位叶中 SPS 的活性，在灌浆期呈先升高在降低的单峰曲线，其最高活性出现在花后 30 d 左右，灌浆末期迅速下降。各栽培处理均能显著提高穗位叶中 SPS 活性。叶片的光合产物以蔗糖的形式从叶片中运转至籽粒中，而蔗糖合成酶（SS）则是参与这个过程的另一个关键酶，其活性灌浆期为单峰曲线，灌浆中期达到最大值，其变化趋势与 SPS 相似。

（三）叶片氮代谢关键酶活性

不同氮肥处理下两类型品种硝酸还原酶（NR）和谷氨酰胺合成酶（GS）活性存在较大差异。不施氮处理下，两氮代谢关键酶活性明显降低；对不同品种而言，先玉 335 品种在灌浆期具有较高的氮代谢活性，但在生育后期 NR 的活性差异不明显，而 GS 的活性低于郑单 958。

（四）叶片净光合速率

玉米籽粒的产量大部分来自花后叶片的光合物质生产，花后叶片光合速率的变化表征着叶片光合性能的衰减程度，在花后植株不同叶位叶片的净光合能力均在开花期光合值最高，之后随着叶片的衰老，其净光合速率呈逐渐下降的趋势，通过对花后不同叶位叶片净光合速率的模拟可知，花后叶片的光合速率呈现二次曲线的变化（图 15－7），相关系数达到极显著水平（$R^2=0.995\,2^{**}$、$0.999\,7^{**}$、$0.995\,1^{**}$）花后各叶位的平均光合速率分别

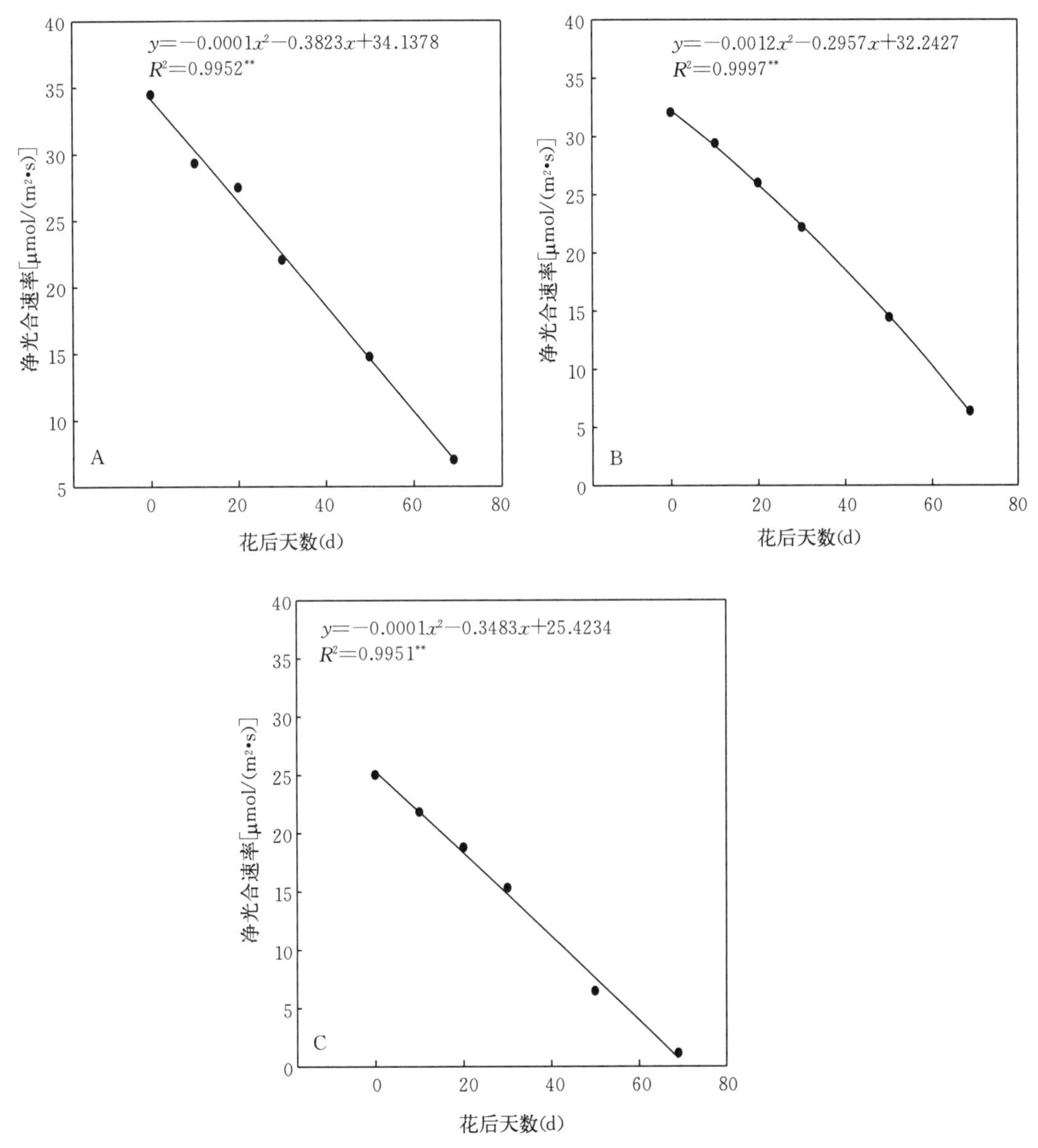

图 15－7　不同叶位叶片花后净光合速率的变化

注：A 为上位叶，B 为下位叶，C 为下位叶。

是22.55 μmol/(m^2·s)、21.47 μmol/(m^2·s) 和 14.76 μmol/(m^2·s)，各叶位的下降幅度分别达到 79.36%、80.16%和 95.42%，花后下位叶的光合速率较小，并且下降的幅度较大，对各叶位光合值的下降速率分析可知，穗位叶的下降速率比较低，前期下降缓慢，这可能与其较长的叶片功能期有关。3 个叶位的光合速率达到最大值一半的时间分别为花后 44～45 d、46～47 d、36～37 d。穗位叶具有较强的光合能力，叶片衰老比较缓慢。

第四节 作物群体-个体协同的穗粒系统结构与功能特点

作物的穗数、穗粒数、粒重三者是一个矛盾的统一体，三者之间相互调节、相互制约，共同决定着作物的产量，因此只有协调好三者之间的关系才能在整体上提高作物的产量。

一、作物群体穗数变化基本特征

作物穗数是重要的产量因素，是决定个体与群体之间关系的重要调节因素。产量构成三因素中，穗粒数与粒重因穗数的多少而产生相应的调节反应。在作物高产栽培中穗数至关重要。

（一）依赖分蘖作物群体穗数的变化特征（小麦与水稻）

穗数＝单位面积的株数×单株分蘖数（包括主茎）×成穗率。动态特征如图15-8所示。以冬小麦为例，成熟期收获穗数是群体分蘖的动态变化结果，冬小麦不同密度群体分蘖动态随生育期天数呈单峰曲线变化，且高密度群体总茎数较多。群体总茎数自三叶期至分蘖期有所增加，返青后迅速增加，至拔节中期达高峰值，之后迅速下降，至抽穗期达稳定值。进一步建立了冬前和冬后群体分蘖动态随积温变化的模拟模型，分别符合Logistic方程和二次多项式，通过模型可预测确定群体最高茎数、穗数、穗粒数之间相互协调与高产不倒的理论上最佳组合和最佳发育过程。

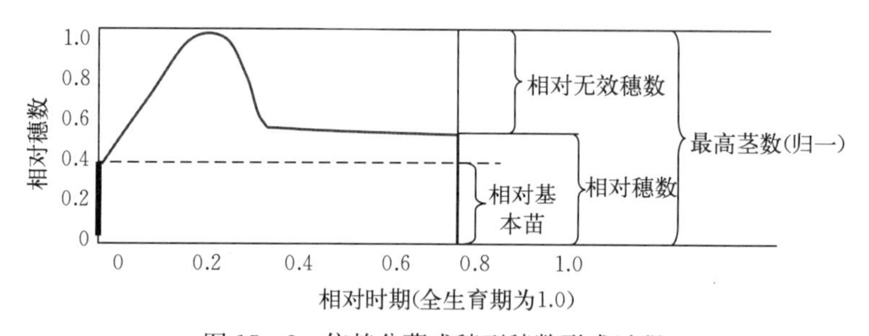

图15-8 依赖分蘖成穗型穗数形成过程

影响依赖分蘖成穗的因素复杂，研究表明，不同生育时期，各农艺措施对小麦分蘖影响的主效应不同：返青至拔节期，播期是决定小麦单株分蘖的首要因素，其次是播量。拔节以后，分蘖开始两极分化，至成熟期穗数稳定。小麦、水稻合理穗数的形成过程相当复杂，曾是许多学者探索高产栽培理论和途径的研究重点。研究认为，在一定施肥水平条件下，土壤有机质含量和亩穗数对小麦产量的贡献最大。主要因子对分蘖成穗数影响的大小为播量＞播期＞磷肥＞氮肥。播期是影响冬小麦冬前分蘖主要因子，播量主要影响春生分蘖，而播量、播期、氮磷施用量的配合对分蘖成穗数起决定性作用，分蘖质量（即成穗率）不仅取决于播期和播量，还取决于施肥量的多少。经过拟合方程测算单株成穗数在4个左右时，穗粒数多，穗型较大，对实现高产、超高产最为有利，在肥料运筹上需采取“前促、中控、后促”方案，保证麦套稻苗期快长早发、中期平稳生长、后期活熟到老。

（二）不依赖分蘖作物群体穗数的变化特征（玉米）

其穗数＝单位面积的株数×(1＋双穗率)×(1－空杆率)。以夏玉米为例，收获穗数主要受种植密度的影响，动态变化过程不明显。密度变化主要取决于双穗率与空杆率，最终影响穗数（图 15－9）。

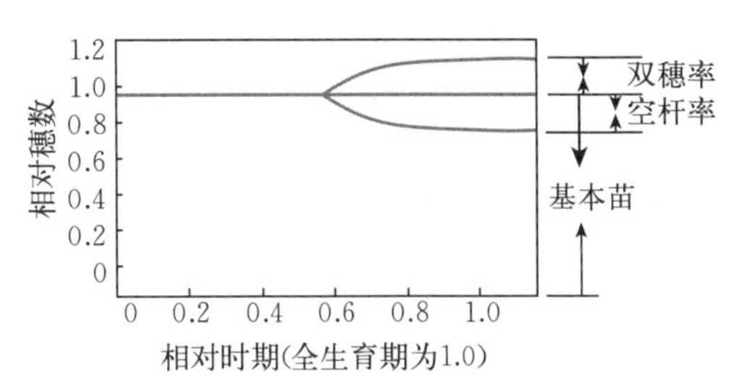

图 15－9　不依赖分蘖成穗型穗数形成过程

不依赖分蘖成穗的穗数与密度密切相关，受成穗率的制约，穗数的动态变化过程相对简单。随着高产密度要求不断提高，缩小株行距是提高密度获得最大的收获穗数重要技术措施，大量研究表明，55～60 cm 的行距，超 75 000 株/hm^2 是实现 15 000 kg/hm^2 基本要求。

二、作物群体-个体协同的穗粒数变化基本特征

（一）穗粒数的决定因素

穗粒数是决定单产的重要因素之一。研究表明，现代小麦产量的增加不仅在于减少了倒伏的损失，而且在于增加了穗粒数。即使在倒伏的情况下，产量也会增加。在玉米产量构成因素中，单位面积株数潜力相对容易被挖掘，在增产的初级阶段里种植密度发挥了重要作用。随着单产水平的不断提高，另外两个产量构成因素越来越引起人们重视。经大量研究表明，千粒重相对稳定，而穗粒数是一项易变的因素。在亩穗数接近饱和的高产条件下，进一步增产将主要依赖于穗粒数的增加。

（二）穗粒数的形成过程

20 世纪 70 年代以来，大量的研究探讨了禾谷类作物穗粒数形成的生理生态规律。每穗小花分化数量多少是构成穗粒数的基础。从生态因子影响来看，光照较为突出，从雌穗分化到小花分化这一阶段的光照时数较多，有利于增加花数。小麦穗粒数由小穗数、每小穗小花数和小花结实率等因素构成。小穗分化与营养生长期长度、小穗分化持续期、小穗分化速率密切相关，日长和温度是重要影响因素。早期的 CERES—wheat 模型认为穗粒数是茎干重、品种参数和种植密度的乘积。在干旱年份，灌水区较对照早期败育粒显著减少，使成粒数增加 21.4%。土壤肥力、气温及降水等条件对小花总数也有一定影响，当超出适宜密度范围上限时，雌穗小花数明显减少。

（三）结实生理机制

粒数的多少除了小花数的基础外，重要的因素是结实性，特别是结实率高低是决定后果数的关键因素。激素对穗粒数的调节作用已经引起越来越多的学者关注和探讨。研究表明，

与正常籽粒相比，花期和败育完成后的玉米败育粒中，含有较高水平的内源激素 ABA，较低水平的 IAA 及 CTK。并认为 ABA 对穗粒数的影响可能是直接的，也可能是间接通过降低气孔导度和蒸腾作用，降低幼穗的蔗糖吸收量，从而引起籽粒数减少。授粉刺激乙烯产生，乙烯可引起玉米籽粒败育，该结论经培养基实验得到证实。

三、作物群体-个体协同的穗重变化基本特征

（一）粒重形成过程

粒重是产量高低的重要因素之一，灌浆期和灌浆高峰期的长短、灌浆强度的高低决定其籽粒干物质积累量的多少。冬小麦、夏玉米籽粒灌浆均呈“慢—快—慢”的 S 形曲线变化趋势。但不同作物或一作物不同灌浆持续期品种的最大粒重和到达最大粒重的时间存在差异。冬小麦籽粒开至花后 7～10 d 增重较慢，花后 10～25 d 快速增加，此后缓慢增加，至成熟达最大值。这些粒重增长模拟模型的建立对生产实践中及时采取有效调控措施，实现最大粒重潜力具有重要意义。付雪丽（2010）建立了冬小麦和夏玉米相对化粒重动态模型（图 15 - 10）。结果表明，其模拟方程的相关系数也均在 0.99 以上。

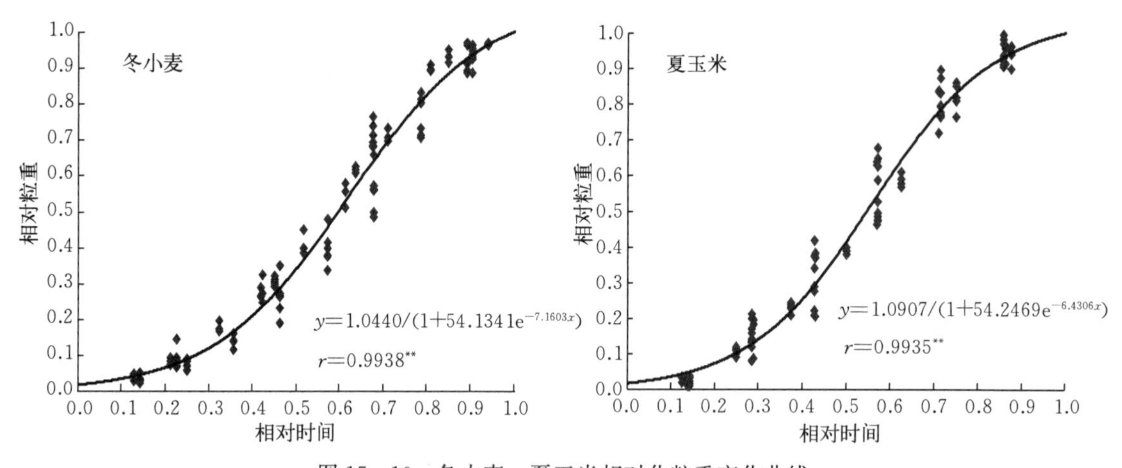

图 15 - 10　冬小麦、夏玉米相对化粒重变化曲线

（二）不同作物灌浆过程中粒重变化特征

冬小麦、夏玉米籽粒灌浆均呈“慢—快—慢”的 S 形曲线变化趋势。但不同作物或同一作物不同灌浆持续期品种的最大粒重和到达最大粒重时间存在差异。不同环境条件下冬小麦和夏玉米的粒重动态见图 15 - 11。

1. 小麦灌浆过程中粒重变化特征　冬小麦籽粒开花至花后 7～10 d 增重较慢，花后10～25 d 快速增加，此后缓慢增加，至成熟达最大值。其中，藁城 8901 在花后 27～29 d，烟农 19 在花后 28～31 d，轮选 987 在花后 31～33 d 分别达到最大粒重值。

2. 玉米灌浆过程中粒重变化特征　夏玉米授粉后 10～15 d 为粒重缓慢增长期；达到最

大粒重值的时间因地区和品种存在差异。其中，在河南焦作，郑单 958 和浚单 20 均在授粉后 49 d 左右达最大值，登海 601 在授粉后 53 d 左右达最大值；而在河北廊坊，益农 103、郑单 958 和登海 601 分别在授粉后 49 d、56 d 和 61 d 左右达到最大粒重值。

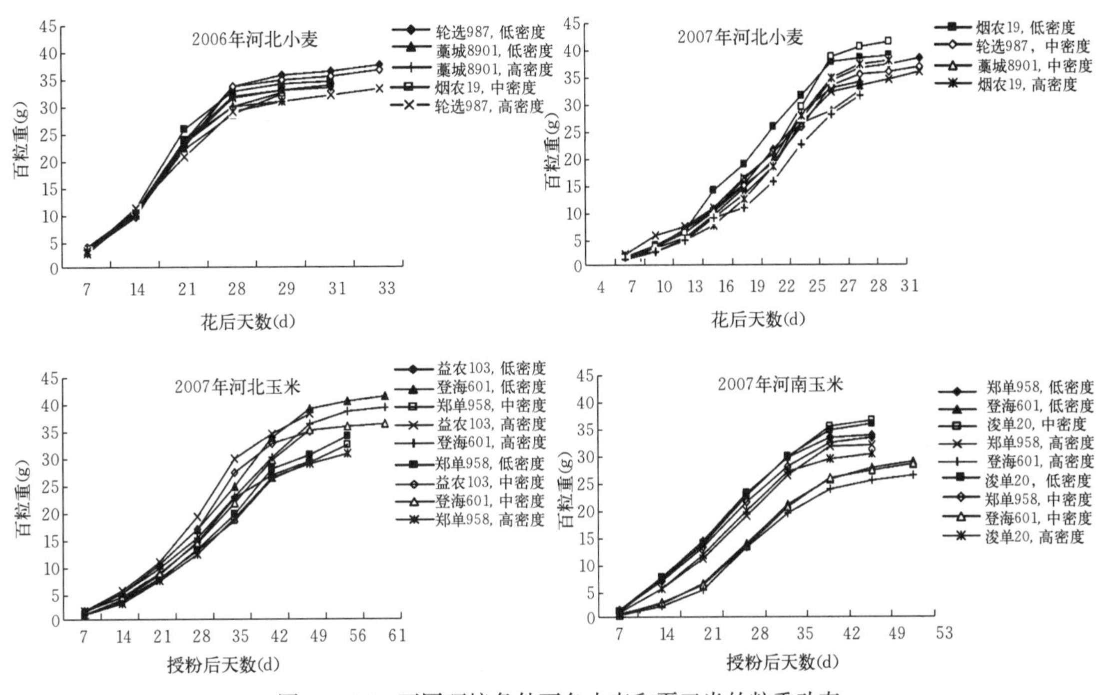

图 15－11　不同环境条件下冬小麦和夏玉米的粒重动态

（三）粒重影响主要因素

小麦、玉米及水稻灌浆期高温弱光双重胁迫显著降低缓增期的灌浆速率和平均灌浆速率，弱势粒受到的温光影响比强势粒要显著。原因在于高温胁迫可使籽粒磷酸化酶和蔗糖酶活性减弱，不利于光合产物向籽粒中运转与卸出以及光合产物在籽粒中积累。CO_2 浓度升高可提高灌浆相对起始势、最大及平均灌浆速率，各粒位的粒重在低氮条件下明显增加。研究表明，提高 CO_2 浓度加快了灌浆早期籽粒的发育进程，尤其加快了籽粒宽度达到最大的日程，籽粒大小和籽粒灌浆速率提前 3 d 达到最大值，但粒重无差异。原因是籽粒中的还原糖和蔗糖的含量及细胞壁转化酶和细胞质转化酶的活性显著提高，但淀粉含量和可溶性酸性转化酶活性则无明显变化，CO_2 浓度升高后，库容可能是限制籽粒充实的主要因素（Chen et al.，1994）。播期和氮肥用量不仅影响小麦、水稻籽粒灌浆的起始势、灌浆速率和灌浆时间等灌浆特征参数的大小，而且还影响品种间及强弱势粒之间灌浆特征参数的差异。氮肥可明显促进同化物的积累及向顶部籽粒的供应，促进玉米顶部籽粒灌浆，减少败育，增加有效粒数，提高产量。随播期推迟，最大粒重、最大灌浆速率、平均灌浆速率及起始生长势提高，灌浆持续期和有效灌浆持续期延长，产量呈先升高后降低趋势。

四、作物不同产量水平穗粒系统的差异性

（一）玉米不同产量三要素构成特点

玉米不同产量水平群体穗粒数无明显差异，而单位面积总粒数差异显著。再高产群体穗粒数高于高产高效和再高产高效群体，但未达到显著差异水平，再高产群体单位面积总粒数显著高于高产高效和再高产高效群体。夏玉米不同产量水平群体千粒重和穗粒重差异显著。再高产群体千粒重明显高于高产高效和再高产高效群体，不同产量水平群体穗粒重的表现为：再高产群体显著高于再高产高效群体。

（二）水稻不同产量三要素构成特点

为了明确不同库容量类型间产量的变化情况，分别对不同库容量类型的产量及产量构成因子进行分析。结果表明，产量随着库容量的增加而逐渐增加。从产量构成因子上看，各库容量类型间单位面积穗数没有明显的变化规律，而且变幅较小。单位面积颖花数及每穗颖花数都随着库容量的增加而增加，而结实率和粒重则表现出先增加后减小的趋势。随着库容量和产量的逐渐增加，粒重则表现出先增加后减小的趋势。而其他试验的结果表明，水稻产量与粒重没有太大的关系。这主要是因为，影响和限制水稻产量的主要因素是单位面积颖花数和每穗颖花数。

第五节 作物群体-个体系统协同定量分析

一、定量化公式建立的基础

（一）产量性能公式的确立

基于“三合结构”模式的建立使作物产量形成过程得以系统、清晰地展现。根据“三合结构”模式二级结构层中各因素间的关系，对其进行数学表达，建立定量表达式，提出作物产量性能定量方程。即：

$$MLAI \times D \times MNAR \times HI = EN \times GN \times GW$$

基于上述公式可求解并计算出与物质生产的相关参数如产量性能公式中包括了产量构成三因素和光合性能四因素，因此称为产量性能。7 项指标可全面地反映产量形成过程，各指标存在着可定量的互作关系，明显受作物、品种、栽培、土壤和生态多因素调控。明确产量性能指标的调节效应和定量关系，可指导目标产量的栽培技术体系（图 15－12）。

（二）产量性能的生理学研究

以产量性能为主进行不同层次的形态与生理学研究是作物产量生理学的核心，按 4 个亚系统的生理代谢特点研究不同代谢途径的相关生理特性，形成高产高效协同生理调控机制。

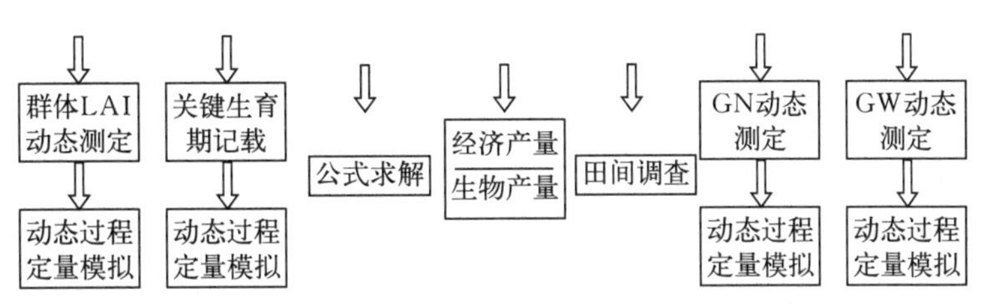

图 15-12　作物产量性能 7 项指标参数间的相互关系

注：MLAI 为生育期内平均叶面积指数，MNAR 为平均净同化率 [g/(m² · d)]，EN 为穗数，GN 为穗粒数，GW 为粒重。

如光合衰老与籽粒发育、碳素和氮素代谢调控、后期物质生产与分配、作物发育与激素定向调控等（图 15-13）。

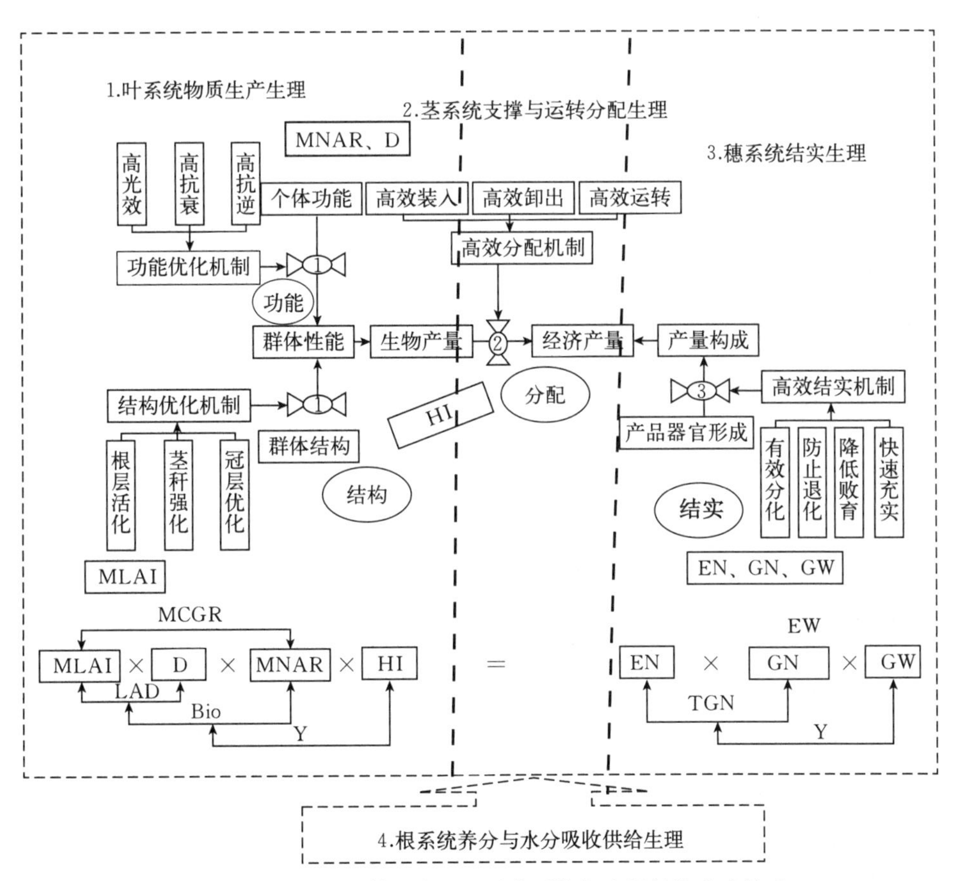

图 15-13　作物群体 4 个生理功能系统与产量性能表达关系

注：MLAI 为生育期内平均叶面积指数，D 为生育期天数（d），MNAR 为平均净同化率 [g/(m² · d)]，HI 为收获指数，LAD 为光合势 [m²/(d · m²)]，MCGR 为平均作物生长率 [g/(m² · d)]，Bio 为生物产量（g/m²），Y 为籽粒产量（g/m²），TGN 为总粒数，EW 为单穗粒重（g），EN 为穗数，GN 穗粒数，GW 为粒重（g）。

（三）产量性能 7 项指标的模型构建

基于“三合结构”定量所形成的产量性能方程参数，可根据其计算方法的不同分为测定参数和动态参数，其中，D 可根据生育期记载确定，HI、EN、GN 和 GW 可通过调查或考种获得，这类参数为测定参数；方程中的 MLAI 和 MNAR 在通常情况下需要进行田间动态测定，然后根据 LAI 和叶源质量值（NAR）的动态变化进行计算，这类参数为动态参数。动态参数的测定不仅费工费时，而且其准确性也常因测定的时期、次数以及测定的精度不同而有较大差异，产量性能的各参数的基本模型形式见表 15－4。

表 15－4　产量性能的各参数的基本模型形式

系统名称	主要参数	动态特征	作物	精确程度
叶系统构成	MLAI	$y=(a+bx)/(1+cx+dx^2)$	玉米、小麦、水稻	$r>0.97$
	D	$y=\frac{abx+cxd}{b+xd}$	玉米	$r>0.95$
	MNAR	$\frac{EN\times GN\times GW}{MLAI\times D\times HI}$	玉米、小麦、水稻	$r>0.95$
叶穗协调	HI	$\frac{EN\times GN\times GW}{MNAR\times MLAI\times D\times HI}$		
穗粒系统构成	EN	$Y=axe^{bx}$	玉米、小麦	$r>0.95$
	GN	$Y=ax^2+bx+c$	玉米、小麦	$r>0.90$
	GW	$y=a/(1+be^{-cx})$	玉米、小麦	$r>0.98$

二、叶-穗平衡生产指导的基本参数

（一）叶-穗平衡与比值分析

一是基于产量性能理论基础的叶系统产和穗系统，是产量形成的直接系统。二是支撑与联系叶穗系统的茎系统和保障地上三大系统水分和无机养分的根系统，是起保障作用的保障系统。实质上作物生产系统就是作物光合生产过程的全系统的协调过程。叶与穗系统进行物质生产与分配，是产量形成的关键，获得高产必然是产量性能的优化。茎与根系统支撑、运输和水分与营养供给，保障产量性能的优化和实现高产，且茎系统的运输功能实现对产量性能构成的优化提供保障作用。也可以说，产量生理框架是产量性能更深层次上的分析框架。

叶源数量值＝光合面积×光合时间

叶源质量值＝光合速率－呼吸速率

叶源总量值＝叶源数量值×叶源质量值

经济库数量值＝穗数×粒数

经济库质量值＝粒重

经济库总量值＝经济库数量值×经济库质量值

源库数量比值＝叶源数量值/经济库数量值

源库质量比值=叶源质量值/经济库质量值

源库总量比值=叶源总量值/经济库总量值

（二）不同产量水平粒叶比的定量分析

1. 玉米粒叶比的定量分析　开花前单位面积指数粒数和开花后单位叶面积指数产量可以作为衡量群体叶穗系统协调能力的指标。不同产量水平群体开花前单位叶面积指数粒数和开花后单位叶面积指数产量差异显著。再高产群体开花前单位叶面积指数、粒数显著高于高产高效群体，从开花后单位叶面积指数产量上分析，再高产群体显著高于高产高效群体和再高产高效群体。

2. 冬小麦粒叶比定量分析　随着产量水平提高，冬小麦粒叶比明显提高。

3. 水稻粒叶比定量分析　采用不同氮肥运筹的方式研究不同产量水平下作物群体叶和穗粒系统的关系，结果表明，不同氮肥运筹显著影响了粒叶比。并且两优培九的产量和粒叶比呈现出显著的负相关关系，而汕优 63 的负相关性并不显著。

三、作物叶系统空间分布与光分布定量分析

玉米冠层内叶片光合作用强度决定作物产量，叶片空间分布以及着生姿态影响光能截获与利用率，苗期与拔节期玉米叶片相互之间无遮掩且光能充足，不同群体玉米叶片分布与姿态光能截获与利用率无显著差异，吐丝期玉米冠层中、上层叶片生长茂密，其截获的光合有效辐射及光能利用率较大。中上部叶片的着生姿态直接影响玉米株型与光能截获量，茎叶夹角决定植株及叶片空间分布。

（一）不同叶层叶片夹角变化

以玉米为例，分别进行了不同氮肥施用量和不同密度的处理试验，结果如下。

1. 氮肥用量对不同叶层叶片夹角变化影响　随着氮肥施用量的增加，两品种不同层次叶片的茎叶夹角和叶向值均增加；先玉 335 的各层叶片茎叶夹角大于郑单 958，分别较郑单 958 大 20.40%、42.40%和 44.07%，叶向值表现为上层叶片先玉 335 高于郑单 958，平均高 18.42%，而中层和下层叶片则相反，平均低 16.43%和 27.11%。

2. 密度对不同叶层叶片夹角变化影响　吐丝后玉米植株以及穗三叶以上叶片茎叶夹角平均值随密度升高而减小，全株与穗三叶以上无显著差异，穗三叶平均值在 60 000 株/hm^2 与 105 000 株/hm^2 条件下差异显著，密度间综合比较，表现为穗三叶＞整株＞穗三叶以上。品种间比较，全株、穗三叶以及穗三叶以上平均值均为先玉 335＞吉单 209＞郑单 958。

（二）群体冠层不同层次光分布定量特征

透光率是冠层内微环境的一个重要指标，冠层内光照度是决定光合特性的主要因素，创造合理的冠层内光分布，可以提高叶片的光合效率，改善冠层内微环境。以玉米为例，通过改变栽培措施，分析冠层光分布特点，并进行定量化分析。

1. 不同栽培措施下玉米群体的光分布变化　不同栽培模式下玉米密植群体冠层光截获

率的垂直分布，随着株高的降低，群体内光截获率迅速下降。等行距种植光截获主要集中在180～240 cm，150 cm以下的光能截获率高于旋耕处理，其中深松处理穗位（150～180 cm）光能截获率仅提高2.4%，单60 cm处提高100%以上，这可能是由于旋耕处理由于高密植，100 cm以下光截获率甚至不足1%，而深松处理群体下部叶片的持绿性高于传统栽培模式的结果；宽窄行种植其中宽行的光能截获180～240 cm显著低于传统模式，但是穗位（120～180 cm）及其以下部分显著高于传统模式；而窄行210～240 cm光能截获显著高于传统模式，其他各层均小于传统模式。总体分析宽窄行种植180～240 cm显著低于传统模式，穗位（120～180 cm），显著高于传统模式（+44%～129%），100 cm以下光能截获提高更为显著，超过100%（图15-16）。

2. 不同密度群体光分布变化特征 参试玉米品种冠层透光率均随群体密度增大而明显降低（图15-14）；不同耐密型品种间表现出一定差异。稀植大穗品种中单808中部、底部透光率均明显低于其他品种，尤其在中、高密度条件下表现更为明显；在9万株/hm² 和13.5万株/hm² 条件下，中单808抽雄期以后群体下部透光率降到10%以下，可能严重影响了中下部叶片的光合作用。较耐密型品种中单909、郑单958群体透光率均较高，尤其是在中、高密度条件下，玉米抽雄期（苗后52～57 d）冠层中部、底部透光率维持在10%以上，有利于植株茎、叶生长和光合产物的积累，可协调茎叶生长和生殖生长对光合产物的需求产生竞争压力。因此，种植密度的增加明显提高了群体对光的截获能力，不同类型品种群体光分布随密度变化的反应不同。

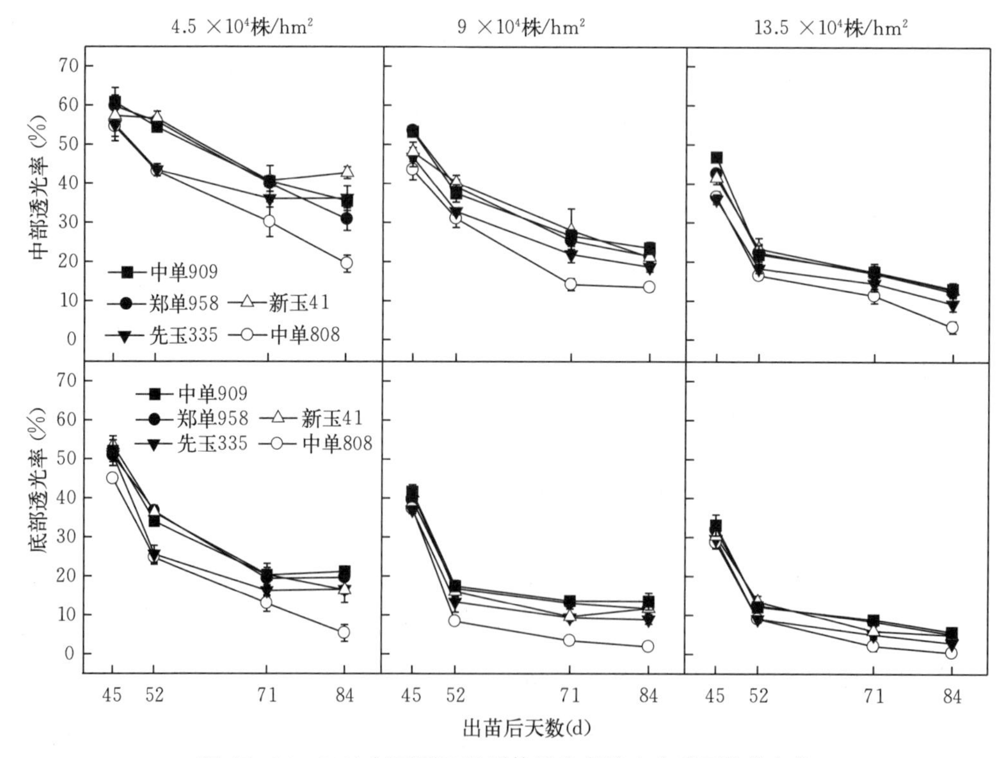

图15-14 2011年不同品种群体透光率随出苗后天数的变化

玉米冠层透光率随生育时期呈现先迅速降低后略有升高的变化特点（图15-15）。玉米拔节期-大口期（苗后30～42 d），由于茎叶生长旺盛，冠层中、下部透光率下降较为迅速，由 50%～60%降到 20%左右，在抽雄期（苗后 57 d）降至最低点；抽雄期—蜡熟期（苗后 57～110 d）随着生长中心向籽粒转移，叶片生长缓慢，群体透光率下降幅度相对较缓。后期叶片开始衰老，群体透光性有所改善，群体冠层透光率略有提高。在整个生育期中单 909 各密度群体冠层底部透光率略高于新玉 41。

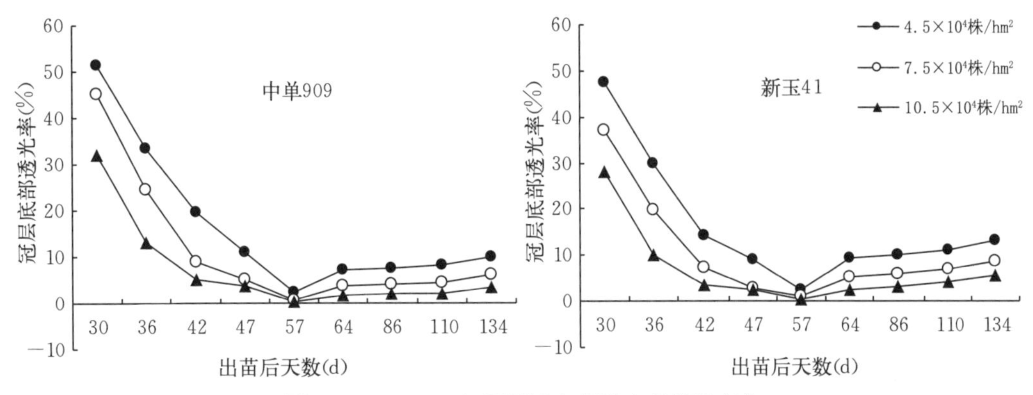

图 15－15　2012 年冠层透光率随生育期的变化

3. 群体透光率与叶面积关系的定量化模型　在抽雄前至灌浆期，参试品种冠层底部透光率随叶面积增加呈指数函数递减，拟合关系式为 $y=ae^{-kx}$，方程均达极显著水平（图 15－16）。其中 K 值表示此期冠层平均消光系数，K 越值大，表示冠层透光率随叶面积

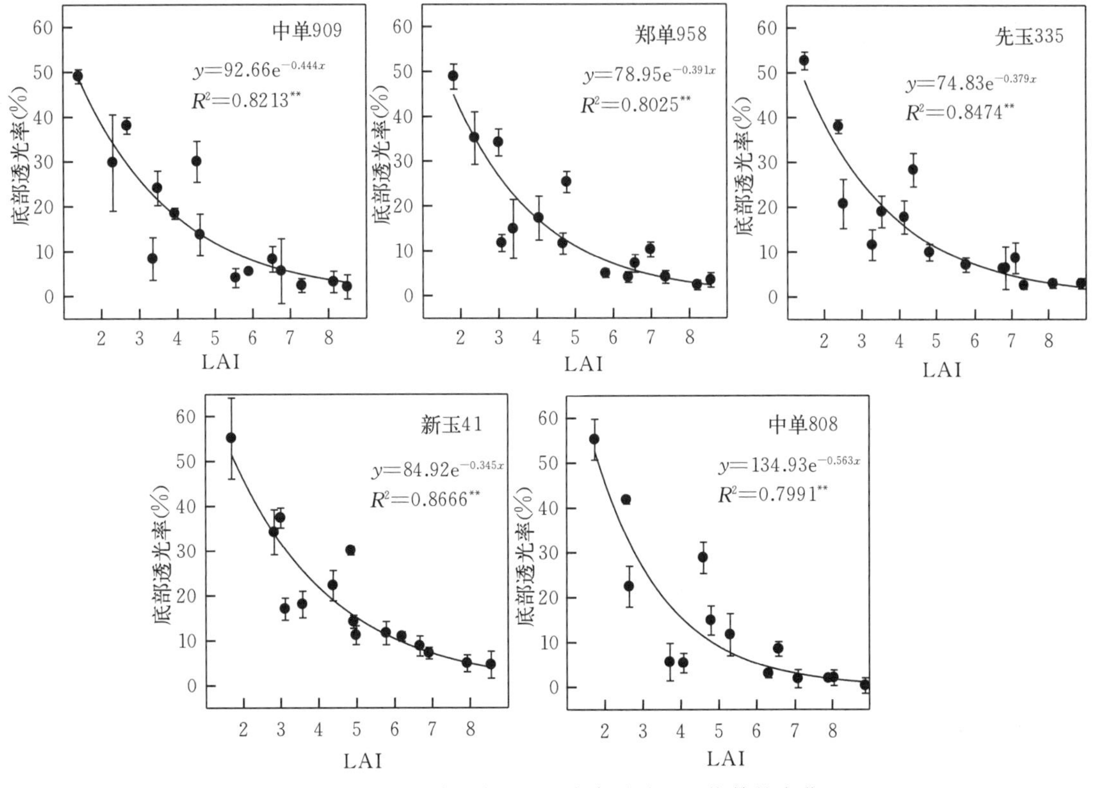

图 15－16　不同品种冠层透光率随叶面积指数的变化

增加下降速度越快。由图可见，耐密型品种新玉 41（XY41）和郑单 958（ZD958）冠层消光系数 K 值较小，为−0.345 和−0.391；中单 808（ZD808）最大为−0.563。说明耐密型品种随叶面积指数增加群体透光率下降缓慢，冠层底部叶片可以接收更多的光能，有利于群体保持较高的光合性能。

第六节 作物群体-个体协同定量分析体系构建

一、“三三制”方法构建

依据分三步来实现玉米产量性能定量化设计的方法称为“三三制”方法。下面对这一方法简要介绍。

（一）根据产量目标优化叶系统光合生产能力

图 15－17 为叶系统物质生产能力优化方法，图中 I_1、I_2、I_3、I_4 是根据产量目标来确定的输入参数，分别代表目标产量、收获指数、最大叶面积指数、生育期天数。图中 C_1、C_2、C_3 是根据输入参数得到的计算参数，分别代表总干物质积累量、平均叶面积指数、平均净同化率。叶系统物质生产能力的优化原则是产量目标，只要产量目标确定下来，将输入参数逐一输入，计算参数就可以自动得出。

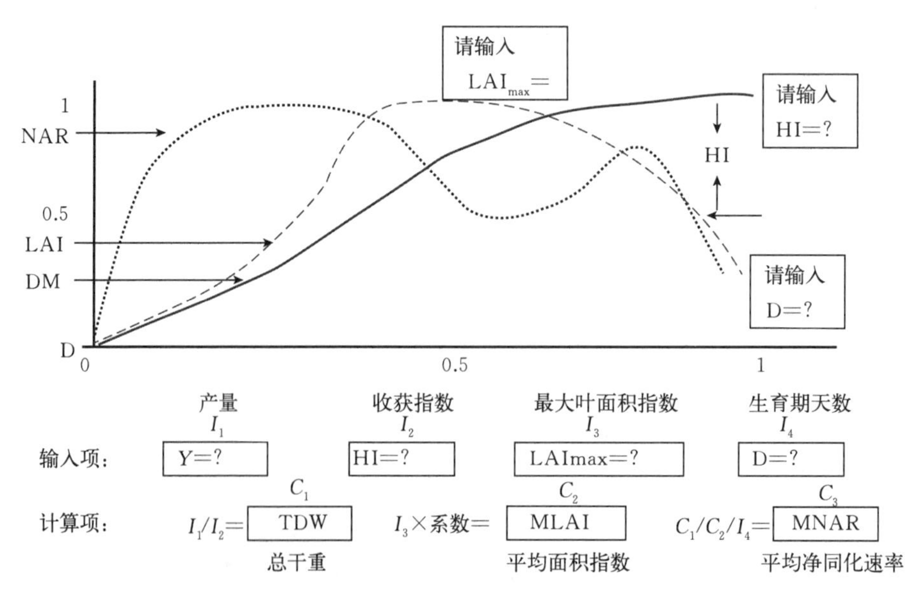

图 15－17 叶系统物质生产能力优化设计图

注：I_1为输入项 1；I_2为输入项 2；I_3为输入项 3；I_4为输入项 4；Y 为产量；HI 为收获指数；LAI_{max}为最大叶面积指数；D 为生育期天数；TDW 为总干物质量；MLAI 为平均叶面积指数；MNAR 为平均净同化率；C_1为输出项 1；C_2为输出项 2；C_3为输出项 3。

（二）以产量增加优化后期物质分配能力

图 15-18 明确了开花后物质分配能力的大小，在不同产量水平下，对后期物质运转分配能力的要求有所不同，产量水平越高，开花后物质运转分配力就要求相对较高。在确定收获指数时遵循的原则为：随产量增加后期物质比例增高。只要产量目标确定，就可以从图中查出相应的收获指数，输入到图 15-19 中的 I_2 空格中。

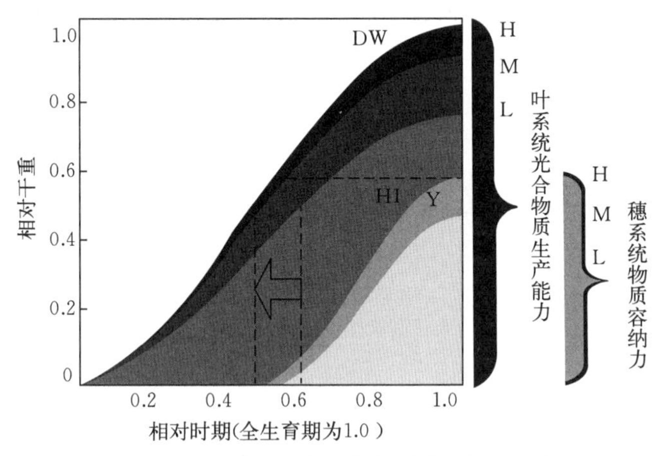

图 15-18　作物生育后期物质分配能力示意

（三）以叶系统优化穗系统容纳能力

图 15-19 为穗库系统容纳能力优化方法，图中 I_5、I_6 是第五个和第六个输入参数，分别代表单株最大叶面积、千粒重。图中 C_4、C_5 是根据前面的输入参数和计算参数得到的第四个和第五个计算参数，分别代表穗数、穗粒数。如果知道了单株最大叶面积，就可以轻而易举地得出穗数（种植密度）。

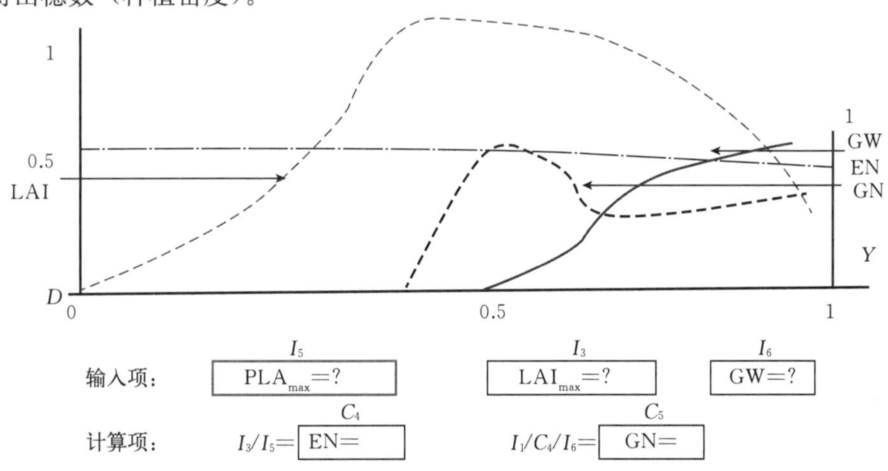

图 15-19　穗系统容纳能力优化设计图

注：I_5为输入项 5；I_6为输入项 6；PLA_{max}为单株最大叶面积；GW 为千粒重；EN 为收获穗数；GN 为穗粒数；C_4为输出项 4；C_5为输出项 5。

二、作物群体-个体协同定量化软件构建

根据产量性能方程中各因素的动态定量化模型，通过 Visual studio 2008.net 平台下的 C#2.0 语言进行软件开发，建立了“玉米高产高效管理系统”，并且将各因素模型的参数设定为春玉米与夏玉米达到高产（15 000 kg/hm^2）标准时的参数，用于对春玉米与夏玉米生育进程中的产量性能指标进行动态监测，及时分析各指标的生长状态是否达到高产标准。

第五篇　丰产关键技术

第十六章

基于气候-土壤-作物的“三协同”技术

针对我国粮食丰产高效绿色多目标协同发展缺乏系统性、整体性技术创新，导致高产不高效的问题，基于“三协同”理论指导，从环境、作物、措施内在关系出发，粮食丰产科技工程率先开展了“三优调控”关键技术创新研究。通过技术调整，优化作物生产系统气候-土壤-作物之间的协同关系，实现高产高效且优质、生态安全。从作物生产系统构成上，可将共性关键技术分为气候-作物协同、土壤-作物协同和作物群体结构功能协同三类别。进行技术集成是发挥三类别的技术配套和互作效应，充分发挥作用，实际上是通过技术调整，创新优化调控的关键过程。

第一节 气候-作物协同优化调控技术

受全球气候变化影响，近年来我国大部分地区出现持续增温、干旱及日照时数降低等现象。气候资源的变化使传统作物种植模式资源配置不合理，使得作物品种、播期、密度、生育期等与光、温、水资源不匹配，进而影响作物的生长发育，限制了周年产量及资源利用效率的进一步提升。为此，基于气候-作物协同理论指导，以周年资源高效利用为目标，项目创建了以优化光热资源配置和利用为核心的“改模式、调播期、优布局”的关键调控技术。

一、一熟制作物品种布局优化技术

1. 技术背景 针对东北春玉米一熟区总体上有效积温不足，干旱、早霜冻害多发等自然特征，且玉米品种多乱杂、越区种植现象严重，造成玉米收获时成熟度低、含水量高、品质差等问题，项目开展了不同生态区玉米新品种的筛选和合理布局研究。

2. 技术内容 根据不同生态区有效积温和降水量等气候特点及品种主要特征特性，提出了不同品种区域优化组合模式，完成了春玉米高产品种优化布局。

在吉林，搜集了重点苗头杂交种 74 份，在不同生态区域 10 县 11 点开展品种鉴选试验，结合生产信息反馈，筛选出符合要求的优良杂交种 27 个，经优化配置，分别推荐在吉林中、东、西部区域应用。

在黑龙江，根据 5 年多点品种对比试验结果，为核心区、示范区和辐射区筛选出了高产、优质、抗逆新品种，如适于松嫩平原中南部地区种植的晚熟优良品种郑单 958、丰禾

1号、农大518、先玉335、平全13、久龙12等；适于松嫩平原中西部地区种植的优良品种为吉单27、丰单1号、吉单522、江单4号、龙单26、东农252等；适于三江地区种植的中熟优良品种为龙单38、嫩单10、绥玉7号等。

二、两熟制模式改良技术

改造传统种植模式、探索新型种植模式，是挖掘粮食主产区周年产量潜力、提高资源利用效率的重要途径。充分发挥作物自身资源利用效率高的优势，用不同作物或同一作物不同种类代替传统模式中的作物，以实现周年资源的高效利用。

（一）以更换作物为核心的模式改良技术

1. 技术背景 受气候变化影响，极端气候频发，传统冬小麦-夏玉米、双季稻等两熟种植模式遭遇冻害、干旱或高温等灾害天气风险加剧。因此，需要探索新型种植模式作为两熟区的技术储备。C_4 作物玉米具有高光合能力、高水分利用率、高肥料利用效率等优点，其产量潜力的挖掘比 C_3 作物要大得多。为了提高两熟制种植模式周年的光温效率，将传统两熟制种植模式中 C_3 作物更换为玉米，构建周年资源高效的新型种植模式。

2. 技术内容

（1）黄淮海冬小麦-夏玉米两熟区双季玉米种植模式　将传统冬小麦-夏玉米模式中小麦改为玉米。根据区域光温特点与品种积温满足条件，确定了不同区域双季玉米类型（黄淮海由北向南分别为双季青贮、一季青贮-一季籽粒、双季籽粒玉米模式），以及两季不同生育期类型品种搭配模式（长生育期＋短生育期、中生育期＋中生育期、短生育期＋长生育期）。根据热量资源两季均匀分配的原则，提出了全年热量资源两季多种分配方式（50%：50%、57%：43%、47%：53%）。在热量限制两熟区（黄淮海北部）青贮玉米品种选择的原则是同季优势，即早春季节要选择早春优势型，在晚夏要选择晚夏优势型，双季均等型可两季选用。

早春季覆膜早播（3月20日左右），及时收获（7月16日左右）；晚秋季抢时免耕直播（7月18日左右），适当晚收（11月上旬）。两季玉米均采取宽窄行（40 cm＋80 cm）种植，第一季玉米收获后，留高茬（30 cm左右）秸秆整秆覆盖于窄行间，在第一季的宽行中间开出40 cm的窄行，自然形成80 cm的宽行，第二季收获后秸秆全部还田。从而实现两季苗带与行间交换种植，上下茬错位种植，提高两季玉米土地生产能力。由于两季的生育期正处于一年中光、温、水的集中期，可以充分利用气候资源，提高光温生产效率，同时避免冬春低温、干旱等不利气候因素对作物造成的减产压力。

（2）长江中游双季稻区春玉米-晚稻种植模式　将传统双季稻模式中种植早稻改为种植玉米，春玉米3月中旬播种，7月下旬收获，使光温水资源供应与玉米生长需要基本同步；晚稻6月下旬播种，7月下旬移栽，10月下旬收获，充分利用玉米旱作对土壤结构和性质的改良作用。

第一季适应性强耐密性较好的早、中熟优良玉米品种，结合宽窄行提高种植密度，地膜覆盖提早生育期，采用高低垄分厢栽植降低田间湿度；采用化学调控结合厢垄控湿防止倒伏；合理养分搭配和肥水运筹协调源库关系；加强管理提高株间整齐度，辅助授粉、防止早衰，适期收获以提高结实。第二季选用晚中熟水稻品种，采用旱育秧，宽窄行垄厢栽培，合理密植，加强田间管理。

3. 技术效果　2009—2016 年，双季玉米种植模式在河南新乡、湖北武穴、湖南醴陵和四川彭州等试验基地实施。早季玉米亩产 596～706.7 kg，晚季玉米亩产 320.2～488.3 kg，周年亩产 913.3～1 098.4 kg，较当地传统种植模式冬小麦-夏玉米模式增产 2.3%，较双季稻模式增产 13.5%，光能辐射量生产力分别提高 26.1%、8.6%和 23.5%。

（二）以更换品种类型为核心的模式改良技术

1. 技术背景　双季籼稻主产区晚稻季温光资源充沛，晚籼稻收割时日均温仍达到 15 ℃以上，且这一气温能够维持 20 d 以上，造成大量温光资源浪费，而粳稻作为喜温耐凉的水稻亚种，在此环境条件下不仅有利于其灌浆充实创造高产，同时昼夜温差大的气候条件也有利于粳稻优良品质的形成。另外，晚稻季常遭遇“寒露风”灾害天气影响，导致晚籼稻不能高产、稳产。与晚籼稻相比，晚粳稻生育期延长，能充分利用晚籼稻收获后浪费的光温资源，且其产量高、品质优、效益好、综合生产力高。将双季稻晚籼稻改成粳稻是充分利用周年光温资源、构建双季稻早籼晚粳周年资源高效种植模式、提高双季稻周年产量和品质的重要途径。

2. 技术内容　改双季籼稻为早籼晚粳模式，根据两季积温 45%～55%分配积温，发挥粳稻长生育期优势，充分利用晚稻收获后的光温资源。品种选择是确保晚粳稻产量的关键，应选择具有较高耐寒性、分蘖力较强的品种。

合理规划早稻和晚稻播种时间，早稻一般 3 月 20—25 日播种，晚稻 6 月中下旬播种。早稻可利用温室大棚提早进行集中育秧，或采用薄膜保温育秧，带土移栽。晚粳稻采用湿润育秧，带土移栽，育秧注意用遮阳网避晒。机械栽插水稻秧龄不宜过大，株高不能太高，早稻秧龄在 30 d 左右，晚稻秧龄控制在 15 d 左右。长江中下游感温晚稻秧龄以 15 d 左右、感光晚稻秧龄以 20 d 左右最佳。

3. 技术效果　与传统双季籼稻模式比，早籼晚粳周年产量、光生产效率、温生产效率分别提高 8.9%、10.8%、13.2%。

三、两熟制播收期调控技术

1. 技术背景　在黄淮海中北部，传统冬小麦-夏玉米模式中，冬小麦播种过早导致苗期旺长，拔节孕穗期提前，易遭受严重冻害，造成减产。同时，黄淮海区夏玉米传统收获期较早（一般于 9 月下旬），而此时籽粒灌浆仍未停止，收获籽粒重仅为完熟时的 80%，造成相对减产。而此时该区光照充足、日平均气温 17 ℃左右，有效积温高达 510～550 ℃，造成大量光温资源浪费。调节播期是调节生育期内的光、热、水资源，改变作物生长发育环境的一种有效手段。通过两季作物播、收期的调节，可改善周年资源分配状况，减少资源浪费，最大限度利用周年光温资源。因此，调整两季播收期、优化周年资源配置是提高周年产量和光温资源利用效率的重要途径。

2. 技术内容

（1）黄淮海北部冬小麦-夏玉米双晚技术模式　在黄淮海北部光温缺乏区，适当推迟冬小麦播种期和夏玉米收获期，对两季生育期和气候资源进行再分配，将更多的资源分配给玉米，构建小麦晚播-玉米晚收技术模式。将冬小麦-夏玉米季节间积温分配由传统模式的47%：53%调为高产高效模式的43%：57%。小麦晚播玉米适度晚收，可使玉米季积温增加200～280℃，发挥玉米光温生产潜力，提高周年光温生产能力。

根据两季积温分配确定合理播期。小麦晚播，播期由10月10日推迟7～10 d至10月17—20日，缩短冬前生长时间，将小麦多余的光热资源让给玉米，适当提高种植密度，10月15日以后播种，每晚播1 d每亩相应增加1万～1.5万基本苗。玉米收获期由9月底推迟10 d至10月中旬，籽粒达到生理成熟（胚乳黑层出现、乳线消失、苞叶干枯）后收获，增加夏玉米光热分配，充分利用剩余光热资源。

（2）黄淮海南部小麦-玉米播收期调节技术　在黄淮海光温充裕区域，适当推迟玉米收获期，前移小麦播种期，充分利用玉米收获至小麦播种空闲期，构建小麦早播-玉米晚收技术模式。小麦改春性品种为半冬性品种，改10月中旬播种为10月上旬播种，增加了1周光、热、水资源的利用，发挥冬前分蘖成穗的优势，避免早霜冻害；玉米收获期推迟至10月上旬，充分利用玉米收获至小麦播种前光、温、水资源。小麦选择抗寒性、分蘖能力强的品种，如矮抗58、济麦22、百农418、中麦66等；玉米选用中晚熟密植高产、抗逆、后期籽粒脱水快的品种，如先玉335、登海618、京农科728、金海5号等。加强田间管理：小麦播前精细整地，对前茬玉米采用机械化秸秆还田，耕深20 cm，17～20 cm等行播种，密度保证每亩15万～20万基本苗；玉米采用深松起垄种植，密度4 500～5 000株/亩。结合智能化节水灌溉与降氮增钾施肥技术。

（3）冬小麦-夏玉米周年双籽粒机收技术模式　为解决小麦季耗水严重，玉米季难以实现机械化收获籽粒的问题，大幅度推迟小麦播期和玉米收获期，构建冬小麦-夏玉米周年双籽粒机收技术模式。将小麦播期延迟至11月中下旬，冬前露头或不出苗，减少底墒和越冬两水灌溉（100～150 mm），玉米收获期延迟至11月中下旬，增加500～600℃积温，籽粒含水量下降到18%，达到机收标准。

选用优良品种。小麦选用生产中表现高产稳产、抗性突出、适应性强的中早熟品种，如中麦66、百农418、矮抗58、济麦22、石麦15等；夏玉米选用生产中表现高产稳产、抗性突出、适应性强的中晚熟品种如先玉335、登海605、郑单958、中单909等。确定合理播收期。小麦播种期由传统播期10月1—10日推迟至11月下旬至12月上旬，或当10 cm地温下降到2℃以下进行播种，使小麦种子在越冬期萌发但不出苗，每亩基本苗掌握在40万～45万穗，10月15日播15万穗，每晚播3 d增加1万穗。6月10日左右小麦成熟后，适期收获。

3. 技术效果　黄淮海北部冬小麦-夏玉米双晚技术模式实现周年亩产1 690 kg，相对增产102.6 kg/亩，光、温生产效率提高5.23%和4.77%。周年产量、光生产效率和温生产效率分别提高6.8%、7.6%和5.8%。冬小麦-夏玉米周年双籽粒机收技术模式与传统冬小麦-夏玉米模式比，小麦季产量和产值变化不显著，但成本下降1 400元/hm^2；玉米产量显著提高，增幅为15.8%，效益提高4 100元/hm^2；周年产量提高14.4%，耗水量减少19.7%，水分生产效率提高29.6%，效益提高5 900元/hm^2。

第二节　土壤-作物协同优化调控技术

随着对玉米高产栽培挖潜的逐渐深入，耕层结构逐渐成为研究的重点，其增产贡献逐渐清晰。研究认为，耕层结构与冠层结构对产量有着同样重要的调控效应，甚至其对产量提高的贡献要高于冠层，耕层的优化主要集中在结构的优化。“规模机械化”“绿色发展”“提质增效”是未来相当长时期内我国农业生产的主旋律，目前亟待构建旱作农田秸秆还田条件下的新型保护性耕作制度。

一、免耕种植技术

免耕种植技术为不翻动表土，并全年在土壤表面留下足以保护土壤的作物残茬的耕作方式。其类型包括不耕、条耕、根茬覆盖及其他不翻动表土的耕作措施。免耕为主，突出耕作次数减少。免耕直播省去了耕地作业，节省了作业费，播种期提前，比常规平播提前1～2 d。若遇阴雨天，免耕更能体现争时的增产效应。免耕地块蓄水保墒能力强。由于地表有秸秆覆盖，土壤的水、肥、气、热可协调供给，干旱时土壤不易裂缝，雨后不易积水。与翻耕相比玉米生长快，苗情好。另外，肥料不易流失，产量也相应提高。玉米抗倒伏性好。免耕玉米表层根量多，主根发达，加之原有土体结构未受到破坏，玉米根系与土壤固结能力强，所以玉米抗倒伏能力强。麦秸还田增加了土壤有机质含量，提高了土壤肥力，改善了土壤结构。

秸秆还田是当今世界上普遍重视的一项培肥地力的增产措施，在杜绝了秸秆焚烧所造成的大气污染的同时还有增肥增产作用。秸秆还田能增加土壤有机质、改良土壤结构，使土壤疏松、孔隙度增加、容量减轻，促进微生物活力和作物根系的发育。秸秆还田增肥增产作用显著，一般可增产5%～10%。原理为：秸秆还田是把不宜直接作饲料的秸秆（麦秸、玉米秸和水稻秸等）直接或堆积腐熟后施入土壤中的一种方法。农业生产的过程也是一个能量转换的过程。作物在生长过程中要不断消耗能量，也需要不断补充能量，不断调节土壤中水、肥、气、热的含量。秸秆中含有大量的新鲜有机物料，在归还于农田之后，经过一段时间的腐解作用，就可以转化成有机质和速效养分，既可改善土壤理化性状，也可供应一定的养分。秸秆还田可促进农业节水、节成本、增产、增效，在环保和农业可持续发展中也应受到充分重视，农作物秸秆中有机质含量为75%～83%，含多种营养元素，是丰富的肥料来源。如科学地实行秸秆粉碎直接还田，能有效地促进土壤肥力的不断提高，节约运输力和劳动力。

二、土壤深松技术

机械深松技术指用不同的动力机械配套相应的深松机械完成农田深松作业的机械化技术。机械深松的目的是疏松土壤，打破犁底层，增强雨水入渗速度和数量，减少径流，减少水分蒸发损失。由于机械深松只松土、不翻土，作业后使耕层土壤不乱，动土量小，所以特别适合于黑土层浅、不宜耕翻作业的土壤。

深松可有效打破长期以来犁耕或灭茬所形成的坚硬犁底层，有效提高土壤的透水、透气性能，深松后的土壤容量为 12～13 g/cm^3，恰好适宜作物生长发育，有利于作物根系深扎。机械深松深度可达 35～50 cm，这是用其他耕作方法难以达到的深度。深松提高土壤蓄水能力，机械深松作业可提高土壤蓄积雨水和雪水能力，在干旱季节又能自心土层提墒，提高耕作层的蓄水量。一般来讲，深松作业地块较未深松地块可多蓄水 11～22 m^3/亩，且土壤渗水速率提高 5～10 倍，可在 1 h 内接纳 300～600 mm 的降水而不形成径流。正是由于大量降水存入地下，因此，大大地降低了土壤水分的蒸发散失和流淌损失，为农作物生长提供了丰富的天然降水资源。

东北区域将深松技术（20～25 cm）、播后重镇压技术等技术相结合，构建黑土区高产土壤的合理耕层结构（苗带紧、行间松的耕层构造）。建立了苗带紧行间松的纵向松紧兼备型耕层。该耕层的创建主要通过行间宽幅深松（深松幅宽 40～50 cm，深度 35～40 cm）与苗带重镇压（镇压强度 650 g/cm^2 左右）实现。该耕层结构的特点为行间土壤疏松（容重在 1.05 g/cm^3 左右），苗带土壤紧实（容重在 1.27 g/cm^3 左右）。该种耕层构造在耕层土壤生态环节调节上与生产上的表虚下实型耕层、全虚型耕层相比具有明显优势，纵向松紧兼备型耕层生产应用的综合效果。建立的玉米宽窄行宽幅条带深松技术所建立的耕层属于纵身松紧兼备型耕层。该技术多年的生产应用表明：同常规耕作方式相比，耕作量减少 34%～43%。增加深层土壤蓄水，0～100 cm 土层内蓄水量增加 10%～14%，平均增加 12%，即多蓄水 36～52 mm。耕层紧实部位提墒、抗春旱、保苗率提高 20%（常年）～47%（春旱年），出苗率达 89.6%，增产 10%以上。

三、保护性耕作技术

保护性耕作是指通过少耕、免耕、地表微地形改造技术及地表覆盖、合理种植等综合配套措施，减少农田土壤侵蚀，保护农田生态环境，并获得生态效益、经济效益及社会效益协调发展的可持续农业技术。其核心技术包括沟垄耕作、残茬覆盖耕作、秸秆覆盖等农田土壤表面耕作技术及其配套的专用机具等。

1. 免耕播种施肥　与传统耕作不同，保护性耕作所用的种子和肥料要播施到有秸秆覆盖的地里，有些还是免耕地，所以必须使用特殊的免耕施肥播种机，有无合适的免耕施肥播种机是实行保护性耕作的关键。免耕播种机要有很好的防堵性能、入土性能、种肥分施性能及良好的覆土镇压功能。

2. 秸秆残茬覆盖　收获后秸秆和残茬留在地表作覆盖物，是减少水土流失、抑制扬沙的关键。但秸秆量过大或堆积将严重影响播种机的通过性和播种质量。因此，必要时应对秸秆进行粉碎、撒匀等处理。

3. 杂草及病虫害控制　实施保护性耕作后的土壤环境变化，一般会导致病虫草害的增加。因而，能否成功控制病虫草害往往成为保护性耕作能否成功的关键。我国北方旱区由于低温和干旱，总体上杂草和病虫害不会太严重，但仍然需要实时观察，发现问题及时处理。

杂草用喷除草剂、机械或人工除灭，病虫害主要靠农药拌种预防，发现虫害后喷洒杀虫剂。

4. 深松与表土作业　保护性耕作主要靠作物根系和蚯蚓等生物松土，但由于作业时机具及人畜对地面的压实，还是有机械松土的必要，特别是新采用保护性耕作的地块，可能有犁底层存在，应先进行1次深松，打破犁底层。在保护性耕作实施初期，土壤的自我疏松能力还不强，深松作业也有必要。根据情况，一般2～3年深松1次，直到土壤具备自我疏松能力，可以不再深松。深松作业是在地表有秸秆覆盖的情况下进行的，要求深松机有较强的防堵能力。

秸秆管理问题一直是困扰旱地农业生产最突出的关键问题之一。而在北方旱作农田秸秆还田存在诸多实施的障碍，如播种质量差、秸秆腐解缓慢、病虫草害等。沈阳农业大学提出间隔轮耕秸秆条带还田技术，为解决旱作农田秸秆还田困境提供了可行的途径。这种还田方式可创造“虚实相间”的耕层构造，兼具免耕与深耕的优点。通过年际间交替间隔轮耕秸秆条带还田，在实现农田全层培肥的同时，也使还田带与种植带分离，有效破解了覆盖、全层翻（旋）耕秸秆还田的问题。

中国农业科学院作物科学研究所研发了新型机械化保护性耕作技术——玉米条带耕作密植高产技术。该技术改全层耕作为条带耕作，改等行种植为小双行密植，改常规施肥为深层施肥，一次作业同时完成条带深松、秸秆还田、深层施肥及密植精量播种等环节，减少了秸秆粉碎、翻耕及旋耕等作业过程，提高了作业效率，可有效处理秸秆、增加耕层深度，可降低土壤容重10%～15%，能明显提高播种质量和出苗质量，改善群体结构和物质生产能力，平均增产8.0%～12.5%。在东北多地以条带耕作密植为主体的机械化技术的推广应用，有效提升了玉米综合生产能力，带动了区域大面积绿色增产增收。

此外，中国农业大学提出的玉米秸秆覆盖条耕技术，集秸秆覆盖和传统耕作优点于一体，条耕在清理苗带上秸秆的同时也疏松了土壤，有利于提高玉米播种质量，实现苗全苗壮。玉米生产中高留茬秸秆全覆（或条覆）免耕播种隔年深翻，可有效遏制冬春季节土壤风蚀与春季土壤干旱问题，通过隔年（或3年1周期）深翻也可解决地表秸秆富集，实现土壤全层培肥。

四、农田土壤培肥技术

针对黑土带玉米农田质量退化问题，以提高黑土肥力和综合抗旱能力为目的，阐明玉米田土壤质量动态变化规律与驱动因子，提出保护性耕作技术体系，实施农田土壤保育技术。主要开展玉米秸秆还田的培肥机理与调控技术研究、玉米农田土壤供肥能力及动态规律的研究、玉米高效施肥调控技术研究与示范。

玉米秸秆还田地力培育技术将秸秆粉碎3 cm左右，在播种前翻地时翻入20 cm深的耕层。1/2的氮肥（尿素）和全部磷肥（磷酸二铵）、钾肥（氯化钾）作基肥一次施入，剩余氮肥在玉米拔节期追施。

玉米秸秆还田5年后的各处理土壤分析结果与试验前相比，不施肥和单施化肥土壤有机质含量分别下降1.15 g/kg和0.92 g/kg，而化肥配施有机物料的各处理土壤有机质提高幅度为7.13%～9.44%，差异达到显著水平。与单施化肥相比，化肥配施有机物料的各处理下土壤有机质含量提高，差异达到显著水平，各有机物料处理下土壤有机质含量提高的顺序依次为：100%秸秆>50%秸秆>与100%秸秆等碳的猪粪>与50%秸秆等碳的猪粪。施入100%秸秆与施入50%秸秆相比，差异达到显著水平。由以上分析可见，有机物料与化肥配合施用是提高土壤有机质含量极为重要的一项措施，但应注意有机物料的用量，施入有机物料的量与土壤有机质的增量不呈直线正相关，施入过多的秸秆，土壤有机质的增长率降低。此外，在含碳量相同的条件下，施入玉米秸秆对保持和提高土壤有机质含量的效果好于施入猪粪。因此，适量的玉米秸秆直接还田对提高土壤有机质含量具有重要意义。

对秸秆还田5年后的各处理土壤进行化验分析，与单施化肥相比，施用有机物料的各处理土壤速效氮含量都明显提高，差异达到显著水平；同时，这些处理的土壤全氮含量也明显增加。可见，在常规施用化肥的基础上，配施一定量的有机物料有利于土壤氮素的积累和土壤供氮能力的提高。

秸秆还田5年后，施用有机物料能降低0～20 cm深度的土壤容重。与无肥对照比较，施用有机物料的各处理土壤容重下降了7.46%～10.40%，差异达到显著水平；在降低土壤容重方面，秸秆的效果好于猪粪。同时，施用有机物料的各处理的土壤田间持水量增加了5.32%～11.86%，土壤总孔隙度增加了5.68%～8.56%，土壤水分状况与通气状况都得到了改善。单施化肥处理未降低土壤容重，与无肥对照和试验前土壤容重相近。

五、小麦-玉米两熟制农田保护性耕作技术

针对河南中南地区两熟制农田存在的土壤肥力低、宜耕期短、播种质量差、年总降水量有余、时空分布不均、季节性旱涝灾害频繁、玉米收获偏早、麦播整地时间过长、光热资源大量浪费等限制两熟持续增产的突出问题，以及保护性耕作制度运用中出现的具体问题，通过豫南雨养区不同耕作方式条件下土壤生态、作物生育特性、施肥技术等试验研究，与免耕不覆盖比较，初步表明隔年深松和残茬覆盖可以增加耕层土壤含水量和1 m土层土壤蓄水量，降低土壤容重；深松和残茬覆盖均可增加玉米的节根条数和叶面积，提高玉米超氧化物歧化酶和过氧化物酶活性，延缓衰老，提高光合速率；围绕保护性耕作“四大核心技术”和“两种集成模式”开展系统深入研究，提出了以秸秆粉碎覆盖、小麦玉米少（免）耕为核心，实施秸秆覆盖还田，不断培肥地力，改单施氮肥为平衡施肥，实行农机、品种、施肥、病虫害防治技术等关键技术集成配套的保护性耕作技术模式，实现黄淮区冬小麦-夏玉米高产节本增效栽培。

在山东，完善了冬小麦-夏玉米一体化保护性耕作高产高效技术，实现农业资源的优化配置和高效利用，实行冬小麦-夏玉米全程免耕技术，可提高作物秸秆的综合利用率，降低了小麦、玉米生产成本，实现冬小麦-夏玉米生产节肥15%～20%、节水30%左右、节种40%左右、节省费用50～70元/亩，增产10%～15%，不仅能够改善农田生态条件，提高土壤综合生产力，将农民从繁重的农事作业中解放出来，而且能够实现粮食丰产、农村清洁、资源高效利用的有机结合。

针对旱作小麦、玉米产量低而不稳，优良品种的增产潜力得不到充分发挥的问题，在重点研究秸秆覆盖、培肥地力、以肥济水、保水剂应用等措施对旱作小麦、玉米提高水分利用

效率、高产稳产的效应的基础上，研究和完善了小麦-玉米一体化旱作高产栽培技术，在同等产量条件下可节水 9%，在同等灌溉量条件下可使作物增产 7%～12%。

第三节　作物群体结构功能协同调控技术

作物群体产量取决于光合系统的大小和效率，提高光能利用率、缩小光能利用率实际值和理论值之间的差距是提高产量的重要途径。水稻、小麦和玉米三大粮食作物群体与个体的协调主要是通过群体结构和功能等指标进行分析，明确高产高效群体的结构特征及光热肥水的利用特性；揭示个体光合物质生产、积累与分配的规律；提出和产量目标相适应的群体与个体协调的关键技术。

一、作物群体优化的株行距调节技术

1. 玉米缩距增密高产栽培技术　耐密玉米缩距增密高产栽培技术是指应用密植品种、缩小株距、增加密度的种植方法，该技术可提高单位面积的产量，是在原有的垄大小不变的情况下，缩小株距增加密度的一种增密栽培。通过与常规稀植品种对比，研究出一套耐密玉米缩距增株增产的技术模式。选择高产抗病、株型紧凑、耐密植的品种。二比空种植：行距 58 cm，株距 17～20 cm，亩保苗 3 800～4 500 株。大垄双行种植：大行距 100 cm，小行距 40 cm，株距 29.6～35 cm，亩保苗 3 800～4 500 株；在 4 个主要玉米生态区，在现有行距情况下，通过缩小株距来增加种植密度，取得了显著的增产效果。平均增加密度 17.0%，平均增产 9.7%。其中，耐密植品种平均增密 17.7%，平均增产 11.4%；稀植型品种平均增密 20.0%以上，平均增产 7.9%。

2. 黑龙江春玉米大垄双行技术　大垄双行栽培形式就是把过去的清种小垄两垄合为一条大垄。60 cm 宽的小垄改为 110 cm 宽的大垄，在大垄上种两行，大垄的垄距（大行距）为 80 cm，而大垄上的玉米行距（小行距）40 cm，这样就形成了一宽一窄的群体。这样不但可以增加 10%～15%的密度，同时还形成良好的通风条件，人为地造成边行优势，改善了群体环境，充分利用光热资源，是玉米增产的有效途径。在东北地区推广应用的大垄宽度主要有 90 cm、93 cm、120 cm 和 130 cm。黑龙江以秋整地为主，深松后重耙 2 遍后起 110 cm大垄。深松要打破犁底层，不要打乱耕作层，深度 30 cm 左右，深松做到不起块、地表平整；耙地要达到耙深 25 cm 以上，地表平碎。

3. 玉米耐密植高产综合技术　通过“扩垄、增行”，寻求“行间加密”提高玉米单产，通过熟期正常品种的合理密植实现大幅度增产的有效技术措施。大垄种植，株距 28.5 cm，种植密度 4 679 株/亩，施肥量较常规栽培增加 25.00%。共 10 条大垄。在 8 万株/hm^2和 10 万株/hm^2时，茎粗间差异显著。冠层部分有利于加密；宽窄行保证了通风透光；通过提高光、热、土地资源的利用率实现了增产。

4. 玉米双株定向栽培技术　使库源比协调增长，提高玉米单穴生产力。使玉米植株在田间配置更加合理，更有效地利用了光能，可适当增加田间种植密度，充分发挥群体的增产潜力。由于田间配置合理，通风透光良好，昼夜温差加大，玉米生长健壮，发育良好，减少

了玉米病虫害。双株玉米根系发达，盘结紧密，双株茎秆相互支撑，增大了玉米群体的抗倒伏能力。同时，双株定向栽培的玉米种子经过精细加工和严格选择，整齐度明显提高，使玉米群体生长一致，果穗整齐一致，充分发挥了玉米群体的增产作用。每穴两棵贴在一起长得匀称的玉米是双株群体结构的基本单位。缩小种子差异、种子在播种穴内的差异，保证了双株匀称生长，为构建双株群体奠定了基础。双株定向比单株清种增产10%以上；大面积示范亩产量均超过了850 kg双株定向增产次序：双株清种＞双株二比空＞双株大垄双行，适宜品种有丹玉46、丹玉39、丹高密1号、丹玉86、丹玉401等。改善群体冠层中下部透光条件，减慢叶片衰老速度，有利于加大种植密度、群体光合生产率提高，便于建成高均匀度的群体。

二、作物群体结构调控技术

1. 冬小麦-夏玉米群体结构优化技术　通过研究肥料配比、追肥时期、密度与配置、灌水次数、化学调控等对超高产群体生长发育的影响，明确了超高产群体的质量标准，建立了高产条件下提高个体生产能力的调控关键技术，并提出了实现产量进一步突破的在产量结构模式基础上提高有效和高效叶面积率、提高粒叶比与结实粒数这些主要群体质量指标。同时，总结出高产群体各叶龄期茎蘖气生根量和增加总实粒数与粒重的高产群体质量指标体系，以品种类型和种植密度为基础，优化耕作与施肥方式，提升群体质量和群体光合能力、监测群体动态发育。通过群体生育过程中关键形态生理指标与生产力关系的研究，指明花后干物质积累量是反映小麦群体质量本质特征的指标，进而提出扩大花后干物质积累量的关键是在适宜叶面积指数基础上提高有效叶面积率、提高粒叶比与结实粒数这些主要群体质量指标。

2. 春玉米超高产群体构建技术　通过将不同类型玉米品种的增产途径和栽培调控作为主攻方向，提高玉米群体生产能力，突破群体库容限制，进行群体功能性挖潜，实现玉米群体结构和个体功能协同增益，温、光、水、肥是作物生长发育的重要条件。根据当地气候，通过选择播种日期及种植密度等方式可在时间和空间上有效调控温、光对作物的影响，趋利避害。相对温、光研究，栽培学者更致力于对水、肥实施精确调控，最大限度地实现理论产量。水、肥作为影响作物生长发育的重要限制因子，是调控生物产量及其组分动态转化的重要手段，尤其是对超高产群体形成的影响。2016年，乾安县百亩连片全程机械化玉米超高产田平均亩产1 136.1 kg，创造了吉林省半干旱区玉米百亩超吨粮的纪录；农安县玉米超高产田平均亩产1 186.1 kg，实现了半湿润区雨养条件下亩产超吨粮的历史性突破；桦甸市金沙百亩玉米超高产田平均亩产1 216.6 kg，创造了湿润区雨养条件下我国春玉米亩产超吨粮的最高产量纪录。

三、作物化控抗逆群体调控技术

1. 玉米群体-个体协同抗逆增密技术　针对玉米生产密植高产群体易倒伏、早衰等问题，采用3种不同功能的新型化控剂及双重化控技术：①玉米增密抗倒增产调节剂

(ZL200610075673.9)，主要成分为2-氯乙基膦酸和有机酸，该化控剂的应用可达到抗倒、促根系发育、增产的效果；②玉米抗冷强株增产调节（ZL200810224421.7），以天门冬氨酸（谷氨酸）和类生长素为主成分，提高了玉米的抗冷性，提高灌浆速率，降低籽粒含水量、延缓衰老；③玉米扩穗防衰增产调节剂（ZL200810224420.2），以2-氯乙基膦酸和赤霉素为主成分，促进雌穗和根系发育，增加穗粒数和粒重。在东北区域降低倒伏损失达23%以上，增产9%。通过深松土、定位施肥、施用有机高营养肥，创造高肥力厚土层，利用化控防倒防衰和行株距配置调整高效群体秸秆，采取产量性能指标动态肥水控制的定量目标肥水管理措施，防治逆境不利危害，实现玉米密植抗逆增产。

2. 稻麦群体-个体协同的化控促粒技术　针对稻麦群体灌浆期高温高湿造成的水稻、小麦穗上发芽问题，以改善群体环境、提高作物自身素质和抗逆性为目标，基于生长调节剂互补增效的原理，研制出兼具多种调节效应的生长调节剂，并生产出专利产品。研发了防穗芽的二元植物生长调节剂。以水杨酸和多效唑为主材料，按一定的配比复配成二元植物生长调节剂，能有效地抑制穗芽现象。

3. 再生稻群体-个体协同的抗逆促穗技术　针对再生稻再生季腋芽萌发率低等问题，以构建理想株型、改善群体环境、提高作物自身素质和抗逆性为目标，基于生长调节剂互补增效的原理，研发了再生稻促腋芽剂。针对再生季产量不稳定、再生腋芽幼穗分化诊断难、芽肥施用难掌握等难点问题，进一步研究明确了再生腋芽穗形成的形态特征，筛选出可拮抗生长素、抑制顶端优势，并促进根源激素合成的复合剂。经小区多重复对比，茎生腋芽萌发率和再生穗数提高13%～17%，水稻产量提高10%～15%。

4. 冬小麦-夏玉米群体调控抗逆稳产技术　以防早衰、抗倒伏为重点，通过探索滴灌、氮肥运筹、秸秆还田和周年耕作等措施的应用效应，研究小麦玉米抗逆稳产栽培技术。冬小麦滴灌显著提高花后小麦旗叶膜系统保护酶活性及后期超氧化物歧化酶、过氧化氢酶等的活性，有效减缓叶片衰老速度，确定了最佳滴灌时期和灌水量：枯水年返青、拔节、开花和灌浆期各30 mm；平水年拔节、开花和灌浆期各30 mm。采取合理的耕作方式。采用秋翻地、早春顶凌复垄作业，起垄后及时镇压保墒，使垄面形成覆盖层，以减少土壤水分蒸发。对有犁底层和土壤较紧实的田块，采取深耕或深松，加厚活土层，增加土壤接纳和保存雨水的能力。采取大垄双行或覆盖栽培、沟垄种植等形式，以减少土壤水分蒸发，增强蓄水保墒能力。根据当地的气温、土壤墒情和作物品种的特性来确定最佳播种期，抢在土壤失墒前（撤浆前）或墒情好时（雨后）尽快播种，在表土层变干前抢种完。增施有机肥。通过秸秆还田、增施有机肥等增加土壤有机质，以提高土壤抗旱能力。

第十七章

东北地区玉米、水稻丰产新技术

东北地区包括辽宁、吉林、黑龙江及内蒙古的呼伦贝尔、兴安盟、通辽、赤峰和锡林郭勒盟。该地区纬度较高，气温较低，湿度较高，≥10 ℃积温 2 000～3 600 ℃，无霜期 130～170 d，主要属于温带湿润、半湿润大陆性季风气候。东北地区是国家粮食战略基地，是《全国新增 1 000 亿斤粮食生产能力规划（2009—2020 年）》的生产核心区，也是为国家提供商品粮的重点区域。

东北地区玉米种植历史悠久，辽河平原、松辽平原、松嫩平原土壤肥沃，机械化水平相对较高。东北大米历来以高产优质著称，产量潜力大，商品率高，在保障我国粮食尤其是"口粮"安全方面，具有举足轻重的地位与作用。但在东北地区玉米和水稻生产中，普遍存在水肥资源利用率低、良种良法不配套、技术集成度不高等问题。玉米产量年际间波动较大，水稻单产长期徘徊不前。

第一节 东北地区玉米丰产新技术

一、玉米深松施肥技术

1. 技术名称 玉米深松施肥技术

2. 技术目标 针对农田耕层浅、土壤缓冲能力减弱、营养失衡，致使玉米倒伏频发、水肥利用率下降等问题，采用本技术可使玉米产量在现有基础上提高 10%～15%、氮肥生产效率达到 40～60 kg/kg。

3. 应用范围 东北南部玉米主产区地势平坦、中等以上肥力农田。

4. 重点技术模式 见表 17－1。

表 17－1 玉米深松施肥技术重点技术模式

时期	10—11 月整地	4 月下旬至 5 月中旬播种	6 月中旬至 7 月上旬拔节
进程图示			

（续）

时期	10—11 月整地	4 月下旬至 5 月中旬播种	6 月中旬至 7 月上旬拔节
主攻目标	深耕改土 蓄水保墒	适时播种 保证密度与质量	促根控株 预防倒伏
技术指标	旋耕深度≥13 cm 深松深度≥35 cm	播深 3～4 cm 种肥间隔 4～6 cm	适宜叶面积指数 2～3
主要技术措施	农肥：整地前每公顷施用优质农家肥 45 000 kg 整地：灭茬、隔年或隔行深松、旋耕	播期：4 月下旬至 5 月中旬 种肥：每公顷施用 N 80 kg、P_2O_5 75 kg、K_2O 250 kg，施于种子侧下 3～5 cm 处	追肥：每公顷追施 N 160 kg，追施深度 10～15 cm 中耕：追肥后立即中耕培土掩埋肥料

5. 具体措施

（1）品种选择　选用经过国家或省级审定推广的，生育期 125 d 左右，抗旱、抗病、耐密高产型玉米品种。

（2）灭茬、深松、旋耕　冬前施用农家肥 45 000 kg/hm^2 后，及时灭茬。灭茬后隔年或隔行进行深松，深松深度≥35 cm。深松后进行旋耕，旋耕深度≥13 cm。

（3）起垄、镇压　春季 4 月上中旬起垄，并于垄上镇压，减少土壤大孔隙比例，防止土壤水分散失，起垄、镇压后要确保土碎垄平。辽河平原中部地区垄距 60 cm，向南、向西逐渐缩至 55 cm、50 cm。

（4）种子处理　选择晴朗白天，将精选后的种子于户外干爽地面晒种 2～3 d。晒种后，使用种子包衣剂进行种子包衣，防治病虫害。一般种衣剂与种子的比例为 1∶50，包衣后于干燥通风处阴干待播。

（5）播种期　春季当土壤 5～10 cm 耕作层地温稳定通过 10 ℃以上时即可播种，一般 4 月末至 5 月中旬为适宜播种期。

（6）种植密度　种植密度应控制在 67 500～75 000 株/hm^2。在适宜播种期间，早播宜稀、晚播宜密。

（7）播种　采用机械播种或人工播种方法，两种播种方法均实行穴播，播深 3～4 cm，一般每穴播种 2～3 粒，种子质量好、发芽势强的品种也可单粒穴播。为了集水保墒，播种时必须进行种子上镇压（底格子）、覆土后垄上镇压（上格子）。在播种时如遇播种层土壤干旱，要采用深开沟、浅覆土方法，确保种子播在湿润土壤中。

（8）种肥施用　平衡施肥，确保玉米营养均衡。种肥氮、磷、钾肥配合，并补充适量的微肥。每公顷 N、P_2O_5、K_2O 分别施用 80 kg、75 kg、250 kg，可选用尿素、磷酸二铵、氯化钾，每公顷施用尿素 110 kg、磷酸二铵 160 kg、氯化钾 260 kg，或等量的其他化肥；微肥使用锌镁多元素复合微肥，每公顷施用锌镁多元素复合微肥 30 kg。几种肥料需充分混合，于种子侧下 4～6 cm 处穴施。施用种肥时需要特别注意种子与化肥必须隔离，防止化肥“烧”种影响种子发芽出苗。

（9）中耕追肥　在玉米拔节后期，距植株 3～4 cm 处追施 N 160 kg/hm^2，可选用尿素每公顷施用 347 kg 或其他等量 N 的氮肥。追肥深施，施用深度应在 10～15 cm，追肥后中耕培土、覆盖肥料。

二、玉米“偏垄宽窄行”增产种植技术

1. 技术名称 玉米“偏垄宽窄行”增产种植技术

2. 技术目标 现有增密种植方式起垄、播种、追肥机械化作业困难，由于株距小不容易保苗，垄距较小拖拉机容易压苗和垄帮；本技术在不改变现有垄作方式基础上，利用不均匀分布行距来解决密植以后的冠层结构问题，从而提高产量。

3. 应用范围 东北春玉米垄作或平作区域。

4. 核心技术模式 见图 17－1、图 17－2。

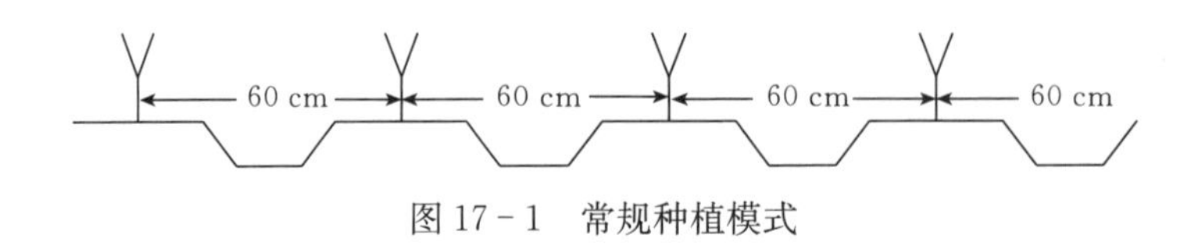

图 17－1 常规种植模式

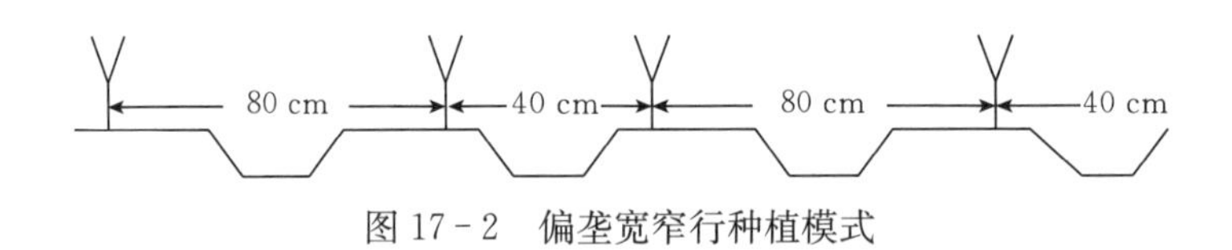

图 17－2 偏垄宽窄行种植模式

5. 具体措施 播种时，以两垄为 1 对，分别在两垄相邻的一侧开偏沟，偏离垄台中心的 5.0～10.0 cm 距离处进行等株距的播种。虽然仍保留了原有的等垄距耕作，但出苗后却形成宽行距、窄行距交替的田间布局。例如，在 60 cm 垄作地区，应用该技术可以构成 40 cm、80 cm、40 cm、80 cm……的宽窄交替的宽窄行布局。不必改垄，就可产生与“二比空”“大小垄”“大垄双行”相似的冠层结构和生理功能，最后取得相似的增产效果。这种种植方式的核心是偏离垄台中心开沟播种，出苗后形成事实上的宽窄行，将这种方式称为偏垄宽窄行种植。

6. 注意事项 一是不适合在过小（低于 55 cm）垄距的田块应用。二是既可完全实行全程垄作，在垄台上播种并按垄作方式进行铲耥；又可“垄播平管”，垄上播种后实行免耕作业；也可以平作，即完全不起垄，全程实行免耕。

三、玉米“三比空密疏密”高产栽培技术

1. 技术名称 玉米“三比空密疏密”高产栽培技术

2. 技术目标 为了改善玉米群体中单株通风透光环境，提高边际产量，从而提高总产。本技术有效增加田间种植密度，提高单株边行空间，改善群体内每个单株的通风透光条件，提高玉米群体和单株的边行效应，从而达到群体增产目的。

3. 应用范围 平原春玉米区和地势平缓的丘陵玉米区。

4. 核心技术模式　见图 17-3。

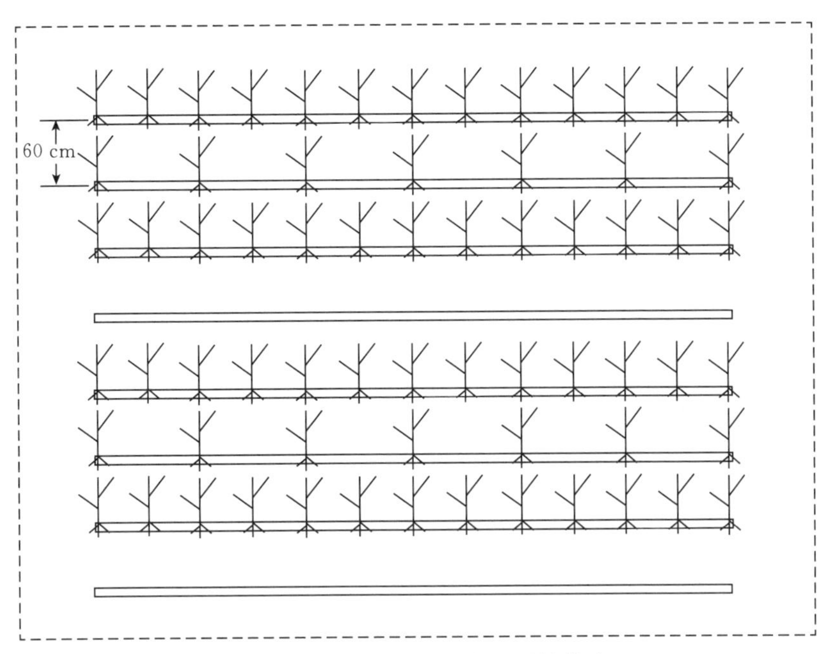

图 17-3 “三比空密疏密”种植模式

5. 具体措施

(1) 品种选择　选择耐密或中等耐密中穗和中大穗的紧凑型玉米品种。

(2) 整地　整地应深松整地，做到上实下虚，无坷垃、土块，结合整地施足底肥，及时镇压，达到待播状态，为高质量播种创造一个良好的土壤环境。

(3) 种子处理　种子必须进行包衣，选择复合型种衣剂，按药种比例拌种，预防和治疗地下害虫、玉米丝黑穗病和玉米瘤黑粉病等病虫害。

(4) 种植形式　保持常规垄作玉米的种植方式。在正常起垄的条件下，以 4 垄为 1 个循环，即种植 3 垄空 1 垄，依此循环；将空垄上的株数按比例分配到其他 3 条垄上，分配原则为相邻空垄的两条垄的每垄株数为 4 垄总株数的 2/5，中间垄的株数为总株数的 1/5，即两边行的玉米种植密度为中间行的 2 倍。

(5) 播种方式　机械播种时，要根据所选的品种的种植密度计算“三比空”栽培两个靠边行的栽培株数，制作播种盘，中间垄的播盘株距增加 1 倍，或以同样的播种盘，在中间垄定苗时，隔株去除；人工播种则按照计算的两个边行株距播种边行，中间行株距加倍。

(6) 施肥技术　平衡施肥，增施有机肥，一般投入优质农肥 1 000～2 000 kg/亩、磷酸二铵 10～15 kg/亩、硫酸钾 5～10 kg/亩作底肥施入，或者用（$N_{15}P_{15}K_{15}$）复合肥 25～30 kg作底肥使用。在玉米需肥关键期，集中追肥（即将 4 垄面积的肥料量集中施到 3 条垄上），在施足底肥的基础上，一般每亩施尿素 25～30 kg。

(7) 病虫害综合防治　利用该项技术种植，可以有效减少病害和虫害，一般比常规种植形式病虫害轻。但在生产中，建议在玉米拔节前喷施杀菌剂预防叶部病害的发生，在喇叭口时期用颗粒剂预防玉米螟虫的发生。

6. 注意事项 品种选择方面，要求中矮秆、中秆的品种为好，中等或中大均匀穗型适合应用该项技术。

四、玉米全膜覆盖机械化节水播种技术

1. 技术名称 玉米全膜覆盖机械化节水播种技术

2. 技术目标 该技术可以改变辽宁西北地区春季水资源缺乏、干旱少雨、农民靠天吃饭的被动局面，适时播种，达到节水、增产、节能、节肥、增温、省工、高效的目的，促进农业增产、农民增收。

3. 应用范围 东北平原干旱、半干旱玉米种植区。

4. 栽培模式 见图 17－4。

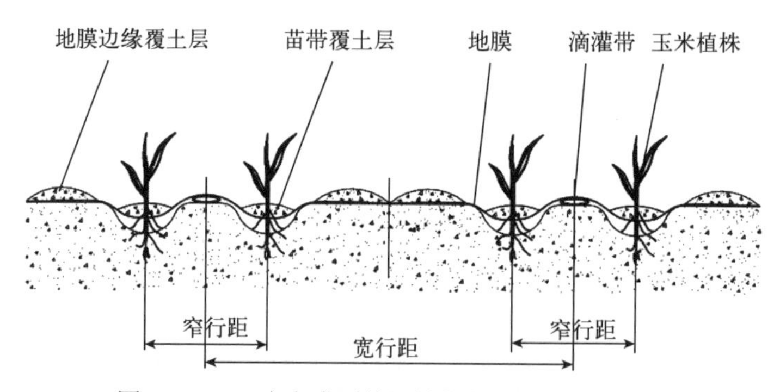

图 17－4 玉米全膜覆盖机械化节水播种栽培模式

5. 具体措施

（1）种植模式 依据玉米全膜覆盖种植技术特点，本项技术采用大垄宽窄行机械化沟播的种植模式，可以适当增加植株密度，抗旱、抗倒伏，实现稳产高产。

（2）整地 适时整地，精细平整，疏松土壤，上虚下实，清除杂草根茬，无明显土块，达到增温保墒效果。并可结合整地施足底肥，为高质量铺膜创造一个良好的土壤环境。

（3）播种 采用集开沟、施肥、播种、喷除草剂、覆膜、铺滴灌带等技术的全膜覆盖播种机具进行机械化播种作业，覆膜时两膜之间不留空隙，两膜相接处压土，覆膜时地膜要与地面贴紧拉平，覆土层应均匀，防止大风揭膜。

（4）土壤环境 当土壤环境中满足地温≥8 ℃、土壤湿度≤10%的条件时即可安排机械化播种作业。

（5）操作人员 进行玉米膜下滴灌机械化播种作业的相关人员，应经过专业技术培训，熟练掌握机械的构造、使用、保养、调整和排除故障的技能以及有关安全知识后方能进行操作。

（6）地块 选地势平坦肥沃，土层较深厚，排水方便，土壤以壤土或沙壤为宜，排水方便的轻盐碱地亦可。坡地坡度在 15°以内，陡坡地、沙土、易涝地、重盐碱地等都不适于覆膜滴灌种植。

（7）地膜　地膜厚度不应低于 0.01 mm，地膜宽度应满足当地的玉米种植行距要求。地膜质量应符合 GB/T 13735 规定，且无粘连和破损。

（8）滴灌带　滴灌带质量应符合国家相关标准。滴灌带按农艺要求的位置进行铺设，不应有破损、打结和扭曲。铺设滴灌带后的膜床，不应影响铺膜质量。

（9）种子、化肥、除草剂　种子、化肥和除草剂的质量应符合国家相关标准，品种应符合当地农艺要求。化肥无结块，除草剂按比例兑水后搅拌均匀后使用。

五、黑土区高产土壤培育技术

1. 技术名称　黑土区高产土壤培育技术

2. 技术目标　针对东北黑土区有机质锐减、耕层肥力退化严重等问题，采用土壤增碳、镇压、深松等技术措施，提高土壤有机质数量与质量，建立合理耕层构造，实现培肥土壤、蓄水保墒、固根防倒的目标。

3. 应用范围　东北黑土玉米主产区。

4. 培肥模式　黑土区土壤培育的技术模式是增碳-镇压-深松，建立良好的耕层构造（图 17－5）。

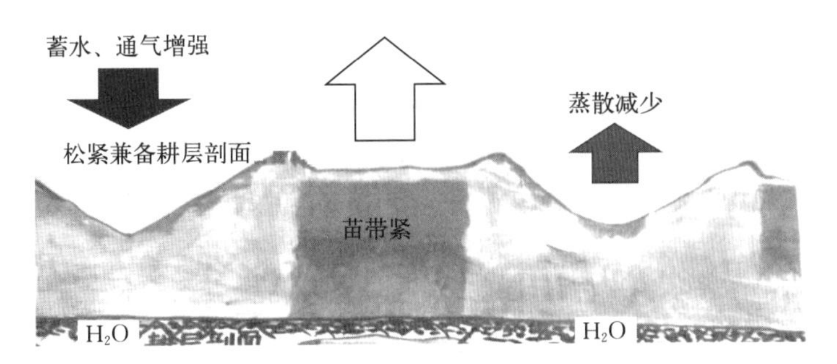

图 17－5　合理耕层构造

5. 具体措施

（1）土壤增碳　主要包括两种途径：一种是增施有机肥料，具体做法是，在整地前每公顷表施优质农肥 25～30 m^3，结合整地将有机肥料翻入耕层中；另一种是玉米秸秆秋季覆盖还田，第二年春季采用秸秆覆盖还田播种机播种。

（2）镇压　播种后应视土壤墒情确定镇压时期与镇压强度。当土壤含水量低于 24%时，应立即镇压。当土壤含水量在 22%～24%时，镇压强度为 300～400 g/cm^2。当土壤含水量低于 22%时，镇压强度为 400～600 g/cm^2。当土壤含水量大于 24%时不宜立即镇压，待土壤含水量下降到 24%后再进行镇压。

（3）深松　在玉米 8～10 片展叶期，结合追肥进行玉米行间深松，深松深度 25～30 cm，深松宽度 20～25 cm。

6. 注意事项　一是玉米秸秆覆盖还田后一定要采用秸秆覆盖还田播种机进行播种，以确保播种质量，防止出现缺苗断条。二是播种后一定要进行重镇压，而镇压时期取决于土壤含水量。土壤含水量低时要尽快进行镇压，防止土壤水分散失；土壤含水量高时，应待含水量下降至合适时再进行镇压，防止地表形成坚硬层，不利于出苗。三是苗期进行行间深松时也要依据土壤含水量来确定合适的深松时期。土壤含水量过高时，深松易形成大垡块；而土壤含水量较低时，易出现耕层“端盘子”现象。

六、玉米防倒化控技术

1. 技术名称 玉米防倒化控技术

2. 技术目标 针对玉米增密易倒伏的问题，通过植物调节剂的使用，玉米穗位或株高降低 10～30 cm，抗倒能力提高 25%以上。

3. 应用范围 东北平原玉米倒伏常年发生地区。

4. 主要技术模式 双重化控把握玉米生育期和长势，药剂浓度适宜，喷洒均匀。于玉米拔节期（6～9 片展叶），每 1 000 m^2 土地，应用 30 mL 植物调节剂（玉黄金），加水 30～50 kg，摇匀，进行玉米叶面喷施一次，要求均匀喷施每一叶片。或者在玉米大喇叭口后期（即玉米抽雄前 7～10 d）施用植物调节剂（壮丰灵）。最好是用手持超低量电动喷雾器喷洒（田间操作方便），每瓶壮丰灵药兑水可配制此喷雾器药壶 3～4 壶（容量 850 mL），每壶用 1/4～1/3 瓶壮丰灵药液并兑水 750 mL，可喷 0.8～1 亩地。适宜于土壤肥沃旺长地块和种植密度较高的地块，易倒伏的品种。

5. 注意事项 一是根据环境条件和栽培条件来确定是否适宜本技术的应用。在土壤肥沃旺长地块或种植密度较高的地块，在雨水充足的年份，使用化控技术，防倒伏效果明显。在土地瘠薄，长势较弱的地块，尤其是干旱年份，慎用防倒伏化控药剂。二是严格掌握药剂浓度和喷施次数。植物调节剂一般施用浓度较低，所以在使用时要特别注意浓度梯度，浓度过高会造成药害，同一植物调节剂在不同玉米品种上，其使用浓度均有明显差异，在使用前，要进行浓度试验，确定适宜的使用浓度。三是依据玉米生育期，适时喷施植物调节剂。不同的生育阶段，玉米对调节剂的敏感程度不同，所以调节剂在玉米的不同生育期使用，效果会截然不同，要严格按照说明书进行。四是了解植物调节剂的特性，忌随意混用。在充分了解各组分的化学特性之后，植物调节剂可以和另外的调节剂、农药或化肥进行合理组合。在实际操作中，除了仔细阅读药剂的使用说明之外，也可将准备混用的植物调节剂、农药、化肥各取一点在水中混合，若出现翻泡、絮状沉淀、分层或油花油珠现象，说明不能混用；若混合后无任何反应，则可以混用。五是遵循天时，提高喷施效果。在干旱气候条件下施用，施药浓度应降低；反之，在雨水充足的季节施用，应适当加大浓度，施药时间应掌握在 10:00、16:00，大风天气和即将降水时不宜施药。施药后 4 h 内遇雨要酌情补施半量或全量药液。

七、玉米降解地膜覆盖高产高效栽培技术

1. 技术名称 玉米降解地膜覆盖高产高效栽培技术

2. 技术目标 针对干旱、半干旱地区水资源紧缺，水肥资源利用效率低，地膜覆盖栽

培中地膜大量残留等问题，大面积推广应用玉米降解地膜覆盖高产高效栽培技术，可大幅度提高粮食产量，提高水肥资源利用效率，减少田间的白色污染。

3. 应用范围 东北平原干旱、半干旱玉米种植区。

4. 核心技术 覆盖降解地膜-水肥一体化管理-化控抗倒-病虫害综合防治。

（1）膜下种植 在已做好的垄床上豁两行深 10～12 cm、行距 40 cm 的播种沟。采取机械化坐水播种，也可干播后滴灌，播深控制在 3～4 cm，覆土均匀，播后及时镇压、喷施除草剂，覆膜与滴灌。

（2）膜上种植 在已铺好膜的垄床上采用膜上播种机播种，注意破膜下种处，盖土封眼均匀一致，盖土不要太厚，破膜的地方用土封严，有利于出苗、保墒、防止风蚀。

5. 具体措施

（1）打垄 按垄距 65 cm 打垄，隔沟深耕一犁，要求犁尖至垄台的深度达到 35 cm，将化肥施入该沟，再将有机肥 40 m^3/hm^2 施入该深耕沟内，以该施肥沟为大垄中心，打成垄底宽 130 cm、垄顶宽 90 cm 的大垄，打垄后及时镇压，避免失墒，达到待播状态。

（2）播种 一般年份播种可在 4 月 25 日至 5 月 8 日进行。适宜的种植密度为 6.5 万～8.5 万株/hm^2，以中晚熟耐密型品种为主。

① 膜下种植。在已做好的垄床上豁两行深 10～12 cm、行距 40 cm 的播种沟。采取机械化坐水播种，也可干播后滴灌，播深控制在 3～4 cm，覆土均匀，播后及时镇压、喷施除草剂，覆膜与滴灌。

② 膜上种植。在已铺好膜的垄床上采用膜上播种机播种，注意破膜下种处，盖土封眼均匀一致，盖土不要太厚，破膜的地方用土封严，有利于出苗、保墒、防止风剥。

（3）水肥一体化管理

① 养分管理。一般化学肥料 $N-P_2O_5-K_2O$ 为 210 kg/hm^2 - 100 kg/hm^2 - 120 kg/hm^2，硫酸锌（$ZnSO_4 \cdot 7H_2O$）20 kg/hm^2，有机肥 40 m^3/hm^2。

底肥：$N-P_2O_5-K_2O$ 为 30 kg/hm^2 - 60 kg/hm^2 - 30 kg/hm^2，$ZnSO_4 \cdot 7H_2O$ 20 kg/hm^2，有机肥40 m^3/hm^2。

种肥：$N-P_2O_5-K_2O$ 为 10 kg/hm^2 - 5 kg/hm^2 - 10 kg/hm^2。

拔节期追肥：$N-P_2O_5-K_2O$ 为 40 kg/hm^2 - 10 kg/hm^2 - 20 kg/hm^2。

吐丝期追肥：$N-P_2O_5-K_2O$ 为 80 kg/hm^2 - 15 kg/hm^2 - 30 kg/hm^2。

灌浆期追肥：$N-P_2O_5-K_2O$ 为 50 kg/hm^2 - 10 kg/hm^2 - 20 kg/hm^2。

② 水分管理。灌水次数与灌水量依据玉米需水规律及灌水前土壤含水量及降水情况确定。保证灌水用量与玉米生育期内降水量总和要达到 450～500 mm。玉米生育期内滴灌水 4～5 次，每次灌水量为 200～300 m^3/hm^2。

（4）化控防倒 在玉米拔节前及时喷施化控防倒制剂，增加秸秆强度，控制植株高度，防止玉米由于密植引起的倒伏。

（5）病虫害防治

① 赤眼蜂防治玉米螟。在 7 月上中旬，玉米螟卵孵化之前，第一次释放赤眼蜂（10.5 万头/hm^2），间隔 5～7 d 后再释放第二次（12.0 万头/hm^2）。

② 化学药剂防治。在玉米喇叭口期，如田间虫量较大，应在蛀茎前，用3%克百威颗粒

剂或3%辛硫磷颗粒剂均匀撒于玉米心叶中即可。

（6）收获　适时晚收，玉米生理成熟后7～10 d为最佳收获期，一般为10月5日左右。

6. 注意事项

（1）必须合理使用除草剂。

（2）滴灌施肥时，先滴清水30 min，待土壤充分湿润后开始施肥，施肥结束后再滴清水20～30 min，将管道中残留的肥液冲净。

八、玉米超高产栽培技术

1. 技术名称　玉米超高产栽培技术

2. 技术目标　该项技术解决了高产土壤培育、优质高产玉米品种筛选、提高出苗率及整齐度的问题，着重解决了合理追肥及高密度条件下抗倒伏及病虫害适时防治等问题，从而实现了亩产吨粮。

3. 应用范围　东北平原年降水量600～800 mm、积温2 700～2 800 ℃的地区。

4. 核心技术模式　培肥地力与密植防倒（图17-6）。

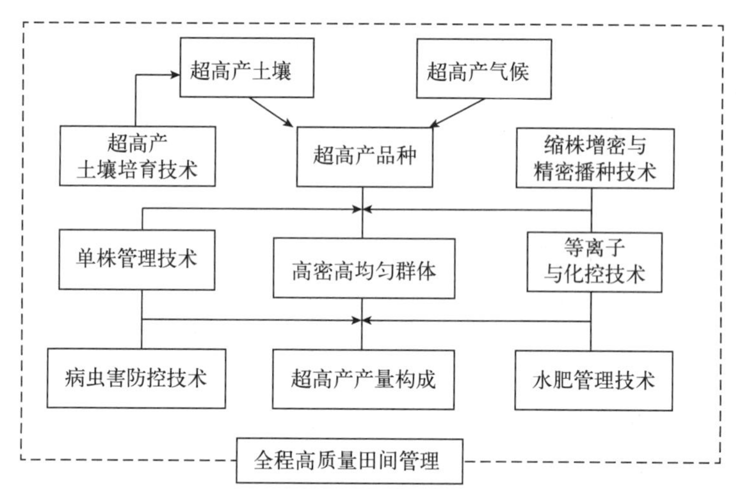

图17-6　玉米超高产栽培技术路线

5. 具体措施

（1）精细整地　最好用大型整地机械实现灭茬（特别是机械收获粉碎玉米秆的地块一定要深度灭茬以免影响播种质量）、深施底肥（施到8 cm左右地垄下）、起垄、苗带镇压（镇压后可以使播种深度一致）一次性完成。

（2）适宜品种　根据当地的气候特点确定适宜的品种，并进行精选。

（3）适宜密度　根据目标产量确定适宜的密度，按几年来创造吨粮田的经验，保苗密度应该在7.0万～8.5万株/hm^2。

（4）播种质量　根据当地气候特点确定适宜播期，播种时要种、肥分离，并根据当时的气候条件确定适宜播种深度及覆土厚度，以保证出苗率及整齐度。

（5）田间管理 播后除草剂除草，在玉米3叶期进行间苗，在拔节及8叶期时各喷施1次营养剂、杀虫剂、杀菌剂的混合液。

（6）适时追肥 在整个玉米生长期间于拔节期及吐丝后10 d分别进行二次追肥；通过试验对比，二次追肥可以极大地延缓叶片衰老速度，提高光合性能，增加穗粒数，提高千粒重。

（7）化控处理 在玉米7～8片展叶时进行化控处理，以保证超高产群体在高密度情况下仍通风透光良好、不倒伏。如果亩保苗超过5 500株，在大喇叭口期应再喷施一次化控剂，在玉米抽雄前1周喷施效果比较理想。

超高产田的施肥水平：

种肥：氮5 kg/亩，磷5 kg/亩，钾5 kg/亩。

口肥：氮5 kg/亩，磷5 kg/亩，钾5 kg/亩。

追肥：氮15 kg/亩，拔节期、吐丝期后10 d每亩分别追施6 kg、9 kg。

6. 注意事项

（1）喷施化控剂的时候一定要注意玉米的生长时期，并且要视玉米的生长情况进行喷施，喷大不喷小，喷强不喷弱。如果雨水充足、生长旺盛，要加大化控剂的用量至1.3～1.8倍。

（2）追肥时，可用吉林省农业科学院生产的高秆作物喷药机器进行深施肥，并且直接覆土，以防止化肥流失。

九、玉米宽窄行留高茬交替休闲种植新技术

1. 技术名称 玉米宽窄行留高茬交替休闲种植新技术

2. 技术目标 该技术针对东北黑土区现行耕法地力下降，土壤侵蚀严重，耕层浅、犁底层厚，秸秆还田尚无良法等问题而研发。应用后，可减轻土壤侵蚀，提高土壤肥力，调控耕层结构，提高自然降水利用效率，降低生产成本，提高经济效益。

3. 应用范围 东北黑土区雨养农业区及类型区。

4. 核心技术模式 改现行耕法的垄作种植为宽窄行平作种植，改灭茬为留茬，改常规中耕为深松，形成玉米宽窄行留高茬交替休闲种植技术模式。

第一年春天将现行耕法的均匀垄（65 cm）种植，改成宽行90 cm、窄行40 cm种植；在上一年秋季精细整地基础上播种成宽窄行，宽行为深松带，窄行为苗带，采用精量播种或半精量播种，降低生产成本。

玉米拔节前在90 cm宽行结合追肥进行深松，深松可以打破犁底层、加深耕层，改善耕地耕层物理性状，减少地表径流，接纳和储存更多的降水，形成耕层土壤水库，可做到伏雨秋用、秋雨春用，提高自然降水利用效率。

秋收时窄行苗带留高茬（40～45 cm），采取留高茬自然腐烂还田，增加土壤有机质、培肥地力，减少土壤风蚀。

在追肥深松的基础上，收获后在宽行用条带旋耕机进行旋耕，达到播种标准，春季不整地直接播种，利于保墒、保苗。

第二年春季，在旋耕过的宽行播种，形成新的窄行苗带，追肥期，在新的宽行中耕深松追肥，即完成了玉米宽窄行留高茬交替休闲种植。此模式可恢复地力、保证苗带处于良好的土壤环境，通过建立土壤水库，提供充足的水分，保证苗期生长，解决春季水分供求矛盾。

5. 具体措施 见图17-7。

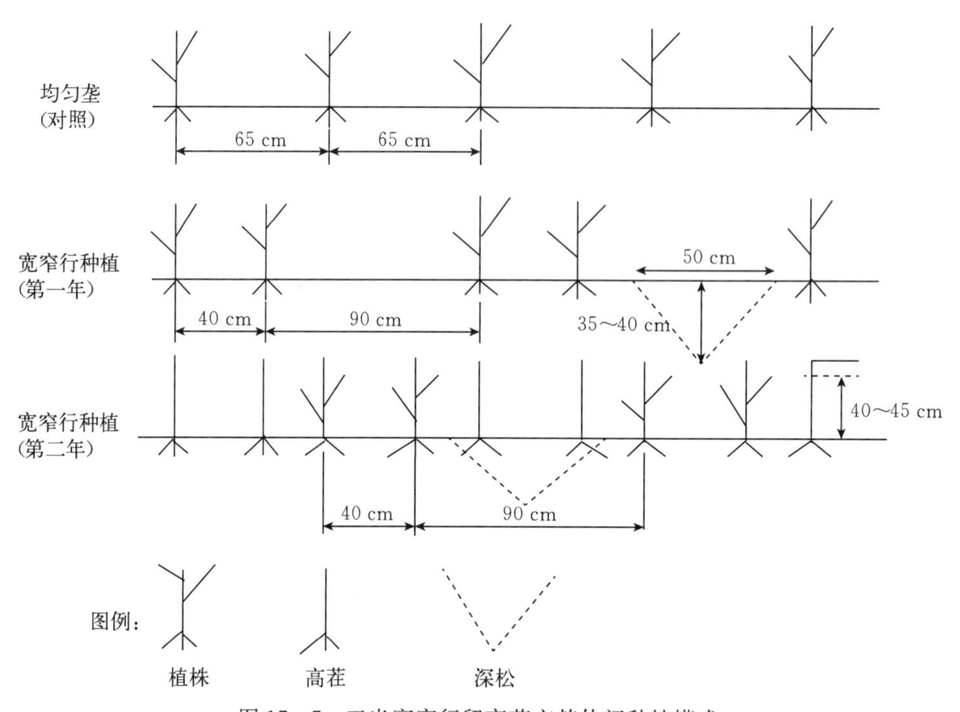

图17-7 玉米宽窄行留高茬交替休闲种植模式

6. 注意事项

(1) 玉米播种密度比常规播种密度增加10%以上。

(2) 深松时一定要在玉米拔节期前进行。

(3) 秋收后宽行的床面平整可以不进行旋耕整地。

(4) 配套宽窄行播种机、条带深松机、条带旋耕机。

十、玉米机械化“一条龙”抗旱坐水种技术

1. 技术名称 玉米机械化“一条龙”抗旱坐水种技术

2. 技术目标 机械开沟、浇水、播种、施口肥、覆土等多道工序一次完成，且水、肥、种播施均匀，满足了种子的要求，出苗整齐；抗旱时间长，节水保墒效果好；作业效率高，劳动强度小；配套机具成本低，一般农民家庭都有能力购置；适应性强，效益显著。

3. 应用范围 东北平原干旱、半干旱地区及水资源短缺的玉米种植区。

十一、玉米原垄留茬播种结合苗期深松少耕技术

1. 技术名称　玉米原垄留茬播种结合苗期深松少耕技术

2. 技术目标　针对东北地区春季干旱和夏季伏旱严重影响玉米生产问题，春季原垄留茬播种可以明显提高玉米抗春旱能力，提高保苗率；玉米苗期垄沟深松可以增加土壤夏季蓄水，提高玉米抗阶段性伏旱能力，在东北半干旱区增产效果明显。

3. 应用范围　东北平原干旱频发的玉米种植区。

4. 栽培模式　作物收获留茬越冬→春季原垄免耕施肥播种→苗期垄沟深松→化学除草→中耕培土→玉米收获。

5. 具体措施

（1）前茬作物收获　留茬高度 10 cm 以下，秸秆还田时要将秸秆粉碎并抛撒均匀，秸秆粉碎长度 10～20 cm。

（2）播种施肥　当 5～10 cm 地温稳定在 8～10 ℃，土壤墒情满足种子生长要求时即可播种，待播的种子纯度和发芽率应在 90%以上，播前必须对种子进行包衣或药剂处理；采用免耕播种机进行精播，一次完成播种、侧深施肥以及垄体浅松，垄体浅松深度 15 cm 左右。施肥量与当地常规栽培施肥量持平即可。

（3）深松与中耕　在玉米苗期进行垄沟深松，深松深度以 25～30 cm为宜，在玉米封行前中耕培土 2 次，并结合中耕进行追肥，追肥量与当地常规栽培追肥量持平即可。

（4）化学除草　播后采用化学除草剂封闭除草，在玉米苗期再进行茎叶喷施除草剂 1 次，可以有效防治草荒（图 17－8）。

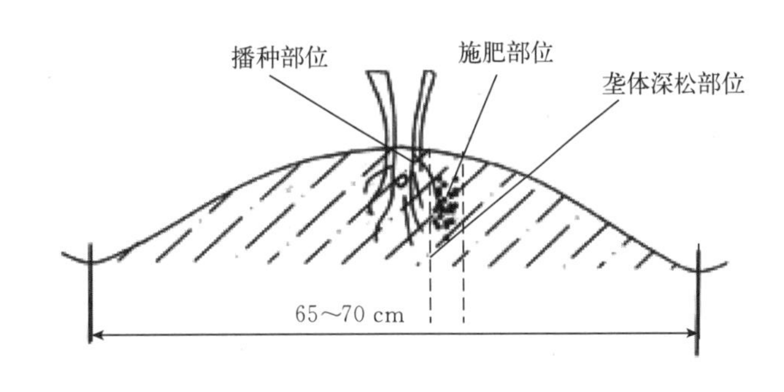

图 17－8　玉米原垄留茬精量播种模式

6. 注意事项

（1）机械选型　由于取消了播前整地作业，地表保留大量的秸秆残茬覆盖，给播种作业造成了困难。因此，必须选择性能优良的免耕播种机。

（2）深松　播种时垄体浅松深度以 15 cm 左右为宜，过深会翻起土块和根茬，影响播种质量，在春季较干旱地区可以浅一些；苗期垄沟深松，根据土壤类型确定松土的深浅，黑土以垄沟下 25 cm 为宜，草甸土、盐碱土在动力允许的情况下可适当深些，深松到 30 cm 为好。深松时间掌握在出苗后提早进行，春季较旱时，一般在雨季来临前可与中耕同时进行。

（3）播种时期　有秸秆覆盖时，由于春季地温回升慢，播种时间可以较当地常规方法晚播 3～5 d。

（4）注意火灾　秸秆覆盖量越大，抗旱保水效果越明显，但春季降水少，秸秆干燥，易发生火灾，应注意防火。

十二、春玉米行间覆膜节水高产栽培技术

1. 技术名称 春玉米行间覆膜节水高产栽培技术

2. 技术目标 针对内蒙古玉米区干旱频发、水分利用效率低，常规行上覆膜不易追肥、后期根系早衰等问题，以集雨、保墒、节水、高产为目标，设计了行间覆膜节水高产技术模式，研制了配套机械，可实现玉米增产10%～20%、水分利用效率提高20%、减少灌水10%的节水高产目标，亩增效115元以上。

3. 应用范围 东北平原西部，内蒙古西辽河流域通辽市、赤峰市南部，以及西部土默川、河套平原灌溉玉米区。

4. 栽培模式

（1）备耕整地

① 精细整地。选择地势平坦，土层深厚的土地，秋深松耕20～30 cm，结合秋深松耕，每亩施优质有机肥3 000 kg以上，深翻后及时耙、耱（耢），平整土地，清除杂草根茬，修成畦田。

11月下旬，土壤封冻前，进行冬灌，每亩灌水量80～100 m^3。翌年3月上中旬，土壤昼化夜冻的顶凌期，对冬灌地要及时耙、耱（耢）保墒，使耕层土壤含水量保持在田间持水量的70%以上。并达到埂直、地平、茬净，耕层上虚下实，为适期早播创造良好的土壤条件。

② 选用良种。选用适宜密植、抗病抗倒，增产潜力大，比当地露地栽培品种的生育期长8～15 d或积温多200～300 ℃，叶片数多1～2片的品种，且后发性强、不早衰，如内单314、郑单958、先玉335、金山27等均可。

③ 深施底肥。结合秋耕或春整地，每亩将磷酸二铵20～30 kg、尿素5～10 kg、硫酸钾20～25 kg、硫酸锌0.5～1 kg混合后，深施在土壤深层或玉米带上。

（2）播种覆膜

① 适期早播。行间覆膜可提高地温，一般可比当地露地玉米提早10 d左右播种，内蒙古平原灌区适宜播种期以4月20—25日为宜。

② 化学除草。为减少杂草对地膜的伤害以及与作物争水争肥，覆膜前必须进行化学除草。目前生产上常用的药剂和方法是：用75 g阿特拉津和75 g拉索混合后兑水50 kg，均匀喷撒，切忌漏喷和重喷。也可用玉米专用除草剂，但须参照说明严格控制用量。

③ 机械覆膜。播种行间覆膜应采用行间覆膜机播种覆膜一次作业。采用覆膜机宽窄行覆膜，宽行60 cm、窄行40 cm，地膜覆在60 cm宽行上，保证膜面宽40 cm、膜间距40 cm。播种行在膜旁5 cm左右，播深4～5 cm，保证苗全、苗匀（图17－9）。

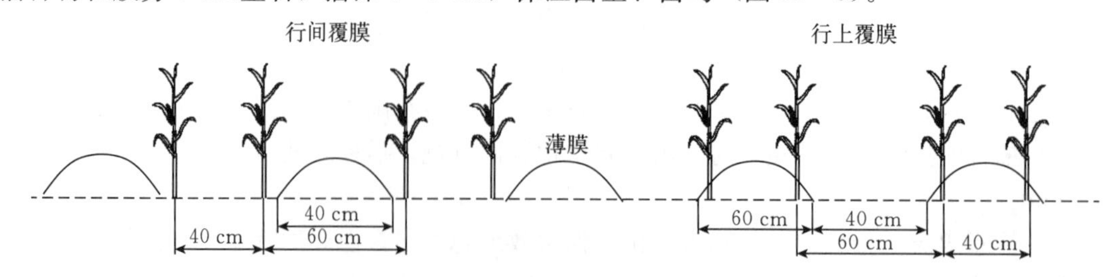

图17－9 行间覆膜与行上覆膜种植对比

④ 合理密植：矮秆中小穗型品种每亩理论株数 5 000～6 000 株；高秆大穗型品种每亩理论株数 4 500～5 500 株。

（3）田间管理

① 苗期管理。出苗后要及时查苗，缺苗处定苗时邻穴留双株。出苗 2～3 片展开叶时间苗，去掉弱苗、自交苗。幼苗达 3～4 片展开叶时，即可定苗，留匀苗、壮苗。

② 穗期管理。玉米展开 8～10 片叶的小喇叭口期，在玉米行间开沟追施尿素 25～35 kg，施肥后浇攻秆水。当玉米展开 12～13 片叶的大喇叭口期，视土壤墒情浇孕穗水。

7 月上中旬玉米螟发生危害，用 30%的杀螟灵颗粒剂，每株投药 0.2 g 防治。或用高压汞灯、赤眼蜂防治，由植保部门统一组织，分户实施。

③ 花粒期管理。玉米开花授粉期是水分需求的临界期，需保证灌水 1 次；抽丝后，对出现脱肥早衰地块，每亩用 1 kg 尿素和 0.15 kg 磷酸二氢钾，兑水 30～40 kg，晴天午后叶面喷洒，防叶早衰，提高粒重。

④ 收获。当玉米籽粒乳线消失，苞叶变黄，籽粒黑层出现后，已达到生理成熟，可适时收获。

5. 注意事项

（1）若无行间覆膜机进行播种覆膜一次作业，可采用先覆膜后播种的程序实施。采用普通覆膜机宽窄行覆膜，宽行 60 cm、窄行 40 cm，地膜覆在 60 cm 宽行上，保证膜面宽 40 cm，膜间距 40 cm；为防春天大风揭膜，每隔 2～3 m 加 1 条压土带。覆膜完毕后，用手持式鸭嘴点播器人工点播，播种行在膜旁 5 cm 左右，每穴 2～3 粒，播深 4～5 cm，保证苗全、苗匀。

（2）本技术模式中的施肥量计算是根据内蒙古平原灌区大区域土壤肥力调查结果和春玉米需肥规律进行计算的，各应用地区可根据本地情况进行优化。施肥量计算应针对不同地区产量目标、土壤肥力和肥料种类等情况，依据“实测亩产玉米籽粒在 800 kg 以上（籽粒标准含水率 14%），每生产 100 kg 玉米籽粒所需要的纯 N、P_2O_5、K_2O 分别为 2.33 kg、1.08 kg和 3.37 kg，平衡吸收比例为 N：P_2O_5：K_2O=2.16：1：3.12”的研究结果，进行平衡施肥量的计算。

十三、春玉米宽幅覆膜密植高产技术

1. 技术名称　春玉米宽幅覆膜密植高产技术

2. 技术目标　针对内蒙古半干旱玉米产区积温不足、无效蒸腾量大、土壤次生盐渍化等问题，宽幅覆膜技术以增温、促熟、保水、抗盐和适宜机械化密植高产作业为目标，经多年示范验证，较常规覆膜技术稳定增产 10%，节水抗旱效果明显。

3. 应用范围　东北平原西部、内蒙古西辽河流域、河套平原、土默川平原灌区及生态条件相近且具备灌溉条件区域。

4. 栽培模式　该技术对当地常规玉米种植技术进行了 4 项改进：一是改地膜，由常规 70 cm宽一膜两行改为 170 cm 宽一膜四行的地膜覆盖；二是改密度，由常规每亩 3 300～4 000株提高到 4 500～6 000 株；三是改品种，改稀植大穗型为耐密型；四是改播种机具，由常规的一机两行改为一机四行，播种、施肥、覆膜、覆土一次性完成的气吸式精量点播机。该技术提高了地膜覆盖率，增加了每亩株数，有利于保水、保肥、增温、提高产量。

5. 具体措施

（1）播前准备　选择土地平整，土壤耕层含盐量小于 0.25%，pH 为 7.5～8.0，有机质含量在 1%以上的地块。结合秋翻每亩压腐熟有机肥 2 500～3 000 kg 或秋压碳酸氢铵 50 kg，3 年深松 1 次（25～30 cm）（图 17 - 10）。秋翻后及时平整土地，修筑田埂浇好秋水。黄灌区要做好封冻前耙耱，早春顶凌磙、耙等整地保墒工作。井灌区做好浇水后在适耕期及时耙耱保墒。播种前要及时耙糙，做到地平、土碎、墒情好。

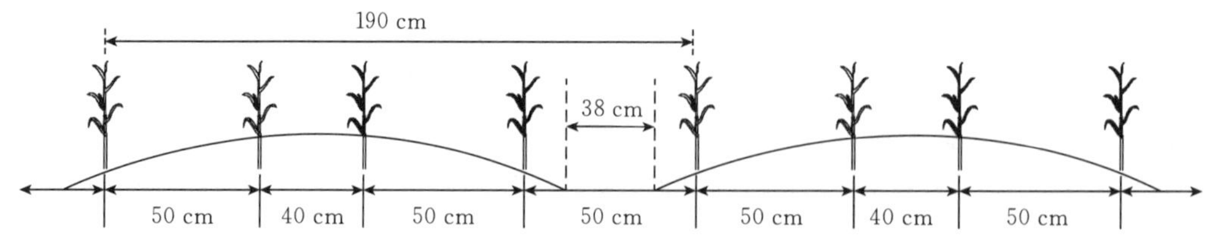

图 17 - 10　春玉米宽幅覆膜密植高产栽培模式

（2）地膜和品种选择　选用幅宽 170 cm、厚度为 0.01 mm 的可控性降解地膜为宜。品种选用内单 314、KX3546 等耐密抗倒品种。

（3）覆膜、播种　采用 190 cm 带型，每膜种植 4 行，大行 50 cm，小行 40 cm。株距为 23 cm，每亩留苗 6 017 株；株距 27 cm，每亩留苗 5 262 株；株距为 30 cm，每亩留苗 4 677 株。

采用宽覆膜播种机施肥、覆膜、播种一次完成，种肥磷酸二铵每亩 20～30 kg、尿素5～10 kg、硫酸钾 20～25 kg、硫酸锌 0.5～1 kg 充分混合后置入肥箱，合理调整施肥铲，做到肥料侧深施，种肥分开。

播期一般在 4 月 25 日至 5 月 1 日。

（4）田间管理

① 苗期管理。出苗后要及时查苗，缺苗处定苗时邻穴留双株。玉米 2～3 片展开叶时间苗，4～5 片展开叶时，即可定苗，留匀苗、壮苗。

② 穗期管理。玉米展开 8～10 片叶的小喇叭口期，结合灌水追施尿素 10～15 kg；玉米展开 12～13 片叶的大喇叭口期，为争取穗大粒多，重施穗肥，每亩追施尿素 15～20 kg，施后浇孕穗水。

7 月上中旬玉米螟发生危害，用 30%的杀螟灵颗粒剂，每株投药 0.2 g 防治。或用高压汞灯、赤眼蜂防治，由植保部门统一组织，分户实施。

③ 花粒期管理。玉米开花授粉期保证灌水 1 次；抽丝后，对出现脱肥早衰地块，每亩用 1 kg 尿素和 0.15 kg 磷酸二氢钾，兑水 30～40 kg，晴天午后叶面喷洒，防叶早衰，提高粒重。

④ 收获。当玉米籽粒乳线消失、苞叶变黄、籽粒黑层出现时，已达到生理成熟，可适时收获。

6. 注意事项

（1）整地时要做到地平土碎　地块的平整度不够，会造成机械下籽时产生空穴，出现缺苗，密度达不到技术指标。

（2）经常检查地膜　播种后如发现地膜有破损通风的地方，要及时用细土封严（包括放苗口）。

（3）及时查苗　玉米出苗后要及时查苗。如有缺苗，在相邻穴留双株，出现错位的玉米要及时开口放苗。选择阴天突击放，晴天早、晚放，大风不放苗。苗放出膜后，用细湿土把放苗口封严，以防透风漏气、降温跑墒和杂草丛生。

十四、玉米全膜双垄沟播抗旱节水高产技术

1. 技术名称　玉米全膜双垄沟播抗旱节水高产技术

2. 技术目标　干旱是导致内蒙古广大旱作玉米区稳产的首要因素，全膜双垄沟播技术集地膜覆盖、大小垄种植和垄沟种植于一体，具有覆盖抑蒸、膜面集雨的作用特点，能够最大限度地提高旱作区的水分利用效率，保证稳产。通过 5 年的示范推广，平均亩产 868 kg，较常规栽培亩增产 201 kg，增产率 26.1%，亩增效 200 元左右。

3. 应用范围　东北平原西部、内蒙古旱作农业区及不能充分灌溉的缺水地区。

4. 栽培模式　见图 17 - 11。

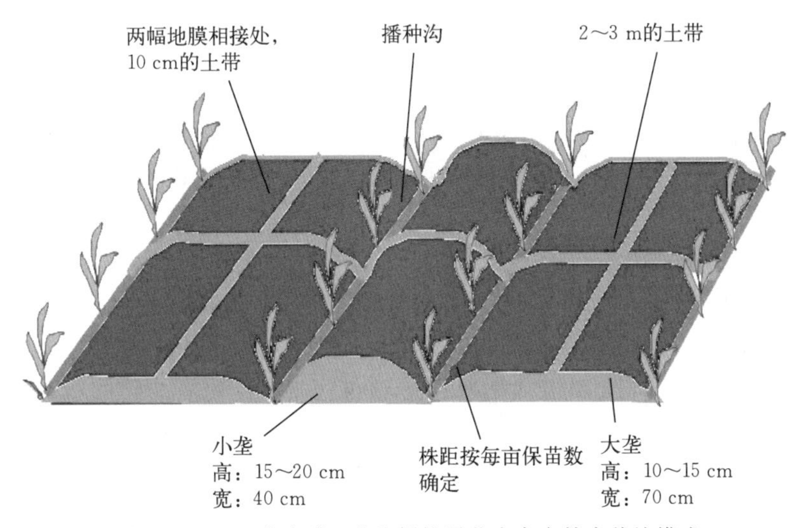

图 17 - 11　玉米全膜双垄沟播抗旱节水高产技术栽培模式

5. 具体措施

（1）播前准备

① 选地整地。选择地势平坦、坡度 15°以下地块。每亩施优质腐熟农家肥 2 000～3 000 kg，翻耕整地前均匀撒在地表；3 月上中旬顶凌期浅耕平整地表，做到“上虚下实无根茬、地面平整无坷垃”。

② 起垄、覆膜。起垄前每亩施 64%磷酸二铵 20～25 kg、50%硫酸钾 15～20 kg、硫酸锌 1.0～1.5 kg 或玉米专用肥 80 kg，结合起垄深施入土。

梯田地按种植走向开沟起垄、缓坡地沿等高线开沟起垄。大小垄双行种植，大垄宽60～70 cm、高 10 cm，小垄宽 40 cm、高 15 cm，幅宽 100～110 cm，每幅垄对应一大一小、一高一低 2 个垄面。要求垄和垄沟宽窄均匀，垄脊高低一致，起垄覆膜连续完成，减少水分散失。

选用厚度 0.01 mm、宽 120 cm 的地膜（提倡使用可控降解膜），沿边线开深5 cm左右的浅沟，地膜展开后，靠边线的一边在浅沟内，用土压实，另一边在大垄中间，沿地膜每隔 1 m 左右，用铁锹从膜边取土原地固定，并每隔 2～3 m 横压土腰带。覆完第一幅膜后，将第二幅膜的一边与第一幅膜在大垄中间相接，从下一大垄垄侧取土压实，依次类推铺完全田。覆膜时将地膜拉展铺平，从垄面取土后应随即整平。

（2）适期播种

① 品种选择。选择株型紧凑、抗逆、高产、生育期积温较当地露地种植品种多 200～300 ℃的品种。

② 播期。地表 5 cm 地温稳定通过 10 ℃为适宜播期，一般在 4 月中下旬；土壤过分干旱时采取坐水播种，为种子萌发创造条件。

③ 播种。种植密度 4 500～5 000 株/亩，采用玉米点播器按设计株距将种子破膜穴播在垄沟内，每穴下籽 2～3 粒，播深 3～5 cm，点播后随即按压播种孔使种子与土壤紧密结合，防止吊苗、粉籽等现象发生。

提倡采用专用全膜播种机，一次性完成双垄开沟、深施肥、全覆膜、播种等作业环节。

（3）田间管理

① 苗期管理（出苗—拔节）。出苗后查苗，破土引苗，间苗定苗、打杈去分蘖。

② 穗期管理（拔节—抽雄）。若没有采取一次性深施技术，在玉米大喇叭口期追肥，一般亩追施尿素 20～25 kg。方法是用玉米点播器从两株距间打孔深施，或将肥料溶解在水中制成液体肥，用壶每孔内浇灌 50 mL 左右。

③ 花粒期管理（抽雄—成熟）。若发现植株发黄等脱肥症状时，应及时追施增粒肥，一般以每亩追施尿素 5 kg 为宜。

（4）适时收获、翻耕　玉米进入蜡熟期适时收获，秸秆收后清除回收残膜，深耕耙耱整地。

6. 注意事项　覆膜后要做好防护管理工作，防止大风造成揭膜。要经常沿垄沟逐行检查，一旦发现破损及时用细土盖严。覆膜后 1 周左右地膜与地面贴紧，此时在垄沟内每隔 50 cm 打 1 个直径 3 mm 的渗水孔以便降水入渗。

十五、玉米大小垄全程机械化生产技术

1. 技术名称　玉米大小垄全程机械化生产技术

2. 技术目标　针对通辽、赤峰广大平原区水浇地，结合吨粮田建设，可提高产量 5%～10%，每亩增产 50～100 kg，每亩增效 80～160 元。

3. 应用范围　东北平原西部、西辽河流域通辽市、赤峰市等平原灌溉区。

4. 栽培模式　采用大小垄种植模式，大垄 80 cm、小垄 40 cm，小垄种双行。

5. 具体措施

（1）合理增加密度　在目前常规种植密度 4 000～4 500 株/亩、收获 3 700～4 000 株/亩的基础上，增加 1 000 株/亩，播种密度 5 000～5 500 株/亩，收获 4 500～5 000 株/亩。

（2）大小垄种植　采用 2BQ-6 型大小垄专用气吸式播种机精量播种，或在传统气吸式播种机的基础上，将播种器调至大垄行距 80 cm（70 cm），小垄行距 40 cm（30 cm），播后镇压保墒，确保全苗。利用 2BQ-6 型大小垄专用气吸式播种机精量播种可使播种、深施肥（10 cm 以上）、侧施种肥（3 cm 以上）一次作业完成。通过采取扩行距、缩株距的办法，每亩可有效增加 1 000 株的种植密度，进而实现在配料投入成本降低的同时，增加 500 穗以上，平均每穗籽粒重量按 200 g 计算，500 穗可实现 100 kg的增产目标。

（3）改种耐密型品种　选用在通辽、赤峰表现良好的耐密、抗旱、抗倒品种，如先玉 420、丰田 6 号、厚德 198、吉农大 259 和金山 28 等，每亩播种量 2.5 kg。

（4）配方施肥　底肥采用玉米专用配方肥，总养分含量在 45%以上，每亩用量 25 kg 以上，每亩减少肥料投入 10 元左右。

（5）改人工种植或小四轮种植为大型机械化作业　此措施提高农机作业效率，提高播种质量。小型播种机播种，作业效率低、稳定性差，播种时丢种严重，是目前玉米主产区缺苗断垄现象的主要原因。通过推广使用大型播种机精量点播，可有效提高作业效率，有效地提高播种质量，确保示范区苗齐、苗匀、苗壮。

（6）加强玉米螟统防力度，虫口夺粮　玉米螟统防统治是确保粮食产量的关键，重点是春季采取白僵菌封垛的办法防除玉米螟，拔节期后，在玉米螟成虫产卵初期，采取释放赤眼蜂防除玉米螟，大喇叭口期采取自走式高架喷雾器喷施高效低毒的药剂防治三代玉米螟。玉米螟防治要坚持统防、联防联治的原则，可获得较好防效。

（7）推广机械化收获　通过引进先进的大型收获机具，提高作业效率，减少损失率，每亩节约用工成本 40～50 元。

第二节　东北地区水稻丰产新技术

一、水稻机插秧增密减氮高产栽培技术

1. 技术名称　水稻机插秧增密减氮高产栽培技术

2. 技术目标　针对当前水稻生产插秧密度低、基本苗和有效穗数不足导致产量降低的问题，开展缩行增密机插秧栽植方式，以增加基本苗数，从而使产量明显增加。产量增加 10%以上，氮肥施用量降低 10%～20%。

3. 应用范围　东北平原中部和南部粳稻种植区。

4. 栽培模式　见表 17-2。

表 17-2　水稻机插秧增密减氮高产栽培模式

时期	返青期	分蘖—穗分化期	灌浆—成熟期
目标	固本发根	前促后控	增穗促早
技术措施	底肥为每亩尿素 10 kg、磷酸二铵 10 kg、钾肥 7.5 kg。密度 23.3 cm×16.7 cm	追第一次蘖肥尿素 10～15 kg/亩，第二次蘖肥尿素 5 kg/亩。分蘖末期，控水晾田，控无效分蘖	浅湿灌溉，适当喷施叶面肥

5. 具体措施

（1）培育适合机插秧的壮秧　一是选择高产优质多抗品种。二是做好晒种、浸种、催芽、播种等环节。三是加强苗床水肥、病害及温湿调控管理，培育壮秧。

（2）施足底肥　底肥每亩施农家肥 2 000～2 500 kg、尿素 10 kg、磷酸二铵 10 kg、钾肥 7.5 kg；或施有机无机复合肥 50～70 kg。撒施后结合旋耕进行深施。氮肥占总氮量的 30% 左右。

（3）确定好移栽期，密度采用密植方式　行距 23.3 cm，穴距 516.7 cm 或 20 cm。株型直立紧凑和株高偏矮的品种，应采用穴距 16.7 cm；反之，株型松散和植株偏高的大穗品种应采用穴距 20 cm。

（4）本田采取合适的肥水管理　密度增加，田间生长容易过旺，因此，必须相应减少氮肥用量，防止造成田间郁闭，加重病虫害发生，氮肥用量与常规栽培法相比要减少 10%～20%。返青后及时追第一次蘖肥，施用尿素 10～15 kg/亩，10～15 d 后，追第二次蘖肥尿素 5 kg/亩。至收获前不再追施氮肥。分蘖期水分管理采用浅湿干节水灌溉，保持根叶活力，分蘖末期及时控水晾田，控制无效分蘖。

进入穗分化期后，宜采取间歇灌溉方式，在保证植株对水分需求的同时，增加土壤的通气性，实现水气交替，提高根部活力，防止叶片早衰，达到以水调气、以气养根、以根保叶的目的。在灌浆期间歇灌溉以湿为主，灌水后自然落干 1～2 d，再灌水；进入蜡熟期后，间歇灌溉以干为主，灌一次水后，自然落干 3～4 d，再灌下一次水。

（5）加强病虫害综合防治　重点防治“二虫三病”（二化螟、稻飞虱、纹枯病、稻瘟病、稻曲病），采用农艺、生物、化学防治相结合的方法，提高防治效率。

6. 注意事项

（1）选用适宜品种　要注意选择耐密品种株型直立紧凑和株高偏矮的品种，如盐丰 47、辽粳 101 等。

（2）水肥要控制好　氮肥用量一定要控制好，宁少勿多。氮肥用量过多，加上水分灌溉过多，容易加重病虫害发生，特别是纹枯病、稻飞虱的发生，有可能导致产量降低。

二、盐碱地水稻无土育秧生产技术

1. 技术名称　盐碱地水稻无土育秧生产技术

2. 技术目标　针对传统床土制备过程中面临的床土资源少、工序烦琐复杂，越来越难以满足育苗床土质和量的需求等问题，提供一种盐碱地水稻无土育秧基质及其育苗技术，解决当前盐碱地水稻育苗床土短缺、秧苗素质差等问题。

3. 应用范围　松嫩平原西部盐碱地稻作区及其他床土资源短缺的北方粳稻产区。

4. 栽培模式　见图 17－12。

图 17－12　盐碱地水稻无土育秧栽培模式

5. 具体措施

（1）基质配制　将珍珠岩和粉状腐殖酸按照体积比 9∶1 的比例配制而成。

（2）品种选择　与常规育秧方法相同，选用优质、高产、抗病、分蘖力强的品种，选择品种不受基质限制。

（3）种子处理　包括发芽试验、晒种、选种、种子消毒和浸种催芽，其操作步骤与常规育苗一致。

（4）置床准备　根据本田种植面积确定苗床面积，无土育秧本田比为 1∶130，苗床必须整平，播种前浇透底水。

（5）播种

① 播种期的确定。与常规育苗相同。

② 铺放专用基质。将调理剂 1 号袋 1 kg 按说明均匀拌入大袋基质（10 kg）中，之后铺放，厚度以 1.5～2.0 cm 为宜，可装软盘或硬盘 30～35 盘，抛秧盘 42～45 盘，平铺育苗 5～6 m^2。

③ 浇水。按照常规喷水，以雾状喷洒为佳，以免冲坏基质和种子，浇透但不呈浆状，防止种子沉底。

④ 播种。将种子均匀地播放在基质上，播催芽种，盘育苗手插秧 40～50 g/盘，或盘育苗机插秧 100～120 g/盘，或钵盘育苗 3～5 粒/钵孔，或旱育苗手插秧 300 g/m²。

⑤ 覆土。基质用作底土，不能用基质覆土，应用盐碱较轻的水田土、山皮土或配制好的常规育苗床土覆盖，厚度以 1.5 cm 左右为宜。

⑥ 苗床封闭。与常规育苗相同。

⑦ 苗床覆膜。与常规育苗相同。

（6）苗床管理　在水稻秧苗 2 叶期左右，将调理剂 2 号袋（1 kg）与细土或细沙（2 kg）拌匀，待秧苗无露珠时均匀撒在 5～6 m² 的床面上，之后浇水或灌水。苗床其他管理与常规育苗相同。

三、寒地水稻工厂智能化育秧技术

1. 技术名称　寒地水稻工厂智能化育秧技术

2. 技术目标　解决目前育秧上存在的浸种标准低、催芽设备简陋、封闭式大棚多、秧田播种量大、育秧工作烦琐、劳动强度大等严重影响水稻秧苗素质提高的问题。该技术应用后能提高水稻秧苗素质，壮秧率明显提高。

3. 应用范围　东北平原寒地粳稻及育苗移栽种植区。

4. 栽培模式　见图 17－13。

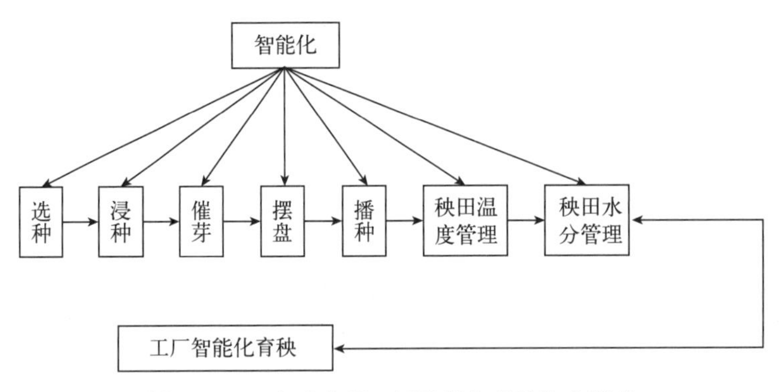

图 17－13　寒地水稻工厂智能化育秧技术模式

5. 具体措施

（1）选种　普通清选机选种仍有 8%～12%的不合格种子；精密比重清选机选种仍有 4%～6%的不合格种子，为此垦区自主研发并推广应用智能盐水选种设备，效果十分明显。

（2）浸种、催芽　温度的一致性是影响浸种、催芽质量的决定因素。为全面提高芽种质量，垦区自主研发并推广应用智能程控浸种催芽设备，达到浸种温度的一致性和准确性。

（3）秧田播种　垦区示范推广了智能程控播种机。该技术计量准确、播量均匀，从根本上解决播种环节的难题。

（4）规范化秧田建设　以培育壮秧为目的，以便于管理为重点，根据水田的分布状况，选择平坦干燥、背风向阳、排水良好、土壤偏酸、土质肥沃、无农药残留、交通方便的旱田地，按水田面积的 1%～1.25%的比例，建设规范化大棚高台育秧基地。

(5) 秧田管理

① 旱育壮苗标准。旱育中苗叶龄3.1～3.5叶，秧龄35 d左右，地上部分“33118”，即中茎长3 mm以内、第一叶鞘高3 cm以内，第1叶叶耳与第2叶叶耳间距1 cm、第2叶叶耳与第3叶叶耳间距1 cm左右，第1叶叶长2 cm左右、第2叶叶长5 cm左右、第3叶叶长8 cm左右，株高13 cm左右；地下部分“1589”，即种子根1条、鞘叶节根5条、不完全叶节根8条、第1叶节根9条突破待发；百株地上部干重3 g以上，要求白根多、须根多、根毛多、根尖多。生产上要求旱育中苗具有10条以上根系，地上百株干重3 g以上。

② 温度管理标准。第一个关键时期：种子根发育期要求棚内温度不超过32 ℃。第二个关键时期：第一完全叶伸长期，棚温控制在22～25 ℃，最高温度不超过28 ℃，最低温度不低于10 ℃。第三个关键时期：离乳期，棚温控制在2叶期22～25 ℃，最高不超过25 ℃；3叶期20～22 ℃，最高温度不超过25 ℃，最低温度不低于10 ℃。第四个关键时期：移栽前准备期，时间3～4 d，以昼夜通风为主。

③ 秧田水分管理。在种子根发育期一般不浇水，在第一完全叶伸长期水分管理除苗床过干处补水外，一般少浇或不浇水，使苗床保持旱育状态。在离乳期水分管理做到“三看”浇水，即：一看土面是否发白和根系生长情况，二看早晚叶尖是否吐水，三看午间心叶是否卷曲。如床土发白、根系发育良好、早晚心叶叶尖不吐水或午间心叶卷曲，则在8:00左右浇水，一次浇透。在移栽前准备期水分管理重点是在保证秧苗不萎蔫的情况下不浇水，控水蹲苗壮根。

④ 秧田管理智能技术。秧田管理智能设备主要使用田间综合参数测控仪对秧田实施监控和管理。田间综合参数测控仪是一种智能设备，可以做集群测量，一套主测控系统可以管理999套分测量系统（999栋大棚），一套分测控系统可以测量4个数据，即空气温度、土壤温度、空气湿度、土壤需水状况；可执行2项控制任务，即通风和浇水。

四、寒地稻草还田培肥地力技术

1. 技术名称　寒地稻草还田培肥地力技术

2. 技术目标　寒地水稻连年耕种，携走土壤中大量有机质，造成有机质逐年减少，地力下降，对水稻可持续发展形成障碍。通过稻草还田，土壤有机质提高，容重下降，土壤理化性质改善，肥力得到维持并逐渐提高，节约化肥和增产效果显著。

3. 应用范围　东北三省及内蒙古粳稻种植区。

4. 栽培模式　见图17-14。

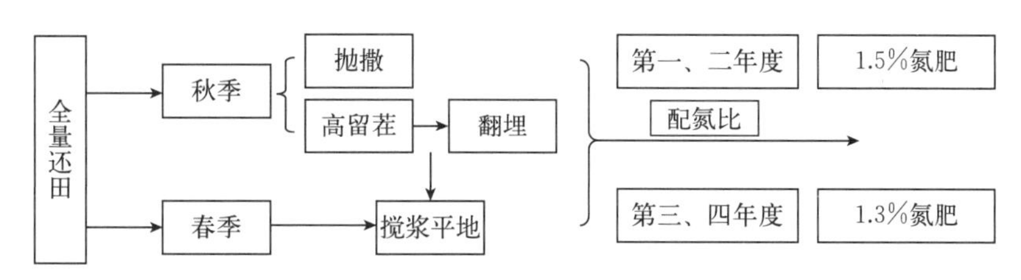

图17-14　寒地稻草还田培肥地力栽培模式

5. 具体措施 寒地稻草还田培肥地力技术确定稻草还田的适宜量、适宜时间，总结出化肥施用方法及土壤理化性状改善程度与节肥效果。与收获耕整地机械配套，实现大面积直接还田，补给土壤大量有机质、矿物质养分，改善土壤结构，培肥地力，改善稻田生态环境，为寒地稻作区培肥地力开辟一条新途径。寒地稻作区，每年适宜还田稻草量 350～650 kg/亩。目前生产水平当年产出稻草可以全部还田。

（1）秋季稻草处理 用久保田、小太郎或 3518、3060、3070 等收割机低茬收割，稻草粉碎 10～15 cm 抛撒；用 JL1075、JL1065、东德 E512、514、叶尼塞等收割机直收，割茬高度 30～40 cm。

（2）秋耕地稻草翻埋 高留茬 30～40 cm 稻草还田的地块，翻耕掩埋效果最好。用大犁深翻掩埋 20～22 cm。秋耕地在秋收后期土壤含水量在 30%左右即开始。

（3）春整地 秋季粉碎 10～15 cm 均匀抛撒的田地，春季配合打浆机进行水整平作业后翻埋。用系列水田打浆灭茬机，把碎稻草均匀混入耕层，解决直接还田的飘草问题。高留茬稻草水整地，稻草直接收获高留茬的，经秋季深翻，春季先旱旋一遍再放水整地。打浆机整过的稻田，田面平坦光滑，稻秸、稻茬，全部被搅入 5 cm 以下泥层中，对保证稻草还田质量和插秧质量十分有利。但使用搅浆平地机整地作业需要注意的是，必须顶凌整地，土层化冻过深，超过 15 cm 则会造成打坞陷车现象。同时，过晚整地泥深，作业效率低。

（4）田间管理 ①氮肥用量，稻草连年还田，氮肥需用量呈下降趋势。还田第一、第二年度，按 1.5%配施纯氮，第三、第四年度，按 1.3%配氮。②稻草还田化肥施用比例，氮肥的基肥：分蘖肥：穗肥为 5：4：1；磷肥、钾肥按常规量使用。磷肥全部作基肥一次性施入。钾肥基肥：穗肥为 6：4。基肥，秋翻之前或春季打浆平地之前施；分蘖肥，水稻返青后立即施用，使肥效反应在盛蘖叶位；穗肥，在倒 2 叶露尖到长出一半时追施。

稻草还田灌溉的基本要求是浅水勤灌，间歇灌溉，适时晒田，以达到增氧壮根、防止秸秆腐解释放出的有害物质过多积累，促进根系发育。

第十八章

黄淮海平原区小麦-玉米一年两熟丰产新技术

黄淮海平原是我国重要的粮食产区，一年两熟是其主要种植制度，粮食作物种植面积和产量占全国粮食作物的21.2%和24.7%。黄淮海平原地处北方暖温带季风气候区，气候干旱、光温不足、灾害频发、降水时空不均，产量易波动。同时，由于耕地面积不断减少，依靠通过扩大种植面积来提高粮食总产和提高农民收入的路子已行不通，提高粮食单产已成为确保国家食物安全的根本途径。如何使粮食稳定高产技术在黄淮海平原大空间尺度上重现而成为现实生产力，制订符合当前生产特点、简洁且规范化的小麦-玉米生产方案便成了提高区域粮食生产能力的现实需求。

第一节 黄淮海平原区小麦-玉米周年丰产高效技术

一、小麦-玉米丰产高效规范化生产技术

1. 技术目标 针对小麦-玉米生产过程中整地播种作业粗放，水肥管理和有害生物防治针对性差，播种和收获时间不适宜而造成单季和周年产量不稳、劳动生产效率不高、资源利用效率低下等问题，研发夏玉米抢时播种适时晚收、冬小麦适当晚播，精细整地与播种，科学肥水管理和病虫草害防治等以机械化为主的规范化技术，实现增加小麦、玉米周年产量，提高水肥利用效率，改善农田环境和实现粮食质量安全的目的。

2. 具体措施

（1）冬小麦阶段

① 玉米秸秆还田。在机械收获玉米的同时或收获后，将秸秆粉碎2～3遍，长度不超过10 cm，铺匀。通过秸秆还田增加土壤肥力，可有效解决农田两熟种植土壤肥力偏低的问题。注意玉米秸秆粉碎还田不能过迟，以防茎秆水分散失影响还田质量。如果想加速秸秆快速腐解，可按每亩2 kg秸秆腐熟剂与适量的潮湿细土混匀后，均匀撒在玉米秸秆上，利用土壤较高的湿度达到快速腐解的目的。

② 施用底肥。根据地力基础和肥源情况，可适量施用有机肥。一般地块化肥可按每亩纯N 7～8 kg、P_2O_5 9～10 kg、K_2O 6～8 kg、硫酸锌1～1.5 kg作为底肥施用，缺硫地区可适量补充硫肥。玉米秸秆还田的麦田可适当增加底施纯N 2～3 kg/亩，平衡土壤碳氮比以提高秸秆腐解速度。施用化肥的质量要符合国家相关标准的规定。

③ 精细整地。隔年深耕或深松 35 cm 以上，上年深耕或深松过的地块，可直接旋耕 2 遍，旋耕深度 15 cm 左右，土壤与秸秆混合均匀，由此促进作物根系下扎，达到土壤水库扩库增容的目的。秸秆还田与隔年深耕相结合技术在黄淮南部雨养两熟区可解决降水资源时空分布与作物需求错位的问题。地下害虫和吸浆虫发生严重的地块，每亩可用 40%辛硫磷乳油 0.3 kg 加水 1～2 kg，拌细土 25 kg 制成毒土，随旋耕作业翻入土中进行土壤处理。深耕、深松或旋耕后耙耱，达到耕层上虚下实，土面细平，确保整地质量，以防造成缺苗断垄。结合整地，修整好田间灌溉垄沟，宽度不超过 0.7 m。提倡采用地下管道或塑料软管输水。对于豫南地区可进行冬小麦的雨养旱作。

④ 种子处理。小麦种子进行精选，并采用专用包衣剂包衣，预防土传、种传病害及地下害虫，特别是根部和茎基部病害。未包衣的种子，应采用药剂拌种。预防根腐病、纹枯病、黑穗病，用 4.8%适麦丹 80～100 mL（或 2.5%适乐时 150 mL），兑水 5 kg，拌种 100 kg，闷种 4～8 h，晾干后播种。发生全蚀病的地块进行药剂拌种，需在以上配方中另加 12.5%全蚀净 200 mL；预防灰飞虱（预防丛矮病、黄矮病）、地下害虫（如蛴螬、金针虫、蝼蛄）及中后期发生的蚜虫，可用 70%吡虫啉粉剂 50～70 g，兑水 0.5 kg 稀释成母液，均匀拌种 10 kg，堆闷 3～4 h 后播种。以上病害和虫害混发区，可根据病虫发生种类选用以上有关杀虫剂和杀菌剂混合拌种，达到一拌多防的效果，但要注意先拌杀虫剂、闷种晾干后再拌杀菌剂，先拌乳剂、待吸收晾干后再拌粉剂的顺序。拌种后的种子不宜久放，要随拌随用。

⑤ 播种。播种前若无有效降水应灌溉底墒水，避免浇蒙头水。冬小麦播种时间在 10 月 7—15 日为宜，黄淮平原南部大穗型品种播量 8～9 kg/亩、多穗型品种 5～6 kg/亩、中北部多穗型品种 12～15 kg/亩，根据品种和播种时间的早晚适当调整播量，一般每推迟 1 d 增加 0.5 kg/亩。

采用 15 cm 等行距机械条播，播种均匀。播种深度控制在 3～5 cm，全田深度一致，保证田间出苗整齐。在此深度范围内，要掌握早播宜深、晚播宜浅，沙土地宜深、黏土地宜浅，墒情差宜深、墒情好宜浅，未包衣的种子宜深、包衣种子宜浅的原则。播种后适当镇压。墒情较差的地块播种后马上镇压，墒情好的稍后镇压。播种期遇阴雨或土壤偏湿的，可待天晴后，土壤表层干燥至略呈白色时镇压。如果土壤一直潮湿至出苗以后，但整个耕层仍较疏松，可在小麦 3 叶期以后，土壤表层干燥时在晴天中午或下午镇压。为实现节水，采用小畦灌溉。根据农户田块情况，一般畦宽 4～5 m，长 7～10 m，面积 30～50 m^2 为宜。

对于豫南雨养区，小麦可采用免耕播种，用免耕播种机一次完成破茬开沟、施肥、播种、覆土和镇压等作业。底肥以等含量的三元复合肥为佳，每亩施用量 40～50 kg，免耕播种时一定要根据适宜墒情，把握好播种深度。

⑥ 冬前管理。出苗后注意防治土蝗、蟋蟀、金针虫和灰飞虱等害虫及田间杂草。灌溉区实施节水栽培，一般不灌冻水，如果土壤墒情较差，在 11 月底至 12 月初浇冻水，每亩控制在 40～50 m^3。麦田禁止放牧。

⑦ 春季管理。起身期：重点防治麦田草害和纹枯病及麦蚜、麦蜘蛛等。同时预防晚霜冻害。拔节期：进行春季第一次灌水，用耧穿施或随水追施纯 N 7～10 kg。若此时遇雨则趁雨追氮。拔节盛期过后重点防治吸浆虫幼虫。扬花期：进行春季第二次灌水。使用杀虫剂、

杀菌剂混合喷洒防治赤霉病、锈病、蚜虫、吸浆虫等。灌浆期：灌浆期是多种病虫重发、叠发期，重点控制麦蚜，兼治锈病、白粉病以及预防干热风，要做到杀虫剂、杀菌剂、抗干热风制剂和叶面肥“一喷综防”，混合施药施肥促进灌浆提高工效。有条件的灌溉区可考虑早浇“麦黄水”，减轻干热风的危害，也可为夏玉米播种提供较好墒情条件。要及时关注天气预报，掌握天气变化动态，避免浇水和降水重叠。对于优质强筋麦产区，禁止灌溉“麦黄水”，以免造成产量与品质下降。

病虫害安全防治使用的药剂：纹枯病、锈病、白粉病用20%三唑酮、15%或25%三唑酮、15%三唑醇、25%烯唑醇。赤霉病用50%多菌灵、70%甲基硫菌灵、60%甲霉灵、50%多霉威。蚜虫用10%吡虫啉、3%啶虫脒、2.5%三氟氯氰菊酯、10%氯氰菊酯、1.8%阿维菌素。吸浆虫用50%辛硫磷、4.5%高效氯氰菊酯、80%敌敌畏、40%乐果。

⑧ 收获。选用具有麦秸粉碎与抛洒装置的联合收割机进行收获，同时完成小麦秸秆直接切碎，均匀抛撒，达到地不露土、秸秆不成堆的要求。小麦留茬不高于 20 cm，秸秆切碎长度小于 10 cm，为夏玉米机械播种创造良好条件。

（2）夏玉米阶段

① 种子准备。选择覆盖所在地区的国家或省审定的品种，要求耐密植、抗病虫害、抗倒伏且适合机械化作业。播前晒种 2～3 d，为保证幼苗整齐度按大小粒分级，并采取药剂拌种或种衣剂包衣。建议使用较大种子公司生产的经过粒径分级和包衣的玉米杂交种。要求种子纯度达到98%以上、发芽率达到90%以上、净度≥99%、含水量≤13%，发芽势强。

② 精细播种。小麦收获后立即播种夏玉米，时间控制在 6 月 10—18 日，黄淮平原南部区域根据小麦收获时间可适当提前。播种时间过早易感粗缩病、过晚粒重降低。根据农艺条件和玉米机收要求，实行玉米等行距或宽窄行免耕播种。播前要进行机具调试，依据种植密度和土壤墒情，确定播种粒距和深度，并进行试播，达到要求后方可进行播种。若墒情不好，播种后灌溉蒙头水，灌水量控制在 40 m^3/亩左右。避免先灌溉造墒，影响播种机下地作业延误播种时间。

播种时，应采用专门的单粒种肥异位播种机（气力式或勺轮式），作业速度控制在 3～4 km/h，播深 3～5 cm，实现“一穴一粒、一粒一苗、苗齐苗匀”，避免行走速度过快，造成漏播、播深不一致。耐密紧凑型玉米品种密度 5 000～5 500 株/亩，大穗型品种 3 500～4 000株/亩。夏玉米种肥按每亩纯 N 7～8 kg、P_2O_5 5～7 kg、钾 K_2O 10～15 kg、硫酸锌 1 kg施用，随种异位同播。

对于豫南雨养区，小麦机械收获后，将秸秆均匀撒开，每隔 2～3 年进行 1 次深松基础，而后免耕播种夏玉米。

③ 苗期管理。播种后出苗前喷洒除草剂。土壤较湿润时，趁墒对玉米田进行“封闭”除草，严格按照说明书使用除草剂。如果播种时田间已有绿色杂草，播种后可混合适量草甘膦等施用。出苗后的少量杂草可使用茎叶处理型除草剂。要严格选择除草剂种类，准确控制用量，保证均匀覆盖地表、无漏喷、无重喷、无飘移。

出苗前喷洒杀虫剂，杀灭麦茬上的棉铃虫、黏虫、灰飞虱和蚜虫等，防止从上茬作物转移到玉米幼苗上危害。上年发生过粉蚧、二点委夜蛾、瑞典蝇的地块可用高效氯氰菊酯或毒死蜱喷雾防治。

玉米在种子萌发后到3叶期前怕涝，此时降水过多应注意排水。

④ 穗期管理。在拔节时（7～10完全展开叶），采用金得乐（30 mL兑水15 kg）或玉黄金（10 mL兑水15 kg）等化学调控剂进行叶面喷施，以降低玉米植株重心高度提高抗倒能力和减少空秆、秃尖。避免化控剂喷施过晚而抑制穗发育造成产量降低。玉黄金严禁与碱性农药混用，可与中、酸性农药及叶面肥混合使用，最好在晴朗无风天气喷施，若喷后6 h遇雨，可减半补喷。

在12展开叶时，每亩追施10～12 kg纯N以实现穗大粒多，地表撒施可结合有效降水或灌溉进行，等雨则需开沟深施，有条件的地方可采用小型中耕施肥机进行施肥作业。在16～17叶展开时，特别注意防止“卡脖旱”，避免造成抽雄和吐丝困难，而降低穗粒数。

穗期重点防治玉米螟、夜蛾、棉铃虫和黏虫等害虫，生物防治可投放赤眼蜂1次，利用赤眼蜂杀卵，压低一代害虫的发生数量；化学防治可采用菊酯类、有机磷类农药喷雾或采用辛硫磷、毒死蜱、Bt颗粒剂施入玉米喇叭口内防除。

⑤ 花粒期管理。防止抽雄吐丝期间受旱，此时高产或高密田块可酌情追施纯N 3～5 kg。

⑥ 适时晚收。夏玉米收获时间越晚越好，以不影响小麦播种为依据，充分利用9月中下旬光温水资源，通过有效延长灌浆时间提高玉米产量。采用联合收获机作业，秸秆粉碎还田，培肥地力，杜绝焚烧秸秆污染环境。

3. 应用范围 适用于黄淮海平原小麦-玉米一年两熟区。

二、小麦-玉米周年均衡增产“五双”节水高效栽培技术

1. 技术目标 针对黄淮海一年两熟区旱地面积大、旱灾频发严重影响粮食产量的问题，从小麦和玉米品种搭配、施肥方式、土壤耕作、秸秆还田、群体构建等方面进行技术改进，应用后可培肥地力、两熟均衡增产和节水高效。

2. 栽培模式 见图18-1。

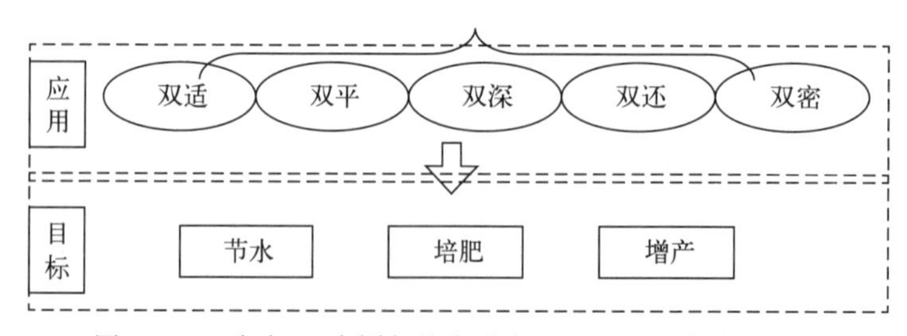

图18-1 小麦-玉米周年均衡增产“五双”节水栽培模式

3. 具体措施

(1) 双适 小麦-玉米适期、适量播种。品种优化搭配：小麦丰产品种＋玉米中早熟耐密丰产品种。适期适量播种：小麦适宜播种期应控制在10月8—15日，基本苗一般控制在每亩10万～20万株。玉米适宜播期应控制在6月10—18日，每亩一般种植4 500～5 000株。

(2) 双平 小麦两茬平播，平衡施肥。冬小麦-夏玉米两茬平播：旱地冬小麦采用等行

距平播（20～22 cm），比其他种植方式增产 5%左右。夏玉米直播，采用“三行靠”播种方式［3 行玉米（小行距 50 cm）与另 3 行玉米间隔 100 cm）］，密度可适当增加到 4 500～5 500 株/亩，产量较等行距增产 10%左右。小麦-玉米平衡施肥：根据目标产量、地力基础确定施肥量，秸秆还田条件下旱地小麦施肥量为每亩纯 N 10～15 kg，P_2O_5 10～12 kg，K_2O 5～7 kg，全部肥料基施。玉米平衡施肥，重施氮肥、适施磷肥、增施钾肥、配施微肥，另外，玉米季节雨水充足，建议使用专用缓释肥。

（3）双深　深（松）耕，深施肥。深（松）耕：旱地小麦土壤耕作采用深耕、深松相结合，消除犁底层增加库容。玉米行间深松，促使玉米根系向纵深方向发育，同时有利于雨季蓄水，可有效解决旱地小麦生长季节与降水季节严重错位的问题。玉米播种前一般 2～4 年深松 1 次。肥料深施：结合深（松）耕作业肥料深施，施肥深度控制在 25～30 cm。肥料深施，促进根深，利用下层土壤水分，保证地上部分对水分和养分的需求。

（4）双还　小麦秸秆还田，玉米秸秆还田。小麦秸秆还田：在小麦收获时，使用待用切碎装置的联合收割机对小麦秸秆进行直接切碎，均匀抛撒。要求秸秆长度小于 10 cm，留茬不能高于 20 cm。玉米秸秆要趁青粉碎，提高粉碎质量，结合深耕和深松，以保证冬小麦播种质量。玉米秸秆适宜还田量为 500～700 kg/亩。

（5）双密　小麦增加亩穗数，玉米增加种植密度。旱地小麦应适当增加基本苗，一般以 13 万～18 万株/亩为宜；适宜播期以后，以密补晚，每推迟 1 d 增加播种量 0.5 kg/亩；秸秆还田的地块应适当增加播量以密度保群体，确保合理的基本苗，旱地小麦后期管理应以抗倒伏为主要目标。玉米单产的提高要以增加种植密度、抗倒伏为核心，每亩株数要达到 4 500～5 500 株。

4. 注意事项　在技术的应用过程中，旱地播种时必须考虑土壤墒情，在适播范围内以“有墒不等时”“时到抢墒播”为原则。另外，在小麦-玉米增加密度时，特别注意群体过大造成的倒伏问题，及早采取化控措施预防。

5. 应用范围　适用于黄淮海小麦-玉米一年两熟区。

三、小麦-玉米“一抢两晚”丰产高效技术

1. 技术目标　针对冬小麦播期偏早，群体过大，易遭受冻害、冷害、倒伏和早衰等不利影响而导致减产；夏玉米收获偏早，籽粒成熟度差，粒重偏低等问题，采用夏玉米适当晚收、冬小麦适当推迟播期的技术策略，实现小麦-玉米周年高产高效。

2. 栽培模式　见图 18－2。

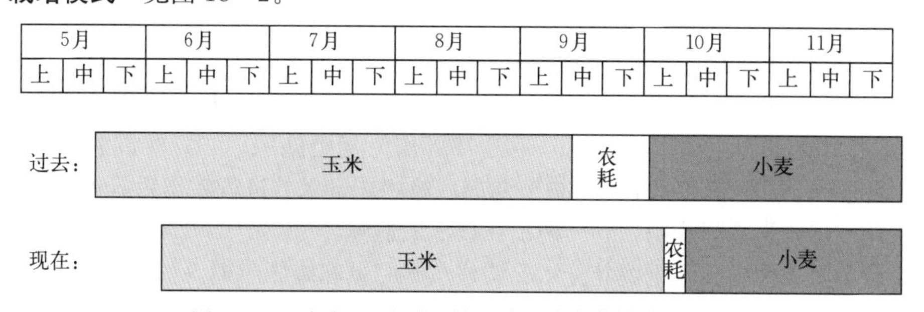

图 18－2　小麦-玉米“一抢两晚”丰产高效栽培模式

3. 具体措施 夏玉米改套种为小麦收获后抢茬直播，播种时间由以前的5月中下旬麦地套种改为6月上中旬机械化抢茬直播，既可避开玉米粗缩病的发生，又可实现机械精量播种，提高播种质量。

冬小麦将以前的9月底至10月初播种推迟至10月7—15日，根据品种和播种时间的早晚适当调整播量，可防治小麦冬前旺长，促进植株健壮，构建合理群体结构，提高小麦产量。

夏玉米的收获时间由以前的9月中下旬改为10月上旬机械收获，充分利用9月中下旬的有利光温资源，通过提高籽粒成熟度即粒重来提高玉米产量。

4. 注意事项 小麦应选择冬性或半冬性高产品种，夏玉米选择中早熟紧凑耐密植新品种。

5. 应用范围 适用于黄淮海中部、北部一年两熟及周边相似地区。

四、小麦-玉米一体化周年统筹养分管理技术

1. 技术目标 针对小麦-玉米生产中的施肥量未考虑前茬作物施肥后效和秸秆还田对养分的补充效应，导致施肥量过大、成本提高、减产等问题，建立小麦-玉米周年统筹养分管理技术，实现周年产量、效益的协同提高。

2. 栽培模式 见图18－3。

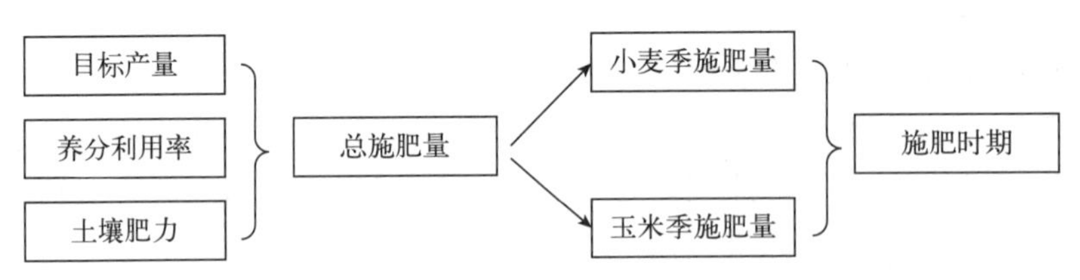

图18－3 小麦-玉米一体化周年统筹养分管理栽培模式

3. 具体措施 小麦-玉米两季秸秆还田，培肥地力。总施肥量计算：综合考虑土壤养分供应量、肥料利用率、收获籽粒养分带出量和秸秆还田的效应，每生产100 kg小麦、玉米籽粒的平均需N 2.4～2.6 kg、P_2O_5 0.9～1.1 kg、K_2O 0.8～0.9 kg，以前3年平均产量加上10%～15%的增产量作为目标产量，根据目标产量计算总施肥量。总施肥量中，小麦季氮、磷、钾肥料量分别占50%、67%和33%，玉米季分别占50%、33%和67%。

小麦季的氮肥50%作为基肥，50%在拔节期追施。其中，在地力水平较高、群体适宜的条件下，分蘖成穗率低的大穗型品种，一般在拔节初期（基部第一节间伸出地面1.5～2 cm），分蘖成穗率高的中穗型品种宜在拔节中期结合浇水追肥。玉米季施氮肥为苗肥（拔节期即第6片叶展开时）用量占40%、穗肥（大喇叭口期即第12片叶展开时）占60%。

小麦季施用的磷肥全部作为基肥；钾肥70%作为基肥施用，30%在拔节期追施。玉米免耕直播条件下，磷肥和钾肥全部于拔节期前后施用；玉米若进行耕作后播种，磷肥的全部和钾肥的50%宜作为基肥施用，50%钾肥在拔节期追施。

4. 注意事项 根据实际土壤养分状况调整总施肥量和施肥时期。

5. 应用范围 适用于黄淮海平原小麦-玉米一年两熟区。

五、小麦-玉米垄作免耕节水高效种植技术

1. 技术目标　针对黄淮海平原粮食产区水资源日益短缺、灌溉方式粗放、农田水分利用效率低下等问题，改传统平作为垄作，改大水漫灌为沟内渗灌，改化肥地表撒施为沟内集中条施，通过配套使用小麦、玉米专用播种机完成起垄播种，形成小麦、玉米垄作免耕节水的生产模式，实现简化生产作业环节、降低成本投入、提高水肥利用效率、增加小麦和玉米产量的效果。

2. 栽培模式　见图 18－4。

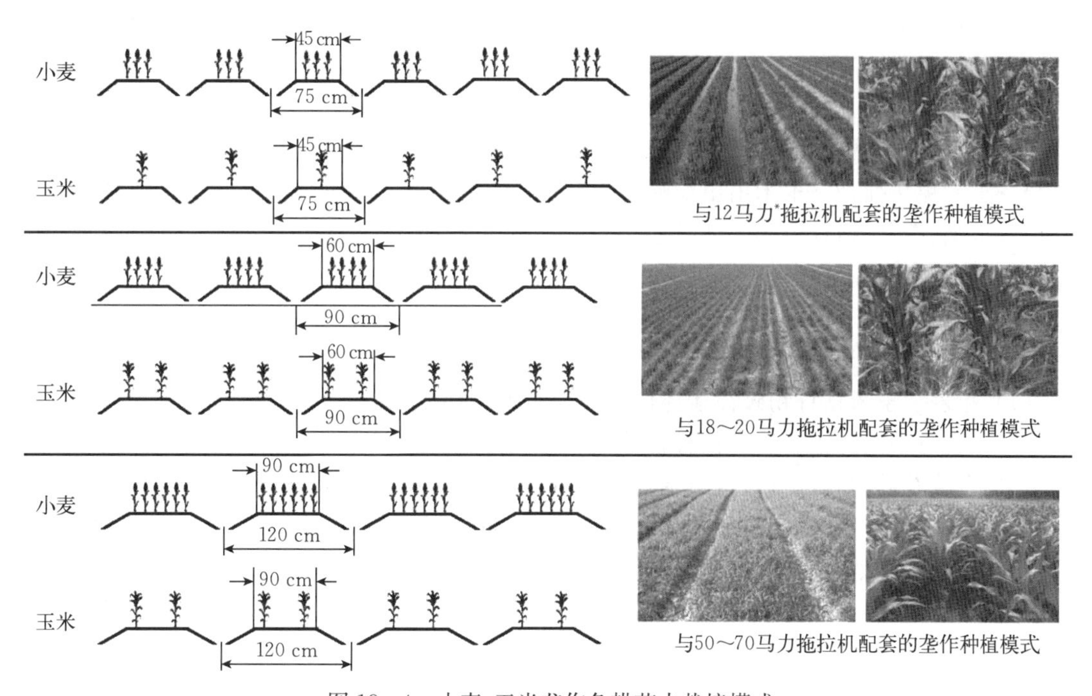

图 18－4　小麦-玉米垄作免耕节水栽培模式

3. 具体措施　玉米收获、秸秆还田后，第一年先进行翻耕整地，小麦播种用垄作播种机完成开沟、起垄、施肥、播种、镇压等复式作业。小麦应选择分蘖成穗率高、抗逆性较强的高产品种。

垄宽度和平均行距根据当地土壤类型、地力水平及生产条件确定。一般垄幅宽 75～120 cm，垄高 15～17 cm。对于中等肥力的地块，可选择 45 cm 垄上种 3 行小麦，60 cm 垄上种 4 行小麦或 90 cm 垄上种 6 行小麦，其对应垄幅宽度分别为 75 cm、90 cm 和 120 cm，小麦平均行距 25 cm。

灌溉时，应在垄沟内进行小水灌溉，水浸润至垄顶后停止灌水，切忌大水漫灌，防止根

* 马力为非法定计量单位，1 马力≈735 W。

际土壤板结。为提高肥料利用效率，应将追肥集中条施在垄沟内，切忌将肥料直接撒在垄面造成肥料浪费。

小麦成熟时机械收获。秸秆还田时，大部分秸秆积累在垄沟底部，起到减少水分蒸发、防止杂草生长和培肥地力的效果。

玉米选择产量潜力高、综合抗性良好的品种，根据行距宽窄和种植密度进行株距配置，使用垄作播种机进行玉米单行或双行播种，播种后肥水管理在沟内进行。

4. 应用范围 适用于黄淮海中南部小麦-玉米两熟区高产水浇条件。

六、雨养区小麦-玉米周年简耕覆盖简化高效生产技术

1. 技术目标 针对黄淮南部雨养区小麦、玉米播种期易干旱、土壤综合肥力偏低等问题，提出以秸秆粉碎覆盖还田保墒为手段，为小麦、玉米适期播种，一播全苗奠定较好的水分基础，同时培肥土壤，达到小麦、玉米丰产生态高效的目的。

2. 栽培模式 联合收割机收获小麦→秸秆粉碎或人工撒开→2～3 年深松 1 次（或隔年深松）→玉米免耕播种→玉米出苗前喷施除草剂→玉米田间管理（病虫害防治、中耕、追肥、除草）→玉米收割、秸秆粉碎（秸秆还田机）→2～3 年深翻一次或表土作业→小麦免耕播种机施肥播种或旋耕播种机施肥播种→小麦田间管理（病虫害防治、中耕、除草）→小麦生长后期化学调控。

3. 具体措施

（1）小麦、玉米秸秆粉碎覆盖还田及深松技术 小麦机械收获后，将秸秆均匀撒开，每隔 2～3 年进行一次深松。玉米秸秆粉碎覆盖还田方式采用玉米秸秆粉碎机进行玉米秸秆粉碎，粉碎在收获后趁青进行，这时秸秆含水量较高，易达到较好的粉碎效果。

（2）免耕播种 小麦免耕播种一般用免耕播种机一次完成破茬开沟、施肥、播种、覆土和镇压作业。由于地面有大量作物秸秆覆盖，所以免耕播种时一定要根据适宜墒情，把握好播种深度。小麦播期同常规种植。播种量应视墒情、播期具体情况而定，以保证基本苗数量。按照以地定产，以产定氮，因缺补磷钾确定适宜的施肥量。施肥一般底肥以等含量的三元复合肥为最佳，40～50 kg/亩。玉米在小麦收获后及时机械化铁茬播种，墒情不足及时补充。

（3）田间栽培管理关键技术 小麦在返青期适当追肥但要控制追肥量以防止旺长，重点在拔节到孕穗期根据苗情追肥，追肥量一般每亩尿素 8～10 kg。后期叶面喷洒 KH_2PO_3 和丰优素促进灌浆。玉米同一般高产地块管理。

（4）杂草、病虫害控制和防治技术 防治病虫草害是免耕覆盖简化高效栽培技术保证小麦高产的重要环节之一。免耕覆盖的农田病虫防治同高产田管理，主要是用化学药剂防控病虫草害的发生。应选择适宜的药剂种类及合理的配方，对作物种子进行包衣或拌种处理；在作物生长发育过程中，要加强病虫害的预测预报，及时防控。

4. 注意事项 玉米季可隔年深松，小麦季可 3～5 年进行翻耕作业；玉米秸秆粉碎要满足免耕播种；病虫害防控环节要及时检测预报。

5. 应用范围 黄淮南部雨养区和生态、生产条件类似的地区。

七、小麦-玉米农田生态健康调控技术

1. 技术目标　针对土壤养分不平衡、施肥技术不当、作物群个体不协调、病虫害严重及倒伏等问题，建立小麦-玉米两熟农田生态健康调控的综合配套技术体系，采用本技术可实现提高肥料利用效率、减少农药施用量、提高产量和保护农田生态环境的目的。

2. 栽培模式　精细整地、精量播种、统一供种、秸秆还田、化肥深施、测土配方施肥、节水灌溉、病虫草害综合防治、促控管理、玉米早播、玉米增密、氮肥后移、叶龄追肥、玉米晚收。

3. 具体措施　具体技术要点："一减一平、二统二精、双促双控、一前一后、一喷三防、一早一晚、一深二追、二增二防、二灌一排"。

（1）"一减一平"　"一减"是减少农田用药量，杜绝高毒农药，推广阿维菌素、吡虫啉、三唑酮、多菌灵等高效低毒农药，健康安全生产；"一平"是测土配方平衡施肥，有机肥与化肥相结合，氮、磷、钾肥与硫肥、锌肥相结合。

（2）"二统二精"　"二统"：一是统一示范品种，以村为单位统一供种；二是统一防治病虫草害，降低农药用量，提高防治效果。"二精"：一是小麦精细整地，提高土壤耕作质量，达到"深、足、细、实、平"标准；二是利用小麦精播耧，适时精量播种，提高播种质量。

（3）"双促双控"　"双促"是小麦冬前促分蘖长根，拔节孕穗期促壮秆大穗。"双控"是小麦返青期控制春季分蘖，减少无效分蘖，抽穗扬花后控制浇水，防后期倒伏。

（4）"一前一后"　"一前"是指小麦灌浆水前提（5 月 15 日后不再浇水），"一后"是指氮肥后移，小麦在施足底肥的基础上，到拔节中后期再追施尿素 10～15 kg。

（5）"一喷三防"　是在小麦生长中后期将杀菌剂、杀虫剂、叶面肥、防干热风制剂混合喷洒，一次喷洒可起到"防病、防虫、防干热风"的"三防"效果。

（6）"一早一晚"　"一早"是玉米抢时早播，小麦收获后及早用玉米精播机播种，最迟在 6 月 18 日播种结束。"一晚"是指玉米适当晚收，以保证小麦播种和秸秆正常还田为原则，确保玉米最大限度成熟。

（7）"一深二追"　"一深"是指化肥深施，玉米田用化肥深施耧追肥，提高肥料利用率。"二追"是玉米按叶龄分 2 次追肥，追肥时间分别在玉米播种后 25 d 和 45 d。

（8）"二增二防"　"二增"一是指增加玉米密度，玉米采取 80～40 cm 宽窄播种，每亩留苗 4 500～5 000 株，较原来每亩增加 500 株左右；二是根据种植密度和产量指标适当增加肥料用量。"二防"一是在玉米 10 片叶时喷洒健壮素，防止后期倒伏；二是在玉米出苗后大喇叭口期防治玉米螟、黏虫、蚜虫、褐斑病等病虫害。

（9）"二灌一排"　"二灌"是在玉米播种后和大喇叭口期浇好 2 次水，确保玉米正常出苗和抽雄；"一排"是指在玉米生长中后期如遇大雨及时排水，确保田间无积水。

4. 应用范围　黄淮海平原小麦-玉米一年两熟种植区。

第二节 黄淮海平原区冬小麦丰产新技术

一、冬小麦节水超高产栽培技术

1. 技术目标 针对黄淮海中北部水资源匮乏的自然条件，以及此前冬小麦亩产600 kg以上超高产的可调控、可重现性差的现状，根据超高产小麦的生物学规律确定关键调控技术，创建冬小麦节水超高产栽培技术体系，实现小麦产量新突破。

2. 栽培模式 该技术体系的要点是：采用15 cm等行距，在不增加播种量的前提下增加播种行数，使田间的植株分布更均匀，提高光能和土地等自然资源的利用率。在保证出苗底墒和安全越冬的前提下，春季浇1～2次水，并随首次灌水追肥。与常规栽培比较，该技术体系用种量和施肥量有所减少，比常规技术体系节省灌水1～2次，每亩节水50～100 m^3。

3. 具体措施

（1）品种选用 选用光合生产潜力高、丰产抗逆的小麦品种。

（2）种子处理 种子进行精选，并采用专用包衣剂包衣或用杀虫剂、杀菌剂拌种。

（3）地力选择 选择有机质含量2 g/kg左右、全氮含量0.9 g/kg以上、碱解氮含量100 mg/kg以上、有效磷20 mg/kg以上、速效钾100 mg/kg以上的土壤。稍低于以上指标的，通过施肥运筹也可以达到。有效锌含量低于1.25 mg/kg的，应施用锌肥（硫酸锌1～1.5 kg/亩）。

（4）保证底墒 播种前无有效降水的，应浇足底墒水，避免浇蒙头水。

（5）施肥技术 根据地力情况确定总施肥量，一般每亩施用纯N 15～16 kg、P_2O_5 9～10 kg。K_2O 10～15 kg。氮肥的50%及磷、钾肥全部底施。需要施用的微量元素也做底肥。

（6）标准化整地作业程序 在机械收获玉米的同时切碎（长3～5 cm）并铺匀秸秆，然后施底肥，深耕整平；或在切碎秸秆后用旋耕机旋耕2～3遍后整地播种。

（7）播种技术 根据播种期确定适宜播种量，保证形成高光效群体。在10月5—8日的适播期内，保证每亩基本苗16万～25万株。采用15 cm等行距播种，播种深度4～5 cm。

（8）播种后适当镇压 墒情较差的播种后马上镇压，墒情好的稍后镇压。播种期土壤偏湿的，可待土壤表层干燥至略呈白色时镇压。如果土壤一直潮湿至出苗以后，整个耕层仍较疏松，可在小麦3叶期以后的晴天中午或下午镇压。

（9）冬前及早做好麦田杂草的化学防治。

（10）实施节水栽培 浇过底墒水的，不再浇冻水。趁墒播种的，在11月底至12月初浇冻水。春季在拔节期和抽穗扬花期灌2次水。

（11）春季随第一次灌水追施占总量50%的氮肥 强筋小麦品种春季追肥分2次施用，其中80%的追肥随浇春季第一水追施，其余随浇春季第二水追施。

（12）生育期间积极采取防灾除害措施 从抽穗到灌浆期，进行1～2次病虫害防治。后期提倡杀虫剂、杀菌剂、抗干热风制剂的“一喷综防”，提高功效。

4. 注意事项 本技术务必与良好的农机技术配套，保证整地质量和播种质量。

5. 应用范围　黄淮海中北部（河北）水浇高产麦区。

二、冬小麦保墒扩容节水技术

1. 技术目标　针对黄淮南部小麦-玉米两熟农田土壤肥力偏低、水肥资源时空分布与作物需求错位的问题，研究形成了“秸秆还田＋隔年深耕”的冬小麦保墒扩库节水技术。应用该技术可有效改善土壤结构，增加土壤肥力，提高土壤蓄水保墒能力。

2. 具体措施

（1）秸秆还田　前茬玉米秸秆于小麦整地前，用秸秆还田机具均匀粉碎，犁地时翻入耕层，能够起到保墒调蓄、增加土壤有机质含量的作用。

（2）隔年深耕（35～40 cm）　既可以防止犁底层变浅（15～20 cm）、影响根系下扎，达到扩库增容的目的，又可降低连年深耕的成本，达到节本增效的目的。

（3）选择适当品种、适量适期晚播　黄淮南部冬小麦应以半冬性品种代替弱春性品种；适当降低农民习惯种植播量（12～15 kg/亩），多穗型小麦品种播量5～6 kg/亩，大穗型小麦品种8～9 kg/亩，中间型小麦品种以6～8 kg/亩；播期适当推迟，在10月上中旬（10月5—15日）抢墒播种，保证下籽均匀，深浅一致，达到苗全、苗匀。

3. 注意事项

（1）秸秆应尽量粉碎，并随整地过程翻入耕层土壤，否则裸露地表会影响苗齐、苗匀和秸秆的腐熟效果。

（2）翻耕之后，旋耕2遍，确保整地质量。做到耕透耙匀，无明暗坷垃，无架空暗沟，地面平整，上松下实，切实保好底墒。保证整地后地表平整，利于小麦苗齐、苗匀、苗壮。

4. 应用范围　黄淮南部小麦雨养区。

三、重穗型小麦超高产关键栽培技术

1. 技术目标　针对重穗型小麦品种依靠单位面积容纳更多穗数实现超高产受限的生产实际问题，选用单穗重2.5 g以上的重穗型小麦品种，并采取以“窄行密植匀播”为核心的配套栽培技术，实现亩产超700 kg的产量指标。

2. 具体措施

（1）培肥地力　较高的土壤肥是实现超高产的重要基础，应选择高土壤肥力麦田，并根据测土化验结果，在前茬作物秸秆还田和增施有机肥的基础上，合理施用氮、磷、钾和微肥，确保小麦全生育期不脱肥、不早衰。

（2）选好品种　选择在保证一定穗数前提下，单穗生产潜力大的小麦品种，且具有较多小穗、穗大粒多、结实性较强，茎秆强度大、弹性好，能够承载较高穗重（2.5 g以上），株型良好，高光效，灌浆速度快、强度大、粒重稳等优点突出的重穗型小麦品种。

（3）窄行密植匀播　依据品种特性，充分发挥单穗高的优势，制定适当增加播量（15 kg/亩），缩小行距（平均行距15～17 cm），提高行内植株分布均匀度，减少株间竞争，促进群个体协调发展，提早群体最大光合值出现期，尽可能提高单位面积成穗数。

（4）强化田间管理 ①培育冬前壮苗。在精细整地、足墒适期高质量播种、确保苗全苗齐苗匀的基础上，培育冬前壮苗，构建群体高起点，争取多成穗。②适时适量追氮。重穗型品种常因分蘖成穗率低，而需在返青至起身期，加大追氮量，以推迟分蘖两极分化过程，促使主茎和大分蘖成穗，提高分蘖成穗率；保证小花发育期间氮素供应，促进穗花发育平衡，减少小花退化，提高结实率。③后期叶面喷肥，延缓衰老，促进光合产物向籽粒转运，提高粒重。

3. 注意事项

（1）培肥地力是基础 高基础肥力不仅符合超高产小麦对土壤营养依赖性强、对施肥营养依赖性低的特点，而且在小麦生育期间采取应变管理措施也较为主动。

（2）选择品种，窄行密植匀播是核心 “株型好、茎秆弹性好、抗倒抗病性能强、穗大粒多、粒重高而稳”是选择重穗型品种的重要指标。通过密植加大播量，窄行匀播，增大个体单位营养面积，减少株间竞争，使群个体和产量结构按预定轨道发展。

（3）强化田间管理 重穗型品种在冬前田间管理上要突出“稳”字，控制分蘖过多。因其分蘖成穗率低、茎秆健壮、根系发达、耐肥性强、穗大粒多、千粒重高等特性，春季管理要抓“狠”，应重点抓好返青至拔节期以肥水促进为主要内容的春季麦田管理；后期管理要抓“准”，重点围绕养根护叶防早衰、延长光合时间，预防籽粒败育，提高灌浆强度，增大粒重的后期一喷三防。

4. 应用范围 该技术只对小麦品种类型要求严格，全国各麦区均可借鉴使用。

四、优质强筋小麦调优高效栽培技术

1. 技术目标 针对同一强筋小麦品种在不同地点、不同年份品质差异较大的问题，在前期研究基础上，制定切实可行的规范化栽培措施，以实现不同地区、不同年际之间小麦优质生产。

2. 具体措施

（1）培肥地力 种植优质强筋小麦的高产麦田，应增施有机肥和夏秋两季秸秆适量还田，持续培肥地力。

（2）选用适宜强筋品种 选择主要品质指标可基本达到强筋小麦标准，且通过国家或省级审定的小麦品种，适宜强筋麦区种植的小麦品种有郑麦 366、西农 979、新麦 26、郑麦 7698、周麦 24、郑麦 9023 等。强筋小麦要求籽粒硬质，角质率>70%，容重≥770 g/L，籽粒蛋白质含量（干基）≥14%，降落值≥300 s，面粉湿面筋含量（14%水基）≥32%，面团形成时间≥4 min，面团稳定时间≥7 min，评价值≥80。

（3）优化施肥技术 优质强筋小麦生产应按照优化投肥结构、优化化肥用量与比例、优化施肥时期与施肥方法的原则，实施“三改一喷”优化施肥技术。即改单施氮肥为氮、磷、钾、硫平衡施肥，改重施底氮为底追并重，改早春追氮为氮肥后移，实施后期叶面喷肥。具体内容包括：①增施氮、磷化肥用量。中高肥力麦田（有效磷 20 mg/kg 以上，速效氮 70 mg/kg 以上）在增施有机肥、实施秸秆还田条件下，一般应每亩施干鸡粪 50～75 kg、纯 N 12～16 kg、P_2O_5 5～8 kg。②减少底氮用量、加大追氮比例。氮肥 3 次施用，以底施：拔节初期追施：孕穗期追施 3：5：2 比例为宜；2 次施肥以基施占 50%，拔节后期追施占 50%为宜。③增施硫肥。土壤有效硫含量低于 12 mg/kg 的麦田，可每亩施纯硫 3 kg 左右。④微量元素根据“缺啥补啥”的原则，有针对性地补施。⑤后期叶面喷肥。在小麦孕穗至灌浆期叶面喷施 0.2%尿素+0.04%磷酸二氢钾溶液，预防干热风、延缓衰老、增加粒重、改善品质。

（4）优化灌水技术　①在足墒播种基础上，一般年份应注意结合追肥浇好拔节水，后期干旱增浇开花—灌浆水。②小麦籽粒灌浆中后期严格控制浇水，尤其不能浇麦黄水，以免影响籽粒产量和品质。

3. 注意事项

（1）注意足量平衡施肥　种植优质强筋小麦的高产麦田，在施肥运筹上，一般每亩施纯 N 14～16 kg、P_2O_5 8～10 kg、K_2O 6～8 kg，并根据土壤缺素状况，适量补施中、微量营养元素。氮肥基追各半，其中拔节期追肥占追肥总量的 50%～60%，孕穗期追肥占追肥总量的 40%～50%。

（2）适时收获　种植优质强筋小麦要注意掌握在蜡熟末期适时收获，防止穗发芽和“烂场雨”，确保丰产丰收。同时，要单收单脱，单独晾晒，单运单储，防止混杂。

4. 应用范围　豫西、豫西北、豫东北、豫中东及相似生态类型区。

五、雨养区小麦中产变高产综合栽培技术

1. 技术目标　针对黄淮南部雨养小麦产区旱涝年季不均、病虫灾害发生较重、小麦生育后期易遇风雨灾害等问题，从秸秆还田、品种选择、播期播量、氮肥运筹及病虫害综合防控等关键技术进行系统集成，实现小麦生产持续丰产高效。

2. 栽培模式　玉米收割、秸秆还田→深耕耙耱、精细整地→小麦适时播种→小麦田间管理（追肥、病虫害防治、中耕、除草）→小麦机械化收获。

3. 具体措施

（1）品种选择　以半冬性品种为主、弱春性品种为辅，种植中、强筋小麦品种。目前适宜的品种主要有矮抗 58、周麦 18、西农 979、郑麦 366、豫麦 49-198、郑麦 9023、豫麦 70-36 等。

（2）种子和土壤处理　进行种子包衣或药剂拌种，预防土传、种传病害及地下害虫，特别是根部和茎基部病害。地下害虫和吸浆虫严重发生地块，可用辛硫磷制成毒土，随耕作翻入土中。

（3）精细整地提高播种质量

① 整地。玉米收获时，及时将秸秆粉碎，并抛撒均匀。一般地块提倡深耕 25 cm，深耕后必须耙实耙透，做到“上虚下实”。特别应注意保墒，确保足墒播种，一播全苗。

② 施肥。亩产 500 kg 以上高产麦田亩施纯 N 14～16 kg、P_2O_5 8～10 kg、K_2O 6～8 kg。

③ 播期播量。半冬性品种 10 月 10—15 日播种，基本苗 20 万株/亩，播量 10 kg/亩左右；弱春性品种 10 月 20 日左右播种，基本苗 20 万～23 万株/亩，播量 12.5 kg/亩。如播种过晚适当增加播量。

(4) 田间管理

① 出苗—越冬。对于口墒较差、出苗不好的麦田在出苗后应及早浇水。对秋冬雨雪偏少、口墒较差且坷垃较多的麦田应在冬前适时镇压，保苗安全越冬。11月下旬至12月上旬进行化学除草。

② 返青—拔节。视群体大小每亩追施尿素8～10 kg，用耧穿施或趁雨施入。返青期重点防治麦田草害和纹枯病，挑治麦蚜、麦蜘蛛，并预防晚霜冻害。

③ 拔节—抽穗开花。抽穗开花期杀虫剂、杀菌剂混合喷洒防治赤霉病、锈病、蚜虫、吸浆虫。

④ 抽穗开花—成熟。重点控制穗蚜，兼治锈病、白粉病和叶枯病。要做到杀虫剂、杀菌剂和混合施药，预防干热风。

4. 注意事项

(1) 秸秆还田和整地环节　要精细整地、踏实土壤。

(2) 播期播量　应适时适量播种，减少冻害发生。

(3) 病虫害防治　要把握最佳防治时间和用药。

5. 应用范围　黄淮南部雨养区或与其生态条件相近的区域。

六、耕层优化、等深匀播、种肥一体化小麦播种技术

1. 技术目标　针对小麦生产中整地、施肥、播种作业环节较烦琐，生产成本较高等问题，通过使用新研制的等深匀播、种肥一体化播种机，实现小麦苗带旋耕、深松、底肥深施、播种、镇压等多个环节一次完成，达到简化生产环节、降低成本投入、增加小麦产量、提高水肥利用效率的目的。

2. 机具作业模式　见图18-5。

3. 具体措施　选择分蘖成穗率高、抗逆性较强的高产小麦品种。

玉米收获、秸秆粉碎还田后，在播期及土壤墒情适宜时，用大功率拖拉机带动本小麦播种机一次完成苗带旋耕、振动深松（深度大于25 cm）、肥料集中深施（施肥深度17～20 cm）、苗带圆盘播种器双行播种（苗带内行距为15～18 cm，田间小麦平均行距20 cm，行距可根据地力水平可进行行距微调，播种深度均匀一致）、播后镇压（实现保墒提质）等复式作业。

播种前进行播种量、播种深度、施肥量、施肥深度调节，确定出理想的行距，以确保播种质量。

4. 应用范围　适用于黄淮小麦-玉米两熟区，其他自然条件相似地区也可使用。

七、旱茬小麦超高产栽培技术

1. 技术目标　该技术针对黄淮南部旱、涝、低温等灾害频发的气候和砂姜黑土易旱、涝、渍的特点，通过优势品种选用、肥料高效运筹、高质量群体构建等技术集成，提高肥料利用率，实现黄淮南部旱茬小麦超高产。

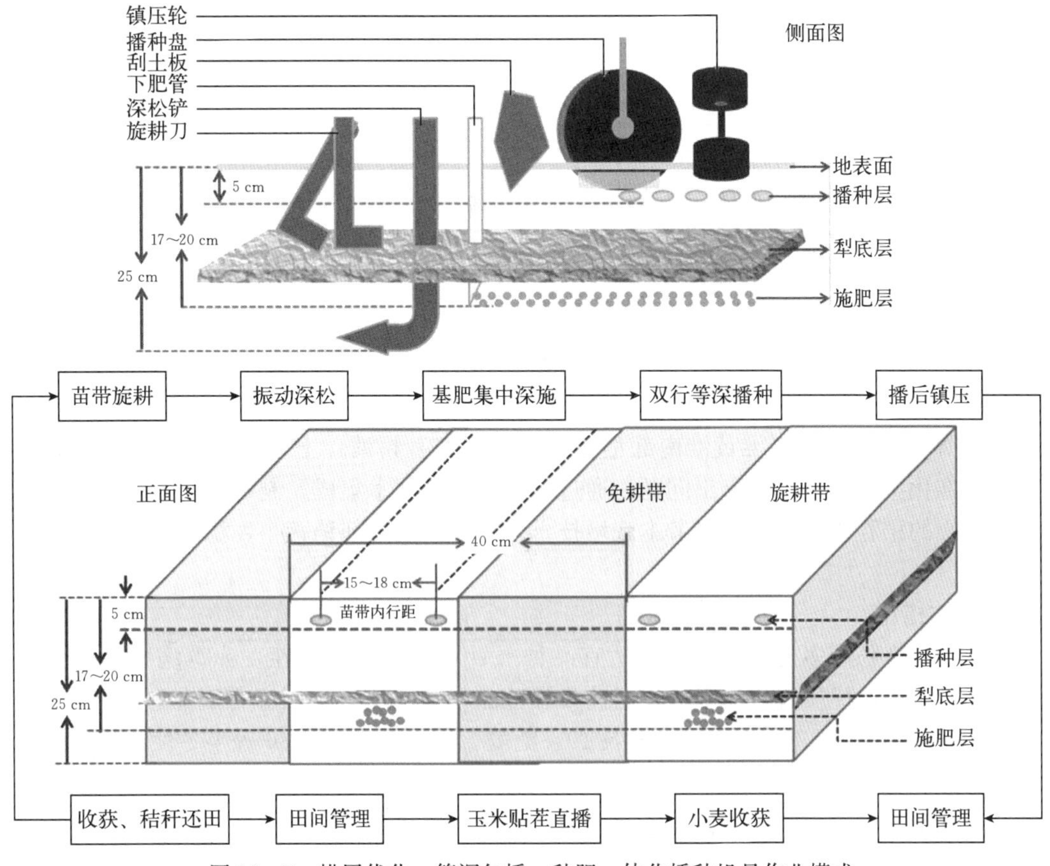

图 18-5　耕层优化、等深匀播、种肥一体化播种机具作业模式

2. 具体措施

（1）选用半冬性品种，发挥品种产量潜力　针对黄海南部麦区过渡性气候的特点，选用具有超高产潜力的半冬性品种，如济麦 22、烟农 19、皖麦 52、周麦 22、连麦 2 号、泛麦 5 号、淮麦 22 等。

（2）“基追并举，氮肥后移”，确保小麦产质同增　根据超高产小麦的需肥特性、土壤供肥特点及产质同增的氮素效应，实施以“基追并举、氮肥后移”为核心的小麦超高产精确定量施肥技术。适宜施氮量为 16～18 kg/亩，适宜的氮素基肥：追肥比例为 5：5～6：4，适宜追施时期为拔节期。磷肥 6～8 kg/亩、钾肥 8～10 kg/亩全部作为基肥。

（3）科学播种，构建高质量群体　为建立小麦高产高效的群体结构，应做到 10 月上中旬播种，亩播种量 9～10 kg，基本苗 11 万～13 万株/亩；10 月下旬播种，亩播种量 11～12 kg，基本苗 12 万～15 万株/亩；行距 20～23 cm，播深 4～5 cm。

（4）全程化控管理，实现抗倒防衰　为确保实现小麦抗倒防衰超高产的目标，返青至起身期喷施以浓度 50%的矮壮素水剂（66.7 mL/亩）为主的抗倒剂，配以 15%的多效唑粉剂（25 g/亩）；返青至拔节期中耕划锄，弱苗适当浅锄，旺苗适当深锄；在灌浆初期和后期结合病虫防治，用 1%～1.5%尿素溶液和 0.3%～0.4%的磷酸二氢钾溶液等，兑水 15～45 kg

叶面喷施，喷施 1～2 次，达到“一喷三防”的效果。

3. 注意事项

（1）为达到精细整地的效果，尽量选用带镇压器的旋耕机械，适时适墒旋耕，旋耕深度达到 15 cm；中小型机械旋耕，应镇压耙实后播种；旋耕田块每隔 2～3 年深耕或深松 1 次，耕深 25 cm 左右，深松以打破犁底层为宜。

（2）中低产田要培肥地力，在秸秆还田的基础上，每亩需增施尿素 3～4 kg，每亩施土杂肥 2 000～3 000 kg 或商品有机肥 100 kg。

4. 应用范围　黄淮南部麦区。

八、稻茬小麦高产稳产节本栽培技术

1. 技术目标　针对沿淮黄淮南部稻茬小麦自然灾害频繁、土壤性状差、农田基础条件薄弱、标准化生产水平低等突出问题，通过试验研究和技术集成，制定以“壮苗、调肥、抗逆”为核心的稻茬小麦高产稳产节本栽培技术，实现黄淮南部稻茬小麦稳定增产、节本增收的目的。

2. 具体措施

（1）以高产稳产多抗为目标选择适宜品种　针对黄淮南部稻茬麦赤霉病频繁发生的现状，选用具有高产优质潜力的半冬偏春性和春性品种，并注意抗耐赤霉病品种的区域布局。沿淮早茬应选用皖麦 52、济麦 22、烟农 19、泛麦 5 号、豫麦 70－36 等半冬性品种，沿淮晚茬应选用偃展 4110、郑麦 9023、阜麦 936、轮选 22 等春性品种。

（2）以精确定量为依据的科学施肥技术　根据稻茬小麦高产优质栽培的需肥规律、土壤供肥特点，以“基追并举”为原则科学施肥。每亩适宜施肥量：N 10～15 kg、P_2O_5 5～6 kg、K_2O 6～8 kg、硫酸锌 1.0～1.5 kg，优质农家肥 2 000～3 000 kg。全部磷、钾、锌肥基施，氮素基追比例为 6：4～7：3，适宜追施时期为拔节期。

（3）以旋耕条播为基础的节本高效播种技术　为建立小麦高产高效的群体结构，推行旋耕整地机械条播技术。选择适宜条播机械，适期、适量、适墒播种。10 月中下旬播种，亩播种量 10～12 kg；10 月底至 11 月上旬播种，每亩播种量 12～15 kg。机械条播，行距 20 cm，播深 4～5 cm。针对稻茬小麦地区渍害涝害频繁，抓好田间“三沟”配套，畦宽 3～4 m，畦沟深 0.2 m、腰沟深 0.25 m、田边沟深 0.35 m，田外沟深 0.6～0.8 m，沟沟相通，开通地头沟。

（4）以减灾避灾为辅助的化控管理技术　高产田块肥水充足，中期群体生长量大，易旺长，后期根系易早衰。在小麦起身期用壮丰安（30～40 mL/亩）或缩节胺（3.5～5.0 g/亩）进行化控，以防后期倒伏。抽穗杨花期重点预防小麦赤霉病，若抽穗期遇到连阴雨，有流行可能时，在 10%小麦抽穗至扬花初期第一次喷药，间隔 5～7 d，第二次用药。灌浆初期和后期结合病虫防治，可用 1.0%～1.5%尿素溶液和 0.3%～0.4%的磷酸二氢钾溶液等，兑水 15～45 kg 叶面喷施，喷施 1～2 次，达到“一喷三防”的效果。

3. 注意事项

（1）草害与病害并重，需注意及时化学防除和防控。

（2）清沟沥水，雨后及时清理三沟，保证内外沟畅通，降湿壮根，防止渍害。

4. 应用范围　适用于黄淮南部稻麦两熟区的小麦生产，其他条件类似地区也可参考使用。

第三节　黄淮海平原区夏玉米丰产新技术

一、黄淮区夏玉米免耕覆盖单粒机播技术

1. 技术目标　针对黄淮区夏玉米免耕覆盖播种质量差、缺苗断垄现象严重、成本高等问题，通过农机农艺结合，实施免耕覆盖单粒机播技术，达到了苗齐、苗壮、苗匀，为实现丰产稳产奠定了良好基础。

2. 栽培模式　见图18-6。

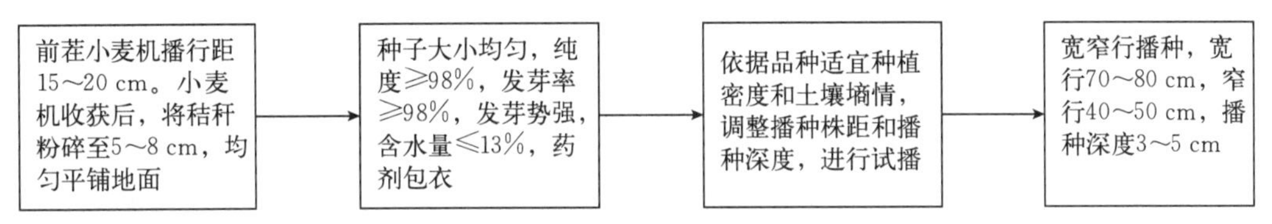

图18-6　黄淮区夏玉米免耕覆盖单粒机播栽培模式

3. 具体措施

（1）要求前茬小麦地平行直、行距15～20 cm，小麦收获后，将秸秆粉碎至5～8 cm，均匀平铺地面。

（2）玉米种子要求大小均匀，纯度≥98%，发芽率≥98%，发芽势强，含水量≤13%，并进行药剂包衣。

（3）玉米播种黄淮平原区可在6月上旬完成，海河平原区最迟不超过6月18日。

（4）依据品种适宜种植密度和土壤墒情，确定播种株距和播种深度。为方便田间管理，建议实行宽窄行免耕机播，宽行70～80 cm、窄行40～50 cm，窄行行间为3行麦茬，宽行行间为4行麦茬。播种深度3～5 cm。

4. 注意事项

（1）小麦和玉米播种机手要匀速直线行驶，确保行距符合要求，防止玉米种子播入小麦根茬。

（2）土壤墒情不足时，播后应及时浇水，确保出苗整齐。

5. 应用范围　适用于黄淮海夏玉米产区，其他条件类似地区也可参考使用。

二、夏玉米简化高效栽培技术

1. 技术目标　该技术针对夏玉米传统精细栽培过于费工、费时、费力，施肥技术落后，

高产品种增产潜力发挥不足等问题，特制定简化高效栽培技术。应用该技术可有效降低夏玉米生产成本，提高水肥利用效率、增加产量和经济收入。

2. 具体措施

（1）选用良种　重点选择耐密植、抗病虫害、抗倒伏和适应机械化作业的夏玉米品种，如郑单958、鲁单981、浚单20、金海5号等。

（2）播前准备　①麦秸切碎直接还田，留茬高度不超过20 cm，麦秸粉碎后小于10 cm，覆盖要均匀。②种子处理。播前晒种2～3 d，按大小粒分级播种，并采取药剂拌种或种衣剂包衣。要求玉米种子的纯度98%以上、发芽率90%以上、净度≥99%、含水量≤13%，发芽势强。

（3）精细播种　实行60～80 cm等行距免耕播种，耐密紧凑型玉米品种4 500～5 500株/亩，大穗型品种3 500～4 000株/亩。玉米播深3～5 cm。适宜播种的田间相对含水量为70%～75%，可借墒播种或播后灌溉“蒙头水”。

（4）科学施肥　配方施肥结合肥料控释技术，建议使用缓控释肥。90 d控释期的肥料可以在播种时一次性施用。施用复合控释肥40～50 kg/亩，深施8～10 cm，严格要求肥料与种子上下垂直间隔距离在5 cm以上，防止烧种。60 d控释期的在拔节以后施用，施用复合控释肥40～50 kg/亩，深施8～10 cm，并且肥料与植株相隔5 cm以上，防止烧苗。

（5）化学除草　一般于播种后出苗前地表喷洒除草剂，玉米出苗后的少量杂草可使用茎叶处理型除草剂。要严格选择除草剂种类，准确控制用量，做到覆盖均匀、无漏喷和重喷。

（6）防治病虫　防治原则为以农业防治、生物防治和物理防治为主，合理使用化学防治，并防止引起人畜中毒事故和环境污染。

（7）合理灌排　玉米生长适宜的土壤相对含水量为播种期75%左右，苗期60%～75%，拔节期65%～75%，抽穗期75%～85%，灌浆期65%～75%。当各生育时期田间持水量低于以上标准时，及时酌情灌溉，高于标准时，及时酌情排水。

（8）适时收获　适当晚收，以不影响小麦收获为原则。采用联合收获机作业，秸秆粉碎还田，培肥地力。

3. 注意事项

（1）选择品种时，除考虑产量潜力外，还应该注意品种应适合当地播种和收获时间、抗当地主要病虫害。

（2）严格掌握种肥隔离和苗肥隔离的原则，防止烧种、烧苗。

（3）除草剂和农药应严格按照产品说明书使用。

4. 应用范围　适用于黄淮海夏玉米产区，其他条件类似地区也可参考使用。

三、玉米条带深旋精量播种技术

1. 技术目标　针对耕层浅、犁底层坚硬、耕层土壤量少（土壤浅、实、少）、玉米根系发育不良、倒伏和早衰明显，严重地制约玉米产量进一步提高的现实问题，在前期大量研究基础上，研制出一种新型玉米条带深旋精细播种机械化技术，实现了打破犁底层、提高播种与出苗质量、有效增加玉米产量的效果（图18-7）。

灭茬深松过程　　灭茬效果　　深松效果

图 18-7　玉米条带深旋精量播种栽培效果

2. 具体措施　主要技术以立式条带深旋碎土装置为核心、配以深层施肥定量侧施、精量播种技术装置，非灌溉区可附加补水与覆膜装置。玉米条带深旋精细播种机要求 50 马力的拖拉机驱动，通过拖拉机后输出轴，经过横轴和变向变速箱推动 2 对共 4 个立式旋刀旋转，条带耕作行深旋 30 cm 以上，打破犁底层，有效地疏松土壤。

条带深旋耕装置连接深侧施肥、精细播种、镇压等装置，可以进行免耕田直接条带深旋精细播种，实现了集中与全层施肥的结合，优化耕层土壤环境，提高肥水利用效率的效果。本技术采用 40 cm 深耕带与 80 cm 免耕带的交错分布，兼顾了两种耕作的优点。多点试验表明，玉米条带深旋精细播种技术能有效控制播种深度并提高均匀度与密度。

3. 注意事项

（1）作业前机器调试　将每个旋耕刀安装在对应的刀轴上，按照施肥要求和播种密度，调试排肥器和排种器。

（2）作业时机器调试　旋耕刀入土前，首先要进行旋转，保证旋耕刀边旋转边入土。等旋耕刀入土到目标深度后，再缓慢向前运行，逐步加速到正常工作速度。

（3）作业过程中调试　随时检查旋耕深度，如深度不够或过深，可以调整中央拉杆的长度，以达到目标深度。

（4）播种过程中调试　及时检查播种深度、覆土情况。如播种过深或过浅，及时调整开沟器高度；如覆土不完全，及时调整覆土盘的高度和角度、镇压轮的力度。

（5）播种完成后检查。

4. 应用范围　全国玉米产区。

四、玉米缩株增密化控高产栽培技术

1. 技术目标　针对玉米生产上由于种植密度的增加而造成冠层内通风透光不良、中下部叶片早衰、光合生产能力下降和易倒伏的突出问题，依据玉米生长特点，合理使用植物生长抗逆型化控剂，能有效玉米抑制顶端优势、促使株体内养分向生殖器官转移，增强植株的抗性、延缓叶片和植株衰老、提高光合作用速率和结实能力，实现玉米提早成熟和大幅增产。

2. 栽培模式 选用紧凑型中高株品种或高株品种，实施矮化定向化控，大小行高密种植。

3. 具体措施 依据“大群体、小个体、高转化”的技术原理，配合大垄双行、均匀栽培、等行距等常规种植模式，通过缩小株距增加种植密度20%～30%。有机肥、氮磷钾等元素施肥量不变，每亩施1 kg硫酸锌肥；拔节期（完全展开叶7～11叶）叶面喷施适量的“缩株增密”技术专用化控剂，其中黄淮海区夏玉米叶面喷施金得乐或玉米伴侣200 mg/kg、东北地区春玉米叶面喷施吨田宝或玉米伴侣300 mg/kg。

使用化控剂后，玉米植株气生根增加、土壤固着力和吸收转化养分能力增强，株高和穗位高度降低、茎皮穿刺强度和抗倒伏强度增大、改善光合产物在两类器官中的分配、提高经济系数和光热水肥资源的利用效率，从而实现玉米高产稳产（图18-8）。

图18-8　使用化控剂对比

4. 注意事项

（1）注意喷施时期及喷施浓度要严格掌握，不可重复喷施。

（2）机具喷施前后要用清水洗净。

（3）喷施药剂时，勿与皮肤、衣物接触。喷药后，应立即用肥皂洗手。

5. 应用范围 全国玉米产区。

五、玉米精量点播技术

1. 技术目标 针对常规条播方式下种子浪费、成本增加以及苗后作业费工费力，不利于规模化种植等问题，通过采用专门的单粒播种机进行播种，实现“一穴一粒、一粒一苗”。可以节省种子、降低成本，简化田间操作，提高群体整齐度，为实现高产打下良好基础。

2. 具体措施 采用专门的单粒播种机（气力式或勺轮式）进行播种，选用高质量玉米杂交种，种子质量符合国家标准，特别是发芽势要高。播种作业速度控制在3～4 km/h。采用单粒点播技术每亩可节省间苗和定苗用工费10元左右。每亩用种量节省1～1.5 kg，增产5%左右。

3. 注意事项 尽量减少田间障碍物的影响，播前做好播种机调试和试播，包衣后的种子要注意增强其流动性。

4. 应用范围 全国玉米产区。

第十九章

长江中下游平原区水稻丰产新技术

长江中下游平原区是我国粮食主产区之一，多元稻作成为中国特色的种植方式，在确保我国粮食安全中发挥举足轻重的实际作用。其耕地面积占全国的20.6%，粮食产量占全国的29%，其中水稻占全国的51.5%、油料占38.7%。然而，长期以来在新气候与生产形势条件下，光温资源配置与利用、土壤酸化与秸秆处理与增肥、群体结构与功能协同等方面科学定量指标综合管控薄弱，制约了周年高产高效绿色发展。长江中下游各省根据各自区域自然资源特点与稻作系统生产情况，创新了一系列栽培技术，取得了良好的增产效果。

第一节　水稻“双超”节氮抗倒栽培技术

水稻“双超”节氮抗倒栽培技术以早晚双季氮高效型超级稻杂交稻品种应用、缓/控释肥应用、钙肥与硅肥施用防倒、抗倒化学调控剂“立丰灵”的应用控倒等为核心技术，集成早稻软盘旱育秧技术、晚稻稀播壮秧技术、改良型强化栽培技术、湿润灌溉强根壮秆技术、病虫无害化控制技术六大常规高产技术，形成“双超”节氮抗倒栽培技术体系。

针对双季超级杂交稻栽培中施氮水平高，后期容易发生倒伏等栽培技术难题，集成以氮高效品种、早播育壮秧、一次性施用包膜缓/控释肥、中期施用“立丰灵”防倒为主体的“双超”节氮抗倒高产高效栽培技术体系。其主要操作要点如下。

1. 品种选择　重点选择生育期偏长的氮高效型中迟熟超级杂交稻品种，增强双季稻的产量潜力和品种的氮肥利用效率。一般早稻适选择115 d以上的品种，晚稻选择120 d以上的品种，早稻选用株两优120、株两优819等品种，晚稻搭配丰优358、丰源优299等品种。

2. 确定适宜播种期　由于早晚双季均采用生育期偏长的迟熟品种，应适当早播才能满足生长的需要，早稻应3月18日前后播种，晚稻在6月18日前后播种。

3. 采用适宜的育秧方式，培育壮秧　根据高产栽培经验，早稻适选用软盘旱育秧，保证苗齐、苗匀、苗壮，并用薄膜覆盖以防早春低温，晚稻适用湿润秧田培育多蘖壮秧。

4. 适当增加基本苗和基本蔸　超级杂交稻最新研究发现有效穗不足是造成超级杂交稻产量潜力未能充分发挥的主要因素，而造成有效穗不足的主要原因是基本苗和基本蔸不足，适当增加超级杂交稻的基本苗和基本蔸是挖掘其产量潜力的主要途径，依品种的分蘖力强弱不同，早稻保证每亩在2.2万～2.4万蔸，每蔸3根左右的基本苗，晚稻保证在2.0万蔸以上，每蔸保证2～3株的基本苗。

5. 统筹施用缓/控释复合肥　采用一次性施用缓/控释复合肥，即在移栽前1～2 d用基肥的形式将肥料一次性施下。缓/控释肥料中的速效和缓释比例以（1～2）：1为宜。肥料总氮量较常规栽培减少20%～30%。

6. 抗倒化学调控剂“立丰灵”的应用 早、晚稻均于水稻拔节前7 d喷施，每亩用量为40 g，兑水45 kg，均匀喷施，既增加超级杂交稻后期的抗倒伏能力，又不改变株型和穗粒结构，实现超级杂交稻的抗倒高产。

第二节 早稻安全直播、双季稻抛栽轻简技术

湘北地区土地肥沃、雨量充沛、光温欠丰、稻田人均面积较大，是湖南稻区的主要商品粮生产基地。但由于温光资源相对不足造成双季稻季节较为紧张，同时由于人均耕地面积较大，加之劳动力外出务工使农业劳动力资源较为匮乏，确保双季稻播种面积和全年稳产丰产是该区需要解决的关键技术问题。进入21世纪以来，直播、抛秧等轻简高效生产技术在该区逐年呈迅速增长趋势，早稻直播、双季抛秧乃至双季直播已占有很大的比例，然而直播和晚稻抛秧技术还存在许多技术难点。该技术针对早稻直播存在的出苗安全性差、生育期推迟、易于倒伏和大面积产量较低的问题，开展了早稻直播品种的筛选、早稻播期播量、施肥技术和抗寒种衣剂等关键技术研究，集成了早稻安全直播安全丰产技术体系，并开展以适合南方稻区的小型机械为主的机械直播安全丰产关键技术研究。针对晚稻抛秧秧龄长、秧苗素质差、前期不发和成熟推迟的技术难点，进行了抛秧型晚稻品种的筛选、晚稻软盘育秧带肥育秧试验和三级控释肥施用技术研究，集成了双季抛秧丰产综合配套技术。

直播专用型品种的筛选为直播栽培选择抗寒、抗倒丰产早熟提供品种保障，从源头降低了直播风险。加大播种量的技术有效克服了湘北地区早稻直播较移栽和抛秧生育期推迟和产量降低的难题，为晚稻丰产、确保全年产量留下足够的空间。研制了早稻抗寒型种子丸化剂技术，引进和筛选细胞膜稳态剂天达2116和抗性诱导剂移栽灵，配合施用可明显缓解苗期低温危害，在连续低温条件下大幅度提高成苗率。提出依苗定肥的分蘖肥施用方法，确保大田合理群体，防止因成苗不足推迟成熟和减产，以及群体过大导致的倒伏。早稻早播早抛为早稻分蘖增加了空间，为晚稻抛秧争取了季节。晚稻软盘带肥育秧显著提高秧苗素质，大幅度提高有效穗数、每穗总粒数和产量，有效解决晚稻长秧龄软盘育秧的秧苗素质差、分蘖发生迟和难以安全齐穗的难题。

第三节 油稻两季双免双高栽培技术

依托油菜移栽技术和水稻免耕秸秆还田技术，通过技术组装集成，形成固定油菜厢沟，实行油菜、中稻双免耕高产栽培技术，即油菜免耕移栽、中稻免耕直播，采取秸秆覆盖还田、节制管水等农田保护性耕作措施。油菜采用双低种、白露播、宽苗床、多效唑、适期栽、合理植、配方肥、必施硼、保优管、综合防的高产栽培技术路线，油菜平均亩产突破200 kg；水稻栽培简化，结合秸秆还田，采用田整平、土浸泡、种播匀、草除净、肥配方、水节管、病综防、虫狠治的高产栽培策略，目标产量750 kg/亩。

成果应用效果及前景：双免栽培中稻和油菜产量分别为585.6 kg/亩和212.3 kg/亩，比

常规栽培增产6.20%、3.26%，亩总产值增加77.5元，增幅4.9%，纯利润增加247.6元，增幅41.90%。双免栽培物化成本高于常规栽培，但明显省工，成本收益率显著提高。与常规栽培相比，双免栽培每亩物化成本增加16.9元，增4.80%，但省工5.4个，用工量只有常规栽培的73.79%，成本收益率增加66.25%，极具在生产上大面积推广的价值。

第四节　水稻精确定量栽培关键技术

1. 进一步研究明确了水稻丰产的共性生育动态模式及相应的定量化形态生理指标　通过淮北、里下河、沿江太湖地区不同质量群体的系统比较，与小面积高产攻关及百亩连片试验等多方面的深入研究，系统揭示了水稻不同栽培方式、不同品种类型的高产群体建成共性规律和个性特征，提出了扩大群体库容、增加充实量、保持正常充实度的丰产途径，并依据此途径重点阐明了不同地区、不同稻作方式、不同类型水稻品种有效分蘖临界叶龄期、拔节叶龄期和穗分化叶龄期3个关键期的共性生育诊断指标。高产群体的有效分蘖临界叶龄期达适宜穗数苗，及时控制无效分蘖发生，至拔节期高峰苗量为适宜穗数的1.3～1.4倍（机插稻与抛秧1.4～1.5倍），至抽穗期实现预期高产穗数，成穗率在80%左右；群体叶色在有效分蘖期应显“黑”，至有效分蘖临界叶龄期叶色开始褪淡，在有效分蘖临界叶龄期起，群体叶色“落黄”（顶4<顶3叶），而穗分化始期（倒4叶出生）至倒2叶期初群体叶色逐步回升，至倒2叶期又显“黑”（顶4=顶3叶），直至抽穗期；抽穗后15～20 d，群体叶色保持“黑”，此后叶色逐步褪淡，至成熟期仍能保持2片以上绿叶。以上述内容为核心，系统化建立了高产群体生育动态模式及形态生理指标体系。

2. 进一步研究明确了精确施氮3参数因品种因施氮水平的变化规律　通过研究长江中下游地区早熟中粳、中熟中粳、迟熟中粳、早熟晚粳和中熟晚粳5类品种不同施氮水平下精确定量施氮3个参数的变化规律，结果如下。①不施氮条件下的土壤基础供氮量即基础产量吸氮量，随水稻品种生育期的延长而增加，计算基础产量吸氮量的参数（即100 kg水稻吸氮量），在中熟中粳、迟熟中粳和早熟晚粳3类型间差异较小，产量为400 kg/亩时为1.58 kg。②施氮条件下，100 kg籽粒吸氮量在中熟中粳、迟熟中粳和早熟晚粳间的变化较稳定，平均亩产500 kg时，施15 kg/亩氮素水平吸氮量为1.86 kg，施20 kg/亩氮素水平吸氮量为2.01 kg；亩产600 kg时，施15 kg/亩氮素水平吸氮量为1.94 kg，施20 kg/亩氮素水平吸氮量为2.08 kg；亩产700 kg时，施15 kg/亩氮素水平吸氮量为1.95 kg，施20 kg/亩氮素水平吸氮量为2.09 kg。说明随着施氮量的增加，100 kg籽粒吸氮量呈增加趋势。③氮肥利用率随施氮量的增加基本呈下降趋势，除中熟晚粳外，表现为随生育期的延长而增加，即在施15 kg/亩氮素水平下5类品种分别为31.32%、37.64%、38.5%、41.08%和38.11%，施20 kg/亩氮素水平下5类品种分别为28.74%、36.13%、37.16%、40.15%和39.42%。④适宜种植主推品种（当家品种）的施氮参数值较高且更趋稳定，说明在合理的品种选择和布局条件下，施氮参数的变化规律性较强。

3. 建立了旱搁田为特征的“浅、搁、湿”定量灌溉模式　通过水稻不同生育阶段的水分处理研究并结合高产田定量灌溉实践，建立了与精确施肥相配套的适合水稻高产优质并节水20%以上的定量化灌溉技术（图19-1）。其特点包括：①活棵分蘖阶段：在薄水（2 cm

左右）机栽后，返青立苗阶段的 2 个叶龄露田湿润灌溉（尤其是秸秆还田），以透气促发根；尔后结合分蘖肥建立浅水层（2～3 cm），并维持到整个有效分蘖期。②搁田阶段：当群体总茎蘖数达到预期穗数的 80%左右（70%～90%），即在有效分蘖临界叶龄期及早断水搁田，采取多次轻搁，达到田边裂细缝，田中土壤沉实不陷脚，群体叶色褪淡显黄，有效控制无效分蘖。③拔节—抽穗—成熟期：实施湿润灌溉，两次灌水之间自然落干，待丰产沟底无水再灌，干湿交替，直至成熟前 1 周。

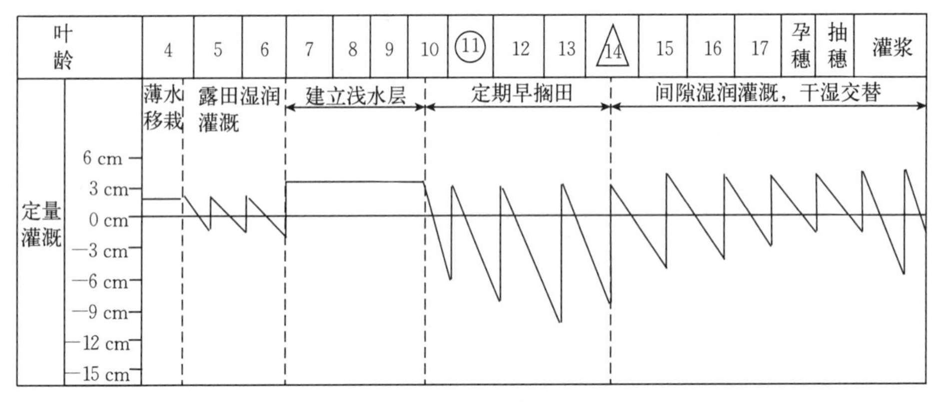

图 19－1　水稻“浅、搁、湿”定量灌溉模式

4. 创立了有我国特色的机插（播）水稻高产精确栽培农艺　针对稻麦两熟制中机插水稻播种迟、秧龄小、个体弱、单位面积移栽苗数多，易造成群体穗数多、穗型小、产量低等突出问题，在苏南、苏中、苏北核心试验区设立品种类型、育秧方式、栽插密度与规格、肥水运筹等专题试验，与百亩连片高产攻关试验及千亩连片集成技术示范验证，系统研明了稻麦（油）两熟条件下机插水稻的生长发育与高产优质形成规律。提出了以足穗与较大穗型协调产出足够的群体总颖花量，并保持正常的结实率与粒重，形成高产结构；以合理增加中期物质生长量为重点，提高后期生长量与最终生物学产量的高产途径。

创新了双膜和软盘营养土、专用基质和泥浆湿、旱育增大秧龄弹性的标准壮秧培育技术，大面积应用了自主设计生产的“富来威”牌国产机动插秧机，探明了机插水稻吸肥规律，建立了机插基本苗定量公式和“一减两增”即减少基肥施氮量、增加分蘖肥用氮量、增加分蘖肥施用次数（分蘖肥由手栽稻的 1 次施用改为 2 次）的氮肥平稳运筹技术。创立了以“标秧、精插、稳发、早搁、优中、强后”为主要内涵的亩产 700 kg 的机械化精确定量栽培技术。主要包括：①筛选出适合江苏主要稻区机插栽培方式的水稻品种武粳 15、宁粳 3 号、连粳 6 号、徐稻 3 号、南粳 44、武运粳 24、常优 1 号、甬优 8 号等。②提出了高产栽培诊断的群体质量指标（产量结构、源库结构、生长动态指标）。③着重研究明确了机插水稻提高秧苗素质与秧龄弹性的技术，以及少本匀插技术。④研究机插水稻吸氮规律与肥料运筹技术（氮肥基蘖肥与穗肥比为 6∶4）。⑤提出了杂交稻稀播稀植高产技术，创造了常优 1 号等亩产 800 kg 的超高产纪录。通过以上的工作，实现了大面积机插水稻亩产 600～650 kg、连片丰产方亩产 700 kg 的高产目标，建成了适应江苏主要稻区的机插水稻配套高产栽培农艺技术体系，有效推动了江苏及我国同类地区机插水稻的发展。

第五节　“精苗稳前、控蘖优中、大穗强后”超高产定量化栽培技术

从高产到更高产再到超高产，生物学产量不断提高（差异显著），而超高产群体的经济系数则与更高产水平相当（0.50 以上），显著高于高产水平；较之高产、更高产，在生育中期（拔节至抽穗期）超高产群体干物质积累量大，抽穗期群体叶面积指数高、株型挺拔、群体质量优 [有效叶面积率、高效叶面积率、总颖花量与颖花/叶（cm^2）、基部节间粗、单茎茎鞘重均高]，在生育后期（抽穗至成熟期），超高产群体光合能力强（叶面积衰减率小，光合势、群体生长率、净同化率高）、干物质积累量高（占生物学产量的 40.0%以上）、茎鞘物质的输出与转运协调 [实粒/叶（cm^2）、粒重（mg）/叶（cm^2）均高]。由高产到更高产再到超高产，群体颖花量不断提高（差异显著），而结实率、千粒重在 3 个产量等级间略有增减（差异不显著）。在安全成熟的情况下，群体颖花量与产量呈极显著正相关；群体颖花量的提高在由高产提高到更高产的水平上，主要依靠单位面积穗数的增加，而由更高产提高到超高产水平，则主要依靠足穗基础上增加每穗粒数。以足量大穗构成群体安全大库容（安全成熟的群体高颖花量），通过保持正常的充实度（即保证常年的结实率与千粒重），从而提高群体库容总充实量是超高产产量构成因素的特征。提出通过强化水稻个体的有效分蘖形成群体足量大穗，以群体结构与株型结构的协调，有效增强群体抗倒能力与拓展库容量、实现源库高水平协调，提高中后期根系活力与氮素吸收量，提高中、后期物质生产力，从而增加最终生物学产量，并保持正常收获指数的超高产形成规律与栽培模式。

创立了“精苗稳前、控蘖优中、大穗强后”的超高产栽培新模式，并明确了相应的生育指标体系。初步提出了水稻超高产栽培的稻田土壤质量精确化、生育进程与季节进程优化同步精确化、器官同伸壮秧培育精确化、群体起点构成精确化、施肥与水分管理精确化的定量指标。进而以上述内容为主体构建了水稻超高产精确定量化栽培技术体系，并因地因种制定了相应的技术规程（淮北地区徐稻 3 号、连粳 6 号，里下河地区武粳 15、南粳 44、宁粳 3 号，沿江太湖地区武运粳 24、甬优 8 号、常优 1 号等），提高了超高产栽培技术的规范化与可操作性。本技术在东海、兴化、武进等地连续 5 年在同方田上实现了亩产 800 kg 以上，刷新了稻-麦两熟条件下水稻攻关试验田（亩产 937.2 kg）和百亩连片（亩产 898.9 kg）高产纪录，充分展示了该成果的巨大增产潜力与广泛的适用性。

第六节　麦（油）茬杂交中稻超高产强化栽培关键技术

四川盆地麦（油）茬杂交中稻超高产强化栽培关键技术，包括选择高光效、偏大穗型高产优质品种；采用无盘旱育秧技术，严格控制其播种密度在 10～15 g/m^2，培育 5～7 叶龄大苗壮秧；采用三角形栽植方式，保证密度（30～40 cm）×（30～40 cm）；实行“减前增后”精准施肥技术；利用“湿、晒、浅、间”控制性节水高效灌溉技术。

创新性的“密中有稀、稀中有密”三角形栽植方式，使田间通风透光条件得以改善，后期光合作用和光合势增强，光能利用率提高，明显的后期生长优势为大“库”提供了足

"源"，是杂交稻穗大粒多的高产潜力得以充分发挥的物质基础；壮秧早栽，稀植壮株，使杂交水稻个体生长优势能得到充分发挥，分蘖发生快而多且单株生长健壮，为超高产群体结构的形成奠定了坚实的基础；分蘖成穗质量提高，穗、粒结构进一步趋于合理和穗部性状的整体优化，实现了杂交水稻超高产的穗足、穗大和籽粒充实良好的结合，是强化栽培水稻在产量构成方面的一个突出特点；控制性湿润灌溉，使水稻根系生长强壮、活力强，尤其是后期根系衰老缓慢，是后期稻株生长和籽粒灌浆的重要保证；后期根健、叶绿、不早衰，光合产物的积累优势和向穗部的有效转运，以及有机肥的增施，是稻米品质改善的重要原因。

第七节 成都平原杂交中稻优质超高产生产技术

针对成都平原蔬菜-水稻、油菜-水稻和小麦-水稻 3 种稻田主导种植制度和一季中稻"前期低温，后期阴雨寡照"的生态特点，以及杂交中稻品质较差等问题，充分发挥自流灌溉、土壤肥沃的良好生产条件，筛选优质、高产、抗倒、抗病的杂交稻品种，通过育秧、栽植、肥水调控、群体优化、综合防治等关键技术的组装配套，提升种田效益和优质化水平。筛选杂交中稻优质高产品种；研究旱育（小、中、大苗秧）三角形稀植强化栽培技术体系；进行技术组装集成研究，优化组装集成成都平原杂交中稻优质超高产生产技术模式。

筛选出适宜成都平原地区种植的优质高产品种 7 个（在成都平原产量比对照汕优 63 或冈优 725 增产 8%以上），即内香 8156、Ⅱ优 498、川香 9838、宜香 2239、川香 907、D 香 707、内香 2550；高产抗倒品种 1 个，即冈优 188；超级稻组合 6 个，即 D 优 527、Ⅱ优航 1 号、Ⅱ优 602、协优 9308、协优 527 和国稻 1 号。

中、大苗强化栽培配套技术：选择杂交稻川香 993、川香 178 两个品种，采用中（4.5 叶龄）、大苗（6.5 叶龄）移栽，按照强化栽培技术模式进行。结果表明：采用大苗三角形强化栽培模式与常规栽培模式的产量及各产量构成因素差异较小，而中苗的增产效果较为显著，说明随着秧龄的增加，强化栽培增产的增产效果降低，必须进行相应的技术改进和技术配套。其配套技术的重点是适宜的培育多蘖壮秧、栽插密度和精量适期施肥。

成都平原免耕条件下强化栽培：以杂交稻新组合内香 2550 为材料，设置了免耕条件下 2 个秧龄（5 叶龄、7 叶龄）、4 种不同栽培方式试验（三角形、宽行窄株、扩行减株、抛秧），采用裂区设计，研究了稻田免耕的适宜栽培方式及秧龄。结果表明，5 叶龄移栽（或抛秧）的产量显著高于 7 叶龄移栽（或抛秧）。5 叶龄移栽时，以扩行减株移栽产量最高，抛秧产量最低；7 叶龄移栽时，以扩行减株移栽产量最高，其次是三角形移栽，宽行窄株产量最低。说明在稻田免耕时，适龄早栽，三角形、扩行减株移栽方式能有效提高水稻产量。

成都平原中大苗强化栽培施钾技术：选用 4 个高产、优质杂交稻组合，设置 3 种不同施钾水平的裂区设计，探索强化栽培模式下不同品种施用钾肥的产量效应。结果表明：不同的钾肥施用水平对各品种的产量效应不同。川香 9838 和 80 优 151 在中钾下产量最高，随着施钾量的增加产量减低；D 优 527 则表现为随着施钾量的增加产量提高；Ⅱ优 7 号在高钾下产量最高，低钾和中钾水平下产量差异不显著。

集成了以旱育（中、大苗秧）三角形免耕强化栽培技术和免耕定抛技术为核心，配套免耕栽培技术、撬窝移栽技术、精确定量分次施肥技术、节水高效灌溉技术及高效用药病虫害防治技术的成都平原杂交中稻优质高产栽培技术模式。

中大苗强化栽培技术和简化旱育秧技术、免耕技术、肥水调控技术等的有机结合，有效解决了迟熟茬口与高产高效的矛盾，为大面积增产增收提供了技术保障；通过核心技术与配套技术的优化集成，形成的技术模式突破了高产与优质、高产与高效、高产与节水、高产与环保的技术矛盾，产量水平和种植效益大幅度提高；技术模式针对成都平原生态特点和稻田种植制度，将创新技术与现有先进技术有机结合，优化集成的技术模式针对性强、成熟度高、推广应用进程快。

第六篇　区域特色模式集成示范

第二十章

东北春玉米、粳稻丰产高效技术集成示范

第一节 黑龙江春玉米、粳稻丰产高效技术集成示范

一、松嫩平原中南部玉米高产高效标准化技术

本模式以高产高效玉米生产技术为核心，大型农机具作业与科学耕作方式密切结合。通过加深耕层深度，改善土壤物理性状，打破犁底层，提高蓄水能力等半湿润区蓄墒、保墒机械化整地技术，提高土壤保肥保水能力；选用品种所需积温比当地有效积温少 100 ℃，玉米品种高产稳产多抗，如郑单 958、先玉 335、丰禾 10、农大 518、东农 252、吉单 261 等。采用机械化精密播种技术，确保每亩保苗在 3 300 株以上；应用机械化中耕技术，加深耕层，提高土壤蓄水、提墒能力；根据土壤供肥状况、品种喜肥特点，确定合理施肥量和施肥种类；施肥应遵循底肥为主、追肥为辅，化肥中氮、磷、钾的比例为 2：1：(0.5～0.8) 2 个原则进行；采用化学除草与人工除草相结合，种子包衣技术防治玉米丝黑穗和地下害虫，应用综合技术防治玉米螟。玉米品种筛选试验和集成示范试验见图 20－1 和图 20－2。

图 20－1 玉米品种筛选试验

图 20－2 集成示范试验

项目制定了《黑龙江省松嫩平原中南部玉米生产技术规范》，修订了《黑龙江省玉米标准化栽培技术规程》(DB23/T 017—2008)，“十五”“十一五”“十二五”在项目区进行示范推广，比普通农田增产 12.0%～14.7%，累计实施面积 3 208.55 万亩，增产粮食 252.83 万 t，增加经济效益 32.06 亿元。

二、松嫩平原中西部抗旱高产高效标准化技术

本模式以抗旱节水保苗玉米生产技术为核心，以提高玉米稳产高产综合能力为目的。采用秋深松、春耙茬整地或者春天顶浆耙茬然后深松的整地方式，蓄水保墒、防止跑墒和散墒的整地方式；选用品种所需积温比当地有效积温少 150 ℃左右的抗旱、稳产高产、多抗玉米新品种，如吉单 27、丰单 1 号、吉单 522、江单 4 号、龙单 26、东农 252 等；采用催芽穴播补水措施等播种方式，确保苗全、苗齐、苗壮，保证每亩有效保苗数达到3 000～3 300 株；重点示范推广机械补水技术和机械化苗带灌溉等节水抗旱技术；根据土壤供肥状况、品种喜肥特点和土壤墒情，确定合理施肥量、施肥种类和施肥时期；采用基肥、种肥、追肥相结合的技术措施，基肥、种肥占总施肥量的 75%，追肥占施肥量的 25%，氮、磷、钾比例为 2∶1∶0.5，适施锌肥。适时深松，改善土壤性状，提高蓄水、保墒能力；采用种子包衣方式来防治玉米黑穗病，通过化学药剂和生物防治相结合的方式防治玉米螟等病虫害。松嫩平原技术模式集成示范与玉米机械收获见图 20－3 和图 20－4。

图 20－3　松嫩平原技术模式集成示范

图 20－4　松嫩平原玉米机械收获

项目实施期间，松嫩平原中西部抗旱综合增产标准化技术在核心试验区、技术示范区、技术辐射区示范应用，示范区产量比普通栽培技术平均增产 15.44%，累计实施面积 2 895.5 万亩，增产粮食 184.61 万 t，增加经济效益 28.44 亿元。

三、三江平原玉米抗低温高产标准化技术

本模式以抗低温冷害玉米生产技术为核心，通过提温、扩库、保肥、促早熟达到提高玉米高产优质目的。应用品种所需积温比当地有效积温少 150 ℃左右的高产稳产、优质、抗病、耐低温玉米新品种，如龙单 38、龙 39、嫩单 10、绥玉 7 号、垦单 5 号等玉米品种；通过使用大型农机具，通过秋季或早春顶浆深翻深耙整地技术，促进早春田间积水的排出和地温的升高；利用精密机械播种技术，实现一次播种保全苗，适当增加密度，每亩保苗达 3 500 株左右，提高光温效率；根据土壤养分状况、品种需肥特点，开展玉米平衡施肥技术，提高化肥利用率，降低生产成本；以化学除草剂为主，结合人工除草，防治杂草，提高劳动效率、降低生产成本；采用种子包衣技术综合防治玉米丝黑穗病和

苗期虫害，利用化学药剂防治田间病虫害；采用综合促控促早熟技术，提高玉米品质和产量。

项目实施期间，松嫩平原中西部抗旱综合增产标准化技术在核心试验区、技术示范区、技术辐射区示范应用，示范区产量比普通栽培技术平均增产 17.3%～20.5%，累计推广面积 450 多万亩，增产粮食 40 多万 t，增加经济效益 7.0 亿多元。

四、黑龙江第一积温区水稻优质高产栽培技术集成

本模式是以优良水稻品种、适宜机插秧育苗与机插密度、酿热物隔寒育壮秧、测土配方施肥及全程机械化生产为技术核心。

在五常、阿城、肇源 3 地累计实施面积 1 149.21 万亩，增产粮食 53.56 万 t，增加经济效益 16.92 亿元。

五、黑龙江第二积温区水稻优质高产栽培技术集成

本模式是以优良水稻品种、优化肥料水平与插秧密度及施肥方式、水稻稻瘟病关键防控、增施微量元素水溶肥料及新型种衣剂为技术核心。

在北林、庆安、宾县、延寿 4 个市（县）累计实施面积 1 501 万亩，增产粮食 76.63 万 t，增加经济效益 24.43 亿元。

第二节　吉林春玉米、水稻丰产高效技术集成示范

一、吉林玉米超高产技术栽培模式

本技术模式主体模式为培肥-精播-增密-防倒-促粒，主要技术内容如下。

1. 均衡施肥　在大量施用优质有机肥的基础上，采用大量元素、中量元素、微量元素肥料配施，分层（基肥＋种肥），氮、磷、钾肥分次相结合的施肥技术。

2. 培肥土壤　深松 25～30 cm，施用优质有机肥。

3. 精密播种　在作物收获后及早整地、施底肥，达到播种状态；播前精选种子；保证播种密度，做到种肥隔离。播种要实现密度与深度的均匀一致。

4. 品种优化　选择先玉 335 等耐密、抗逆、紧凑、出籽率高、结实性好品种。

5. 高质量群体构建　播种前 10～15 d 对种子进行等离子处理，在拔节初期喷施玉黄金，控制基部节间长度；大喇叭口后期喷施壮丰灵。

6. 病虫害防控　种衣剂防地下害虫和丝黑穗病，化学药剂防治玉米螟。

7. 适时晚收　籽粒乳线消失、黑色层出现时收获产量最高。

通过该技术模式可以实现玉米平均增产 25%以上，亩产达到 1 000 kg 以上（图 20－5、图 20－6）。

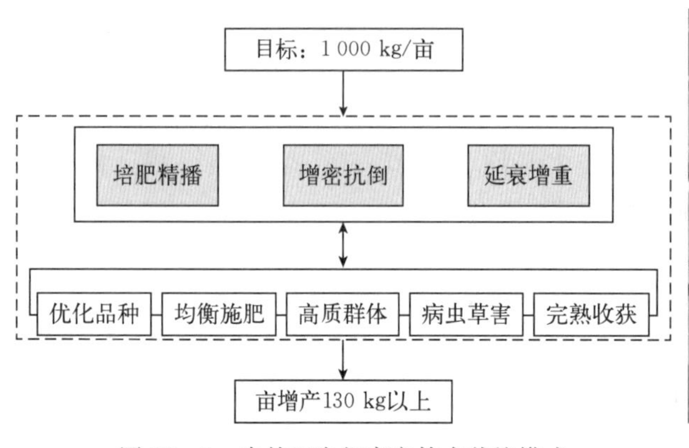

图 20 - 5　吉林玉米超高产技术栽培模式

图 20 - 6　超高产玉米长势

二、吉林半湿润区玉米密植防衰高产高效生产技术模式

本技术模式主体模式为：蓄水-保墒-增密-培肥-抗衰。其主要技术内容如下。

1. 品种优化　以耐密半耐密型的中熟品种为主，搭配中晚熟品种。播种期前，应用等离子体种子处理机处理种子，使用含7%克百威的种衣剂进行包衣。

2. 适时播种　最佳播种期为4月20日至5月5日，使用携式播种器或滚动式播种器播种，保苗量为6.0万～6.5万株/hm^2。

3. 合理施肥　基肥为每公顷施优质农肥25～30 m^3、纯N 50～70 kg、P_2O_5 65～75 kg、K_2O 70～80 kg、Zn_2SO_4 15 kg；种肥为公顷用纯N 9～18 kg、P_2O_5 15～22 kg；追肥为公顷追纯N 110～150 kg。

4. 培肥深松防衰　于6月下旬玉米拔节期，雨季来临前进行垄沟深松，深度30～35 cm，以打破犁底层，疏松土壤，蓄存雨水。

5. 促熟防倒　对于种植密度较大、植株高大的和易遭风灾地块，适期喷施化控产品，防止倒伏。在拔节期玉米8～12片全展叶期喷施化控药剂，防止倒伏。或在玉米抽雄前7～10 d（当抽雄株占10%），使用超低量喷雾器喷施化控药剂，喷施浓度为50倍液。

通过本技术模式实施可以实现平均增产12.5%，亩产达到700～800 kg，化肥利用率提高10.4%，水分利用率提高11.3%（图20-7、图20-8）。

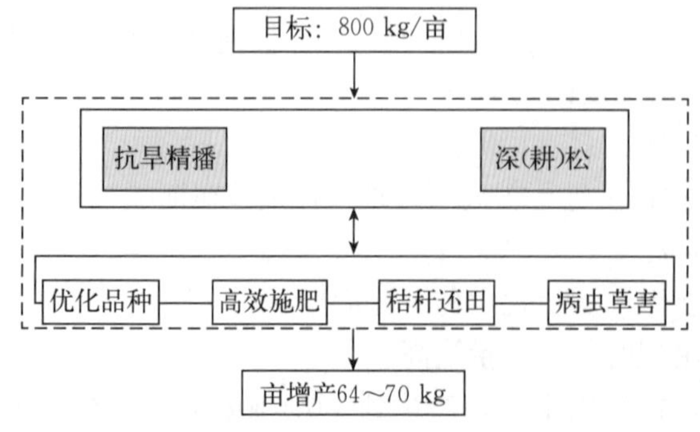

图 20 - 7　吉林半湿润区玉米密植防衰高产高效生产技术模式

图 20 - 8　本技术模式玉米田间长势

三、吉林半干旱区玉米节水保苗高产高效生产技术模式

本技术模式主体模式为：补墒-保苗-节灌-增肥-防病虫，其主要技术内容如下。

1. 品种优化　以中晚熟高抗优质、半耐密型品种为主，水肥条件较好地块以耐密型品种为主。播前使用含克百威、烯唑醇、三唑醇和戊唑醇等成分的多功能种衣剂进行包衣。

2. 精量播种　最佳播种期为 4 月 25 日至 5 月 5 日，采用机械化坐水种的方式进行播种，平展型品种播种密度 4.5 万～5.0 万株/hm^2，半耐密型品种 5.0 万～5.5 万株/hm^2，耐密型品种 6.0 万～6.5 万株/hm^2。水肥充足宜密，水肥条件差宜稀。

3. 合理施肥　氮肥（N）总量应控制在 120～210 kg/hm^2，30%～40%的氮肥做底肥深施，60%～70%的氮肥追施；磷肥（P_2O_5）总量应控制在 60～150 kg/hm^2；钾肥（K_2O）总量应控制在 70～130 kg/hm^2；中微量元素做到合理搭配，查缺补缺；有机肥应保证每公顷不少于 20 m^3，结合整地进行深施。

4. 适时补水　玉米需水关键期出现干旱，每次灌水量及灌水方式如下。播种期灌水 90～120 t/hm^2，机械开沟坐水灌溉；拔节期灌水 200～300 t/hm^2，苗侧机械开沟注水灌溉；抽雄吐丝期灌水 300～400 t/hm^2，隔垄间歇灌溉；灌浆期灌水 300～400 t/hm^2，隔垄间歇灌溉。具体灌水次数与灌水量依据玉米需水规律及灌水前土壤含水量及降水情况确定。

5. 深松蓄水　于 6 月下旬玉米拔节期、雨季来临前进行垄沟深松，深度 30～35 cm，以打破犁底层，疏松土壤，蓄存雨水。

6. 适时化控　对于高密栽培地块、易遭风灾的地块，适期喷施化控制剂，以增加秸秆强度，控制植株高度，预防玉米倒伏，促进早熟。

通过本技术模式可以实现平均增产 10%～15%，亩产达到 600～700 kg。化肥利用率提高 10.6%，水分利用率提高 14.8%（图 20-9、图 20-10）。

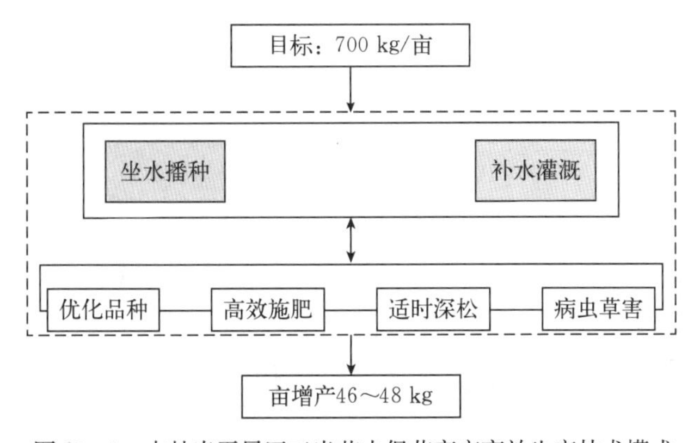

图 20-9　吉林半干旱区玉米节水保苗高产高效生产技术模式

图 20-10　专家田间指导

四、吉林湿润区玉米增密促熟高产高效生产技术模式

本技术模式主体模式为：增密-强源-防倒-保肥-促熟，其主要技术内容如下。

1. 品种优化 以耐密半耐密型的中晚熟品种为主，视降水条件不同，搭配晚熟品种或中熟品种，播种前进行等离子种子处理，使用含克百威、烯唑醇、三唑醇和戊唑醇成分的种衣剂进行包衣。

2. 精量播种 最佳播种期为 4 月 20—30 日，采用机械化精量播种方式播种，深开沟，浅覆土，重镇压，适宜播种密度为 5.5 万～6.5 万株/hm^2。

3. 科学施肥 采用分层分次施肥模式。底肥为每公顷施优质农肥 25～30 m^3、纯 N 55～65 kg、P_2O_5 55～65 kg、K_2O 55～80 kg、Zn_2SO_4 15 kg。种肥为每公顷施纯 N 5～15 kg、P_2O_5 10～15 kg，追肥为每公顷追纯 N 110～150 kg。

4. 深松蓄水 于 6 月下旬玉米拔节期，雨季来临前进行垄沟深松，深度 30～35 cm，以打破犁底层，疏松土壤，蓄存雨水。

5. 促熟防倒 对于种植密度较大、易遭风灾及植株高大的地块，适期喷施化控产品，防止倒伏。在拔节前及抽雄前选择性地进行 1～2 次喷施效果显著。在使用化控产品时，应严格按说明书要求控制喷施时期及用量。

6. 防治玉米螟 防治玉米螟方法较多，主要分两类：封垛和田间防治。主要包括白僵菌封垛、赤眼蜂防治、白僵菌田间防治和化学药剂防治等。在田间防治的多种方法中，赤眼蜂防治要大规模应用方能有效，白僵菌田间防治和化学药剂防治小规模应用也可收到较好的防治效果，选择其中一种方法即可。

通过本技术模式实施可以实现平均增产 10%～15%，亩产达到 700～800 kg。化肥利用率提高 9.6%，水分利用率提高 10.1%（图 20－11、图 20－12）。

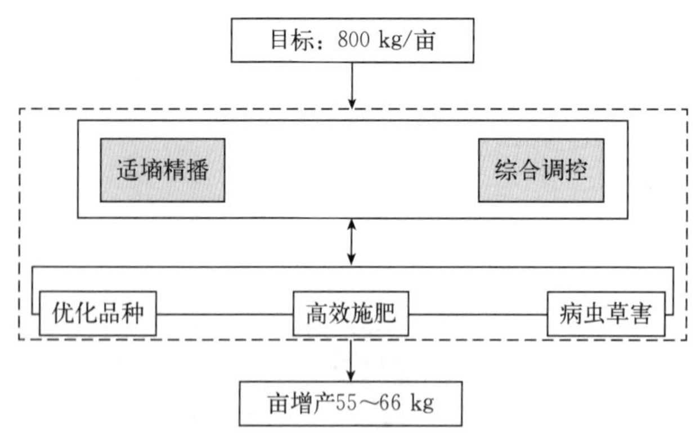

图 20－11　吉林湿润区玉米增密促熟高产高效生产技术模式

图 20－12　玉米分次追肥

五、吉林盐碱区水稻“两段式协同共效”超高产技术模式

针对吉林苏达盐碱水田土壤致密板结、通水透气性差；有机质含量低、供养条件差；低温冷害频发、倒伏严重等问题，提出苏打盐碱水田育苗阶段“一抢三替”技术和本田阶段“三增”技术构建盐碱区水稻“两段式协同共效”超高产技术模式。

育苗阶段采用“一抢三替”技术，即大棚旱育早插抢积温，以中晚熟品种替代中早、中熟品种；以育苗基质替代传统床土，解决盐碱地育苗取土难的问题；以钵形毯状苗机插替代传统机插，解决了插秧后大缓苗的问题。本田阶段采用苏打盐碱水田“三增”技术，即稻草留茬还田增碳、旱整平免水耙增氧、减氮肥增磷肥增抗。通过稻草还田培肥土壤，增加土壤养分提供能力；通过旱平免水耙增氧透气，增加土壤通透性和渗漏性；减氮肥、增磷肥，实现耐冷抗倒，提高水稻抗逆能力。应用该技术模式，2015 年水稻亩产稳定突破 750 kg，达预定目标（图 20－13）。

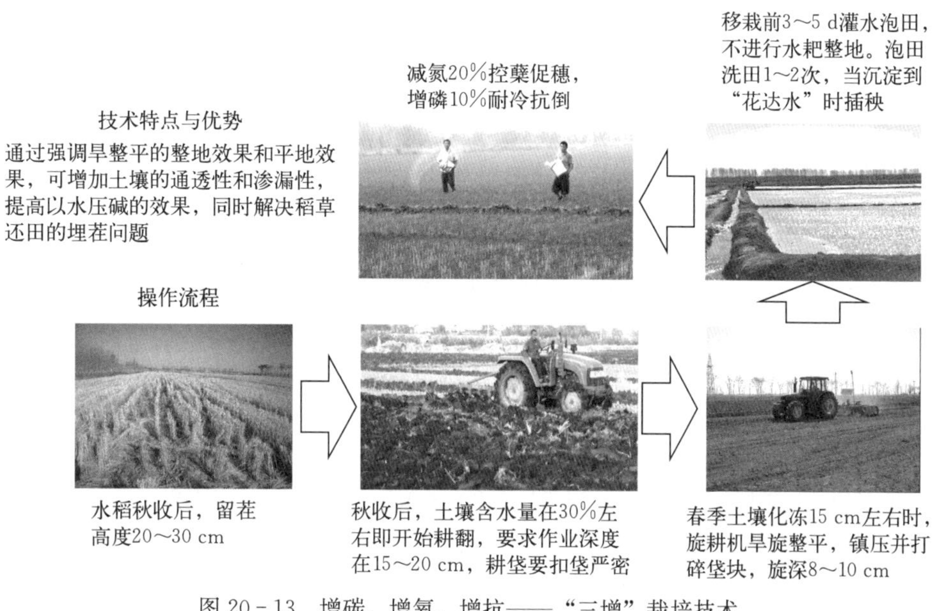

图 20－13　增碳、增氧、增抗——“三增”栽培技术

第三节　辽宁春玉米、粳稻丰产高效技术集成示范

一、辽南湿润区光热高效利用高产技术模式

本技术模式主要模式为中晚熟高产品种＋适度增密＋追钾化控抗倒＋比空种植＋病虫防治。核心技术为中晚熟高产品种、增密种植、追钾化控抗倒，配套技术为比空种植、病虫防治（图 20－14）。

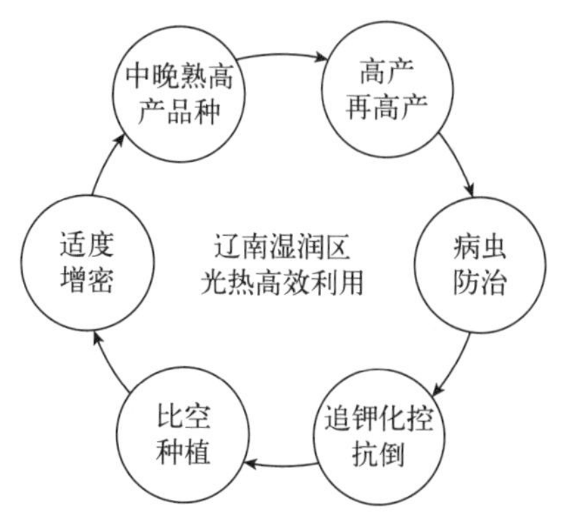

图 20－14　辽南湿润区光热高效利用高产技术模式

以玉米百亩方和千亩方的形式检验该技术集成模式的效果。百亩方完全采用“六统一”措施（统一免费供种、统一拌种、统一播种机械和播种密度、统一肥料品种和使用量、统一药剂除草、统一药剂防虫）。重点采取增密种植，在玉米生育期实施追钾和化控抗倒增产核心技术措施。

在海城市东四方台管理区鸭子泡村百亩方 14 户

108 亩，千亩方 91 户 1 100 亩。品种选择东单 80，3 500 株/亩（保苗 3 200 株）；东单 90，3 300 株/亩（保苗 3 000 株）；宁玉 309，4 300 株/亩（保苗 4 000 株）；丹 402，3 500 株/亩（保苗 3 200 株）；海禾 17，3 500 株/亩（保苗 3 200 株）；丹玉 99，3 300 株/亩（保苗3 000 株）。采用二比空、四比空种植方式，实行统一免费供种，统一防治玉米螟虫。全部过程实现机械化操作。百亩方测产结果是东单 80 亩产 815.4 kg，宁玉 309 亩产 972.6 kg，两点平均亩产 894 kg，比目标产量 850 kg/亩多 44 kg。千亩方东单 80 亩产 776.2 kg、宁玉 309 亩产 929.5 kg，合计平均亩产 852.3 kg，比目标产量 800 kg/亩超 52.3 kg。在灯塔沈旦镇大台村百亩方 14 户 110 亩，千亩方 142 户1 000.2亩。品种选择明玉 2 号、东单 60、东单 80、丹玉 99、金刚 12、郑单 958，种植密度 4 000 株/亩。种植形式以四比空为主，实行半株距单粒点播（如种植 4 500 株，半株距单粒点播就种植 9 000 穴，定苗时根据出苗情况适当中间拔掉 1 株），采取比空或疏密种植形式；百亩方平均产量为 891.66 kg，千亩方平均亩产 865.13 kg。在台安大面积示范 3 000 亩。种植品种为郑单 958，4 800 株/亩，丹玉 603、丹玉 202 为 4 200 株/亩。示范内容主要包括深耕深松，打破犁底层，缩距增密种植，追钾肥、化控防倒和大垄双行疏密种植等配套新技术，示范推广全程机械化模式。测产结果是：郑单 958 平均亩产 825.5 kg，比当地普通田增产 12.1%。丹玉 603 平均亩产 812.3 kg、丹玉 202 平均亩产808.8 kg，分别比普通田增产 10.3%、9.83%。

2015 年，在辽南区海城建立“百亩方”，种植形式为一穴三株，密疏疏密四比空，清种等。海城百亩方平均亩产 814.5 kg。核心区 2 000 亩，在海城耿庄镇侯屯村、崔庄村、南台镇后柳村、西柳镇东柳村，平均亩产 775.8 kg。示范区海城市 8 万亩。种植形式以四比空、二比空、清种，平均亩产 674.2 kg。辐射区海城市 90 万亩。种植形式清种为主。平均亩产 631.9 kg。

辽南湿润区光热高效利用高产技术模式示范现场见图 20－15。

图 20－15　辽南湿润区光热高效利用高产技术模式示范现场

二、辽北中熟区增密度促早熟技术模式

针对该地区玉米生产中存在的品种多而杂、种植密度严重不足、耕层浅、地力持续下降和施肥不合理造成早衰严重等实际问题开展了中熟高产品种筛选、增密种植、深松和培肥地力等研究，在此基础上提练出辽北中熟区增密度促早熟技术模式。

本技术模式主要内容为：高产中熟品种＋增密种植＋中耕深松＋培肥地力＋增钾分氮＋病

虫防治→稳产高产，核心技术为增密种植、中耕深松、培肥地力，配套技术为增钾分氮、病虫防治（图 20－16）。

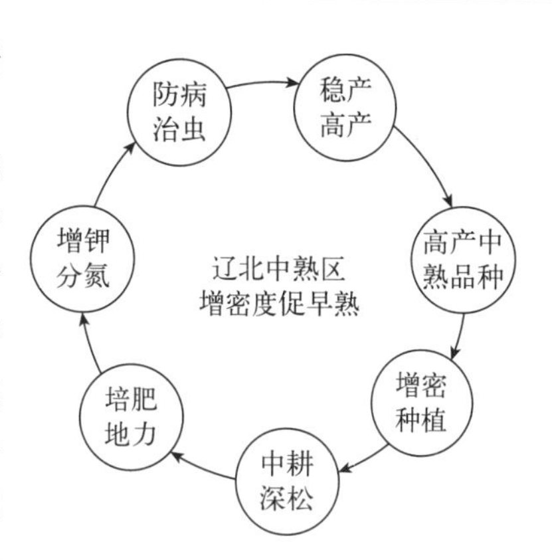

图 20－16　辽北中熟区增密度促早熟技术模式

在项目区百亩方玉米高产栽培的参与试验农户共 23 户，平均产量为 832.4 kg/亩，比当地生产田增产 30.57%，比 800 kg/亩的预期目标高出 4.05%。千亩方（1 200 亩）平均产量 813.9 kg/亩，比当地生产田增产 27.67%，比 750 kg/亩的预期目标高出 8.52%。在辽北项目区百亩方玉米高产栽培的参与试验农户共 21 户，平均产量为 818.2 kg/亩，比当地生产田增产 31.33%，比 800 kg/亩的预期目标高出 2.28%。千亩方（1 500 亩）平均产量 805.7 kg/亩，比当地生产田增产 29.33%，比 750 kg/亩的预期目标高出 7.43%。大幅度增加了玉米产量和农民收入，起到了良好的社会效果，调动了周边农户科学种田的积极性。

2015 年，在昌图县和法库县分别建立了万亩连片高产示范田，技术示范区 30 万亩，建立技术辐射区 270 万亩。昌图县核心区平均产量为 852 kg/亩，100 亩高产田的平均产量为 890 kg/亩；20 万亩技术示范区和 185 万亩技术辐射区的平均产量分别为 832 kg/亩和792 kg/亩。法库县核心试验区平均产量为 658 kg/亩，100 亩高产田的平均产量为 704 kg/亩；10 万亩技术示范区和 85 万亩技术辐射区的平均产量分别为 632 kg/亩和 612 kg/亩（图 20－17）。

图 20－17　辽北生产现场

三、辽西半干旱区节水保苗高产技术模式

针对辽西地区十年九旱、土壤瘠薄、耕层浅、土表径流较重、玉米种植密度过低、产量

不稳定等现实情况，开展耐旱品种筛选、增密种植、抗旱播种保苗、深松蓄水、施肥方法、覆膜增温保墒等集成技术研究与示范，集成了辽西半干旱区节水保苗高产技术模式。

该技术模式主要内容为：耐旱品种＋增密保苗＋深松蓄水＋补水灌溉＋覆膜增温保墒＋病虫防治→稳产高产，核心技术为耐旱品种、增密保苗、深松蓄水，配套技术为补水灌溉、覆膜保墒、病虫防治（图 20－18）。

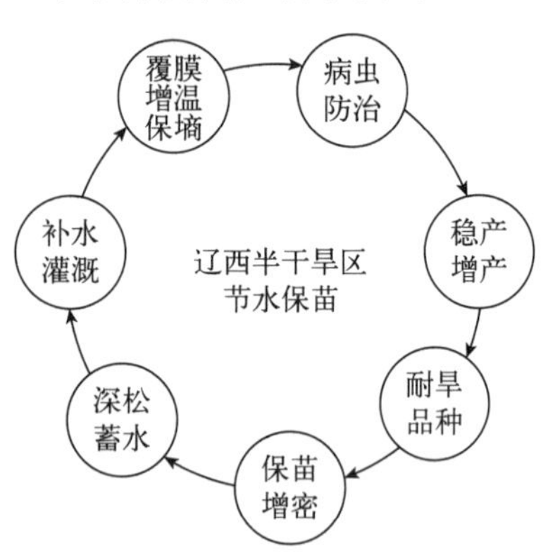

图 20－18　辽西半干旱区节水保苗高产技术模式

在建平县、黑山县、阜蒙县、建昌县和新民市建设百亩方 5 个，品种统一为辽单 565；千亩方 5 个，品种为辽单 565、辽单 31、铁南 1 号、豫奥 3、郑单 958、辽单 526、东单 70、丹玉 85、铁研 26、丹玉 39、丹科 2162、先玉 335、丹科 2151 等。全面或大部分实施了耐旱品种、坐水播种保苗、地膜覆盖保墒增温、中耕深松蓄水、保水剂利用和病虫害统防技术。百亩方的平均产量达到 850.16 kg/亩，超过目标产量 50.16 kg/亩，比目标产量增产 6.27%。千亩方的平均产量达到 793.05 kg/亩，超过目标产量 43.05 kg/亩，比目标产量增产 5.74%。不同时期露地栽培与覆膜栽培示范比较见图 20－19 和图 20－20。

图 20－19　露地栽培与覆膜栽培示范比较（苗期—拔节初期）

图 20－20　露地栽培与覆膜栽培示范比较（拔节期—大喇叭口期）

2015 年，在辽西 5 县建设核心示范区共计 10 000 亩，5 县核心区平均产量为 820.8 kg/亩。共落实超高产田 55 亩，平均产量 1 130.6 kg/亩。建设示范区共计 50 万亩，平均产量 641.0 kg/亩。建设辐射区共计 450 万亩，平均产量 551.64 kg/亩，比 2012—2014 年平均增产 7.2%，累计增产 16 587 万 kg，增加经济效益 33 174.0 万元。

四、辽宁稻区适宜规模化、机械化和标准化生产的高产稳产栽培技术模式

集成并建立辽宁东南沿海稻区、辽河平原稻区和辽宁中部平原稻区高产技术模式。东南沿海稻区高产栽培模式以抗病品种为核心，无纺布旱育苗、大垄双行栽植、控制灌溉、稳氮增硅钾、病虫害综合防治为配套技术。辽河平原稻区高产栽培模式以选用优质高产抗病耐盐

品种为核心，高台育秧、机械化适当增密、减氮增硅叶龄施肥、湿润灌溉、病虫害综合防治为配套技术的栽培模式，在辽河平原三角洲盐碱稻区应用。辽宁中部平原稻区水稻机械化高产栽培模式是以选用优质高产品种为核心，以工厂化育秧、机械化生产、叶龄施肥、控水灌溉、病虫害综合防治为配套技术的栽培模式。

2015 年，在辽中区、盘山县、东港市建立水稻核心区 2 000 亩，平均亩产 733.4 kg，其中建设 100 亩高产试验田，平均亩产 756.8 kg。在辽中、盘山、东港建立示范区 20 万亩，平均亩产 683.5 kg，其中建设万亩高产示范田，平均亩产 710.4 kg。在沈阳、盘锦、丹东等地区建立辐射区 200 万亩，平均亩产 658.2 kg，亩增产 36.7 kg，增产 7.34 万 t，增加效益 2.05 亿元。

2015 年，在 4 个生态稻区共建立节水节肥示范区 2 万亩，辐射区 200 万亩。其中，在东南沿海建示范区 0.4 万亩，亩增产 36.8 kg，总增产 147.2 t；辐射区 45 万亩，亩增产 30.2 kg，总增产 13 590 t，增加效益 0.38 亿元。在辽河平原三角洲地区建立示范区 0.7 万亩，亩增产 43.5 kg，总增产 304.5 t；辐射区 75 万亩，亩增产 33.4 kg，总增产 25 050 t，增加效益 0.7 亿元。在辽宁中部平原稻区建立示范区 0.6 万亩，亩增产 41.7 kg，总增产 250.2 t；辐射区 65 万亩，亩增产 31 kg，总增产 20 150 t，增加效益 0.56 亿元。在辽北平原中早熟稻示范区 0.3 万亩，亩增产 35.6 kg，总增产 106.8 t；辐射区 15 万亩，亩增产 28.4 kg，总增产 4 260 t，增加效益 0.12 亿元。4 个稻区总增产 63 858.7 t（2015 年水稻按 2.8 元/kg 计）。

第四节 内蒙古春玉米丰产高效技术集成示范

内蒙古平原灌区玉米高产高效栽培技术模式以实现内蒙古粮食丰产增效为目标，立足于内蒙古玉米、小麦主产优势区，针对密植群体倒伏早衰、耕层浅结构差、灌溉用水浪费大、养分管理粗放、机械化适宜技术缺乏等关键限制因子，研究解决一批区域性密植安全群体构建技术、可持续增产增效土壤培育技术、水肥高效管理技术、机械化轻简栽培技术、超高产高效协调技术等共性关键技术问题；开展高产攻关研究，为粮食持续增产增效提供技术储备；以此为基础，重点开展核心区、示范区和辐射区的“三区”建设，辐射带动全区玉米、小麦单产和生产效益提升。

在土默川平原灌区和河套平原灌区年辐射推广 100 万亩，玉米亩产达到 650 kg；小麦亩产达到 420 kg，亩增产 20 kg（图 20－21）。

图 20－21 西辽河平原灌区试验田

黄淮海小麦-玉米丰产高效技术集成示范

第一节 河北小麦-玉米丰产高效技术集成示范

一、太行山山前平原区节水型小麦-玉米两熟高产高效技术模式

针对太行山山前平原区光热资源相对丰富、土壤肥沃、水资源日渐匮乏的自然和生产条件，以节水省肥技术为核心，通过优质抗旱高产品种选用、两茬秸秆还田、两季水肥合理运筹、病虫草害综合防治等关键技术集成与常规技术配套，形成山前平原区节水型小麦-玉米两熟高产高效技术模式，并进行大面积示范应用。研究制定了《河北省山前平原区小麦玉米节水、丰产一体化栽培技术规程》(DB13/T 924.1—2008)。主要集成内容如下。

1. 以"保夏增秋"为目的的"三抢双晚"两季光热资源合理配置技术与优质抗旱高产品种的选用 进一步扭转"重夏轻秋"传统，实施"保夏增秋"的光热资源高效利用技术。小麦成熟后及时抢收并抢时播种玉米，抢时为玉米灌"蒙头水"("三抢")。实施小麦"适期晚播"，从原来的9月底或10月初推迟到10月上旬中至上旬末，最晚的推迟到10月中旬，并与其他技术配套，延长夏玉米后期生育时间，适当推迟玉米收获期("双晚")，保证充分成熟，提高夏玉米粒重和产量。选择与"保夏增秋"相适应的优质抗旱高产品种类型，并与国家优质粮食生产基地工程相配合，兼顾品种的优质专用特性。在藁城，推广的小麦品种主要有藁优2018、藁优9409、藁优9415、石新828和石新733；辛集、赵县和正定，以石新733、石麦15、冀5265和石新828为主。夏玉米品种主要有郑单958、浚单20、浚单22等（图21-1）。

图21-1 太行山山前平原生产现场

2. 适应秸秆还田的两季作物统筹整地技术　两季作物均实行秸秆还田。为减少农耗，以“一次精细整地，两季确保丰收”的指导思想，统筹两季作物整地技术。小麦播种前结合施底肥进行翻耕或复式旋耕后精细整地，采用缩行距、增播幅、等行距播种技术播种。小麦收获后不深耕，采用免耕播种技术播种玉米（图 21-2）。

图 21-2　太行山山前平原田地秸秆还田

两季作物统筹平衡施肥技术。为解决免耕玉米施肥困难，采用两季作物统筹平衡施肥技术。根据土壤养分状况和两茬作物需肥特点，确定小麦、玉米的总施肥量及分配比例。两茬作物需要的有机肥、磷肥、微肥在小麦播种前一次底施。钾肥和氮肥根据两茬作物的需要量分别施用：小麦钾肥底施，氮肥采用足底肥和重拔节肥的分配原则；玉米的钾肥作种肥或苗肥施用，氮肥按种肥和大喇叭口期追肥“前轻后重”的比例施用。

3. 冬小麦“缩距、增行、减水、调肥”节水高产栽培技术　改常规的“大小垄”或“三密一稀”（平均行距 20 cm）种植形式为缩小到 15 cm 的等行距。在不增加播种量的前提下增加播种行数，使田间的植株分布更均匀，提高光能和土地等自然资源的利用率。在施足底肥、只浇底墒水或底墒充足只浇冻水、保证出苗底墒和安全越冬的前提下，春季只浇拔节期 1 次水或拔节期与抽穗扬花期 2 次水，并随拔节期灌水追施氮肥。

4. 夏玉米简化节本高产栽培技术　采用免耕播种技术缓解农时矛盾，缩短农耗时间，弥补夏玉米生产热量资源的不足。采用课题组研制的 2BMF-4 型玉米免耕播种机，小麦秸秆粉碎灭茬和玉米播种同时进行。通过将小麦秸秆覆盖还田，增加土壤有机质，减少无效蒸发。改变生产上“一炮轰”的追肥方式，将追肥改为种肥和穗肥“前轻后重”的分配方式。采用带施种肥装置的玉米播种机进行种肥异位同播，提高幼苗质量。播种后浇蒙头水，出苗后充分利用降水，保证大喇叭口期、吐丝期和灌浆期水分供应。

5. 有害生物全程防治（控）技术　针对小麦、玉米秸秆还田条件下病虫草害发生的新特点，抓好病虫草害的全程防治。采用种子包衣或药剂拌种技术控制苗期病虫害。生长中后期的病虫害防治采取生物防治与化学防治相结合的方法：小麦重点防治常发和新发病虫害，搞好一喷综防；玉米重点防治斑病、青枯病、锈病和玉米螟。采用新型高效、安全、低残留的除草剂进行杂草的除治，突出抓好麦田“春草秋治”和玉米杂草“一封一杀”防治技术。

“十一五”期间，该技术模式小麦累计推广示范 2 869.75 万亩，亩产 462.91 kg，亩产提高 10.75%，总产 1 274.7 万 t，增加效益 24.51 亿元。玉米累计推广示范 1 548.80 万亩，亩产 554.28 kg，亩产提高 16.66%，总产 828.30 万吨，增加效益 16.22 亿元。“十二五”期间，该技术模式小麦累计推广示范 2 268 万亩，亩产 533.68 kg，亩产提高 17.92%，总产 1 162.08 万 t，增加效益 24.58 亿元。玉米累计推广示范 747.58 万亩，亩产 611.55 kg，亩产提高 17.80%，总产 445.23 万 t，增加效益 12.93 亿元。

二、黑龙港地区小麦-玉米两熟节水丰产技术模式

针对黑龙港地区水资源严重短缺、土壤瘠薄、产量较低等问题，以“减次保灌”有限水资源高效利用技术为核心，通过节水丰产品种选用、两茬秸秆还田培育地力、高效施肥、缩距增行密植、病虫草害综合防治等关键技术集成与常规技术配套，形成小麦-玉米两熟节水丰产技术体系，并在该区域进行大面积示范应用。研究制定了《河北省黑龙港地区小麦玉米节水、丰产一体化栽培技术规程》(DB13/T 924.2—2008)。主要集成内容如下。

1. 综合运用多种农艺节水技术 ①小麦采用缩距增行密植（行距 10～15 cm）防止地表水分的无效蒸发，提高水分利用效率。②采用秸秆覆盖还田，防止形成径流，并减少水分蒸发。③采用“减次保灌”有限水资源高效利用技术，保证关键生育时期水分需求：小麦足墒播种，并分别在起身拔节期和扬花灌浆期浇 2 次水；玉米重点保证底墒水（图 21 - 3）。

图 21 - 3　黑龙港地区田地灌溉播种现场

2. 节水抗旱小麦品种与高产玉米品种的优化组合 为将冬小麦节水与夏玉米丰产进行优化组合，小麦品种选用多穗型节水、高产、稳产新品种。邢台市以石家庄 8 号、石麦 15、邯 4589 为主，衡水市以衡 7228、河农 822、良星 99 为主，邯郸市以邯 4589 为主，并积极试种节水丰产新品种；玉米品种的选用突出丰产性能，主要为郑单 958、浚单 20、浚单 22 等（图 21 - 4）。

3. 与节水灌溉相配合的简化整地、施肥和播种技术 小麦播种前玉米秸秆全量还田。小麦重施底肥（全部磷肥、钾肥、微肥及 55%的氮肥），后精细整地播种，其余氮肥在春季首次灌水时追施。在肥料种类运筹上，根据土壤测定结果，衡水市、邯郸市采用稳氮增磷，邢台市采用降磷增钾的按需施肥技术，取得显著效果。夏玉米全部贴茬免耕播种、秸秆覆盖，并把原来的只施拔节肥改为增施种肥（钾肥和 50%氮肥）、重施穗肥（50%氮肥），以

图 21-4　黑龙港地区田地田间

肥调水，实现丰产。

4. 病虫草害综合防治技术　防治原则与山前平原区相似。同时针对小麦、玉米秸秆还田条件下病虫草害发生的新特点，重视了干旱条件下易发生的红蜘蛛、蚜虫、黏虫、玉米螟等虫害的综合防治。

"十一五"期间，该技术模式小麦累计推广示范 3 017.94 万亩，亩产 420.811 kg，亩产提高 16.22%，总产 1 251.59 万 t，增加效益 32.52 亿元。玉米累计推广示范 1 686.92 万亩，亩产 486.12 kg，亩产提高 26.38%，总产 806.43 万 t，增加效益 22.58 亿元。

三、冀东平原资源高效利用型小麦-玉米两熟丰产技术集成研究与示范

针对冀东平原区小麦、玉米上下两茬复种积温不足、全年降水相对较多、小麦灌浆期间干热风不明显有利提高粒重等气候特点，以光温资源高效利用技术为核心，通过穗重型小麦与早熟玉米品种合理选用、零农耗和短农耗接茬、肥水调控促早发早熟、病虫草害综合防治等关键技术集成与常规技术配套，形成小麦-玉米两熟丰产技术体系，并进行大面积示范应用。研究制定了《河北省冀东平原区小麦玉米节水、丰产一体化栽培技术规程》(DB13/T 924.3—2008)。主要集成内容如下。

1. 穗重型小麦与早熟玉米品种互补组合技术　小麦选用穗粒数 28～33 粒、千粒重 40～45 g、穗粒重 1.3 g 以上的穗重型品种轮选 987 和京冬 8 号，亩穗数 40 万～42 万，充分发挥该区小麦高穗粒数、高粒重的产量潜力。夏玉米采用有一定丰产潜力、生育期 96 d 以下的农大 62、安玉 12、唐单 99 等品种（图 21-5）。

图 21-5　冀东平原播种现场

2. 采用零农耗和短农耗接茬技术　为减少农耗，充分利用生长季节的光热资源，两季作物均简化整地。玉米收获后粉碎铺匀秸秆并施

用有机肥及三元复合肥做底肥，用小麦旋播机旋耕播种。在小麦收获后，玉米采用零农耗免耕播种技术抢时早播（图 21－6）。

图 21－6　冀东平原秸秆处理

3. 肥水调控促早发早熟技术　在秸秆还田基础上，小麦施用有机肥和含有所需氮、磷、钾及微量元素的复合肥做底肥，春季氮素追肥在拔节期和抽穗期按前重（2/3）后轻（1/3）比例追施，并配合灌水 2 次，后期不再追肥灌水，促进早熟。玉米用生物有机肥做底肥或种肥促苗期早发，在小喇叭口期（7 月末）前后趁雨追施氮肥并培土促中期生长。一般年份不灌水，干旱年份在大喇叭口期至抽雄期补水 1 次。

4. 病虫草害综合防治技术　采用种子包衣或药剂拌种技术控制苗期病虫害。生育期间小麦重点防治白粉病和麦蚜，玉米重点防治玉米螟。根据冬小麦、夏玉米上下两茬秸秆还田特点，采用高效、安全、低残留的除草剂进行杂草的综合防治。

“十一五”期间，该技术模式小麦累计推广示范 290.23 万亩，亩产 410.53 kg，亩产提高 21.03%，总产 1 163.65 万 t，增加效益 3.60 亿元。玉米累计推广示范 210.90 万亩，亩产 493.00 kg，亩产提高 31.48%，总产 892.73 万 t，增加效益 3.38 亿元。

第二节　河南小麦-玉米丰产高效技术集成示范

一、小麦-玉米周年两熟亩产吨半粮技术模式

针对河南小麦、玉米两熟超高产中存在的产量结构不协调、穗粒重年际间变幅大、核心技术不明确、配套技术不到位等问题，研究揭示了超高产小麦、玉米生育、生理特征。集成了小麦-玉米周年两熟亩产吨半粮技术模式（图 21－7）。主要核心内容与技术指标如下。

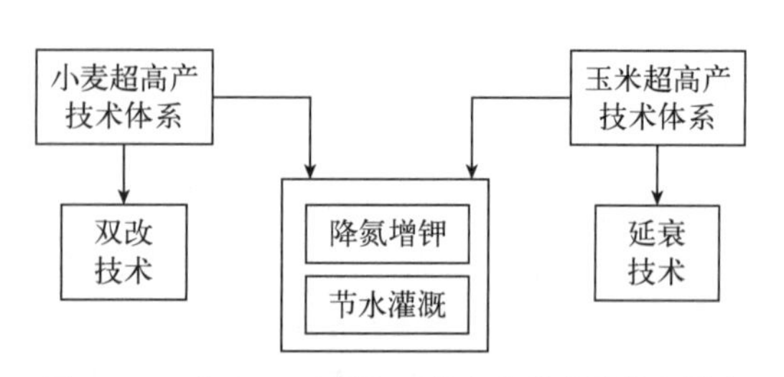

图 21－7　小麦-玉米周年两熟亩产吨半粮技术模式

小麦以品种和播期“双改技术”、智能化节水灌溉技术与降氮增钾施肥为核心的“前控后促增穗重”高产栽培技术体系，使冬前增加

1～2个大分蘖，分蘖成穗率提高15%，小花结实率提高10%以上，穗粒重提高18.5%，实现了壮个体增穗重、足群体保质量夺高产的目标。玉米以深耕起垄与后期控水增钾为核心的“调土强根延缓衰老增穗重”高产栽培技术体系，使耕层土壤容重比平作降低12.5%，孔隙度提高17.8%，解决了超高产夏玉米田的水气矛盾，后期根系活力明显提高，穗粒重提高26.5%。配合采用合理的土壤耕作、高质量播种、病虫草害综合防治、田间指标化管理、定向调控等配套栽培管理技术，集成组装出了两熟亩产吨半粮的优化栽培技术体系，实现了小麦-玉米一年两熟亩产超吨半粮。

超高产小麦与一般高产田相比：叶片功能持续期长，花后25 d叶面积指数维持在2.0以上，高效叶面积比率提高9%；群体动态合理：基本苗（12万）：冬前群体：亩成穗数为1：5.8：7.5：3.8；光能吸收转化效率高，花后光合作用关键酶活性提高4.3%～19.0%，群体光合速率提高28.0%；干物质输出率高：^{14}C同化物向籽粒分配率提高6.6%，茎鞘干物质输出率提高3.9%；经济系数达到0.44左右。超高产玉米与一般高产田相比，叶面积指数（最大值5.7～6.4）提高20%以上，吐丝后高叶面积指数持续期长达60 d以上，提高30%以上；全生育期净光合速率高达9.12 g/d，提高30%左右；亩穗数、穗粒数和千粒重分别达到5 100～5 300个/亩、550～600粒/穗和350～360 g，产量三要素协同提高。

在温县祥云镇、浚县矩桥镇和兰考县城关镇共设置了3个50亩和2个15亩连片超高产攻关方。尽管2005—2006年小麦、玉米生长季节均遭受不同程度的自然灾害，由于品种选用对路、栽培技术先进、应变措施得当、技术落实到位，超高产攻关研究取得了显著进展。2007年，经河南省科技厅邀请省内外专家现场测产和实打验收，有4个品种5个点次完成了预定产量指标。其中，兰考攻关田小麦平均亩产达到700.8 kg，浚县和温县50亩攻关田小麦平均亩产分别达到668.8 kg和695.8 kg，玉米分别达到872.7 kg和836.3 kg，在两个50亩超高产攻关田分别实现了小麦、玉米两熟平均亩产1 541.5 kg和1 556.96 kg，完成了课题规定的预期攻关产量指标。同时，设置在浚县农业科学研究所的15亩连片超高产攻关田，经专家现场实打验收，小麦（周麦98165）平均亩产668.88 kg，玉米（浚单20）平均亩产达到1 064.78 kg，一年两熟平均亩产达到1 733.66 kg，创造了我国黄淮海地区同面积冬小麦-夏玉米一年两熟的最高产量纪录，其中，玉米超高产攻关又一次刷新了全世界夏玉米同面积最高产量纪录，为大面积生产提高产量树立了典范。2008年，经河南省科技厅邀请省内外专家现场测产和实打验收，有3个品种3个点次完成了预定产量指标。其中，兰考攻关田小麦平均亩产达到735.1 kg，浚县和温县50亩攻关田小麦平均亩产分别达到673.4 kg和687.6 kg，玉米分别达到946.4 kg和880.8 kg，在3个50亩超高产攻关田分别实现了小麦、玉米两熟平均亩产1 568.4 kg、1 619.8 kg和1 631.76 kg。2009年，经河南省科技厅邀请省内外专家现场测产和实打验收，3个超高产攻关田均超额完成了预定产量指标。其中，浚县攻关田小麦平均亩产达到751.9 kg，玉米达到1 018.6 kg；兰考和温县50亩攻关田小麦平均亩产分别达到698.7 kg和702.3 kg，玉米分别达到986.2 kg和933.1 kg，在3个50亩超高产攻关田分别实现了小麦、玉米两熟平均亩产1 770.5 kg、1 684.9 kg和1 635.4 kg，完成了课题规定的平均亩产吨半粮的超高产攻关指标。特别是2009年浚县攻关田经专家现场实打验收，50亩小麦平均亩产达到751.9 kg，玉米平均亩产超吨粮，又刷新了2007年700.8 kg和2008年735.08的小麦高产纪录和15亩小麦、玉米平均亩产1 733 kg

的两熟高产纪录，对河南小麦、玉米进一步实现更高水平的产量突破起到了引领作用。

2015 年，小麦-玉米两熟亩产达到 1 585.8 kg，实现一年两熟亩产持续超吨半粮。在万亩方应用中，小麦-玉米两熟亩产达到 1 466.3 kg（图 21－8）。

图 21－8　小麦-玉米周年两熟亩产吨半粮技术生产田

二、豫北灌溉区小麦-玉米一体化高产高效技术模式

针对豫北高产灌区小麦-玉米一体化生产中存在着小麦群体与个体的矛盾突出，群体质量较差、穗层不整齐；玉米个体差异大，收获偏早，穗重潜力不能充分发挥；播种管理投工和肥水投入偏多，肥水利用率和生产效率低；两熟作物产量年际间变化大，生产成本偏高等突出问题。在豫北高产灌区集成了高产灌区小麦-玉米两熟“三优三防一创”一体化高产高效栽培技术体系，主要内容以构建小麦-玉米两熟作物高质量群体，实现周年均衡增产、节本增效为目标，以优化两熟作物茬口搭配与配置模式，提高周年资源利用效率和为重点，以肥水合理运筹（两熟作物秸秆全部还田、测土配方施肥，小麦氮肥后移、玉米重施攻穗粒肥）、定向调控，小麦适当晚播促早熟、玉米尽可能早播乳线消失收获等为主要内容，集成优化品种配置、优化投肥结构、优化播种基础，防倒伏、防病虫、防早衰，创建高质量群体“三优三防一创”一体化高产高效栽培技术体系。

该技术模式在项目区示范推广，从技术上解决了高产灌区两熟作物群个体矛盾突出、群体质量差、光温和肥水资源利用率低、倒伏和早衰发生重、单穗粒重不稳定等长期困扰该区两熟作物高产稳产的技术难题。该技术体系通过在项目区示范推广，多穗型小麦品种亩穗数达到 43 万～46 万个，平均单穗重 1.2～1.4 g；重穗型小麦品种亩穗数 29 万～32 万个，单穗重 2.2～2.5 g；玉米亩穗数达到 4 000～4 500 个，单穗重 150～200 g。2006 年和 2007 年在豫北灌区推广应用，30 万亩示范区一年两熟平均亩产分别达到 1 177.8 kg 和 1 220.2 kg，200 万亩辐射区分别达到 999.8 kg 和 1 053.8 kg，示范、辐射区一年两熟平均单产均达到吨粮。2008 年，30 万亩示范区小麦、玉米平均亩产分别达到 580.0 kg 和 667.0 kg，比前三年分别增产 19.37%和 35.32%。200 万亩辐射区小麦、玉米平均亩产分别达到 496.8 kg 和 569.1 kg，比前三年分别增产 15.46%和 30.35%。2009 年，30 万亩示范区小麦、玉米平均亩产分别达到 597.7 kg 和 655.5 kg，比前三年分别增产 23.0%和 33.0%。200 万亩辐射区小麦、玉米平均亩产分别达到 521.8 kg 和 579.4 kg，比前三年分别增产 21.1%

和 32.3%。2010 年万亩核心区小麦平均亩产达到 660 kg，比前三年增产 28%；30 万亩示范区、200 万亩辐射区小麦平均亩产分别达到 600 kg、500 kg，比前三年分别增产 19%和 16%（图 21－9）。

图 21－9　豫北灌溉区小麦-玉米一体化生产田

三、豫中补灌区小麦-玉米一体化丰产高效技术体系

针对豫中补灌区小麦-玉米两熟制农田土壤肥力偏低、耕层较浅，水热资源时空分布不合理、自然灾害较重，耕作方式粗放，小麦-玉米机播质量较低、两熟丰产高效技术集成度低、夏秋两季产量不均衡等问题，集成了豫中补灌区小麦-玉米一体化丰产高效技术体系。一是广泛应用小麦玉米高产高效适期精播栽培技术，为克服豫中区耕作粗放、麦播质量较差的问题，大力推广了深耕细耙、精细整地，足墒适时精量机播技术，保证了一播全苗。玉米播种根据地力、品种、产量水平等进行了合理密植，大力推广了铁茬免耕机播技术，确保了播种的质量和速度。二是推广秸秆还田与测土配方施肥技术，按照“有机与无机相结合”的原则，大力推广了秸秆还田等技术。按照以地定产，以产定肥，缺啥补啥的原则，进行了氮、磷、钾、微肥合理搭配，科学施肥。小麦化肥利用上采取“稳氮增磷补钾补微”原则，大力推广了前氮后移技术，降低底氮比例，追氮时期后移到拔节期至挑旗期。玉米重点推广了氮磷锌配合和氮肥分期追施及深施技术。三是加强小麦-玉米一体化病虫草无害化控制技术应用，通过推广抗性品种，种子包衣和药剂拌种、化学除草、诱集灯捕获、喷洒低毒、无残留农药等综合措施，大大提高了病虫草的防治效果。四是推广适时晚收玉米技术，针对大部分地区玉米收获偏早的现象，为改变农民群众习惯性收获方法，推广应用了玉米籽粒乳线消失收获技术。

该技术模式在豫中补灌区推广应用后，2007 年百亩方小麦、玉米亩产分别达到 572.6 kg和 676.6 kg，周年产量达 1 223 kg；万亩方亩产分别达到 574.0 kg、621.8 kg，周年产量达 1 195.8 kg；40 万亩小麦、20 万亩玉米示范区亩产分别达到 528.4 kg、569.1 kg，周年产量达 1 097.5 kg；450 万亩小麦、225 万亩玉米辐射区亩产分别达到 472.5 kg、482.1 kg，周年产量达 954.6 kg。2008 年，示范区小麦、玉米平均亩产分别达到 558.7 kg 和 620.8 kg，比前三年分别增产 16.9%和 45.4%。540 万亩辐射区小麦、玉米平均亩产分别达到 502.2 kg 和 517.4 kg，比前三年分别增产 16.3%和 30.8%。2009 年，示范区小麦、玉米平均亩产分别达到 568.9 kg 和 581.8 kg，比前三年分别增产 19.0%和 35.9%；450 万亩辐射区小麦、玉米平均亩产分别达到 527.4 kg 和 498.8 kg，比前三年分别增产 22.1%和 26.3%。2010 年，示范区、辐射区小麦平均亩产分别达到 567.8 kg 和 529.2 kg，比前三年分别增产 18.8%和 22.6%（图 21-10）。

图 21-10　豫中补灌区小麦-玉米一体化丰产高效生产田

四、豫南雨养区小麦-玉米一体化丰产高效技术体系

针对豫南雨养区土壤耕性不良、肥力水平较低、生产条件较差、旱涝不均、病虫发生频繁和两熟一体化技术配套性差等问题，依据豫南雨养区自然生态条件和两熟作物生育特点，以土壤持续培肥、抗逆防灾减灾、实现两熟作物均衡增产为目标，采用农艺、生物、农机相结合，重点解决该区光、温、水等自然资源与两熟作物生长发育需求错位问题，初步集成配套了以秸秆还田和少免耕保护性耕作技术为核心，以相应配套栽培措施为基础的豫南雨养区小麦-玉米一体化简化栽培技术体系，重点解决了与保护性耕作相配套的高产、稳产、广适多抗和高水分利用效率品种选用、机械化播种配套技术、优化施肥技术、病虫害防治技术等关键技术。

通过在项目区推广应用，2007 年核心区百亩攻关田玉米亩产 660.0 kg，与非项目区亩产 371.0 kg 相比，亩增产 44.0%；千亩高产示范方玉米亩产 603.3 kg，与非项目区相比，亩增产 36.0%；小麦亩产 474.4 kg，增产 23.8%；30 万亩小麦、15 万亩玉米示范区两熟平均亩产达到 1 051.5 kg，350 万亩小麦、175 万亩玉米辐射区亩产分别达到 413.5 kg、420.4 kg，周年产量达 833.9 kg。2008 年，30 万亩示范区小麦、玉米平均亩产分别达到 446.4 kg 和 488.4 kg，比前三年分别增产 21.86%和 37.84%；350 万亩辐射区小麦、玉米平均亩产分别达到 436.4 kg 和 464.0 kg，比前三年分别增产 30.77%和 37.25%。2009 年，30 万亩示范区小麦、玉米平均亩产分别达到 484.0 kg 和 493.3 kg，比前三年分别增产 31.4%和 39.1%；350 万亩辐射区小麦、玉米平均亩产分别达到 447.1 kg 和 452.4 kg，比前三年分别增产 33.9%和 33.2%。2010 年，示范区、辐射区小麦平均亩产分别达到 561.9 kg和 464.4 kg，比前三年分别增产 43.5%和 37.7%（图 21-11）。

图 21 - 11　豫南雨养区小麦-玉米一体化丰产高效生产田

第三节　山东小麦-玉米丰产高效技术集成示范

一、鲁中半干旱区小麦-玉米丰产高效安全生产技术模式

针对鲁中半干旱区山区丘陵较多，旱地耕层薄，蓄水保墒能力差，土壤肥力较低以及持续增产能力不强的现状，从筛选水肥高效型品种入手，以提高作物秸秆综合利用效率，抑制土壤水分蒸发，提高水分生产率为主攻目标，提出了以免耕和作物残茬覆盖为核心的小麦-玉米一体化旱作高产栽培技术；针对该地区水浇地灌水方式以大水漫灌为主，超量开采地下水，水分平衡得不到保障，化肥、农药、除草剂等超量使用，严重威胁农业生态系统安全和粮食生产的可持续发展的现状，提出了以精准施肥、提高肥水利用效率、减少农用化学品投入为核心的资源节约型生产技术，集成鲁中半干旱区小麦-玉米丰产高效安全生产技术模式。筛选出适合该区生产的高产稳产高效的济麦 22、良星 99、济麦 20、济南 17、山农优麦 2 号等小麦品种以及鲁单 981、鲁单 9002、鲁单 984、郑单 958、莱农 14 等玉米品种；通过秸秆还田、抗旱播种、平衡施肥、节水灌溉、旱地高效节水技术、病虫草无害化综合防治等技术的优化与组合，完善了鲁中半干旱区小麦、玉米高产稳产节本增效技术模式。

二、鲁西沿黄平原小麦-玉米节本增效均衡增产技术模式

鲁西沿黄平原土壤以沙性为主，保水、保肥能力差，小麦生育后期干热风频繁，小麦病虫害严重，玉米以套种为主，群体不足，整齐度差，小麦、玉米均为中低产田。从筛选高产、稳产、综合抗逆性强的广适型品种入手，以优化配置和高效利用周年光热资源，提高全年粮食产量为目标，研究小麦氮肥后移延衰技术，玉米直播晚收增重技术，秸秆还田培肥地力与病虫草无害化综合防治技术，集成鲁西沿黄平原小麦-玉米节本增效均衡增产技术模式。筛选出稳产性好，抗逆能力强的济麦 22、良星 99、山农 664、山农优麦 3 号等小麦品种和鲁单 981、鲁单 9002、鲁单 984、郑单 958、聊玉 18 等玉米新品种。通过小麦精播半精播、

小麦垄作高效节水、氮肥后移延衰高产、病虫草无害化综合防治等技术和玉米抗旱播种保苗壮苗、平衡施肥、节水灌溉、秸秆还田、病虫草无害化综合防治、适时晚收增粒重等技术的优化组合，鲁西沿黄平原小麦、玉米中产变高产，全年均衡增产的综合技术模式进一步完善（图 21－12）。

图 21－12　鲁西沿黄平原小麦-玉米节本增效生产田

三、鲁东丘陵区小麦-玉米节水丰产技术模式

针对鲁东丘陵区光温生产潜力大，但水资源严重短缺的特点，从筛选抗旱节水、高产稳产的广适性品种入手，以节水、省肥、降低生产成本、保护环境为主攻方向，研究小麦-玉米一体化节水丰产的播种技术、耕作技术、施肥技术等对提高群体质量、光合生产性能和水分生产率的效应，集成鲁东丘陵区小麦-玉米节水丰产技术模式。筛选出济麦 22、良星 99、鲁麦 21、青农 6 号、烟农 19 等小麦品种和登海 9 号、登海 3 号、鲁单 984、鲁单 9002、莱农 14 等品种，通过小麦精播半精播技术、小麦垄作高效节水技术和玉米合理密植、控释肥、秸秆还田、全程机械化、病虫草无害化综合防治等技术集成与优化，完善了胶东丘陵区小麦、玉米超高产节本增效技术模式（图 21－13）。

图 21－13　鲁东丘陵区小麦-玉米节水丰产生产田

“十一五”期间三套技术模式，在示范区和辐射区小麦平均年总收获面积分别达 116.39 万亩和 1 051.6 万亩，分别超过 100 万亩和 1 000 万亩的任务目标。示范区历年平均亩产为

534.65 kg，超过 100 万亩小麦亩产 530 kg 的产量指标，示范区小麦 4 年累计总产达 250.39 万 t，累计增加产量 21.89 万 t。辐射区历年平均亩产为 470.20 kg，超过 1 000 万亩小麦亩产 450 kg 的产量指标，辐射区小麦 4 年累计总产达 1 979.22 万 t，累计增加产量 163.13 万 t。示范区的玉米平均年总收获面积达到 74.15 万亩，平均亩产 653.35 kg，总产 193.78 万 t，示范区面积超过任务指标 20 余万亩，增加 2.4%，单产提高了 126.71 kg，增产 28.4%，总产增加了 114.58 万 t，增产 31.1%。通过培肥地力、加强田间管理等措施，实现了中低产田的转化升级，高中产田面积扩大，项目区高产面积达到 284 万亩，平均单产 718.32 kg，总产 204.16 万 t，分别比前三年平均增加 84.29 万亩、156.77 kg 和 91.89 万 t，中产田面积 373 万亩，平均单产 552.7 kg，总产 206.55 万 t，分别比前三年平均增加 35.82 万亩、75.12 kg 和 45.18 万 t；低产田面积减少了近 100 万亩。

长江中下游多元稻作丰产高效技术集成示范

第一节 安徽稻麦丰产高效技术集成示范

一、沿淮粳稻优质丰产高效技术

针对江淮稻区单季水稻“早中期多阴雨寡照、中期常有高温干旱胁迫、后期昼夜温差偏小，全生育期总体光照不强、田间湿度偏大”的生态特点，及其对高产群体形成的不利影响，通过对周年两熟耕种制度下的单季水稻高产群体结构及质量指标体系、高产形成机理、产量构成及技术策略和调控途径等的研究，提出了以选用高产潜力品种、稀播同伸壮秧、合理基本苗、调节肥料运筹增施穗粒肥等为核心技术的超高产栽培技术体系。

1. 选用高产潜力品种 选用生育期适中偏长（杂交中籼 140～145 d、中粳 150 d 左右、晚粳 155～160 d）、株高适中、株型紧凑、穗粒兼顾（杂交中籼每穗平均 200 粒、中粳 180 粒、常规晚粳 160 粒）的耐肥抗倒品种。

2. 旱育稀播培育叶蘖同伸壮秧 适时播种，依秧龄确定合理的播种量，秧龄 30 d 左右，杂交中籼稻每平方米播种芽谷 50～60 g，每亩大田用种量 0.75～1.0 kg；常规粳稻每平方米播种芽谷 60～75 g，每亩大田用种量 1.25～1.5 kg。

3. 阔行缩株，合理密植 杂交中籼行距 25～30 cm，株距 13～16 cm，亩插 1.5 万穴、5 万～7 万基本苗；中粳行距 24～27 cm，株距 13～16 cm，亩插 1.7 万穴、6 万～8 万基本苗（图 22-1）。

图 22-1 沿淮粳稻优质丰产田

4. 调整肥料运筹，增施穗粒肥 N 肥基蘖肥与穗肥的比例，单季稻籼稻为（7～6）：（3～4），粳稻为（6～5）：（4～5），双季早、晚稻为 8：2；籼稻促花肥：保花肥为（4～5）：（6～5），粳稻促花肥：保花肥为（6～7）：（4～3）。

5. 浅水间歇湿润灌溉 开挖丰产沟或观察孔，以深度 15 cm 丰产沟底水的有无确定复水时间和间歇天数。

6. 综合防治病虫草害　尤其是穗期病虫害的总体防治。

二、皖东超级稻超高产栽培技术

1. 杂交中籼稻机插秧平衡栽培技术　安徽水稻生产以杂交中籼稻为主体，机插秧的育秧存在技术瓶颈，为了减轻与弥补机插毯状小苗，秧苗期期密生生态对杂交中籼稻个体生育的约束和影响，通过床土培肥和旱育加化控、降低播量培育适龄壮秧，缓解秧田密生生态压力；强化大田期前中期管理，改善个体生育环境和状况，发挥个体生产潜力来缓解群体生育不平衡，从而提高群体质量，着重增加中期生长量，提高后期和整个生育期生物学产量，并稳定收获指数而提高水稻产量。

（1）机插栽培盘育小苗壮秧标准及关键技术　从提高季节利用率和便于插口安排看，江淮地区中籼水稻适宜叶龄3.5～4.0叶，秧龄20 d左右，最长不超过25 d，叶龄不超过4.2。苗高13～18 cm，发根数12～16条，百株地上部干重2.1 g以上，成苗数1.2～2.0株/cm^2，苗基部粗3.0 mm以上，叶片挺立有弹性，叶鞘较短，3叶叶鞘与叶片长度比为1∶1左右；苗整齐，植株个体间差异小，既不徒长也不落黄，长势旺盛。秧苗发根力强、盘根性好，根系盘结力≥3.5 kg。移栽适龄苗体的碳氮比为1.0～2.0，移栽前叶面积指数不超过4.0、基部无黄叶；秧苗综合素质佳。

关键技术：培肥育秧营养土，即百千克床土加120～240 g三元复合肥，或采用0.5 kg的旱育壮秧剂快速培肥，并在苗床期施用20～30 g/m^2的尿素，适宜播期，适宜的落谷密度，即18 000～30 000粒/m^2，强化苗床管理，实行旱育加化控等。

（2）优化栽插规格，合理群体起点　扩行缩株减穴苗数增加栽插密度；亩栽插穴数在1.7万穴左右（30 cm×13.1 cm），每穴苗数控制在3苗以内、基本苗5万株/亩左右（漏插率≤5%），以合理群体起点，塑造平衡的群体动态。同时提高整地质量，降低漏插率，提高均匀度。

（3）田间管理　强化栽后管护。

（4）平衡优化肥料运筹　施足基肥，控施分蘖肥，增施穗肥，配施磷钾肥。亩产650～700 kg，本田总施纯氮应掌握在14 kg～16 kg/亩，其中基肥占40%～50%，栽后7 d和在有效分蘖临界叶龄期前2.5个叶龄内完成两次分蘖肥的施用，其用量占总施肥量的10%～20%，穗肥占30%～40%；在穗肥中拔节促花肥占50%，强花壮籽肥占50%。

2. 抛秧轻简高效栽培技术　适应当代农民对稻作技术的新需求，开展水稻旱育抛栽、精量直播栽培等不同稻作方式水稻高产、稳产的生育特点、群体构成及质量指标体系、产量形成特征及其高效调控技术途径研究，集成了以旱育抛秧为主体的轻简丰产高效栽培技术体系。

（1）杂交中稻无盘旱育抛栽高产栽培技术体系　选用高产中稻品种，旱育无盘育秧、平衡配方施肥和氮肥定量施用及看苗调施氮肥，活棵晾田及定期干湿交替管水，提早控苗和病虫草害综合防治等技术优化集成。

（2）双季双抛高产栽培技术体系　选用超高产早、晚稻配套品种，合理安排茬口，利用保温设施早稻提前到4月5日前后播种，无盘旱育4月底前完成抛栽。晚稻6月15日前后播种，以无盘旱育为主，旱育化控措施相结合，控高促蘖；7月底前完成抛栽。配套平衡施肥和看苗施氮，活棵晾田，定期干湿交替管水，病虫草害综合防治等技术集成（图22-2）。

图22-2　皖东超级稻高产田

三、江淮丘陵中稻减灾高效生产技术

针对江淮稻区尤其分水岭地区水稻生产经常性的干旱胁迫、穗期高温乃至热害胁迫，沿淮单季晚稻灌浆结实后期的低温影响充实等问题，在对不同生态逆境胁迫的水稻的生长发育特征、产量形成等的关键技术研究突破的基础上，针对性地提出江淮中稻减灾补偿栽培技术。

1. 节水避旱补偿栽培技术体系　以选用抗逆耐旱品种、优化种植时序规避自然灾害逆境，稀播化控培育长秧龄弹性壮秧，因时（播、栽时间）依（秧）龄调节基本苗、扩行窄株合理密植，大田补偿栽培等为核心的节水避旱补偿栽培技术体系。

（1）选对路品种　生育期适中、穗粒兼顾、株型良好、抗逆耐旱性好、适应江淮稻-油（麦）茬的优质中籼品种。

（2）适期播种育壮秧　优化稻-麦（油）种植时序，合理安排水稻播栽期；稀播旱育化控叶蘖同伸壮秧。

（3）因秧龄调节基本苗　加强超龄秧苗的管理，据基本苗公式，依据秧龄长短和秧苗素质优劣调节基本苗，每延迟栽插1叶龄，栽插基本苗增加2万～3万株/亩；扩行窄株、增穴降株合理密植。

（4）节水灌溉　加强苗期、分蘖期抗旱、耐旱锻炼，实施“浅—搁—湿”节水灌溉；配以“两保深蓄”关键期灌水、遇雨蓄水抗灾。

（5）大田补偿管理　调节大田施肥，重施基面肥，调节促蘖肥，增施壮秆孕穗肥。第一次穗肥比例增加到25%左右，酌情追施粒肥；加强水肥耦合，氮肥后移配合后期湿润灌溉，防早衰，补偿后期群体光合势。

2. 防高温热害补偿栽培技术体系　江淮水稻早播，使得杂交中籼稻抽穗扬花期赶上7月下旬至8月上旬的高温天气，易诱发花穗期的高温不实。由此提出了以主动防御为主、应急防御相配套的防高温热害补偿栽培技术体系。以选用抗逆耐热品种，优化种植时序规避花穗期高温逆境，培育壮秧和构建健壮群体为核心；高温预警发生或突发高温危害时以水调温，加强田间管理，喷施磷钾肥和防早衰的叶面肥（生长调节物质），提高后期群体光合势等，以增强群体反馈调节作用为应急防御配套技术。栽后以加强管理和蓄留再生稻补救相补充。

（1）选用耐高温品种。

（2）确定最佳抽穗开花期，避开花穗期高温　双向调节播种期，将抽穗扬花期主体安排在8月中下旬，避开7月底至8月上旬的高温天气。中籼稻中大苗人工移栽播种适期：沿淮淮北在5月1—5日，江淮中部5月5—10日，沿江江南在5月10—15日；部分江淮丘陵岗区、冬闲田一季稻可提早到4月上旬，这样可以使抽穗扬花期在7月20日前。

（3）以水调温　高温期间灌深水或日灌夜排或抽取深冷水灌溉降低穗层温度。

（4）加强田间管理　高温来临，叶面喷施磷钾肥或叶面肥（防早衰的生长调节物质），防止高温对灌浆期功能叶光合效率的伤害而急剧下降。

（5）栽后补救　花穗期受害的要加强管理和病虫防治，提高千粒重；绝收的（结实率10%以下）的要及时（8月22日前割原生稻穗）畜养再生稻，并加强再生季的管理。

3. 防早春低温冷害及晚稻后期“寒露风”　针对早春经常性而又变化不定的低温寒潮，对沿江早稻育秧、直播，出苗及其群体质量的影响，研究提出了以主动防御为主、灾害补救相配套的防御低温危害技术体系。

（1）选品种　选用苗期耐寒性好、出苗快而整齐、生育期适中偏早、分蘖力强的早籼品种。

（2）安全播种期　依据中期天气预报确定安全播种期，选择冷尾暖头抢晴落谷。保温旱育秧在3月25—30日，保温湿润育秧在3月30日至4月5日前后，直播4月12—15日，尽力避开低温天气，以提高出苗、成苗率。

（3）种子包衣　旱育秧种子包衣“旱育保姆”，直播种子用助氧型复合型种衣剂包衣，可防播后短期低温冷害，提高出芽和成苗。

（4）育壮秧　精量稀播，加强田间管理，培育壮苗。

（5）应急防御　播后苗前低温寒潮袭击，可采取深水灌溉防冻，夜灌日排流水护苗防冷害。

4. 防御低温危害技术体系　针对晚秋可能性的提早降温或寒潮，对沿淮单季晚稻灌浆结实的影响，研究提出了以主动防御为主、灾害补救为补充的防御低温危害技术体系。

（1）选品种　生育期适中偏早、产量形成能力强、抽穗整齐、感光性强、低温物质运转、转色快、充实好的晚粳品种。

（2）早接茬　合理安排茬口，及时腾茬、整地、接茬。

（3）调田管　合理肥水运筹，早施蘖肥，减少中后期氮肥施用量；及时烤田，湿润灌溉，提高群体质量和个体抗逆性能；叶面喷施生长调节物质，促进生育进程，确保秋前齐穗。

（4）应急措施　花后遇寒潮袭击，可采取深水灌溉；叶面喷施磷钾肥防冻，灾后加强田管防早衰（图22-3）。

图 22－3　江淮丘陵中稻减灾高效生产田

四、淮北小麦丰产高效技术

针对淮北小麦生产上耕整地质量差、播种量偏大、肥料施用不合理、管理粗放，造成小麦生长“三有余、三不足”（分蘖有余，成穗不足；小花有余，粒数不足；粒容有余，粒重不足）问题，在保证高产小麦“四良”（良田、良制、良种、良法）配套的基础上，以提高群体质量和肥水资源高效利用为核心，通过集成机械深耕深松改土技术、适期半精量机播技术、平衡施肥与氮素后移技术、节水灌溉技术、病虫草害综合防治技术，建立淮北旱茬小麦丰产高效技术体系（图 22－4）。

图 22－4　淮北小麦丰产高效生产田

1. 选择适宜品种，充分发挥良种增产潜力　选用株高适宜、分蘖力强、旗叶狭长且面积较大、穗粒数较多、产量潜力较大的半冬性中强筋小麦品种。

2. 实行科学播种，提高播种质量　适期（10 月上中旬）少（精）量播种，亩基本苗 12 万～15 万株，适当扩大行距（行距为 20 cm）。

3. 氮肥运筹“基追并举”，确保高产优质高效　在增施有机肥的基础上，实行配方施肥，适量增施氮肥并前氮后移。亩施纯氮 16～18 kg，基追比 5∶5～6∶4，氮素适宜追施时期为拔节期，以达到产量品质同增。

4. 综合防治病虫草害，达到保健防早衰　根据预测预报，综合防治纹枯病、白粉病、赤霉病、红蜘蛛、吸浆虫等病虫草害。中后期适时叶面喷肥，防止早衰。

第二节　江苏稻麦丰产高效技术集成示范

一、淮北地区中粳丰产优质高效精确栽培技术

针对淮北地区麦稻两熟制条件下，季节紧张、热量条件不丰裕等制约水稻丰产优质的因

素，在“十五”期间主推徐稻 3 号、淮稻 9 号、盐稻 8 号等品种基础上，筛选应用了米质达国标 3 级以上、抗（耐）条纹叶枯病和白叶枯病、增产显著的中熟中粳或迟熟中粳新品种武运粳 21、连粳 6 号、连粳 7 号、华粳 6 号，加快品种更新。

在技术体系集成上，重点强化了精确栽培技术的开发应用，以精确定量栽培、机械化插秧、定量定点抛秧、秸秆还田、病虫害综防、清洁生产等技术综合优化集成，形成淮北地区既能充分挖掘温光资源增产提质的潜力，又能节本降污增效的淮北粳稻生产技术新体系。主要有 3 套：早中熟中粳旱育壮秧精植丰产高效精确定量栽培技术、早中熟中粳机插丰产高效精确定量栽培技术、早中熟中粳旱育壮秧定量点抛丰产栽培技术。

二、里下河地区中晚粳丰产优质高效精确栽培技术

针对里下河稻区近年来抗病丰产优质协调性品种少、条纹叶枯病流行与台风等灾害频繁等突出问题，在“十五”主推淮稻 9 号、武粳 15、宁粳 1 号等品种基础上，筛选应用了适合麦（油）茬条件的迟熟中粳与早熟晚粳抗性突出（病害、倒伏等）的优质高产品种南粳 44、宁粳 3 号、武粳 24、淮稻 11 号、扬粳 4038、武陵粳 1 号等。

为解决农民对稻作管理自发粗放化的严重问题，突出精确定量栽培，以主体品种与旱育壮秧、机械栽插、旱育秧定量点抛、秸秆还田、精确施肥、定量湿润灌溉、病虫害综防、清洁栽培等技术的综合优化集成，形成了适应里下河地区的以迟熟中粳为主、兼中早熟晚粳的旱育稀植与机插及点抛栽丰产高效栽培技术新体系，利于里下河地区大面积水稻稳定高产优质。主要有 3 套：里下河地区迟熟中粳、早熟晚粳旱育壮秧精植丰产高效精确定量栽培技术，里下河地区迟熟中粳、早熟晚粳机插丰产精确定量栽培技术，里下河地区迟熟中粳、早熟晚粳旱育点抛秧丰产精确定量栽培技术。

同时，常规技术提升与高新技术应用相结合，探索研发了基于 GIS 的县域粳稻精确栽培管理系统。

三、沿江太湖地区晚粳丰产优质高效机械化精确栽培技术

针对太湖地区稻作机械化程度高、大面积产量不稳与环境压力突出的问题，在“十五”主推武运粳 7 号、武粳 15、常优 1 号等品种基础上，筛选应用了适合机插、机播的优质高产抗病的早中熟晚粳新品种（系）镇稻 10 号、镇稻 13、武粳 23、常优 2 号、甬优 8 号等。

本区重点强化了机械化精确定量栽培技术的集成研究。在机插稻上，以商品化稀育适龄壮苗、机械少本匀插、精确施肥管水、条纹叶枯病综防、无公害栽培等技术配套集成，建立商品化育秧、供秧机插稻丰产优质高效精确农艺技术体系。在机播稻上，应用研制出的精量播种机（最低亩播量可达 1 kg），在生产上以机械抢早稀播、合理化除、定量肥水管理、无公害栽培等集成配套，初步建立机直播稻丰产优质高效精确技术体系。通过提高机插机播粳稻群体生产力，大面积应用后利于平衡高产优质。主要集成技术为 3 套：沿江太湖地区早中熟晚粳机插高产高效精确定量栽培技术，沿江太湖地区早中熟晚粳旱育壮秧定量点抛秧丰产高效精确定量栽培技术，沿江太湖地区早中熟晚粳机直播丰产高效精确定量栽培技术。同

时，以丹阳为典型建立基于GIS的县域粳稻精确栽培管理系统。

第三节 湖北单双季稻丰产高效技术集成示范

一、中稻“壮、足、大”超高产栽培技术

该技术阐明了多蘖壮秧、基本苗对超高产的作用及其机理，明确了不同产量因子的产量贡献权重，形成了壮秧、足穗、大穗饱粒为核心的中稻高产高效栽培理论与技术；研究了超高产水稻养分吸收积累及其分配规律，提出了适氮和氮肥后移栽培技术，显著提高了氮肥吸收利用效率；明确了间歇灌溉有利于提高土壤氧化还原电位，增强根系活力，促进光合物质积累，提高水分利用率，增加产量，创建了水稻超高产栽培的间歇灌溉模式。2007—2009年，分别在粮食丰产技术工程实施县示范推广，平均亩产为660.0 kg，推广总面积128.3万亩，总增加产量8 017.0万kg，新增纯收入14 478.1万元。该项研究技术实用，在水稻超高产栽培理论与技术上有创新，整体达到同类研究的国际先进水平。

二、固定厢沟油稻两季双免双高栽培技术

1. 主要技术内容 依托油菜板茬移栽技术和水稻免耕秸秆还田技术，通过技术组装集成，形成固定油菜厢沟，实行油菜、中稻双免耕高产栽培技术，即油菜免耕移栽、中稻免耕直播，采取秸秆覆盖还田、节制管水等农田保护性耕作措施。油菜“双低种、白露播、宽苗床、多效唑、适期栽、合理植、配方肥、必施硼、保优管、综合防”的油菜高产栽培技术路线，油菜平均单产突破200 kg/亩；水稻栽培简化，结合秸秆还田，“田整平、土浸泡、种播匀、草除净、肥配方、水节管、病综防、虫狠治”的高产栽培策略，目标产量750 kg/亩。

2. 成果应用效果 双免栽培中稻和油菜产量分别为585.6 kg/亩和212.3 kg/亩，比常规栽培增产6.20%、3.26%，亩总产值增加77.5元，增幅4.9%，纯利润增加247.6元，增幅41.90%。双免栽培物化成本高于常规栽培，但明显省工，成本收益率显著提高。与常规栽培相比，双免栽培每亩物化成本增加16.9元，增4.80%，但省工5.4个，用工量只有常规栽培的73.79%，成本收益率增加66.25%，在大面积生产推广方面极具价值。

三、双季稻周年超高产模式技术

1. 主要技术内容 早稻迟熟品种与晚稻中熟品种搭配、早稻旱育秧、晚稻化学调控育秧、早晚稻采用宽窄行移栽、实地养分管理、节水灌溉等关键技术综合组装集成。有效穗：早稻25万～28万个/亩，晚稻22万～25万个/亩。成穗率：早稻85%～90%、晚稻80%～85%。穗粒数：早稻105～125粒/穗、晚稻110～130粒/穗。结实率：>85%。收获指数：早稻0.52～0.55、晚稻0.50～0.54。生物产量：早稻17～18 t/hm^2、晚稻18～19 t/hm^2。目标产量：早稻9.75 t/hm^2、晚稻10.5 t/hm^2。

2. 成果应用效果　2005 年现场测产，早晚稻周年产量达到了 1 300 kg/亩，打破湖北省双季稻高产纪录。2006 年在水稻普遍减产的情况下，现场测试早稻产量为 679.5 kg/亩，晚稻产量 602 kg/亩，周年产量达到了 1 281.5 kg/亩。提高产量增加效益是发展稳定双季稻的基础。该成果对稳定湖北省双季稻面积，发展双季稻生产，保证粮食安全十分必要。

第四节　湖南单双季稻丰产高效技术集成示范

一、“三改三新”早稻直播安全高产标准化技术

该技术是针对前期低温阴雨、季节紧张的双季稻区，为克服早稻直播存在的出苗安全性差、生育期推迟、易于倒伏和大面积产量较低的问题而形成的综合技术体系，技术牵涉面广、难度大。而国外水稻直播一般为单季稻，即使有少量的双季稻也是温热资源丰富的热带地区，不存在低温危害和季节矛盾。国内东部和北部地区一般为单季稻，南部如广东、广西等地区同样不存在低温和季节矛盾，生产中技术难度较小。本区域原有的早稻分厢撒播技术因播种期较常规移栽推迟 7～15 d，或使用早熟品种产量潜力较低且早熟品种选择余地小难以选择适合的品种，大面积减产幅度较大，或选用中熟品种影响晚稻使全年产量受到影响，本技术是原有分厢撒播技术的完善与创新。

通过 3 年的研究与技术示范，集成了“三改三新”早稻直播安全高产标准化技术：即改早熟品种为中熟品种，改清明后至 4 月中旬播种为 3 月底至 4 月初，改杂交稻播量 2.5～3 kg/亩为 4～5 kg/亩、常规稻 4～5 kg/亩为 6～7 kg/亩；三项新技术为抗寒剂、芽前除草和依苗定肥（图 22－5）。

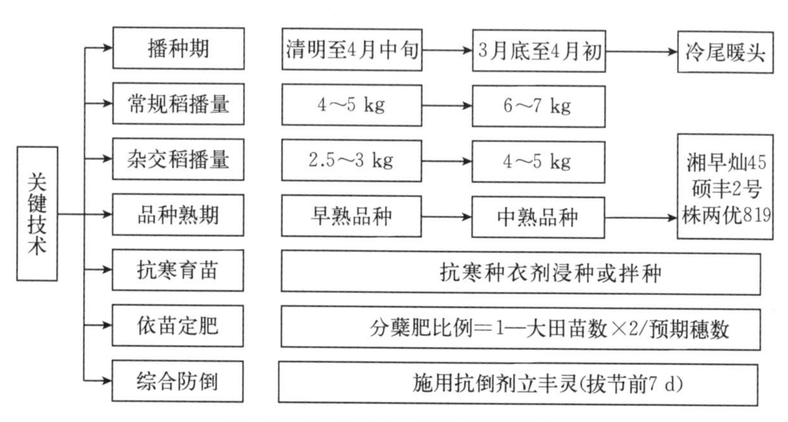

图 22－5　“三改三新”关键技术

2008 年，早稻安宏乡潘田村 2 组农户杨明喜，栽培品种为株两优 819，面积 3.0 亩，共收水稻 1 650.0 kg，平均亩产 550.0 kg；安康乡仙桃村 11 组陈真鹏，品种为株两优 819，面积 1.0 亩，共收水稻 551.0 kg，平均亩产 551.0 kg。晚稻安宏乡和平村 3 组王金安，种植 2.4 亩丰源优 299，共收水稻 1 296.2 kg，平均亩产 540.1 kg；下渔口镇竹林村 7 组陈水清，

品种为丰源优 299，面积 4.8 亩，共收水稻 2 638.6 kg，平均亩产 549.7 kg。百亩示范片经专家验收，2008 年赫山区笔架山乡试验区 102 亩硕丰 2 号机械直播示范片进行实产验收，干谷亩产 503.3 kg。对醴陵市泗汾镇石湾村 82.6 亩株两优 819 机械直播示范片测产验收，理论亩产 519.6 kg。在赫山、汉寿和醴陵大面积示范区，示范早稻机械点播集成技术 4 200 亩，在汉寿、华容、安乡等地示范区分厢撒播丰产集成技术 11.3 万亩。安乡重点示范区为早稻直播晚稻移（抛）栽重点示范区，该栽培模式占示范区的 90%以上，2006—2008 年，10 万亩双季稻产量较项目实施前 3 年平均增产 10.85%，2010 年较前 3 年增产 29.2%。

二、双季抛秧早熟丰产技术

该技术针对晚稻抛秧秧龄长、秧苗素质差、分蘖发生迟和成熟期推迟的技术难题，研创了早稻早播早抛、晚稻大孔增盘延龄育秧和低氮高磷、钾包膜控释肥带肥抛栽为核心的双季稻抛栽技术。目前，国外尚没有大面积的抛秧区，更没有完善的技术体系。国内早、中稻采用抛秧技术属成熟技术，但双季抛秧的面积很小，温热资源欠丰的双季稻区尚无完善的技术，且没有解决秧苗素质差的问题。本技术突破了晚稻抛栽技术瓶颈，使全年的有效生育期延长 6～8 d，实现了全年的轻简高产。

针对双季抛秧季节紧张、晚稻秧龄期长等技术难题，集成以早播早抛、大孔增盘育秧、低氮高磷钾包膜控释肥带肥抛栽为主体的“双抛”轻简高效栽培技术体系，成为湖南省双季稻主要栽培方式。在核心试验区和重点示范区大面积应用，并推广至全省双季稻区。使早稻提早 3～5 d 成熟、双抢农耗时间缩短 2～3 d，双季稻有效生长期延长 6～7 d（图 22-6）。

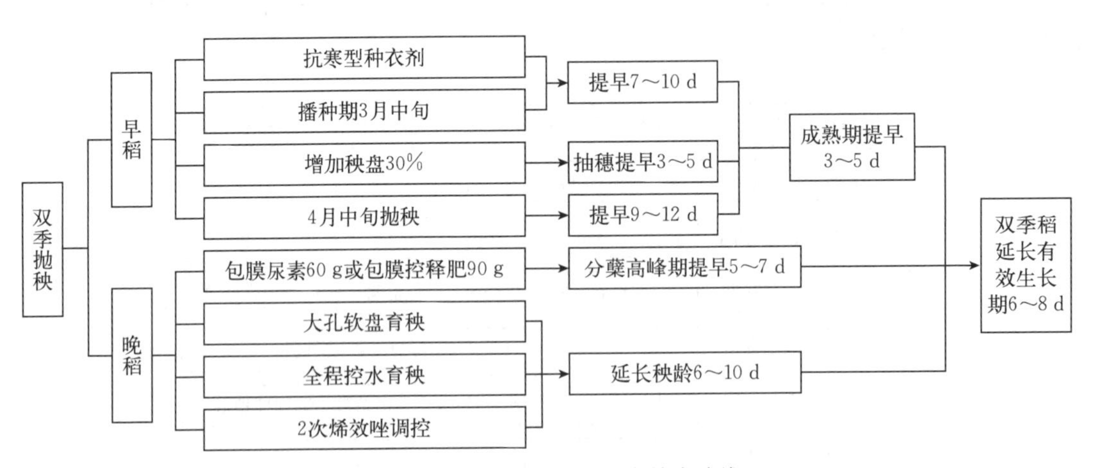

图 22-6　双季抛秧早熟丰产技术路线

通过多年的研究与示范，该项技术已逐步成熟，现已占湘北稻区的 40%以上，赫山、汉寿、华容、安乡 4 地重点示范区 2008 年示范面积 19 万亩，早稻亩有效穗数 24 万～28 万个，示范区早稻亩产量 480～580 kg，较示范前 3 年平均提高 40～70 kg/亩。赫山重点示范区为双季抛秧栽重点示范区，该栽培模式占示范区的 85%以上。2006—2009 年，10 万亩双季稻产量较项目实施前 3 年平均增产 24.25%。

第五节 江西双季稻丰产高效技术集成示范

一、水稻“三高一保”综合技术

围绕高成穗率、高结实率、高充实度及充分发挥品种优质潜力（保优质）的“三高一保”为目标，在“十五”时期研究基础上，继续深化开展了水稻复合控蘖剂及应用技术、肥水优化调控技术、“三高一保”综合模式的集成及其高产优质机理等研究。研制出水稻复合控蘖剂配方及其施用技术并申报发明专利，提出肥水优化调控技术，探明了“三控”结合控蘖的协同作用，集成了一套以前期育秧肥壮秧促早发、中期“三控”结合控制无效分蘖为核心技术的双季稻前发、中稳、后健的“三高一保”综合技术模式并申报发明专利，试验示范显示出良好的提高产量和改善品质的效果，初步探明了“三高一保”综合技术模式的高产优质的机理，为双季稻区超高产栽培提供了理论依据与技术指导。该研究的主要创新点，一是研究出水稻复合控蘖剂及其施用技术；二是探明了水控、肥控、化控“三控”结合控制无效分蘖的协同作用，提出“三控”结合控制无效分蘖的技术；三是集成了“三高一保”技术模式，并初步探明了其高产优质的机理；四是研究出水稻育秧专用肥来培育壮秧，促早发，较好解决了培育壮秧技术难掌握和肥水调控促早发难控制的难题。

通过攻关研究，结合现有成熟技术的组装集成，形成了一套以前期育秧肥培育壮秧促早发，中期水控、肥控、化控“三控”结合控制无效分蘖为核心技术，以选用高产品种、宽行窄株种植、合理密植、病虫害综合防治、后期肥水调控为配套技术的双季稻“三高一保”综合技术。该技术应用于生产后有利于形成早发、中稳、后健的水稻群体，提高成穗率、结实率及充实度，增加产量（表 22-1）。

表 22-1 “三高一保”综合技术多点示范结果

<table>
<tr><th>年份</th><th>地点</th><th>季别</th><th>处理</th><th>成穗率（%）</th><th>结实（%）</th><th>充实度（%）</th><th>产量（kg/hm²）</th><th>增产（%）</th></tr>
<tr><td rowspan="4">2008</td><td rowspan="4">新干</td><td rowspan="2">早稻</td><td>“三高一保”</td><td>76.7</td><td>89.44</td><td>94.2</td><td>9 436.6</td><td>13.23</td></tr>
<tr><td>常规栽培</td><td>55.2</td><td>83.8</td><td>90.7</td><td>8 333.7</td><td>—</td></tr>
<tr><td rowspan="2">二晚</td><td>“三高一保”</td><td>66.3</td><td>83.9</td><td>95.1</td><td>8 017.5</td><td>10.86</td></tr>
<tr><td>常规栽培</td><td>59.7</td><td>83.2</td><td>91.7</td><td>7 231.5</td><td>—</td></tr>
<tr><td rowspan="8">2010</td><td rowspan="2">新干</td><td rowspan="2">早稻</td><td>“三高一保”</td><td>70.23</td><td>85.9</td><td>—</td><td>8 436.3</td><td>12.72</td></tr>
<tr><td>常规栽培</td><td>64.71</td><td>83.2</td><td>—</td><td>7 484.3</td><td>—</td></tr>
<tr><td rowspan="2">吉安</td><td rowspan="2">早稻</td><td>“三高一保”</td><td>72.56</td><td>83.2</td><td>—</td><td>8 114.9</td><td>12.97</td></tr>
<tr><td>常规栽培</td><td>59.76</td><td>81.3</td><td>—</td><td>7 183.4</td><td>—</td></tr>
<tr><td rowspan="2">宜丰</td><td rowspan="2">早稻</td><td>“三高一保”</td><td>71.56</td><td>80.68</td><td>87.56</td><td>8 217.8</td><td>14.04</td></tr>
<tr><td>常规栽培</td><td>57.25</td><td>77.52</td><td>84.23</td><td>7 205.6</td><td>—</td></tr>
<tr><td rowspan="2">余干</td><td rowspan="2">早稻</td><td>“三高一保”</td><td>72.96</td><td>83.47</td><td>90.28</td><td>8 567.6</td><td>16.96</td></tr>
<tr><td>常规栽培</td><td>58.19</td><td>80.25</td><td>86.34</td><td>7 324.8</td><td>—</td></tr>
</table>

二、双季超高产标准化栽培技术

围绕双季超高产标准化栽培，筛选了鄱阳湖区双季超高产主导品种，探明了超高产类型双季稻的高产特征及高产机理，建立了双季稻超高产群体动态株型指标，并提出了相应的调控对策，探明了双季稻壮根、强冠的相关理论及实现途径，建立了精确施氮相关技术参数并对其进行了验证。在此基础上，建立了双季稻‘早、壮、强’栽培技术体系。主要技术内容为明确双季稻主导品种＋群体优化调控＋壮根、强冠高产栽培技术。

第六节 四川多元稻作丰产高效技术集成示范

一、成都平原杂交中稻优质超高产生产技术

针对成都平原蔬菜-水稻、油料-水稻和小麦-水稻 3 种稻田主导种植制度和一季中稻“前期低温，后期阴雨寡照”的生态特点，以及杂交中稻品质较差等问题，充分发挥自流灌溉、土壤肥沃的良好生产条件，筛选优质、高产、抗倒、抗病的杂交稻品种，通过育秧、栽植、肥水调控、群体优化、综合防治等关键技术的组装配套，以“丰产、优质、节本、高效”四大目标的协调耦合程度作为筛选依据，研究并集成适合成都平原主要茬口的杂交中稻优质高产生产技术模式，以充分挖掘水稻优质高产潜力和提高光能利用效率，提升种田效益和优质化水平。筛选杂交中稻优质高产品种；研究旱育（小、中、大苗秧）三角形稀植强化栽培技术体系；进行技术组装集成研究，优化组装集成成都平原杂交中稻优质超高产生产技术模式。

该技术模式针对性更强，特色鲜明，增产、增收、节水效果显著。比常规栽培增产水稻 10%～30%；每亩节省生产投入 50～80 元，每亩增收节支可达 60～200 元，节省灌溉用水 20%～30%，稻米品质有明显改善。连续多年百亩以上示范片平均亩增产 200 kg 左右，增产幅度达 35.1%～46.8%，千亩以上示范片平均亩增产 150 kg 左右，增产幅度达 22.2%～32.4%；万亩以上示范区平均亩增产 70 kg 左右，增产幅度达 9.0%～15.5%。

二、川中丘陵水稻抗逆丰产关键技术

针对川中丘陵区水稻生产中普遍存在的前期低温、后期阴雨、季节性干旱和土壤缺素等逆境危害问题，在研究不同逆境危害发生规律基础上，通过抗逆品种筛选和单项抗逆关键技术的深入研究，在“十五”实施粮食丰产科技工程项目基础上，集成一套川中丘陵水稻抗逆丰产关键技术并用于示范，使该区域水稻产量稳定增加 100 kg/亩以上。

主要研究内容包括川中丘陵区水稻生产问题及技术推广问题的农户调查、川中丘陵区水稻覆盖栽培及其抗逆效应的研究、川中丘陵水稻抗逆丰产关键技术集成研究、稻田白色污染阻控技术研究、水抗旱丰产水稻品种的筛选试验和水稻覆膜节水综合高产技术

的示范推广。

2007 年，水稻覆膜节水抗旱技术经四川省科技厅、农业厅和水利厅共同审定为全省首批现代农业节水抗旱重点推广技术。课题组直接负责和指导了水稻覆膜节水抗旱技术在资中、长宁、简阳等 23 个县（市、区）的示范推广。在 2006 年和 2007 年连续遭遇特大干旱的条件下，示范推广区取得显著的节水抗旱效果。2006 年，在资阳市雁江区响水村 300 余亩示范片（包括望天田）应用覆膜节水抗旱技术获得了比正常年份还高的产量，平均每亩比正常年份增产 200 kg 以上，而少部分未实施此技术的田块却颗粒无收。因此，该技术深受农民欢迎。资阳市科技局组织专家组对该村的部分田块进行随机抽查，选取了响水村一组刘永富 1.2 亩承包田进行挖方测产验收，结果亩产达 610.6 kg。2007 年，在乐至县石佛镇唐家店村 400 余亩稻田采用水稻覆膜节水抗旱栽培技术实现满栽满插，并获得较高的产量水平。普遍较传统栽培亩增产 180 余 kg。四川省科技厅组织的典型田块产验收结果为 745.4 kg，创该县水稻高产历史纪录，也改变了川中丘陵老旱区水稻无法高产的传统观念。

2008 年，课题组重点负责覆膜水稻技术在四川省中江、简阳等县（市、区）示范推广，汶川特大地震后又增加特重灾区什邡市为本技术的示范推广地区。2008 年，四川省总推广面积为 60 万亩。实践证明，水稻覆膜节水综合高产技术具有显著的增产效应。根据四川省农业科学院、四川省科技厅和一些地市科技局组织专家测产验收表明，2008 年，采用水稻覆膜节水综合高产技术各地均获高产，如自贡市大安区验收产量为 679.7 kg/亩，宜宾县蕨溪镇验收产量为 546.3 kg/亩（上一年为抛荒田），内江市市中区全安镇验收产量为 729.4 kg/亩，仁寿县珠家乡验收产量为 760.3 kg/亩，遂宁市安居区西眉镇验收产量为 732.4 kg/亩，乐至县石佛镇验收产量为 782.9 kg/亩，资阳市雁江区雁江镇 3 个代表性田验收产量分别为 780.1 kg/亩、767.7 kg/亩和 668.0 kg/亩，什邡市湔氐镇验收产量为 640.0 kg/亩，简阳市东溪镇 3 个代表性田验收产量分别为 787.7 kg/亩、694.9 kg/亩和 632.9 kg/亩，覆膜水稻普遍比当地传统栽培增产 200 kg/亩以上，充分证明了这项技术具有显著的增产效果。

2009 年，在四川省 12 个市 60 余个县（其中包括简阳、中江、射洪、安居 4 个粮食丰产科技工程示范区和多个辐射区）和广西桂林的 5 个县示范推广水稻覆膜节水综合高产技术超过 100 万亩。在 2010 年四川省大范围遭遇特大春夏旱条件下，采用水稻覆膜节水综合高产技术的稻田普遍较传统栽培亩增产 150～200 kg，为灾年粮食丰产作出了贡献。引起了四川省有关领导的高度关注。2009 年 8 月，水稻覆膜节水综合高产技术被四川省科技厅审定为全省粮食丰产主体技术；2009 年 9 月，四川省农业厅向省领导书面汇报表示将积极推广好这项技术。

2010 年春夏，我国西南地区遭遇特大干旱，水稻覆膜节水综合高产技术受到广泛重视。该技术在云南、广西和河南信阳等地也有较大面积的应用。2010 年，地处盆地的四川省遭受了多次强寒潮袭击和长时间低温阴雨寡照天气的影响，导致很多产区水稻“坐蔸”症发生和成熟期显著推迟，而采用覆膜技术的水稻生长普遍较好，说明该技术能有效抵御阴雨灾害。由于这项技术的抗旱效果和抵御阴雨灾害效果均十分明显，有农民形象地将地膜称为水稻的“防旱被”和“保温被”。

三、川东南杂交中稻-再生稻两季高产高效技术

在水稻育种和栽培实践中，超高产仍然是人们努力的主要目标。四川盆地东南部地区因水利灌溉条件差，现存1 875万亩左右冬水田中杂交中稻种植面积占90%以上。该区水稻生长季节的气候特点是前期多阴雨寡照或夏旱频繁，后期则有规律性的高温伏旱，致使水稻成穗率极低，高产适宜的叶面积指数不高，籽粒灌浆期高温逼熟，制约了这一地区水稻的产量潜力。从目前大面积杂交中稻的生产水平来看，高产区平均水稻产量530～600 kg/亩，高产典型田块也很难突破700 kg/亩。再生稻因有效穗低而产量不高，大面积长期亩产在100 kg左右。根据以上生产问题，本课题的研究目标为头季稻再生芽成活率提高20%，再生稻有效穗提高10%～15%，杂交中稻-再生稻亩产830 kg、超高产田亩产900 kg。

针对再生稻有效穗不足和氮肥利用率低等问题，选用头季稻产量高、再生力强的高产优质新品种，以杂交中稻强化高产栽培技术、再生稻促芽肥精准施用技术为核心技术，集成旱育壮秧技术、测土培方施肥技术、高效用药病虫防治技术和再生稻促芽增穗技术，研究种植方式、水分管理方式和养分分段供给模式，提高头季稻根系活力，在增加头季稻单位面积承载力基础上，提高再生稻成穗率和促芽肥施用效果，解决再生稻产量低而不稳、氮肥利用率低的问题，进而实现杂交中稻-再生稻两季高产高效。并重点研究了头季稻产量高、再生力强的新品种筛选，头季稻栽秧密度与施氮量对产量的影响研究，杂交中稻粒芽肥高产高效施用量与头季稻库源结构的关系及其预测研究，杂交中稻栽秧方式、施氮方式及头季稻亩产700 kg的物质基础研究。

项目成果提炼与获奖情况

第一节 项目成果提炼原则与实践

项目成果提炼过程不同于一般研究总结，是研究成果的升华，应尽量避免按研究过程和程序进行梳理，要按主题提炼与亮点支撑的原则，进行特别新颖的理论-技术-模式主题提炼。根据范围和目标进行科学定位，提炼的范围越广难度越大、目标越高要求越高，这是一个复杂艰难的过程，要进行反复修改和讨论。一般可分为有前设计的成果提炼和后总结性成果提炼。

一、专项级大跨度成果提炼

1. 主题提炼 专项级大跨度成果提炼主要指全国性粮食丰产科技工程专项范畴，跨区域跨作物难度较大。以共性的粮食丰产和增效协同提高面临的综合管理技术不明，产量、资源效率和生产效益三低并存的普遍科技与生产难题，确立了粮食作物主产区“三适三调”技术体系创立与应用这一主题。包括全国性三大粮食作物丰产高效体系，特别新颖的是“三适三调”技术。

2. 亮点支撑 在这一主题的引领下，创新了相应的具有逻辑关系的四大亮点。

一是理论特色：创立了气候-土壤-作物协同的理论和指标体系，明确最适宜的定量指标。

二是技术创新：创新了适应气候条件的调品种与播/收期的光热高效技术、适应土壤地力的调耕作措施的肥水高效技术、适应高产目标的调增密种植方式等增效技术。

三是模式构建：创新了东北、黄淮海和长江中下游一熟、麦玉两熟和多元稻作不同尺度“一田三区”技术模式。

四是综合分析：构建了基于三大主产区粮食生产大数据的跨区域跨作物产量与效率综合分析平台，建立了粮食丰产增效全要素生产率综合评价体系，确证了粮食丰产增效技术创新与扩散的综合效应。

二、课题级区域性成果提炼

以特定的区域种植方式及范围进行成果提炼，基于粮食丰产科技专项，主要区域包括东北、黄淮海和长江中下游等。

（一）东北一熟区成果提炼实例分析

1. 主题提炼 项目针对东北区域旱地作物种植区划不合理、种植模式单一、土壤耕作方法混乱、化肥投入过多等问题，以提高粮食单产和地力保育为核心，围绕耕作制度重大关键科学问题，开展了14年的联合攻关研究，形成了“东北地区旱地耕作制度关键技术研究与应用”为主题的科技成果。

2. 亮点支撑

一是理论研究：系统揭示了不同熟期玉米种植界限表现出的明显“北移东扩”趋势，东北地区划分为6个耕作制度一级区，并提出相应的区域主要作物发展战略优先序和技术优先序。首次提出了白浆土、黑土、棕壤和褐土的高产耕层参数阈值，其中物理指标和养分指标各为5项。

二是技术创新：创新以提高光、热、水、养分等资源利用效率为核心，构建了粮豆轮作，果粮间作、豆科与禾本科间作，玉米、大豆田间优化配置等资源高效型种植制度，确定了不同土类的轮耕周期，优化建立了翻耕、免耕、深松和旋耕相结合的土壤轮耕体系；围绕耕层主要养分指标参数阈值，确定了黑土、棕壤和褐土有机肥、无机肥的配施量，提出了秸秆还田方式。

三是模式构建：构建了作物产量提高7.19%以上，亩水分利用效率提高0.15 kg/mm以上的地力保育型养地制度。土壤有机质提高7.26%～31.39%，形成了适合东北不同区域的耕作制度综合技术体系。集成建立了北部粮豆轮作综合技术体系、中部局部深松综合技术体系、中南部有机无机配施综合技术体系、西部间套作综合技术体系、蒙东南田间优化配置综合技术体系，实现了技术的制度化，并在区域内普遍应用。

（二）黄淮海小麦-玉米两熟区成果提炼实例分析

1. 主题提炼 针对海河平原光热资源不足、气候干旱、水资源严重匮乏，实现小麦亩产600 kg、玉米亩产700 kg的技术难度大等问题，围绕提高资源利用效率，在海河平原不同生态类型区开展了历时11年的研究，形成了以“海河平原小麦-玉米两熟丰产高效关键技术创新与应用”为主题的科技成果。

2. 亮点支撑

一是理论研究：首次探明了海河平原高产小麦冬前积温和行距配置的光、温利用效应，明确了高产玉米生育期调配的光、温利用规律和小麦-玉米农田耗水特征，提出了小麦“减温、匀株”和玉米“抢时、延收”的光、温高效利用途径。

二是技术创新：建立了麦田墒情监测指标，创新了小麦-玉米两熟“减灌降耗提效”水分高效利用综合技术。小麦减灌1～2次，亩节水50 m^3以上，平均水分生产率达1.95 kg/m^3，较黄淮平原提高14.0%。揭示了海河平原高产小麦-玉米养分效应和需求规律，明确了肥料运筹技术原理，提出了“氮磷壮株、钾肥控倒、微肥防衰”的施肥策略，创建了“调氮、稳磷、增钾、配微”的丰产高效施肥技术，研制了新型小麦-玉米播种机和关键部件，突破了种肥底肥双层同施、小麦匀播和高产麦田大量秸秆还田后玉米精播等技术难题，创新了小麦

“缩行匀株控水调肥”和玉米“配肥强源、增密扩库、延时促流”高产栽培技术，实现了关键农艺创新技术的农机配套，肥料生产效率显著提高。

三是模式构建与应用：集成创新了3套不同类型区丰产高效技术体系，连创海河平原小麦、玉米及两熟大面积超高产纪录。近6年41点次实现小麦亩产600 kg、玉米700 kg以上超高产，保持小麦亩产658.6 kg、玉米767.0 kg、同一地块（100亩）两熟1 413.2 kg的高产纪录。

（三）长江中下游多元稻作区成果提炼实例分析

1. 主题提炼 针对长江中游东南部存在积温偏少、双季稻季节紧、高低温灾害多等不利气候因素易造成双季稻前期早发难、中期成穗率低、后期易早衰等问题，进行了长期科技攻关，形成了“长江中游东南部双季稻丰产高效关键技术与应用”为主题的科技成果。

2. 亮点支撑

一是理论研究：阐明了壮秧促早发机理，明确了短秧龄秧苗的早发效应及早晚稻适宜的移栽秧龄，发现了旱育条件下秧田潜伏芽分蘖成穗现象，并由此建立了首个双季稻盘旱育秧抛栽基本苗公式。从蛋白质组学角度系统揭示了后期养分胁迫导致不同器官早衰的机理；首次揭示了双季超级稻具有前期早发度高、中后期物质生产及氮素吸收优势明显、根量较大且深层根系比例大、抽穗后叶面积指数大、根系活力衰退慢、总库容量大、源库协调等高产特征。阐明了生长优势明显、后期生理活性强、群体生态条件优是其超高产栽培的生理生态机理；确立了双季超级稻产量18 000 kg/hm^2 以上的群体指标。

二是技术创新：以壮秧促早发为技术途径，自主研发出双季稻壮秧促早发的专用育秧肥；首创了肥控、化控、水控“三控”结合控蘖增穗技术，自主研发出水稻复合控蘖剂，明确了一次枝梗分化期大茎蘖数量多是壮秆的综合性指标，提出了不同熟期品种壮秆的肥料运筹技术，发明了一种适用于双季稻、具有节肥壮秆效果的缓控释肥。

三是模式构建与应用：创建了双季稻早蘖壮秆强源、“三高一保”等栽培技术模式，双季稻前期促早发、中期控蘖、后期防早衰关键技术及双季稻超高产栽培生理与技术模式创新研究，创造了在相同田块连续9年双季18 750 kg/hm^2 以上的超高产典型，为挖掘本区域双季稻产量潜力提供了技术支撑。

三、独特性技术成果

近年来，成果提炼更加重视成果的独特性，特别是比传统技术更有明显特色，在作物生产中直接关系到产业化发展的新型技术。如正在研究的浅埋滴灌、无人机绿色防控、信息智能作业、纳米药肥和化控材料等也将成为成果新秀。此外，基础理论与定量化水平不断提高，也正在引领新型研究方向。如不同水平产量与资源效率差异性对均衡增产增效、气候资源与作物协同性对种植度新探索、产量效率与低排放协同，智能农业将引发新作物生产革命。工厂化与合成农业也在快速发展。

第二节 项目成果获奖情况

一、不同区域栽培耕作研究成果及获奖情况

（一）东北一熟区

1. 东北地区旱地耕作制度关键技术研究与应用 项目针对东北区域旱地作物种植区划不合理、种植模式单一、土壤耕作方法混乱、化肥投入过多等问题，以提高粮食单产和地力保育为核心，围绕耕作制度重大关键科学问题，开展了14年的联合攻关研究，取得了重大突破。

制定了全新的耕作制度区划。系统揭示了1961年以来东北地区玉米种植界限变化规律，发现不同熟期玉米种植界限表现出明显的“北移东扩”趋势，定量了气候变暖对作物种植界限变化的影响程度。在该基础上，通过对1978年以来东北地区旱地耕作制度演变规律研究，将东北地区划分为6个耕作制度一级区，并提出相应的区域主要作物发展战略优先序和技术优先序。项目充分考虑了气候变化对耕作制度区划的影响，创新了耕作学研究方法。

构建了资源高效型种植制度。以提高光、热、水、养分等资源利用效率为核心，构建了粮豆轮作，果粮间作、豆科与禾本科间作，玉米、大豆田间优化配置等资源高效型种植制度，阐明了资源高效利用机理，作物产量提高7.19%以上。创建了地力保育型养地制度。首次提出了白浆土、黑土、棕壤和褐土的高产耕层参数阈值，其中物理指标和养分指标各为5项，填补了合理耕层构建参数量化研究上的空白。围绕高产耕层主要物理指标参数阈值，确定了不同土类的轮耕周期，优化建立了翻耕、免耕、深松和旋耕相结合的土壤轮耕体系，经过验证，作物产量提高6.01%～17.64%；围绕耕层主要养分指标参数阈值，确定了黑土、棕壤和褐土有机肥、无机肥的配施量，系统提出了秸秆还田方式、周期、数量、氮肥配施量等参数，作物产量提高5.42%～26.42%，土壤有机质提高7.26%～31.39%。

形成了适合东北不同区域的耕作制度综合技术体系。集成建立了北部粮豆轮作综合技术体系、中部局部深松综合技术体系、中南部有机无机配施综合技术体系、西部间套作综合技术体系、蒙东南田间优化配置综合技术体系，实现了技术的制度化，并在区域内普遍应用，作物产量提高6%以上，土壤有机质提高7%以上。项目部分内容已获省部级科技奖励6项，授权专利6件，制定地方标准4个，编写著作8部，发表论文310篇，其中SCI/EI 38篇，总引2 131次，培养研究生184名，培训农业技术骨干和农民12.6万人。累计应用面积5 486万亩，增加经济效益47.49亿元。总体达到国际先进水平，部分达到国际领先水平。

成果获2016年度国家科学技术进步奖二等奖，主要完成人有孙占祥、陈阜、杨晓光、刘武仁、来永才、郑家明、齐华、邢岩、李志刚、白伟，主要完成单位有辽宁省农业科学院、中国农业大学、吉林省农业科学院、黑龙江省农业科学院、沈阳农业大学、辽宁省农业技术推广总站、内蒙古民族大学。

2. 黑土地玉米长期连作肥力退化机理与可持续利用技术创建及应用 项目针对黑土地玉米长期连作，依赖大量施用化肥支撑产量不断提高，有机物料投入严重不足，“重用轻养”

导致土壤退化加剧等问题，在多项国家科技项目支持下，基于38年定位试验平台，开展了黑土地肥力退化机理与调控关键技术研究，推动了土壤培肥技术由侧重改善物理结构朝着结构和功能协同共效的方向不断升级和发展，创建了高强度利用黑土地的提质增效技术模式，大面积应用后取得了显著经济、社会、生态效益。

率先发现了黑土地农田剖面构造的劣化特征，揭示了土壤有机质数量减少、质量下降的演变规律，阐明了不合理施用化肥导致土壤磷富集、氮和钾减少的变化规律及土壤酸化的机制，为黑土地保护与利用提供了理论依据。创新了“松紧交替”的合理耕层构建技术，规范了相关技术环节并研发了配套装备，破解了现行耕作制度下耕层构造劣化的难题，苗带与行间土壤容重分别为1.2～1.3 g/cm^2、1.0～1.1 g/cm^2，耕层活土量增加1.7倍。苗带土壤含水量增加2～4个百分点，自然降水利用效率提高13.4%；根系纵向空间分布更趋合理，深层干重增加了10个百分点，为黑土地可持续利用提供了技术支撑。创立了寒区玉米秸秆全量因地还田技术，突破了秸秆全量还田耕种质量差、秸秆腐解慢的技术瓶颈，耕层活土量增加2.1倍，20～40 cm土壤有机质含量提高20.1%（6年），有效阻控了土壤酸化（pH在6.7以上），翌年9月秸秆腐解率达90%以上，实现了土壤质量的跨越式提升。创建了玉米连作条件下养分综合管理关键技术，研发了配套肥料产品和施肥装备，优化了黑土地减量增效精确施肥技术方案，解决了玉米化肥过量施用、供需不协调的问题，氮、磷、钾肥用量分别减少16～20 kg/hm^2、5～11 kg/hm^2、5～10 kg/hm^2；机械追肥2次和滴灌追肥4次，肥料利用率提高11.5%～13.1%，增产7.6%～10.1%，效益增加10.2%～21.9%，实现了产量和养分效率的协同提高。该项目不断创新发展了黑土地土壤培肥技术，实现了土壤结构和功能的协同共效。以“松紧交替”合理耕层构建、秸秆全量直接还田和养分综合管理等为核心技术，与生产常用技术相结合，集成创新了适于不同区域的技术模式13套，广泛应用后，土壤有机质进入缓慢提升阶段，氮肥偏生产力提高17.5%～20.0%，水分利用效率提高7.7%～9.8%，增产5.3%～8.4%。该项目整体达国际先进水平，其中胡敏酸结构特征与土壤酸化机制等方面的研究达国际领先水平。2016—2018年，该项目累计推广14 248.6万亩，玉米增产488.3万t，增收59.17亿元。授权专利28件（其中发明专利10件），制定地方标准6项，发表论文187篇（SCI收录31篇），出版专著3部，获吉林省科技进步奖一等奖2项、大北农科技奖一等奖1项。

成果获2019年国家科学技术进步奖二等奖，主要完成人有王立春、赵兰坡、边少锋、任军、王琦、王鸿斌、朱平、宋凤斌、安景文、王俊河，主要完成单位有吉林省农业科学院、吉林农业大学、中国农业大学、中国科学院东北地理与农业生态研究所、辽宁省农业科学院、黑龙江省农业科学院齐齐哈尔分院。

（二）黄淮海小麦-玉米两熟区

1. 黄淮区小麦-玉米一年两熟丰产高效关键技术研究与应用　项目针对1998年后黄淮区粮食产量徘徊、小麦冬前冻害、玉米后期早衰、阶段性光热资源浪费与水肥失衡等制约粮食增产的关键问题，2001年以来，在国家粮食丰产科技工程等重大项目资助下，组织29个单位315名科技人员通过系统研究，取得了创新性成果，为小麦-玉米一年两熟粮食均衡增产提供了科技支撑。

首次揭示了黄淮区小麦春化发育基因型及其与表现型的对应关系，创建了小麦“双改技术”与玉米“延衰技术”，实现了周年光热水资源高效利用。探明了基于土壤-作物水势理论的小麦-玉米高产节水原理，确立了两熟作物节水灌溉指标，研制出智能化两熟作物节水灌溉技术体系，实现了高产与节水同步；明确了小麦、玉米超高产养分吸收特征，研制出适合两熟作物氮素需求的缓/控释肥（发明专利：ZL 200910227235.3）；发明的杀菌组合物自主知识产权产品，解决了秸秆还田土传病害加重问题；建立了两熟一体化土壤培肥施肥技术体系，实现了施肥技术简化高效。明确了黄淮区超高产小麦、玉米生育特征，创建出小麦-玉米两熟亩产吨半粮栽培技术体系，集成了适合不同生态区的两熟亩产吨粮田、中产田和旱作田丰产高效栽培技术体系；创造了百亩连片亩产小麦 751.9 kg、玉米 1 018.6 kg 和一年两熟 1 770.5 kg 3 个超高产记录。

集成的小麦-玉米两熟丰产高效栽培技术体系在黄淮区被大面积推广应用，其中，2007—2009 年在河南、山东、河北、山西和安徽五省粮食主产区累计推广 11 023 万亩，新增粮食 690 万 t，创造经济效益 111.62 亿元。培养博士、硕士 164 名，技术骨干 5 372 名，培训农民 86 万人次。发表论文 309 篇，其中 SCI 论文 15 篇（被引用 96 次），一级学报 67 篇（被引用 483 次）；获自主知识产权 6 项，计算机软件权 3 项。

成果获 2010 年度国家科学技术进步奖二等奖，主要完成人有尹钧、李潮海、谭金芳、孙景生、王炜、季书勤、张灿军、王俊忠、李洪连、王化岑，主要完成单位有河南农业大学、河南省农业科学院、中国农业科学院农田灌溉研究所、河南省土壤肥料站、洛阳市农业科学研究院、河南省农村科学技术开发中心。

2. 海河平原小麦-玉米两熟丰产高效关键技术创新与应用 项目针对海河平原光热资源不足、气候干旱、水资源严重匮乏，实现小麦亩产 600 kg、玉米 700 kg 的技术难度大等问题，围绕提高资源利用效率，组织 11 个单位 200 余名科技人员，在海河平原不同生态类型区开展了历时 11 年的研究，取得了突破性进展。

首次探明了海河平原高产小麦冬前积温和行距配置的光、温利用效应，揭示了高产玉米生育期调配的光、温利用规律，提出了小麦“减温、匀株”和玉米“抢时、延收”的光、温高效利用途径，资源生产效率显著提高。小麦光、温生产率达到 0.336 g/MJ、0.331 kg/(亩·℃)，玉米光、温生产率达到 0.865 g/MJ、0.306 kg/(亩·℃)，较黄淮平原提高 10.9%、12.6%和 31.6%、6.3%。探明了海河平原高产小麦玉米农田耗水特征，明确了节水灌溉技术原理，建立了麦田墒情监测指标，创新了小麦玉米两熟“减灌降耗提效”水分高效利用综合技术。小麦减灌 1～2 次，亩节水 50 m^3 以上，平均水分生产率达 1.95 kg/m^3，较黄淮平原提高 14.0%。揭示了海河平原高产小麦玉米养分效应和需求规律，明确了肥料运筹技术原理，提出了“氮磷壮株、钾肥控倒、微肥防衰”的施肥策略，创建了“调氮、稳磷、增钾、配微”的丰产高效施肥技术，肥料生产效率显著提高。小麦氮、磷、钾肥经济产量效率分别提高了 10.1%、3.2%、32.3%，玉米提高了 12.3%、5.9%、4.3%。自主研制了新型小麦玉米播种机和关键部件，突破了种肥和底肥双层同施、小麦匀播和高产麦田大量秸秆还田后玉米精播等技术难题，实现了关键农艺创新技术的农机配套。出苗率提高 17.3%，播种均匀性较国家标准提高 40.0%，粒距合格指数提高 24.8%，漏播指数降低 49.0%。探明了海河平原高产小麦、玉米群体调控指标，创建了小麦“缩行匀株控水调肥”、玉米“配肥强源、增密扩库、延时促流”高产栽培技术，集成创新了 3 套不同类型区丰产高效技术体系（地方标准），连创海河平原小麦、玉米及两熟大面积超高产纪录。近 6 年 41 点次实现小麦亩产 600 kg、玉米 700 kg 以上超高产，保持小麦亩产 658.6 kg、玉米 767.0 kg、同一地块（100 亩）两熟 1 413.2 kg 的高产纪录，分别高出国家“十一五”攻关指标58.6 kg、67.0 kg 和 113.2 kg。

光温资源高效利用、节水节肥、农艺农机配套和丰产高效理论与技术创新，显著促进了作物栽培科学发展和粮食生产科技进步，支撑了河北小麦、玉米单产大幅度提升，总产连续 7 年创历史新高。2008—2010 年，在冀、鲁、豫、津应用 7 261 万亩，增产 469.1 万 t，增加经济效益 63.1 亿元，年节水 8 亿～10 亿 m^3。培养研究生 102 名，发表 SCI 及中文核心论文 249 篇。

成果获 2011 年度国家科学技术进步奖二等奖，主要完成人有马峙英、李雁鸣、崔彦宏、段玲玲、张月辰、张小风、甄文超、李瑞奇、张晋国、郑桂茹，主要完成单位有河北农业大学、河北省农林科学院、河北省农业技术推广总站、石家庄市农林科学研究院。

3. 沿淮主要粮食作物涝渍灾害综合防控关键技术及应用　项目针对沿淮地区涝溃成灾机制不清、作物致灾机理不明，防控技术针对性差、集成度低等难题，创新技术减灾-生物抗灾-结构避灾综合防控思路，在国家科技支撑计划等项目支持下，历经 18 年联合攻关，取得如下创新。

揭示沿淮降水-汇流-入渗-涝溃成灾机制，创建了区域-农田协同快速排水和改土增渗降溃减灾技术，探明沿淮涝溃孕灾源和快速成灾主因，首创产流与运动波汇流耦合水文模型、层状土非稳态入渗算法、水力特性转换函数，破解了汇流精准预测和大范围土壤水力特性测定难题。创建涝溃风险等级分区和农田排水标准，创新多级标准衔接的区域-农田协同快速工程排水关键技术，3 d 内有效除涝。最先证实砂姜黑土滞渍难排水原因，明确砂姜黑土和潮土渗透持水特性和改良靶标，创建砂姜黑土刚-柔耦合改性增渗技术，透水孔隙增加 40%～88%，潮土秸秆加激发剂错位轮还全耕层培肥降溃技术，有机质提高 27%。攻克了作物涝溃致灾机制、抗性机理和抗性评价方法瓶颈，创新了沿淮小麦和玉米耐溃品种-抗涝溃栽培抗灾技术。阐明涝溃逆境下作物细胞、生理、形态响应及其与抗性和产量的关系，揭示了玉米、小麦涝溃抗性关键因子、敏感期及危害时间阈值，首创分阶段、递进式抗性评价方法，解决了快速、精准评价的难题。选育国审皖麦 52 等耐溃新品种 4 个，发明立式主动清秸防堵多功能玉米播种机，创新了夏玉米抢时错期-种肥同播壮苗、冬小麦降密健群-均氮壮株抗涝溃技术，玉米、小麦抗渍综合评价指数平均提高 24.6%和 17.8%。首创沿淮行蓄洪区旱稻-小麦结构避灾新模式，创新了旱稻机直播-临界点补墒轻简栽培技术。揭示行蓄洪区旱稻生态适应性强，率先提出旱稻替旱粮（玉米/大豆）结构避灾新策略；发明新型板茬宽幅旱稻施肥播种机，创新免耕开沟条播、侧位精准施肥、覆土镇压保墒一体轻简化精量播种方式，明确潮土旱稻全程雨养条件下补墒临界点；百亩连片旱稻实收亩均 619.2 kg。集成创新沿淮三大粮食作物涝溃灾害综合防控技术体系，创建周年大面积稳产增效技术新模式。

配套研发新型涝溃生理恢复剂、农机等新产品及新技术，编制行业和地方标准 11 项；创建了涝渍风险极高区旱稻-小麦周年避灾抗灾减灾稳产增效及风险中、高区小麦-玉米周年减灾抗灾丰产增效新模式；近 3 年应用 1.47 亿亩，小麦、玉米增产 555.9 万 t，累计增效

137.01 亿元。获知识产权 31 项，其中发明专利 10 项，论文 155 篇，其中 SCI 论文 46 篇；省部级一等奖 4 项、二等奖 3 项。中国农学会评价认为“成果总体水平国际先进、部分国际领先，为沿淮主要粮食作物涝渍防控、稳产增潜提供了系统化解决方案，引领了涝渍灾区机械化、良种化、轻简化、标准化综合减灾新方向”。

成果获 2018 年度国家科学技术进步奖二等奖，主要完成人有程备久、张佳宝、李金才、王友贞、陈黎卿、顾克军、刘良柏、刘万代、蔡德军、武立权，主要完成单位有安徽农业大学、中国科学院南京土壤研究所、安徽省（水利部淮河水利委员会）水利科学研究院、河南农业大学、江苏省农业科学院、安徽省农业科学院。

（三）长江中下游多元稻作区

1. 长江中游东南部双季稻丰产高效关键技术与应用 项目针对长江中游东南部存在积温偏少、双季稻季节紧、高低温灾害多等不利气候因素易造成双季稻前期早发难、中期成穗率低、后期易早衰等问题，开展了双季稻前期促早发、中期控蘖、后期防早衰关键技术及双季稻超高产栽培生理与技术模式创新研究，为挖掘本区域双季稻产量潜力提供技术支撑。

创新了双季稻前期早发与精确定苗关键技术。以壮秧促早发为技术途径，自主研发出双季稻壮秧促早发的专用育秧肥，其安全性高，壮秧早发效果显著，基本消除了因植伤导致大田分蘖缺位现象，并阐明了其壮秧促早发机理；明确了短秧龄秧苗的早发效应及早晚稻适宜的移栽秧龄，发现了旱育条件下秧田潜伏芽分蘖成穗现象，并由此建立了首个双季稻盘旱育秧抛栽基本苗公式。突破了双季稻中期控蘖壮秆关键技术。首创了肥控、化控、水控“三控”结合控蘖增穗技术，自主研发出水稻复合控蘖剂，抑制无效分蘖的效果达 41.2%～43.8%，克服了单一赤霉素控蘖会增加倒伏风险及肥水控蘖效果滞后、受环境影响大的缺陷；明确了一次枝梗分化期大茎蘖数量多是壮秆的综合性指标，提出了不同熟期品种壮秆的肥料运筹技术，发明了一种适用于双季稻具有节肥壮秆效果的缓控释肥。揭示了双季稻后期早衰机理，研发出防早衰技术。从蛋白质组学角度系统揭示了后期养分胁迫导致不同器官早衰的机理；研发出了“前防后治”的系统防早衰技术，能显著减缓功能叶衰老，并自主研发出水稻防早衰剂。首次揭示了双季超级稻具有前期早发度高、中后期物质生产及氮素吸收优势明显、根量较大且深层根系比例大、抽穗后 LAI 大、根系活力衰退慢、总库容量大、源库协调等高产特征。阐明了生长优势明显、后期生理活性强、群体生态条件优是其超高产栽培的生理生态机理；确立了双季超级稻产量 18 000 kg/hm^2 以上的群体指标，创建了双季稻早蘖壮秆强源、三高一保等栽培技术模式；创造了在相同田块连续 9 年双季 18 750 kg/hm^2 以上的超高产典型。

项目获国家发明专利 3 项，制定了 4 项双季稻丰产高效栽培相关的江西省地方技术标准，发表论文 153 篇，出版专著 5 部、教材 1 部，培养研究生 83 名，获江西省科学技术进步奖一等奖 2 项、二等奖 1 项，主体技术经鉴定被评价为国际先进或国内领先水平。在江西累计应用推广 8 087.0 万亩，新增产粮食 571.2 万 t，新增经济效益 96.2 亿元；2010—2012 年在湖南、安徽、福建等地推广 1 154.4 万亩，新增产粮食 63.4 万 t，新增经济效益 15.6 亿元；总计推广 9 241.4 万亩，新增产粮食 634.6 万 t，新增经济效益 111.8 亿元，应用平均增产1 030.0 kg/hm^2。

成果获2013年度国家科学技术进步奖二等奖，主要完成人有谢金水、石庆华、王海、刘光荣、潘晓华、周培建、彭春瑞、曾勇军、李祖章、李木英，主要完成单位有江西省农业科学院、江西农业大学、江西省农业技术推广总站、南昌县农业技术推广中心、进贤县农业技术推广中心。

2. 稻麦生长指标光谱监测与定量诊断技术　该项目针对作物生长光谱监测与定量诊断技术的迫切需求，自1999年以来，在国家及部省科技计划的支持下，综合运用作物生理生态原理和定量光谱分析方法，以水稻和小麦作物为对象，围绕作物生长指标的特征光谱波段和敏感参数、光谱监测模型、定量调控方法、监测诊断产品等开展了深入系统的研究，集成建立了基于反射光谱的作物生长快速监测与定量诊断技术体系。

① 确立了指示作物生长指标的特征光谱波段和敏感光谱参数通过不同生态点、品种、管理措施下的多年田间试验研究，构建了稻麦冠层和叶片水平的反射光谱库，解析了不同条件下稻麦反射光谱的动态变化特征，明确了稻麦反射光谱对叶面积指数、生物量、氮含量与积累量、叶绿素密度、产量与品质等指标的响应规律，确立了指示稻麦生长指标的特征光谱波段和敏感光谱参数，为稻麦生长监测模型的构建及监测设备的开发提供了支撑。②构建了叶片/冠层/区域多尺度的作物生长指标光谱监测模型基于定量建模技术，综合利用地面与空间遥感信息，确立了稻麦主要生长指标与相应特征光谱参数之间的量化关系，在叶片、冠层和区域多尺度构建了稻麦生长指标光谱估算模型，实现了稻麦长势的多尺度快速监测。③创建了多路径的作物生长实时诊断与定量调控技术利用系统分析方法，定量研究了不同产量水平下稻麦生长指标的动态变化轨迹，构建了基于产量目标的稻麦生长指标适宜时序动态模型；进一步耦合实时苗情信息，综合利用养分平衡法、氮营养指数法、指标差异度法等，集成建立了多路径作物生长调控技术，可定量确定稻麦生长中期的肥水调控方案。④创制了面向多平台的作物生长监测诊断软件、硬件产品将作物生长监测诊断技术与硬件工程相结合，研制了便携式和车载式作物生长监测诊断设备，开发了基于无线传感网络的农田感知节点；与软件工程相结合，开发了作物生长监测诊断应用系统和农田感知与智慧管理平台，为作物生长指标的监测诊断和智慧管理提供了实用化技术载体。⑤开展了作物生长监测诊断技术体系的规模化应用。自2009年开始，以作物生长监测诊断仪、监测诊断应用系统、农田感知与智慧管理平台等为主要应用载体，以作物长势分布图、肥水调控处方图、产量品质分布图等为主要技术形式，以农技推广服务站、农业专家工作站、企业研究生工作站等产学研合作基地为主要依托，在江苏、河南、江西、安徽、河北、浙江等水稻和小麦主产区进行了大面积示范应用，表现出明显的节氮（7.5%）和增产（5%）作用，取得了显著的经济、社会和生态效益。已授权国家发明专利9项（另受理23项）和实用新型专利5项，登记国家计算机软件著作权17项；推广便携式作物生长监测诊断仪219台，农田感知节点332套；发表学术论文154篇，其中SCI/EI论文55篇，出版专著1部；培养研究生48名。据统计，近5年累计有效推广面积4 920.21万亩，新增效益24.28亿元，并获2014年江苏省科技进步一等奖。

成果获2015年度国家科学技术进步奖二等奖，主要完成人有曹卫星、朱艳、田永超、姚霞、倪军、刘小军、邓建平、张娟娟、李艳大、王绍华，主要完成单位有南京农业大学、江苏省作物栽培技术指导站、河南农业大学、江西省农业科学院。

二、不同作物栽培研究成果及获奖情况

(一) 水稻

1. 水稻丰产定量栽培技术及其应用 针对中国经济社会高速发展、稻田被大量占用、优质劳力转移、水稻栽培管理粗放化、肥水等投入盲目增加、污染加重等制约水稻增产增效与持续发展的重大技术问题，经10多年攻关研究，创立了以生育进程、群体动态指标、栽培技术措施“三定量”和作业次数、调控时期、投入数量“三适宜”为核心的水稻精确定量栽培技术，有效地提高了栽培方案设计、生育动态诊断与栽培措施实施的定量化和精确化，促进了水稻栽培技术由定性为主向精确定量的跨越，为统筹实现水稻高产、优质、高效、生态、安全提供了重大技术支撑。

在研明了不同地区、不同栽培方式、不同水稻品种类型高产形成规律基础上，创立了水稻高产共性生育模式与形态生理精确定量指标及其实用诊断方法，实现了栽培方案优化设计与生产过程实时实地准确诊断。率先研明了土壤供氮量、目标产量需氮量与氮肥利用率3个关键参数的适宜值及确定方法，攻克了应用差减法公式精确计算水稻施氮量的难题。同时，研明了基蘖肥与穗肥的精准比例，以及穗肥高效施用叶龄期，率先提出氮肥后移技术。并配套建立了以早搁田为特征的“浅、搁、湿”精确定量灌溉模式，突破了高产、优质、高效协调的水肥耦合技术瓶颈，氮肥利用率提高20%以上、节水20%以上。研制出秸秆全量还田整地联合作业机械与新型插秧机，系统研明了机插水稻高产形成规律与高效精确农艺，创立了以“标秧、精插、稳发、早搁、优中、强后”为内涵的机械化高产精确定量栽培技术，解决了多熟制条件下机插稻高产稳产难题，成为支撑稻作现代化发展的主干技术。研明了超高产群体构成、物质生产积累与运转、氮素吸收利用等规律，揭示了强化中期高效生长扩大库容量、提高籽粒充实度及茎秆强度等机理，创立了“精苗稳前、控蘖优中、大穗强后”的超高产精确定量栽培技术。苏北、苏中、苏南连续5年在同方田上实现了亩产800 kg以上，创造了稻麦两熟制条件下水稻亩产937.2 kg的全国纪录，并在云南刷新了亩产1 287 kg的世界纪录。突破了超高产及其重演的技术瓶颈，发挥了重要的引领作用。以上述技术突破为核心，集成了不同稻区不同栽培方式丰产精确定量栽培技术体系，研制出配套技术规程和决策咨询信息系统。应用后，比对照技术增产10%以上，节工20%以上，节氮10%以上，节水20%以上，增效20%以上。

该技术先进适用，已被农业农村部列为全国水稻高产主推技术，在20多个省（自治区、直辖市）示范推广。据2008—2010年苏、皖、赣、滇、黔、豫、渝7省（直辖市）应用证明，累计推广9 918万亩，增水稻640.1万t，增效益163.5亿元，取得巨大的经济效益、社会效益和生态效益。该项目获国家专利9项，软件著作权8项，制定地方标准17项，在《中国农业科学》等期刊发表论文286篇，出版《水稻精确定量栽培理论与技术》等专著4部。水稻精确定量栽培技术是中国特色作物栽培学的重大创新与发展，显著提升了中国水稻栽培科技水平与综合生产能力，成果获2010年度江苏省科学技术进步奖一等奖。

成果获2011年度国家科学技术进步奖二等奖，主要完成人有张洪程、丁艳锋、凌启鸿、

仲维功、邓建平、戴其根、王绍华、张瑞宏、杨惠成、周培建，主要完成单位有扬州大学、南京农业大学、江苏省农业科学院、江苏省作物栽培技术指导站、安徽省农业技术推广总站、江西省农业技术推广总站、云南省农业科学院粮食作物研究所。

2. 多熟制地区水稻机插栽培关键技术创新及应用　项目针对我国南方多熟制地区水稻机插栽培普遍存在苗小质弱与大田早生快发不协调、个体与群体关系不协调、前中后期生育不协调，导致产量、品质不高不稳与多熟季节矛盾加剧的突出难题，潜心研究十余年，取得了重要的突破性创新成果。

创建了机插毯苗、钵苗两套“三控”育秧新技术，阐明了毯苗、钵苗机插水稻生长发育与高产优质形成规律，创立了“三协调”高产优质栽培途径及生育诊断指标体系，同时以上述关键技术的突破性创新为主体，创建了毯苗、钵苗机插水稻“三协调”高产优质栽培技术新模式，集成应用了适应不同稻区的毯苗、钵苗机插高产优质栽培技术，在各地涌现出一批高产典型。项目技术成果先后被农业农村部与江苏、安徽、湖北、江西等省列为主推技术，引领了我国水稻机械化栽培技术发展，促进了多熟制地区水稻机插栽培与生产水平的提升，成果整体达国际同类研究领先水平。

经过多年、多地验证和示范应用，项目成果相继在苏、皖、鄂、赣等地大面积示范推广，取得了显著的经济效益、生态效益、社会效益，展示出广阔的应用前景。在2015—2017年期间，苏、皖、鄂、赣累计应用8 952.7万亩，新增水稻335.1万t，增收97.6亿元，节本17.3亿元，累计新增效益114.9亿元。

成果获2018年度国家科技进步二等奖，主要完成人有张洪程、吴文革、李刚华、霍中洋、张瑞宏、习敏、杨洪建、王军、史步云、张建设，主要完成单位有扬州大学、南京农业大学、安徽省农业科学院、江苏省农业科学院、江苏省农业技术推广总站、常州亚美柯机械设备有限公司、南京沃杨机械科技有限公司。

（二）小麦

冬小麦根穗发育及产量品质协同提高关键栽培技术研究与应用这一项目针对中国冬小麦根系研究相对薄弱、穗器官建成研究不够系统，以及中高产麦田存在的早播早管、根-穗发育不协调、群体质量差、倒伏早衰重等制约产量品质协同提高关键技术问题，连续多年多点采用田间大区与微区、盆栽与池（柱）栽、人工气候室（箱）模拟与同位素示踪等方法，以协调冬小麦“根-土-苗”和“穗-粒-重”关系为主线，对根系发育、穗器官建成、产量与品质生态生理及栽培调控效应进行了深入研究，丰富了小麦高产优质栽培理论，研究出的窄行匀播、春管后移关键栽培技术实用性强、应用效果显著，为冬小麦产量与品质协同提高提供了技术支撑。

首次确立了占河南麦田面积80%以上的黄土、冲积土和水稻土区冬小麦根系构型特征和高产小麦健壮根群的形态生理指标，厘清了干旱、高温等逆境胁迫对根系发育和籽粒产量、品质的影响及其耐性范围，为壮根促壮苗、调根防倒延衰技术的制定提供了理论依据。研究明确了冬小麦穗器官发育各阶段温光指标及其与粒重和品质形成的关系，首次提出冬小麦雌蕊柱头羽毛伸长期为小花退化高峰期，揭示了籽粒灌浆后期灌浆小高峰现象，为准确判断幼穗发育进程和早期预测粒重、及时采取有效促控措施、协调穗-粒-重关系、减少小花退化、增粒增重和改善品质奠定了理论基础。关键技术特色明显，应用效果显著。以壮根调穗、构建高质量群体为核心，研究总结出在常规栽培技术措施准确到位的基础上，实现冬小麦产量品质协同提高的“窄行匀播、春管后移”关键栽培技术。在豫、苏、鄂、冀等省大面积推广应用，取得了显著的经济效益与社会效益：5 年 3 点 15～50 亩连片连续实现平均亩产 650 kg 以上，并创造了中国冬麦区多穗型品种 15 亩连片平均亩产 717.2 kg、大穗型品种 50 亩连片亩产 735.08 kg 和万亩示范区连续 2 年平均亩产超 600 kg 的高产纪录。通过技术培训和示范引领，带动河南小麦总产 2005 年以来连续突破 250 亿 kg 和 300 亿 kg 大关，连续 5 年创历史新高，品质结构逐步优化，市场竞争能力显著提升，从技术上支撑河南稳居中国第一小麦生产和调出大省、优质小麦生产与加工大省，为中国小麦“三个历史性突破”和保障国家粮食安全作出了重要贡献。项目实施以来曾获 5 项科技奖励，体现了该项研究的连续性、阶段性和不断深化发展，创造了显著的经济和社会效益。

2005 年以来，该项成果在 4 省累计示范推广 10 971 万亩，共计增产小麦 42.77 亿 kg，新增直接经济效益 49.59 亿元。该项研究成果为国家粮食战略工程河南核心区建设提供技术储备，在中国生态、生产条件和产量水平相近麦区具有重大推广应用价值。围绕该项研究，曾获河南省科学技术进步奖一等奖 1 项、二等奖 4 项，出版了《小麦的根》和《小麦的穗》等著作，均为国内外该研究领域迄今第一部学术专著，发表学术论文 156 篇，国内总引频次 2 045次，培养博士、硕士研究生 98 名，以及大批实用技术人才，显著提升了项目区小麦生产的科技含量。

成果获 2009 年度国家科学技术进步奖二等奖，主要完成人有郭天财、朱云集、王晨阳、周继泽、贺德先、王永华、马冬云、康国章、谢迎新、冯伟，主要完成单位有河南农业大学、河南省农业技术推广总站、湖北省农业技术推广总站、江苏省作物栽培技术指导站、河北省农业技术推广总站。

（三）玉米

1. 玉米无公害生产关键技术研究与应用 针对我国黄淮海区域小麦-玉米一年两熟生产中夏玉米农用化学品（肥料、农药）单位面积投入大，造成玉米产品中农用化学品残留高及环境污染严重等问题，项目研发出高效、低毒玉米专用种衣剂 5.4%吡·戊和甲酯化植物油助剂，筛选出生物源杀虫剂阿维菌素，建立了黄淮海区域玉米病虫草害无公害化防控技术体系。建成作物病虫草害远程诊断系统等 12 个玉米无公害生产的数据库及其管理系统，研发出基于掌上电脑的玉米无公害生产咨询服务系统，建立了适合中国玉米生产的玉米无公害优质生产技术信息化服务平台。制定《无公害夏玉米生产技术规程》（DB37/T 610—2006），创建了适合黄淮海区域夏玉米无公害生产的技术体系。

2009—2015 年，在山东、河南、河北等地累计推广应用 9 601.6 万亩，平均亩增玉米 60.08 kg，累计节本增效 66.21 亿元，实现了中国无公害玉米的大面积生产。围绕无公害玉米生产的理论与技术开展深入、系统的研究，在国内外重要学术刊物上发表学术论文 133 篇，出版著作 5 部，获得国家发明专利 2 项，登记计算机软件著作权 12 个，制定山东省地方标准 1 项；促进了中国无公害玉米生产，丰富和发展了玉米优质高产栽培理论，提出的玉米无公害生产关键技术适合黄淮海小麦-玉米一年两熟区大面积推广应用。

成果获2009年度国家科学技术进步奖二等奖，主要完成人有董树亭、王空军、李少昆、赵秉强、赵明、姜兴印、张吉旺、刘鹏、王金信、高荣岐，主要完成单位有山东农业大学、中国农业科学院作物科学研究所、中国农业科学院农业资源与农业区划研究所。

2. 吉林玉米丰产高效技术体系　项目针对我国玉米生产中普遍存在着单产水平较低，商品品质欠佳、生产成本较高，种植效益低等方面的问题，经过5年攻关，在玉米超高产配套栽培技术和可持续丰产高效栽培技术方面取得重大突破，并进行了大面积示范推广，全面提升了玉米综合生产能力、推动了玉米产业的发展，对保障国家粮食安全、促进农村经济发展发挥了重要作用。

研究提出了玉米超高产配套栽培技术。创新了玉米超高产关键技术，包括品种优化技术，物理和化学相结合的超高产玉米群体质量调控技术，“前促、中控、后促”的超高产施肥技术，耕作与施肥相结合的超高产土壤培育技术；构建玉米超高产栽培技术模式，在吉林省东、中、西三个生态区运用该模式，建设超高产田385亩，其中亩产超过900 kg的245亩，超过1 000 kg的132亩。完善了玉米可持续丰产高效栽培技术。创建了玉米宽窄行交替种植保护性耕作技术，提出了因品种施肥技术、玉米茎腐病诱导抗性防治技术、玉米螟生物防治新技术。集成了半湿润区玉米高产技术模式、半干旱区节水灌溉高产技术模式和湿润冷凉区中熟品种密植高产技术模式，大幅度提高了肥水资源的利用效率，为提高吉林省玉米综合生产能力提供了技术支撑。超高产技术创造了雨养条件下春玉米1 183.49 kg/亩的超高产新纪录。不同生态区玉米丰产高效技术模式化肥利用率提高10.4%，水分利用效率提高12.3%，亩产提高46～70 kg。应用超高产配套栽培技术建设超高产田385亩，其中亩产超过900 kg的245亩，超过1 000 kg的132亩。经国家专家组实产验收，百亩连片亩产达1 089.60 kg，10亩连片亩产达1 164.55 kg，最高亩产达1 183.49 kg。玉米可持续丰产高效栽培技术，在玉米主产区进行推广应用。2004—2008年累计推广10 054.5万亩，增产玉米609.46万t，增加农民收入60.68亿元。其中2006—2008年推广7 872.7万亩，增产玉米471.77万t，增加农民收入46.94亿元。

获得授权专利7项，其中，发明专利4项，实用新型专利3项。一是促进了相关学科发展。建立了保护性耕作体系，推动了耕作学科向可持续方向发展；明确了超高产土壤条件和培肥技术，使土壤学科的研究更加关注物理性状和耕下层肥力状况的调控；超高产栽培关键技术取得突破，使栽培学科由高产水平向超高产水平迈进一步；明确了玉米品种喜肥特性，使作物营养学科研究对象由作物发展到品种。二是提高了玉米生产的技术水平。通过不同生态区的玉米丰产高效技术模式的应用，使吉林省及东北地区玉米生产技术更加规范。三是培训了大量的基层技术人员和农民，对促进玉米生产的科技进步具有长效作用。

成果获2009年度国家科学技术进步奖二等奖，主要完成人有王立春、边少锋、任军、刘武仁、马兴林、吴春胜、谢佳贵、朱平、刘慧涛、路立平，主要完成单位有吉林省农业科学院、中国农业科学院作物科学研究所、吉林农业大学、中国农业大学、中国农业科学院农业资源与农业区划研究所、中国科学院沈阳应用生态研究所、吉林大学。

3. 玉米高产高效生产理论及技术体系研究与应用　项目针对中国玉米主产区高产高效生产障碍因素与技术需求，通过多部门、多地区、多学科协作研究及推广，取得了重大突破与创新，极大地丰富了玉米高产高效理论，促进了中国玉米产业发展。

构建作物产量潜力模型，探明不同目标产量实现的关键限制因素、技术需求结构，提出中国玉米高产高效生产技术的方向和策略；明确了东北、黄淮海、西南三大优势产区玉米高产高效生产潜力、限制因素与技术优先序，为玉米高产突破和实现大面积高产高效提供了理论依据。探明了玉米实现亩产1 000 kg的高产基本规律及其关键影响因素，提出了增穗、稳粒数、挖粒重，增加花后物质生产与高效分配的高产潜力突破途径调控技术及玉米高产挖潜理论；提出中国玉米高产高效种植带（北纬34°～45°），为中国玉米高产突破及产业带建设提供了理论基础。自2006年起在138个点次（年份×地点）经农业农村部专家组验收实现"吨粮"，连续创造了一批全国及各生态区玉米高产纪录，2009年在新疆农4师创1 360.10 kg/亩的全国新纪录，将中国玉米高产水平从每亩1 000 kg提升到1 300 kg。围绕中国主要产区玉米高产高效生产限制因素与技术优先序，研究建立了西南丘陵山地玉米区雨养旱作增产技术、玉米膜侧集雨节水栽培技术、玉米简化高效育苗移栽技术、玉米宽带规范间套种植模式；北方春播玉米区早熟矮秆耐密种植技术、玉米中耕深松蓄水保墒增产技术、郑单958适宜种植区域及配套栽培技术；黄淮海夏播玉米区保护性耕作玉米高产高效生产技术、夏玉米密植简化高产技术、玉米晚收增产技术、旱作雨养区玉米高产高效栽培技术、玉米覆膜高产栽培技术、青贮玉米生产和利用技术等13套玉米高产高效生产技术体系；项目创建技术规程13部，制定并发布实施地方标准9部，9项技术被农业农村部遴选和发布为主推技术，形成中国玉米主产区的主体技术模式。通过对中国基层农技推广体系现状、信息传播手段和农民技术需求的调研，明确了玉米生产技术扩散规律，构建了首席专家（专家组)-技术指导员-科技示范户-辐射带动户-广大农户的技术传播网络，探索形成了专家负责、上下联动、包村联户、按需指导的科技入户新模式；并构建了玉米生产信息化平台及其服务体系，加速了玉米高产高效生产技术成果的推广与转化，有效解决了农业技术推广"最后一公里"的问题。

依托农业农村部农业科技入户示范工程等重大项目，在全国16个玉米主产省建立76个核心示范县进行关键技术及扩散模式的示范推广。据不完全统计，2008—2010年，累计推广应用10 954.09万亩，增产粮食578 269.60万kg，节本增效97.24亿元，社会效益、经济效益极为显著，为中国玉米连续增产和国家粮食安全提供了技术支撑。出版了《玉米高产潜力·途径》《玉米生产技术创新·扩散》《玉米高产高效种植模式》等9部专著，获得计算机著作权证书14件，申请国家发明专利1件，发表论文132篇，获得全国农牧渔业丰收奖一等奖和二等奖各1项，河南省科技进步奖二等奖2项、四川省科技进步奖二等奖1项。

成果获2011年度国家科学技术进步奖二等奖，主要完成人有李少昆、刘永红、薛吉全、王延波、谢瑞芝、王崇桃、王振华、高聚林、王俊忠、赵海岩，主要完成单位有中国农业科学院作物科学研究所、四川省农业科学研究院作物研究所、西北农林科技大学、辽宁省农业科学院、东北农业大学、内蒙古农业大学、河南省土壤肥料站。

4. 玉米冠层耕层优化高产技术体系研究与应用 项目针对东北和黄淮海区玉米密植倒伏、早衰等长期制约着玉米产量进一步提高的难题，围绕着密植高产挖潜，构建了玉米冠层耕层协调优化理论体系，创新了关键技术，集成了高产高效技术模式，形成了玉米冠层耕层优化高产技术体系研究与应用成果。

探明了冠层不合理与耕层质量差的双重因素互作是玉米密植倒伏、早衰，产量降低的主要原因，首次构建了冠层产量性能定量分析体系，确立了玉米不同产量目标（9.0～15.0 t/hm^2）的定量指标，建立了动态监测系统；创建了耕层原位根土立体分析方法，探明了土壤与根系空间分布特征，提出了深耕层、低容重、匀分布、肥地力的耕层优化标准；首次创新了冠层生产力与耕层供给力的评价方法，确定了增产目标的定量管理，建立了冠层耕层协同优化的高产高效栽培体系，为玉米密植高产目标管理提供有效支撑。以冠层耕层同步优化为目标，创新了“三改”深松、“三抗”化控及“三调”密植等关键技术。创立了改卧式浅旋为立式条带深松，改传统垄作为春季免耕平作与夏季深松，改单一耕作为深松与秸秆还田培肥地力相结合的“三改”深松耕作技术，有效增加耕层深度 15～20 cm，降低容重 11.4%～20.0%，降低能耗 33.0%，土壤有机质含量增加 20.4%。自主研发出以有机酸、氨基酸和生长调节剂为主要成分，以定向管理为目标的抗倒、抗冷、防衰的“三抗”新型化控剂。建立了 6 叶控株防倒、9 叶扩穗防衰的双重定向化控技术，玉米抗倒能力提高 5.7%～34.7%，减缓功能叶衰老，穗粒数增加 4.2%～7.9%，千粒重提高 3.4%～8.9%。调行距，形成大小行（40 cm×80 cm）季节间交替种植；调耕作，行内浅旋清垄、行间深松；调肥水供给，形成埋管滴灌肥水一体化技术。“三调”技术有机结合，显著提高产量 15%、氮肥利用效率 24%、水分生产率 35%。充分发挥关键技术的集成效应，创新了深耕层-密冠层、控株型-促根系及培地力-高肥效的密植高产高效技术模式。三大技术模式的应用，有效地解决了密植倒伏、早衰的生产问题，在东北春玉米区和黄淮海夏玉米区连续 5 年分别实现了小面积亩产超 1 100～1 200 kg 和超 1 000 kg，在万亩示范田分别实现亩产超 850 kg 和 800 kg，增产 8.5%～12.8%。

创新的关键技术与模式被列为农业农村部和相关部门主推技术，在东北和黄淮海地区的 7 省份累计推广 12 239.65 万亩，累计增产 83.39 亿 kg，增加经济效益 143.16 亿元。获省部级科学技术进步奖 3 项，获国家专利 10 项，在国内外重要学术刊物上发表论文 315 篇，出版著作 6 部，制定技术规程 2 项。

成果获 2015 年度国家科学技术进步奖二等奖，主要完成人有赵明、董志强、钱春荣、李从锋、王群、张宾、齐华、王育红、刘鹏、马玮，主要完成单位有中国农业科学院作物科学研究所、黑龙江省农业科学院耕作栽培研究所、河南农业大学、山东省农业科学院作物研究所、沈阳农业大学、洛阳市农林科学院、山东农业大学。

第七篇　技术扩散与综合评价

科技进步与粮食增产

科技进步是保障粮食安全的主要驱动因素，是实现粮食持续增产的必要条件。粮食生产科技进步贡献率反映了扣除要素生产率致使粮食增产部分占全部粮食增产的比例，是技术进步对粮食产量增长率的贡献份额。长期而稳定地对其测算有利于保证国家粮食安全。深入分析影响粮食生产各投入要素的作用，科学准确地测算全国粮食生产要素，尤其是主产区粮食生产要素的产出弹性和科技进步贡献率，有助于从总体上把握中国粮食生产的科技进步水平，对制定粮食安全战略、进一步深化发展粮食丰产科技工程具有重要的参考价值。

第一节 科技进步贡献率及其测算

一、科技进步贡献率

（一）基本来源

科技进步概念源于经济学家熊彼特的《经济发展理论》一书，他提出了“创新理论”，强调生产技术的革新和生产方法的变革在社会经济发展过程中具有至高无上的作用。科技进步的内涵主要包括生产要素的提高、科技知识的进步、资源的重新配置、管理水平的提高等。在现代经济发展过程中，实现经济增长通常有两个途径：一是通过增加土地、资本、劳动等生产要素投入，实现扩大再生产，这属于外延式扩大再生产；二是通过技术创新与扩散，提升劳动者素质、优化资源配置，进而实现生产效率提高来增加产出，这属于内涵式扩大再生产。通过科技进步推动经济增长属于典型的内涵式扩大再生产。

粮食生产科技进步贡献率就是在粮食增产中由科技进步引起的增长所占的比例，反映科技进步对粮食生产作用程度的一项综合指标。影响粮食增产的三大要素包括农业生产劳动力投入，化肥、农药、种子、机械动力、灌溉工程等资本投入，良种培育、农田改造、栽培技术等科技进步。要准确地分析科技进步对粮食生产的贡献率，就必须将科技进步因素从影响粮食增产的众多要素中分离出来，并对其进行系统测算。

（二）粮食生产科技进步贡献率测算方法

根据已有文献资料分析，测量经济增长的科技进步贡献率使用最多的定量方法是柯布-道格拉斯生产函数法和索洛（Solow）余值法。我国学者朱希刚（1997）最早采用索洛余值法对科技进步贡献率进行测算。农业部在1997年发布的《关于规范农业科技进步贡献率测算方法的通知》中，将朱希刚等采用的索洛余值法作为测算农业科技贡献率方法的国家试行标准。本研究采用柯布-道格拉斯生产函数法进行回归分析和经验分析法确定模型参数（产出弹性），采用索洛余值法测算粮食生产的科技进步贡献率。

柯布-道格拉斯生产函数是由美国数学家柯布和经济学家保罗·道格拉斯在共同探讨投入-产出关系过程中创造出来的生产函数，重点强调资本与劳动投入量与产出量的关系，其函数为$Y=AK^{\alpha}L^{\beta}$，其中，Y为产出量，A为科技水平，K为资本投入量，L为劳动力投入量，α、β分别为资本和劳动的产出弹性系数。

二、测算指标

全球粮食生产实践表明，在石油农业条件下，粮食生产水平越高，能源消耗越多。发达国家的化肥、农药、柴油等化石能源要素在传统农业生产投入中的比例为85%，在有机农业生产中也达到了60%。改革开放以来，中国粮食产量持续提高，在1978—2013年增长了5倍多，用占世界7%的耕地养活了全球22%的人口，也由此带来了化肥、农药、农用柴油等以石油为原料的能源投入持续攀升。2013年，中国农业能源消耗超过了9 000万t标准煤，其中，化肥总产量和消费量均超过了世界总量的1/31，过量的能源消耗已成为中国粮食生产的魔咒。为了探究中国粮食生产中的能源节约和粮食生产技术变化趋势，选择粮食生产中的化肥、农药、农用柴油等能源投入和农业劳动力、机械动力等要素作为分析指标。

1. 粮食产量 粮食生产的产量数据即我国水稻、小麦和玉米三大主要粮食作物产量数据，来自国家统计局公布数据（三大粮食作物产量合计），投入变量数据来自各年份《全国农产品成本收益资料汇编》《中国农村统计年鉴》中三大作物对应的各项物质费用和劳动用工等投入情况。根据希克斯-列昂惕夫（Hicks - Leontief）整合条件，当产品的相对价格或数量的变化具有相似性，或者对生产函数满足分离条件时可以将产出进行整合，根据前期研究文献结论，可知三大粮食作物在生产波动上和产品属性上具有相似性，可直接将三者的产量整合为粮食总产量作为产出变量。

2. 农业机械动力投入 农业机械动力是用于农业生产的各类机械动力的总和，主要包括耕作、排灌、收获、运输和植物保护的机械动力（农用机械的动力引擎包括电动机和内燃机，其功率单位均可折算成瓦特）。农业机械动力反应的是农业机械化程度，即在农业生产过程中采用适用的机械设备提高农业生产技术水平、生产效率和经济效益、生态效益的过程。提升农业机械化程度对促进农业生产集约化、抵御自然灾害，进而提高农业生产效率、增加产量水平、降低生产成本具有重要的现实意义。现阶段，中国农业机械化程度依然相对较低，2012年，每千公顷耕地的大型拖拉机的使用量为43.6台、收割机使用量为6.8台。而早在2007年，德国就达到了每千公顷耕地大型拖拉机使用量为64.6台和收割机使用量为7.2台。日本的机械化程度更高，每千公顷分别达到了433.9台和221.2台。农业机械动力增加替代农业劳动力流出满足农业生产需要，同时也提高了农业生产效率。2012年，全国农用大中型拖拉机为485.2万台、小型拖拉机为1 797.2万台、农用排灌电动机为1 248.8万台、农用排灌柴油机为982.3万台，农用机械总动力达到102 559万kW。农业机械化程度的提高一方面提升了农业生产效率和集约化程度，另一方面对石油燃料等能源的消耗也随之显著增加，2012 年中国农业生产消耗的石油能源中仅农用柴油使用量就达 2 107.6 万 t，占农业生产所消耗各类燃油总量的 90%左右。

3. 农田灌溉面积　一般情况下，有效灌溉面积应等于灌溉工程或设备已经配备，能够进行正常灌溉的水田和水浇地面积之和，它是反映我国耕地抗旱能力的一个重要指标。统计数据显示，中国已经建成设计灌溉面积超过 30 万亩的大型灌区 447 个，1 万～30 万亩的中型灌区 5 967 个。现有塘坝、小型泵站、机井、水池、水窖等独立运行的小型农田水利工程 2 000 多万处，大中型灌区末级渠道、小型灌区固定渠道近 300 万 km，固定灌溉管道约 180 万 km，相应的配套建筑物近 700 万座，难以计数的田间工程几乎覆盖了所有的农田灌溉面积。

4. 粮食播种面积　指各地区三大粮食作物播种面积之和。

5. 化肥投入　21 世纪以来，中国粮食生产中的化肥消耗量以超过年均 5%的速度增加。2013 年化肥消耗总量达到 7 153.7 万 t，分别是美国、日本、德国的 3.84 倍、55.6 倍和 34.4 倍。中国粮食生产的施肥强度为 32.3 kg/亩，而美国、日本和欧盟的农业生产施肥强度分别为 7.81 kg/亩、23.36 kg/亩、7.53 kg/亩（West，2002）。显然，中国粮食生产上处于依靠能源投入的粗放型生产阶段，与技术投入为主的集约型发展阶段存在较大差距。2010—2013 年，中国每年在化肥生产过程中需消耗 7 500 万 t 煤炭、超过 100 亿 m^3 天然气、超过 500 亿 kWh 电力和 65 万 t 石油，故化肥是典型的高能耗产业和国家实施节能减排的重点行业。推动中国粮食生产的精细化、集约化，发展生态、高效农业需要通过技术进步提升化肥使用效率、优化化肥生产结构、减少化肥投入量和投入强度。

6. 农药投入　为了保障和促进农作物生长，防止病虫害，提高粮食产量，中国近年来的农药使用量呈快速增加趋势。1991 年，农药使用量为 76.15 万 t，2012 年达到创纪录的 180.6 万 t，比 1991 年增长了 1.4 倍。除了在 2000 年的农药使用量稍有下降外，其他年份都呈快速增加趋势。农药和化肥生产一样也是能源密集型化工产业。据估算，2012 年中国农药生产消耗能源折合 8.45×10^5 t 标准煤。在粮食生产过程中，农药的使用效率不高，仅有 10%～20%的农药能够被农作物枝叶吸收，而剩余部分都散落在土壤和水中，造成土壤和水污染。

7. 农业劳动力投入　农业劳动力是影响粮食生产的基本因素，随着中国城镇化和工业化进程的加快，农业劳动力流向城市二三产业已成为客观趋势，未来农业生产中“谁来种田”和“谁会种田”将成为影响中国粮食生产的突出问题之一。国家统计局的抽样调查数据显示，2011 年、2012 年、2013 年中国农民工总数分别达 25 278 万人、26 261 万人和 26 894 万人，农民工总数的持续增加意味着农业劳动力的不断减少。二三产业附加值高于农业附加值，二三产业从业人员工资水平上涨也意味着农民种粮机会成本的增加，种粮比较收益进一步下降，从而更影响农业劳动力投入的积极性。在农业劳动力流出规模持续扩大和农业生产从业人员不断减少的情况下，如何才能保证粮食生产的可持续，实现粮食产量的持续增加；能否通过生产技术优化粮食生产要素投入结构，通过财政政策支持和鼓励高技能劳动力从事粮食生产和提升高产粮食作物的种植比例，推动农业劳动力和高产粮食作物的结合，从而实现粮食可持续增产成为值得研究的现实问题。

选择全国31个省份的粮食生产作为研究对象，以了解13个粮食主产区省份与全国粮食生产科技进步贡献率的比较差异；研究周期为2004—2015年，重点分析实施粮食丰产科技工程以来13个粮食主产区粮食生产科技进步贡献率变化情况。分析包括1个产出指标和6个投入指标。产出指标为年度粮食总产量（万t）；投入指标包括粮食播种面积（千hm^2）、农业机械总动力（万kW）、有效灌溉面积（千hm^2）、化肥施用量（万t）、农药使用量（t）和农业劳动力数量（万人）。研究的数据均来自历年《中国统计年鉴》和《中国农村统计年鉴》。

三、模型参数的确定

根据柯布-道格拉斯生产函数和索洛余值法计算科技进步贡献率时，要先估计出各生产要素的产出弹性值，产出弹性取值不同会导致测算结果的不同。学者对此进行了大量的研究探索，提出了最小二乘估计法、分配份额等多种估计方法。研究中采用最小二乘法对全国31个省份粮食生产的回归分析结果如表24－1所示。

表24－1　粮食增产的要素贡献回归分析

变量	系数	标准误	t值	P
粮食播种面积	0.251 891	0.033 401	27.301 27	0.000 0
农业机械动力	0.116 175	0.029 682	3.577 090	0.000 4
农田灌溉面积	0.076 794	0.032 896	2.334 493	0.020 2
化肥施用量	0.250 949	0.019 047	12.650 06	0.000 0
农药施用量	0.150 354	0.011 970	0.447 252	0.655 0
农业劳动力	0.148 311	0.024 447	6.066 616	0.000 0
R^2	0.986 477	因变量均值		2.956 823
修正的R^2	0.986 163	回归标准误		0.063 381
剩余平方和	1.213 164	F统计值		3 147.144
对数似然值	419.346 9	P（F）		0.000 000

在测算粮食生产科技进步贡献率时，采用索洛余值法进行测算首先需要确定物质资本投入、劳动力投入和耕地投入的产出弹性系数。为了更科学测算粮食主产区的粮食生产科技进步贡献率，在上述回归分析求出各投入要素的弹性系数基础上，参考国内外经验（如中国农业科学院农业经济与发展研究所课题组在对农业科技进步贡献率进行测算时，确定的物质资本投入的总体产出弹性为0.55，劳动力投入的产出弹性为0.20，耕地投入的产出弹性为0.25），结合我国粮食丰产科技工程实施情况，对实施粮食丰产科技工程以来的各投入要素的弹性系数调整：物资资本投入总体产出弹性值为0.52（其中，机械动力投入0.10、灌溉投入0.1、化肥消耗0.22、农药消耗0.10），劳动力的产出弹性系数为0.23，耕地的产出弹性系数为0.24。

第二节 粮食生产科技进步贡献率测度分析

一、全国主产区粮食生产科技进步贡献率年度分析

根据将确定的物质资本投入、耕地投入和劳动力投入的产出弹性系数计算出全国和13个主产区的粮食生产科技进步贡献率，如表24-2所示。

表24-2 2004—2015年粮食生产科技进步贡献率（%）

年份	粮食主产区总体水平	全国总体水平
2004	51.9	41.6
2005	52.5	41.1
2006	56.4	40.3
2007	53.2	34.8
2008	55.9	44.2
2009	48.5	39.9
2010	48.3	42.7
2011	51.1	50.3
2012	52.9	53.2
2013	54.6	53.9
2014	58.6	54.5
2015	61.7	56.7
均值	53.7	46.1

从上述计算结果看，2004年以来全国粮食生产年均科技进步贡献率为46.1%；13个主产区年均科技进步贡献率是53.7%。这说明从全国粮食生产看，物质要素投入依然是粮食增产的主要驱动力量，而实施粮食丰产科技工程的13个粮食主产区已经初步完成了由物质要素投入促进粮食增产的粗放型生产模式向由科技进步促进粮食增产的集约型模式转变的过程。

图24-1展示了2004—2015年13个粮食主产区和全国粮食增产科技进步贡献率的变化趋势。2004—2009年，粮食主产区和全国粮食增产的科技进步贡献率整体上处于明显的波动趋势，其主要原因是粮食科技投入的作用尚未显现，粮食生产过程中过于强调化肥、农药、机械动力存量的快速增长，但缺乏科学合理配置，导致物质资本投入的巨大浪费，科技进步作用也难以有效发挥。从2009年开始，粮食主产区和全国粮食增产科技进步贡献率一直处于连续稳定的增长状态，粮食主产区整体粮食增产科技进步贡献率呈明显增长趋势，这表明实施粮食丰产科技工程对推动粮食科技成果转化为现实的粮食生产力促进作用在持续增

强。从粮食主产区和全国粮食增产科技进步贡献率的年度变化趋势看，粮食主产区粮食科技进步对全国粮食增产的影响非常显著。

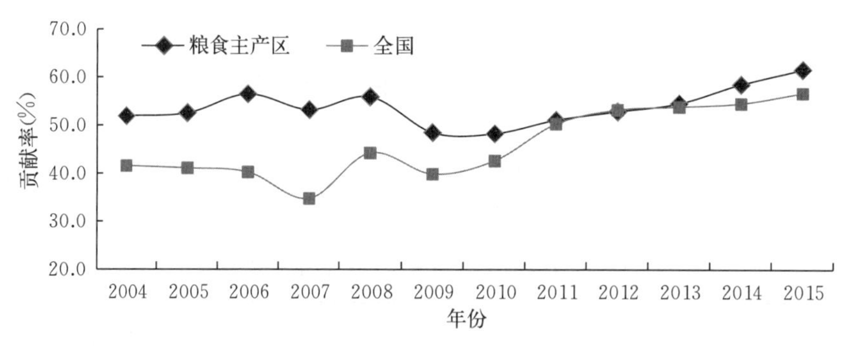

图 24-1　粮食生产科技进步贡献率变化趋势

表 24-3 描述的是 13 个粮食主产区粮食生产投入要素的贡献率。从计算结果来看，对粮食增产贡献除了科技进步贡献率最大之外，耕地投入、机械动力和化肥消耗对粮食增产的贡献率每年也都超过了 10%，农药消耗对粮食增产的贡献率呈现下降趋势。值得注意的是，劳动力对粮食增产的贡献率为负值。上述测算结果说明，主产区粮食增产的最重要动力是科技进步，其次是耕地、机械和化肥等资本投入，而劳动力投入对粮食增产的贡献率基本上处于被忽略的状态。劳动力投入对粮食增产的贡献率为负值的原因在于 2004 年以来农业劳动力由第一产业向第二、第三产业大量转移，粮食主产区各省份的粮食生产劳动力投入是逐年下降的，粮食产量的变化值（增产量）为正值，劳动力的变化值（增产量）为负值，显然导致劳动力对粮食增产的贡献率是不可能为正值的。

表 24-3　我国 2004—2015 年粮食主产区粮食生产投入要素贡献率（%）

年份	科技进步	耕地投入	机械动力	灌溉投入	化肥消耗	农药消耗	劳动力投入
2004	54.9	10.0	5.7	2.0	30.8	0.3	−3.7
2005	54.5	10.3	8.8	2.0	21.8	5.6	−3.0
2006	59.4	11.1	10.6	2.3	19.9	7.9	−11.2
2007	51.2	14.3	11.2	2.4	19.1	8.5	−6.7
2008	55.8	11.8	12.0	2.6	17.1	7.5	−6.8
2009	48.6	14.0	14.6	3.2	20.0	8.0	−8.4
2010	48.2	14.1	14.8	3.7	19.6	8.3	−8.7
2011	51.0	12.0	13.8	3.9	17.8	6.7	−5.2
2012	52.8	11.6	13.8	4.3	17.2	6.5	−6.2
2013	54.6	11.8	12.9	4.1	16.6	5.9	−5.9
2014	58.5	12.2	11.8	3.2	14.3	5.1	−5.1
2015	61.7	12.5	11.3	3.0	14.1	2.5	−5.1

表 24-4 是对 13 个粮食主产区 2004—2015 年粮食增产科技进步贡献率的变化情况。可

以看出，首先，江苏、山东、河北、河南、江西五省份的粮食生产科技进步贡献率总体上超过了50%，且呈稳定增长趋势；其他省份尽管有各种情况的波动特征，但总体上呈现增长趋势。其次，从理论上讲，粮食生产科技进步贡献率应该处于［0，100］区间之内，但本研究测算的部分省份粮食生产科技进步贡献率为负值，且呈明显的不规则趋势。显然，这些处于区间外的科技进步贡献率测算值属于异常值，这可能是因为数据本身有误或者测量系统误差造成的，也可能是因为要素配置不合理产生的结果。科技进步贡献率为负值，从理论上是可以解释的，尽管产出有所增加，但由于产出增长的速度低于要素投入增长速度的加权和，即要素配置不科学使产出增长质量较低，其结果表现为科技进步贡献率为负值（薛国华，2006）。需要指出的是，科技进步贡献率为负值，并不表明科技进步对粮食增产没有贡献，而是说明当年的耕地、物质资本与劳动等要素配置不合理，导致要素的巨大浪费，以至于抵消了科技进步贡献效果（王博，2006）。

表24-4　13个粮食主产区粮食增产科技进步贡献率变化（%）

年份	河北	内蒙古	辽宁	吉林	黑龙江	江苏	安徽	江西	山东	河南	湖北	湖南	四川
2004	28.5	64.5	45.4	50.2	71.9	38.8	51.2	64.1	55.2	47.3	44.5	45.1	56.9
2005	54.0	68.4	45.8	59.0	64.7	43.1	47.3	51.3	77.4	74.7	44.6	26.7	63.4
2006	59.2	52.3	42.5	63.4	57.3	88.6	82.3	57.8	71.4	86.0	38.7	32.2	5.0
2007	65.8	37.1	37.1	36.6	43.2	90.8	59.9	53.3	72.1	72.6	40.9	44.2	−3.8
2008	65.7	43.7	44.0	59.9	57.4	96.0	60.6	54.6	73.0	69.3	36.6	55.9	22.2
2009	62.2	27.2	−72.5	2.2	48.9	97.3	59.6	56.8	72.5	67.6	40.5	52.1	6.5
2010	61.5	32.0	−36.2	39.0	48.9	97.9	55.0	43.9	70.3	64.5	43.6	34.0	14.6
2011	67.0	37.7	34.6	48.0	48.9	94.1	47.0	54.9	71.3	56.5	35.1	41.0	35.5
2012	67.7	36.6	30.8	45.6	46.2	99.3	55.6	53.1	72.0	58.7	41.1	44.1	28.2
2013	70.2	40.3	45.7	51.1	45.5	99.9	46.7	58.9	74.0	60.7	42.9	40.1	44.3
2014	66.5	56.8	−60.9	49.7	47.7	96.0	56.5	63.4	72.7	62.8	52.4	51.0	69.5
2015	69.5	54.0	21.7	52.9	48.9	94.6	61.8	63.3	76.2	66.5	54.5	57.2	70.7

综合上述分析可见，粮食主产区的科技进步对粮食增产的贡献作用已经超过了耕地、物质资本和劳动力等要素，粮食主产区实施粮食丰产科技工程等带来的科技进步已成为粮食丰产的主要驱动力和决定性因素。

二、科技进步对粮食科技进步贡献率影响的理论分析

（一）影响要素

1. 科技进步影响粮食育种及耕、种、收等技术研发、扩散全过程　科技进步表现为将难以编码的隐性知识、技能与经验通过组织文化、信息交流、技术扩散等过程镶嵌于粮食技

术研发与种植单位、研发与扩散人才、粮食耕种收全过程之中，通过知识资源的有效吸收、整合与转化，促进粮食生产技术效能提升。随着科技进步创造及其促进的科技进步，粮食生产已进入主要依靠能源要素、良种培育、机械耕作和灌溉工程支持的现代农业阶段，科技进步与劳动力、劳动工具、劳动对象的融合程度超越了传统农业的手工劳动和“靠天吃饭”的自然农业阶段。粮食育种、耕作、种植与收割技术已经成为无形的知识、技术作用载体，其产出效能与效率取决于科技进步的渗透程度。

2. 科技进步影响粮食生产要素结构优化与产出效能 耕地、良种、化肥、农药、农业机械设备等生产要素结构优化与升级是促进粮食增产的基本条件。科技进步通过内嵌于粮食种子、肥料、栽培、收割等技术研发人员和生产者、技术扩散部门、种植单位等，实现粮食生产技术效能提升，促进良种培育、化肥效率、农药、灌溉工程、产田改造、机械动力等的知识与技术含量，提升劳动力生产效能，从而实现粮食生产中的要素投入结构优化，进而推动粮食科技进步贡献率提升，促进粮食生产的内涵式提升。

3. 科技进步的有效供给可以提高粮食生产管理效能 中国粮食生产客观上存在人地关系紧张和生态环境问题突出的现实矛盾，分散生产、管理松散和效能低下的外延式、粗放式粮食生产方式还在较大范围存在。需要通过科技进步有效供给支持粮食生产过程的科学决策、高效管理和规模经营，改变粮食生产的落后局面。一是科技进步在促进粮食生产中能够提升粮食生产经营者的市场意识，优化粮食及其种子、肥料等农资的价格信号传递机制，促进粮食技术研发创新效率，促进粮食生产的要素资源配置与效率提升；二是科技进步有效供给有助于粮食研发、种植和要素供给单位增强技术学习、消化、创新能力，提升粮食生产技术进步和管理效率；三是科技进步有效供给有助于促进政府职能转变与粮食生产经营主体的决策程序与经营手段创新，尤其是保障和激励中低产田改造和农田水利建设，为粮食生产综合效率提升提供支持，为提升粮食生产效率提供重要保障。

总之，科技进步能够通过推动粮食生产的耕、种、收技术研发、应用与扩散全过程，粮食生产要素结构优化与产出效能提升，粮食生产过程管理创新，进而促进粮食生产函数优化，实现粮食科技进步贡献率提升。因此，在推动供给侧结构性改革和保障粮食质量安全过程中，探讨科技进步对粮食科技进步贡献率提升的影响具有非常重要的现实意义。

（二）研究方案设计

1. 变量选取与数据处理 基于对已有研究关于粮食科技进步影响因素的归纳综合，结合粮食主产区数据的可获得性，选取粮食丰产科技工程人才投入（包括研发人才、扩散人才）、农业科技机构资本、粮食科技农业科技投入强度、科技服务体系、粮食经济发展水平和人均 GDP 作为粮食科技贡献率提升的解释变量。

（1）粮食丰产人才投入 粮食丰产人才投入是掌握粮食生产技能、经验的显性与隐性知识载体，本研究选择粮食丰产技术研发人力资本（RDH）和粮食丰产技术扩散人力资本（KSH）作为代理变量，数据源于对 13 个粮食主产区实施粮食丰产科技工程中的科技人员数据调查获取。

（2）粮食丰产农业科技机构资本（COR） 农业科技机构资本是进行粮食育种、栽培、种植、机械动力等知识创造、技术研发与技术扩散的物质平台，本研究选择从事农业技术研发和扩散的科技机构数作为代理变量，数据源于各省份历年统计年鉴和对粮食主产区各省份的调查获取。

（3）农业科技投入强度（RDQ）　农业科技投入强度是粮食科技进步的基本条件，决定着粮食技术研发创新能力。本研究选择农业科技支出强度作为代理变量，其计算方法为农业科技支出强度=(科技支出+农林副支出)/一般预算支出，数据源于粮食主产区各省份历年统计年鉴。

（4）农业科技环境资本（KRC）　农业科技环境资本是粮食生产过程中进行技术研发、技术扩散、科技服务等知识产出的环境体系，用粮食主产区省份有效专利与人员比例作为代理变量，数据源于对粮食主产区省份的历年统计年鉴。

（5）粮食经济发展水平（DED）　粮食经济发展水平是粮食产业发达程度的基础和体现，粮食经济发展水平越高，意味着该地区越有条件通过科技进步促进粮食生产效率提升。本研究的粮食经济发展水平代理变量用特定省份的（粮食作物播种面积/农作物播种面积）*（农业总产值/农林牧渔业总产值）表示，该数值越大，说明所在省份的粮食经济发展水平越高。数据源于各粮食主产区省份的2005—2015年历年统计年鉴。

（6）人均GDP（GDPP）　人均GDP是特定地区经济发展水平的重要衡量指标之一，人均GDP越高表明该地区经济发展水平越高。根据配第-克拉克定理和库茨涅兹定理，区域经济发展水平越高，可能对农业的重视程度越低；另外，区域经济发展水平越高，一定程度上有助于实现粮食生产的机械化、规模化，从而促进粮食生产的科技化水平提高。由此可见，人均GDP对粮食科技进步贡献率的影响值得验证。人均GDP的测算采取一定时期特定地区GDP总量除以总人口，数据源于粮食主产省份历年统计年鉴。

2. 计量模型选择　为了考查上述驱动因素对粮食科技进步贡献率的影响，将驱动因素等引入柯布-道格拉斯生产函数之中，设 $Y_{it}=AL_{it}^{\alpha}K_{it}^{\beta}S_{it}^{\gamma}e^{\varepsilon_{it}}$，$L$、$K$、$S$ 分别代表要素变量，α、β、γ 表示各要素产出弹性，i 表示省份，t 表示时间，ε_{it} 为随机误差项。将粮食丰产科技工程人才投入、农业科技机构资本、农业科技投入强度、农业科技环境资本、粮食经济发展水平、人均GDP等要素纳入粮食生产函数的解释变量，由此，确定驱动因素影响粮食科技进步贡献率提升的分析模型如下。

$$SCR_{it}=\gamma_0+\gamma_1 RDH_{it}+\gamma_2 KSH_{it}+\gamma_3 COR_{it}+\gamma_4 RDQ_{it}+\gamma_5 KRC_{it}+\gamma_6 IPR_{it}+\gamma_7 GDPP_{it}+\varepsilon_{it}$$

式中，γ_0 为截距项，γ_i 为各要素产出弹性，ε_{it} 为随机误差项。

（三）回归分析结果

运用EViews6.0统计软件对粮食丰产科技工程中科技因素驱动粮食科技进步贡献率提升进行回归分析，由表24-5可见，有控制变量的回归分析中 R^2 为0.864 451，修正的 R^2 为0.832 417，F 检验值为23.863 30；无控制变量的回归分析中 R^2 为0.990 522，修正的 R^2 为0.983 402，F 检验值为88.48；这表明，两个回归模型具有较好的整体拟合优度。粮食丰产科技工程中科技人才投入（包括研发人才资本和技术扩散人才资本）、农业科技机构资本、农业科技投入强度、农业科技环境资本等变量都显著影响主产区粮食科技进步贡献率，地区粮食经济发展水平对粮食科技进步贡献率的影响也显著为正，而人均GDP对粮食科技进步贡献率的影响不显著。具体分析见表 24-5。

表 24-5 粮丰科技投入对粮食科技进步贡献率影响的回归结果

变量	有控制变量	无控制变量
RDH	0.302 5 (9.581 9)	0.242 4 (53.768 5)
KSH	0.283 7 (8.587 3)	0.191 7 (49.086 0)
COR	0.166 9 (1.979 5)	0.392 0 (44.741 6)
RDQ	0.490 3 (8.674 6)	0.428 5 (64.747 1)
KRC	−0.489 5 (−6.085 9)	−0.529 1 (−37.539 1)
DED	1.475 1 (8.330 6)	—
GDPP	0.002 1 (0.029 6)	—
R^2	0.864 451	0.990 522
修正的 R^2	0.832 417	0.983 402
F 统计值	23.863 30	88.478 94

注：括号内的数字为回归系数的 t 统计值。

粮食丰产科技工程中技术研发人力资本、技术扩散人力资本的回归系数分别为 0.302 5 和 0.283 7，且在 1%水平显著。在既定粮食生产条件下，技术研发人力资本、技术扩散人力资本每增加 1 个百分点，粮食科技进步贡献率能够分别提升 0.302 5、0.283 7 个百分点。无控制变量的回归分析中粮食丰产科技工程中技术研发人力资本、技术扩散人力资本的回归系数分别为 0.242 4 和 0.191 7，且在 1%水平显著。这说明粮食丰产科技工程中科技人才投入对主产区粮食科技进步贡献率起到正向驱动作用。

农业科技机构资本的回归系数为 0.166 9，在既定粮食生产环境下，农业科技机构资本每提高 1 个百分点，主产区粮食科技进步贡献率可提高 0.166 9 个百分点，且在 5%水平上显著；在无控制变量的回归结果中，农业科技机构资本的回归系数为 0.392 0，且在 1%水平上显著。这说明知识创造、应用与扩散组织对粮食技术进步有显著促进作用，能够提升主产区粮食科技进步贡献率。

农业科技投入强度的回归系数为 0.490 3，农业科技投入强度每增加 1 个百分点，主产区粮食科技进步贡献率将提升 0.490 3 个百分点，且在 1%水平上显著；无控制变量的回归分析结果中，农业科技投入强度的回归系数为 0.428 5，且在 1%水平上显著。这说明增加农业科技投入，提升粮食科技农业科技投入强度对促进粮食科技进步，提升粮食科技进步贡献率具有驱动作用。

农业科技环境资本的回归系数为−0.489 5，无控制变量的农业科技环境资本的回归系数为−0.529 1，二者都在 1%水平上显著。这说明以有效专利数除以研发人员数为代表的农业科技环境资本对主产区粮食科技进步贡献率提升存在负向作用，其原因在于现阶段地区工业科技对粮食科技的溢出效应尚未发生，且存在挤出效应。

粮食经济发展水平的回归系数为 1.475 1，在特定技术环境条件下，地区粮食经济发展水平每提升 1 个百分点，粮食科技进步贡献率会提高 1.475 1 个百分点，其在 1%的显著水平上正向影响粮食主产区科技进步贡献率。这说明地区粮食经济发展水平越高，意味着粮食生产经营者对粮食科技进步越重视，也越有条件从事粮食科技研发活动。

回归结果中，人均GDP的回归系数是0.002 1，在一定技术环境条件下，地区人均GDP每提高1个百分点，粮食科技进步贡献率将提高0.002 1个百分点，但不显著。这说明粮食主产区人均GDP水平提高，对粮食生产的机械化、规模化和科技化水平的提高作用尚不明显。这可能与我国农业生产的分散性经营相关。

三、粮食丰产科技工程对主产区粮食科技进步贡献率影响的启示

粮食主产区的粮食生产技术进步变化程度明显，无论是粮食主产区整体的科技进步贡献率还是各个主产区省份的粮食科技进步贡献率，都呈明显的波动上升趋势。粮食主产区的科技进步对粮食增产的贡献率已经超过了耕地、化肥、农药、机械动力和劳动力等要素，科技进步已成为粮食丰产的决定性驱动力。2004—2014年，我国主产区总体粮食科技进步贡献率累积值为52.1%，年均51.2%。科技进步是推动我国粮食主产区乃至全国粮食增产的主要因素，粮食主产区初步完成了由以物质要素投入为主的粗放型粮食生产模式向以科技进步为主的集约型粮食生产模式转变过程。在驱动主产区粮食科技进步贡献率变化因素中，知识型人才资本（技术研发与技术扩散人才资本）、农业科技机构资本、研发投资强度等知识资本对粮食科技进步贡献率提升呈现显著的正向驱动作用；农业科技环境资本的显著负向作用表明工业研发创新对粮食科技进步的挤出效应大于溢出效应。另外，地区粮食经济发展水平对粮食科技贡献率提升具有明显促进作用。基于上述研究结果，可以提出以下政策启示。

1. 强化粮食丰产的科技支撑战略　随着我国耕地面积、水资源短缺和劳动力持续转移等因素的制约，科技进步已成为实现粮食增产的最重要途径，保障粮食安全战略的重点依然是加快粮食科技创新，引进和消化新技术，提高粮食生产科技水平。

2. 健全粮食科技贡献率提升的知识资本驱动机制　鼓励推动关键粮食科研机构建设，提供研发创新与管理决策创新的组织基础；注重高层次人才引进和培养激励机制，发挥高层次研发人才、管理人才在关键、前沿技术创新中的核心作用；加大内部、外部研发经费支持力度，科学实施合作创新与协同创新，促进粮食科技进步贡献率提升。

3. 通过政策创新推进粮食生产的技术进步与要素组合优化　通过财政支持和农业技能培训，鼓励和吸引有技能的农村劳动力投入粮食生产，提升粮食生产精细化程度和种植效率；有效加强农田基础设施建设，结合各地实际发展节水灌溉设施，通过管理创新发挥科技进步对粮食增产的作用。

第二十五章

粮食生产效率差异分析及建议

通过全面分析13个项目省份的粮食全要素生产率及其构成的变化对粮食生产技术综合效率进行评价。本研究运用DEA-Malmquist指数法效率评价模型，以不同粮食生产决策单元（省份）不同年份的投入产出作为评价主体，运用DEAP2.1数据分析软件计算和测量13个项目省份的技术投入、要素投入等和以不同地区粮食产量水平产出指标的技术效率、规模效率和全要素生产率。测定实施粮食丰产科技工程以来13个项目区粮食生产全要素生产率的变化，并对全要素生产率的影响因素（技术效率、技术进步、规模效率和纯技术效率）变化进行详细分析，对粮食丰产科技工程效果进行评价。

第一节 粮食生产效率差异及构成分析主要结果

全要素生产率增长常常被视为科技进步的指标。基于DEA-Malmquist指数运用DEAP2.1对全国31个省份2004—2015年的粮食总产量及相关投入数据进行了粮食生产全要素生产率及其构成的测算。分别从全国31个省份、主产区和非主产区比较的角度对粮食生产全要素生产率进行分析。

一、粮食生产技术进步及效率变化总体情况

1. 粮食生产技术进步及效率年度变化情况 测算出2004—2015年13个粮食主产省份和18个非粮食主产省份的全要素生产率变化，并把全要素生产率（TFPCH）分解为技术效率（EFFCH）、技术进步（TECHCH），其中，技术效率包括纯技术效率（PECH）和规模效率（SECH）。

结果表明，实施粮食丰产科技工程以来，主产省份的技术进步、种植规模效率相对于非主产区而言得到了年度提升明显，对全要素生产率提升产生了促进作用。但技术效率变化，尤其是纯技术效率变化未能有效赶上技术进步变化的程度（表25-1、表25-2）。

表25-1 主产区粮食生产综合效率年度情况（%）

年份	EFFCH	TECHCH	PECH	SECH	TFPCH
2004—2005	97.6	101.7	96.7	100.9	101.0
2005—2006	99.3	104.7	98.2	101.1	104.0
2006—2007	109.3	96.8	103.8	105.3	105.8

（续）

年份	EFFCH	TECHCH	PECH	SECH	TFPCH
2007—2008	92.8	113.2	97.3	95.4	105.0
2008—2009	111.1	98.6	104.6	106.2	109.5
2009—2010	95.5	109.9	97.4	98.0	105.0
2010—2011	97.7	101.0	97.2	100.5	100.7
2011—2012	99.4	103.3	99.8	99.6	102.7
2012—2013	103.2	101.0	98.3	105.0	104.2
2013—2014	106.3	103.6	102.1	104.1	110.1
2014—2015	106.7	104.8	102.3	104.3	111.8

表 25-2　非主产区粮食生产综合效率年度情况（%）

年份	EFFCH	TECHCH	PECH	SECH	TFPCH
2003—2004	100.0	100.0	100.0	100.0	100.0
2004—2005	97.6	101.7	96.7	100.9	101.0
2005—2006	96.9	106.5	95.0	102.1	105.0
2006—2007	105.9	103.1	98.6	107.5	111.1
2007—2008	98.3	116.7	95.9	102.5	116.7
2008—2009	109.2	115.0	100.3	108.9	127.8
2009—2010	104.3	126.4	97.7	106.7	134.2
2010—2011	101.9	127.7	95.0	107.3	135.1
2011—2012	101.3	131.9	94.8	106.9	138.8
2012—2013	104.5	133.2	93.2	112.2	144.6
2013—2014	111.1	138.0	95.1	116.8	159.2
2014—2015	118.6	144.7	97.3	121.8	178.1

2. 粮食生产效率累积变化情况　为了从纵向与横向两个方面测量粮食丰产科技工程实施10年综合效率变化，以2003年为基期，将2003年的粮食生产综合效率值确定为1，以后年份的累积综合效率值采取累乘法计算得出。可计算出主产区和非主产区的粮食生产综合效率累积值（图25-1、图25-2）。

粮食丰产科技工程实施10年以来，主产区整体粮食生产全要素生产率累积提高59.2%，其中，技术进步累积提高38%，技术效率累积提高11.1%。在技术效率累积方面，纯技术效率累积为－4.9%，推动技术效率累积提高的因素是规模效率，10年提高了16.8%。与此对应，非主产区整体粮食生产全要素生产率累积提高3.2%，其中，技术进步累积变化提高2.2%，技术效率累积变化提高1%。在技术效率累积变化方面，纯技术效率累积变化为－1.6%，规模效率累积变化提高了1.6%。总体而言，粮食主产区综合效率指标除纯技术效率变化累积值低于非主产区外，其他指标均显著高于非主产区。

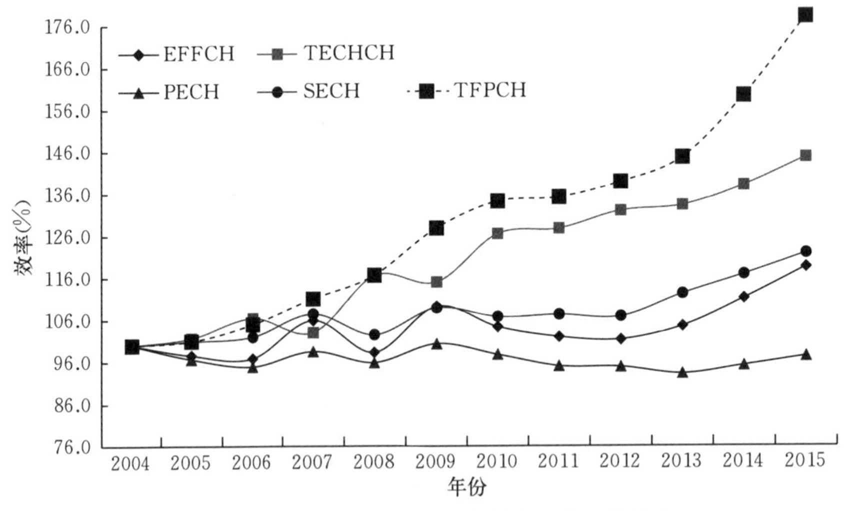

图 25-1　粮食主产区粮食生产综合效率变化趋势

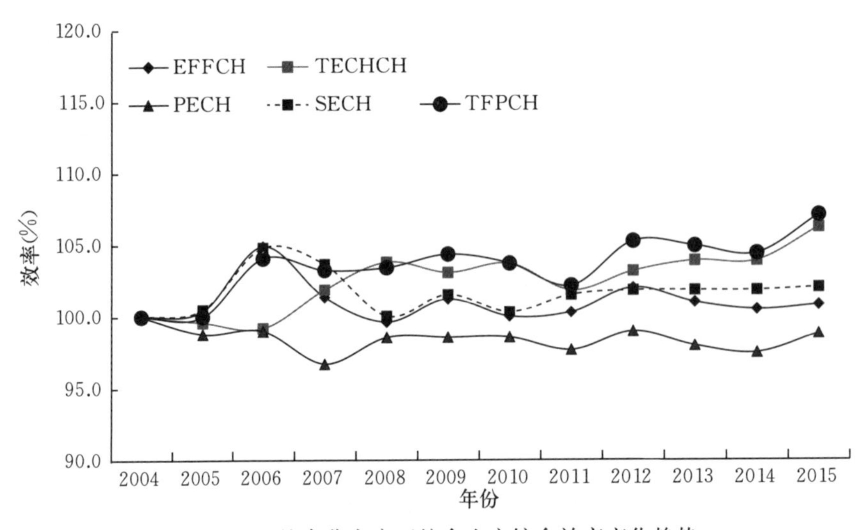

图 25-2　粮食非主产区粮食生产综合效率变化趋势

二、粮食生产技术进步变化

从粮食生产的技术进步变化看（图 25-3），粮食主产区技术进步变化总体上呈明显上升趋势，其中，2006—2007 年、2008—2009 年的技术进步有明显的下降波动。总体上看，粮食主产区的粮食生产技术进步变化上升趋势明显，非粮食主产区粮食生产技术进步累积变化曲线波动较小，主产区显著高于非主产区粮食生产技术进步变化。这说明，粮食生产主产区和非主产区技术进步变化差异较大，粮食丰产科技工程实施引发的粮食生产技术进步既要在粮食主产区省份内部进行有效扩散，也要积极推动其向非主产区进行扩散，从而实现全国粮食生产总体水平的提高。

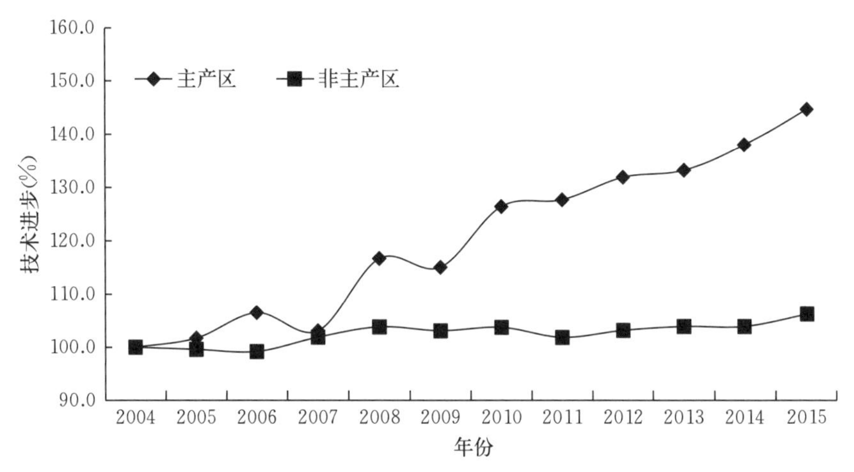

图 25-3　粮食生产技术进步（TECHCH）变化趋势

从主产区各省份的粮食生产技术进步变化趋势看（图 25-4），除内蒙古外，其余 12 个主产省份的粮食生产技术进步变化均呈明显的上升趋势，截至 2014 年，技术进步都提升了 40%以上，技术进步最明显的四川省累积值提升超过了 80%。内蒙古自 2013 年开始实施粮食丰产科技工程以来，技术进步变化明显，也超出了 2011 年的 20%。

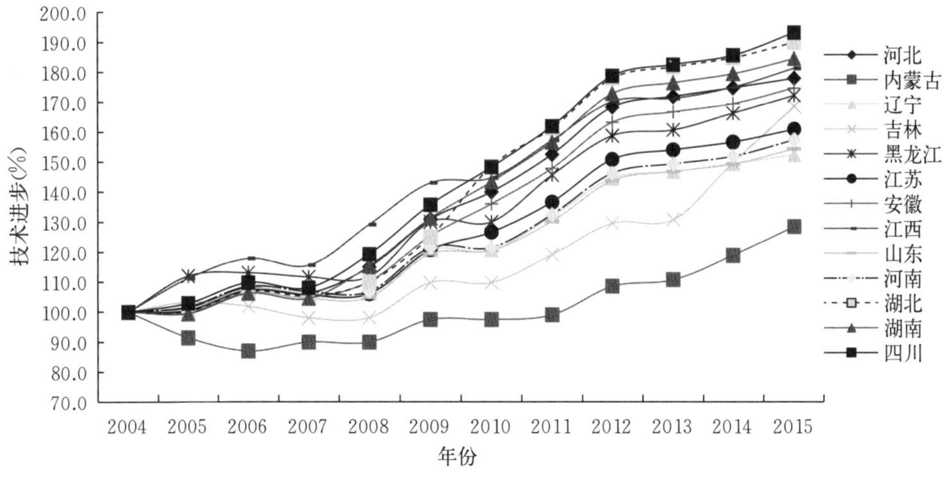

图 25-4　各主产区粮食生产技术进步（TECHCH）变化趋势

三、粮食生产技术效率变化

按照 Malmquist 指数法分析，技术效率变化包括纯技术效率和规模效率变化。从对 13 个粮食主产区省份实施粮食丰产科技工程 10 年的粮食生产技术效率变化测算结果看（图 25-5），粮食主产区整体生产技术效率变化呈显著的波动特征，2011 年以后呈平稳上升趋势；主产区整体规模效率变化值呈现波动上升趋势，而纯技术效率变化值则始终在低于

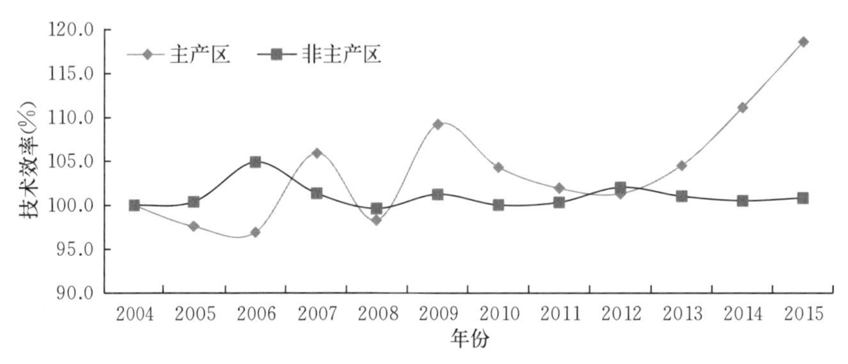

图 25-5　粮食生产技术效率（EFFCH）变化趋势

1 的水平下徘徊。非主产区的粮食生产技术效率、规模效率均低于主产区，且波动幅度较小，上升缓慢，纯技术效率变化趋势尽管总体上高于主产区，波动幅度较小，但也小于 1。这说明实施粮食丰产科技工程以来，粮食主产区的技术效率、技术应用和粮食种植规模相对于非主产区而言得到了明显提高。但总体技术效率值依然存在较大的提高空间，技术应用和种植规模具有明显的改进空间。

从主产区各省份的粮食生产技术效率变化趋势看（图 25-6），除了黑龙江的技术效率变化值相对稳定之外，其余主产区省份的粮食生产技术效率变化均呈明显的波动趋势。其中，2005—2006 年、2007—2008 年、2009—2012 年呈现明显的下降特征。

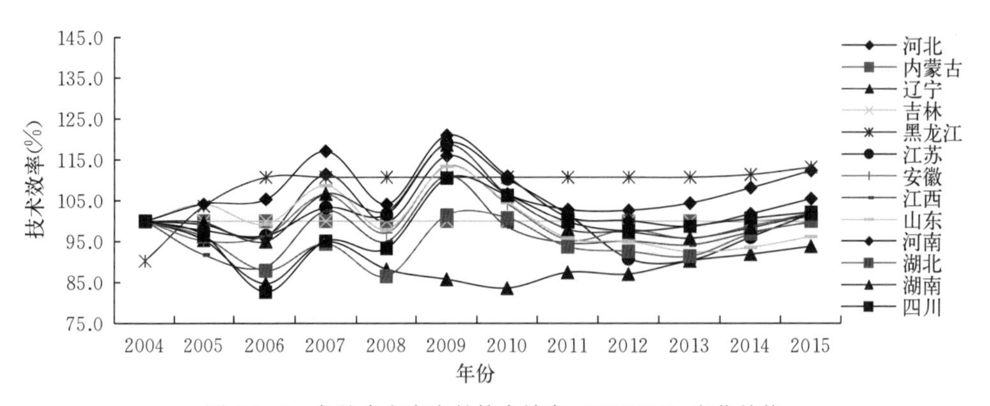

图 25-6　各粮食主产省份技术效率（EFFCH）变化趋势

四、粮食全要素生产率变化

全要素生产率变化是技术进步变化与技术效率变化共同作用的结果。从粮食主产区全要素生产率与非粮食主产区全要素生产率比较看（图 25-7），从 2005 年开始，粮食主产区整体全要素生产率变化值呈现出显著的上升趋势，非主产区整体粮食全要素生产率波动幅度较小，但与主产区整体全要素生产率变化增长差距呈显著的扩大趋势。这说明，2004 年以来，粮食主产区的科技进步整体水平高于非主产区水平，实施粮食丰产科技工程，推动粮食丰产

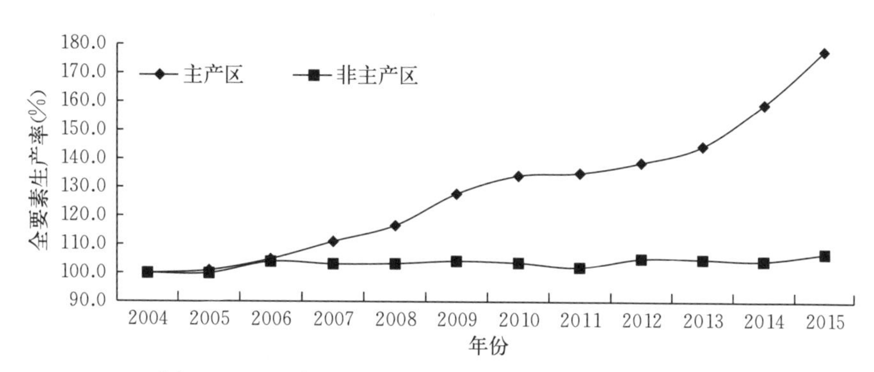

图 25－7　粮食生产全要素生产率（TFPCH）变化趋势

高效技术改进的效果明显。

从主产区各省份的粮食生产全要素生产率变化趋势看（图 25－8），2004 年以来，除少数主产区省份外的粮食全要素生产率变化值缓慢增长外，多数粮食主产区省份如黑龙江、辽宁、吉林、河南、四川等的粮食生产全要素生产率变化呈显著上升趋势，2013 年之后，内蒙古的粮食全要素生产率变化值也呈显著增长趋势。尽管粮食主产区技术效率有所下降，但技术进步呈现快速提升，这是导致其全要素生产率上升的原因。总体上看，实施粮食丰产科技工程以来，粮食主产区省份的粮食生产全要素生产率变化值上升的主要原因在于技术进步变化。

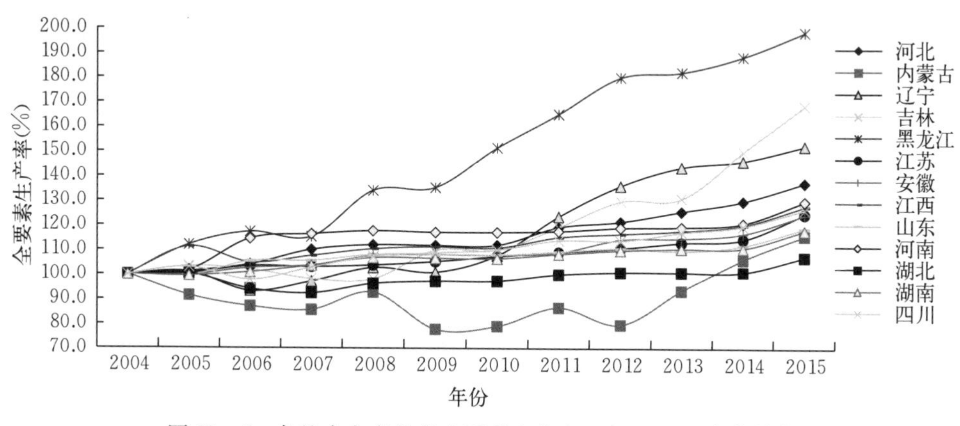

图 25－8　各粮食主产省份全要素生产率（TFPCH）变化趋势

各省份的粮食生产全要素生产率变化的波动特征是由于各省份的技术进步变化和技术效率累积变化较大的波动性引起的，而各省份的技术效率变化的显著波动可能与粮食生产过程中的各年份气候变化、种粮比较收入引起的农民种粮积极性变化有关，当粮食生产过程中遭遇到干旱、洪涝等气候灾害或者病虫害等对粮食总产量产生扰动时，通常将这些扰动因素解释为技术倒退或者技术效率降低等。因此，在有效揭示粮食生产全要素生产率的技术进步、技术效率贡献时，有必要对气候灾害、病虫害等因素进行区隔分析。

第二节 粮食生产技术效率分析结论与政策建议

一、分析结论

通过对我国粮食增产科技进步贡献率、全要素生产率及相关构成指标进行测算，可以得出以下初步结论。

第一，实施粮食丰产科技工程10年来，粮食主产区的粮食生产技术进步变化程度明显，无论是13个粮食主产省份整体的技术进步累积变化，还是各个主产省份的粮食生产技术累积变化，都呈现出明显的上升趋势。技术进步呈现快速提升，是推动科技进步贡献率或全要素生产率上升的原因，由此可见，科技进步是推动我国粮食主产区乃至全国粮食增产的主要因素。

第二，粮食生产技术效率波动明显，呈现出复杂的变化特征。粮食主产区整体技术效率变化呈现显著地波动状态，增长缓慢，推动粮食主产区整体技术效率变化提升的因素主要是规模效率，而纯技术效率累积变化值呈现低水平徘徊。粮食主产区多数省份的粮食技术效率累积变化较低，技术效率不高是制约粮食生产全要素生产率提升的重要影响因素。在进一步实施粮食丰产科技工程过程中，总体技术效率值依然存在较大的提高空间，技术应用和种植规模具有明显的改进空间，亟待加大粮食技术扩散体系有效发挥作用。

第三，粮食主产区粮食生产全要素生产率累积变化呈现明显增长趋势。这说明，实施粮食丰产科技工程以来，相对于非主产区而言，粮食主产区的科技进步整体水平获得了显著提高，实施粮食丰产科技工程对推动粮食丰产高效技术进步的效果明显。总体上看，粮食主产区省份的全要素生产率累积变化值上升的主要原因在于技术进步变化，而技术效率尚未有效发挥作用。

二、政策建议

实施粮食丰产科技工程以来，粮食主产区的粮食生产科技进步贡献率和全要素生产率累积变化呈现明显的增长趋势，我国粮食产量实现了连续十二年增产，粮食生产技术进步变化和规模效率变化推动的粮食生产科技进步是推动粮食丰产高效技术综合效率提升的重要因素。然而，我国粮食综合生产能力依然较低，粮食生产技术效率依然不高，不同项目区省份的粮食生产技术进步变化及全要素生产率变化很不平衡。因此，为有效保障我国粮食安全，还需要结合我国粮食生产实际进一步完善和科学实施粮食丰产科技工程，采取科学的政策措施，提高粮食丰产高效技术综合效率与效益。

1. 深入推进粮食科技进步，进一步提升粮食丰产综合技术效率 实施粮食丰产科技工程十年来，主产区粮食生产科技进步贡献率、全要素生产率变化呈现累积增长趋势的主要原因是粮食生产技术进步变化的累积提升，科技进步已成为推动粮食生产粮食丰产高效技术综合效率提升的主要因素。随着我国耕地面积、水资源短缺和劳动力持续转移等因素的制约，提高科技进步已成为提高粮食丰产技术综合效率提升、实现粮食丰产的最重要途径，其中科技进步是全要素生产率提升的关键。因此，粮食丰产科技工程实施的重点依然是加快粮食生产科技创新，引进和消化新技术，提高整体粮食生产科技水平。

2. 高度重视推动粮食生产技术效率提高　实施粮食丰产科技工程以来，粮食主产区粮食播种面积扩大、单产和总产增长对全国粮食安全的贡献增大。粮食主产区的粮食生产全要素生产率提升主要是粮食生产技术进步推动的，粮食生产技术效率贡献较小，尤其是纯技术效率甚至对技术效率提升的作用甚至是反向的，这预示着在实施粮食丰产科技工程过程中，不能单纯进行科技研发和技术引进，更需要进行技术管理，包括技术选择、技术扩散、消化和吸收。在重视主产区粮食科技创新，加快粮食科技进步的同时，重点做好技术选择、技术扩散和技术应用等管理工作，提高粮食生产技术效率，挖掘粮食生产全要素生产率提升潜力，有效实现粮食生产的可持续性。

3. 科学推动粮食丰产高效技术扩散，因地制宜采用粮食生产适用技术，提高粮食生产技术效率　粮食生产技术效率反映了是否有效利用技术和技术应用的规模效率，直接影响到粮食生产全要素生产率和最终产出水平。现阶段，粮食生产存在着技术效率偏低问题，主要原因在于纯技术效率过低，这与种植户缺乏对粮食技术的充分有效利用。因此，要加大粮食技术扩散管理，提高粮食种植户丰产技术水平，提高粮食丰产高效技术应用效率，因地制宜采用粮食生产适用技术，提高粮食生产技术效率，切实把粮食丰产高效技术转化为实际生产力，支持调整各省份粮食播种面积是进一步提升粮食生产技术效率的必要途径。

粮食生产的要素投入、替代弹性与技术变动分析

第一节 粮食生产要素投入与资源约束分析

主要做法是对水肥、气候、生物、土地等各种资源在不同区域、不同粮食作物生产中的重要性程度进行排序，对不同地区、不同作物农业资源投入及水肥等资源利用效率进行评价排序。

一、基本情况分析

我国粮食生产依然处于依靠能源投入的粗放型发展阶段，是以石油为原料的化肥、农药、除草剂和农业柴油的大量使用促进粮食增产的。在工业化和城镇化进程中，中国耕地面积增加空间有限，影响粮食总产量的最重要因素是单产水平，研究粮食生产的重点逐渐放在粮食生产的影响因素方面。化肥使用量、农药使用量、农业机械动力和劳动力是影响粮食生产的重要因素，而依靠化肥、农药等要素投入增加粮食生产水平的效果具有负面效应，通过技术进步影响粮食产量成为重要选择。农民人均种粮纯收入、政府财政支持、有效灌溉、农业机械总动力和农村用电量对粮食生产具有重要影响，农田基础设施、经济制度也是影响粮食生产技术效率的重要因素。灌溉面积、化肥使用量、受灾面积等是影响粮食生产水平的显著因素，提高粮食产量水平要注重做好农田水利建设、科学施肥、增强防灾抗灾能力和完善支持政策。以石油等为主要原料或动力来源的化肥、农药、农膜的生产和使用、农业机械、农田灌溉直接或间接消耗的化石能源所产生的碳排放对生态环境恶化具有明显影响，土壤退化、水资源短缺等生态环境压力对粮食生产负面影响较大，粮食质量安全难以实现。

党的十八大报告指出，要增强农业综合生产能力，坚持以我为主、加快推进农业发展方式转变，更加注重粮食生产的数量质量效益并重，更加注重农业技术创新和农业可持续的集约发展，走资源节约、产出高效、环境友好的粮食安全道路。实现粮食丰产与资源生态永续利用的协调兼顾。中国粮食生产既要克服资源约束，持续推进粮食产量提升，更要考虑生态环境成本，实现向数量与质量并重的粮食安全目标转变。已有研究主要关注推动粮食总产量的角度分析化肥施用量、耕种面积、灌溉、机械总动力、农业劳动力、粮食价格、自然灾害、农业政策等因素的作用，而从节约能源投入角度对粮食生产影响因素及要素技术组合优化的实证研究尚不多见。运用全国面板数据，实证分析粮食单产的要素投入等的要素贡献、产出弹性与替代关系，以考察粮食生产要素替代可能性与技术变动趋势，为政府制定提高粮食生产效率和实现可持续发展的相关政策提供科学依据。

二、粮食生产的要素禀赋约束分析

改革开放以来，我国将粮食生产作为保障粮食安全的最优先政策，粮食单产持续提高，在1978—2015年增长了5倍，也由此导致化肥、农药、农用柴油等以石油为原料的能源要素投入持续攀升。全国75%以上的粮食产量、80%以上的商品粮来自13个粮食主产省份。我国粮食总需求呈现刚性增长，每年需要增加粮食30亿kg以上，85%以上来自粮食主产区。然而，在现有的农业资源条件下（包括单产水平、播种面积以及劳动人口结构等），全国多处粮食主产区已经接近产量的极限，如何实现进一步增产，面临严峻考验。2015年，中国农业能源消耗超过了1亿t标准煤，其中，化肥的总产量和消费量均超过了世界总量的1/3，过量的能源消耗已成为中国粮食生产的魔咒。中国人多地少，人均耕地面积、人均淡水资源仅为世界平均水平的40%、25%。随着城镇化、工业化的推进，耕地被占用的情况客观存在。中国是世界上少数贫水国之一，全国有16个省份人均水资源占有量显著低于缺水警戒线，农业用水紧张程度加大且利用率不高。由于环境污染和气候变化，造成的土壤退化、地下水位下降、生物多样性减少等生态问题依然严重。另外，随着工业化与城镇化的发展，农村青壮年劳动力持续转移，耕地限制、粮食生产品质下降等问题也开始凸显。新常态下，我国粮食生产面临的挑战主要表现在以下几个方面。

（一）耕地资源紧张

粮食产量、粮食安全与耕地面积、耕地质量存在必然的联系，耕地资源的有效供给是保障粮食安全的根本保证和客观要求。现阶段，影响我国耕地资源的约束与挑战主要包括耕地数量与耕地质量问题。其一，耕地数量持续减少。据《2015中国国土资源公报》显示，截至2014年底，全国共有农用地64 574.11万hm^2，其中耕地13 500万hm^2（20.25亿亩），全国因建设占用、灾毁、生态退耕、农业结构调整等原因年内减少耕地面积38.80万hm^2，通过土地整治、农业结构调整等增加耕地面积28.07万hm^2，年内净减少耕地面积10.73万hm^2。2015年，全国因建设占用、灾毁、生态退耕、农业结构调整等原因减少耕地面积450万亩，通过土地整治、农业结构调整等增加耕地面积351万亩，年内净减少耕地面积99万亩。另外，随着人口持续增加，城市居民建设用地、工业用地持续扩张，耕地资源被侵蚀的态势持续，如何保证耕地面积与城市建设之间的平衡难以调节，耕地数量的持续减少情况难以逆转。其二，耕地质量与利用率整体不高。现阶段，全国耕地平均质量总体偏低，截至2015年，全国优等地面积为386.5万hm^2，占全国耕地评定总面积的2.94%；高等地面积为3 577.6万hm^2，占全国耕地评定总面积的26.53%；中等地面积为7 135.0万hm^2，占全国耕地评定总面积的52.84%；低等地面积为2 394.7万hm^2，占全国耕地评定总面积的17.69%（图26-1）。根

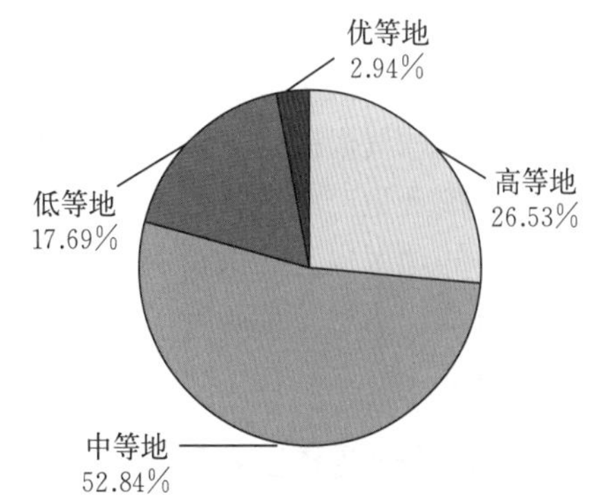

图26-1　全国优高中低等地面积比例构成

据《国务院关于印发全国国土规划纲要（2016—2030年）的通知》（国发〔2017〕3号），现阶段，全国土壤环境状况总体不容乐观，部分地区土壤污染较重，耕地土壤环境质量堪忧，工矿废弃地土壤环境问题突出。全国土壤总的点位超标率为16.1%，耕地土壤点位超标率为19.4%。

（二）水资源严重不足

水资源是农业生产的基本条件，水资源禀赋对粮食生产具有重要性意义。中国是一个干旱缺水严重的国家。淡水资源总量为28 000亿 m^3，占全球水资源的6%，居世界第四位，但人均只有2 200 m^3，仅为世界平均水平的1/4、美国的1/5，是全球13个人均水资源最贫乏的国家之一。扣除难以利用的洪水径流和散布在偏远地区的地下水资源后，我国现实可利用的淡水资源量则更少，仅为11 000亿 m^3 左右，人均可利用水资源量约为900 m^3，并且其分布极不均衡。随着我国人口的增加，经济发展和城市化进程加快，水资源形势将更为严峻，以水资源紧张、水污染严重和洪涝灾害为特征的水危机已经成为我国粮食生产的重要制约因素。现阶段，我国水资源对粮食生产约束更加明显。一方面，中国水资源禀赋较差，且水资源的空间分布极不均衡，水资源与耕地资源的空间极不匹配。根据《2015年中国环境公报》显示，我国降水空间分布极不平衡，安徽南部、浙江西部、江西东北部、福建西北部、广西东北部、广东中部等地降水量超过2 000 mm；长江中下游及以南地区、重庆、四川东部、贵州、云南大部、海南等地为800～2 000 mm；东北、华北大部、西北东南部、内蒙古东北部、四川西部、西藏东部、青海东南部等地为400～800 mm；内蒙古中西部、陕西北部、宁夏、甘肃中部、青海大部、西藏中部和西部、新疆北部等地为100～400 mm；新疆南部、甘肃西部等地不足100 mm。长江流域以北地区的耕地面积占全国耕地面积的65%，而淡水资源量仅为全国的29%，粮食主产区水资源严重不足。13个粮食主产省份中有7个省份属于贫水地区，冀鲁豫粮食主产区粮食产量占全国的25.3%，但水资源仅占全国的3.5%；东北地区粮食产量占全国的17.6%，其淡水资源仅占全国的6.9%（王国敏、崔坤周，2012）。另一方面，由于人为因素等造成的水资源稀缺性进一步加剧水资源污染日益严重。根据《2015年中国环境公报》显示，全国地表水污染较重，全年Ⅰ类水河长占评价河长的8.1%，Ⅱ类水河长占44.3%，Ⅲ类水河长占21.8%，Ⅳ类水河长占9.9%，Ⅴ类水河长占4.2%，劣Ⅴ类水河长占11.7%。从水资源分区看，Ⅰ～Ⅲ类水河长占评价河长比例为：西北诸河区、西南诸河区在97%以上；长江区、东南诸河区、珠江区为79%～85%；黄河区、松花江区为66%～70%；辽河区、淮河区、海河区分别为52%、45%和34%。另外，由于全球气候因素导致旱溃和冰冻灾害频发，给粮食生产带来了极大不稳定性，其中旱涝灾害对粮食生产的危害最大。由于全国52%的耕地没有任何灌溉排水条件，即便有灌溉排水设备的地区也存在大量农田水利设施老化严重的现象，造成粮食生产“看天吃饭”，缺水无法引水、水患不能疏导。2015年，耕地实际灌溉亩均用水量394 m^3，农田灌溉水有效利用系数0.536。

（三）石化要素投入对粮食生产的影响持续增大

以石油为基础的粮食生产要素中，农业机械总动力、化肥、农药、农膜和农用柴油的投入量分别由1991年的29 388.6万kW、2 590.3万t、76.1万t、64.21万t和863.1万t增加到102 559.1万kW、5 838.8万t、180.6万t、283.3万t和2 107.6万t，分别增长了249%、125.4%、137.3%、271%和144%。2015年，全国水稻、玉米、小麦三大粮食作物化肥利用率为35.2%，农药利用率为36.6%。石油能源的大量投入，使其成为温室气体排放的重要来源，也导致农业生态环境污染日趋严重。中国粮食生产面临着水资源短缺加剧、耕地面积日趋减少、生态环境资源压力加大和国际粮食市场动荡、国内粮食需求持续增加的现实挑战。化肥、农药、农用柴油等石化能源的高强度、低效率使用使碳、磷、氮等过度排放，造成大气、水体和土壤污染。农业污染导致的土壤、水体质量下降日益严重，根据环境保护部、国家统计局和农业部2010年联合发布的《第一次全国污染源普查公报》数据显示，中国农业面源污染非常严重，2007年的农业化学需氧量（COD）排放量是1 324.09万t，占全部化学需氧量排放总量的43.7%；农业生产的总磷和总氮排放量为28.47万t和270.46万t，分别占排放总量的67.4%和57.2%。现阶段，农业污染已经超过了工业污染，为了避免引发环境灾害，必须推动农业技术创新，优化要素投入组合，提高技术效率，推动粮食可持续生产。

近年来，我国粮食生产中化肥、农药、农用薄膜、机械租赁使用量逐年上升（表26-1、表26-2）。同期，农田有效灌溉面积增加了75.1万hm^2。数据显示，现代化农业生产要素的大量投入，在促进我国粮食增产的同时，严重污染了土地和水资源，成为我国未来保障粮食安全的重要制约因素。

表26-1　种子农膜费、化肥农药费与机械租赁费（元/亩）

项目	年份												
	2001	2002	2003	2004	2005	2006	2007	2008	2009	2010	2011	2012	2013
种子农膜费	18.6	23.7	20.6	22.6	26.9	28.5	29.5	31.4	34.5	41.5	49.3	56.0	59.6
化肥农药费	63.1	66.0	67.2	83.0	98.7	103	109	139	138	133	152	170	170
机械租赁费	73.1	73.5	73.5	88.3	101	120	137	165	175	198	230	259	280

数据来源：根据历年全国农产品成本收益资料计算整理。

1. 化肥投入　21世纪以来，中国粮食生产中的化肥消耗量以超过年均5%的速度增加。2013年，化肥消耗总量达到7 153.7万t，分别是美国、日本、德国的3.84倍、55.6倍和34.4倍。中国粮食生产的施肥强度为32.3 kg/亩，而美国、日本和欧盟的农业生产施肥强度分别为7.81 kg/亩、23.36 kg/亩、7.53 kg/亩（West，2002）。显然，中国粮食生产上处于依靠能源投入的粗放型生产阶段，与技术投入为主的集约型发展阶段存在较大差距。中国每年在化肥生产过程中需消耗7 500万t煤炭、超过100亿m^3天然气、超过500亿KWh电力和65万t石油，化肥是典型的高能耗产业和国家实施节能减排的重点行业。推动中国粮食生产的精细化、集约化，发展生态、高效农业需要通过技术进步提升化肥使用效率、优化化肥生产结构、减少化肥投入量和投入强度（表26-2）。

表 26-2　农用化肥、农膜、柴油和农药使用量

指　标	2009年	2010年	2011年	2012年	2013年	2014年
1. 化肥施用量（折纯量）（万 t）	5 404.4	5 561.7	5 704.2	5 838.8	5 911.9	5 995.9
氮肥（万 t）	2 329.9	2 353.7	2 381.4	2 399.9	2 394.2	2 392.9
磷肥（万 t）	797.7	805.6	819.2	828.6	830.6	845.3
钾肥（万 t）	564.3	586.4	605.1	617.7	627.4	641.9
复合肥（万 t）	1 698.7	1 798.5	1 895.1	1 990.0	2 057.5	2 115.8
2. 农膜使用量（万 t）	208.0	217.3	229.5	238.3	249.3	258.0
地膜使用量（万 t）	112.8	118.4	124.5	131.1	136.2	144.1
地膜覆盖面积（万 hm^2）	1 550.11	1 559.56	1 979.05	1 758.25	1 765.70	1 814.03
3. 农用柴油使用量（万 t）	1 959.9	2 023.1	2 057.4	2 107.6	2 154.9	2 176.3
4. 农药使用量（万 t）	170.9	175.8	178.7	180.6	180.2	180.7

数据来源：根据历年《中国农村统计年鉴》汇总整理。

2. 农药投入　为了保障和促进农作物生长，防止病虫害，提高粮食产量，中国近年来的农药使用量呈快速增加趋势。1991 年，农药使用量为 76.15 万 t，2012 年达到创纪录的 180.6 万 t，比 1991 年增长了 1.4 倍。除了在 2000 年的农药使用量稍有下降外，其他年份都呈快速增加趋势。农药和化肥生产一样，也是能源密集型化工产业。据估算，2012 年中国农药生产消耗能源折合 8.45×10^5 t 标准煤。在粮食生产过程中，农药的使用效率不高，仅有 10%～20%的农药能够被农作物枝叶吸收，而剩余部分都散落在土壤和水中，造成土壤和水污染。

3. 农业机械动力和农用柴油投入　农业机械动力是用于农业生产的各类机械动力的总和，主要包括耕作、排灌、收获、运输和植物保护的机械动力（农用机械的动力引擎包括电动机和内燃机，其功率单位均可折算成瓦特）。农业机械动力的基础在于农业机械化程度，即在农业生产过程中采用适用的机械设备提高农业生产技术水平、生产效率和经济效益、生态效益的过程。提升农业机械化程度对促进农业生产集约化、抵御自然灾害，进而提高农业生产效率、增加产量水平、降低生产成本具有重要的现实意义。一直以来，中国农业机械化程度依然相对较低，2012 年，每千公顷耕地的大型拖拉机的使用量为 43.6 台、收割机使用量为 6.8 台，而早在 2007 年，德国就达到了每千公顷耕地大型拖拉机使用量为 64.6 台和收割机使用量为 7.2 台，日本的机械化程度更高，分别达到了 433.9 台和 221.2 台。农业机械动力增加替代农业劳动力流出满足农业生产需要，同时也提高了农业生产效率。2012 年，全国农用大中型拖拉机为 485.2 万台、小型拖拉机为 1 797.2 万台、农用排灌电动机为 1 248.8 万台、农用排灌柴油机为 982.3 万台，农用机械总动力达到 102 559 万 kW。农业机械化程度的提高，一方面提升了农业生产效率和集约化程度，另一方面对石油燃料等能源的消耗也随之显著增加。2012 年，中国农业生产消耗的石油能源中仅农用柴油使用量就达 2 107.6 万t，占农业生产所消耗各类燃油总量的 90%左右。

4. 劳动力资源老弱化　农业劳动力是影响粮食生产的基本因素，随着我国城镇化和工业化进程的加快，农业劳动力流向城市二三产业已成为客观趋势，未来农业生产中“谁来种田”和“谁会种田”也将成为影响我国粮食生产的突出问题。国家统计局的抽样调查数据显示，2016 年全国农民工总量 28 171 万人，比上年增长 1.5%。农民工总数的持续增加意味着农业劳动力的不断减少。二三产业附加值高于农业附加值，二三产业从业人员工资水平上涨也带来了农民种粮机会成本的增加，种粮比较收益进一步下降，从而更影响农业劳动力投入的积极性。在农业劳动力流出规模持续扩大和农业生产从业人员不断减少的情况下，如何才能保证粮食生产的可持续，实现粮食产量的持续增加；能否通过农业生产技术优化粮食生产要素投入结构，通过财政政策支持和鼓励高技能劳动力从事粮食生产和提升高产粮食作物的种植比例，推动农业劳动力和高产粮食作物的结合，从而实现粮食可持续增产成为值得研究的现实问题（表 26－3）。

表 26－3　我国农业就业人数统计

年份	农村就业人数（年末）（万人）	第一产业（万人）	所占比例（%）
2003	47 506	36 204	76.2
2004	46 971	34 830	74.2
2005	46 258	33 442	72.3
2006	45 348	31 941	70.4
2007	44 368	30 731	69.3
2008	43 461	29 923	68.9
2009	42 506	28 890	68.0
2010	41 418	27 931	67.4
2011	40 506	26 594	65.7
2012	39 602	25 773	65.1
2013	38 737	24 171	62.4
2014	37 943	22 790	60.1

农民种粮积极性逐渐减弱。就目前调查显示，35 岁以下的青壮劳动力没有人愿意种粮，农村普遍缺乏有知识的劳动力，甚至在很多农村粮食产业已变为副业，由于粮食种植的比较效益连年下降，经济作物种植的吸引力逐渐增加，某些地区粮食生产出现了“妇女化”“老龄化”“副业化”“兼业化”的四大特点。

粮食人工成本 10 年来涨了 2.9 倍，从 2001 年的 128.67 元/亩，到 2014 年 429.7 元/亩，稳定快速增长，年均增长率 11%。其中家庭雇工费用涨幅最快，从 2001 年每亩 9.05 元，到 2013 年每亩 32.4 元，10 年间涨了 3.4 倍多，年均增长率为 11.8%，而家庭用工折价方面，与雇工费用相比上涨较慢，10 年间也上涨了 2.9 倍（表 26－4）。总体来讲，我国粮食人工成本上涨较快，其中家庭雇工费用上涨幅略高于家庭用工折价上涨幅度，但家庭用工折价是雇工费用的 11 倍，长期来看，未来我国粮食生产人工成本增长势头依然强劲，尤其是家庭用工折价。

表 26-4 粮食人工成本、家庭用工折价与家庭雇工费用（元/亩）

项目	年份												
	2001	2002	2003	2004	2005	2006	2007	2008	2009	2010	2011	2012	2013
人工成本	128.67	130.1	137.7	141.3	151.4	151.9	159.6	175.0	188.4	226.9	283.1	371.9	429.7
家庭用工	119.6	121	128.3	129.3	140	140.1	145.7	158.3	171.1	206.3	259.5	342.3	397.3
家庭雇工	9.1	9.1	9.4	11.9	11.4	11.8	13.9	16.7	17.3	20.6	23.6	29.6	32.4

数据来源：根据历年全国农产品成本收益资料整理。

第二节 基于灰关联熵模型的资源禀赋与主产区粮食增产相关性排序

对粮食丰产科技工程实施绩效进行深入、全面评价的前提是厘清影响粮食生产的技术、要素等因素的贡献程度，在分析不同区域粮食生产的影响因素基础上，选择灰关联度模型测量化肥、农药、灌溉、农业机械等因素对粮食产量提升的作用程度，并以灰关联度为标准，对各类生产要素在粮食丰产中的贡献程度进行排序。

一、灰关联熵模型及数据选择

灰色系统是指既含有已知信息又含有未知或不确定信息的系统，粮食生产系统受到复杂因素的影响，因素信息具有不确定性和不完全性。因此，粮食生产系统是一个灰色系统，可以采用灰色理论进行分析研究。灰色关联分析是一种多因素统计分析方法，它是以各因素的样本数据为依据，用灰关联度来描述因素间关系的强弱大小和次序。

以不同区域的粮食总产、单产为参考序列，影响粮食产量的科技支持（包括粮食丰产科技工程投入、农业技术创新）、要素投入（农业劳动力、农业机械、化肥、农药等农业生产资料、农用柴油等能源投入）、粮食生产条件（气候条件、土壤条件、农田灌溉条件、病虫害防治、市场需求等）、政府支持（相关补贴等）为比较序列。对实施粮食丰产科技工程以来不同区域粮食作物生产因素的相关数据进行灰关联分析，研究各类型要素投入、技术投入与粮食生产的关系，计算出灰关联度对粮食生产中各因素贡献程度进行排序，为进一步分析不同类型的粮食丰产高效技术的综合效率提供基础。

随着人口增加以及工业化、城镇化进程的加快，越来越多的土地将用于非粮食生产。因此，在粮食播种面积增长空间有限的情况下，逐步提高粮食单产水平是增加粮食总产量、保障我国粮食安全的重要战略途径。基于数据的可得性及完善性，对各因素与粮食单产水平灰关联度的测量依然选择江苏、江西、吉林、河北、四川 5 个省份（或项目区）作为样本进行分析，测量结果见表 26-5。

表 26-5　生产要素与主产区粮食单产水平的灰关联度排序（>0.65）

要素指标	江苏	江西	四川	吉林	河北	平均
旱涝保收面积	0.890 5	0.824 8	0.939 9	0.804 3	0.775 9	0.847 1
机电排灌面积	0.944 8	0.806 2	0.676 3	0.805 9	0.681 9	0.783 0
节水灌溉面积	0.707 1	0.554 6	0.957 8	0.618 5	0.952 5	0.758 1
有效灌溉面积	0.691 6	0.797 3	0.911 1	0.668 4	0.671 3	0.747 9
年平均日照时数（h）	0.845 8	0.654 4	0.772 7	0.771 0	0.676 6	0.744 1
项目区农技人员	0.705 1	0.711 8	0.787 8	0.595 7	0.848 3	0.729 7
传统方式灌溉面积	0.746 9	0.760 5	0.594 2	0.726 0	0.773 7	0.720 3
推广人员（人）	0.689 8	0.801 8	0.731 0	0.677 4	0.664 0	0.712 8
氮肥（以纯 N 计）	0.752 3	0.760 3	0.688 0	0.691 9	0.624 3	0.703 4
农膜残留处理率（%）	0.746 4	0.804 0	0.610 8	0.734 8	0.618 4	0.702 9
平均年降水量（mm）	0.777 5	0.597 2	0.823 5	0.716 0	0.591 6	0.701 2
年平均温度（℃）	0.748 2	0.671 7	0.698 2	0.714 8	0.598 6	0.686 3
年销售量（万 t）	0.611 5	0.526 7	0.855 8	0.762 6	0.657 6	0.682 8
灌溉水利用率（%）	0.676 2	0.728 0	0.625 6	0.690 4	0.677 3	0.679 5
农药利用率（%）	0.731 6	0.703 3	0.660 9	0.707 9	0.583 3	0.677 4
磷肥（以 P_2O_5 计，万 t）	0.734 8	0.749 3	0.631 0	0.619 9	0.613 7	0.669 7
化肥利用率（%）	0.631 0	0.742 1	0.617 8	0.658 4	0.691 3	0.668 1
钾肥（以 K_2O 计，万 t）	0.683 5	0.725 4	0.567 1	0.631 0	0.710 2	0.663 4
研发人员（人）	0.564 3	0.721 5	0.645 3	0.725 4	0.660 2	0.663 3
中高产田比例	0.582 3	0.682 9	0.612 3	0.703 4	0.720 6	0.660 3
农业科技机构（个）	0.720 9	0.663 8	0.517 8	0.700 4	0.665 7	0.653 7
复合肥（万 t）	0.651 9	0.750 2	0.608 4	0.592 6	0.656 8	0.652 0

二、基于灰关联熵模型的灰关联度测度结果及分析

由灰关联度测量结果可见，各项目区粮食单产影响因素与粮食总产影响因素的贡献排序既有相似之处，也存在细节差异，尤其是技术效率对粮食单产水平的影响相对明显。

1. 灌溉面积及效率是影响粮食单产水平的突出因素　旱涝保收面积、机电排灌面积、节水灌溉面积、有效灌溉面积、传统方式灌溉面积、灌溉水利用率 6 个灌溉指标与粮食单产水平的平均灰关联度分别为 0.847 1、0.783 0、0.758 1、0.747 9、0.720 3、0.679 5。这说明，在近年来气候变化和水资源日趋紧张情况下，节水灌溉技术、选用耐旱种子技术等的研发与技术扩散对粮食单产提升具有重要意义。

2. 气候条件对粮食单产水平的影响显著　测量结果显示，年平均日照时数（h）、平均年降水量（mm）、年平均温度（℃）等气候变化指标与各地区粮食单产水平的灰关联度分

别为 0.744 1、0.701 2 和 0.686 3。这意味着一是要积极进行气象技术改进和保护生态环境，避免气候恶化影响粮食产量，二是粮食丰产技术研发、扩散与改进应该考虑粮食生产地的气候变化因素。

3. 技术扩散程度是提升粮食单产水平的重要因素 代表粮食丰产技术扩散与研发的项目区农技人员、推广人员（人）、研发人员（人）和农业科技机构（个）等指标与各地区粮食单产水平的平均灰关联度分别为 0.729 7、0.712 8、0.663 3 和 0.653 7，这表明粮食生产技术研发与扩散在粮食单产水平提高方面具有明显作用，测算结果也说明实施粮食丰产科技工程对项目区粮食单产提高具有明显贡献。

4. 要素投入及效率对粮食单产水平提高具有明显影响 氮肥（以纯 N 计，万 t）、磷肥（以 P_2O_5 计，万 t）、钾肥（以 K_2O 计，万 t）、复合肥（万 t）、化肥利用率（%）、农药利用率（%）等代表要素投入和技术效率的指标与粮食单产水平的灰关联度分别为 0.703 4、0.669 7、0.663 4、0.652 0、0.668 1 和 0.677 4。化肥、农药等要素投入量及效率与粮食单产水平的关联关系表明，我国粮食生产水平正处于由以要素投入为主的粗放型向集约型生产模式转变中，未来的粮食生产技术研发一方面要注重积极优化要素投入结构，另一方面要积极提升要素使用效率，向集约型粮食生产方式转变已大势所趋。

5. 生态友好型粮食生产技术对粮食单产水平的正面作用开始呈现 代表农业生态环保和环境改善技术水平的农膜残留处理率（%）、中高产田比例与粮食单产水平的灰关联度分别为 0.702 9、0.660 3。这表明，将生态友好粮食生产技术纳入粮食过程对粮食单产水平提升具有正面作用。进一步的粮食丰产科技工程实施有必要考虑将农业生态环境保护技术纳入其中。

三、粮食增产相关性排序研究结论

上述关于粮食生产要素与粮食单产的关联度分析结果表明，粮食生产是一个复杂的投入产出过程，水肥等物质要素投入、技术研发与扩散、气候条件、市场需求、生态环境保护等对我国粮食生产过程的影响较为突出。从动态发展看，粮食生产过程呈现以下特征。

1. 化肥、农药、柴油等物质要素对粮食生产作用依然突出，但化肥投入结构、化肥利用率、农药利用率等技术效率对粮食生产的贡献逐渐显现 这说明我国粮食生产正在由粗放型生产模式向集约型生产模式转变，受能源、劳动力流动和技术进步等因素的影响，我国粮食生产的要素技术组合处于动态变化之中。

2. 技术研发与扩散对粮食生产的贡献显著 灰关联度测算结果显示，各类技术效率提升、研发人员及经费投入、扩散人员、机构及经费投入等对粮食总产、单产的提升贡献明显，粮食生产技术研发及扩散是粮食生产水平提升的重要因素。上述结果表明，粮食丰产科技工程对项目区粮食总产量、单产水平提高的贡献凸显。

3. 市场因素是影响粮食生产的重要因素 在市场经济条件下，粮食是一种特殊产品，种粮户对市场需求反应敏感，年销售量等市场因素对粮食生产必然产生显著影响。

4. 生态环境因素对粮食生产过程影响逐渐突出 随着工业化和城镇化进程加快，我国粮食生产面临着耕地面积下降、生态环境压力持续增大的严峻形势。如何在减少能源投入、保护农业生态环境基础上提升粮食增产能力是我国粮食生产方式转型的客观要求。在粮食丰产科技工程实施过程中，积极纳入生态友好型粮食生产技术研究是实现粮食生产可持续发展的客观要求。

第三节　粮食主产区资源要素贡献、替代关系与技术组合变动分析

一、变量描述与数据来源

基于数据的可得性，选择粮食单产水平为被解释变量，选择劳动用工量、化肥施用量、农药施用量、农业机械动力投入和农用柴油使用量为解释变量。AL、AF、AP、AD、AM分别为劳动用工量、化肥施用量、农药施用量、农业机械和农用柴油施用量的变量符号。

1. 劳动用工量（AL）　粮食生产中每亩劳动用工日作为指标，数据来源于历年《全国农产品成本收益资料汇编》，随着我国城镇化、工业化的深入推进，农业劳动力持续由第一产业向二三产业转移，粮食生产中的劳动力供给，尤其是技能的劳动力供给对粮食生产的贡献将会越来越突出。

2. 化肥施用量（AF）　每亩粮食生产施用的化肥施用量（kg）作为指标，数据来源于历年《全国农产品成本收益资料汇编》。我国粮食生产依然处于石油农业阶段，以石油为原材料的肥料对粮食丰产的贡献具有重要地位。

3. 农药施用量（AP）　每亩粮食生产施用农药施用量（kg），数据源于历年的《中国统计年鉴》和《中国农村统计年鉴》。随着气候变暖和病虫害的持续增加，农药在粮食生产中扮演着非常重要的地位。

4. 农业机械投入量（AD）　每亩粮食生产投入的机械动力（kW），数据源于历年《全国农产品成本收益资料汇编》及相关省份农业厅网站。农业生产中耕、种、收全过程的机械化率在持续提高，农业机械设备在粮食生产中的贡献分析具有重要意义。

5. 农用柴油使用量（AM）　每亩粮食生产中农用柴油使用量（kg），数据源于历年的《中国统计年鉴》和《中国农村统计年鉴》，农用柴油使用量对农业机械、设备、灌溉等都具有重要作用，是粮食生产中的重要原材料供给。

为了深入分析中国粮食生产的能源投入、替代关系与技术变动趋势，选择以下具体的产出和要素投入指标。粮食产出指标选择各省份的粮食单产水平，即每亩产量（kg）；粮食生产的主要影响因素，能源投入指标分别选择每亩化肥投入量（kg）、每亩农药使用量（kg）、每亩农用柴油使用量（kg）；非能源要素投入指标选择每亩劳动用工（日）、每亩机械动力投入（kW）。在回归方程的计量分析中，增加自变量数目能够提高回归方程的拟合优度。然而，由于自变量数目增多的同时，估计参数会成倍增加，从而增大计量分析的复杂性。上述要素投入合计已占粮食生产总成本的九成左右，故选择这些指标能够有效说明粮食生产实际。

二、粮食主产区资源要素贡献、替代关系与技术组合变动分析实证结果

（一）回归分析结果

根据前文对解释变量、计量模型的设置，选择全国除西藏外的30个省份的粮食生产数据运用超越对数生产函数模型进行计量分析（表26－6）。基于F检验和Hausman检验结果，运用个体固定效应模型进行面板回归分析较为合适，模型设计、变量选择和估计方法能够较为恰当的反映中国粮食生产现状和发展趋势。

由超越对数生产函数模型估计结果显示，各解释变量的回归系数均显著，有一半生产要素交互项的回归系数显著，除化肥之外其他要素平方项的回归系数均显著，各解释变量的估计结果与理论预期相同。基于计量模型的回归分析结果说明，所选择的超越对数生产函数模型、解释变量和计量分析过程等，能够较为准确地反映粮食生产的基本情况。从劳动用工量对粮食生产的贡献程度看，劳动用工量对粮食产量增产的回归系数及平方项系数均为正值，且显著，这说明现阶段的劳动用工量对粮食增产的现实作用和边际贡献，即未来的作用都呈正向趋势。这与我国现阶段农村劳动力持续向城市、二三产业转移，投入在粮食生产中的人工劳动日益减少的现实情况相符合。劳动用工量投入的持续减少使其边际贡献呈现上升趋势。劳动用工量与其他物质要素交互项的回归系数均为负值，劳动用工量与化肥、农药、农用柴油交互项的回归系数结果不显著，说明其存在替代关系，但不明显；劳动用工量与农业机械动力投入的交叉项回归结果显著为负值，说明农业机械、自动化设备对人力的替代作用在持续增强（表26－6）。

表26－6　回归分析结果

变量及其平方项		回归结果	交互项	回归结果
变量	lnAL	0.363*** （0.931）	lnAL×lnAF	−0.417 （−2.875）
	lnAF	0.139** （0.629）	lnAL×lnAP	−0.289 （−1.503）
	lnAP	0.171* （0.581）	lnAL×lnAM	−0.373 （−1.198）
	lnAD	0.283* （1.540）	lnAL×lnAD	−0.198* （−1.363）
	lnAM	0.246*** （1.196）	lnAF×lnAP	0.461* （1.404）
平方项	$(\ln AL)^2$	1.955* （1.875）	lnAF×lnAD	0.461* （1.403）
	$(\ln AF)^2$	−0.147 （1.147）	lnAF×lnAM	0.122** （2.548）
	$(\ln AP)^2$	−0.229** （−0.511）	lnAP×lnAD	0.131 （0.963）
	$(\ln AD)^2$	0.126* （1.342）	lnAP×lnAM	0.152 （0.864）
	$(\ln AM)^2$	0.172* （4.632）	lnAD×lnAM	0.352** （1.333）
常数项			2.236*** （4.630）	
修正的R^2			0.962	
F统计值			86.333	
Hausman检验			163.330	

注：括号内的数字为回归系数的t统计值。***表示在1%水平上差异显著，**表示在5%水平上差异显著，*表示在10%水平上差异显著。

从农业机械设备对粮食产量的回归结果看，其回归系数及平方项回归系数均显著为正值，说明农业机械设备在粮食生产中发挥着正向作用且这种作用的边际贡献呈递增状态。这与现阶段我国农业机械化程度在粮食生产的耕、种、收各阶段持续提高的现实情况相符合。农业机械设备投入与化肥、农药、农用柴油使用量交叉项的回归系数均为正值，说明我国粮食生产的机械化程度对粮食增产的贡献更加显著。农业机械设备对劳动力具有一定的替代作用，在粮食生产中的作用持续增强，这与已有文献的研究结论一致。

随着在粮食耕、种、收等生产过程的机械化程度的提高，粮食生产过程中对农用柴油使用量也随之增加，本研究很好地验证了理论预期与现实情况。农用柴油使用量的一阶回归系数显著为正值，说明其对粮食产量的贡献显著，而农用柴油使用量平方项的回归系数显著为正值，说明随着农业机械化程度的持续提高，未来一段时间中农用柴油使用量对粮食生产的贡献依然处于上升态势。农用柴油使用量与化肥施用量、农药施用量交叉项的回归系数均为正值，说明农用柴油使用量与化肥、农药能够协同推进粮食增产。但相对而言，农用柴油使用量与化肥施用量的协同作用程度比其与农药施用量的协同作用程度更显著。

从化肥、农药对粮食产量的回归结果看，在粮食生产过程中，化肥、农药对现阶段的粮食增产具有显著贡献，化肥依赖型农业是现阶段我国粮食生产的主要特征；在气候变暖、病虫害频发的情况下，粮食生产对农药的依赖程度依然较高。从粮食生产的技术变动趋势看，化肥、农药对粮食产量的边际贡献呈递减趋势，表现为化肥施用量、农药施用量平方项的回归系数均为负值，新型肥料开发与种植技术创新成为粮食丰产技术的变革方向。这也印证了牛亮云（2012）、何蒲明、娄方舟（2014）、刘英基（2015）等关于化肥、农药对粮食生产贡献作用的研究结果。农药施用量平方项的回归系数显著为负值，由此可见，农药对粮食产量的贡献从长期看是负向的，这必将影响到粮食生产要素的未来变动趋势，如何通过粮食种植技术抗病虫害，减少农药施用量将成为未来粮食生产技术需要突破的领域。化肥施用量与农药施用量交叉项的回归系数显著为正值，说明二者在促进粮食增产中是互补协同关系，而非替代关系。化肥与农药、农用柴油、农业机械的交互项回归系数均显著为正，农药与农用柴油、农业设备的交互项系数均显著为正，这说明化肥、农药与农用柴油使用量、农业设备在现阶段粮食生产中呈正向协同促进作用。

（二）生产要素价值份额

根据粮食生产超越对数生产函数模型的回归分析结果，将化肥、农药、农用柴油、劳动用工和农业机械设备的回归系数和要素数据分别代入价值份额公式，可计算出各投入要素价值份额或产出弹性（表 26－7）。

表 26－7 粮食生产要素价值份额

要素	年份													均值
	2003	2004	2005	2006	2007	2008	2009	2010	2011	2012	2013	2014	2015	
AL	0.731	0.718	0.728	0.736	0.763	0.786	0.793	0.787	0.801	0.801	0.816	0.811	0.820	0.776
AF	0.074	0.063	0.068	0.071	0.086	0.098	0.089	0.104	0.106	0.123	0.123	0.133	0.130	0.098

（续）

要素	年份													均值
	2003	2004	2005	2006	2007	2008	2009	2010	2011	2012	2013	2014	2015	
AP	0.044	0.032	0.046	0.048	0.046	0.053	0.054	0.057	0.052	0.057	0.061	0.063	0.064	0.052
AD	0.053	0.043	0.046	0.043	0.048	0.050	0.054	0.056	0.059	0.061	0.063	0.066	0.067	0.055
AM	0.040	0.042	0.043	0.046	0.051	0.056	0.063	0.066	0.070	0.072	0.074	0.079	0.087	0.061

由表 26－7 可见，粮食生产的要素价值份额估计结果与理论预期相符，劳动用工施用量、农业机械设备、农用柴油使用量的价值份额呈稳定上升趋势，化肥施用量、农药施用量的价值份额呈现明显的波动变动特征。在粮食生产中不同生产要素的价值份额差异较大，劳动用工量、化肥施用量在粮食生产中的价值份额较大。从生产要素在粮食增产中的价值份额看，各要素价值份额均大于零。首先，劳动用工量的价值份额连续保持最大且呈增长趋势，从 2001 年的 0.731 增长到 0.820，说明在农村劳动力持续流向城市和二三产业的情况下，劳动用工量逐渐成为粮食生产的紧缺资源，其边际贡献持续上升。随着精细农业、设施农业发展，粮食生产对劳动用工量需求将持续增加，劳动用工的价值份额呈递增趋势。其次，化肥施用量和农药施用量在粮食产量中的价值份额总体上呈波动增长特征，粮食增产对化肥、农药等要素的依赖程度依然较高；粮食生产的石油农业阶段性特征依然存在。农业机械设备、农用柴油使用量在粮食生产中的价值份额也呈波动增长态势，农业机械设备对粮食生产的产出贡献持续增加，这与农田灌溉、机械化程度提升密切相关。但在粗放型生产模式下，化肥、劳动力的价值份额依然显著高于农业机械设备。

（三）要素替代弹性

基于超越对数生产函数模型估计结果和要素替代弹性计算公式可计算出各粮食生产要素间的替代弹性，深入分析粮食生产要素间的替代弹性估计结果，可得出如下结论（表 26－8）。

表 26－8　要素替代弹性

要素		年份													均值
		2003	2004	2005	2006	2007	2008	2009	2010	2011	2012	2013	2014	2015	
AF	AL	0.85	0.81	0.83	0.84	0.89	0.93	0.89	0.96	0.97	1.06	1.04	1.11	1.08	0.95
	AD	0.07	0.05	0.06	0.06	0.08	0.09	0.07	0.09	0.09	0.11	0.11	0.12	0.10	0.09
AP	AL	0.86	0.81	0.87	0.88	0.87	0.89	0.89	0.91	0.88	0.90	0.92	0.93	0.93	0.89
	AD	0.01	−0.02	0.01	0.00	−0.01	−0.01	−0.02	−0.02	−0.04	−0.03	−0.03	−0.03	−0.05	−0.02
AM	AL	1.03	0.97	0.98	0.97	0.98	0.99	1.00	1.02	1.03	1.04	1.04	1.06	1.06	1.01
	AD	0.02	0.00	0.01	−0.01	−0.01	−0.01	−0.02	−0.02	−0.02	−0.02	−0.02	−0.03	−0.04	−0.01
AL	AD	0.96	0.96	0.98	0.97	0.99	1.01	1.02	1.03	1.02	1.05	1.02	1.03	1.04	1.05

1. 粮食生产要素的替代关系与互补关系并存　替代弹性是指在要素价格与技术水平不变条件下，生产要素投入比例的相对变动除以要素间边际技术替代率的相对变动。当要素替代弹性＞0 时，两要素在生产过程中存在替代关系；当替代弹性＜0 时，两要素在生产过程

中存在互补关系。由表26－7可见，2003—2013年的估计结果看，多数要素替代弹性大于零，说明这些要素之间存在替代关系；也有些要素之间的替代弹性小于零，说明这些要素在粮食生产中能够相互支持、协同互补。

2. 劳动用工量与化肥、农药、农用柴油使用量、农业机械设备等生产要素之间存在显著的替代关系　劳动用工量与其他物质生产要素间的替代弹性均大于0.8，除了与农药施用量的替代弹性在0.8～0.95，与其他要素的替代弹性大存在大于1的情况。这充分说明了我国农业劳动力流出使其边际贡献达到了递增状态，也说明我国粮食生产已由传统的靠生产要素投入实现粮食增产开始向依靠精耕细作的集约型生产转变。提升农业劳动力技能，增加有知识、技术含量的劳动用工量对粮食生产中的物质要素节约具有重要意义。

另外，农业机械设备与农药施用量、农用柴油使用量的替代弹性为负值，存在显著的互补关系，与化肥施用量的替代弹性为正值但数值较小，存在微弱的替代关系。

三、粮食生产的要素替代可能性与技术变动研究结论与政策建议

综合理论分析与实证研究，可以初步得出以下基本结论：首先，中国粮食生产的技术进步非常明显，且呈稳定发展趋势，对实现我国粮食丰产具有重要贡献。但中国粮食生产依然处于依靠化肥、农药、农用柴油等投入的粗放型阶段，这些能源要素对当期粮食生产产生促进作用，其中，化肥、农药对粮食生产的长期贡献呈递减趋势；而农用柴油、劳动力、农业机械设备对粮食生产的长期影响呈递增作用；其次，中国粮食生产技术进步是非中性的，存在着有偏技术进步特征。基于超越对数生产函数的计量结果、价值份额和替代弹性计算可以看出，中国粮食生产技术进步的特征与趋势表现为：一是化肥、农药使用型依然广泛存在，但化肥、农药的边际贡献呈递减趋势；二是劳动节约型和机械设备使用型趋势增强，这反映了粮食生产向现代农业发展迈进的步伐加快；三是粮食生产要素之间的替代与互补关系并存，但要素替代关系显著。劳动用工与化肥、农药和农用柴油使用量等物质要素存在明显的替代关系；农业机械设备与化肥存在替代关系，与农药、农用柴油存在一定的互补关系。中国粮食生产技术进步的上述特征表明，中国粮食生产要素与技术组合处于动态变动中。确保国家粮食安全是农业供给侧结构性改革的底线。必须对粮食生产体系注入两要素，一是科技，要靠科技创新来促进农业的效益提高、质量提升。二是制度因素，要推进制度创新，才能使得生产组织更加有效。粮食生产过程中的供给侧结构性改革的重点应该在于提高农业的科技含量，降低农业的经营成本，提高农产品的质量，增强农业的国际竞争力，这才是农业供给侧结构性改革的本意。基于此，提出以下政策建议。

1. 依靠科技创新提升化肥、农药的利用效率，发展精细农业、有机农业，减少化肥、农药投入强度　加大对粮食生产的科技与管理创新支持，通过系统创新提升粮食生产效率，促进粮食生产技术进步、效率提升，最终实现粮食生产全要素生产率增长。将粮食安全建立在基于科技进步、管理创新推动的生产效率增长基础之上。化肥、农药是石油农业阶段粮食生产的核心要素，中国粮食生产中的化肥、农药的投入强度已经越过了最优点，使用过量、效率低、边际作用下降趋势。现阶段，中国存在着通过科技创新发展有机、高效化肥和低毒、无害化控制病虫害方式，减少化肥、农药使用量，提升化肥、农药使用效率的技术和政

策空间。加大对化肥、农药的技术研发，通过推动农业规模化经营、劳动力技能提升和财政支持等发展精细农业、有机农业是有效减少能源投入和保障粮食丰产的重要措施。

2. 推动粮食生产的有偏技术进步，实现粮食生产技术、要素组合的动态优化 面对我国农业面源污染严重、工业“三废”排放污染持续超出环境承载力的现实情况和提升粮食质量安全的迫切要求，有必要通过新技术创新发展生态农业、有机农业和精细农业，降低粮食生产中的化肥、农药施用强度，加大对化肥、农药的研发创新支持，着力发展高效、缓控释肥技术，积极发展低毒、无害化病虫害防治技术。农业机械动力与劳动力有显著的替代关系，通过科技进步推动和提升农业机械效率是发展农业现代化的重要内容，也是减少能源消耗的重要措施；农用柴油的另一个重要用途是农田灌溉等领域，政府应积极加强农田水利基础设施建设，因地制宜地发展节水灌溉技术是提升灌溉效率、控制农用柴油使用量的重要途径。

3. 加大财政投入和农业劳动力技能培训的支持力度 劳动力与化肥、农药等能源要素存在显著的替代关系。加大财政支持力度和农业技能培训强度，积极吸引有知识、有技能的农民投入粮食生产。提升粮食生产中劳动力的投入量和劳动效率能够提升化肥、农药和农用柴油的生产效率，有效控制化肥、农药和农用柴油使用量，从而提升粮食生产的精细化程度与能源节约。重视粮食生产中“人”的因素，提升粮食生产者的技能与素质。在保障粮食质量过程中，加强农田基础设施建设、发展生态农业、精细农业，以此提升粮食种植效率成为粮食生产的必然要求。其中，粮食生产者的素质和技能是实现上述发展的关键因素，为此，要通过完善政策机制支持有知识、有技能的劳动力投入粮食生产之中，加大对粮食生产者技能培训的财政支持力度。

4. 提高农业社会化服务体系。小规模经营采用现代农业技术，就需要通过社会化服务 在农业附加值较低的环境中，一家一户买机械不现实，而现代农业从种到收都需要农业机械，为此，深入推进农业社会化服务体系是实现粮食生产集约化经营、提升技术效率的重要手段。

四、粮食生产的要素替代可能性与技术变动研究展望

受数据资料的局限，本研究主要实证分析了全国粮食生产的要素贡献、产出弹性与替代关系，考察了粮食生产的要素替代可能性与技术变动趋势，并得出了有价值的结论。但在全面评价粮食丰产科技工程实施效果方面，还应该从以下几个方面深入进行分析。

（1）测算不同生态区、经济发展程度省份粮食生产要素投入、替代关系及技术变动趋势，在此基础上进行差异性分析。

（2）对粮食主产区省份的“一田三区”的粮食生产要素投入、替代关系及技术变动趋势，探究“一田三区”的要素组合变化的差异及其影响因素。

（3）对不同生产规模条件的地区进行粮食生产要素投入、替代关系及技术变化进行对比分析，考察规模化经营对粮食生产要素组合及技术变动的影响情况。

第二十七章

粮食产量与产量差分析

第一节 产量验收与产量差分析方法

一、高产验收

高产验收是通过有关专家组织对具有高产水平的认定，特别是粮食丰产科技工程和高创建的项目中，对产量水平的现场实际验收成为完成任务指标的主要要求之一。不同的项目对验收的要求不同，但都以客观真实、公平公开、科学公正为基本要求。不同的项目对测产的要求与方法有所不同，以下是主要项目的测产方法要求。

（一）科学技术部粮食丰产科技工程的超高产验收条例

第一条 为了统一各课题产量验收方法，提高不同年份不同课题产量结果的可比性，科学评价各课题任务完成情况，特制定水稻、小麦和玉米产量验收办法。

第二条 本办法适用于示范性课题攻关田和核心区的产量验收。共性课题攻关田、示范基地和示范性课题示范区、辐射区的产量验收可参照本办法由各课题自行制定验收办法。

第三条 各课题攻关田、核心区产量验收须由课题主管部门预先提出申请，经“粮食丰产科技工程”联合办公室批准后，方可组织验收活动。

第四条 攻关田、核心区产量验收形式为实打验收，由验收专家组独立开展验收活动。

第五条 验收专家组由5～7名技术专家和管理专家组成，其中“粮食丰产科技工程”联合办公室选派专家1～2名，其余专家由课题主管部门选派。验收专家组设组长1名，副组长1～2名，组长由“粮食丰产科技工程”联合办公室选派专家担任。

第六条 产量验收的具体程序和要求

1. 验收点数及面积要求 攻关田取2～3个点，核心区3～5个点。每点实收面积：水稻≥1亩，小麦≥1亩，玉米≥2亩。

2. 选点及面积测量 在被验收田块选择生长均匀一致的作为验收点，尽量在田块中间进行取样，避免边行优势对产量的影响。如靠近边行进行，为消除边际效应的影响，水稻、小麦要在两端各去掉1 m，边行取掉4行；玉米要在边行去掉4个边行，两端各去掉2 m以上。测量验收点面积时，要按照长方形准确量取四个边的长度进行划线标记取样区，长宽比在1～10。

3. 收获、脱粒 在标记的取样区内进行区内的全部收获。在取样区不能以任何理由产量补偿。水稻、小麦收获后及时脱粒。收获之后，水稻、小麦应取2 m^2 地块捡取漏收穗、粒，脱粒后计算每亩收获损失产量 Y_2（kg/亩）。

4. 称量鲜重 水稻和小麦脱粒后、玉米收穗后及时用磅秤称取鲜重（水稻为水稻鲜重，小麦为籽粒鲜重，玉米为果穗鲜重），专人记载鲜重和装具重量，计算每亩鲜重 Y_1（kg/亩）。称重前需检查磅秤的准确性，并校零。

玉米在称取鲜穗重后，选取30～40 kg果穗，计算平均鲜穗重，再选取接近平均鲜穗重的20个代表穗称其鲜重 X_1（kg），进行脱粒，测定鲜粒重 X_2（kg）。

5. 取样、测定杂质 称取鲜重，及时采取多点取样法抽取鲜重样品2 kg，用塑料袋密封，作水分和杂质测定用。将塑料袋装样品放置在阴凉处，称取500 g检出所含杂质，计算杂质率 Y_3（%）。

6. 测定含水量 采用GB/T 5497—85的定温定时烘干法测定含水量。试样用量按铝盒底面积（cm^2）×0.126 g计，如用直径4.5 cm的铝盒，试样用量为2 g左右；用直径5.5 cm的铝盒试样用量为3 g左右。用已烘至恒重的铝盒称取定量试样（准确至0.001 g），待烘箱温度升至135～145 ℃时，将盛有试样的铝盒送入烘箱内温度计周围的烘网上，在5 min内，将烘箱温度调到（130±2）℃开始计时，烘40 min后取出放干燥器内冷却，称重。含水量（M,%）按下式计算。

$$M=\frac{W_0-W_1}{W_0-W}\times 100$$

式中，M 为含水量（%），W 为铝盒质量（g），W_0 为烘前试样和铝盒质量（g），W_1 为烘后试样和铝盒质量（g）。也可用高精度的谷物水分测定仪进行直接测定，要求测定7次，删去最大与最小值，5值平均为认定的含水率。如果水分含量超过30%，可适当地晒干再进行测定，但晒前与晒后的重量变化要进行校正计算。

7. 产量折算 标准含水量（M_0）：水稻和小麦按13%含水量计算，玉米按14%含水量计算。

（1）实际鲜重的计算

水稻、小麦：实际鲜重 Y_0（kg/亩）$=Y_1\times(1-Y_3)+Y_2$

玉米：实际鲜粒重 Y_0（kg/亩）$=Y_1\times\frac{X_2}{X_1}$

（2）标准产量折算

$$\text{标准产量}\ Y\ (\text{kg/亩})=\frac{Y_0\times(1-M)}{1-M_0}$$

式中，Y 为标准产量（kg/亩），Y_0 为实际鲜重（kg/亩），M_0 为标准含水量（%），M 为实测含水量（%）。

8. 平均产量 将各点测定产量求其平均，作为该攻关田或核心区的实打产量。

第七条 验收活动结束后，形成验收报告。验收报告内容包括课题名称、验收组织单位、验收时间、地点、品种及技术措施、验收方法、验收结果等。验收报告须由验收专家组组长、副组长签字，并附专家组名单。

第八条　验收报告及原始记录（经办人须签字）为重要的技术档案，须归档妥善保管。同时，将验收结果报“粮食丰产科技工程”联合办公室备案。

第九条　本办法由“粮食丰产科技工程”联合办公室负责解释。

第十条　本办法则自发布之日起施行。

附　现场验收测产结果汇总表（表 27－1）

表 27－1　现场验收测产结果汇总表

地点：　　　　　　　　　　　　　　　　时间：

编号	种植品种	验收点面积（长×宽＝面积）（m^2）	验收点实收穗数	验收点实测穗重（kg）	验收点平均穗重（kg）	20 样品穗重（kg）	20 样品穗鲜籽粒重（kg）	出籽率（%）	籽粒含水量（%）	亩产量（含水 14%，kg）

验收组组长：

副组长：

（二）全国粮食高产创建测产办法（试行，2008 年）

第一章　总　　则

第一条　主要目的。为了规范粮食作物高产创建万亩示范点测产程序、测产方法和信息发布工作，推动高产创建活动健康发展，特制定本办法。

第二条　适用范围。本办法适用于全国水稻、小麦、玉米、马铃薯等粮食作物高产创建万亩示范点测产验收工作。

第二章　指导思想和工作原则

第三条　指导思想。按照科学规范、公开透明、客观公正、严格公平的要求，突出标准化和可操作性，遵循县级自测、省级复测、部级抽测的程序，统一标准，逐级把关，阳光操作，确保粮食高产创建万亩示范点测产验收顺利开展。

第四条　工作原则。全国粮食作物高产创建万亩示范点测产验收遵循以下原则：

（一）以省为主。县、省、部三级分时间、分层次进行测产，由省（自治区、直辖市）农业行政主管部门统一组织本地测产验收工作，并对测产结果负责。

（二）科学选点。县、省、部三级测产选择万亩示范点有代表性的区域、有代表性的地块和有代表性样点进行测产，确保选点科学有效。

（三）统一标准。实行理论测产和实收测产相结合，统一标准，规范运作。

第三章　测产程序

第五条　县级自测。水稻、小麦、玉米高产创建示范点在成熟前 15～20 d 组织技术人员进行理论测产，马铃薯示范点在收获前15～20 d进行产量预估，并将测产和预估结果及时上报省（自治区、直辖市）农业行政主管部门。同时报送万亩示范点基本情况，包括：①示范点所在乡（镇）、村、组、农户及村组分布简图；②高产创建示范点技术实施方案；③高产创建示范点工作总结。

部级高产创建示范点县在作物收获前，均要按照本办法对示范点产量进行实收测产，并保存测产资料备验。

第六条 省级复测。各省（自治区、直辖市）农业行政主管部门对高产创建示范点自测和预估的结果进行汇总、排序，组织专家对产量水平较高的示范点进行复测，并保存测产资料备验。同时，在示范点作物收获前10 d推荐1～3个示范点申请部级抽测。

第七条 部级抽测。根据各地推荐，农业部组织专家采取实收测产的办法抽测省（自治区、直辖市）1～2个示范点。

第八条 结果认定。农业部组织专家对各省（自治区、直辖市）高产创建示范点测产验收结果进行最终评估认定。

第九条 信息发布。各地粮食作物高产创建万亩示范点测产验收结果由农业部统一对外发布。

第四章　专家组成和测产步骤

第十条 专家组成

（一）专家条件。测产验收专家组由7名以上具有副高以上职称的从事相关作物科研、教学、推广的专家组成，专家成员实行回避制。

（二）责任分工。专家组设正副组长各1名，组长由农业部粮食作物专家指导组成员担任，测产验收实行组长负责制。

（三）工作要求。专家组坚持实事求是、客观公正、科学规范的原则，独立开展测产验收工作。

第十一条 测产步骤

（一）前期准备。专家组首先听取高产创建示范点县农业部门汇报高产创建、测产组织、自测结果等方面情况，然后查阅高产创建有关档案。

（二）制定方案。根据汇报情况和档案记载，专家组制定测产验收工作方案，确认取样方法、测产程序和人员分工。

（三）实地测产。根据专家组制定的测产验收工作方案，专家组进行实地测产验收，并计算结果。

（四）汇总评估。专家组对测产结果进行汇总，并进行评估认定。

（五）出具报告。测产结束后，专家组向农业部提交测产验收报告。

第五章　水稻测产方法

第十二条 理论测产

（一）取样方法。根据自然生态区（畈、片），选取区域内分布均匀、有代表性的50个田块进行理论测产。每块田对角线3点取样。移栽稻每点量取21行，测量行距；量取21

株，测定株距，计算每亩穴数；顺序选取 20 穴计算穗数。直播和抛秧稻每点取 1 平方米以上调查有效穗数；取平均穗数左右的稻株 2～3 穴（不少于 50 穗）调查穗粒数、结实粒。千粒重以品种区试平均千粒重计算。

（二）计算公式。

亩产（kg）=有效穗（万/亩）×穗粒数（粒）×结实率（%）×千粒重（g）$\times 10^{-6}$×85%

第十三条　实收测产

（一）取样方法。根据自然生态区（畈、片）将万亩示范点划分为 5～10 个片，随机选择 3 个片，在每个片随机选取 3 块田进行实收测产，每块田实收 1 亩以上。收割前由专家组对收割机进行清仓检查；田间落粒不计算重量。

（二）田间实收。用机械收获后装袋并称重，计算总重量（单位：kg，用 W 表示）；专家组对实收面积进行测量（单位：m^2，用 S 表示）；随机抽取实收数量的 1/10 左右进行称重、去杂，测定杂质含量（单位：%，用 I 表示）；取去杂后的水稻 1 kg 测定水分和空瘪率，烘干到含水量 20%以下，剔出空瘪粒，测定空瘪率（单位：%，用 E 表示）；用谷物水分速测仪测定含水率，重复 10 次取平均值（单位：%，用 M 表示）。

（三）计算公式。

$Y=(6\,667\div S)\times W\times(1-I)\times(1-E)\times[(1-M)\div(1-M_0)]$；

平均产量$=\sum Y\div 9$；M_0 为标准干重含水率：籼稻=13.5%，粳稻=14.5%。

第六章　小麦测产方法

第十四条　理论测产

（一）取样方法。将万亩示范点平均划分为 50 个单元，每个单元随机取 1 块田，每块田 3 点，每点取 1 平方米调查亩穗数，并从中随机取 20 个穗调查穗粒数。

（二）计算公式。

理论产量（kg/亩）=每亩穗数×每穗粒数×千粒重（前 3 年平均值）×85%。

第十五条　实收测产

（一）取样方法。在省级理论测产的单元中随机抽取 3 个单元，每个单元随机用联合收割机实收 3 亩以上连片田块，除去麦糠杂质后称重并计算产量。实收面积内不去除田间灌溉沟面积，但去除坟地、灌溉主渠道面积；收割前由专家组对联合收割机进行清仓检查；田间落粒不计算重量。

（二）测定含水率。用谷物水分测定仪测定籽粒含水率，10 次重复，取平均数。

（三）计算公式。

实收产量（kg/亩）=每亩籽粒鲜重（kg）×[1−鲜籽粒含水量（%）]÷(1−13%)。

第七章　玉米测产方法

第十六条　理论测产

（一）取样方法。根据地块的自然分布将万亩示范点划分为 10 个左右的自然片，每片随机取 3 个地块，每个地块随机取 3 个样点，每个样点量 10 个行距计算平均行距，在 10 行之中选取有代表性的 20 m 双行，计数株数和穗数，并计算亩穗数；在每个测定样段内每隔 5

穗收取 1 个果穗，共计收获 20 穗作为样本测定穗粒数。

（二）产量计算。理论产量（kg/亩）=亩穗数×穗粒数×百粒重（被测品种前三年平均数）×85%。

第十七条 实收测产

（一）取样方法。根据地块自然分布将万亩示范点划分为 10 片左右，每片随机取 3 个地块，每个地块在远离边际的位置取有代表性的样点 6 行，面积（S，单位：m^2）≥67 m^2。

（二）田间实收。每个样点收获全部果穗，计数果穗数目后，称取鲜果穗重 Y_1（kg），按平均穗重法取 20 个果穗作为标准样本测定鲜穗出籽率和含水率，并准确丈量收获样点实际面积。

（三）计算公式。

每亩鲜果穗重 Y（kg/亩）=$(Y_1/S)\times 6\,667$

出籽率 L（%）=X_2（样品鲜籽粒重）/X_1（样品鲜果穗重）

籽粒含水率 M（%）：用国家认定并经校正后的种子水分测定仪测定籽粒含水量，每点重复测定 10 次，求平均值。样品留存，备查或等自然风干后再校正。

实测产量（kg/亩）=鲜穗重（kg/亩）×出籽率（%）×[1－籽粒含水率（%）]÷(1－14%)。

（三）农业部与中国作物学会联合制定玉米超高与高产验收方法

第一条 玉米高产、超高产田产量验收是对当地玉米生产状况及良种良法配套技术的综合评价，是评价技术成果的产量效应重要手段之一，是一项严肃认真的工作，必须达到真实、准确、科学的要求。根据多年来田间测产的经验和存在问题，为了统一各地玉米高产创建活动的产量验收方法，提高不同年份、不同地方产量结果的科学性和可比性，特制定以下测产方法和标准。

第二条 本办法适用于不同数量级别高产创建活动的高产、超高产试验田、示范田和大面积推广田块的产量验收。

第三条 各地应由省（市）以上管理部门组织有关专家进行现场测产验收。玉米高产创建活动的产量验收须由高产创建活动的单位提出，由当地省级农业主管部门批准后，方可组织验收活动。申报由农业部组织的验收，须在省级预验收的基础上，向农业部主管部门提出，经审核批准后组织验收。

第四条 所有高产创建活动的高产、超高产试验田、示范田和大面积推广田的产量验收形式为随机取样实测；小于 3 亩的田块的高产、超高产试验田全部实测。

第五条 验收专家组由 5～7 名专家组成，专家组中至少有 2 名农业部玉米专家指导组成员。验收专家组设组长 1 名，副组长 1～2 名。验收活动由农业行政部门组织，验收专家组独立开展验收活动。

第六条 产量验收的具体程序和要求

1. 验收点数及面积要求 大于 3 亩、小于 10 亩的田块取 3 个点；大于 10 亩、小于 100 亩取 10 个点；大于 100 亩、小于 1 000 亩取 20 个点；大于 1 000 亩、小于 10 000 亩取 30 个点。每点实收面积：不低于 0.1 亩（66.7 m^2）。

2. 选点及面积测量　在对所验收田块进行实地勘查的基础上，随机选择均匀分布（尽量覆盖所涉及的乡镇村组农户）、远离边行（为消除边际效应的影响，要在边行去掉 4 个边行，两端各去掉 2 m 以上）、有代表性（反映所有田块的产量水平和品种类型）的田块作为验收点。每个验收点取 6 行玉米，按照不低于 66.7 m^2 长方形准确量取四个边的长度进行划线标记取样区，计算验收点的面积（S）。

3. 收获、计数、称量鲜重　把标记的取样区内的全部果穗收获。在取样区不能以任何理由进行产量补偿。所有验收点的果穗计数后及时用磅秤称取果穗鲜重 Y_1（kg），专人记载鲜重和装具重量，计算每亩鲜重 Y_0（kg/亩）。称重前需检查磅秤的准确性，并校零。

4. 计算鲜籽粒出籽粒率（%）　通过验收点的全部穗鲜重和全部穗数，计算出平均单鲜穗重。每点至少取 3 个样品，每个样品 20 穗，每个样品应包括各种类型的果穗，同时使样品重（X_1）=平均穗重×20 穗。及时脱粒后用小盘秤（计量范围不大于 10 kg）称出样品的湿籽粒重（X_2），根据样品重（X_1）和湿籽粒重（X_2）计算鲜籽粒出籽粒率（L）（%）。

5. 计算鲜籽粒含水量（%）　用国家认定并经校正的种子水分测定仪测定（PM－1888）。每个验收点的籽粒含水量，重复测定 3～5 次，取其平均值（M），样品留存，备查或等自然风干后再校正。

6. 计算产量（kg/亩）

产量（kg/亩）=单位面积果穗鲜重（kg/亩）×鲜籽粒出籽粒率（%）×[1－鲜籽粒含水量（%）]÷[1－籽粒标准含水量（%）]

（1）单位面积果穗鲜重的计算

$$亩果穗鲜重\ Y_0\ (\text{kg/亩})=Y_1/S$$

（2）鲜籽粒出籽粒率的计算（%）

$$出籽粒率\ L\ (\%)=X_2/X_1$$

（3）标准产量折算

$$标准产量\ Y\ (\text{kg/亩})=Y_0\times L\times(1-M)\div(1-M_0)$$

式中，Y 为标准产量（kg/亩），Y_0 为实际鲜重（kg/亩），M_0 为玉米籽粒标准含水量，按 14%，M 为实测含水量（%）。

7. 平均产量　将各验收点的产量求其平均，作为验收地块的产量。

第七条　验收活动结束后，形成验收报告。验收报告内容包括：验收组织单位、验收时间、地点、品种及技术措施、验收方法、验收结果等。验收报告须由验收专家组组长、副组长签字，并附验收结果汇总表和专家组名单。

第八条　验收报告、验收结果汇总表及原始记录（经办人须签字）为重要的技术档案，须归档妥善保管。

第九条　测产验收注意事项：

（1）测产验收是一项严肃的评估工作，必须做到科学、公正、真实、可靠，克服主观性和随意性。

（2）选择验收点和样品必须具有代表性，切忌偏高。测产各项数准确无误，资料记录详尽准确。

（3）验收组成员要亲自参与到每个验收环节。验收做到“三准确”，即测产称准确，验收所用磅秤和小样本用盘秤，必须经过技术监督部门校验；面积丈量要准确；数据准确。

二、作物产量差的影响因素

作物产量差的研究能够揭示产量的提升空间及区域各种限制因子对产量提高的限制作用，如自然因素（气候、土壤等）、技术因素、经济因素等。通过对产量差的研究，不仅可以解析区域作物产量差的形成机制，量化作物产量提升空间，还可以找出影响作物产量潜力挖掘的限制因素，量化社会经济、技术等非自然因素对作物产量差的影响（Lobell et al.，2009；Van Ittersum et al.，2012）。还要综合考虑区域自然资源、社会经济条件、科学技术水平、物质投入条件等因素，采取综合分析的方法。

（一）气候变化对作物产量差的影响

在全球气候变暖的背景下，气候变化对作物生产影响的研究成为热门话题。IPCC 的研究发现从 1950 年开始全球温度每隔 10 年大概增加 0.13 ℃，温度呈现上升的趋势，然而目前气候变化对农业的影响仍然是不清楚的。气候变化对作物产量差的影响比较复杂，研究者针对全球不同区域运用多种方法进行了相关的研究，不同方法间结果有所差异。

（二）品种对作物产量差的影响

品种是影响作物的产量差大小的重要因素，已有很多关于改变不同生态类型的作物品种对产量差影响的研究。品种更替是应对气候变化对冬小麦和夏玉米产量差带来影响的重要措施。

（三）栽培管理措施对作物产量差的影响

栽培管理措施对产量差有着重要的影响，通过微观实验解析产量差限制因子的研究多属于该类。合理高效的栽培技术能够发挥作物高产潜力，提高对不同环境条件的适应能力，实现平均产量水平的增加（兰林旺，1995）。区域产量差异主要由直接的人为因素（如改进田间管理措施、增施化肥等）影响，而非由气候变化、灌溉、盐渍化、地下水位、虫害等自然或间接人为因素影响（Doos、Shaw，1999）。Reddy 认为，除氮素外其他资源的较少投入是水稻产量差距形成的主要因素（Reddy，2006）；Mussgnug 认为在营养平衡的条件下，钾已经成为以水稻为栽培基础的农作系统最主要的限制性营养元素，并造成了较大的产量差距（Mussgnug，2008）。在生产实践中，不当的资源投入或配比则可能是造成产量差距的重要原因，而适时适度的水分胁迫甚至是多种资源的胁迫往往并不会导致产量的明显降低，有时甚至有益于增产。在水资源限制地区，合理调节作物管理技术能够增加作物产量，并提高资源利用效率。播期、播量、病虫害防治、灌溉、肥料等栽培管理条件均是作物产量差的限制因子，但不同地区这些因子对作物产量差的限制作用有所不同。缩小产量差距的主要手段是改革政策、增加投入、加强技术推广和对农民进行技术培训，而提高产量的措施将主要依靠高产综合管理技术的改进和应用。

三、粮食产量差的研究方法

从研究尺度来看，产量差研究分为微观尺度和宏观尺度研究。微观产量差的研究领域为特定的试验地或实验站，其研究目标主要是探讨具体的产量限制因子对作物产量差的影响；宏观产量差的研究领域为区域或国家层次，其研究目标为探索区域的作物增产潜力和粮食安全（Martin K. vanIttersum，2012）。产量差研究方法主要包括田间试验法、统计分析法等。

1. 田间试验法　田间试验法是一种直接分析方法，这种方法由于不同的目的，采取的设计不同。主要概括如下。

（1）少量因素差异法　多数用于不同施肥水平、不同密度和品种进行配置形成的小区进行产量与资源效率的分析，其优点是较为清楚地进行产量与效率差的技术因素的影响，最有效的设计是裂区，优化法或不同小区随机排列。

（2）产量层次模拟法　不专门进行技术构成的设计，按着生产上的产量与效率差异及其种植管理模式模拟性试验，包括高产纪录、高产高效、高产农场、普通农民等进行试验，并以当地的光合生产潜力、光温生产潜力进行分析，并用当量值确定差异率。

（3）尺度差异分析法　如在粮食丰产科技工程中，有13个省份共同参与的“一田三区”建设，每个实施省份包括100亩攻关田、万亩核心区、10万亩示范区和1 000万亩辐射区，通过取样测定和调查，获得相应不同尺度扩增过程中导致的产量与效率的差异性。

（4）问卷式统计法　通过设计的问卷，有目标和范围进行实际调查，进行统计分析，获得产量与效率的差异性。在实际研究中，采取不同方法相结合，进一步可提高确定差异精度和分析深度。

2. 统计分析法　统计分析法是在研究产量差中应用较多的。在进行产量差限制因素解析时，不同地区差异较大，这主要与气候条件、环境因素、技术水平、经济状况和栽培管理等农业生产条件密切相关。根据产量差分析时所采用的模型不同，产量差的产生原因有所不同。除上述方法外，在区域产量差研究时，统计分析方法有着广泛的应用。作物产量差及产量限制因素的统计分析方法较多，归纳起来主要包括几种：回归分析、比较优势分析、通径分析和主成分分析。

（1）回归分析　回归分析是确定2个或2个以上变量之间关系的统计分析方法，主要包括一元线性回归、多元线性回归、逐步回归和非线性回归4种类型，多元回归和逐步回归在作物产量差的研究中具有广泛的应用。Lobell采用回归分析的方法，分析了1980—2010年气候变化全球尺度小麦、玉米和水稻产量的影响，表明了升温对不同地区的三大作物所产生的影响（lobell et al.，2010）。Muller N. D. 采用线性回归分析的方法，探讨了通过水氮管理来缩减产量差的可能性（Muller et al.，2013）。在气候变化对作物产量影响的研究中，逐步回归和线性回归有着广泛的应用（Zhang and Yao，2010；刘园，2014；李克南，2014）。回归分析时，通常会假定各因素之间相互独立，但在实际农业生产中，各因素之间相互影响，如果作物产量差限制因素之间的相关性较大，就无法通过多元回归分析中的最小二乘法得到合理的结果（陈健等，2008）。

（2）比较优势分析　比较优势分析旨在找出产量主要限制因子，并对限制因子进行定量化分析，其主要通过比较农民田块实际生产情景进行产量差分析。De Bie 详细介绍了比较优势分析方法，并利用该方法对泰国的水稻和杧果的产量限制因素进行了研究（De Bie，2000）。刘明强基于比较优势分析法对曲周地区冬小麦和夏玉米的产量差产生原因进行了分析，通过调查数据的“平均”结果和“最优”结果的比较得出病虫害、作物生长期、杂草管理、土壤质量、追氮肥类型、品种、灌溉和水分胁迫对冬小麦产量差影响大小，以及病虫害、氮肥追肥类型、土壤肥力、灌溉、水分胁迫和秸秆还田对夏玉米产量差影响的大小（刘明强，2006）。比较优势分析法有其应用的局限性，分析的模型只能在研究区域内使用，不能在其他地区进行推广使用，如果应用在其他地区，则需要对分析的模型再次的校正。比较优势分析方法的本质是多元线性回归，因此，也具有多元线性回归的特点。

（3）通径分析　通径分析已广泛用于作物栽培的研究工作，通径系数能够表达变量间的因果关系，可用来估计各自变量对因变量影响的大小，比较各因子的相对重要性。在作物单产分析和气候变化对作物生产影响方面，通径分析都有着较为广泛的应用。通径分析既可以清楚地标识相关和回归关系，又能表明各因素对结果的影响，以及各因素之间的相互作用（陈健等，2008）。通过将影响作物生长的环境因子与作物产量做通径分析，可明确引起作物产量变化的直接原因和间接原因，有利于弄清作物生产的限制因素（张玉铭等，2004；丁浩等，2012）。

（4）主成分分析　主成分分析是在一组变量中找出其方差和协方差矩阵的特征量，将多个变量通过降维转化为少数几个综合变量的统计分析方法。由于其在对高维变量系统进行最佳的综合与简化、客观地确定各个指标的权数和避免主观随意性方面的突出特点，在产量差研究中具有十分广泛的应用。例如，王宏利用主成分分析方法确定了河北吴桥县冬小麦-夏玉米生产的主要农业投入要素和技术优先序等（2012）。蔡风琴等利用主成分分析方法建立因子分析模型研究了粮食产量的影响因素（2012）。苗泽志等利用主成分分析方法对谷子产量、粗蛋白、总淀粉含量等主要指标进行分析，以明确杂交谷子品种在山西省晋中地区的产量表现及其品质（2014）。

通过统计分析的方法，可以较好地分析国家或全球层次上产量差的限制因子，但由于统计方法很难从生理角度解释引起产量差的原因，因此，应用上也有一定局限性。

第二节　作物产量差产生机制分析

一、作物产量差的概念

De Datta 于 1981 年首次明确提出了产量差的概念，将其定义为试验田可获得产量与农民生产实际产量之间的差距（De Datta，1981），随后科学家根据研究区域背景和研究方法，对这一概念不断完善，有针对性地提出了不同的产量水平和产量差模型。

Lobell David（2006）又将产量水平分为潜在产量，可获得产量和平均产量。产量差的概念便是由这些产量水平构成的，不同产量水平之间的差距即为产量差。随着产量差相关研究的深入，产量差的内涵也进一步拓展。国内外对产量差已有多年的研究，理论和方法相对成熟，但在我国关于产量差研究方法的报道还较少。林毅夫将3个产量差水平定义为：产量差一是通过科研人员提升作物的生物技术潜力来缩减的在理想条件下试验田的最高产量与未知的可能单产潜力之间的差距；产量差二是通过加强综合生产能力来消除品种差异和环境影响，从而缩减的理想条件下大田品种的可能单产与理想实验条件下实验品种的最高单产之间的差距；产量差三是通过加大技术和物质投入来缩减实际条件下的大田单产与理想条件下的大田品种的差距（林毅夫，1996）。

二、粮食主产区三大作物产量差研究

一个地区的粮食作物产量差是指粮食生产者的实际产量距离潜在产量（当地理论上的最高产量）的差距。一般而言，一个地区粮食作物的产量水平可以分为四个等级，一是理论上的最高产量水平，一个地区的作物产量上限，即潜在产量，是作物生长发育过程中不受水分、养分及病虫害等因素限制，为当地光照和温度条件下适宜作物品种可达到最高产量，即光温生产潜力；二是当地自然条件、生产水平能够实现的在最优栽培管理措施下可实现的最大作物产量，即可获得产量；三是在特定生产条件下，粮食种植者能够在一定栽培管理措施下实现的最高产量，即农户潜在产量；四是特定地区粮食种植者实际获得的作物产量。

（一）水稻产量差时空分布特征

以湖南双季稻为例对水稻产量差时空分布特征进行了系统分析。该文基于湖南省1981—2010年气候资料、水稻作物资料、土壤资料及产量统计资料，选用决定系数（R^2）、D指标、均方根误差（RMSE）、归一化均方根误差（NRMSE）、平均绝对误差（MAE）等评价指标来评价模型调参验证的结果。分析湖南省双季稻的潜在产量时空分布特征，再结合双季稻实际产量，分析早稻和晚稻产量差绝对值及相对值过去30年的时间变化趋势及空间分布特征，研究了区域双季稻的产量可提升空间（郭尔静等，2017）。

早稻产量差时空分布特征 1981—2010年湖南省双季早稻实际产量与潜在产量的产量差平均值及产量差占潜在产量比例的空间分布特征，研究区域内56%的站点的产量差达到2 000 kg/hm^{2}以上，其中，早稻产量差最大的地区为湘北洞庭湖平原地区，产量差达3 000～4 096 kg/hm^2，产量差占潜在产量的37%～46%，表明该地区早稻产量仍有较大的提升空间；因产量差的空间分布特征受潜在产量和农户实际产量共同影响，湘北地区早稻潜在产量高，但实际生产中由于“倒春寒”以及劳动力相对匮乏的影响，实际产量较低。所以，湘北地区应该加大劳动力的投入及栽培管理措施的优化，提高早稻产量。湘南道县等地多为丘陵地带，早稻生长季内日照相对缺乏，不利于早稻生产；加之平均气温升高的强烈负面影响，潜在产量较低，产量差仅占潜在产量的不到10%，早稻产量可提升空间不大。研究时段内，研究区域早稻产量差随时间呈缩小趋势，缩小速率为每10年328.7 kg/hm^2。产量差缩小速率最大的站点是北部的南县及平江，达到800～1 240 kg/hm^2；研究区域中部地区产量差缩小速率次之，产量差缩小速率高于400 kg/hm^2。这些地区光温条件和早稻潜在产量的时间变化趋势并不一致，水肥管理不当以及病虫害等原因导致的实际产量的降低是这些地区产量差呈增大趋势的主要因素。

1981—2010 年，湖南省双季晚稻实际产量与潜在产量之间产量差平均值及其占潜在产量比例的空间分布特征，与早稻相比，晚稻产量差空间分布差异性较大，研究区域内约有 44%的站点产量差高于 2 000 kg/hm²，占潜在产量的 23%～38%。与早稻产量差的空间分布特征相似。晚稻产量差较大的站点主要位于湘北洞庭湖平原地区、西部的武冈和东南部的郴州；晚稻产量差最小的地区为东部的株洲及衡阳，产量差小于 1 000 kg/hm²，因该地区经济较发达，水稻生产投入及种植技术水平相对较高，因此，晚稻实际产量水平比较接近产量上限，可提升空间不大。

1981—2010 年，整个研究区域内晚稻产量差平均值呈缩小趋势，缩小速率为每 10 年 500.8 kg/hm²，湘北地区早稻和晚稻的产量差最大，表明该地区水稻实际产量可提升空间最大；而湘中地区早稻和晚稻产量差占潜在产量 20%左右，表明该地区实际产量可提升空间较小；湘南地区早稻产量差最小，而晚稻产量差相对较大，说明湘南地区早稻产量可提升空间很小而晚稻产量可提升空间较大。通过以上分析表明，研究区域内双季早稻和晚稻的产量差最高值分别为 4 096 kg/hm² 和 3 472 kg/hm²，分别占各自潜在产量的 46%和 38%；产量差的最低值分别为 394 kg/hm² 和 770 kg/hm²，占各自潜在产量的 5%和 10%。从时间变化趋势看来，早稻和晚稻产量差均呈缩小趋势，晚稻产量差缩小趋势更明显；研究区域早稻产量差略大于晚稻，且早稻产量差呈增加趋势站点多于晚稻。

研究表明，湖南省双季稻区内早稻产量差普遍高于晚稻且其随时间缩小的速率小于晚稻，这是由于早稻生长季内日照时数增加对早稻生长发育和产量形成的正效应可以部分抵消温度升高的负效应。同时，早稻产量差呈现增加趋势的站点多于晚稻，因此，湖南省双季稻产区早稻产量提升空间较晚稻大。湖南省双季稻区早稻和晚稻产量差均随时间呈缩小趋势，且晚稻产量差缩小趋势更明显，其主要原因是由于栽培技术进步及农业投入增加使得双季稻的实际产量呈现明显的增加趋势，在不考虑品种更替的条件下，温度升高使得双季稻生育期缩短、潜在产量呈现减小趋势；同时，早稻生长季内日照时数增加对潜在产量的正效应会部分抵消平均气温升高的负面影响，且早稻实际产量增加幅度低于晚稻，所以晚稻产量差缩小趋势更为明显。研究区域早稻产量差略大于晚稻，且早稻产量差呈增加趋势站点多于晚稻，表明现阶段早稻产量可提升空间较大，实际生产中可以通过更换品种、改善栽培管理措施等方法来提高早稻的产量，缩小产量差。

（二）冬小麦产量差的分布特征

以黄淮海地区为例，对冬小麦产量差时空分布特征进行了系统分析（刘建刚，2015）。该文采用模型模拟分析了黄淮海农作区各亚区中的个代表性站点年的潜在产量，以此作为产量差研究模型中的产量上限，但由于研究中分县数据完整性的限制，本研究选取年黄淮海农作区进行产量差的分析，从县级尺度、农作亚区尺度和农作区尺度对黄淮海农作区冬小麦和夏玉米产量差的时空分布特征进行分析，量化不同尺度下冬小麦夏玉米的增产空间，并分析农业生产条件对黄淮海农作区各亚区冬小麦夏玉米产量差的限制作用，为指导黄淮海农作区的冬小麦和夏玉米生产提供理论技术支撑。

研究表明，黄淮海农作区冬小麦潜在产量具有明显的空间分布规律，呈现出东高西低的特征。山东半岛的冬小麦潜在产量最高，而河南省的西南部潜在产量最低。黄淮海农作区冬小麦潜在产量的分布范围为 8 378～11 025 kg/hm^2，加权平均产量为 10 340 kg/hm^2。黄淮海农作区冬小麦实际产量高值区主要集中于河北中南部、山东西部和河南的中北部，而低值区主要位于陕西关中地区一带。黄淮海农作区冬小麦实际产量的分布范围为2 837～7 585 kg/hm^2，种植面积的加权平均产量为 5 944 kg/hm^2。

黄淮海农作区冬小麦、夏玉米潜在产量与实际产量的差距呈现出较为明显的空间特征，其中黄淮海农作区冬小麦潜在产量与实际产量的差距呈现两边高、中间低的趋势，这主要是由于黄淮海农作区东部地区气候条件适宜，适合冬小麦的生长，模型模拟的潜在产量数值较高，造成了潜在产量与实际产量之间差距较大，而河南西南部和陕西中南部等地，主要是由于生产条件较差，实际产量偏低，造成了潜在产量与实际产量差距较大。

黄淮海农作区冬小麦潜在产量有明显的空间分布特征，呈现出东高西低的分布规律，冬小麦潜在产量由东向西递减，且近年冬小麦的潜在产量呈现出减小的趋势，平均减少幅度为 13 kg/亩。造成冬小麦潜在产量空间差异的主要因素是日平均太阳辐射和日最高温度，冬小麦潜在产量与生育期内日平均太阳辐射呈显著正相关，而与日最高温度呈显著负相关。造成冬小麦潜在产量时间尺度变化的最主要因素是生育期内的日平均太阳辐射的减少，温度升高对冬小麦潜在产量有不利影响。

（三）玉米作物的产量差分析

东北三省是中国重要的玉米生产区之一，以东北地区春玉米为例对水稻产量差时空分布特征进行了系统分析，统计资料显示，该区春玉米播种面积占全国玉米总播种面积的 30% 以上，春玉米产量占全国玉米总产量的 29%。该文以东北三省春玉米种植区为研究区域，基于 1961—2010 年气候资料、农业气象观测站作物资料和统计资料，利用农业生产系统模拟模型（APSIM - Maize）和数理统计方法，解析气候变化背景下研究区域春玉米潜在产量与实际产量的差及各级产量差的时空分布特征，为提升东北三省春玉米产量提供科学依据和参考（刘志娟等，2017）。

东北三省春玉米潜在产量与农户实际产量之间产量差（总产量差）呈明显的经向和纬向分布，即由南向北递减，由西向东递减，且地区间差异较大，变化范围为 4.8～11.9 t/hm^2。春玉米潜在产量与可获得产量之间的产量差、可获得产量与农户潜在产量之间的产量差均呈现随经度升高而降低的趋势，这与春玉米生长季内降水量分布有关。从全区 50 年平均来看，春玉米潜在产量与实际产量间的产量差为 64%，其中由于不可转化的技术因素、农学因素和经济社会因素限制的产量差分别为 8%、40%和 16%。从时间变化趋势来看，1961—2010 年，研究区域春玉米各级产量差均呈现减小的趋势，其中总产量差呈显著缩小趋势，每 10 年分别缩小 1.55 t/hm^2 和 1.40 t/hm^2。东北三省春玉米潜在产量与农户实际产量之间的产量差呈明显的经向和纬向分布，即由南向北递减，由西向东递减。农学因素是限制当地玉米产量提升的主要因素，通过改善农学因素，如提高栽培管理措施、改善土壤条件和更换高产品种可有效缩小产量差达 40%。

【主要参考文献】

陈传永，侯海鹏，李强，等，2010a. 种植密度对不同玉米品种叶片光合特性与碳、氮变化的影响 [J]. 作物学报，36 (5)：871－878.

陈传永，侯玉虹，孙锐，等，2010b. 密植对不同玉米品种产量性能的影响及其耐密性分析 [J]. 作物学报，36 (7)：1153－1160.

崔超，高聚林，于晓芳，等，2013. 不同氮效率基因型高产春玉米花粒期干物质与氮素运移特性的研究 [J]. 植物营养与肥料学报，19 (6)：1337－1345.

崔超，高聚林，于晓芳，等，2014.18 个玉米自交系氮效率相关性状的配合力分析 [J]. 作物学报，40 (5)：838－849.

崔文芳，高聚林，孙继颖，等，2014. 氮高效玉米基因型氮素生产效率研究 [J]. 玉米科学，22 (1)：96－102.

党红凯，李瑞奇，李雁鸣，等，2013. 超高产冬小麦对氮素的吸收、积累和分配 [J]. 植物营养与肥料学报，19 (5)：1037－1047.

翟永胜，高聚林，王志刚，等，2013. 条带深旋对高产春玉米土壤紧实度、根系特性及产量的影响 [J]. 内蒙古农业科技 (4)：14－16.

付雪丽，张惠，贾继增，等，2009. 冬小麦-夏玉米“双晚”种植模式的产量形成及资源效率研究 [J]. 作物学报，35 (9)：1708－1714.

付雪丽，赵明，周宝元，等，2009. 小麦、玉米粒重动态共性特征及其最佳模型的筛选与应用 [J]. 作物学报，35 (2)：309－316.

葛均筑，2015. 气象资源特性对玉米产量形成的影响及长江中游玉米高产关键技术研究 [D]. 武汉：华中农业大学.

葛均筑，李淑娅，钟新月，等，2014. 施氮量与地膜覆盖对长江中游春玉米产量性能及氮肥利用效率的影响 [J]. 作物学报，40 (6)：1081－1092.

葛均筑，徐莹，袁国印，等，2016. 覆膜对长江中游春玉米氮肥利用效率及土壤速效氮素的影响 [J]. 植物营养与肥料学报，22 (2)：296－306.

葛均筑，展茗，赵明，等，2013. 一次性施肥对长江中游春玉米产量及养分利用效率的影响 [J]. 植物营养与肥料学报，19 (5)：1073－1082.

勾玲，黄建军，张宾，等，2007. 群体密度对玉米茎秆抗倒力学和农艺性状的影响 [J]. 作物学报 (10)：1688－1695.

蒿宝珍，姜丽娜，方保停，等，2011. 限水灌溉冬小麦冠层氮分布与转运特征及其对供氮的响应 [J]. 生态学报，31 (17)：4941－4951.

侯海鹏，丁在松，马玮，等，2013. 高产夏玉米产量性能特征及密度深松调控效应 [J]. 作物学报，39 (6)：1069－1077.

侯玉虹，陈传永，胡小凤，等，2012. 春玉米群体净同化率（NAR）动态变化特征及定量化分析 [J]. 玉米科学，20 (5)：65－70.

胡萌，魏湜，杨猛，等，2010. 密度对不同株型玉米光合特性及产量的影响［J］. 玉米科学（1）：103－107.

黄建军，赵明，刘娟，等，2009. 不同抗倒能力玉米品种物质生产与分配及产量性状研究［J］. 玉米科学，17（4）：82－88，93.

黄振喜，王永军，王空军，等，2007. 产量 15 000 kg/hm² 以上夏玉米灌浆期间的光合特性［J］. 中国农业科学，40（9）：1898－1906.

姜丽娜，胡乃月，黄培新，等，2017. 秸秆还田配施氮肥对麦田氮素平衡和籽粒产量的影响［J］. 麦类作物学报，37（8）：1087－1097.

姜丽娜，张凯，宋飞，等，2013. 拔节期追氮对冬小麦产量、效益及氮素吸收和利用的影响［J］. 麦类作物学报，33（4）：716－721.

姜雯，赵明，金灵娜，等，2007. 旱稻苗期品种（系）间锌吸收与利用的差异研究［J］. 植物营养与肥料学报（3）：479－484.

李春喜，2012. 粮食安全与小麦栽培发展趋势探讨［J］. 河南农业科学，41（3）：16－20.

李春喜，陈惠婷，马守臣，等，2016. 不同耕作措施对麦田土壤碳储量作物水氮利用效率的影响［J］. 华北农学报，31（4）：220－226.

李春喜，胡国贤，姜丽娜，等，2009. 耕作培肥对冬小麦产量构成及叶片生理特性的影响［J］. 麦类作物学报，29（5）：885－891.

李从锋，赵明，刘鹏，等，2013. 中国不同年代玉米单交种及其亲本主要性状演变对密度的响应［J］. 中国农业科学，46（12）：2421－2429.

李从锋，赵明，刘鹏，等，2014. 中国不同年代玉米亲本自交系的灌浆特性与氮素运转［J］. 作物学报，40（11）：1990－1998.

李立娟，崔彦宏，李琦，等，2011. 条深旋耕作方式对早春玉米产量性能的影响［J］. 作物杂志（5）：96－99.

李立娟，王美云，薛庆林，等，2011. 黄淮海双季玉米产量性能与资源效率的研究［J］. 作物学报，37（7）：1229－1234.

李立娟，王美云，赵明，2011. 品种对双季玉米早春季和晚夏季的适应性研究［J］. 作物学报，37（9）：1660－1665.

李淑娅，田少阳，袁国印，等，2015. 长江中游不同玉稻种植模式产量及资源利用效率的比较研究［J］. 作物学报，41（10）：1537－1547.

李涛，丁在松，关东明，等，2006. 水稻远缘杂交后代的耐强光和抗光氧化特性［J］. 作物学报，（12）：1913－1916.

李霞，丁在松，李连禄，等，2007. 玉米光合性能的杂种优势［J］. 应用生态学报（5）：1051－1056.

李霞，李连禄，王美云，等，2008. 玉米不同基因型对低温吸胀的响应及幼苗生长分析［J］. 玉米科学，16（2）：60－65，70.

李向岭，李从锋，葛均筑，等，2011. 播期和种植密度对玉米产量性能的影响［J］. 玉米科学，19（2）：95－100.

李向岭，李从锋，侯玉虹，等，2012. 不同播期夏玉米产量性能动态指标及其生态效应［J］. 中国农业科学，45（6）：1074－1083.

李向岭，赵明，李从锋，等，2011. 玉米叶面积系数动态特征及其积温模型的建立［J］. 作物学报，37（2）：321－330.

刘保花，陈新平，崔振岭，等，2015. 三大粮食作物产量潜力与产量差研究进展［J］. 中国农业生态学报，23（5）：525－534.

刘颖，齐华，张卫建，等，2013. 气象因子对不同生态适应型春玉米产量的影响［J］. 江苏农业科学，41（8）：84－87.

刘志新，王延波，赵海岩，等，2007. 辽单565的选育及高产栽培实践［J］. 农业科技与装备（6）：1－2，5.

刘仲发，勾玲，赵明，等，2011. 遮阳对玉米茎秆形态特征、穿刺强度及抗倒伏能力的影响［J］. 华北农学报，26（4）：91－96.

龙继锐，马国辉，万宜珍，等，2011. 施氮量对超级杂交中稻生育后期剑叶叶绿素荧光特性的影响［J］. 中国水稻科学，25（5）：501－507.

吕爱枝，丁成方，王晓波，等，2011. 冀西北半干旱补灌玉米超高产产量性能研究［J］. 干旱地区农业研究，29（1）：168－171，192.

吕佳文，武向良，高聚林，等，2013. 行间覆膜对内蒙古河套灌区春玉米水分利用效率及土壤排盐量的影响［J］. 玉米科学，21（3）：103－109.

吕丽华，陶洪斌，王璞，等，2008. 种植密度对夏玉米碳氮代谢和氮利用率的影响［J］. 作物学报（4）：718－723.

吕丽华，陶洪斌，夏来坤，等，2008. 不同种植密度下的夏玉米冠层结构及光合特性［J］. 作物学报（3）：447－455.

马国辉，刘茂秋，罗富林，2013. 超级稻专用肥在杂交中稻中的应用效果比较研究［J］. 杂交水稻，28（4）：37－39.

马国辉，龙继锐，戴清明，等，2008. 超级杂交中稻Y两优1号最佳缓释氮肥用量与密度配置研究［J］. 杂交水稻，23（6）：73－77.

马国辉，龙继锐，汤海涛，等，2010. 水稻节氮高产高效栽培技术策略及实践［J］. 杂交水稻，5（S1）：338－345.

朴琳，任红，展茗，等，2017. 栽培措施及其互作对北方春玉米产量及耐密性的调控作用［J］. 中国农业科学，50（11）：1982－1994.

萨如拉，高聚林，于晓芳，等，2014. 玉米秸秆深翻还田对土壤有益微生物和土壤酶活性的影响［J］. 干旱区资源与环境，28（7）：138－143.

尚玉磊，李春喜，邵云，等，2004. 禾本科主要作物生育初期内源激素动态及其作用的比较［J］. 华北农学报，19（4）：47－50.

邵云，王小洁，张紧紧，等，2013. 小麦-玉米轮作区耕作及培肥方式对麦田土壤养分和小麦产量的影响［J］. 华北农学报，28（3）：152－158.

孙继，顾万荣，赵东旭，等，2012. 不同株型玉米灌浆期穗位叶可溶性糖含量和子粒淀粉积累关系的研究［J］. 作物杂志（2）：80－83.

孙继，魏湜，2012. 黑龙江寒地不同种植密度下高产春玉米冠层结构及光辐射特征［J］. 玉米科学，20（6）：70－75，80.

孙锐，彭畅，丛艳霞，等，2008. 不同密度春玉米叶面积系数动态特征及其对产量的影响［J］. 玉米科学（4）：61－65.

孙锐，朱平，王志敏，等，2009. 春玉米叶面积系数动态特征的密度效应［J］. 作物学报，35（6）：1097－1105.

孙雪芳，丁在松，侯海鹏，等，2013. 不同春玉米品种花后光合物质生产特点及碳氮含量变化［J］. 作物学报，39（7）：1284－1292.

王红光，李东晓，李雁鸣，等，2015. 河北省10 000 kg/hm^{2}以上冬小麦产量构成及群个体生育特性［J］. 中国农业科学，48（14）：2718－2729.

王晓慧，曹玉军，魏雯雯，等，2012. 我国北方37个高产春玉米品种干物质生产及氮素利用特性[J]. 植物营养与肥料学报，18（1）：60-68.

王延波，金君，吴玉群，等，2007. 辽宁省玉米育种的现状、发展方向与对策[J]. 玉米科学，15（4）：137-139.

王志永，赵明，李连禄，2007. 单株穗数对玉米后期物质生产的影响[J]. 玉米科学（1）：33-36.

武美燕，蒿若超，田小海，等，2010. 添加纳米碳缓释肥料对超级杂交稻产量和氮肥利用率的影响[J]. 杂交水稻，25（4）：86-90.

徐杰，李从锋，孟庆锋，等，2015. 苗期不同滴灌方式对东北春玉米产量和水分利用效率的影响[J]. 作物学报，41（8）：1279-1286.

徐杰，周培禄，王璞，等，2016. 水肥管理对东北不同密度春玉米产量及水氮利用效率的影响[J]. 玉米科学，24（1）：142-147.

杨明，马守臣，杨慎骄，等，2015. 氮肥后移对抽穗后水分胁迫下冬小麦光合特性及产量的影响[J]. 应用生态学报，26（11）：3315-3321.

杨宗渠，尹飞，王翔，等，2014. 冬前积温对小麦光能利用率的调控效应[J]. 核农学报，28（8）：1489-1496.

尹钧，2016. 小麦温光发育研究进展Ⅰ. 春化和光周期发育规律[J]. 麦类作物学报，36（6）：681-688.

于晓芳，高聚林，叶君，等，2013. 深松及氮肥深施对超高产春玉米根系生长、产量及氮肥利用效率的影响[J]. 玉米科学，21（1）：114-119.

张宾，王法宏，司纪升，等，2013. 小麦-玉米周年高产形成的生态条件分析[J]. 山东农业科学，45（7）：55-58.

张宾，赵明，董志强，等，2007. 作物高产群体LAI动态模拟模型的建立与检验[J]. 作物学报（4）：612-619.

张洪生，赵明，吴沛波，等，2009. 种植密度对玉米茎秆和穗部性状的影响[J]. 玉米科学，17（5）：130-133.

赵明，付金东，2008. 玉米高产性能定量化分析及其技术途径[J]. 玉米科学（4）：8-12，17.

赵明，李建国，张宾，等，2006. 论作物高产挖潜的补偿机制[J]. 作物学报（10）：1566-1573.

赵明，马玮，周宝元，等，2016. 实施玉米推茬清垄精播技术，实现高产高效与环境友好生产[J]. 作物杂志（3）：1-5，176.

周宝元，孙雪芳，丁在松，等，2017. 土壤耕作和施肥方式对夏玉米干物质积累与产量的影响[J]. 中国农业科学，50（11）：2129-2140.

周宝元，王新兵，王志敏，等，2016. 不同耕作方式下缓释肥对夏玉米产量及氮素利用效率的影响[J]. 植物营养与肥料学报，22（3）：821-829.

周培禄，任红，齐华，等，2016. 氮肥用量对两种不同类型玉米杂交种物质生产及氮素利用的影响[J]. 作物学报，43（2）：263-276.

朱献果，董志强，丁在松，等，2008. 新株型稻转化体系改良[J]. 作物杂志（5）：28-30.

Ahmad S, Li C F, Dai G Z, et al, 2009. Greenhouse gas emission from direct seeding paddy field under different rice tillage systems in central China [J]. Soil and Tillage Research (106): 54-61.

Ding Z S, Huang S H, Zhou B Y, et al, 2013. Over-expression of phosphoenolpyruvate carboxylase cDNA from C_4 millet (*Seteria italica*) increase rice photosynthesis and yield under upland condition but not in wetland fields [J]. Plant Biotechnology Reports, 7 (2): 155-163.

Ge J Z, Zhao M, 2016. Climatic Conditions Varied by Planting Date Affects Maize Yield in Central China [J]. Agronomy Journal, 108 (3): 966-977.

Guo L J, Zhang Z S, Wang D D, et al, 2015. Effects of short - term conservation management practices on soil organic carbon fractions and microbial community composition under a rice - wheat rotation system [J]. Biology and Fertility of Soils (51): 65 - 75.

Guo L J, Zheng S X, Cao C G, et al, 2016. Tillage practices and straw - returning methods affect topsoil bacterial community and organic C under a rice - wheat cropping system in central China [J]. Scientific Reports (6): 33155.

Ibrahim M, Cao C G, Zhan M, et al, 2015. Changes of CO_2 emission and labile organic carbon as influenced by rice straw and different water regimes [J]. International Journal of Environmental Science&Technology (12): 263 - 274.

Li C F, Tao Z Q, Liu P, et al, 2015. Increased grain yield with improved photosynthetic characters in modern maize parental lines [J]. Journal of Integrative Agriculture, 14 (9): 1735 - 1744.

Liu T Q, Fan D J, Zhang X X, et al, 2015. Deep placement of nitrogen fertilizers reduces ammonia volatilization and increases nitrogen utilization efficiency in no - tillage paddy fields in central China [J]. Field Crops Research (184): 80 - 90.

Ma S C, Li F M, Yang S J, et al, 2013. Characteristics of flag leaf photosynthesis and root respiration of four historical winter wheat varieties released over recent decades in semi - arid northwest China [J]. Australian Journal of Crop Science, 7 (8): 1100 - 1105.

Pan S G, Cao C G, 2012. Effects of N Management no Yield and N Uptake of Rice in Central China [J]. Journal of Integrative Agriculture, 11 (12): 1993 - 2000.

Pan S G, Cao C G, Cai M L, et al, 2009. Effects of irrigation regime and nitrogen management on grain yield, quality and water productivity in rice [J]. Journal of Food, Agriculture & Environment, 6 (3&4): 242 - 247.

Piao L, Qi H, Li C F, et al, 2016. Optimized tillage practices and row spacing to improve grain yield and matter transport efficiency in intensive spring maize [J]. Field Crops Research, 198: 258 - 268.

Qiao Y L, Lei L, Ji S, et al, 2012. Temperature impacts on wheat growth and yield in the North China Plain [J]. African Journal of Biotechnology, 11 (37): 8992 - 9000.

Qiao Y L, Yin J, 2012. Determination of Optimum Growing Degree - Days (GDD) Range Before Winter for Wheat Cultivars with Different Growth Characteristics in North China Plain [J]. Journal of Integrative Agriculture, 11 (3): 405 - 415.

Xu Y, Zhan M, Cao C G, 2015. Effects of water - saving irrigation practices and drought resistant rice variety on greenhouse gas emissions from a no - till paddy in the central lowlands of China [J]. Science of the Total Environment (505): 1043 - 1052.

Zhang J S, Li C F, Cao C G, 2011. Emissions of N_2O and NH_3, and nitrogen leaching from direct seeded rice under different tillage practices in central China [J]. Agriculture Ecosystems & Environment, 140 (1 - 2): 164 - 173.

Zhang Z S, Chen J, Liu T Q, et al, 2016. Effects of nitrogen fertilizer sources and tillage practices on greenhouse gas emissions in paddy fields of central China [J]. Atmospheric Environment (144): 274 - 281.

Zhang Z S, Guo L J, Liu T Q, et al, 2015. Effects of tillage practices and straw returning methods on greenhouse gas emissions and net ecosystem economic budget in rice - wheat cropping systems in central China [J]. Atmospheric Environment (122): 636 - 644.

Zhao M, Ding Z S, Lafitte R, et al, 2010. Photosynthetic characteristics in Oryza species [J]. Photosynthetica, 48 (2): 234 - 240.

Zhou B Y，Sun X F，Ding Z S，et al，2017. Multisplit Nitrogen Application via Drip Irrigation Improves Maize Grain Yield and Nitrogen Use efficiency [J]. Crop Sciences，57 (3)：1687 - 1703.

Zhou B Y，Yue Y，Sun X F，et al，2016. Maize Grain Yield and Dry Matter Production Responses to Variations in Weather Conditions [J]. Agronomy Journal，108 (1)：196 - 204.

Zhou B Y，Yue Y，Sun X F，et al，2017. Maize kernel weight responses to sowing date - associated variation in weather conditions [J]. The Crop Journal，5 (1)：43 - 51.

Zhu J，Lynch J P，2004. The contribution of lateral rooting to phosphorus acquisition efficiency in maize (*Zea mays* L.) seedlings [J]. Funct Plant Biology，31：949 - 958.

图书在版编目（CIP）数据

国家粮食丰产科技工程 / 赵明，李春喜，李从锋主编．—北京：中国农业出版社，2023.1
ISBN 978-7-109-23823-7

Ⅰ.①国… Ⅱ.①赵… ②李… ③李… Ⅲ.①粮食作物一栽培技术 Ⅳ.①S51

中国版本图书馆 CIP 数据核字（2017）第 326949 号

GUOJIA LIANGSHI FENGCHAN KEJI GONGCHENG

中国农业出版社出版
地址：北京市朝阳区麦子店街 18 号楼
邮编：100125
责任编辑：廖　宁　冯英华
版式设计：杜　然　　责任校对：张雯婷
印刷：北京通州皇家印刷厂
版次：2023 年 1 月第 1 版
印次：2023 年 1 月北京第 1 次印刷
发行：新华书店北京发行所
开本：787mm×1092mm　1/16
印张：25
字数：608 千字
定价：198.00 元